NVSHI MAOYI

韩式手编

女士毛衣

全集

廖名迪 主编

辽宁科学技术出版社

· 沈阳 ·

本书编委会
主　编　廖名迪
编　委　樊艳辉　宋敏姣　李玉栋

图书在版编目（CIP）数据

韩式手编女士毛衣全集 / 廖名迪主编. —沈阳：辽宁科学技术出版社，2014.9
ISBN 978-7-5381-8763-2

I. ①韩…　II. ①廖…　III. ①女服—毛衣—编织—图解
Ⅳ. ① TS941.763.2-64

中国版本图书馆 CIP 数据核字（2014）第 178056 号

如有图书质量问题，请电话联系
湖南攀辰图书发行有限公司
地址：长沙市车站北路 649 号通华天都 2 栋 12C025 室
邮编：410000
网址：www.penqen.cn
电话：0731-82276692　82276693

出版发行：辽宁科学技术出版社
（地址：沈阳市和平区十一纬路 29 号　邮编：110003）
印 刷 者：湖南新华精品印务有限公司
经 销 者：各地新华书店
幅面尺寸：210mm × 285mm
印　　张：24
字　　数：554 千字
出版时间：2014 年 9 月第 1 版
印刷时间：2014 年 9 月第 1 次印刷
责任编辑：郭　莹　攀　辰
摄　　影：龙　斌
封面设计：多米诺设计 · 咨询　吴颖辉　龙欢
版式设计：攀辰图书
责任校对：合　力

书　　号：ISBN 978-7-5381-8763-2
定　　价：49.80 元
联系电话：024-23284376
邮购热线：024-23284502

001

002

003

004

005

006

007

008

009

010

011

012

013

014

015

016

017

018

019
020
021
022

023

024

025

026

027

028
029
030

031

032

033

034
035

036

037

038

039

040

041
042
043
044

045
046
047

048
049
050
051

052
053
054
055

056
057
058

059

060

061

062
063
064
065

066
067

068

069

070

071

072

073

074

075
076
077

078

079

080

081
082

083
084

085

086

087

088

089

090

091
092
093

094
095
096
097

098
099
100

101

102

103

104

105

106

107

108

109

110
111
112

113

114

115

116

117

118

119
120
121
122

123

124

125

126
127
128
129

130
131
132

133
134
135
136

137
138
139

140

141

142

143

144

145

146

147

148

149

150
151
152

153

154

155

156
157
158

159

160

161

162

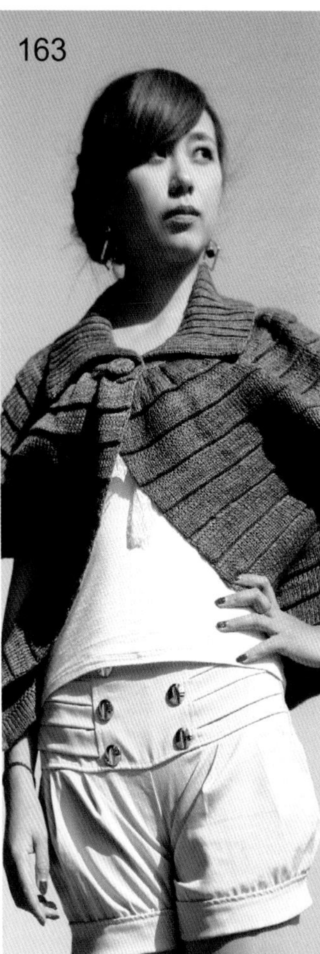
163

164

165

166

167
168
169

170

171

172

173
174
175
176

177

178

179

180

181

182

183

184

185

186

187

188

189

190
191
192

193

194

195

196

197

198

199
200
201

202
203

204
205
206

207

208

209

210

211

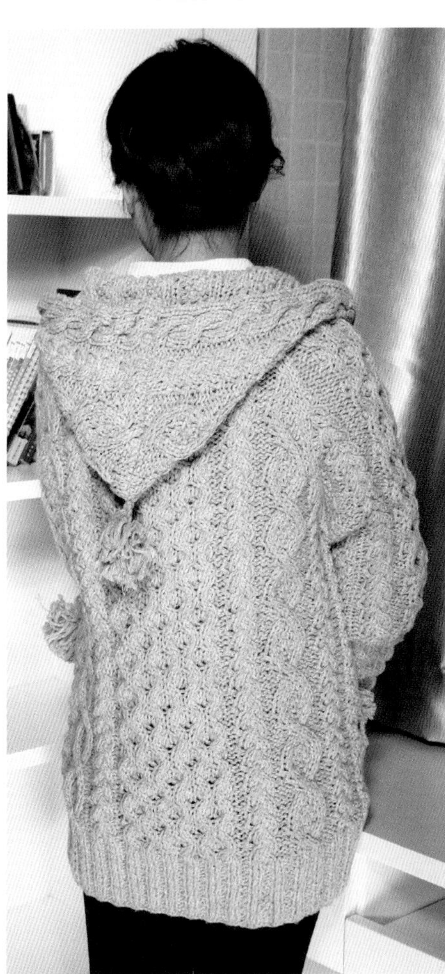

212

213

214

215

216

217

218

219
220

221

222

223

224

225

226

227

228

229

230

231

232

233

234

235
236

237

238

239

240

241

242

243

244

245

246

247

248

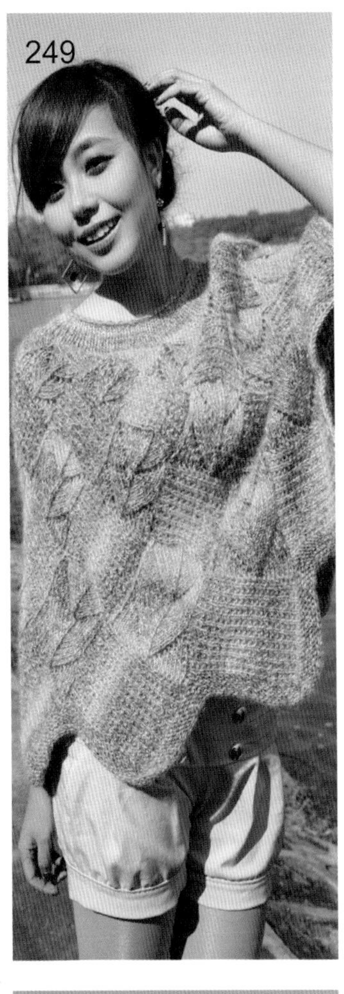
249

250

251

252

253
254
255

256

257

258

259

260

261

262

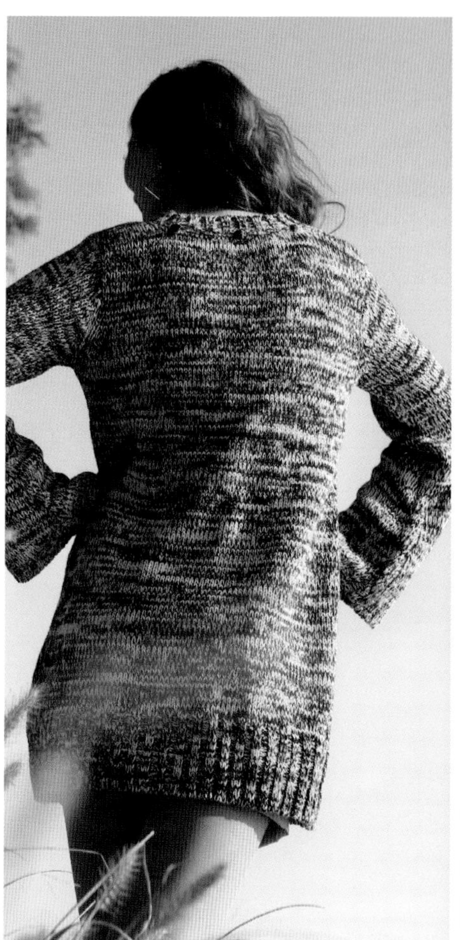

263
264
265
266

267

268

269

270

271
272
273
274
275
277

278

279

280

281

282

283

284

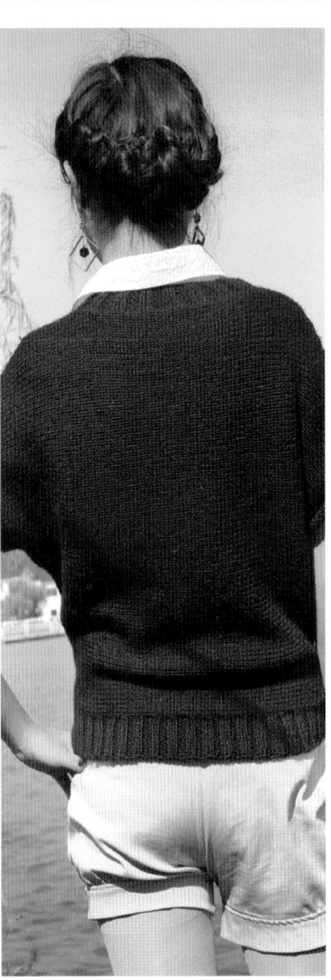

285

286
287
288

289

290

291

292

293

294

295

编织图解

001

【成品尺寸】衣长 52cm　胸围 92cm　袖长 58cm
【工具】7 号棒针　8 号棒针　绣花针
【材料】紫色毛线 800g
【密度】10cm^2 ：21 针 ×24 行
【附件】自制纽扣 1 枚

【制作方法】
1. 用 7 号棒针起 132 针织花样 12 朵，片织 6cm 后圈织，织到 45cm，花样结束，两边 70 针收针，中间前后 80 针，共 160 针圈起来用 8 号棒针织双罗纹 8cm。
2. 领子 132 针挑起，用 8 号棒针织双罗纹 8cm，片织。
3. 按图解钉上纽扣，清洗整理。

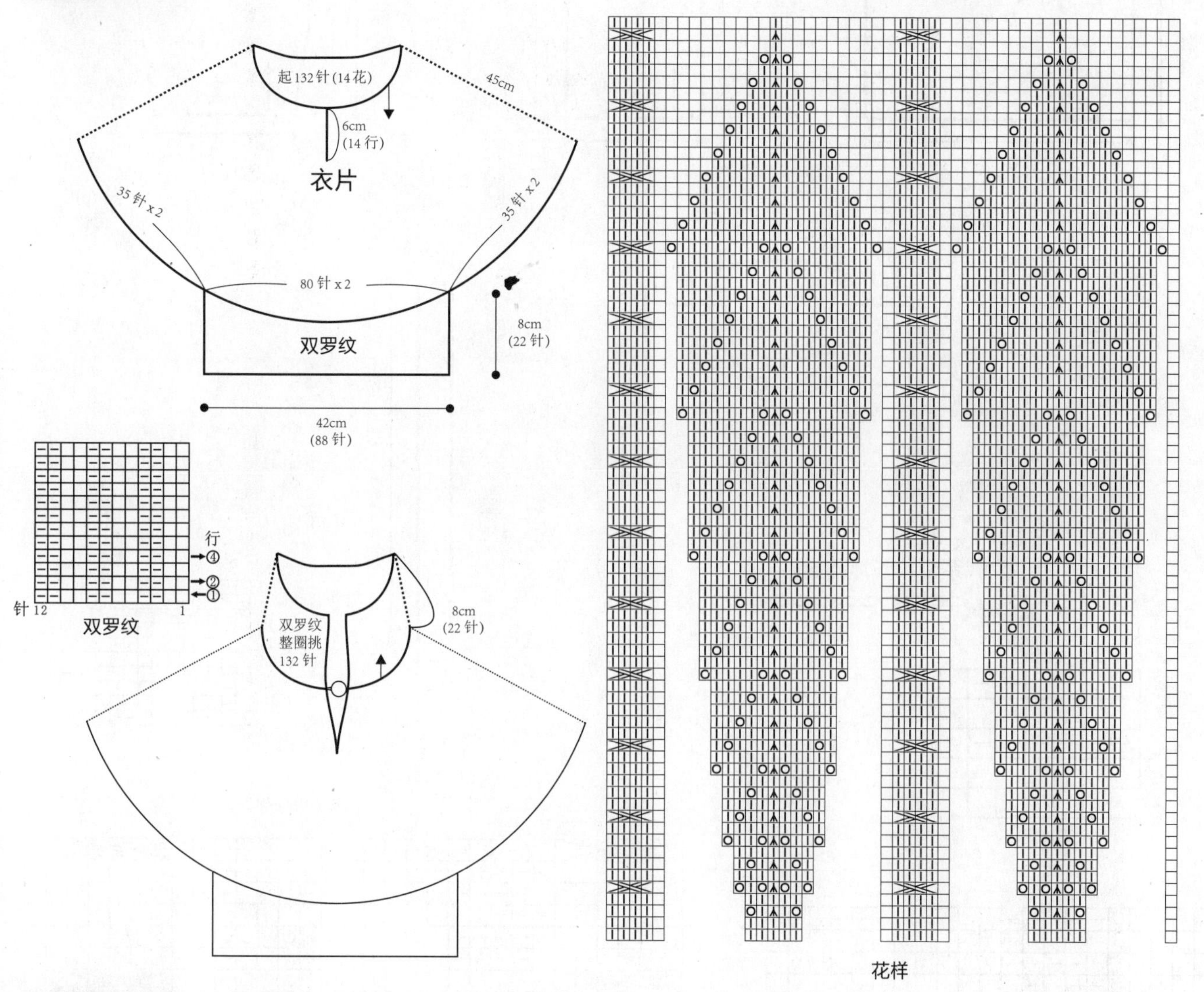

002

【成品尺寸】衣长 60cm　胸围 88cm　袖长 58cm
【工具】11 号棒针　3mm 钩针
【材料】暗红色中粗棉线 650g
【密度】10cm^2 ：21 针 ×22 行

【制作方法】
1. 后片：起 92 针，按花样 A 编织 35cm。按双罗纹、花样 B、花样 B、双罗纹的顺序编织 7cm 开袖窿，减针如图，继续往上织 18cm 后收针。
2. 前片：左前片：起 45 针，按花样 A 编织 35cm。如图按花样 B、双罗纹的顺序编织 7cm 后开袖窿，继续织 10cm，往上开前领，继续织 8cm 后收针。对称织出另一片。
3. 袖片：起 51 针，按花样 A 编织并同时加针织 45cm。往上织袖山，按袖山减针编织，织 13cm 后收针，用相同方法织出另一片。
4. 门襟：起 12 针，按花样 C 编织 52cm 后收针，用相同方法织出另一条。
5. 挑领：如图共挑 80 针，先织 2cm 花样 A，再织 1cm 上针。
6. 缝合：将两片前片和后片相缝合；两片袖片袖下缝合；袖片与身片相缝合。
7. 系带：用 3mm 钩针锁针法钩两条长度相当的系带。

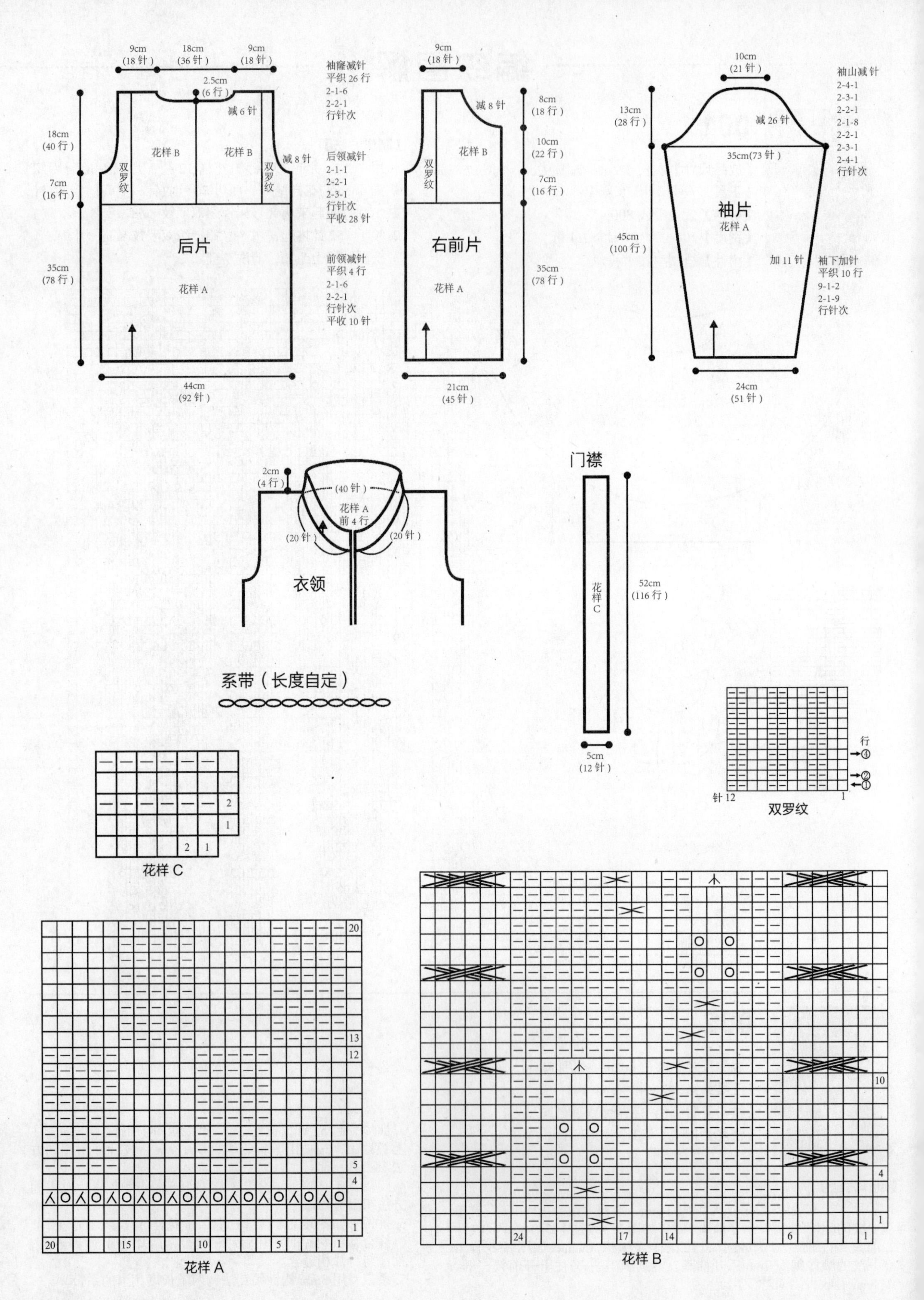

9cm (18针)
18cm (36针)
9cm (18针)
2.5cm (6行)
减6针
18cm (40行)
7cm (16行)
35cm (78行)
花样B
花样B
双罗纹
双罗纹
减8针
后片
花样A
44cm (92针)
袖窿减针
平织26行
2-1-6
2-2-1
行针次
后领减针
2-1-1
2-2-1
2-3-1
行针次
平收28针
前领减针
平织4行
2-1-6
2-2-1
行针次
平收10针
9cm (18针)
减8针
8cm (18行)
10cm (22行)
7cm (16行)
35cm (78行)
花样B
双罗纹
右前片
花样A
21cm (45针)
10cm (21针)
13cm (28行)
减26针
35cm(73针)
45cm (100行)
袖片
花样A
加11针
24cm (51针)
袖山减针
2-4-1
2-3-1
2-2-1
2-1-8
2-2-1
2-3-1
2-4-1
行针次
袖下加针
平织10行
9-1-2
2-1-9
行针次
2cm (4行)
(40针)
花样A
前4行
(20针)
(20针)
衣领
门襟
花样C
52cm (116行)
5cm (12针)
系带（长度自定）
行
针12
双罗纹
花样C
花样A
花样B

003

【成品尺寸】衣长 75cm　胸围 111cm　肩宽 34cm　袖长 52cm

【工具】11 号棒针　绣花针

【材料】蓝色段染马海毛线 650g

【密度】10cm^2：22.4 针 ×26.7 行

【附件】纽扣 5 枚

【制作方法】

1. 后片：由后摆片和后身片分别编织缝合而成。起 128 针，织 4cm 下针，再织 4cm 花样，然后与起针合并成双层衣摆，继续织花样，织至 44cm 的高度，后摆片编织完成。后身片起 112 针，织花样，织 8 行后与起针合并成双层边，继续织至 4cm 的高度，两侧各平收 4 针，然后按 2-1-14 的方法减针织成袖窿，织至 30cm，中间平收 44 针，两侧按 2-1-2 的方法后领减针，最后两肩部各余下 14 针，将后摆片与后身片缝合。

2. 左前片：起 76 针，织 4cm 下针，再织 4cm 花样，然后与起针合并成双层衣摆，继续织花样，织至 27cm 的高度，将织片从第 66 针处分开成两片分别编织，先织右侧部分，平收 6 针后，按 2-2-8、2-1-8 的方法减针织成口袋，织至 39cm 的高度，暂时不织。另起 24 针织花样，织 12cm 的高度，与织片左侧之前留起的 10 针连起来编织，织至 39cm 的高度，加起的针数与左前摆片原来的针数对应合并成 76 针，继续编织，共织 44cm 的高度左前摆片编织完成。左前身片起 68 针，织花样，织 8 行后与起针合并成双层边，继续织至 4cm 的高度，左侧平收 4 针，然后按 2-1-14 的方法减针织成袖窿，织至 30cm，右侧平收 27 针，然后按 2-1-9 的方法前领减针，最后肩部余下 14 针，将左前身片与左前摆片缝合。注意左前片织至 14cm 起，每隔 13cm 留起 1 个扣眼，共 5 个扣眼。同样的方法相反方向织右前片。

3. 袖片（2 片）：起 44 针，织 4cm 下针，再织 4cm 花样，然后与起针合并成双层袖口，继续织花样，一边织一边两侧按 8-1-11 的方法加针，织至 38cm 的高度，两侧各平收 4 针，然后按 2-1-19 的方法减针织成袖山，袖片共织 52cm 长，最后余下 20 针。袖底缝合。

4. 领片：沿领口挑起 96 针织花样，织 21cm 长度，向外缝合成双层领。

5. 衣襟：将左右衣襟侧向内缝合 2cm 的宽度作为衣襟。

6. 口袋：沿袋口挑起 28 针织单罗纹，织 6 行的长度，两端与衣身片对应缝合，再将袋底与两侧与衣身片缝合。

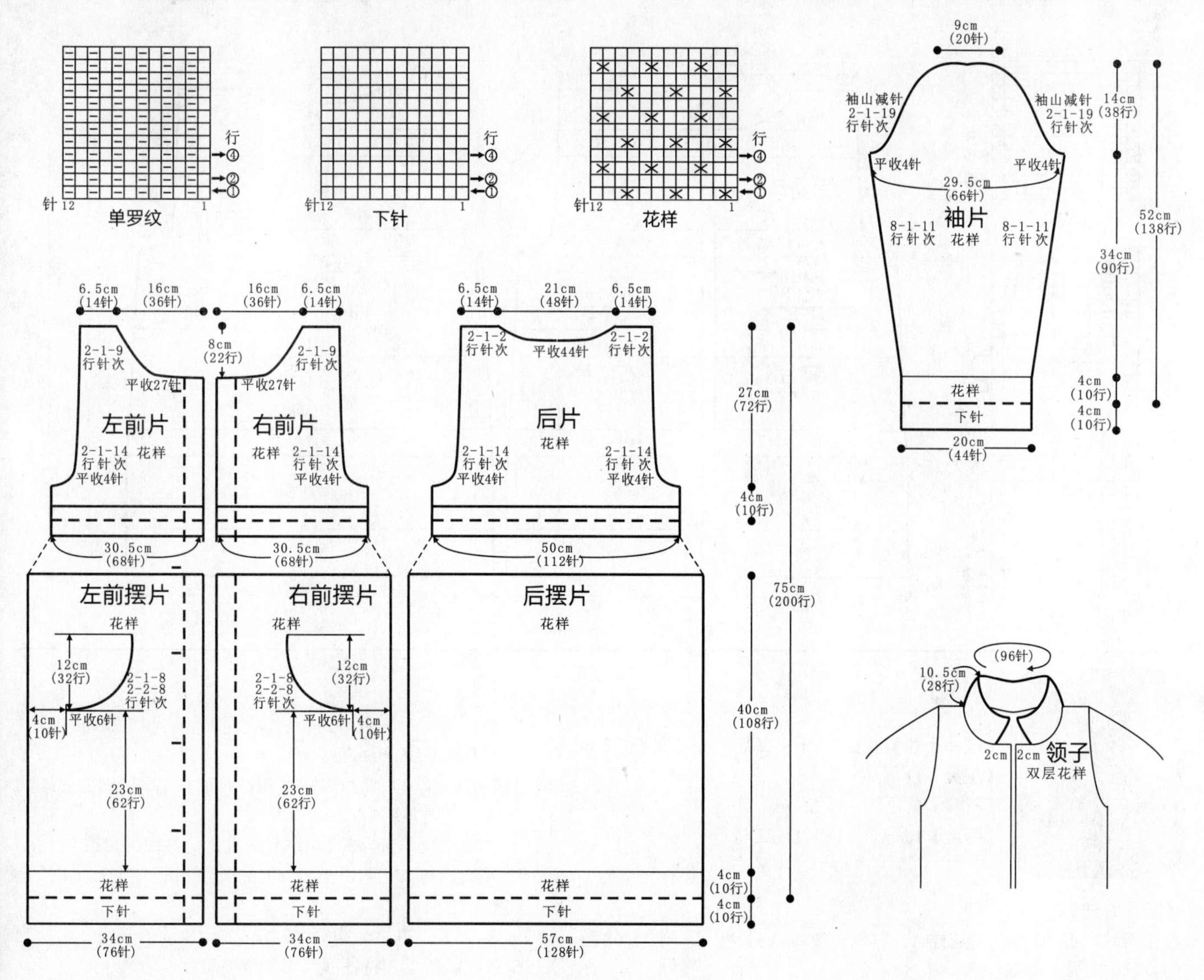

004

【成品尺寸】衣长 82cm　胸围 106cm　肩宽 40.5cm　袖长 51cm
【工具】11 号棒针　绣花针
【材料】蓝色段染马海毛线 650g
【密度】10cm^2 ：23.5 针 ×31 行
【附件】纽扣 7 枚

【制作方法】

1. 后片：起 134 针，织双罗纹，织 8cm 的高度，改为 38 行下针与 14 行花样间隔编织，如结构图所示，一边织一边两侧按 20–1–6 的方法减针，织至 55cm，两侧各平收 4 针，然后按 2–1–9 的方法减针织成袖窿，织至 81cm，中间平收 54 针，两侧按 2–1–2 的方法后领减针，最后两肩部各余下 19 针，后片共织 82cm 长。
2. 左前片：起 70 针，织双罗纹，织 8cm 的高度，改为 38 行下针与 14 行花样间隔编织，如结构图所示，一边织一边左侧按 20–1–6 的方法减针，织至 42cm，将织片中间 32 针收针，次行在相同位置重起 32 针，继续编织，织至 55cm，左侧平收 4 针，然后按 2–1–9 的方法减针织成袖窿，织至 72cm，右侧平收 19 针，按 2–1–13 的方法前领减针，最后两肩部各余下 19 针，左前片共织 82cm 长。注意左前片织至 26cm 起，每隔 6.5cm 留起 1 个扣眼，共 7 个扣眼。同样的方法、相反的方向织右前片。
3. 袖片（2 片）：起 48 针，织双罗纹，织 8cm 的高度，改织下针，一边织一边按 8–1–12 的方法两侧加针，织至 41cm 的高度，两侧各平收 4 针，然后按 2–1–15 的方法袖山减针，袖片共织 51cm 长，最后余下 34 针。袖底缝合。
4. 领片：沿领口挑起 122 针织下针，织 11cm 长度，将领片侧边各挑起 28 针，织 4 行后向外缝合成双层边。
5. 缝上纽扣。

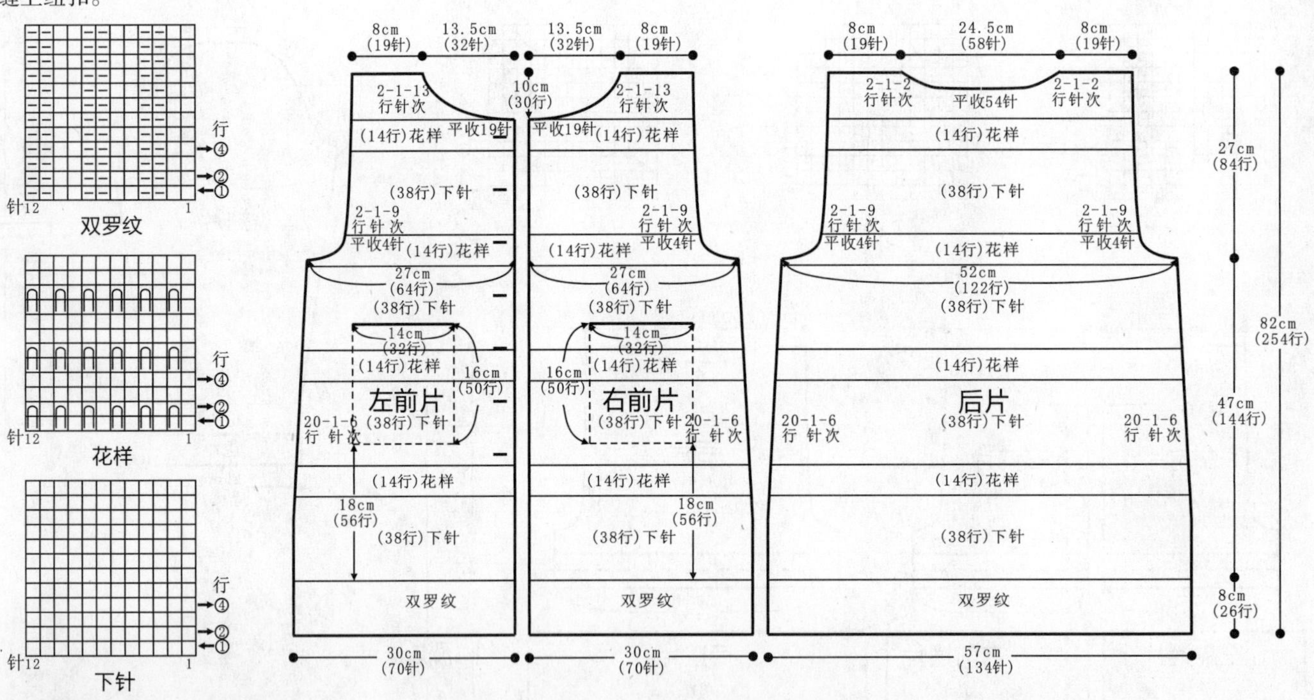

005

【成品尺寸】衣长 77cm　衣宽 65cm　袖长 27cm
【工具】11 号棒针
【材料】紫色羊毛线 550g
【密度】10cm^2 ：17 针 ×25 行

【制作方法】

1. 后摆片：起 44 针，织花样 A，右侧织 30cm 的长度 . 左侧共织 8 行的长度。
2. 左 / 右后片：起 63 针，织花样 B，右侧织 59cm 的长度，左侧共织 13cm 的长度。
3. 左 / 右前片：起 63 针，织花样 C，右侧织 125cm 的长度，左侧共织 18cm 的长度。
4. 袖片（2 片）：起 48 针，织双罗纹，一边织一边按 8–1–8 的方法两侧加针，织至 27cm 的长度，织片变成 64 针。将袖底缝合。
5. 领片：起 20 针，织双罗纹，共织 18cm 的长度。
6. 按图解所示，将各部位织片拼接缝合。

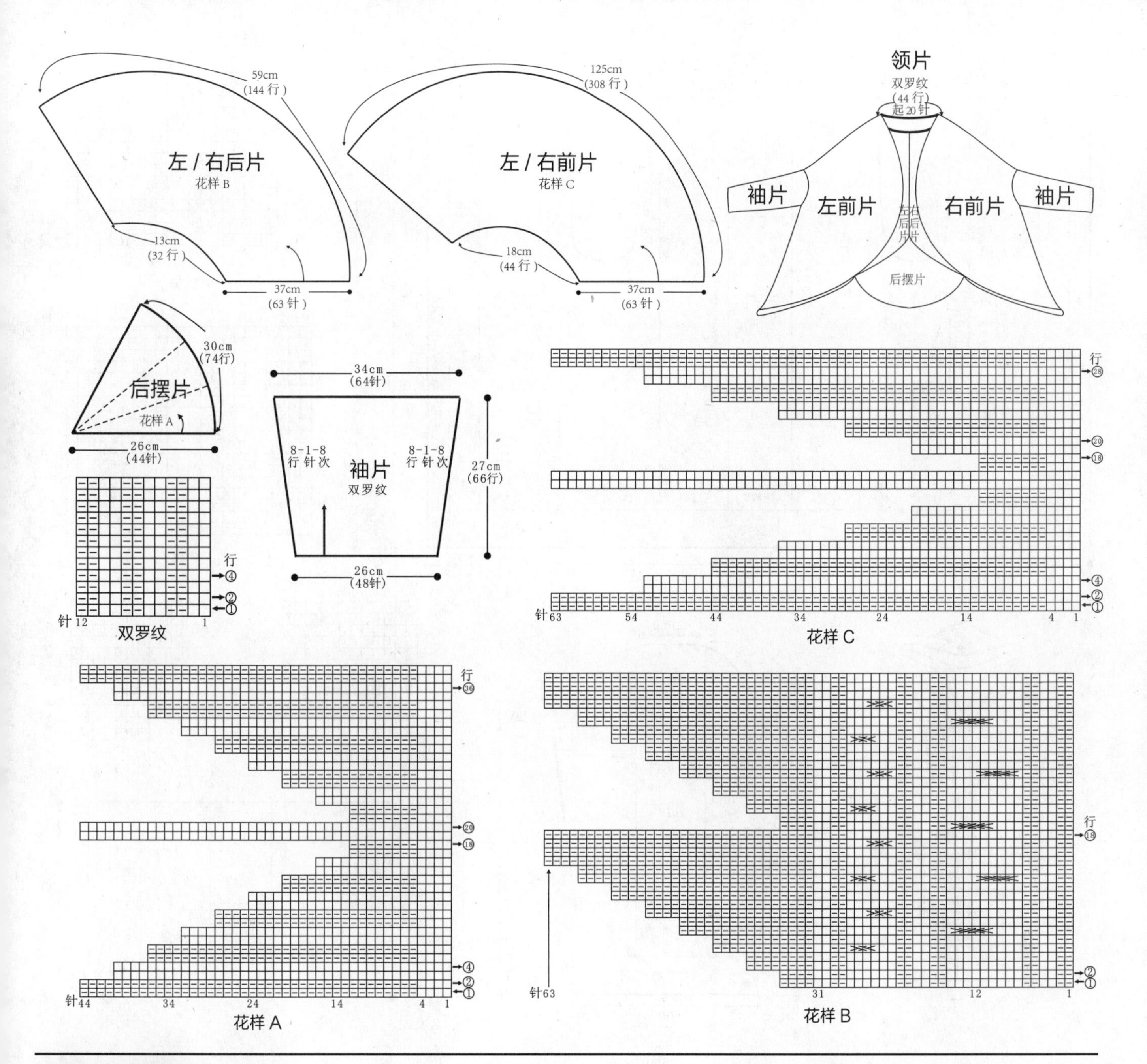

006

【成品尺寸】衣长 70cm 胸围 109cm 肩宽 39.5cm 袖长 54cm

【工具】11 号棒针

【材料】灰色棉线 650g

【密度】10cm^2：19 针 ×23 行

【制作方法】

1. 衣摆片：起 203 针，织双罗纹，织至 6cm，两侧各织 6 针搓板针作为衣襟，中间改织花样 A，花样 B 与下针组合编织，如结构图所示，织至 18cm 的高度，将织片分开成 3 片分别编织，中间部分取 93 针，两侧部分各取 55 针编织，织至 37cm，3 部分连起来编织，织至 47cm 的高度，将织片分成左、右前片和后片分别编织。

2. 后片：分配织片中间 93 针到棒针上，继续织组合花样，起织时两侧各平收 4 针，然后按 2-1-5 的方法减针织成袖窿，织至 70cm，中间留起 41 针不织，两侧肩部各余下 17 针，收针，后片共织 70cm 长。

3. 左前片：左前片取 55 针，继续组合花样编织，起织时右侧平收 4 针，然后按 2-1-5 的方法减针织成袖窿，织至 66cm,左侧平收 19 针后，按 2-2-5 的方法减针织成前领，最后肩部余下 17 针，收针，左前片共织 70cm 长。同样的方法相反方向编织右前片。

4. 袖片（2 片）：起 38 针，织双罗纹，织 6cm，改织花样 A 与下针组合编织，如结构图所示，一边织一边按 8-1-10 的方法两侧加针，织至 41cm 的高度，两侧各平收 4 针，然后按 2-1-15 的方法袖山减针，袖片共织 54cm 长，最后余下 20 针。袖底缝合。

5. 领子：沿领圈挑起 93 针，织花样 A、花样 B、下针、搓板针组合编织，织 26cm 的长度，帽顶缝合。

6. 口袋：沿衣身前片留起的袋口挑起 24 针，织下针，织 13cm 的长度，袋底缝合。沿袋口外侧挑起 24 针，织双罗纹，织 6 行的长度，作为袋口边。

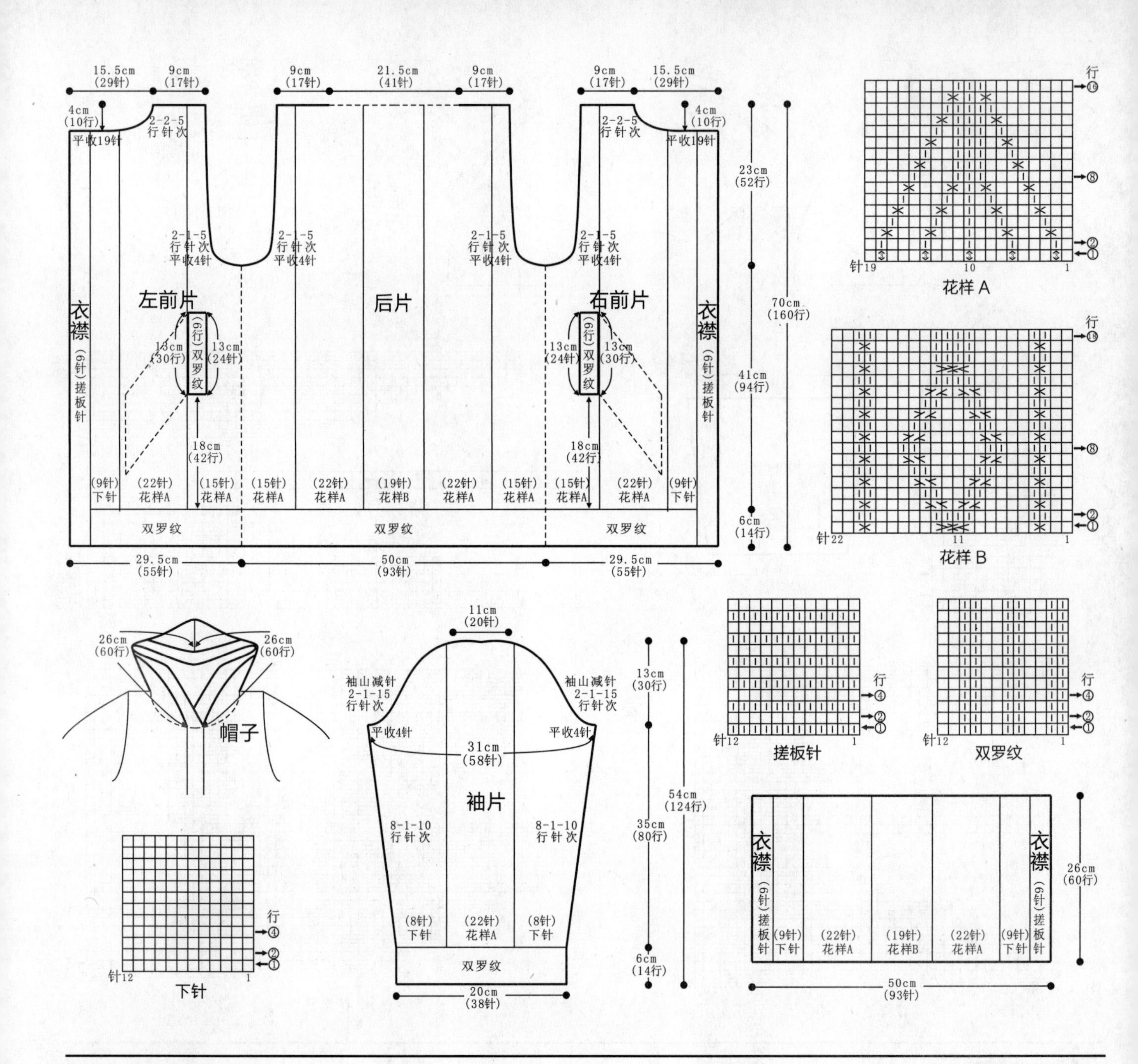

007

【成品尺寸】衣长 61cm 胸围 43cm 袖长 55cm

【工具】12 号棒针 缝衣针

【材料】浅红色羊毛绒线 500g

【密度】$10cm^2$ ：30 针 ×40 行

【制作方法】毛衣用棒针编织，由 1 片前片、1 片后片、2 片袖片组成，从下往上编织。

1. 前片：(1) 先用下针起针法起 130 针，先织 8cm 双罗纹后，改织花样，侧缝不用加减针，织 31cm 至袖窿。(2) 袖窿以上的编织。袖窿平收 6 针后减针，方法是：按 2-2-3 减针，共减 6 针，不加不减织 82 行至肩部。(3) 同时从袖窿算起织至 14cm 时，中间平收 26 针后，开始两边领窝减针，方法是：按 2-1-16 减针，不加不减织至肩部余 24 针。

2. 后片：(1) 先用下针起针法起 130 针，先织 8cm 双罗纹后，改织花样，侧缝不用加减针，织 31cm 至袖窿。(2) 袖窿以上的编织。袖窿两边平收 6 针后减针，方法与前片袖窿一样。(3) 同时从袖窿算起织至 19cm 时，开后领窝，中间平收 46 针，然后两边减针，方法是：按 2-1-16 减针，织至两边肩部余 24 针。

3. 袖片：(1) 从袖口织起，用下针起针法起 66 针，先织 8cm 双罗纹后，改织花样，袖下加针，方法是：按 6-1-18 减针，编织 34cm 至袖窿。(2) 袖窿两边平收 6 针后，开始袖山减针，方法是：按 2-2-6、2-1-20 减针，各减 32 针，编织完 13cm 后余 26 针，收针断线。同样方法编织另一片袖片。

4. 缝合。将前片的侧缝与后片的侧缝对应缝合，前片肩部与后片肩部对应缝合，再将 2 片袖片的袖下缝合后，袖山边线与衣身的袖窿边对应缝合。

5. 领子。领圈边挑 142 针，织 3cm 双罗纹，收针断线，形成圆领。毛衣编织完成。

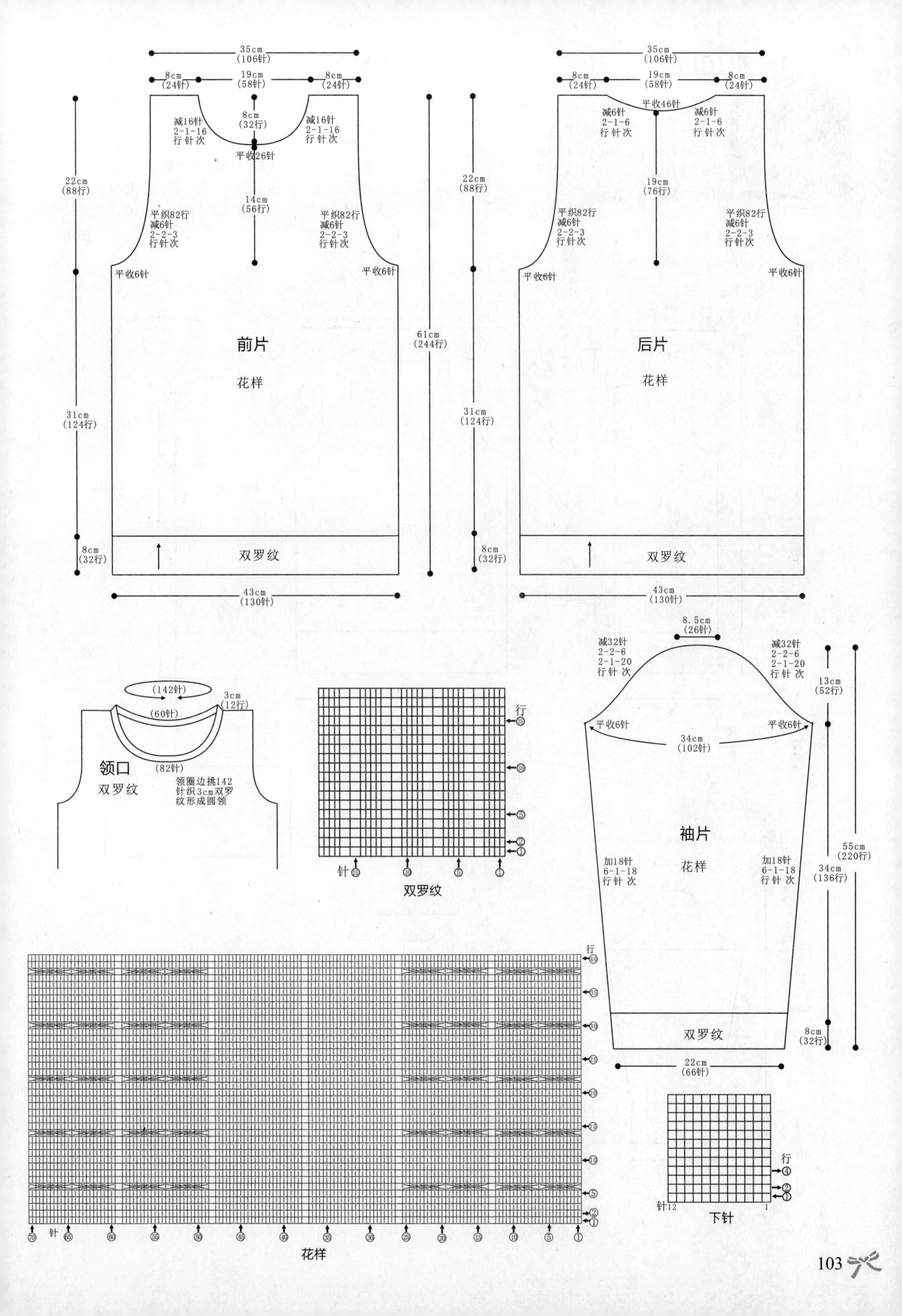
35cm
(106针)
8cm
(24针)
19cm
(58针)
8cm
(24针)
减16针
2-1-16
行针次
8cm
(32行)
平收26针
22cm
(88行)
14cm
(56行)
平织82行
减6针
2-2-3
行针次
平收6针
前片
花样
61cm
(244行)
31cm
(124行)
8cm
(32行)
双罗纹
43cm
(130针)
平收46针
减6针
2-1-6
行针次
19cm
(76行)
后片
8.5cm
(26针)
减32针
2-2-6
2-1-20
行针次
13cm
(52行)
34cm
(102针)
袖片
加18针
6-1-18
行针次
55cm
(220行)
34cm
(136行)
22cm
(66针)
(142针)
3cm
(12行)
(60针)
(82针)
领口
双罗纹
领圈边挑142
针织3cm双罗
纹形成圆领
行
针
花样
下针

008

【成品尺寸】衣长 72cm　胸围 96cm　袖长 55cm
【工具】6 号棒针　7 号棒针　绣花针
【材料】粉红色粗毛线 1000g
【密度】10cm^2 ：18 针 ×24 行
【附件】纽扣 5 枚

【制作方法】
1. 前片：用 7 号棒针起 44 针，从下往上织 9cm 花样 A，换 6 号棒针织 10cm 花样 C，继续织 30cm 花样 C 后开挂肩，按图分别收袖窿、收领子。用相同方法织另一片。
2. 后片：用 7 号棒针起 88 针，织 9cm 花样 A，换 6 号棒针编织花样 B，并按图收袖窿、收领子。
3. 袖片：用 7 号棒针起 36 针，从下往上织 9cm 花样 A，换 6 号棒针织花样 C，放针，织到 33cm 处按图解收袖山。
4. 前后片、袖片、领子缝合后按图解挑门襟，织 5cm 花样 A，收针，按图钉上纽扣。

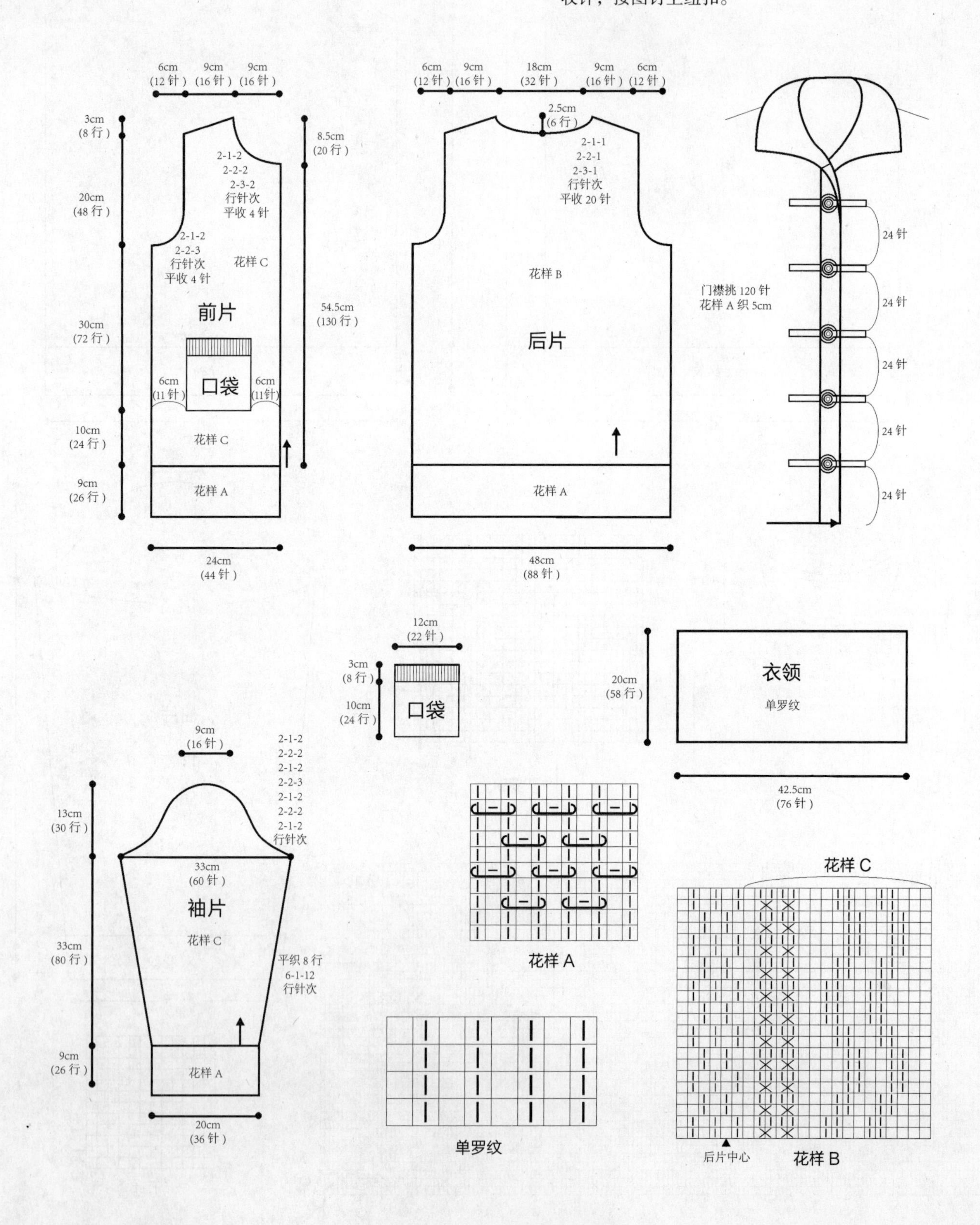

009

【成品尺寸】衣长 70cm　胸围 100cm　袖长 56cm
【工具】7 号棒针　8 号棒针　绣花针
【材料】灰色毛线 1000g
【密度】10cm^2 ：16 针 ×22 行
【附件】纽扣 5 枚

【制作方法】

1. 左前片：用 8 号棒针起 40 针，从下往上织双罗纹 6cm，换 7 号棒针织 41cm 花样 B 后开挂肩，按图解分别收袖窿、收领子。右前片织法同左前片。
2. 后片：用 8 号棒针起 80 针，双罗纹织法与前片相同，换 7 号棒针按后片图解编织花样 C。
3. 袖片：用 8 号棒针起 34 针，从下往上织双罗纹 6cm，换 7 号棒针织花样 C，放针，织到 37cm 处按图解收袖山。领子按图织 18cm 花样 A。
4. 将前片、后片、袖片、领子缝合后，钉上纽扣。

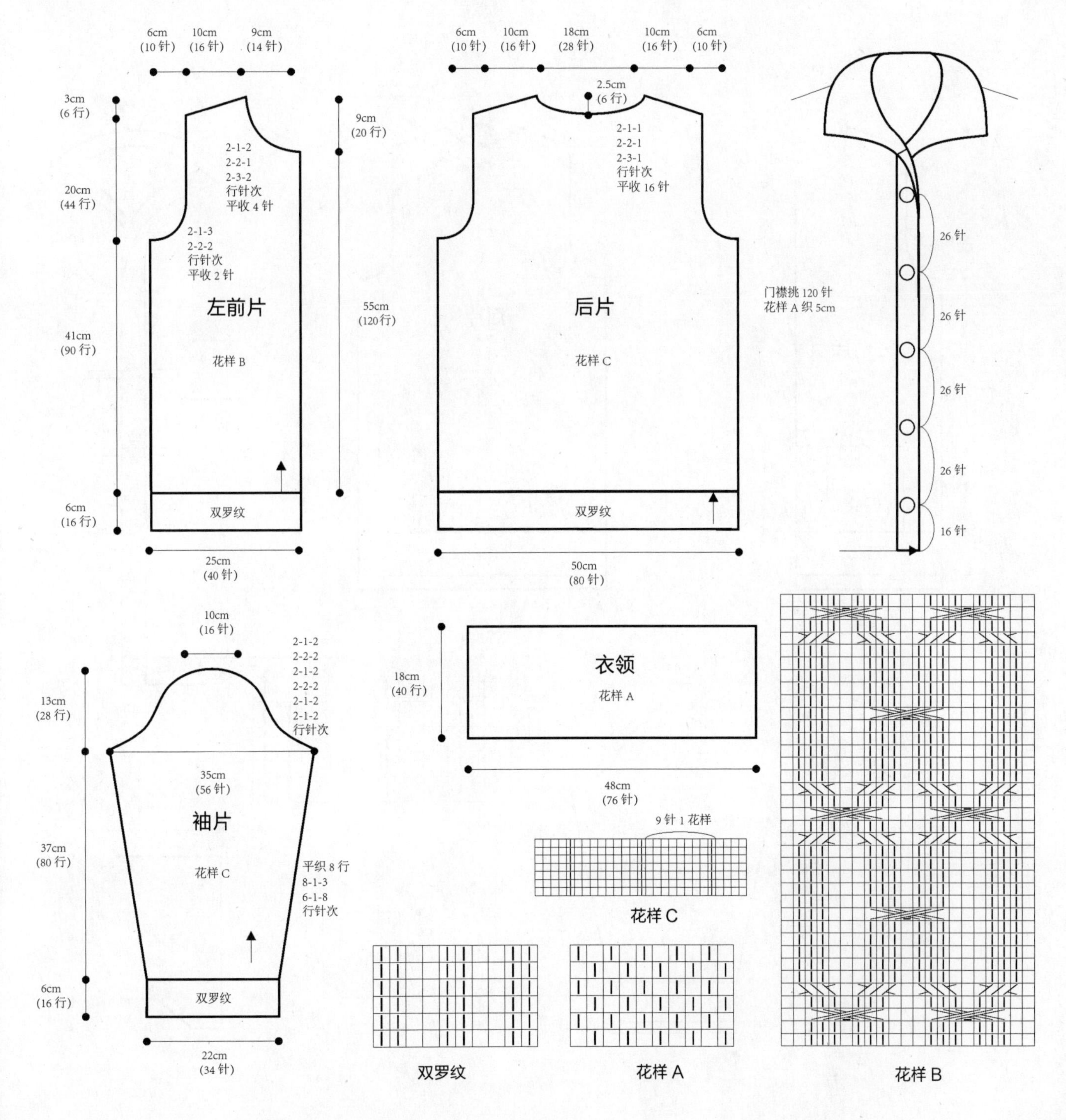

010

【成品尺寸】衣长 70cm　胸围 92cm　袖长 54cm
【工具】7 号棒针　8 号棒针　绣花针
【材料】灰色粗毛线 1000g
【密度】$10cm^2$：18 针 ×24 行
【附件】自制盘扣 4 枚

【制作方法】

1. 左前片：用 8 号棒针起 40 针，织 2cm 下针，从下往上织双罗纹 7cm，换 7 号棒针织 28cm 花样 A 后开挂肩，口袋另织好，按图解分别收袖窿、收领子。右前片与左前片织法相同。
2. 后片：用 8 号棒针起 82 针，下针及双罗纹织法与前片相同，换 7 号棒针按后片图解编织花样 B。
3. 袖片：用 8 号棒针起 36 针，织 2cm 下针，从下往上织双罗纹 7cm，换 7 号棒针织花样 B，放针，织到 32cm 处按图解收袖山。
4. 将前片、后片、袖片、帽子缝合后，按图解挑门襟，织 5cm 双罗纹，收针，按图解钉上纽扣。

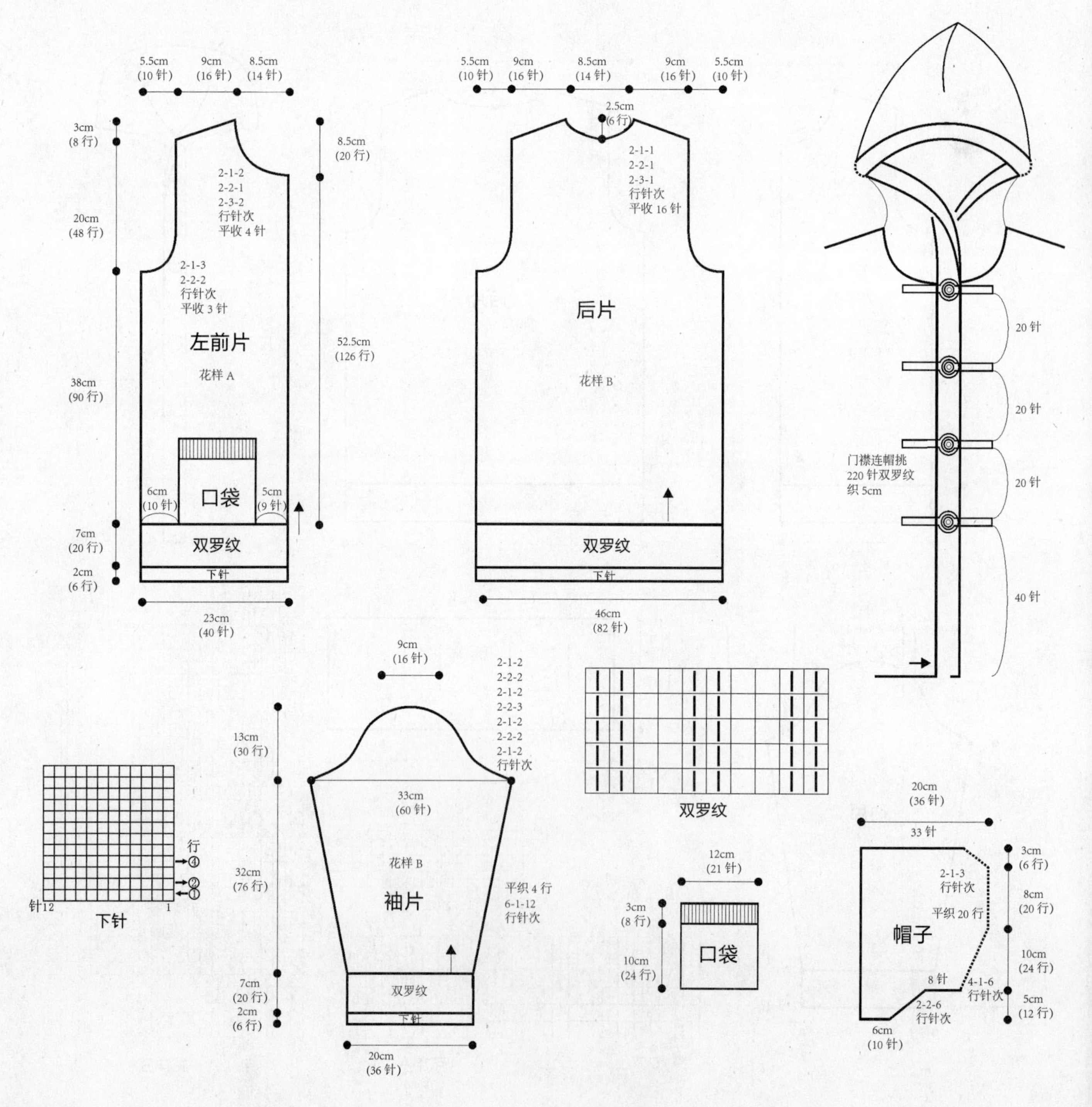

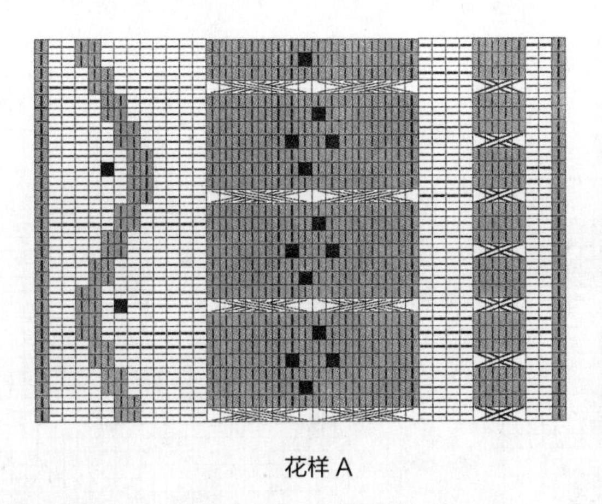

花样 A

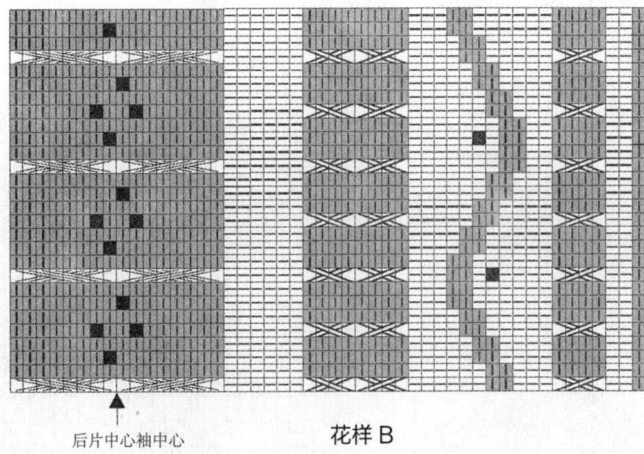

花样 B

011

【成品尺寸】衣长 58cm　胸围 94cm　肩宽 38cm　袖长 56cm

【工具】11 号棒针　绣花针

【材料】灰色毛线 650g

【密度】10cm²：22 针 ×28 行

【附件】纽扣 5 枚

【制作方法】

1. 后片：起 106 针，织双罗纹，织 5cm 后改织上针，中间织 36 针花样 A，织至 38cm 的高度，两侧各平收 4 针，然后按 2-1-7 的方法减针织成袖窿，织至 56.5cm，中间 38 针留起不织，两侧按 2-1-2 的方法减针织成后领，织至 58cm 的高度，两侧肩部各余下 21 针。

2. 左前片：起 50 针，织双罗纹，织 5cm 后改织上针，中间织 32 针花样 B，织至 16cm 的高度，中间 34 针改织双罗纹，织至 20cm 的高度，将 34 针双罗纹收针作为口袋。另起线从左前片里侧衣脚双罗纹的顶部挑起 34 针，织花样 B，织至 20cm 的高度，与原左前片两侧留起的针数连起来编织，织至 38cm 的高度，左侧平收 4 针，然后按 2-1-7 的方法减针织成袖窿，织至 54.5cm，右侧平收 8 针，然后按 2-2-5 的方法减针织成前领，左前片共织 58cm 长，肩部余下 21 针。同样的方法相反方向编织右前片。

3. 袖片（2 片）：起 48 针，织 5cm 双罗纹，改织上针，两侧一边织一边按 14-1-7 的方法加针，织至 42cm 的高度，两侧各平收 4 针，然后按 2-1-20 的方法减针织成袖山，袖片共织 56cm 长，最后余下 14 针。袖底缝合。

4. 帽片：沿领口挑起 58 针织上针，织 26cm 长度，帽顶缝合。

5. 衣襟：沿左右衣襟侧及帽侧分别挑起 180 针，织双罗纹，织 4cm 的长度。

6. 饰花：按花样 C 的方法编织 16 片叶子，缝合于衣身花样 A 及花样 B 枝头位置，如图所示。

7. 按图解所示，将各部位织片拼接缝合。缝上纽扣。

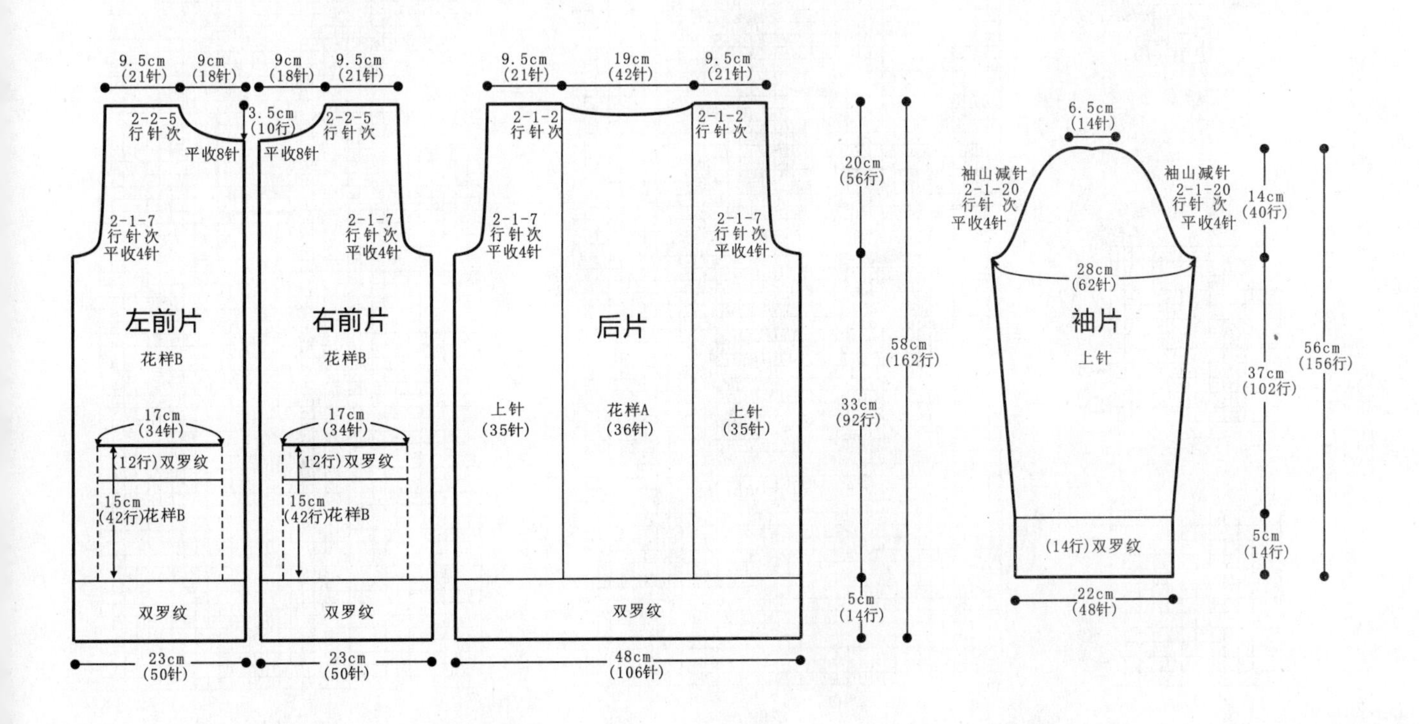

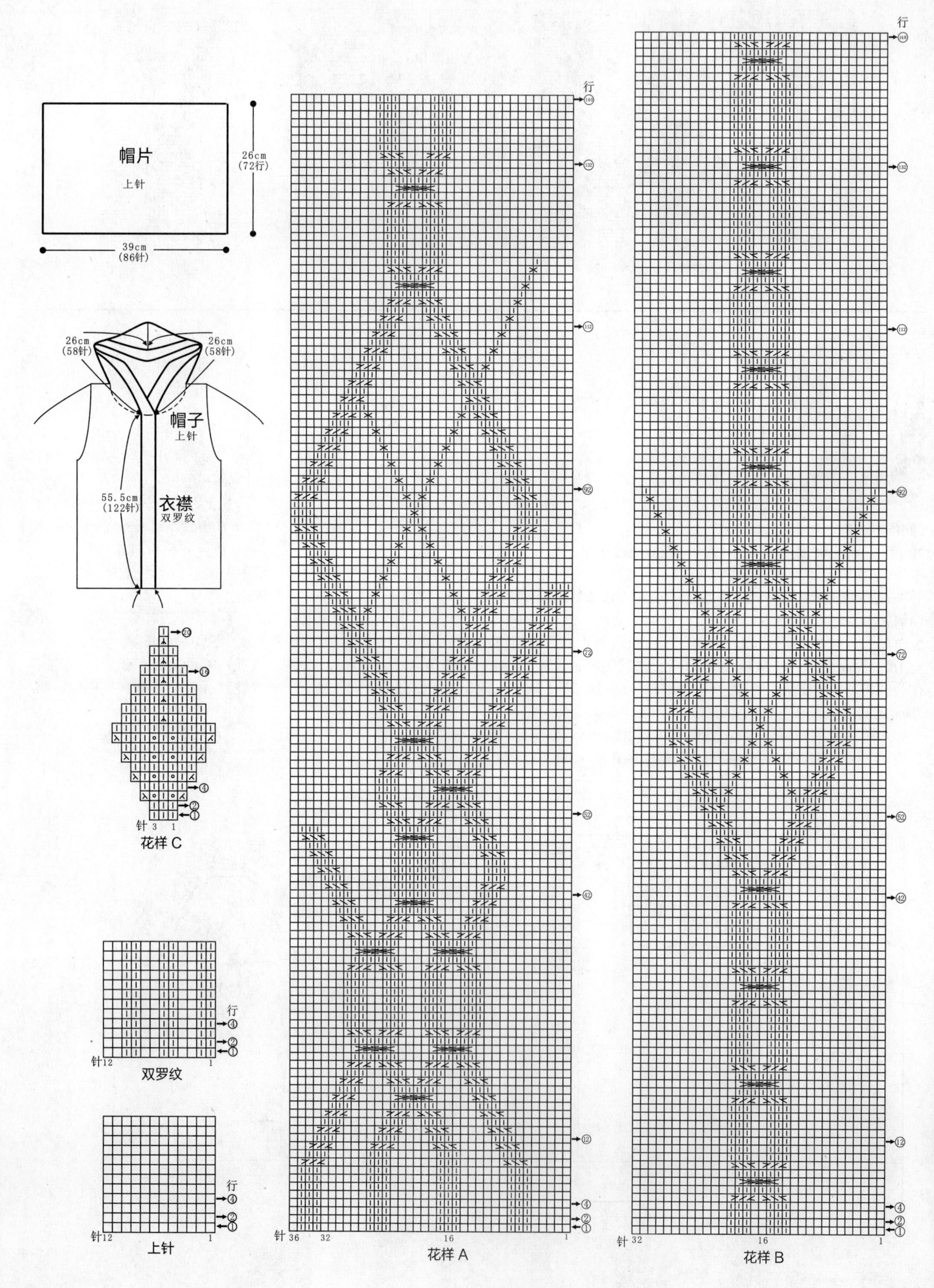

帽片
上针
26cm
(72行)
39cm
(86针)
26cm
(58针)
26cm
(58针)
帽子
上针
55.5cm
(122针)
衣襟
双罗纹
花样 C
双罗纹
上针
花样 A
花样 B
行
针

012

【成品尺寸】衣长 68cm　胸围 86cm　肩宽 33cm　袖长 49cm
【工具】12 号棒针　绣花针
【材料】灰色棉线 650g
【密度】10cm² ：26 针 ×34 行
【附件】纽扣 2 枚

【制作方法】

1. 后片：先织腰封，横向编织。起 18 针，织花样 B，织 43cm 的长度。织衣摆，沿腰封一侧挑起 135 针织花样 A，织 29cm 的高度，改织花样 F，织 6cm 的高度，衣摆完成。沿腰封另一侧挑起 110 针织后片上身，上针与花样 C、花样 E 组合编织，如结构图所示，织 6cm 的高度，两侧各平收 4 针，然后按 2-1-8 的方法减针织成袖窿，织至 25cm 的高度，中间平收 38 针，两侧按 2-1-2 的方法减针织成后领，后片上身共织 26cm 高度。

2. 左前片：先织腰封，横向编织。起 18 针，织花样 B，织 21.5cm 的长度。织衣摆，沿腰封一侧挑起 67 针织花样 A，织 29cm 的高度，改织花样 F，织 6cm 的高度，衣摆完成。沿腰封另一侧挑起 56 针织左前片上身，上针与花样 C、花样 D 组合编织，如结构图所示，织 6cm 的高度，左侧平收 4 针，然后按 2-1-8 的方法减针织成袖窿，织至 22cm 的高度，右侧平收 8 针，然后按 2-2-7 的方法减针织成前领，左前片上身共织 26cm 高度。同样的方法相反方向织右前片。

3. 袖片（2 片）：起 46 针，织花样 F，织 6cm 的高度，改织花样 A，一边织一边按 8-1-14 的方法两侧加针，织至 40cm 的高度，两侧各平收 4 针，然后按 2-1-15 的方法袖山减针，袖片共织 49cm 长，最后余下 36 针。袖底缝合。

4. 帽片：沿领圈挑起 86 针，织花样 B、花样 C、花样 D、花样 E 和上针组合编织，织 28cm 的长度，帽顶缝合。

5. 衣襟：沿衣襟及帽襟两侧挑起 166 针，织双罗纹，共织 4cm 的长度。缝上纽扣。

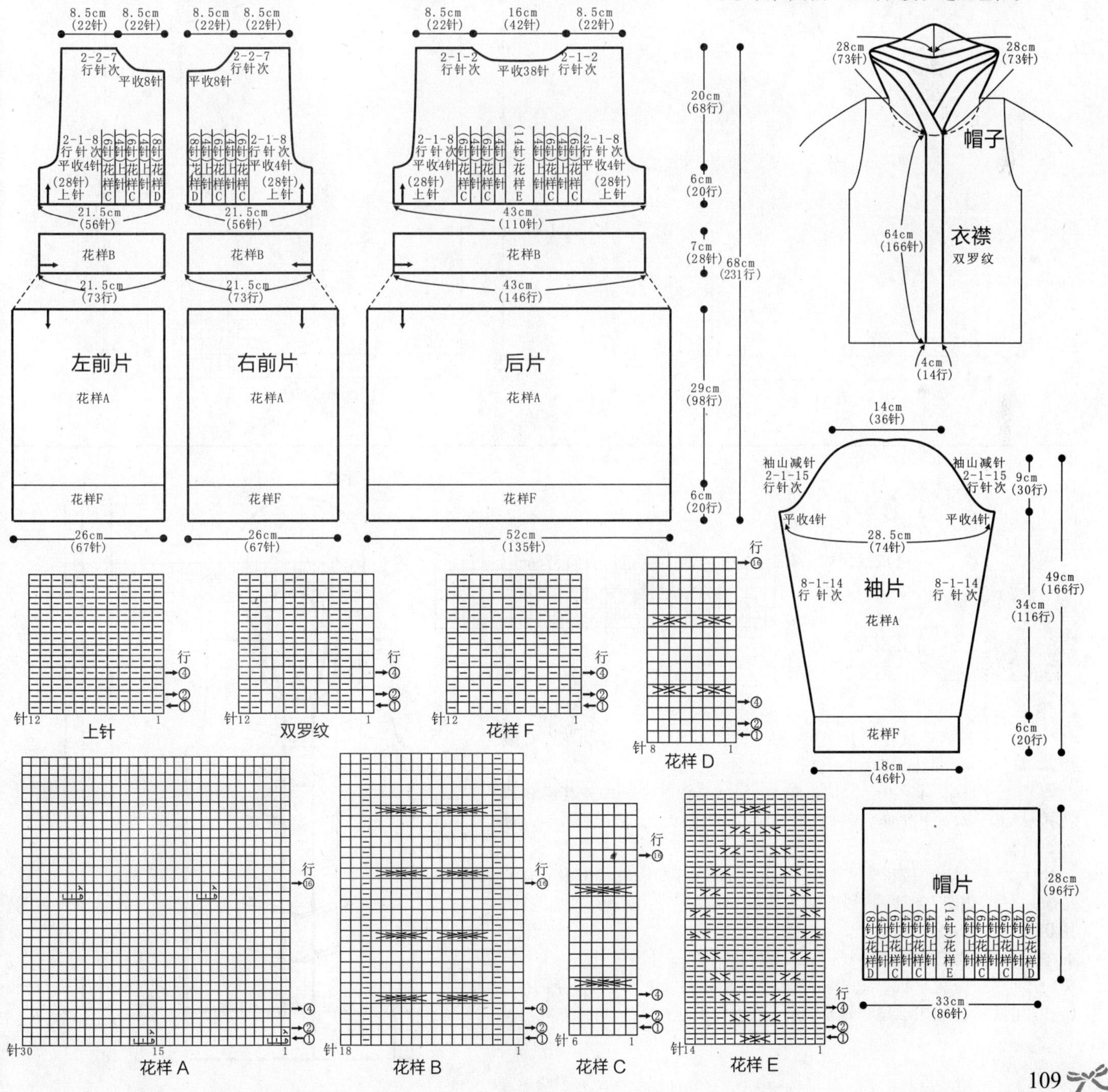

013

【成品尺寸】衣长 60cm　胸围 96cm　袖长 40cm

【工具】6 号棒针

【材料】花式玻珠线 750g

【密度】$10cm^2$ ：15 针 ×22 行

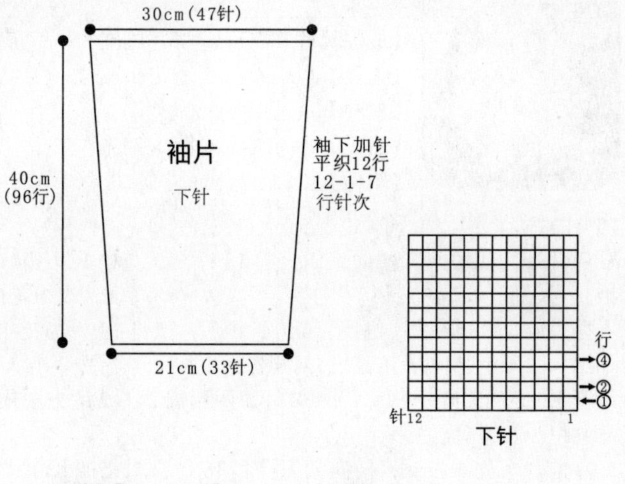

【制作方法】

1. 前片、后片分别编织，袖片为左、右 2 片。按结构图先织后片，起 74 针，织下针，不加不减织 47cm 到领口，如图示，进行领口减针，织到最后 5cm 时，采用下针进行斜肩减针，肩留 23 针，待用。
2. 前片：织法与后片相同。
3. 袖片：起 33 针，织下针，袖下按图加针，织 40cm，收针断线。
4. 将前后片反面下针缝合，分别合并侧缝线和袖下线，并缝合袖子。

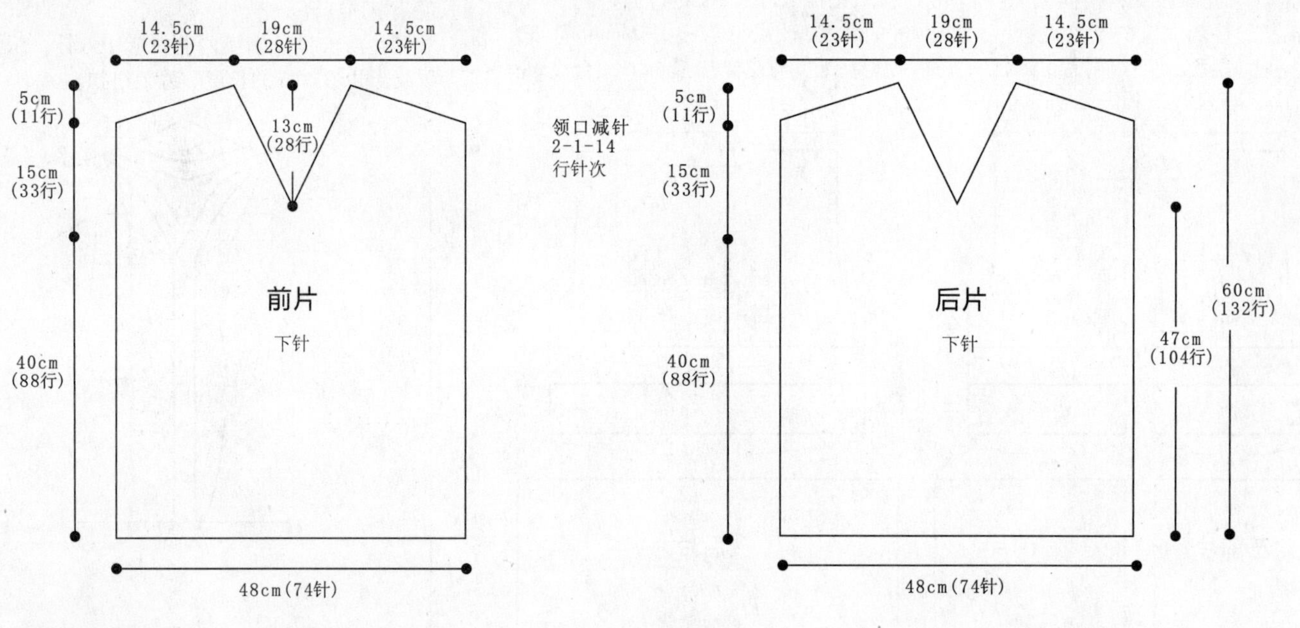

014

【成品尺寸】衣长 70cm　胸围 84cm　袖长 58cm

【工具】10 号棒针　绣花针

【材料】灰色棉线 900g

【密度】$10cm^2$ ：17 针 ×20 行

【附件】象牙扣 5 枚

【制作方法】

1. 后片：起 72 针，按花样 A 编织 8cm，往上如图按花样 B 和花样 C 编织 44cm，按袖窿减针织 16cm 后领，两边各织 2cm 后收针。
2. 前片：左前片：起 29 针，按花样 A 编织 8cm，往上如图按花样 B 和花样 C 编织 44cm，按袖窿减针织 10cm 后前领减针，织 8cm 后收针，对称织出右前片。
3. 袖片：起 36 针，按花样 A 编织 10cm，按图示上针、花样 B 和花样 C 编织并在两边同时加针，按袖下加针，织 35cm 后开袖山，进行袖山减针。用相同方法织出另一片袖片。
4. 帽片：按连帽图解编织帽子。
5. 门襟：按图示起 8 针，织 85cm 后收针，用相同方法织出另一条门襟。
6. 在左前片、右前片合适位置装上系带孔及钉上纽扣。

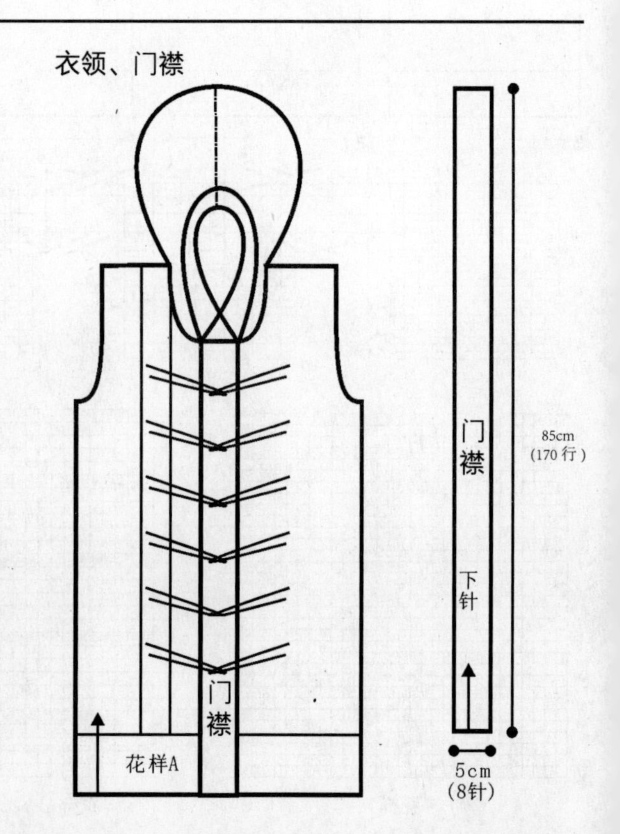

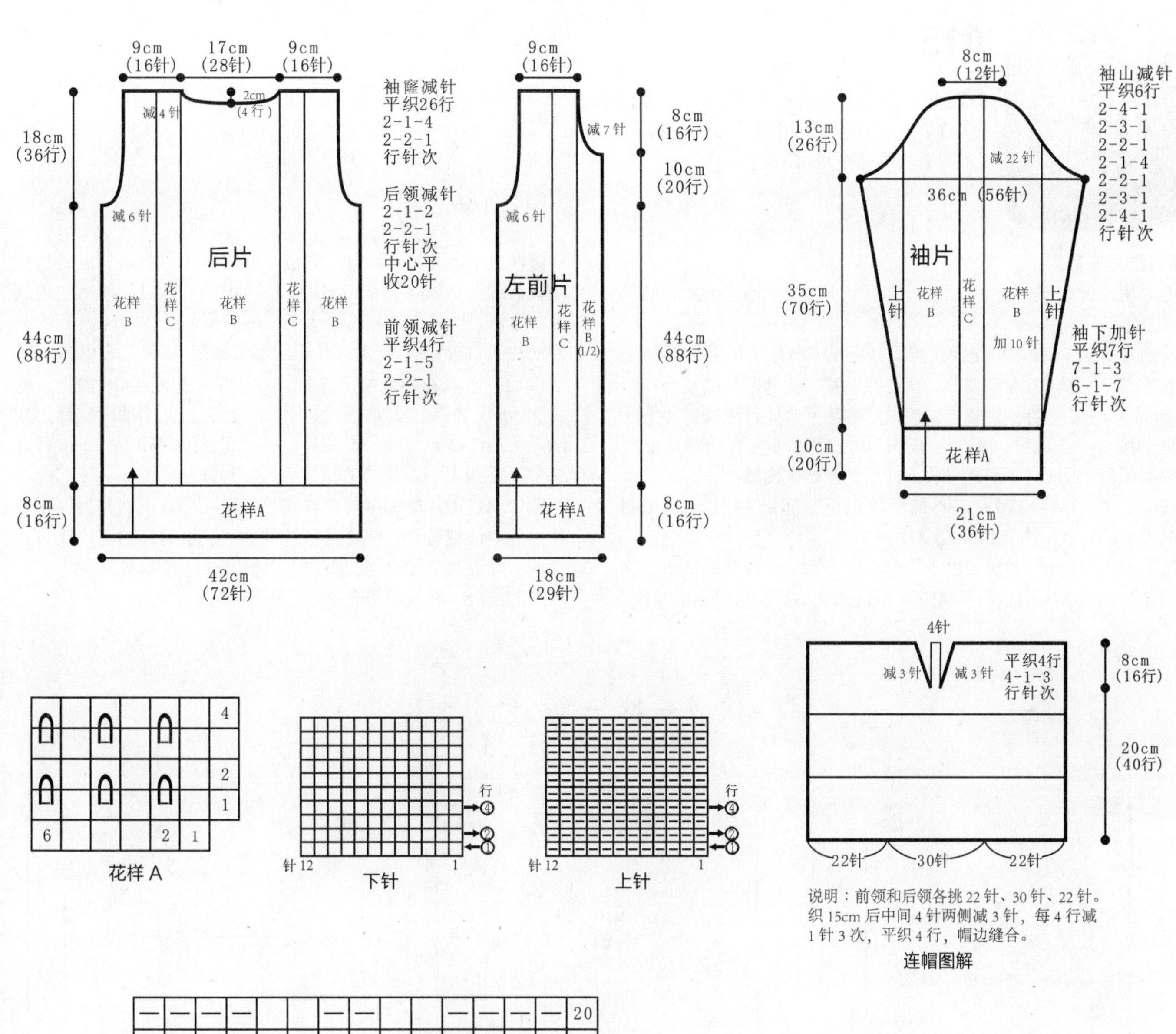
9cm
(16针)
17cm
(28针)
9cm
(16针)
2cm
(4行)
减4针
18cm
(36行)
减6针
后片
花样B
花样C
44cm
(88行)
8cm
(16行)
花样A
42cm
(72针)
袖窿减针
平织26行
2-1-4
2-2-1
行针次
后领减针
2-1-2
2-2-1
行针次
中心平
收20针
前领减针
平织4行
2-1-5
2-2-1
行针次
减7针
左前片
花样B(1/2)
8cm
(16行)
10cm
(20行)
18cm
(29针)
8cm
(12针)
13cm
(26行)
减22针
36cm (56针)
袖片
上针
35cm
(70行)
加10针
10cm
(20行)
21cm
(36针)
袖山减针
平织6行
2-4-1
2-3-1
2-2-1
2-1-4
2-2-1
2-3-1
2-4-1
行针次
袖下加针
平织7行
7-1-3
6-1-7
行针次
4针
减3针
减3针
平织4行
4-1-3
行针次
20cm
(40行)
22针
30针
22针
说明：前领和后领各挑22针、30针、22针。织15cm后中间4针两侧减3针，每4行减1针3次，平织4行，帽边缝合。
连帽图解
花样A
下针
上针
行
针 12

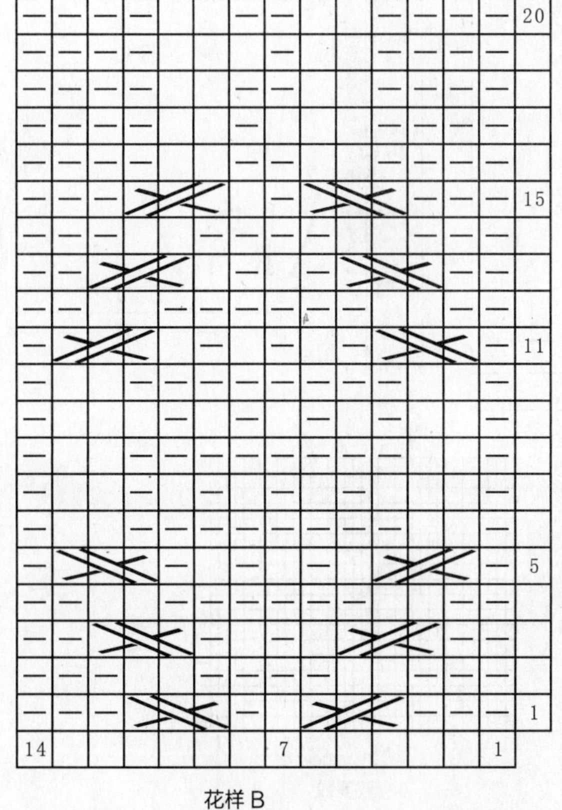

花样B

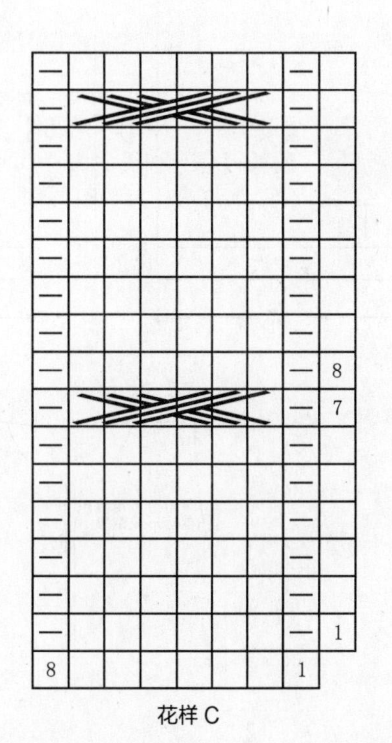

花样C

015

【成品尺寸】衣长 61cm　胸围 38cm　袖长 51cm
【工具】12 号棒针　绣花针
【材料】灰色棉线 900g
【密度】10cm^2：30 针 ×40 行
【附件】拉链 1 条

【制作方法】

毛衣用棒针编织，由 2 片前片、1 片后片、2 片袖片组成，从下往上编织。

1. 前片：分右前片和左前片编织。右前片 :(1) 先用下针起针法起 57 针，先织 3cm 双罗纹后，改织花样，侧缝不用加减针，织 35cm 至袖窿。(2) 袖窿以上的编织。袖窿平收 4 针后减针，方法是：按 2-1-5 减针，不加不减织 70 行至肩部。(3) 同时从袖窿算起织至 12cm 时，门襟平收 4 针后，开始领窝减针，方法是：按 2-2-4、2-1-12 减针，不加不减织至肩部余 24 针。(4) 相同的方法、相反的方向编织左前片。

2. 后片：(1) 先用下针起针法起 114 针，先织 3cm 双罗纹后，改织花样，侧缝不用加减针，织 35cm 至袖窿。(2) 袖窿以上的编织。袖窿两边平收 4 针后减针，方法与前片袖窿一样。(3) 同时从袖窿算起织至 20cm 时，开后领窝，中间平收 36 针，然后两边减针，方法是：按 2-1-6 减针，织至两边肩部余 24 针。

3. 袖片：(1) 从袖口织起，用下针起针法起 66 针，先织 3cm 双罗纹后，改织花样，袖下加针，方法是：按 6-1-18 加针，编织 35cm 至袖窿。(2) 袖窿两边平收 4 针后，开始袖山减针，方法是：按 2-2-6、2-1-20 减针，共减 32 针，编织完 13cm 后余 30 针，收针断线。同样方法编织另一片袖片。

4. 缝合：将前片的侧缝与后片的侧缝对应缝合，前片肩部与后片肩部对应缝合，再将 2 片袖片的袖下缝合后，袖山边线与衣身的袖窿边对应缝合。领圈边不用编织，自然形成圆领。

5. 缝上拉链。毛衣编织完成。

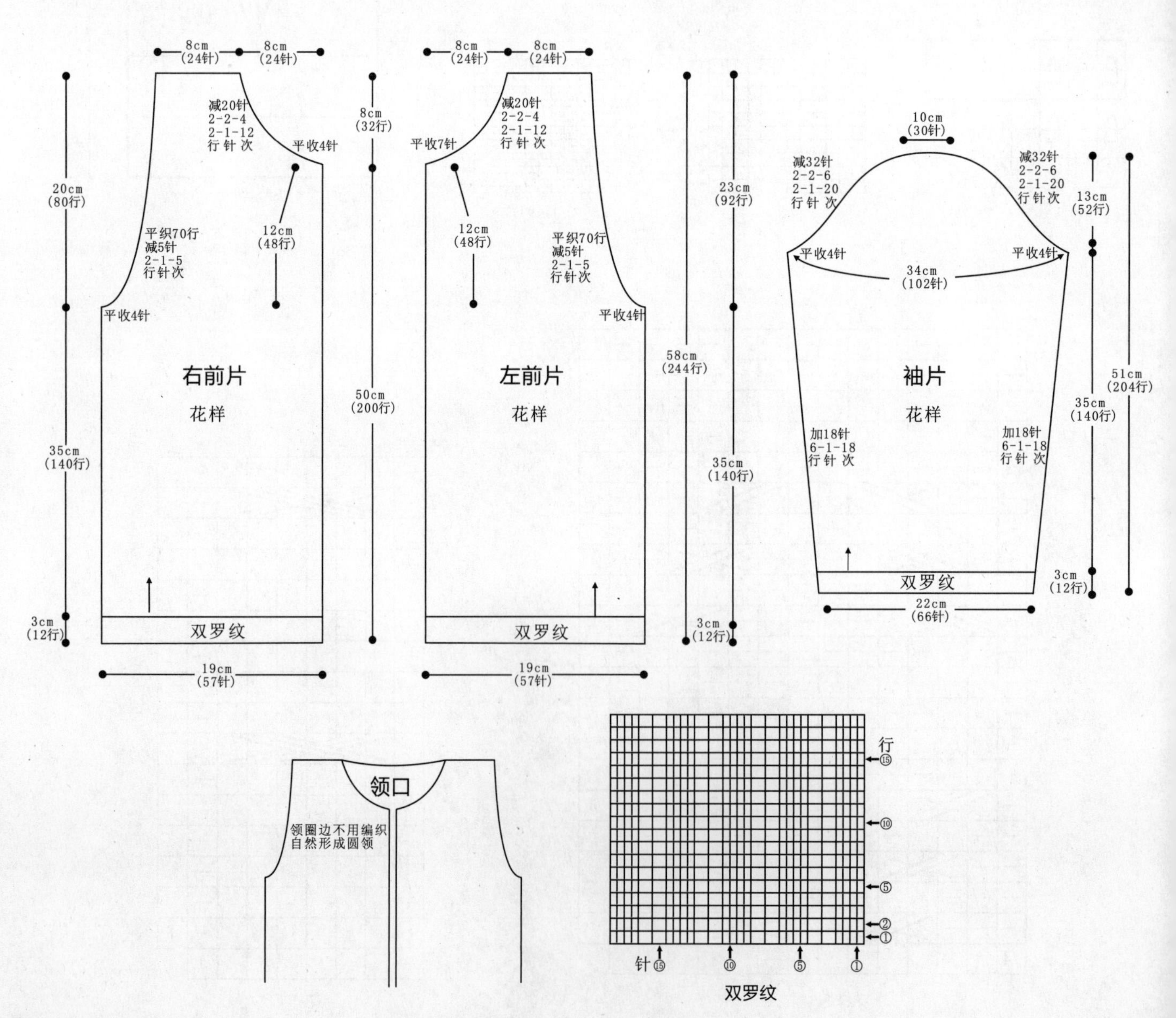

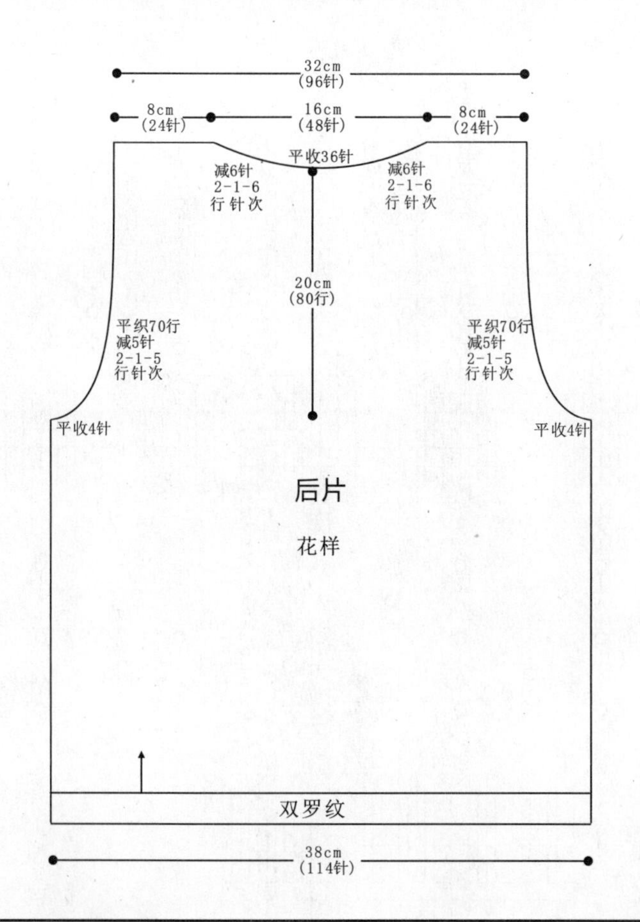

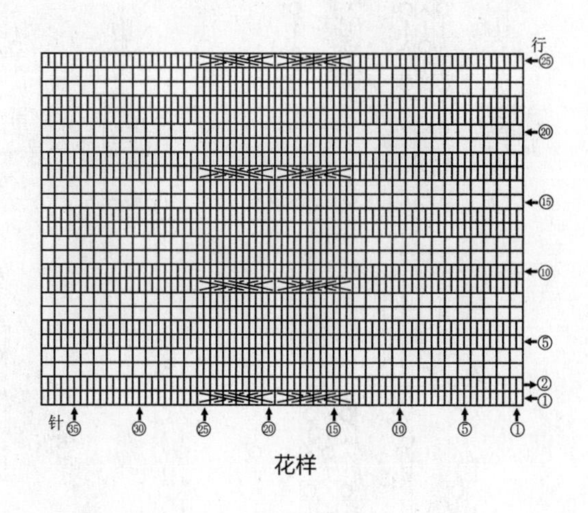

016

【成品尺寸】衣长 48cm　胸围 80cm　袖长 23cm　裙腰 26cm　裙摆 38cm　裙长 41cm

【工具】9 号棒针　12 号棒针

【材料】蓝色棉线 1200g

【密度】衣服 10cm^2 ：26 针 ×28 行　裙子 10cm^2 ：26 针 ×32 行　围巾 10cm^2 ：20 针 ×30 行

【制作方法】

1. 衣片：用 12 号棒针起 120 针，从上往下按花样 B 编织 22cm，开始按图解分袖、分衣身。衣身为前、后共 208 针，袖各为 76 针。衣身织花样 A 到 20cm 处换 9 号棒针织 6cm 花样 C。

2. 裙子：用 9 号棒针起 98 针，织 3cm 花样 B2，换 12 号棒针织花样 C2，织 23cm 后按图解收针。

3. 围巾：按图解编织 130cm 花样 A2。

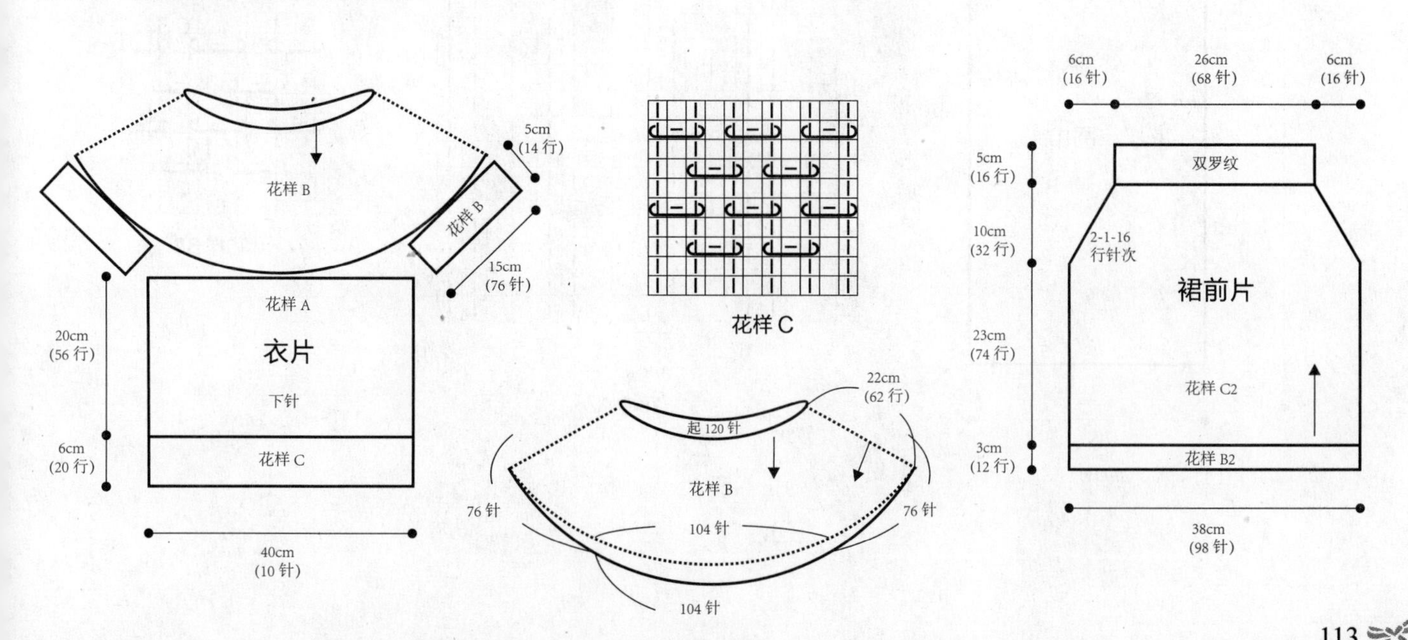

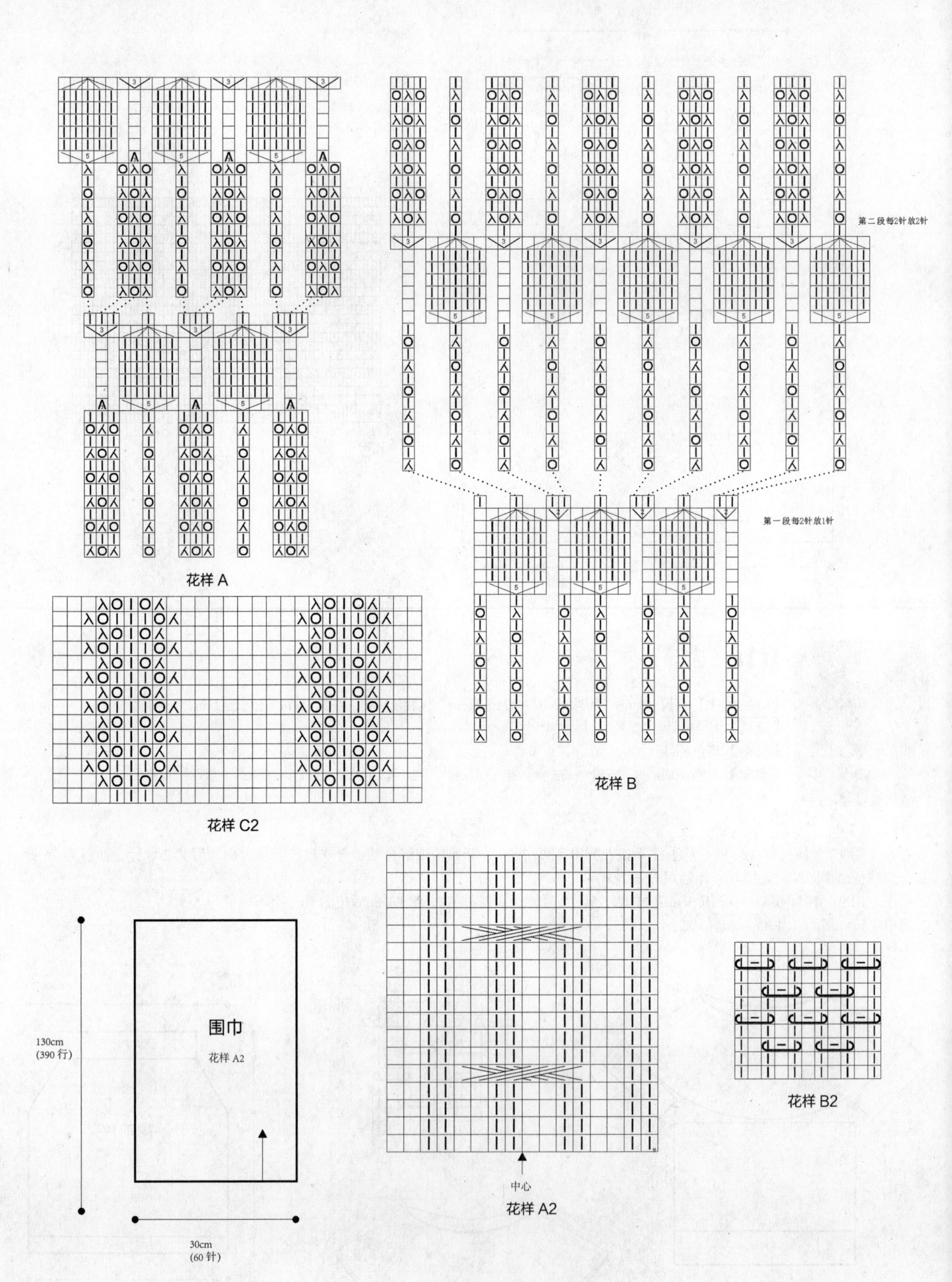

花样 A

花样 B

花样 C2

花样 A2

花样 B2

017

【成品尺寸】衣长 74cm　胸围 96cm　袖长 46cm
【工具】7 号棒针　8 号棒针　绣花针
【材料】灰色毛线 1100g
【密度】10cm^2：22 针 ×30 行
【附件】纽扣 1 枚

【制作方法】
1. 前片：用 8 号棒针起 106 针织双罗纹 10cm，换 7 号棒针往上织花样，织到 18cm 处空门襟，织下针，织到 23cm 处开挂肩，按图解收袖窿、收领子。
2. 后片：起针与前片相同，收领子按后片图解。
3. 袖片：用 8 号棒针起 52 针织双罗纹，换针织花样，按图解编织，双罗纹织好后往上翻。
4. 将前片、后片、袖片、领子缝合后按图解挑门襟，用 8 号棒针编织双罗纹 6cm。
5. 用绣花针缝上纽扣。

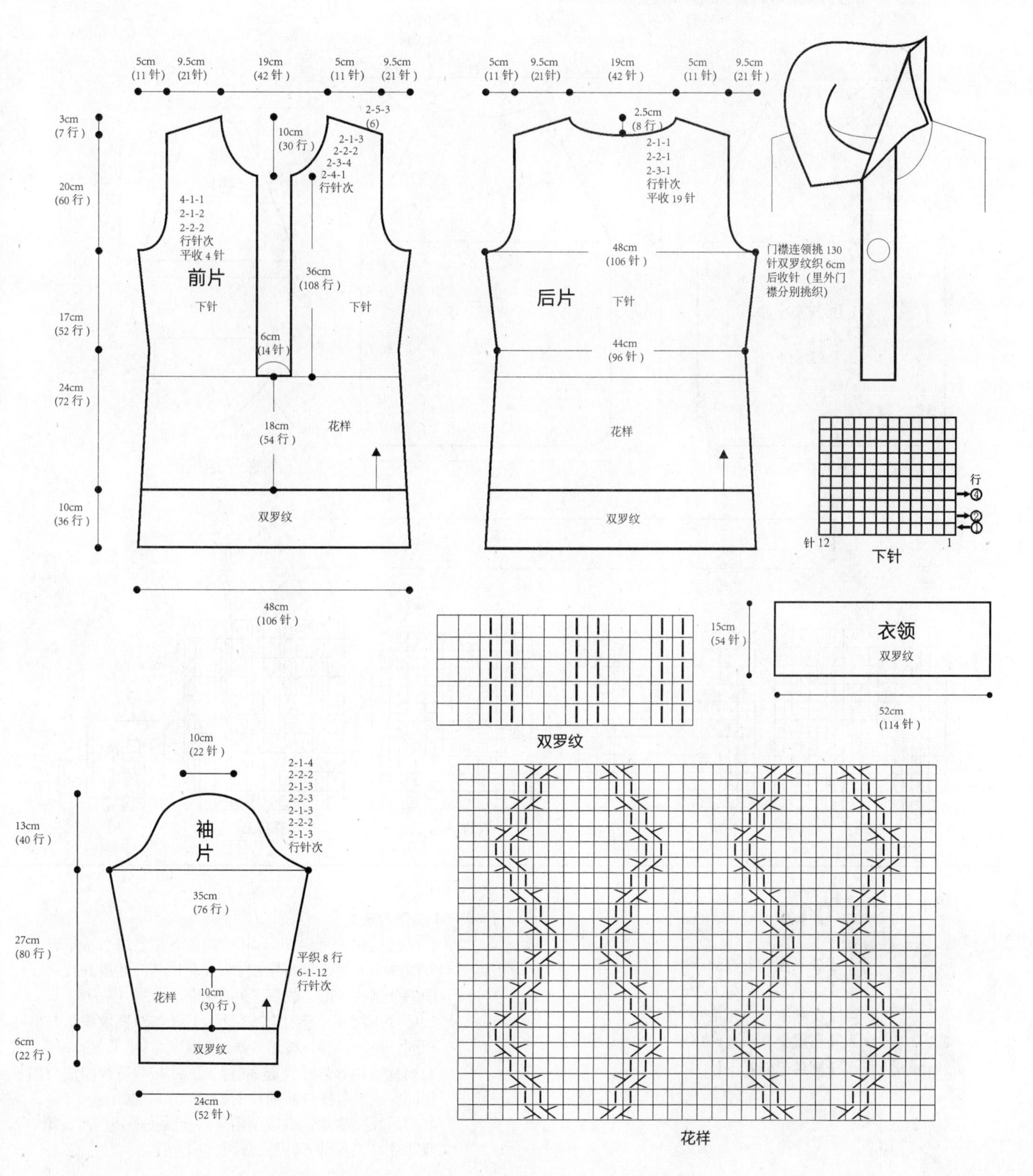

018

【成品尺寸】衣长 60cm　胸围 92cm　肩宽 46cm　袖长 22cm

【工具】5 号棒针

【材料】灰色纯羊毛线 600g

【密度】衣服 10cm^2：25 针 ×36 行

【制作方法】

1. 前片：按图起 96 针，织全下针，同时两边衣角加针至 116 针，织至 38cm 时收插肩袖窿，织至 17cm 时同时收领窝，织至肩位余 5 针。

2. 后片：按图起 96 针，织法与前片一样，只是织至 20.5cm 才收领窝。

3. 袖片（2 片）：按图起 90 针，织全下针，两边同时按图示减针收插肩袖山，同样方法织另一袖。

4. 将前、后片的肩位、侧缝与袖片全部缝合。

5. 领圈挑 106 针，织 18cm 花样 A，形成高领。口袋另织花样 B，下摆织 372cm 的单罗纹长矩形，与前片缝合，完成。

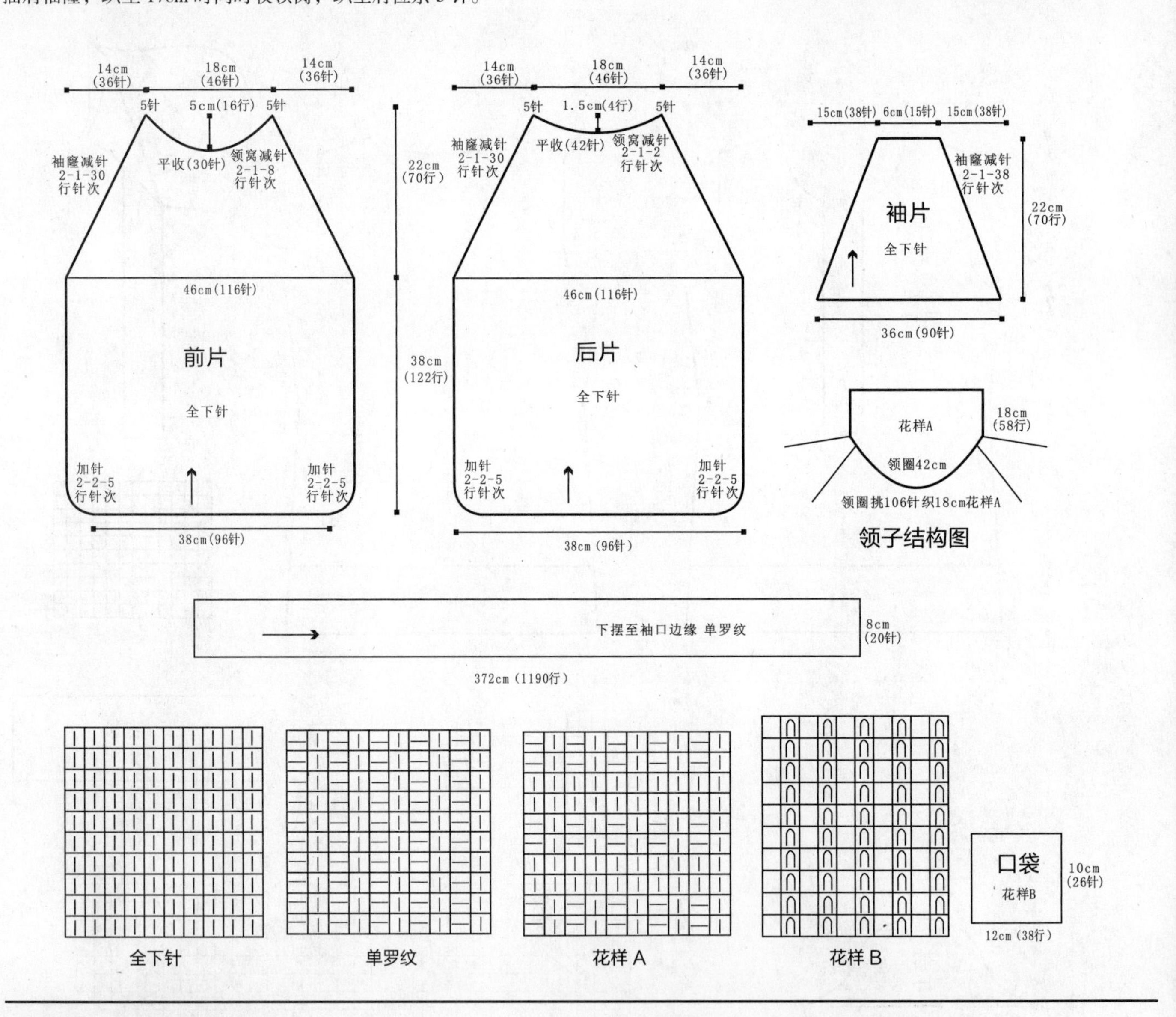

019

【成品尺寸】衣长 70cm　胸围 92cm　袖长 54cm

【工具】5 号棒针　6 号棒针　绣花针

【材料】驼色粗毛线 900g

【密度】10cm^2：18 针 ×24 行

【附件】纽扣 5 枚

【制作方法】

1. 前片：用 6 号棒针起 40 针，从下往上织 2cm 下针、双罗纹 7cm，换 5 号棒针织 38cm 花样 A，然后开挂肩，按图解分别收袖窿、收领子。用相同织法织另一片。

2. 后片：用 6 号棒针起 82 针，下针与双罗纹织法与前片相同，换 5 号棒针按后片图解编织。

3. 袖片：用 6 号棒针起 36 针，下针与双罗纹织法与前片相同，换 5 号棒针按袖片图解编织，收袖山。

4. 前后片、袖片、口袋、帽子缝合后按图挑门襟，织 5cm 双罗纹，织 6 行下针后收针，钉上纽扣。

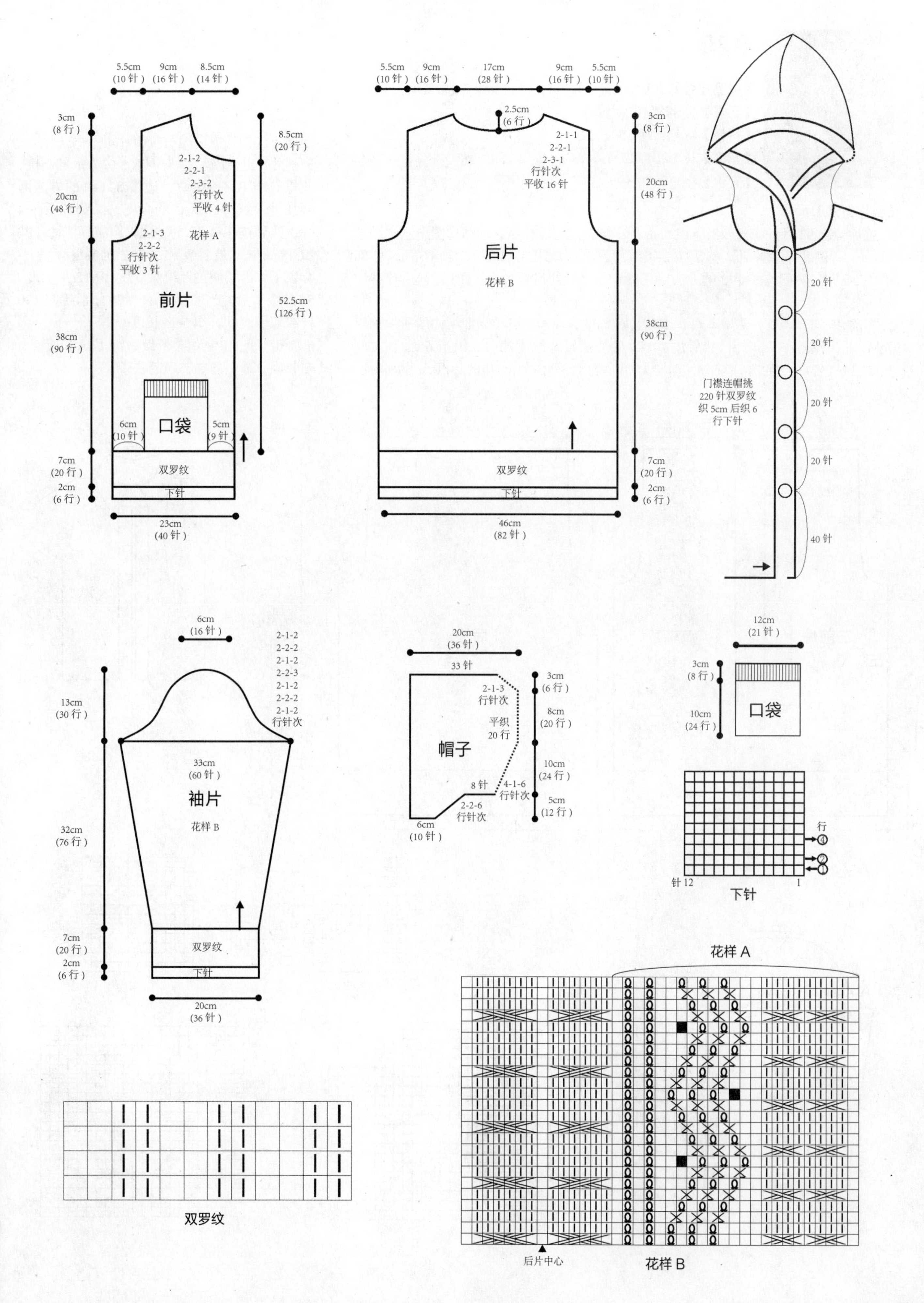

5.5cm (10针)
9cm (16针)
8.5cm (14针)
3cm (8行)
20cm (48行)
38cm (90行)
7cm (20行)
2cm (6行)
8.5cm (20行)
52.5cm (126行)
2-1-2
2-2-1
2-3-2
行针次
平收4针
花样A
2-1-3
2-2-2
行针次
平收3针
前片
6cm (10针)
5cm (9针)
口袋
双罗纹
下针
23cm (40针)
17cm (28针)
2.5cm (6行)
2-1-1
2-2-1
2-3-1
行针次
平收16针
后片
花样B
46cm (82针)
门襟连帽挑
220针双罗纹
织5cm后织6
行下针
20针
40针
6cm (16针)
13cm (30行)
32cm (76行)
33cm (60针)
2-1-2
2-2-2
2-1-2
2-2-3
2-1-2
2-2-2
2-1-2
行针次
袖片
20cm (36针)
20cm (36针)
33针
2-1-3
行针次
平织
20行
帽子
8针
4-1-6
行针次
2-2-6
行针次
6cm (10针)
3cm (6行)
8cm (20行)
10cm (24行)
5cm (12行)
12cm (21针)
3cm (8行)
10cm (24行)
行
针12
1
下针
花样A
后片中心
花样B
双罗纹

020

【成品尺寸】衣长 69cm　胸围 83cm　肩宽 33cm　袖长 48cm
【工具】11 号棒针　绣花针
【材料】灰色棉线 650g
【密度】10cm^2：22 针 ×24 行
【附件】牛角纽扣 5 枚

【制作方法】

1. 后片：起 94 针，织双罗纹，织 7cm 的高度，改织花样 A，如结构图所示，织至 41cm，两侧各平收 4 针，然后按 2-1-7 的方法减针织成袖窿，织至 67cm，中间平收 36 针，两侧按 2-1-2 的方法后领减针，最后两肩部各余下 16 针，后片共织 69cm 长。

2. 左前片：起 44 针，织双罗纹，织 7cm 的高度，改织花样 B，如结构图所示，织至 41cm，左侧平收 4 针，然后按 2-1-7 的方法减针织成袖窿，织至 60cm，右侧按 2-2-6、2-1-5 的方法前领减针，最后肩部余下 16 针，左前片共织 69cm 长。同样方法相反方向编织右前片。

3. 袖片：起 61 针，织双罗纹，织 7cm 的高度，改织花样 B，一边织一边按 8-1-9 的方法两侧加针，织至 37.5cm 的高度，两侧各平收 4 针，然后按 2-2-12 的方法袖山减针，袖片共织 48cm 长，最后余下 23 针。袖底缝合。

4. 领子：沿领圈挑针织双罗纹，织 12cm 长度。

5. 衣襟：沿左、右前片衣襟侧分别挑起 130 针织双罗纹针，织 5cm 长度。

6. 腰带：起 10 针织单罗纹，织 140cm 长。

7. 收尾：缝上纽扣，串起腰带。

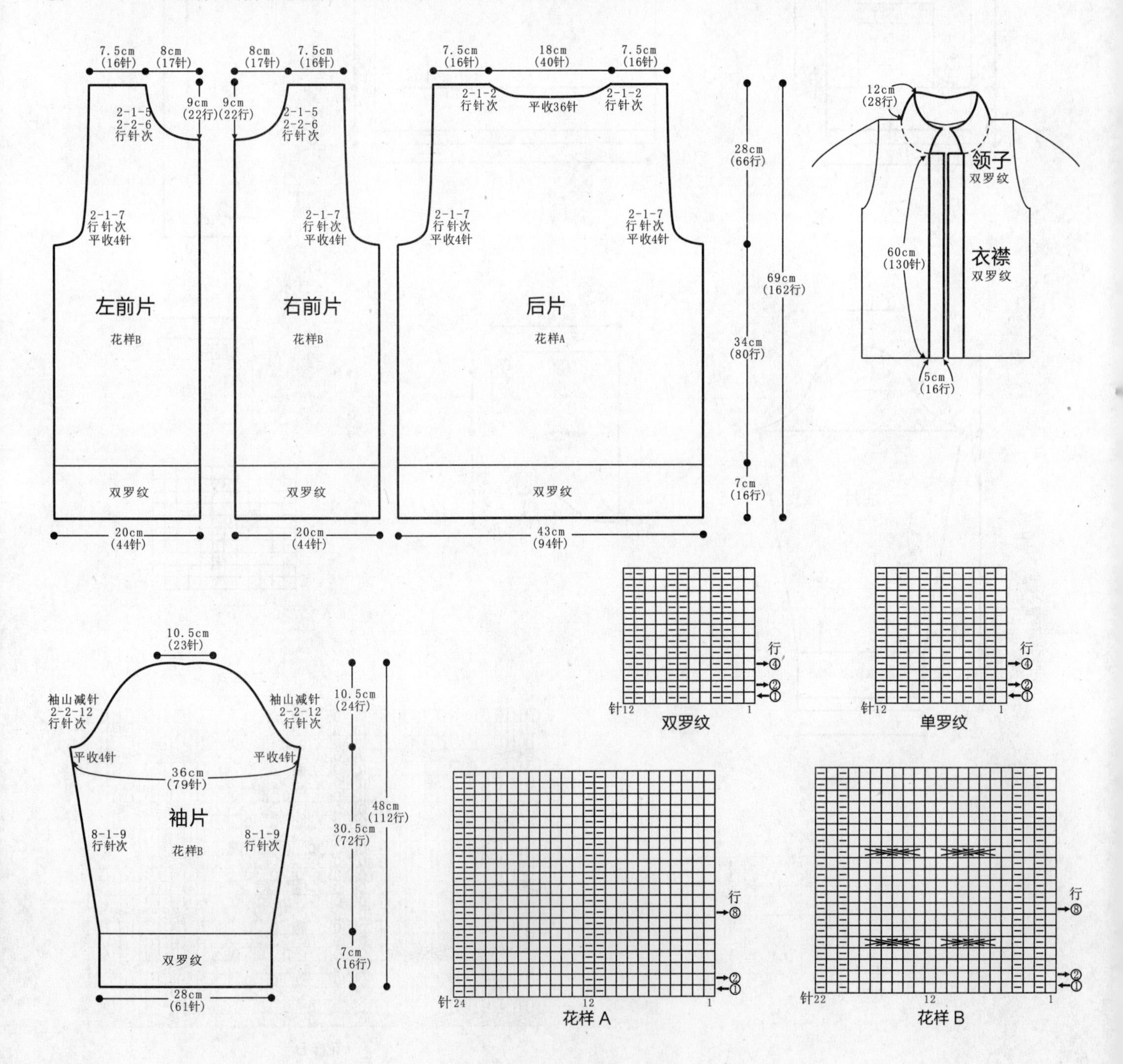

021

【成品尺寸】衣长 45cm　胸围 80cm　袖长 45cm
【工具】7 号棒针　8 号棒针
【材料】米色毛线 500g
【密度】10cm^2：16 针 ×24 行

【制作方法】
1. 左前片：用 8 号棒针起 37 针，从下往上织 7cm 花样 A，换 7 号棒针织 17cm 花样 B 后开挂肩，按图解分别收挂肩、收领子。右前片织法同左前片。
2. 后片：用 8 号棒针起 64 针，编织方法与前片相同，换 7 号棒针编织花样 C，按后片图解编织。
3. 袖片：用 8 号棒针起 56 针，从下往上织 7cm 花样 A，换 7 号棒针织花样 D，收针，织到 25cm 处按图解收袖山。
4. 将前片、后片、袖片缝合。

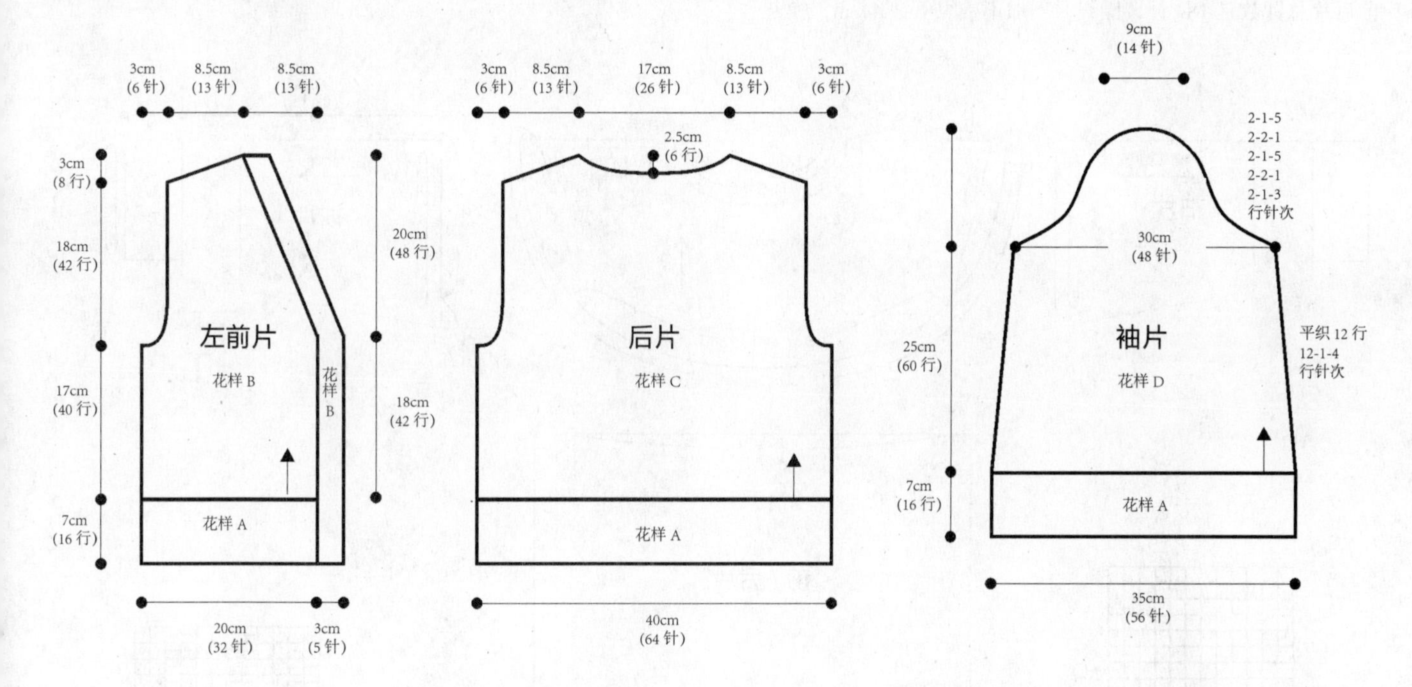

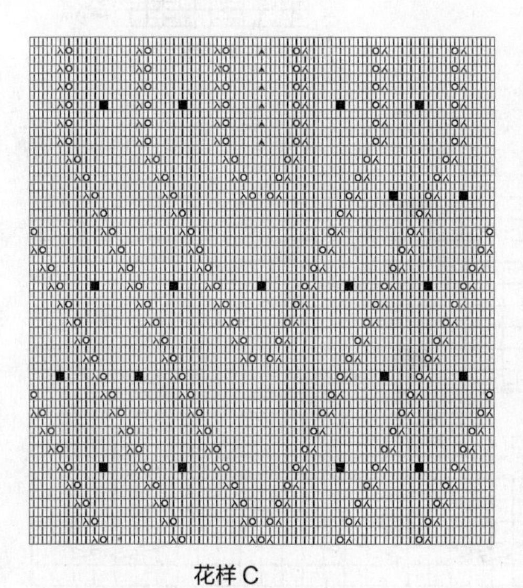

花样 C

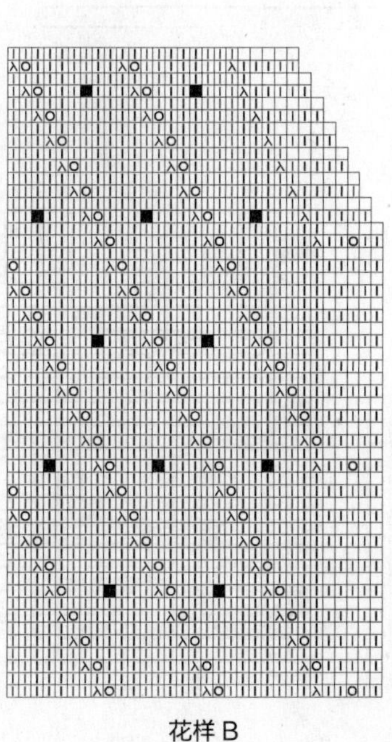

花样 B

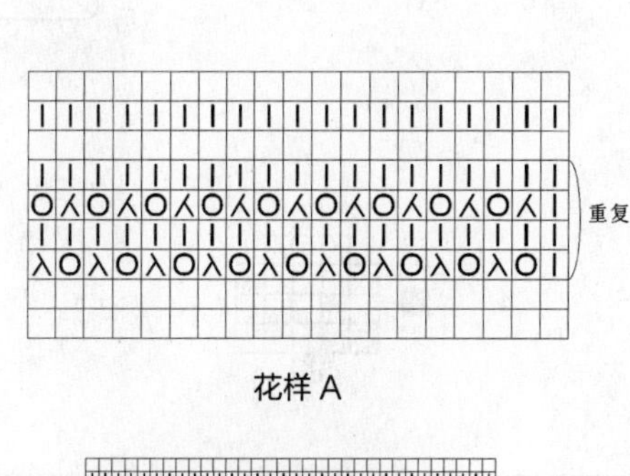

花样 A

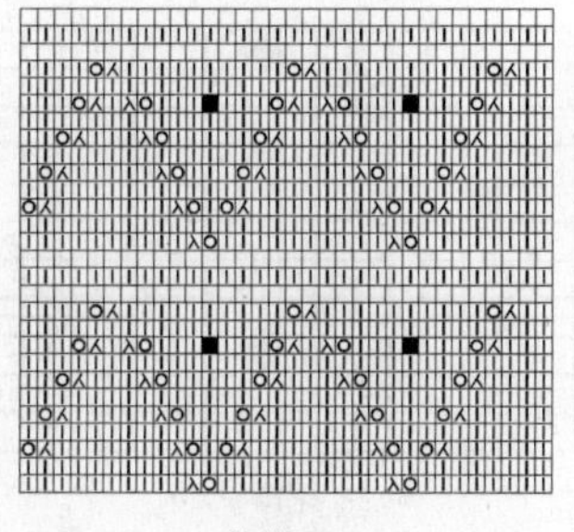

花样 D

022

【成品尺寸】衣长 62cm　胸围 92cm　袖长 48cm
【工具】8 号棒针　9 号棒针
【材料】粉红色中粗毛线 500g
【密度】$10cm^2$ ：20 针 ×26 行

【制作方法】

1. 先织育克部分：从下往上织，用 8 号棒针起下针 252 针，按育克花样编织 12cm，收针至 140 针，换 9 号棒针织双罗纹 10 行，收针，断线。
2. 身体部分：用 8 号棒针在育克起针处进行分针，前后片各 76 针，袖片各 50 针，按图示，前后片两侧各一次性加 8 针，这样前后片总针数是 184 针，圈织，不加不减织下针 44cm，换 9 号棒针织双罗纹 6cm，收针断线。
3. 袖片：用 8 号棒针圈织，在腋下两侧各挑 8 针，这时袖子针数为 66 针，织下针，按图示，进行袖下减针，织到 29cm 时，编织 12cm 花样，然后换 9 号棒针，织双罗纹 7cm，收针，断线，用同样的方法编织另外一只袖子。

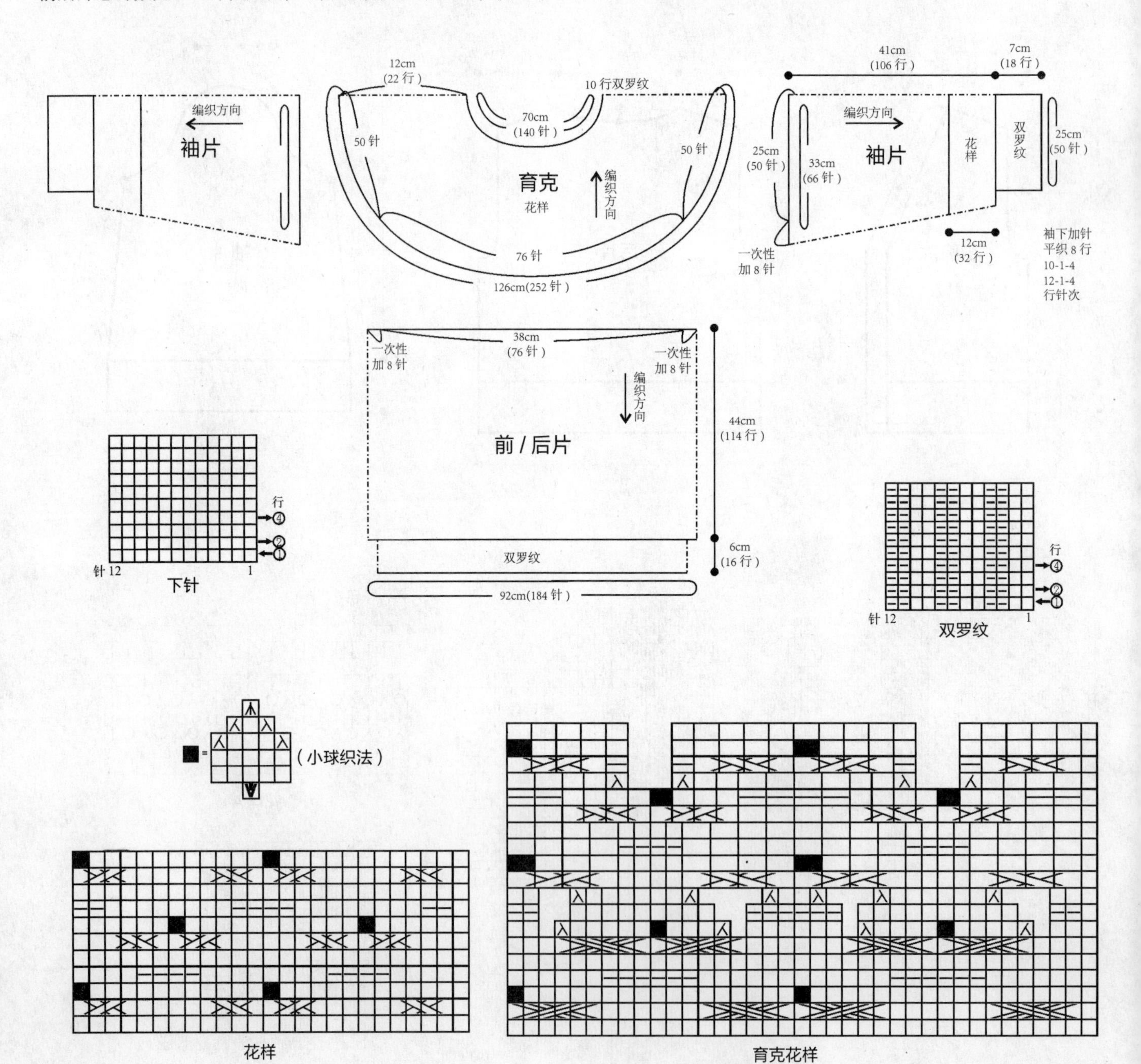

023

【成品尺寸】衣长 70cm　胸围 104cm　袖长 50cm
【工具】7 号棒针
【材料】灰色毛线 800g
【密度】$10cm^2$ ：18 针 ×24 行

【制作方法】

1. 前片：起 64 针，从下往上织 9 针单罗纹、55 针下针，然后按图收针，织到 47cm 处收挂肩，按图解分别收袖窿、收领子。用同样的方法织另一片。
2. 后片：起 110 针，织下针，按后片图编织。
3. 袖片：起 42 针，织下针，织 9cm 不收不放，然后向上按图放针，收袖山。
4. 帽子：起 19 针，织 9 针单罗纹，10 针下针，按图放针编织。
5. 将前后片、袖片、帽子缝合。

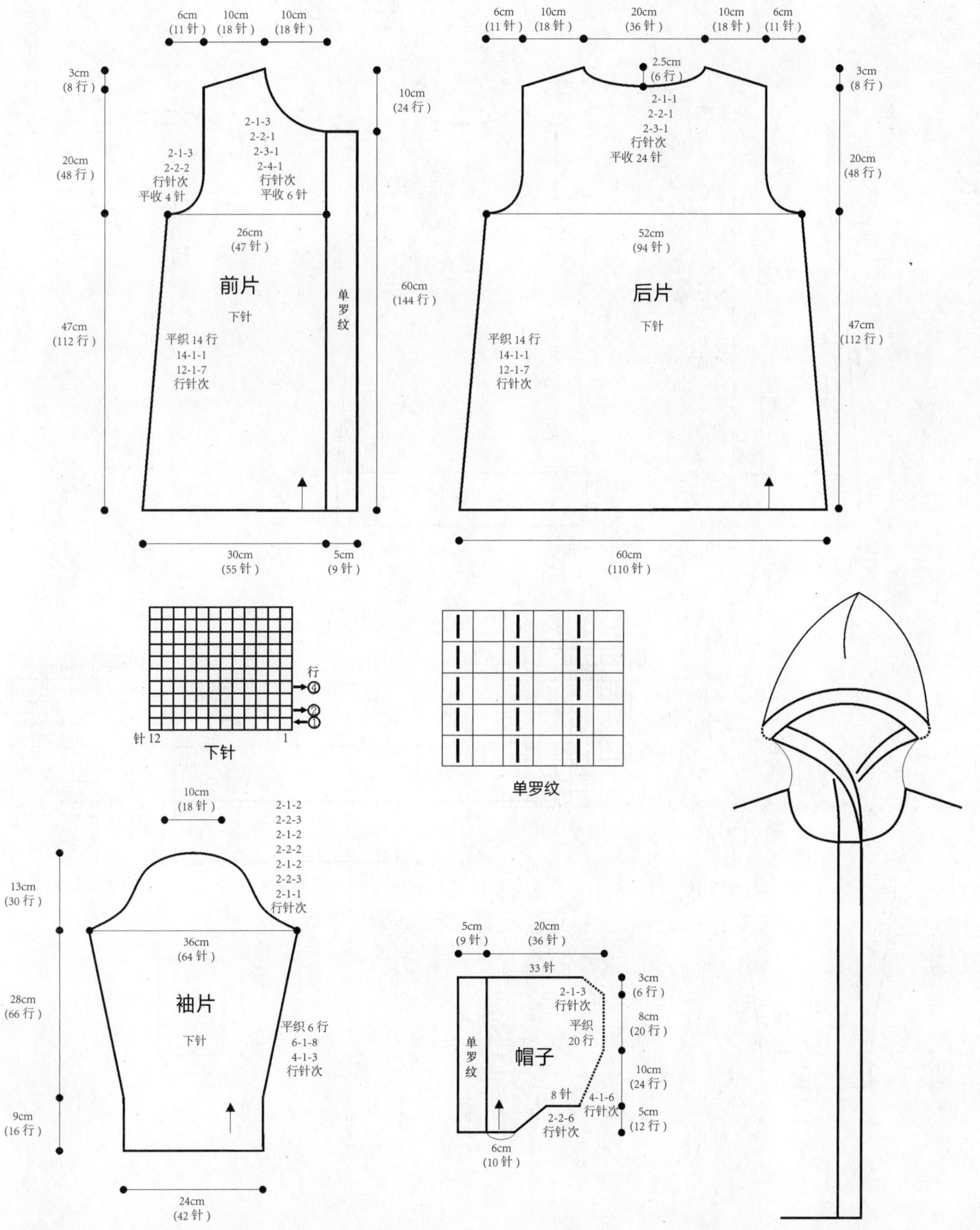

024

【成品尺寸】衣长 76cm 胸围 92cm 袖长 58cm
【工具】5 号棒针 6 号棒针 绣花针
【材料】红色毛线 1200g
【密度】10cm^2 ：18 针 ×24 行
【附件】纽扣 3 枚

【制作方法】
1. 左前片：用 6 号棒针起 40 针，从下往上织单罗纹 9cm，换 5 号棒针织 41cm 花样 A，后开挂肩，按图解分别收放针、收袖窿、收领子。用相同方法相反方向织右前片。
2. 后片：用 6 号棒针起 82 针，双罗纹织法与前片相同，换 5 号棒针按后片图解编织花样 B。
3. 袖片：用 6 号棒针起 36 针，织双罗纹边，按图解收袖山。
4. 将前片、后片、袖片、口袋、帽子缝合，并按图解挑门襟，织 6cm 单罗纹，按图解钉上纽扣。

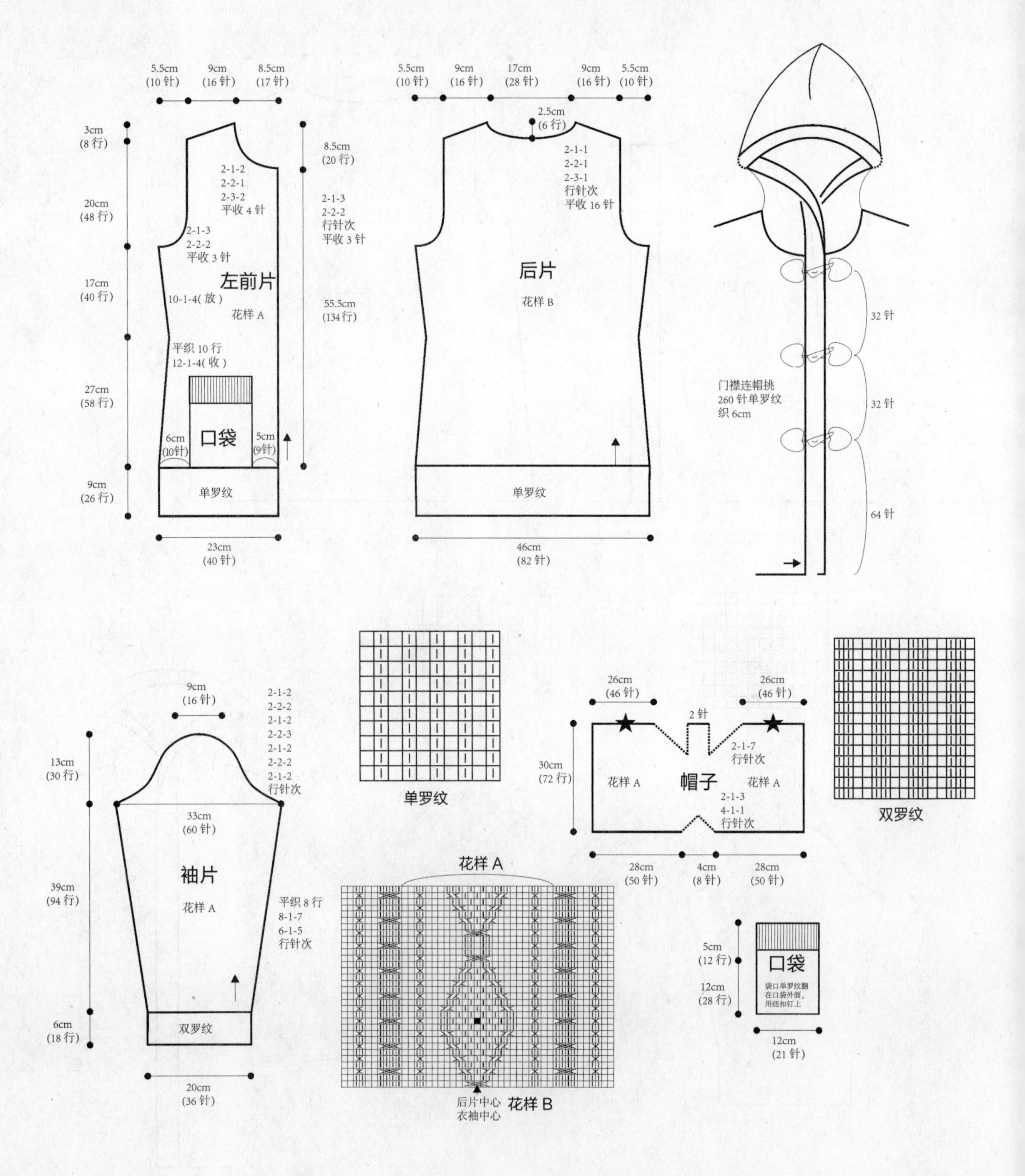

025

【成品尺寸】衣长 73cm　胸围 86cm　肩宽 30.5cm　袖长 15cm
【工具】12 号棒针　绣花针
【材料】灰色棉线 450g
【密度】10cm²：26 针 ×34 行
【附件】纽扣 6 枚

【制作方法】

1. 后片：起 156 针，织 3cm 双罗纹，改织下针，一边织一边两侧按 8-1-22 的方法减针，织至 55.5cm 的高度，两侧各平收 6 针，然后按 4-2-5 的方法减针织成袖窿，织至 72cm，中间平收 44 针，两侧按 2-1-2 的方法后领减针，最后两肩部各余下 16 针，后片共织 73cm 长。
2. 左前片：起 74 针，织 3cm 双罗纹，改织下针，一边织一边左侧按 8-1-22 的方法减针，织至 55.5cm 的高度，改织花样，左侧平收 6 针，然后按 4-2-5 的方法减针织成袖窿，织至 66cm，右侧平收 4 针，然后按 2-2-7、2-1-2 的方法前领减针，最后肩部余下 16 针，左前片共织 73cm 长。同样的方法相反方向织右前片。
3. 袖片（2 片）：起 104 针，织 2cm 双罗纹，改织下针，两侧各平收 6 针，然后按 4-2-10 的方法减针织成袖山，袖片共织 15cm 长，最后余下 52 针。袖底缝合。
4. 领片：起 56 针织元宝针，织 45cm 的长度，将织片对称折叠成双层，与领圈缝合。
5. 衣襟：沿左右侧衣襟边分别挑起 172 针织双罗纹，织 3cm 的宽度。缝上纽扣。

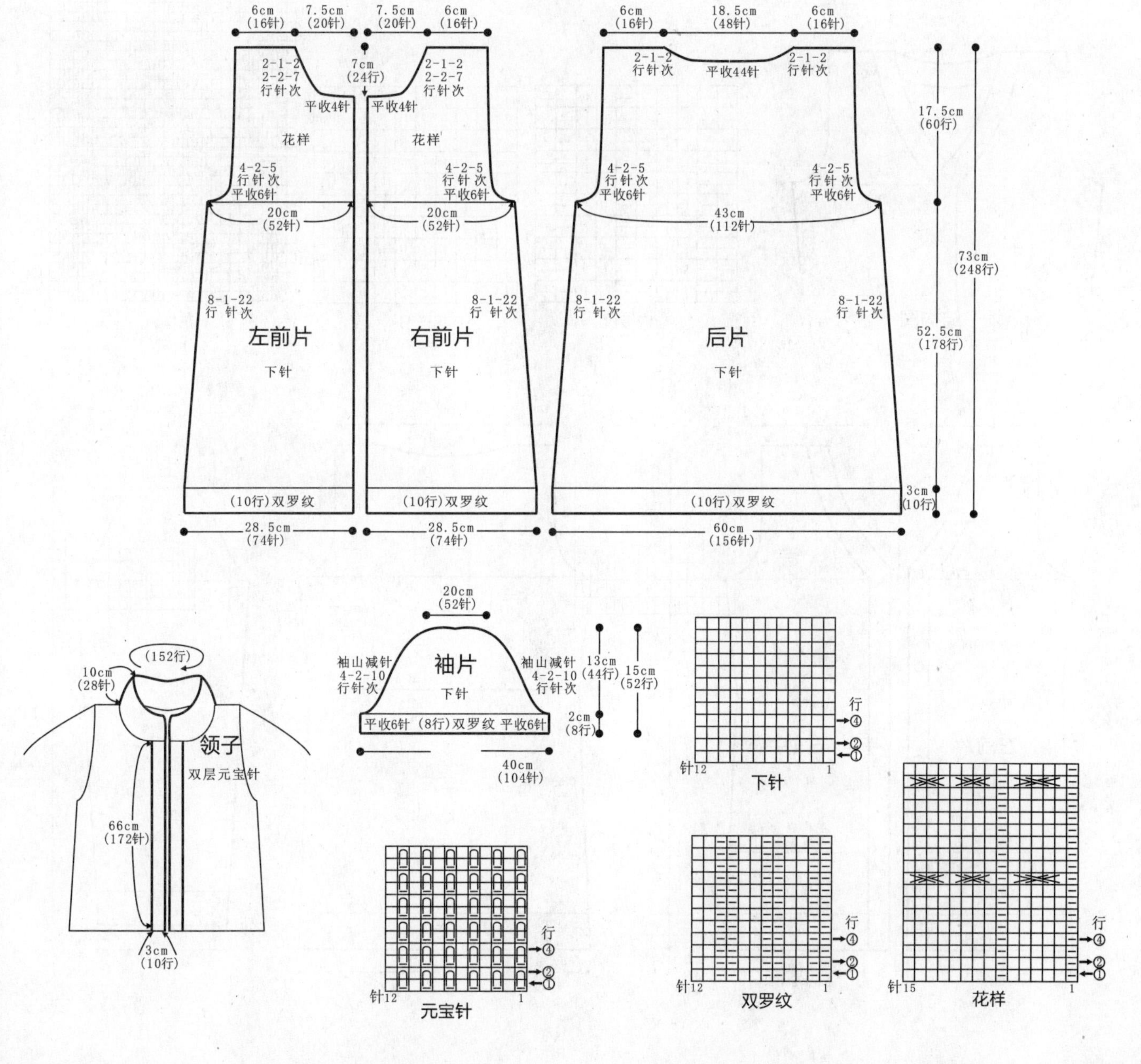

026

【成品尺寸】衣长 65cm　胸围 96cm　袖长 53cm
【工具】10 号棒针　绣花针
【材料】湖蓝色羊毛线 500g
【密度】$10cm^2$ ：22 针 ×32 行
【附件】纽扣 5 枚

【制作方法】

1. 前片：分左、右 2 片编织，左前片按图起 52 针，织 5cm 双罗纹后，改织花样 A，侧缝按图示减针，织至 12cm 时，中间平收 20 针，内袋另织好，与织片合并，继续编织 27cm 时加针，形成收腰，织至 15cm 时两边平收 5 针，按图收袖窿，并同时收领窝，用相同方法相反方向织右前片。

2. 后片：按图起 104 针，织 5cm 双罗纹后，改织花样 B，侧缝与前片一样加减针，形成收腰，织至 15cm 时两边平收 5 针，按图收袖窿，再织 16.5cm 时，按图开领窝。

3. 袖片：按图起 56 针，织 5cm 双罗纹后，改织花样 B，袖下按图示加针，织至 37cm 时，开始收袖山，两边各平收 5 针，按图示减针，用同样方法织另一袖片。

4. 将前片、后片的肩部、侧缝、袖片全部缝合。

5. 门襟至领窝挑 348 针，织 5cm 双罗纹，左门襟均匀地开纽扣孔。

6. 装饰：缝上纽扣。

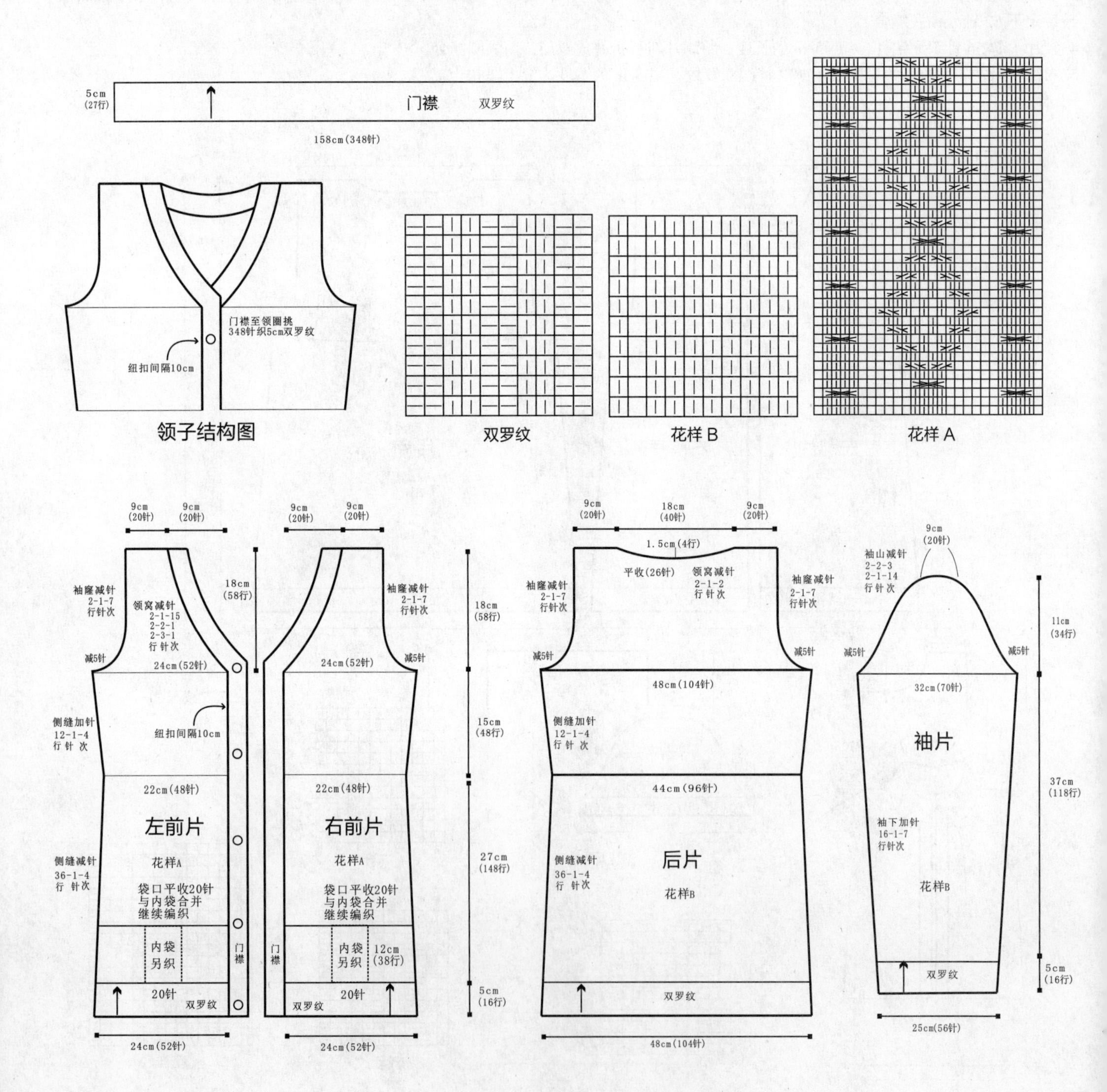

027

【成品尺寸】衣长 71cm　胸围 86cm　袖长 55cm
【工具】7 号棒针　8 号棒针　绣花针
【材料】黄色毛线 1300g
【密度】10cm² ：23 针 ×24 行
【附件】纽扣 5 枚

【制作方法】

1. 后片：用 7 号棒针起 98 针，编织花样，不加不减织 49cm 到腋下时，开始袖窿减针，减针方法如图，织 22cm，后领留 40 针。
2. 前片：前片分 2 片，用 7 号棒针起 50 针编织花样，不加不减，织 49cm 到腋下时，开始袖窿减针，织至最后 7cm 时，进行领口减针，减针方法如图，用同样的方法织好另一片。
3. 袖片：用 8 号棒针起 50 针，织 5cm 双罗纹后，换 7 号棒针均匀加针到 62 针，编织花样，按图示进行袖下加针，织 35cm 到腋下，进行袖山减针，减针方法如图示，减针完毕袖山形成，用同样的方法织另好一只袖子。
4. 分别合并侧缝线和袖下线，并缝合袖子。
5. 门襟：挑织，用 8 号棒针挑 144 针，织双罗纹 5cm，收针，断线。
6. 帽：用 7 号棒针挑 12 针，编织花样，按图示进行帽下加针，织至 30cm，进行帽顶减针，减针完毕，在帽子反面用下针缝合帽顶。
7. 在相应的位置钉上纽扣。

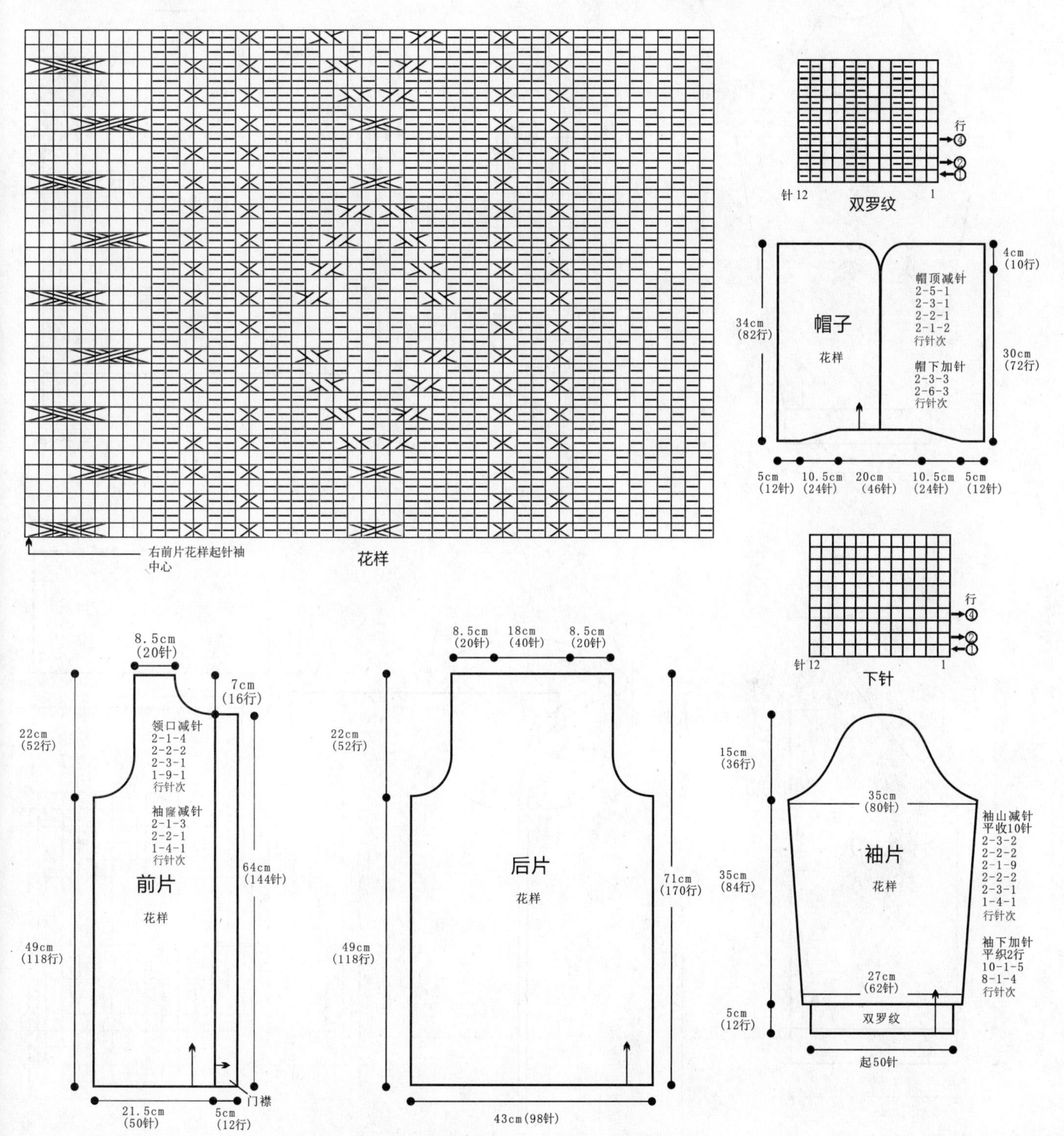

028

【成品尺寸】衣长 55cm　胸围 100cm　袖长 64cm
【工具】9 号棒针　10 号棒针　绣花针
【材料】红色毛线 800g
【密度】$10cm^2$：24 针 ×35 行
【附件】拉链 1 条

【制作方法】
1. 左前片：用 10 号棒针起 60 针，从下往上织 5cm 花样 A，换 9 号棒针织 32cm 花样 B 后，织斜肩，按图解收领子。右前片织法同左前片。
2. 后片：用 10 号棒针起 120 针，编织方法与前片相同，换 9 号棒针按后片图解编织。
3. 袖片：用 10 号棒针起 52 针，从下往上织 5cm 花样 A，换 9 号棒针织花样 B，放针，织到 39cm 处按图解收袖山。
4. 将前片、后片、袖片、帽子缝合，缝上拉链。

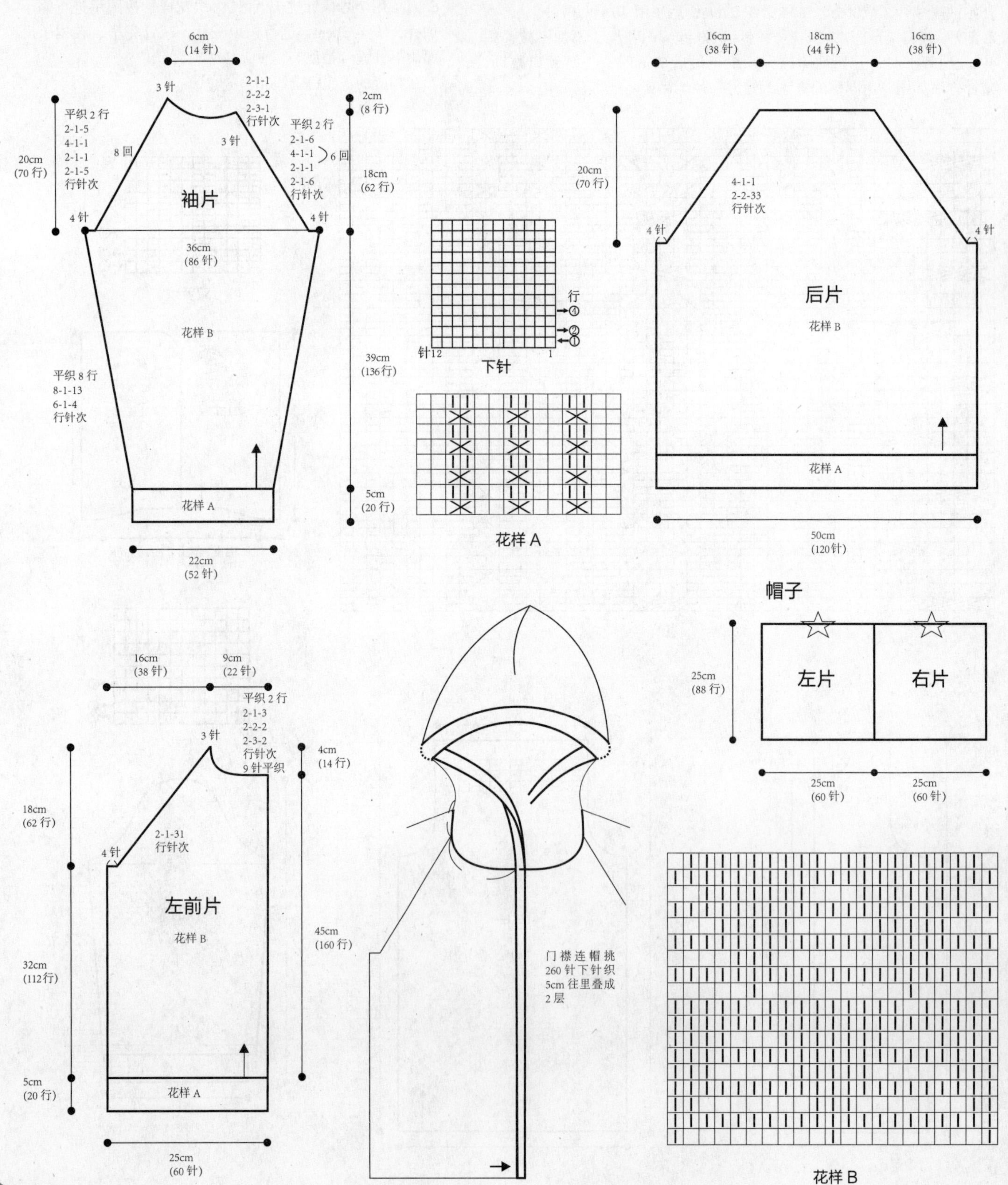

【成品尺寸】衣长 63cm　胸围 88cm　肩宽 36cm　袖长 54cm
【工具】12 号棒针　绣花针
【材料】绿色棉线 550g
【密度】10cm^2：30 针 ×38 行
【附件】带绒球的细绳

【制作方法】

1. 衣身片：起 264 针，环形编织单罗纹，织 12cm 的高度，改织下针，如结构图所示，织至 36cm，将织片其中 18 针改织花样 A，织至 43cm，将织片分成前后两片分别编织，前片以花样 A 为中心，共取 132 针，其余 132 针作为后片。

2. 后片：织下针，两侧各平收 4 针，然后按 2-1-8 的方法减针织成袖窿，织至 61cm，中间平收 64 针，两侧按 2-1-4 的方法后领减针，最后两肩部各余下 18 针，后片共织 63cm 长。

3. 前片：左前片取 66 针，右侧织 9 针花样 B，其余针数织下针，起织时左侧平收 4 针，然后按 2-1-8 的方法减针织成袖窿，同时右侧按 2-1-36 的方法减针织成前领，织至 20cm 的高度，肩部余下 18 针。右前片的编织方法与左前片相同，方向相反。

4. 袖片（2 片）：起 64 针，织单罗纹，织 10cm 的高度，改织下针，中间织 6 针花样 B，如结构图所示，一边织一边按 8-1-16 的方法两侧加针，织至 44cm 的高度，两侧各平收 4 针，然后按 2-2-19 的方法袖山减针，袖片共织 54cm 长，最后余下 20 针。袖底缝合。

5. 领子：领圈挑起 174 针，织单罗纹，一边织一边领尖用中上 3 针并 1 针的方式减针，共织 3cm 的长度。

6. 腰带：在衣身 34cm 高度处，沿衣身片内侧挑起 264 针，织下针，织 8 行后，与衣身织片对应缝合，中间穿入两端带绒球的细绳。

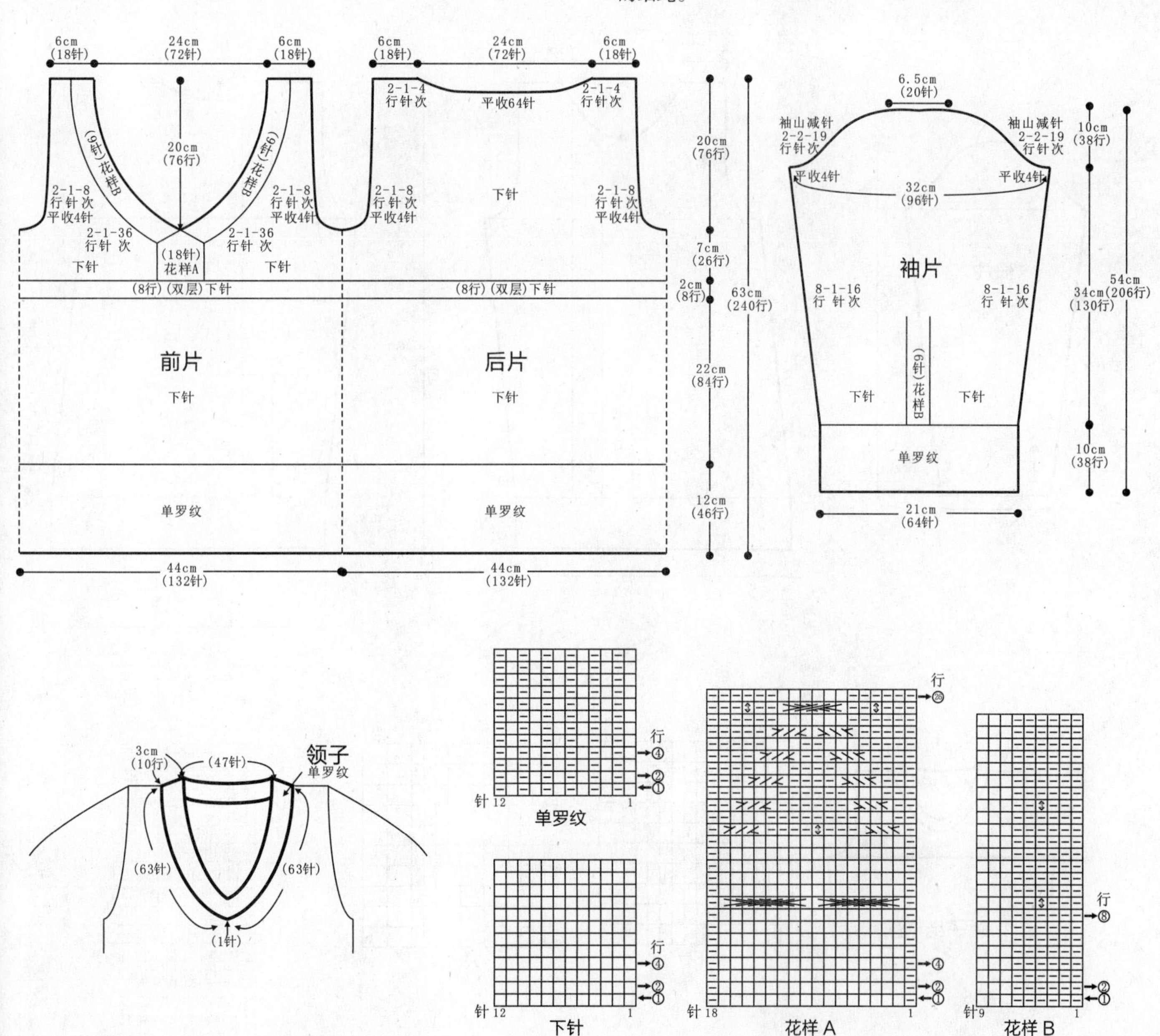

030

【成品尺寸】衣长 50cm　胸围 96cm　袖长 47cm
【工具】9 号棒针
【材料】橙色羊毛线 500g
【密度】$10cm^2$：18 针 ×23 行

【制作方法】

1. 前片：按图示起 86 针，织 6cm 双罗纹后，改织全下针，在图示位置织花样，侧缝两边按图加减针，织至 26cm 时开始收袖窿，在两边同时各平收 5 针，然后按图示收成袖窿，再织 12cm 时留前领窝。
2. 后片：织法与前片一样，只是袖窿织至 15cm，才留领窝。
3. 袖片：按图起 46 针，织 10cm 双罗纹后，改织全下针，袖下按图加针，织至 26cm 时两边同时平收 5 针，并按图收成袖山，用同样方法编织另一袖片。
4. 将前后片的肩、侧缝、袖片缝合。
5. 领圈挑 60 针，织 3cm 双罗纹，形成圆领，完成。

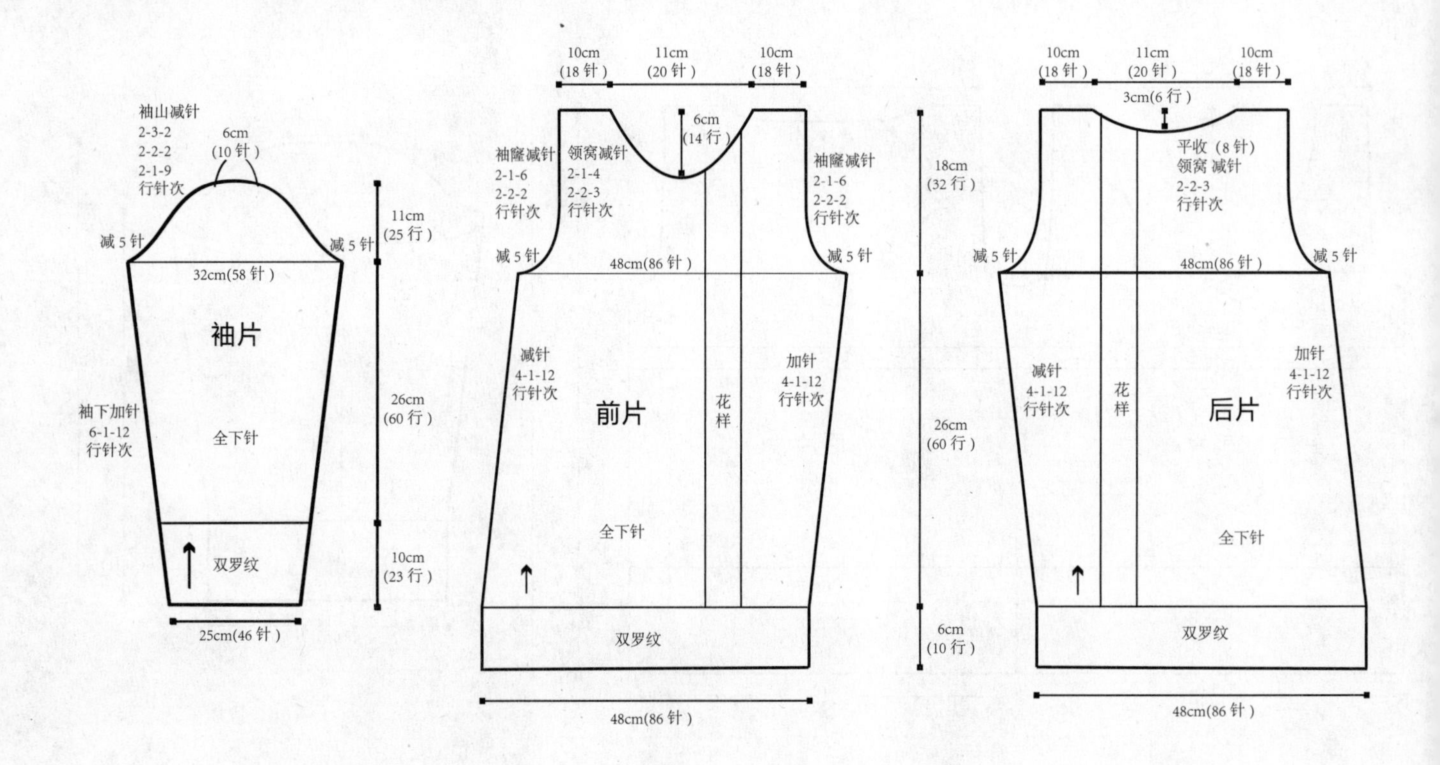

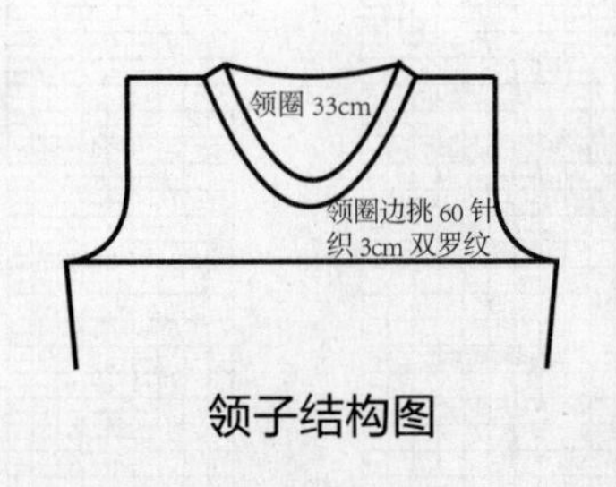

领子结构图

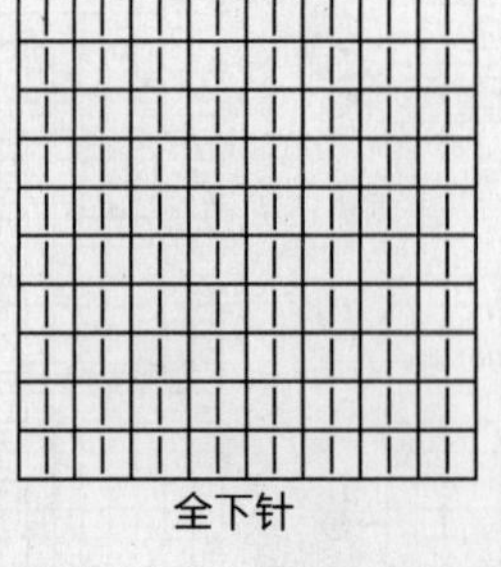

全下针

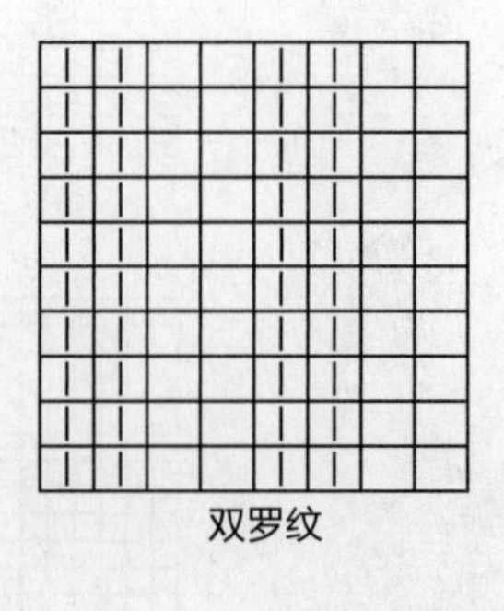

双罗纹

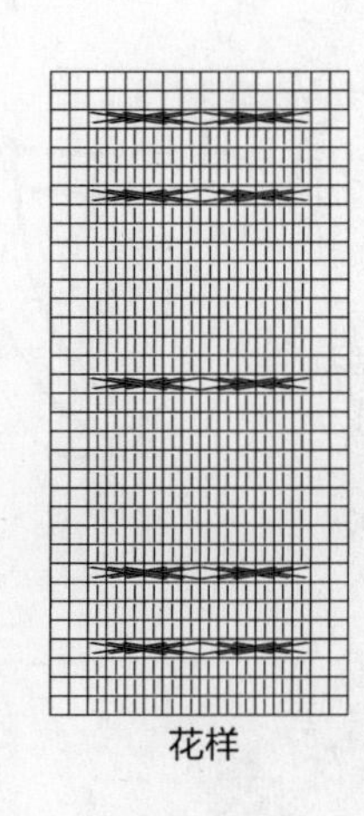

花样

031

【成品尺寸】衣长 82cm　胸围 88cm　肩宽 32cm　袖长 53cm
【工具】10 号棒针　绣花针
【材料】藏青色段染羊毛线 600g
【密度】$10cm^2$：22 针 ×32 行
【附件】纽扣 6 枚

【制作方法】

1. 前片：分左、右 2 片编织。左前片：按图起 48 针，织 8cm 双罗纹后，改织花样 A，侧缝不用加减针，织至 36cm 时，开始袖窿以上编织，先平收 4 针，然后进行袖窿减针，方法是：按 2-3-1、2-2-2、2-1-1 减针，不加不减织 58 行至肩部，肩部平收 14 针，余 22 针不用收针待用，同样方法织右前片。
2. 后片：按图起 96 针，织 8cm 双罗纹后，改织花样 B，侧缝不用加减针，织至 36cm 时，开始袖窿以上的编织，先两边各平收 4 针，然后进行袖窿减针，方法与前片袖窿一样，不加不减织 58 行至肩部，两边肩部平收 14 针，中间余 44 针不用收针待用。
3. 袖片（2 片）：按图起 56 针，织 8cm 双罗纹后，改织全下针，袖下两边按图示加针，方法是：按 14-1-7 加针，各加 7 针，织至 34cm 时，两边各平收 4 针，开始袖山减针，方法是：按 2-4-1、2-3-2、2-2-7 减针，织至袖顶余 14 针。同样方法织另一袖。
4. 将前、后片的肩部、侧缝、袖片全部缝合。前后片领部待用的针数，全部合并，一起继续编织帽片，织至 18cm 时，缝合 A 与 B，形成帽子。
5. 两边门襟至帽檐挑 360 针，织 6cm 双罗纹，左边门襟均匀地开纽扣孔。
6. 装饰：缝上纽扣。

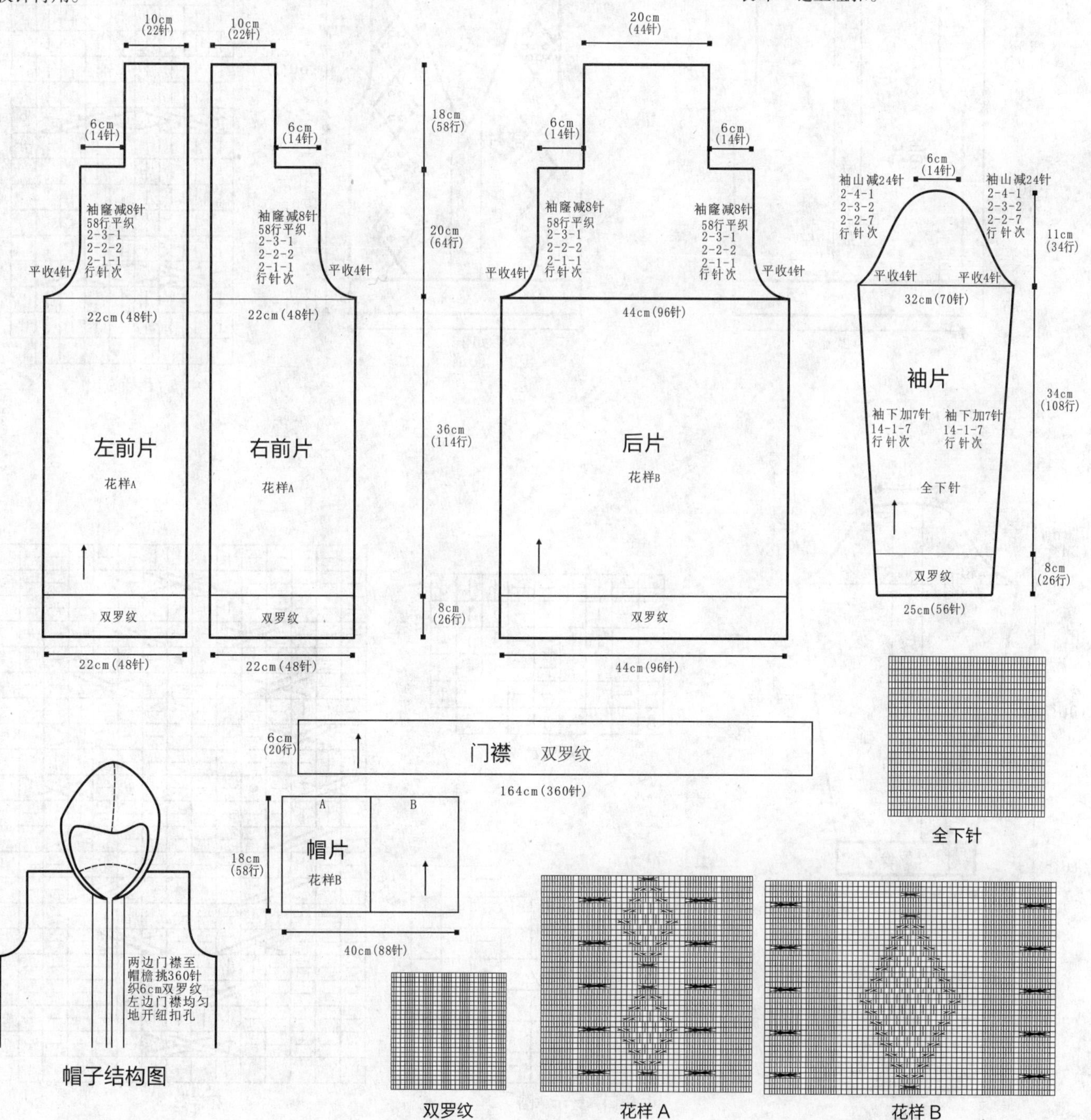

032

【成品尺寸】衣长 56cm　胸围 84cm　袖长 56cm

【工具】10 号棒针

【材料】驼色棉线 650g

【密度】10cm^2 ：16 针 ×26 行

【制作方法】

1. 后片：起 68 针，编织 6cm 双罗纹后，按上针、花样 A、上针的花样编织 30cm 后开袖窿，减针方法如图，继续往上织 20cm 后收针。

2. 前片：起 68 针，编织 6cm 双罗纹后，按上针、花样 B、上针、花样 A、上针、花样 B、上针的顺序编织 30cm 后开 V 领，分两片编织，织 3cm 后开袖窿，减针方法如图，领部减针见领部减针示意图，用相同方法织出另一片。

3. 袖片：起 42 针，编织 6cm 双罗纹后，按上针、花样 A、上针的顺序编织，并同时加针织 37cm 后减针织袖山，减针方法如图，织 13cm 后收针，用相同方法织出另一片。

4. 将前片和后片肩部与腋下缝合；袖片和腋下缝合；两片袖片与身片相缝合。

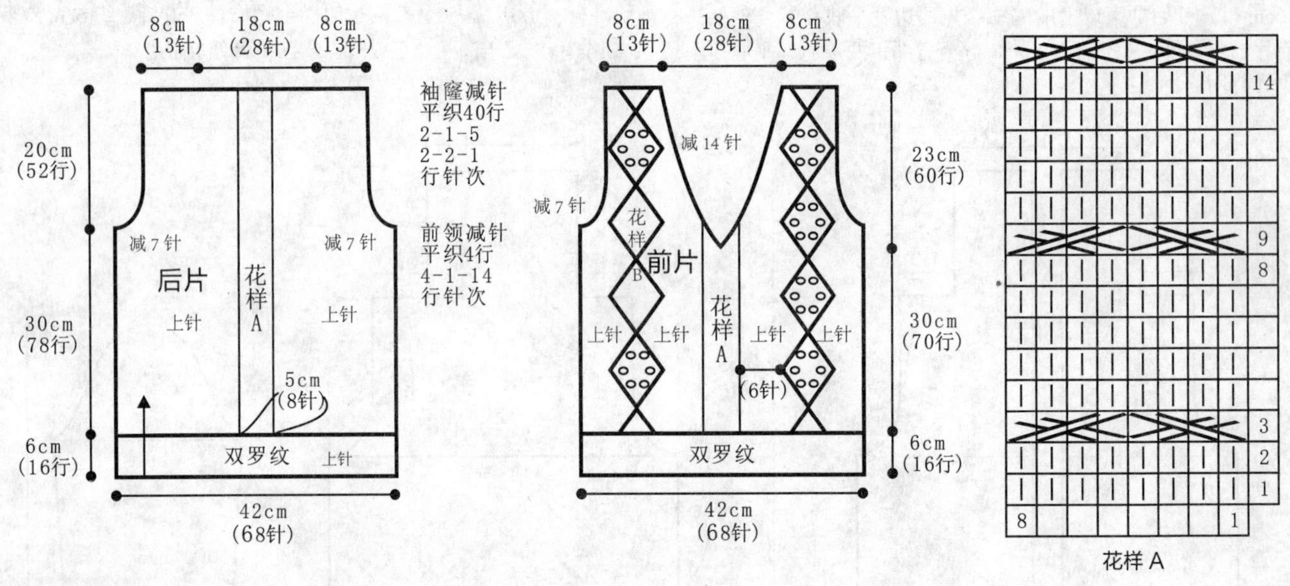

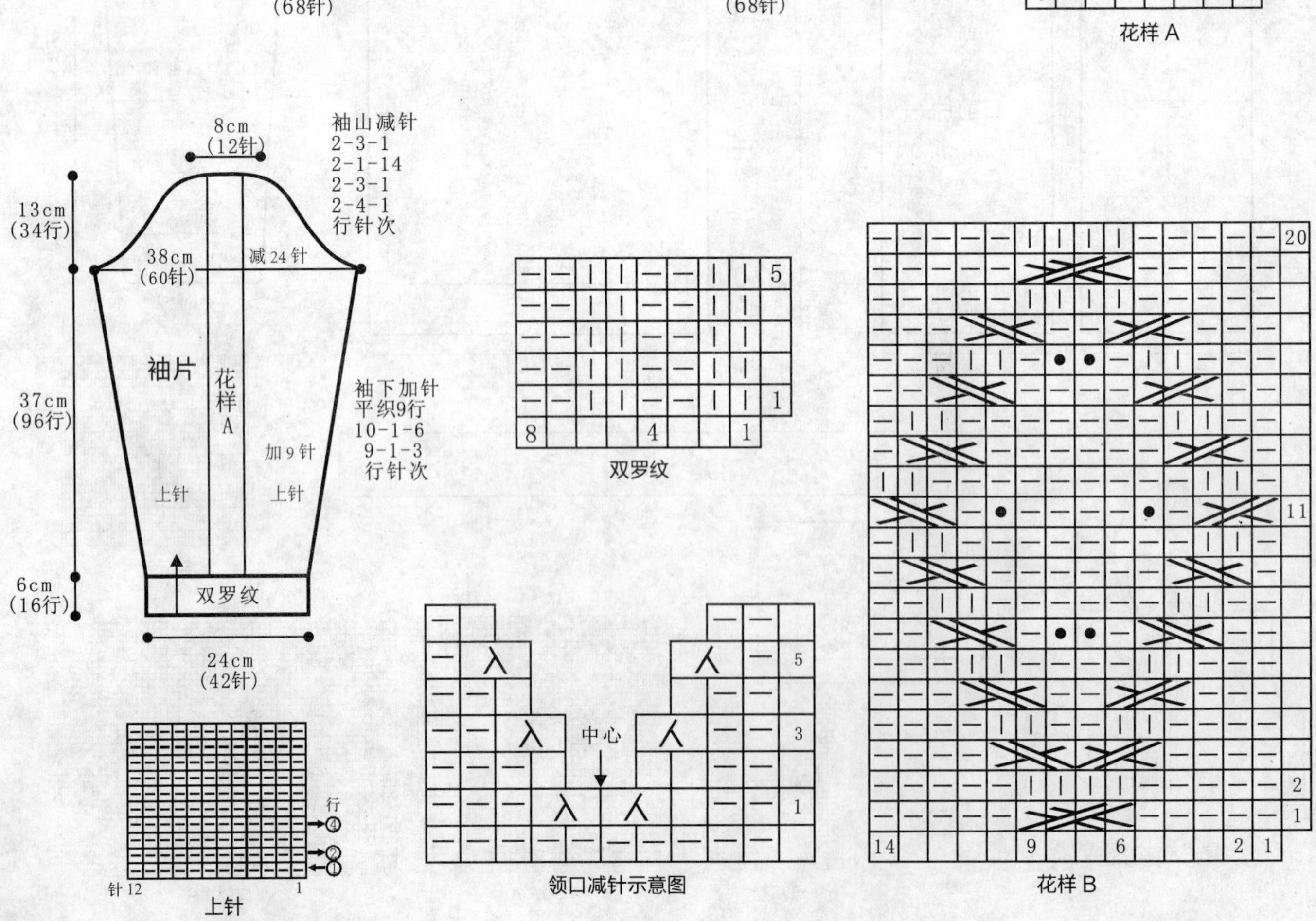

033

【成品尺寸】衣长 79cm 胸围 50cm 袖长 34cm
【工具】10 号棒针
【材料】咖啡色羊毛线 700g
【密度】10cm^2：22 针 ×32 行

【制作方法】

1. 前片：是一个的长方形，按编织方向起 70 针，织花样，织 176cm 后收针断线。
2. 后片：是一个长方形，按编织方向起 110 针，先织 2cm 单罗纹后，改织全下针，织至 45cm 时，收针断线。
3. 缝合 后片的 B 打皱褶后，与前片的 A 缝合，侧缝 C 与 E、F 与 D 缝合，形成成品机构图的形状。
4. 两边袖口挑 70 针，织 3cm 单罗纹，完成。

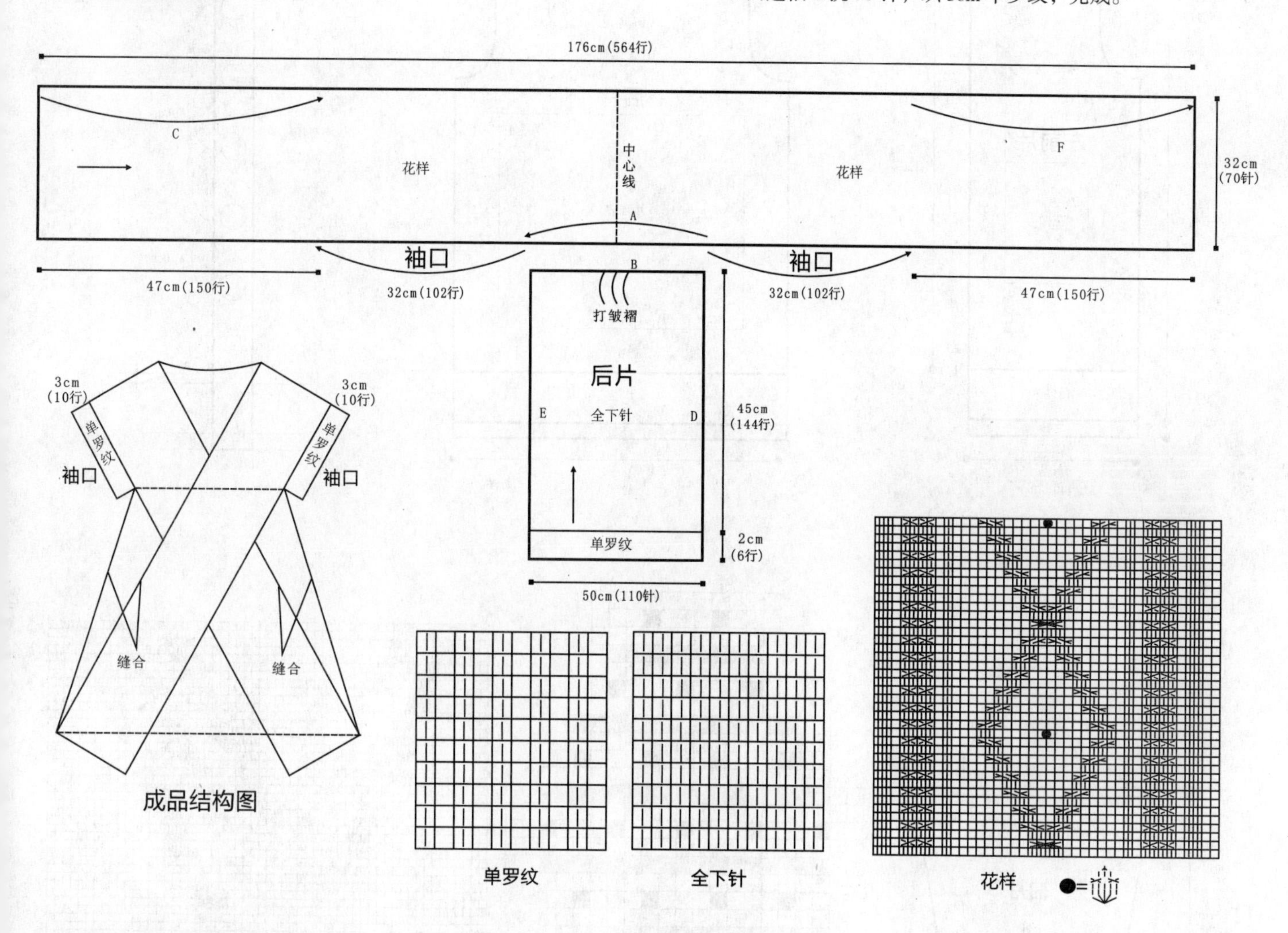

034

【成品尺寸】衣长 70cm 胸围 92cm 袖长 54cm
【工具】7 号棒针 8 号棒针 绣花针
【材料】灰色毛线 1100g
【密度】10cm^2：18 针 ×24 行
【附件】纽扣 5 枚

【制作方法】

1. 左前片：用 8 号棒针起 40 针，从下往上织 2cm 下针、7cm 花样 A，换 7 号棒针织上针、花样 B，织 38cm 后开挂肩，按图解分别收袖窿、收领子。用相同方法相反方向织右前片。
2. 后片：用 8 号棒针起 82 针，下针与花样 A 织法与前片相同，换 7 号棒针按后片图解编织花样 C 和上针。
3. 袖片：用 8 号棒针起 36 针，织法与前片同，按图解收袖山。
4. 将前片、后片、袖片缝合并按图解挑门襟，挑领，钉上纽扣。

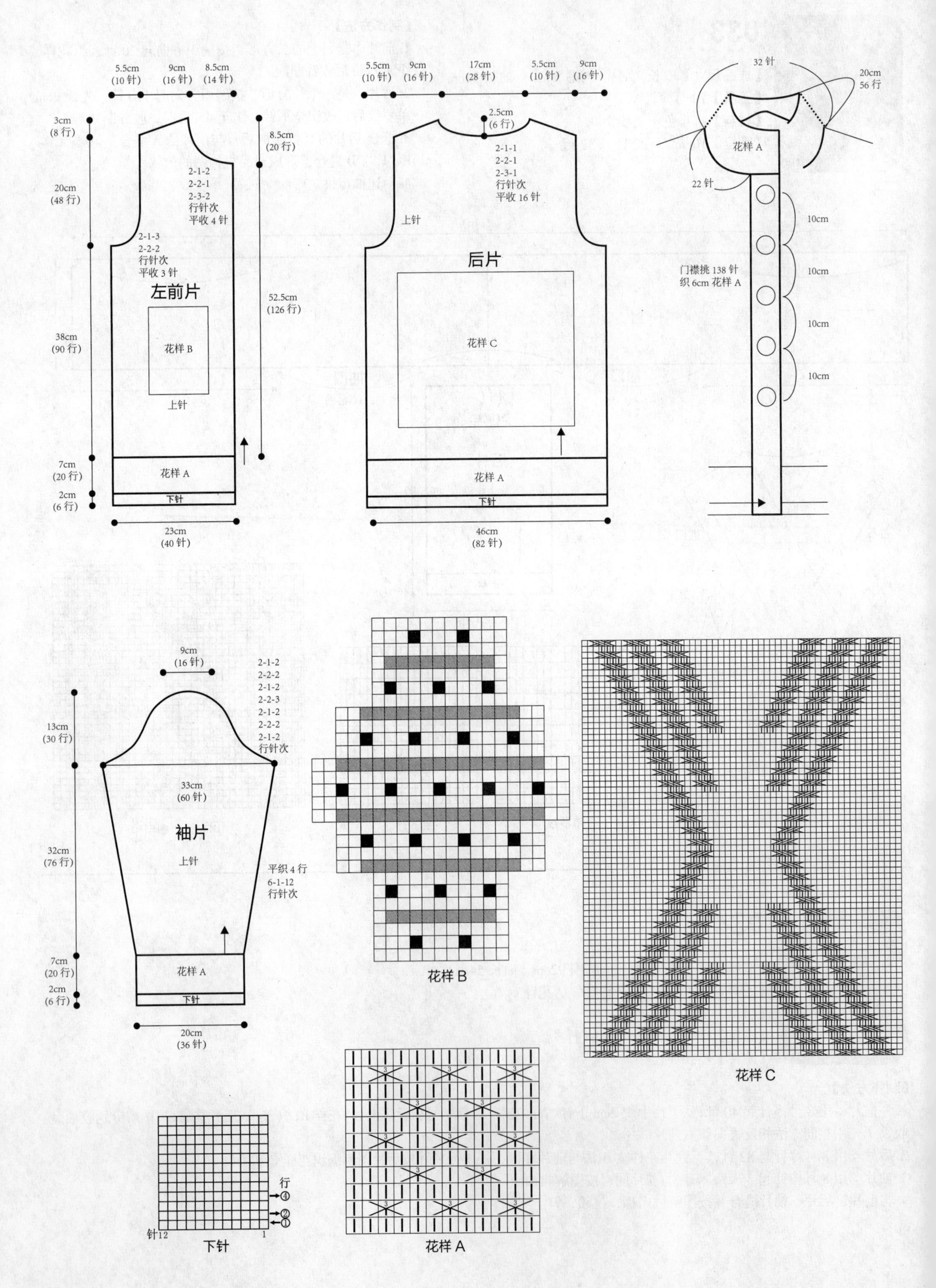

左前片
5.5cm (10针) 9cm (16针) 8.5cm (14针)
3cm (8行)
20cm (48行)
38cm (90行)
7cm (20行)
2cm (6行)
8.5cm (20行)
52.5cm (126行)
2-1-2
2-2-1
2-3-2
行针次
平收4针
2-1-3
2-2-2
行针次
平收3针
花样B
上针
花样A
下针
23cm (40针)
后片
5.5cm (10针) 9cm (16针) 17cm (28针) 5.5cm (10针) 9cm (16针)
2.5cm (6行)
2-1-1
2-2-1
2-3-1
行针次
平收16针
上针
花样C
花样A
下针
46cm (82针)
32针
20cm 56行
花样A
22针
门襟挑138针
织6cm花样A
10cm
10cm
10cm
10cm
袖片
9cm (16针)
2-1-2
2-2-2
2-1-2
2-2-3
2-1-2
2-2-2
2-1-2
行针次
13cm (30行)
33cm (60针)
32cm (76行)
上针
平织4行
6-1-12
行针次
7cm (20行)
2cm (6行)
花样A
下针
20cm (36针)
花样B
花样C
行
④
②
①
针12
1
下针
花样A

035

【成品尺寸】衣长 78cm　胸围 84cm　袖长 51cm
【工具】7 号棒针　8 号棒针　绣花针
【材料】绿色毛线 1400g
【密度】$10cm^2$：23 针 ×24 行
【附件】纽扣 7 枚

【制作方法】
1. 后片：用 8 号棒针起 98 针，织 4cm 单罗纹后，换 7 号棒针编织花样，不加不减织 54cm 到腋下，然后开始袖窿减针，减针方法如图，织至 20cm 时，后领留 34 针。
2. 前片：分 2 片编织，用 8 号棒针起 58 针 (包括门襟 9 针)，织 4cm 单罗纹后，换 7 号棒针织花样，不加不减织 54cm 到腋下，然后开始袖窿减针，如图示，织至最后 7cm 时，进行领口减针，减针方法如图，用同样的方法织好另一片。
3. 袖片：用 8 号棒针起 56 针，织 4cm 单罗纹后，换 7 号棒针编织花样，按图示进行袖下加针，织 32cm 到腋下后，进行袖山减针，减针方法如图示，减针完毕袖山形成，用同样的方法织好另一只袖子。
4. 分别合并侧缝线和袖下线，并缝合袖子。
5. 帽片：用 7 号棒针挑 88 针，编织花样，不加不减织至 30cm 后，进行帽顶减针，减针完毕，在帽子反面用绣花针缝合帽顶。
6. 在相应的位置钉上纽扣。

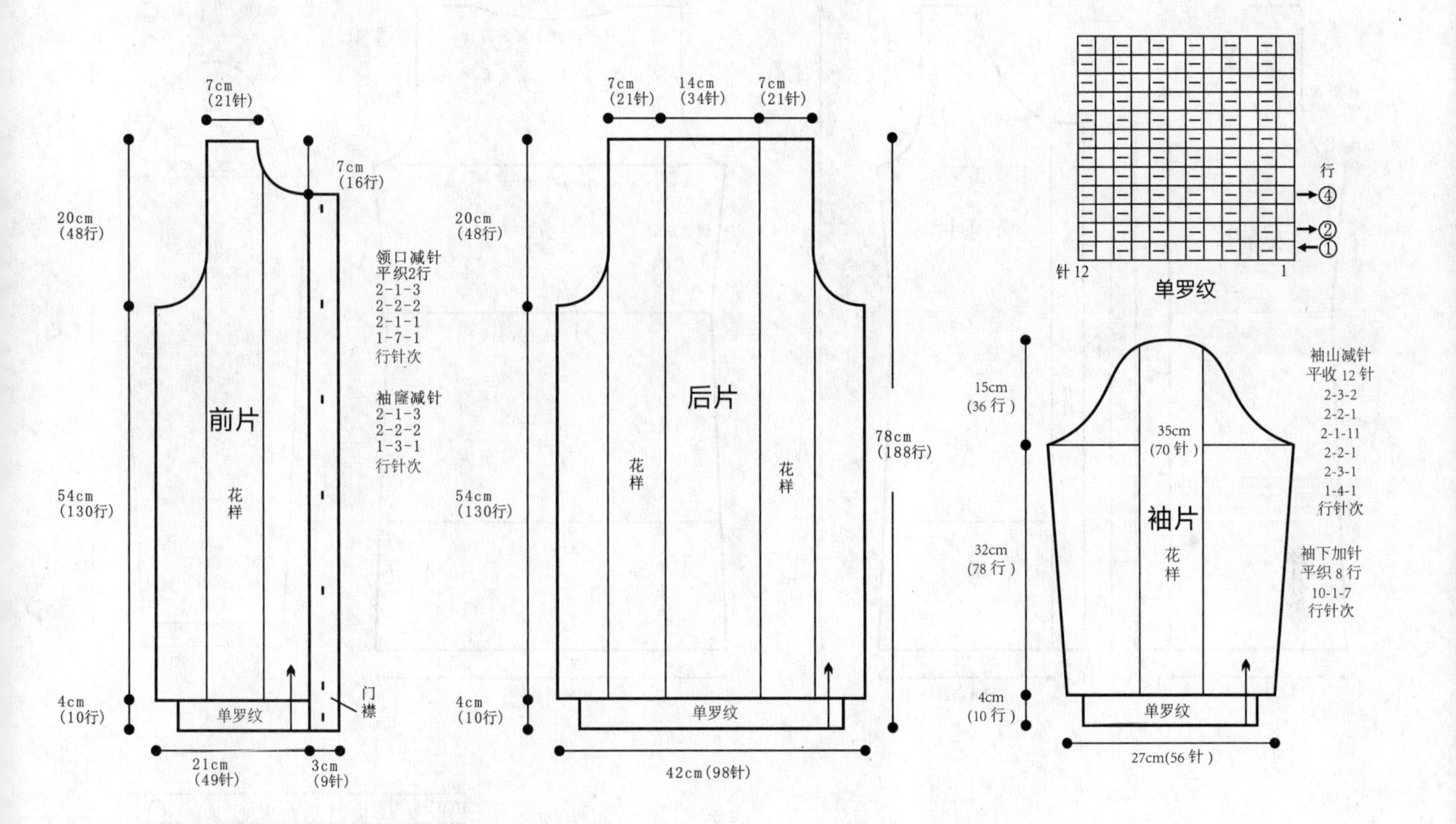

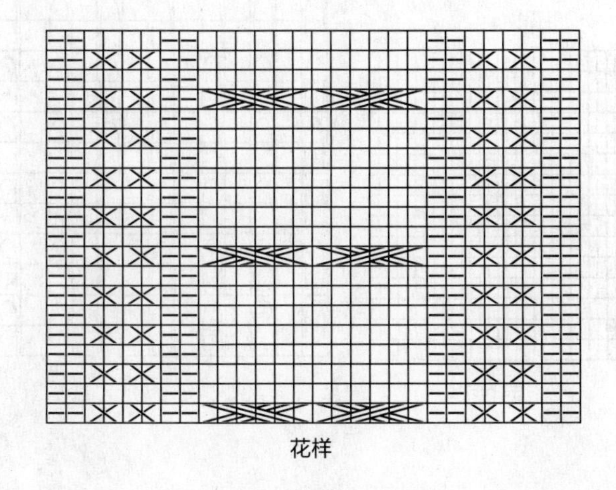

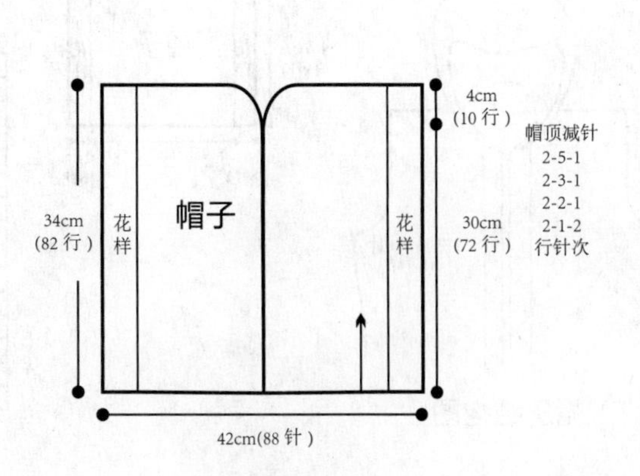

036

【成品尺寸】衣长 75cm　胸围 96cm　袖长 56cm
【工具】10 号棒针
【材料】灰色羊毛线 100g
【密度】10cm^2 ：22 针 ×32 行

【制作方法】

1. 前片：分左、右 2 片编织，分别按图起 52 针，织 15cm 花样后，改织全下针，侧缝按图示减针，织至 27cm 时加针，形成收腰，再织 15cm 时两边各平收 5 针，按图收袖窿，再织 5cm 时同时收领窝，织至肩位余 20 针。用同样方法织另一片。

2. 后片：按图起 104 针，织 15cm 花样后，改织全下针，侧缝与前片一样加减针，形成收腰，织至 15cm 时两边各平收 5 针，收袖窿，并按图收领窝，肩位余 20 针。

3. 袖片：按图起 56 针，织 15cm 花样后，改织全下针，袖下按图示加针，织至 30cm 时，开始收袖山，两边各平收 5 针，按图示减针，用同样方法织另一袖片。

4. 将前片、后片的肩位、侧缝与袖片全部缝合。

5. 门襟挑 136 针，织 4cm 花样。

6. 领圈边挑 118 针，织 15cm 全下针，两边织 4cm 花样，帽边缝合，形成帽子。

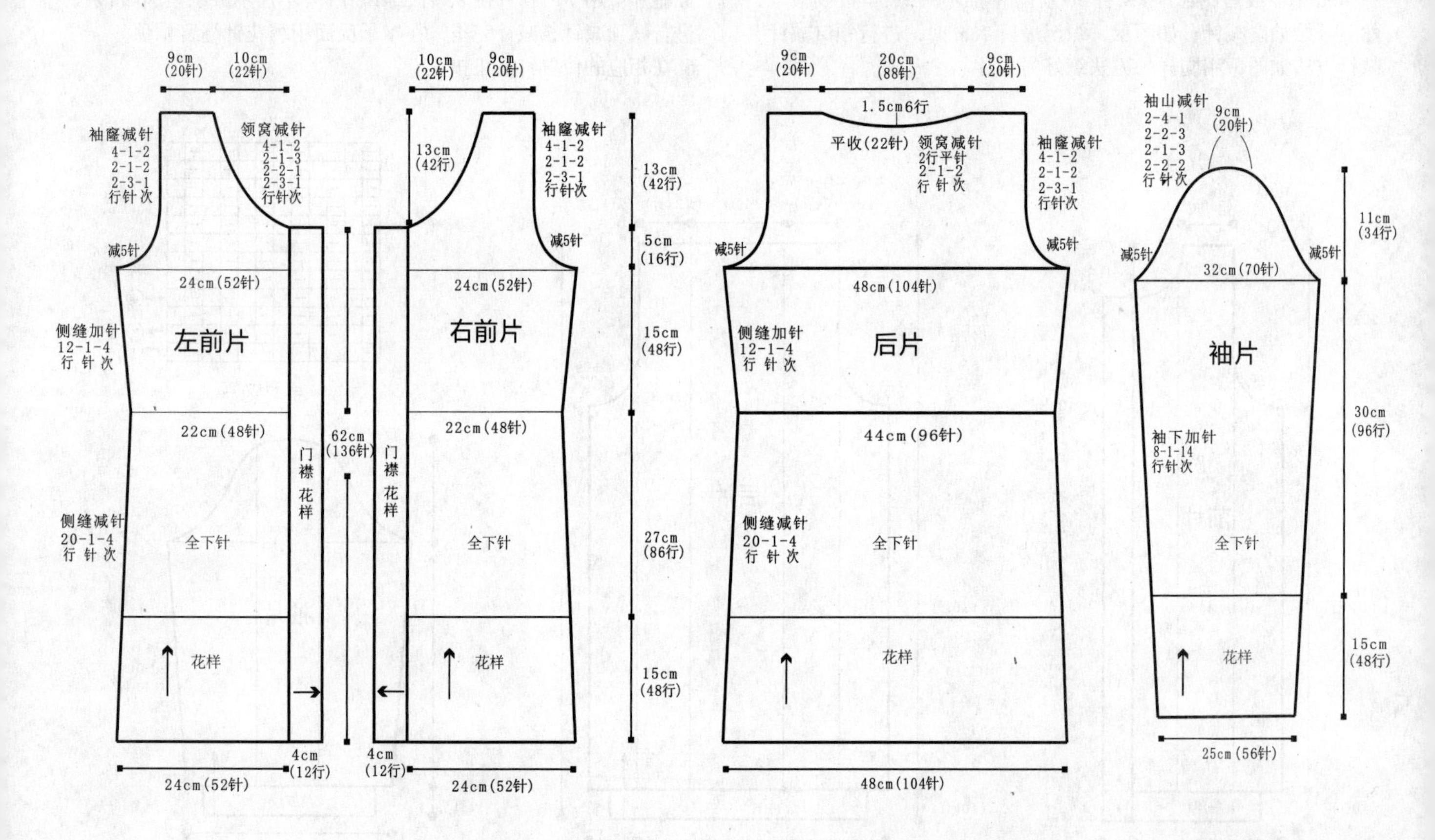

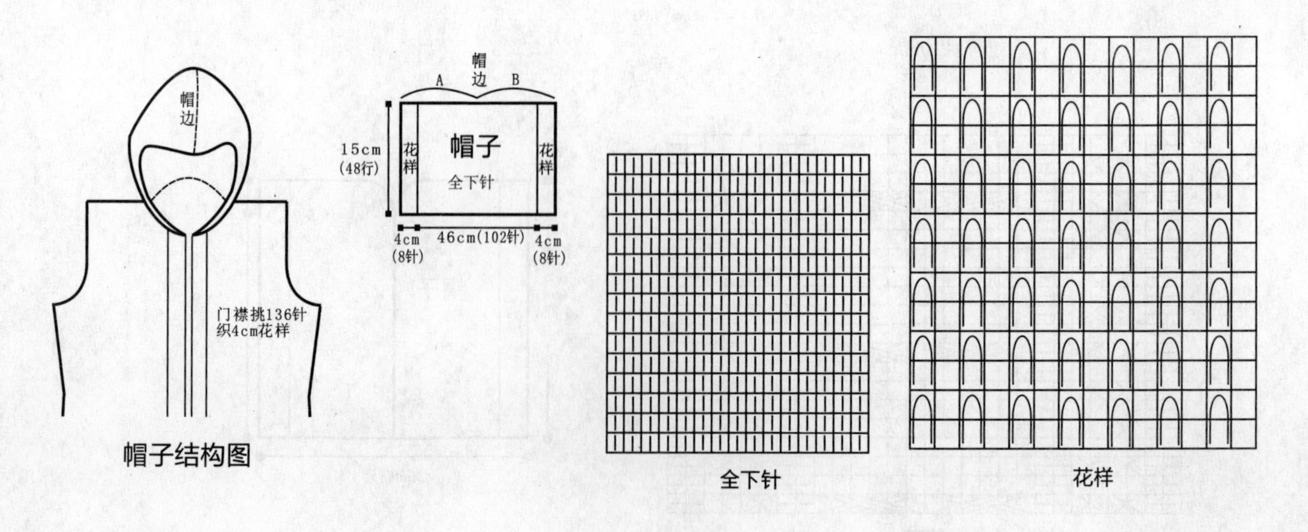

037

【成品尺寸】衣长 75cm　胸围 80cm　袖长 42cm
【工具】10 号棒针
【材料】棕色棉线 500g
【密度】10cm² ：16 针 ×24 行

【制作方法】
1. 后片：起 64 针，织双罗纹，织 7cm 的高度后，改织下针，织至 31cm，两侧各平收 4 针，继续往上编织，织至 47cm，两侧按 4-1-6、6-1-6 的方法减针，后片共织 75cm 长，最后领口留下 32 针。
2. 前片：编织方法与后片一样。
3. 袖片：起 52 针，织双罗纹，织 5cm 的高度后，改织下针，袖片共织 42cm 的长度。袖底缝合时在袖山位置留起 2.5cm，分别与前后片袖窿缝合。

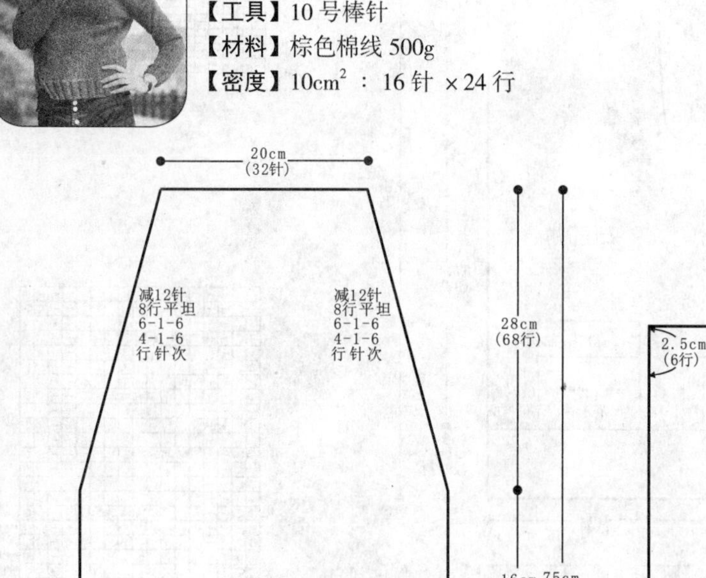
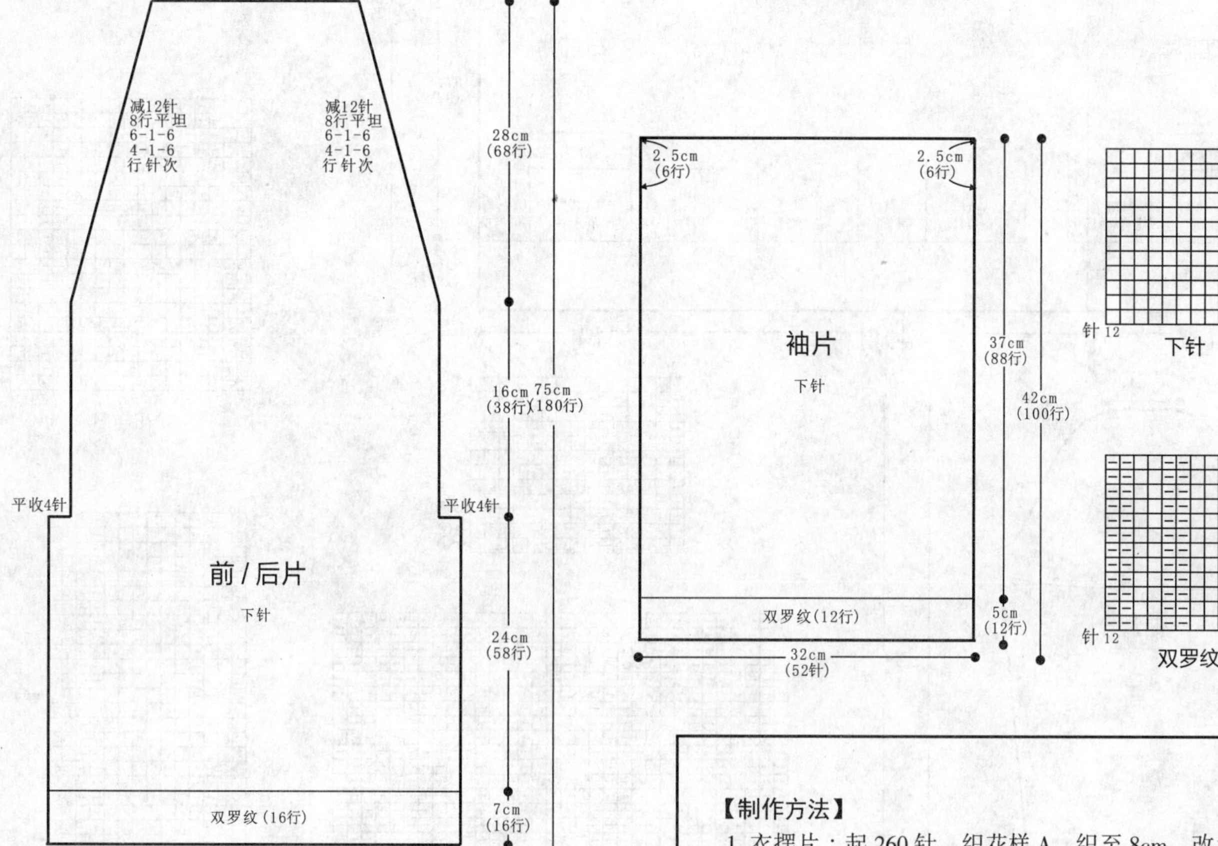

038

【成品尺寸】衣长 62cm　胸围 90cm　袖长 62cm
【工具】12 号棒针　绣花针
【材料】灰色棉线 650g
【密度】10cm² ：28 针 ×30 行
【附件】牛角纽扣 6 枚

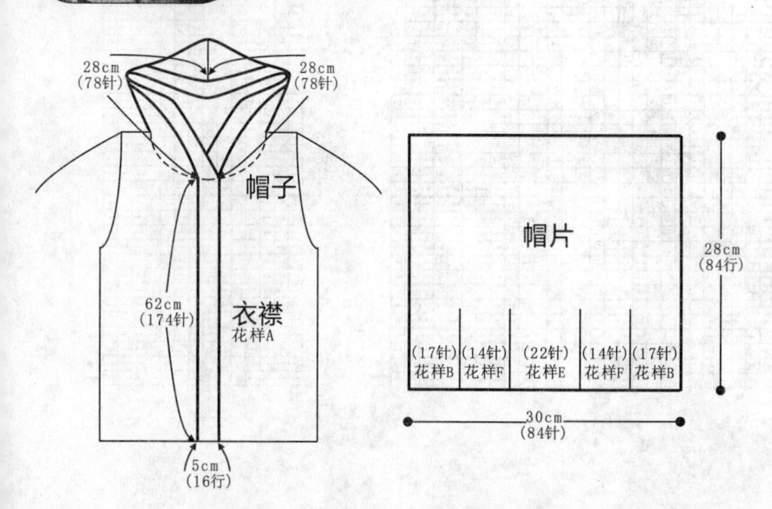

【制作方法】
1. 衣摆片：起 260 针，织花样 A，织至 8cm，改为花样 B、花样 C、花样 D、花样 E 及上针组合编织，如结构图所示，织至 16cm 的高度，将两侧各 32 针花样 C 改织花样 A，织至 20cm 的高度，将花样 A 收针，然后在同一位置重起 32 针，重起的针数织花样 C，织至 39.5cm，将织片分成左右前片和后片分别编织。
2. 分配织片中间 126 针到棒针上，继续组合花样编织，起织时两侧各平收 4 针，然后按 2-1-10 的方法减针织成袖窿，织至 61cm，中间平收 34 针，两侧按 2-1-2 的方法后领减针，最后两肩部各余下 30 针，后片共织 62cm 长。
3. 左前片：取 67 针，继续花样 A12 行编织，起织时两侧各平收 4 针，然后按 2-1-10 的方法减针织成袖窿，织至 62cm，织片余下 53 针，右侧 30 针为肩部，左侧 23 针留待编织帽子。
4. 袖片：起 68 针，织花样 A，织 8cm，改为花样 C、花样 D 组合编织，如结构图所示，一边织一边按 10-1-11 的方法两侧加针，织至 46.5cm 的高度，两侧各平收 4 针，然后按 2-2-23 的方法袖山减针，袖片共织 62cm 长，最后余下 36 针。袖底缝合。
5. 帽片：沿领圈挑起 84 针，织花样 B、花样 E、花样 F 组合编织，织 28cm 的长度，帽顶缝合。
6. 衣襟：沿衣襟及帽襟两侧挑起 174 针，织花样 A，共织 5cm 的长度。
7. 领圈边挑 64 针，织 32 行花样 B。编织完成。

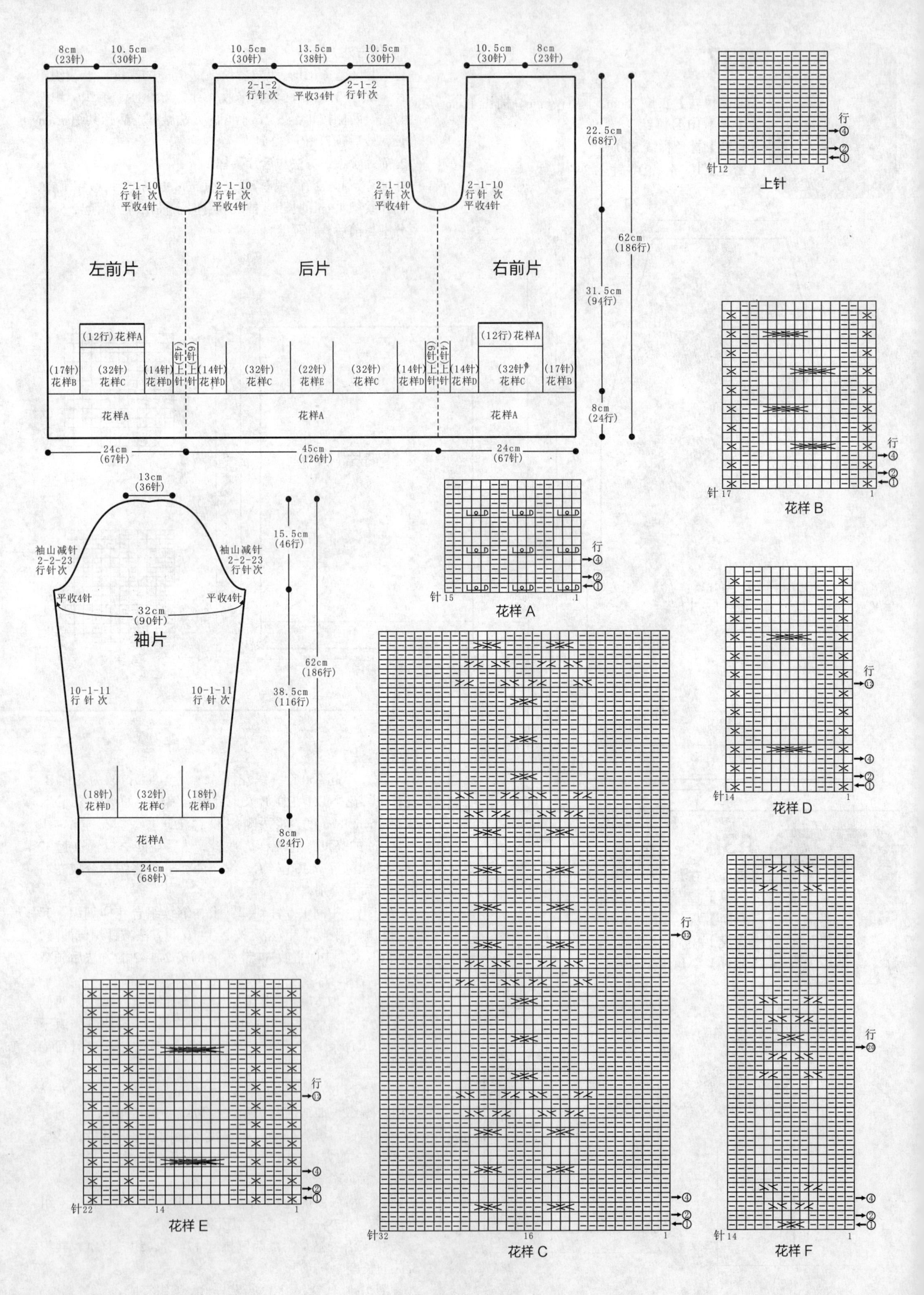
8cm
(23针)
10.5cm
(30针)
13.5cm
(38针)
2-1-2
行针次
平收34针
2-1-10
行针 次
平收4针
左前片
后片
右前片
(12行)花样A
(17针)
花样B
(32针)
花样C
(14针)
花样D
(4针)上针
(6针)上针
(22针)
花样E
花样A
22.5cm
(68行)
31.5cm
(94行)
62cm
(186行)
8cm
(24行)
24cm
(67针)
45cm
(126针)
13cm
(36针)
袖山减针
2-2-23
行针次
平收4针
32cm
(90针)
袖片
10-1-11
行 针 次
(18针)
花样D
15.5cm
(46行)
38.5cm
(116行)
24cm
(68针)
上针
花样 A
花样 B
花样 C
花样 D
花样 E
花样 F
行

039

【成品尺寸】衣长 60cm　胸围 84cm　袖长 62cm

【工具】10 号棒针　绣花针

【材料】卡其色棉线 800g

【密度】10cm^2：22 针 ×30 行

【附件】黑色圆形纽扣 7 枚

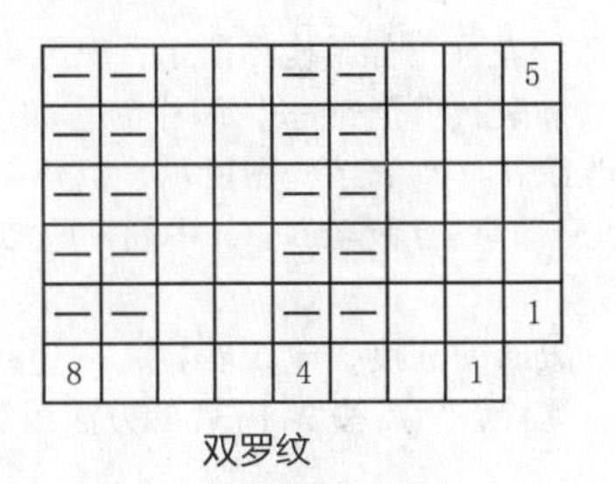

双罗纹

【制作方法】

1. 后片：起 92 针，织 7cm 双罗纹，按前片花样整体图编织 35cm 后开袖窿，继续往上织 15.5cm 后开后领，分两边编织，减针方法如图。织 2.5cm 后收针。
2. 前片：起 47 针，织 7cm 双罗纹，按前片花样整体图编织 35cm 后开袖窿，减针如图，再往上织 10cm 后开前领，继续织 8cm 后收针，对称织出另一片。
3. 袖片（2 片）：起 44 针，织 14cm 双罗纹，按前片花样整体图编织 35cm，同时加针后织袖山，袖山织 13cm 后收针，用相同方法织出另一片。
4. 将两片前片和后片相缝合；两片袖片袖下缝合；袖片与身片相缝合。
5. 门襟：按门襟、衣领图，在门襟处挑 124 针，编织双罗纹，一边留出扣眼，一边不用开扣眼，钉上纽扣。
6. 衣领：如图，前领、后领共挑 100 针，织 10cm 双罗纹后收针。

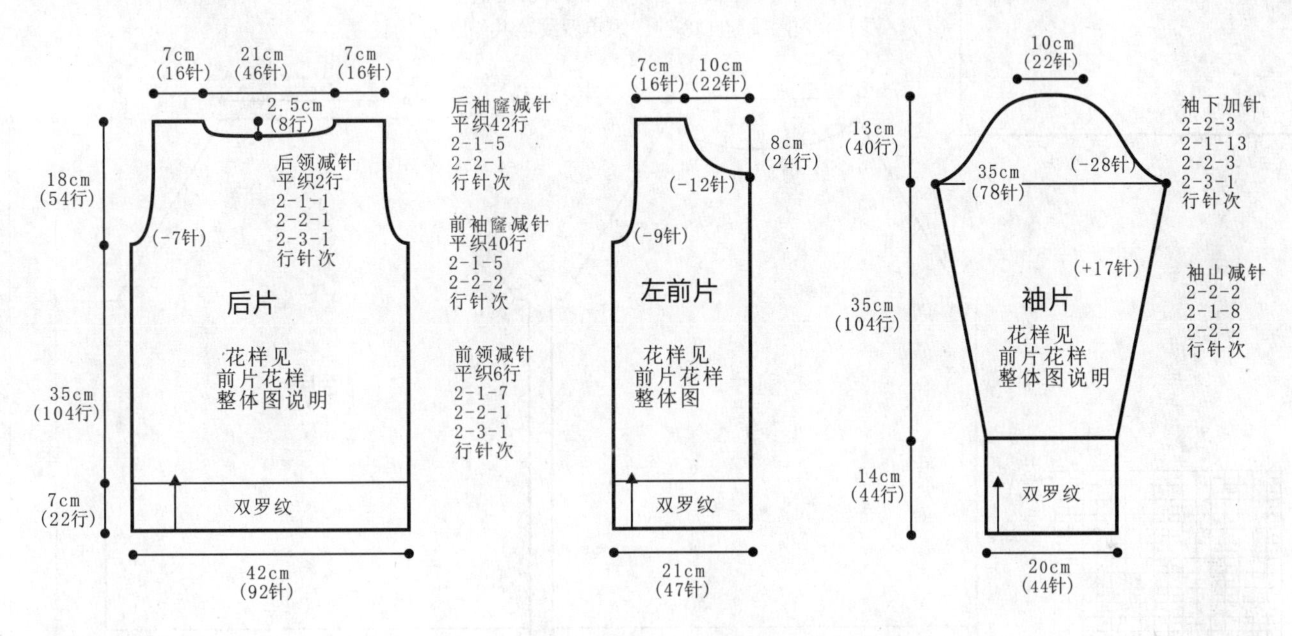

前片花样整体图

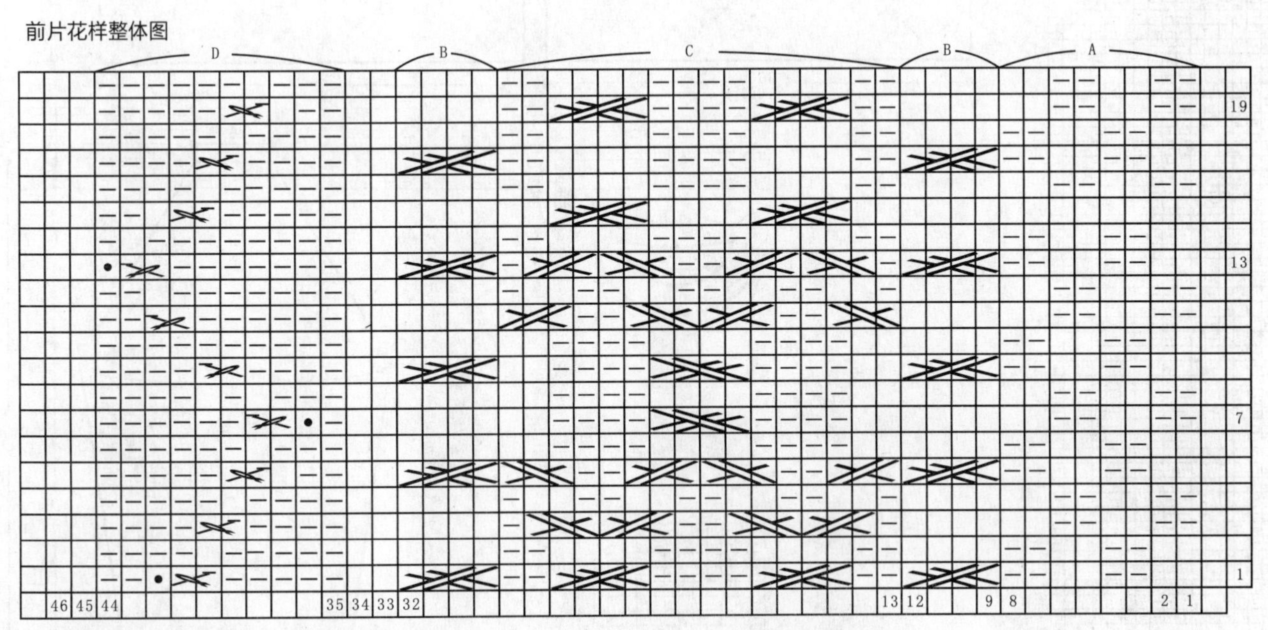

花样说明：由图所示，花样由 A、B、C、D4 组花样构成。

图为前片花样，后片花样为 2 组前片花样，但中心对称，中心为第 45、46 行。

袖片由 A、2 针上针、D、2 针上针、D、2 针上针、A 组成，花样 A 针数见袖片图。

门襟、衣领

10cm
(30行)
(46针)
(27针)
(27针)
每扣眼
2针
(16针)
(16针)
(16针)
(16针)
(16针)
(16针)
挑124针
双罗纹
3cm
(10行)

040

【成品尺寸】衣长 59cm　胸围 72cm　肩连袖长 61cm

【工具】12 号棒针

【材料】粉红色棉线 600g

【密度】$10cm^2$: 33.3 针 ×40.4 行

【制作方法】

1. 后片：起 120 针，织单罗纹，织 7cm 的高度，改织花样，如结构图所示，织至 42cm，两侧各平收 4 针，然后按 2-1-34 的方法减针织成插肩袖窿，织至 59cm，织片余下 44 针。

2. 前片：起 120 针，织单罗纹，织 7cm 的高度，改织花样，如结构图所示，织至 42cm，两侧各平收 4 针，然后按 2-1-34 的方法减针织成插肩袖窿，织至 56cm，中间平收 20 针，两侧按 2-2-6 的方法前领减针，前片共织 59cm 长。

3. 袖片：起 72 针，织单罗纹，如结构图所示，织 7cm 的高度，改织花样，一边织一边按 10-1-15 的方法两侧加针，织至 44cm，两侧各平收 4 针，然后按 2-1-34 的方法减针织成插肩袖山，织至 61cm，最后余下 26 针。袖底缝合。

4. 领子：领圈挑起 148 针，织单罗纹，共织 3cm 的长度。

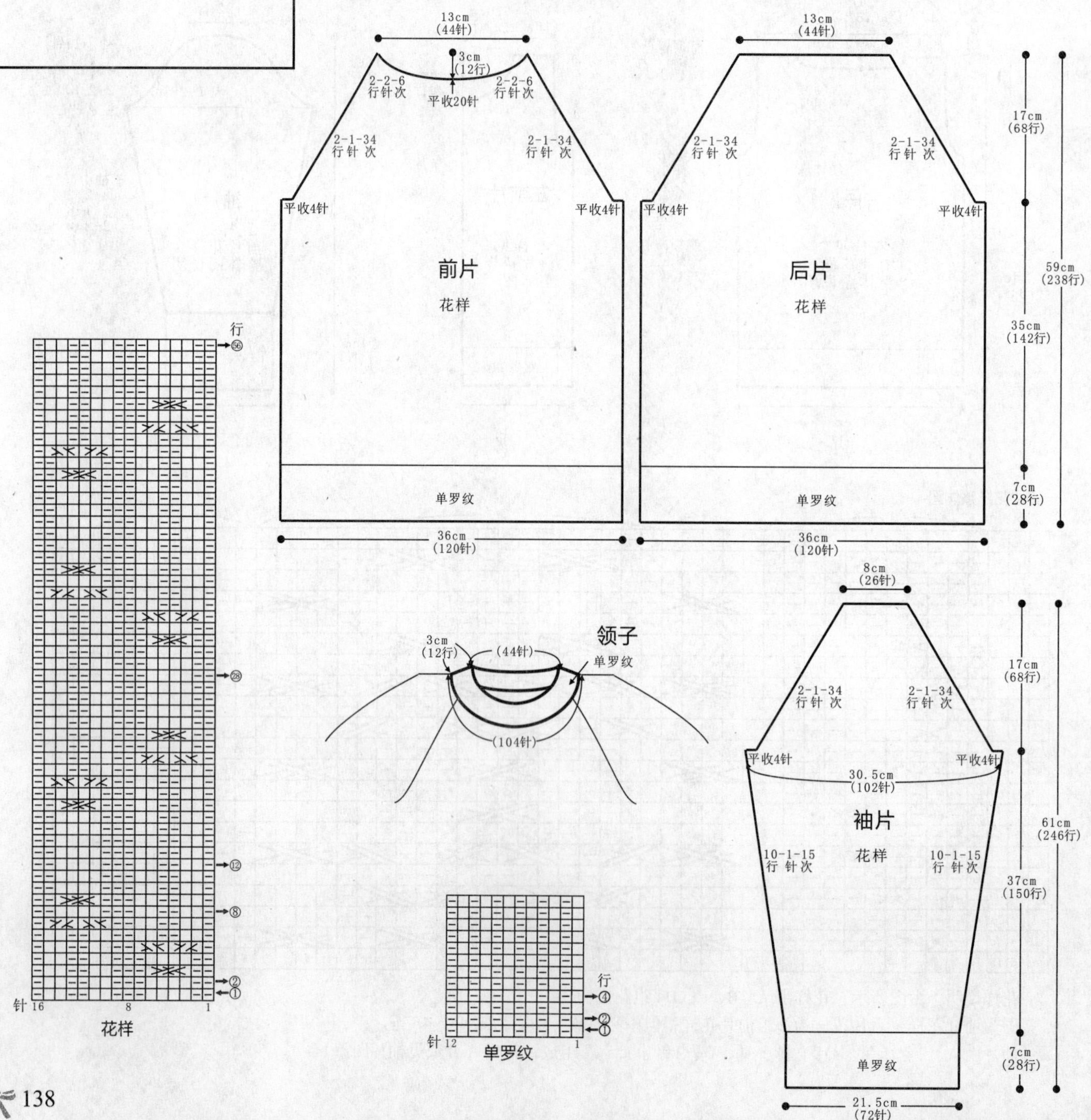

041

【成品尺寸】衣长 50cm 胸围 90cm 袖长 45cm

【工具】7 号棒针 绣花针

【材料】蓝色中粗毛线 500g

【密度】10cm^2：19 针 ×28 行

【附件】自制纽扣 2 枚

【制作方法】

1. 此件衣服是横向编织，门襟处起 90 针，衣边 10 针，衣身 52 针，圆肩部分 28 针，编织 10 行双罗纹，注意圆肩部分需要引返编织，编织 23cm 花样 B 后留下衣身总部分，只编织圆肩部分，编织圆肩 36cm 后连上衣身一起编织，织完后片，用相同方法编织完另一片前片。
2. 袖子从圆肩上挑起 64 针向下编织花样 A，按图示均匀减针至 40 针，织到 37cm，接着编织袖口单罗纹 8cm。
3. 领口从圆肩上挑起编织正反针结束。
4. 缝上纽扣。

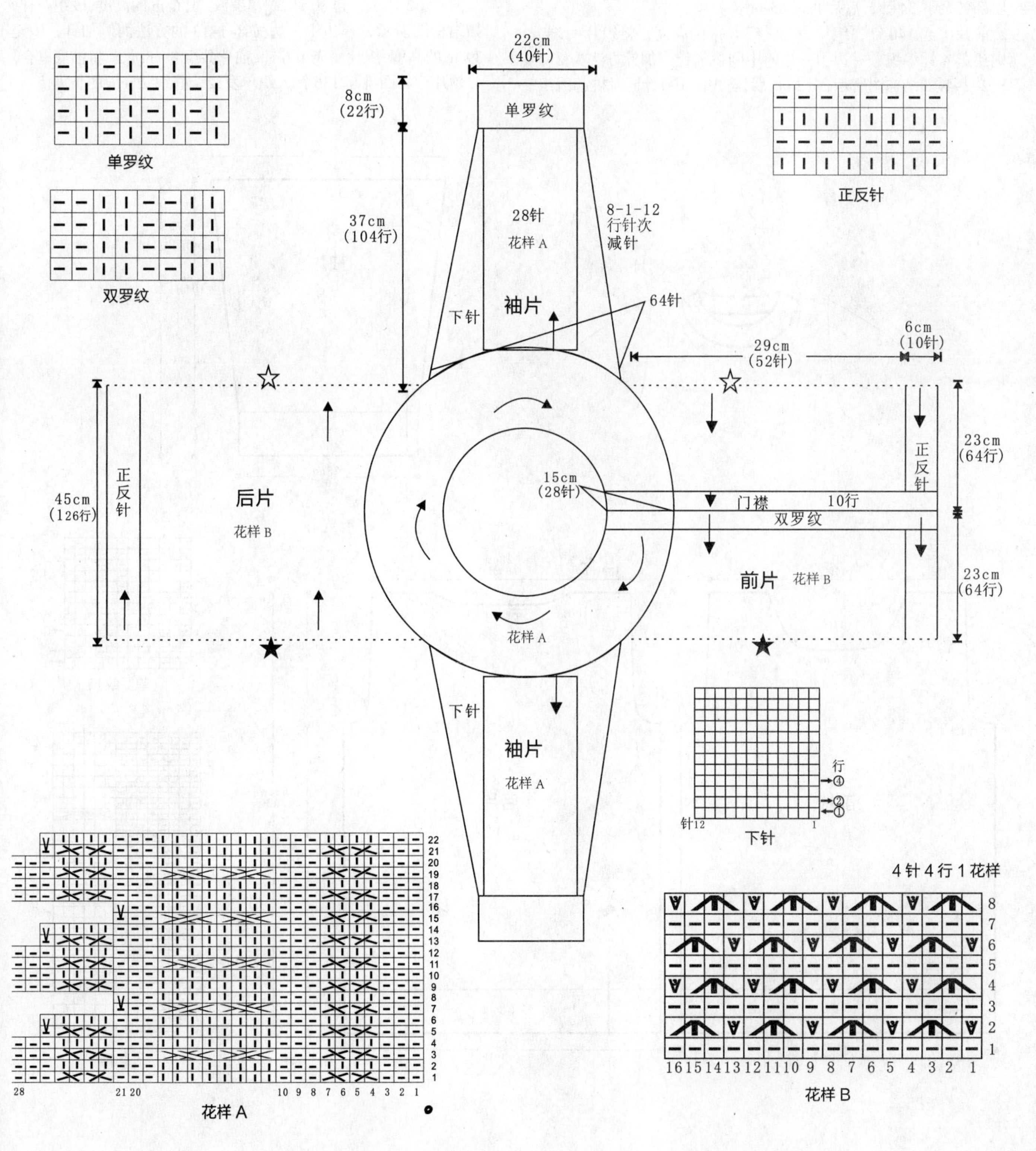

042

【成品尺寸】衣长 65cm　胸围 98cm　袖长 39cm
【工具】12 号棒针
【材料】蓝色棉线 500g
【密度】10cm^2 ：28.6 针 ×31.2 行

【制作方法】

1. 后片：起 140 针，织单罗纹，织 6cm 的高度，改织花样，如结构图所示，织至 48.5cm，两侧各平收 4 针，继续往上织至 64cm，中间平收 60 针，两侧按 2-1-2 的方法后领减针，最后两肩部各余下 34 针，后片共织 65cm 长。
2. 前片：起 140 针，织单罗纹，织 6cm 的高度，将织片两端分别挑起 4 针编织，一边织一边向中间挑加针，加针方法为 2-1-8、2-2-4，如结构图所示，织 24 行后，将中间 100 针同时挑起编织，织至 48.5cm，两侧各平收 4 针，继续往上织至 58cm，中间平收 38 针，两侧按 2-2-4、2-1-5 的方法前领减针，最后两肩部各余下 34 针，前片共织 65cm 长。
3. 袖片（2 片）：起 80 针，织单罗纹，织 6cm 的高度，改织花样，如结构图所示，一边织一边按 8-1-13 的方法两侧加针，织至 39cm 的高度，织片变成 106 针，袖片共织 39cm 长。将袖底缝合。
4. 领片：领圈挑起 136 针，织单罗纹，共织 2.5cm 的长度。

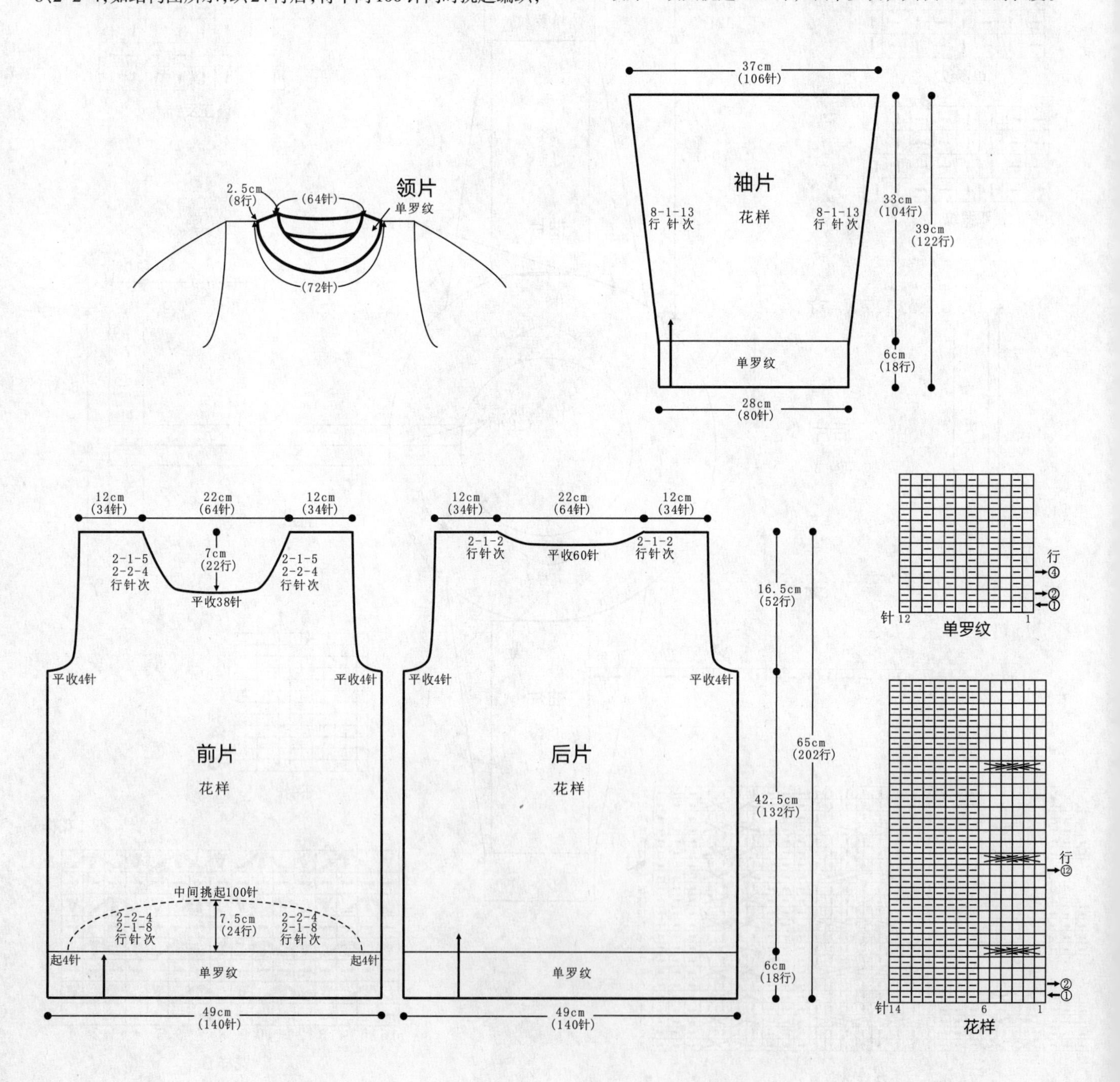

043

【成品尺寸】衣长 50cm　胸围 90cm　袖长 40cm

【工具】7 号棒针　绣花针

【材料】绿色粗毛线 500g

【密度】10cm^2：18 针 ×28 行

【附件】纽扣 3 枚

【制作方法】

1. 后片：向上编织，起 83 针编织 18cm 花样 B，然后编织 12cm 花样 A 开挂肩及后领窝。
2. 前片：左前片：向上编织，起 41 针编织 18cm 花样 B，然后编织 12cm 花样 A 开挂肩，前领按图示减针，门襟挑织正反针，按图示留出扣眼。用相同方法相反方向织右前片。
3. 袖片：袖口起 44 针向上编织 11cm 花样 B，然后编织下针，按结构图所示均匀加针，袖山减针，断线。用同样方法完成另一片袖片。
4. 衣领起 82 针编织 10cm 花样 C。
5. 前片与后片及袖片和衣领沿边对应相应位置缝实，钉上纽扣。

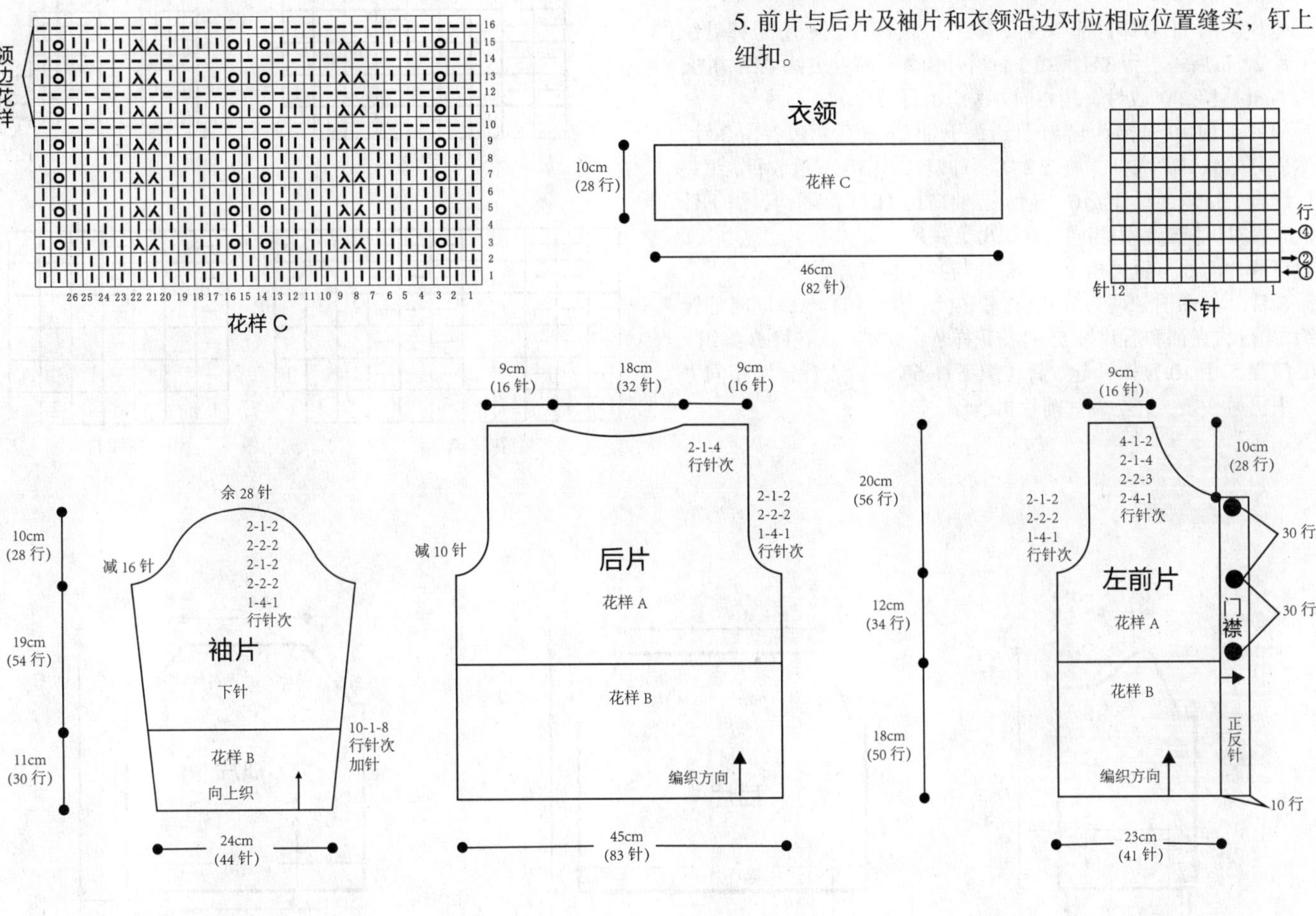

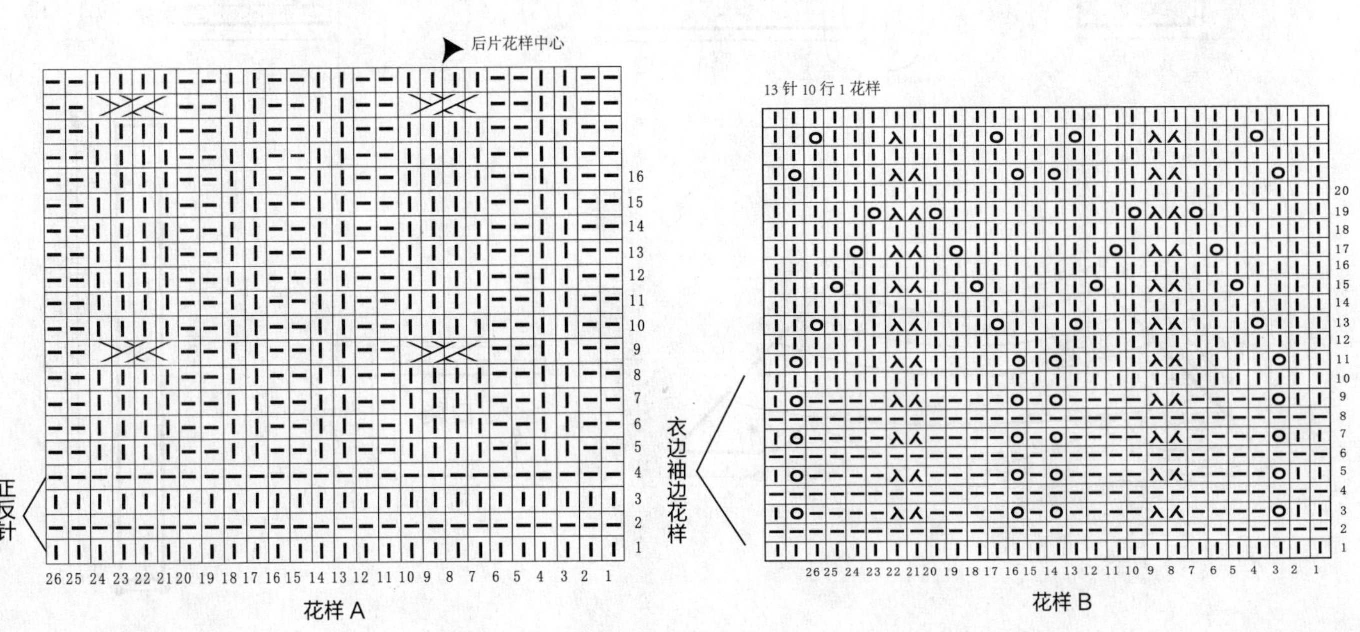

044

【成品尺寸】衣长 35cm　胸围 88cm　袖长 42cm

【工具】10 号棒针　11 号棒针

【材料】淡绿色棉线 700g

【密度】10cm^2 ：13 针 ×20 行

【制作方法】

1. 后片：用 11 号棒针起 60 针，织双罗纹 6cm，换 10 号棒针织下针 22cm 后两边各留 3 针，继续往上减针，减针方法见结构图，织 7cm 后收针。
2. 前片：用 11 号棒针起 30 针，双罗纹织 6cm，换 10 号棒针织下针 22cm 后一边留 3 针，织 3cm 后开前领，减针方法见结构图，织 4cm 后留 2 针收针，用相同方法织出另一片。
3. 袖片：用 10 号棒针起 51 针，织下针 27cm 后两边各留 3 针，然后开始减针，减针方法按 2-1-10 减针，织 10cm 后收针，织完后缝合，并缝合对开成 6 个褶子。袖口挑 41 针，圈钩，织下针 5cm 后对折缝合。用相同方法织出另一片。
4. 将两片前片与后片相缝合，袖片与身片相缝合。
5. 领片：如图前领两边分开织，先挑织 10 针花样 A，同时加针织 14 行，在袖和后片挑 55 针按花样 A、双罗纹、花样 B 编织。
6. 门襟：用 10 号棒针起 5 针，织下针 60cm 后收针，用相同方法织出另一条，并与两片前片相缝合。

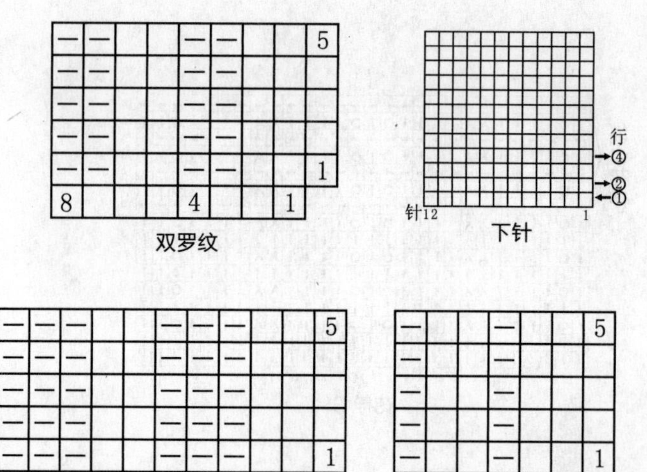

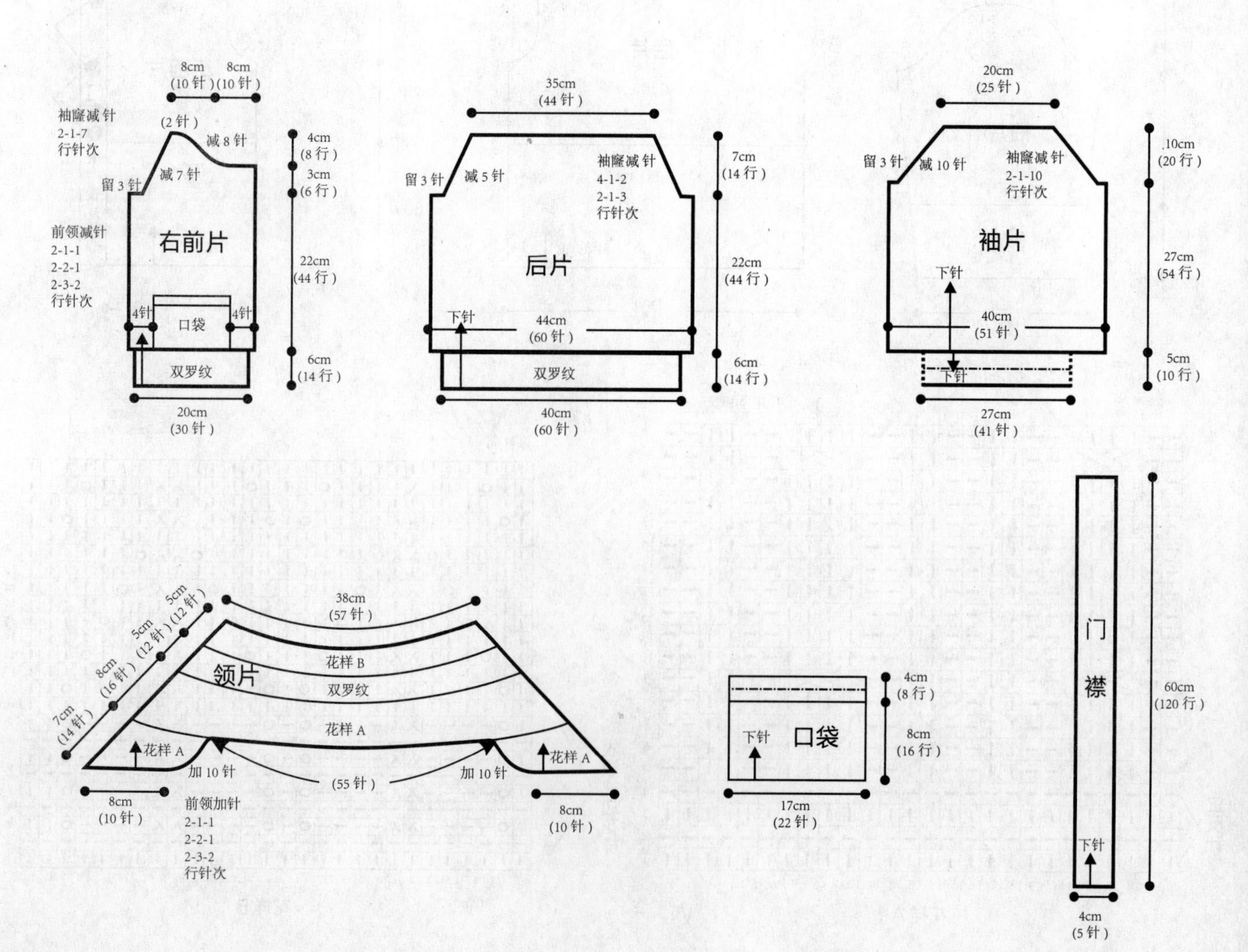

045

【成品尺寸】衣长 44cm　胸围 84cm　袖长 51cm
【工具】10 号棒针　5mm 钩针　绣花针
【材料】咖啡色棉线 630g
【密度】$10cm^2$：18 针 ×20 行
【附件】纽扣 4 枚

【制作方法】

1. 后片：起 80 针，双罗纹织 6 行，按图示花样顺序编织，上针与花样均为 6 针，织 48 行后，按袖窿减针织袖窿，织 36 行后收针。
2. 左前片：起 38 针，双罗纹织 6 行，按图示花样顺序编织，织 48 行后，按袖窿减针织袖窿，织 10 行后开始开前领，按前领减针，织 26 行后收针。对称织出右前片。
3. 袖片：起 42 针，双罗纹织 6 行，按图示花样顺序编织，并同时加针织 72 行，往上织袖山，按袖山减针编织，织 26 行后收针。用相同方法织出另一片。
4. 将两片前片与后片相缝合；两片袖片相缝合；袖片与身片缝合。
5. 门襟：如左前片图，织门襟的同时开扣眼，挑 56 针，双罗纹织 6 行。织右前片门襟，不用开扣眼。
6. 领：共挑 86 针，双罗纹织 6 行后收针。
7. 在右前片合适位置钉上纽扣。

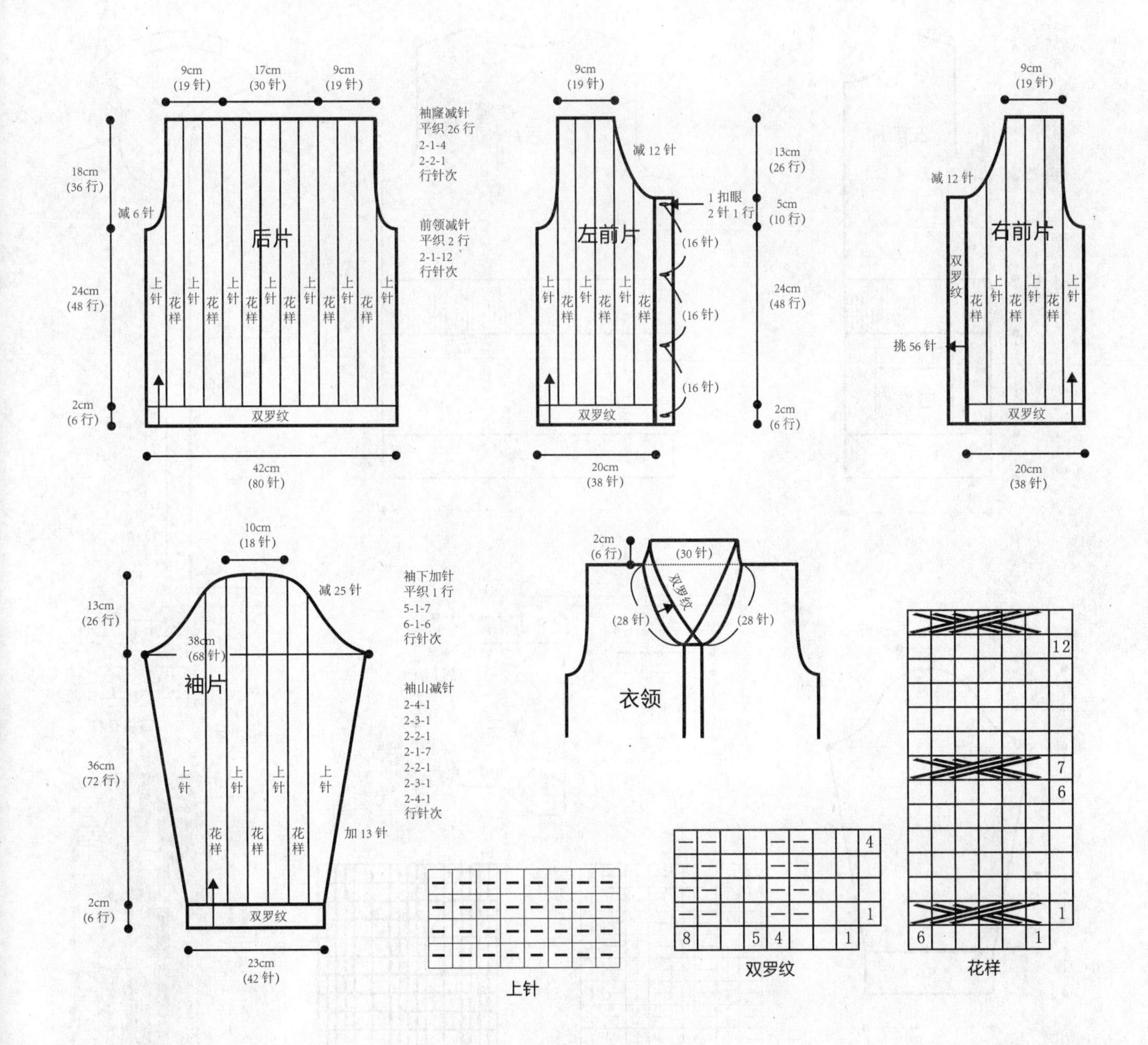

046

【成品尺寸】衣长 68cm　胸围 90cm　袖长 59cm

【工具】7 号棒针　8 号棒针　绣花针

【材料】粉红色棉线 800g

【密度】10cm² ：14 针 ×24 行

【附件】纽扣 5 枚

【制作方法】

1. 左前片：用 8 号棒针起 36 针，从下往上织 7cm 双罗纹，换 7 号棒针织 15cm 花样 A，再织 8cm 单罗纹后，继续织 15cm 花样 A 后开挂肩，按图解分别收袖窿、收领子。用相同方法相反方向织右前片。

2. 后片：用 8 号棒针起 72 针，罗纹编织方法与前片相同，换 7 号棒针按后片图解编织。

3. 袖片：用 8 号棒针起 32 针，从下往上织单罗纹 7cm，换 7 号棒针织花样 B，放针，织到 36cm 处按图解收袖山。

4. 将前片、后片、袖片、帽子缝合后，按图解挑门襟，织 5cm 双罗纹，收针，用棒针织 3 针圆绳 130cm，做 2 个毛线球挂在帽尖，按图解钉上纽扣。

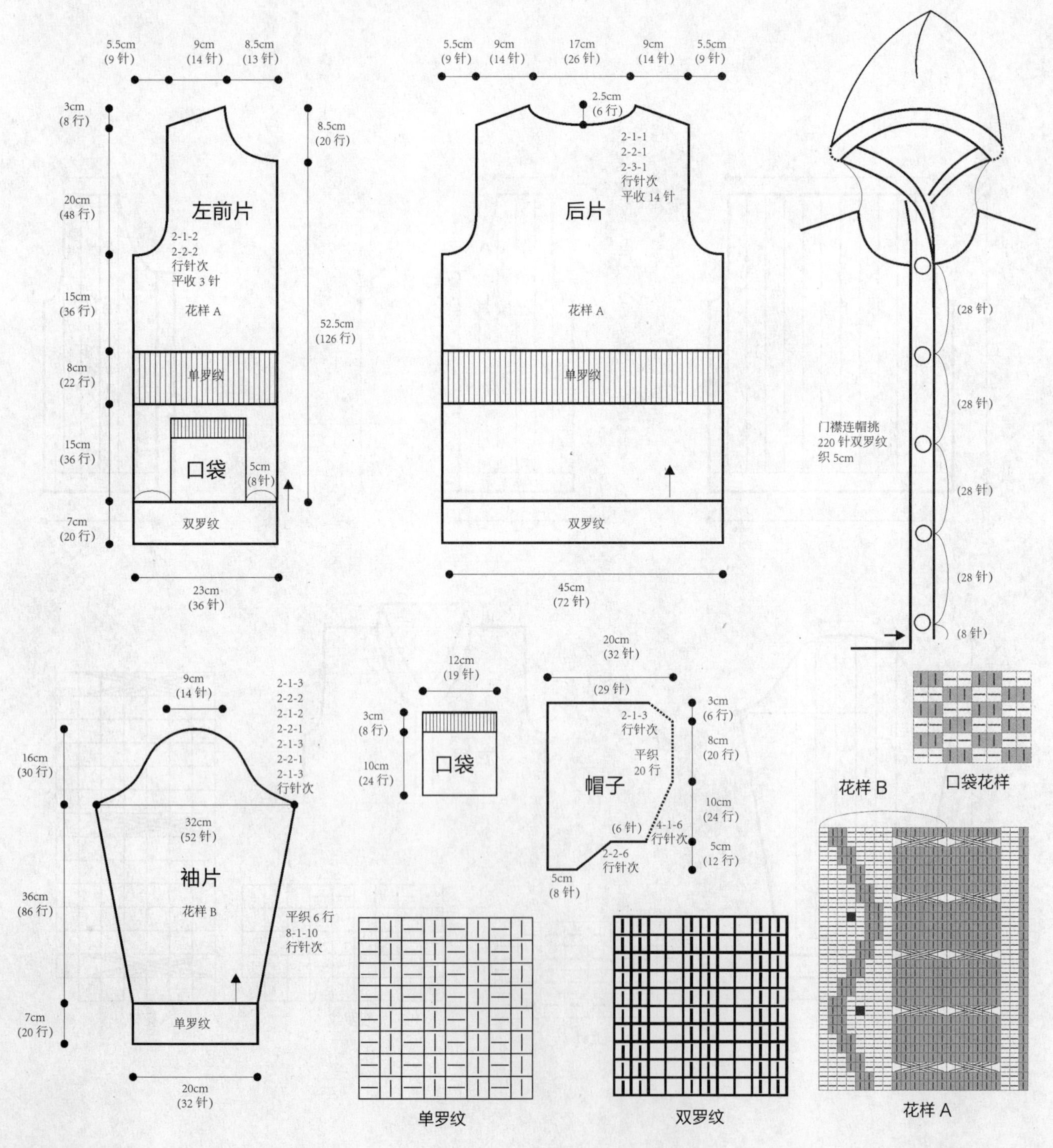

047

【成品尺寸】衣长 60cm　胸围 80cm　肩宽 28cm　袖长 53cm
【工具】10 号棒针　绣花针
【材料】蓝白色段染羊毛线 600g
【密度】10cm^2 ：122 针 ×32 行
【附件】纽扣 5 枚

【制作方法】
毛衣为从下往上编织开衫。
1. 前片：分左、右 2 片编织。左前片：起 44 针，织 8cm 单罗纹后，改织全下针，侧缝不用加减针，织至 17cm 时，中间 26 针织 4 行双罗纹后平收，内袋另织好：起 26 针，织 42 行全下针，与原织片合并，继续编织至 20cm 时，两边平收 4 针后，开始进行袖窿减针，方法是：按 2-3-1、2-2-1、2-1-1 减针。同时进行领窝减针，方法是：按 2-3-2、2-2-3、2-1-4 减针，共织 15cm 至肩部余 16 针。同样方法织右前片。
2. 后片：起 88 针，织 8cm 单罗纹后，改织全下针，织至 37cm 时，两边平收 4 针，开始进行袖窿减针，减针方法与前片袖窿一样，同时在距离袖窿 42 行处进行领窝减针，中间平收 26 针后，两边减针，方法是：按 2-1-3 减针，织至两边肩部余 16 针。
3. 袖片：起 56 针，织 8cm 单罗纹后，改织全下针，袖下按图示加针，方法是：按 14-1-7 加针，织至 34cm 时，两边各平收 4 针后。进行袖山减针，方法是：按 2-4-1、2-3-2、2-2-7 减针，至顶部余 14 针。同样方法织另一袖。
4. 将前、后片的肩部、侧缝、袖片全部对应缝合。两个内袋分别与左、右前片缝合。
5. 两边门襟至领子另织，从左门襟织起，起 18 针，织 144 行单罗纹后，加针，方法是：按 4-2-14 加针，不加不减织 44 行后，减针，方法是：按 4-2-14 减针，再织 144 行右门襟。然后按结构图与衣片的两边门襟和领圈缝合。
6. 缝上纽扣，两边内袋与前片缝合，编织完成。

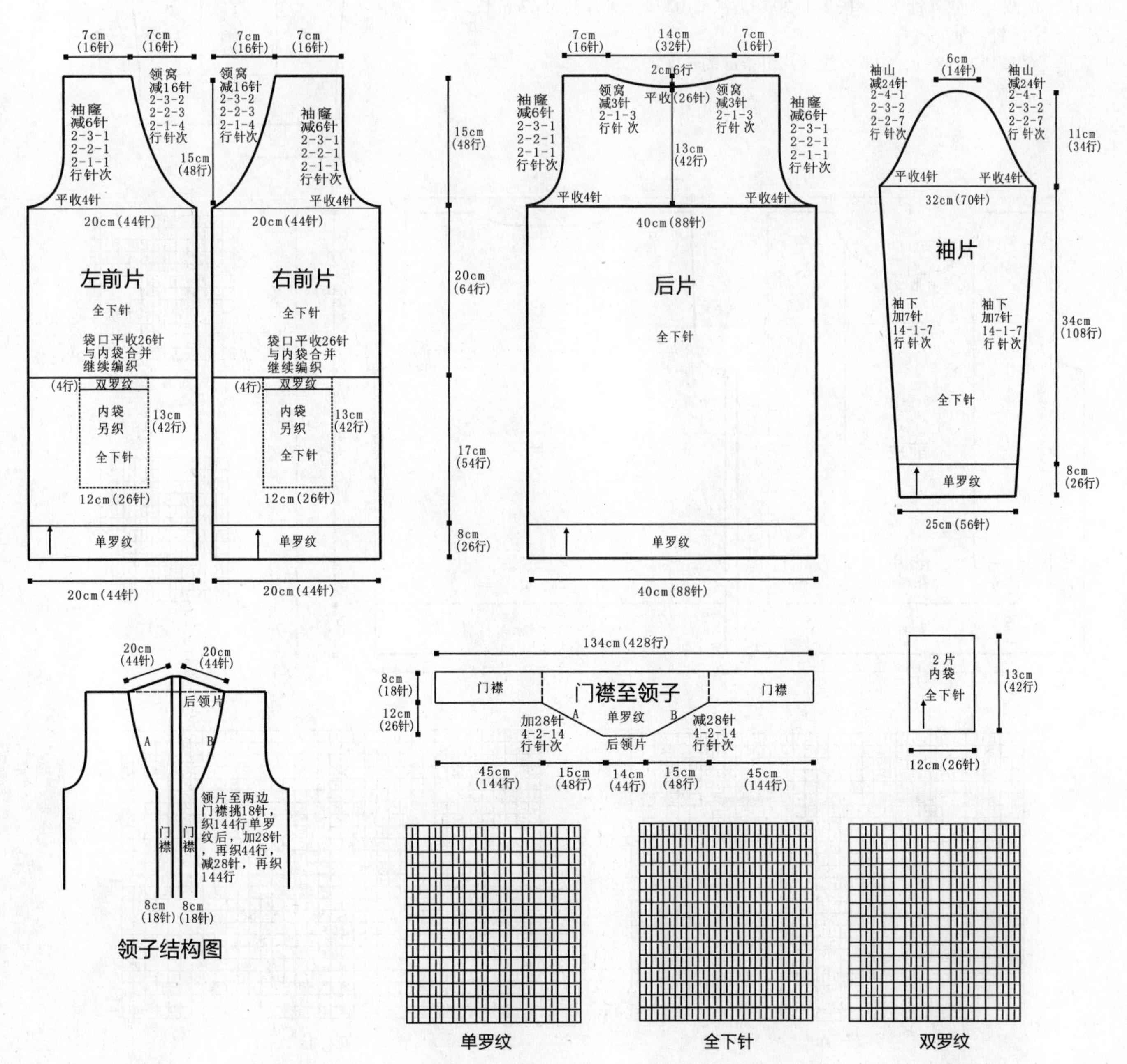

048

【成品尺寸】衣长 62cm　胸围 86cm　肩宽 35cm　袖长 62cm

【工具】12 号棒针　绣花针

【材料】绿色棉线 550g

【密度】$10cm^2$：29 针 ×26 行

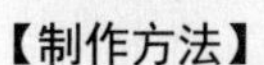

【制作方法】

1. 后片：起 124 针，织双罗纹，织 7cm 的高度，改织下针，如结构图所示，织至 41.5cm，两侧各平收 4 针，然后按 2-1-7 的方法减针织成袖窿，织至 60.5cm，中间平收 36 针，两侧按 2-1-2 的方法后领减针，最后两肩部各余下 31 针，后片共织 62cm 长。

2. 前片：起 124 针，织双罗纹，织 7cm 的高度，改织花样 A、B 与下针组合编织，如结构图所示，织至 41.5cm，两侧各平收 4 针，然后按 2-1-7 的方法减针织成袖窿，织至 54cm，中间平收 22 针，两侧按 2-2-2，2-1-5 的方法前领减针，最后两肩部各余下 31 针，前片共织 62cm 长。

3. 袖片（2 片）：起 70 针，织双罗纹，织 7cm 的高度，改为花样 A 与下针组合编织，如结构图所示，一边织一边按 8-1-13 的方法两侧加针，织至 47cm 的高度，两侧各平收 4 针，然后按 2-1-20 的方法袖山减针，袖片共织 62cm 长，最后余下 48 针。袖底缝合。

4. 领子：领圈挑起 98 针，织双罗纹，共织 4cm 的长度。

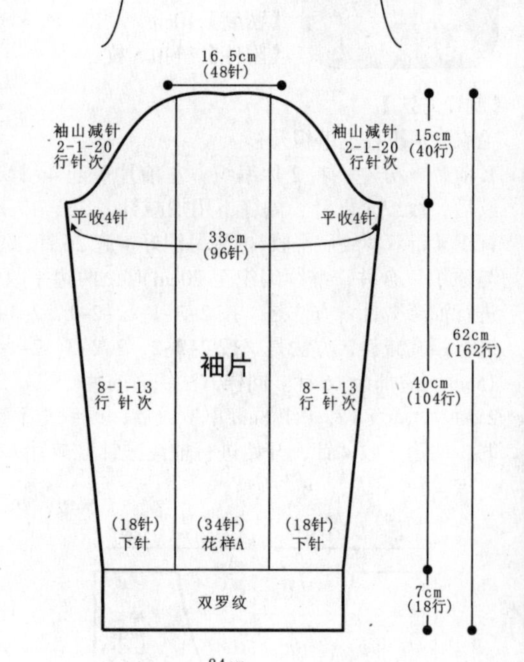

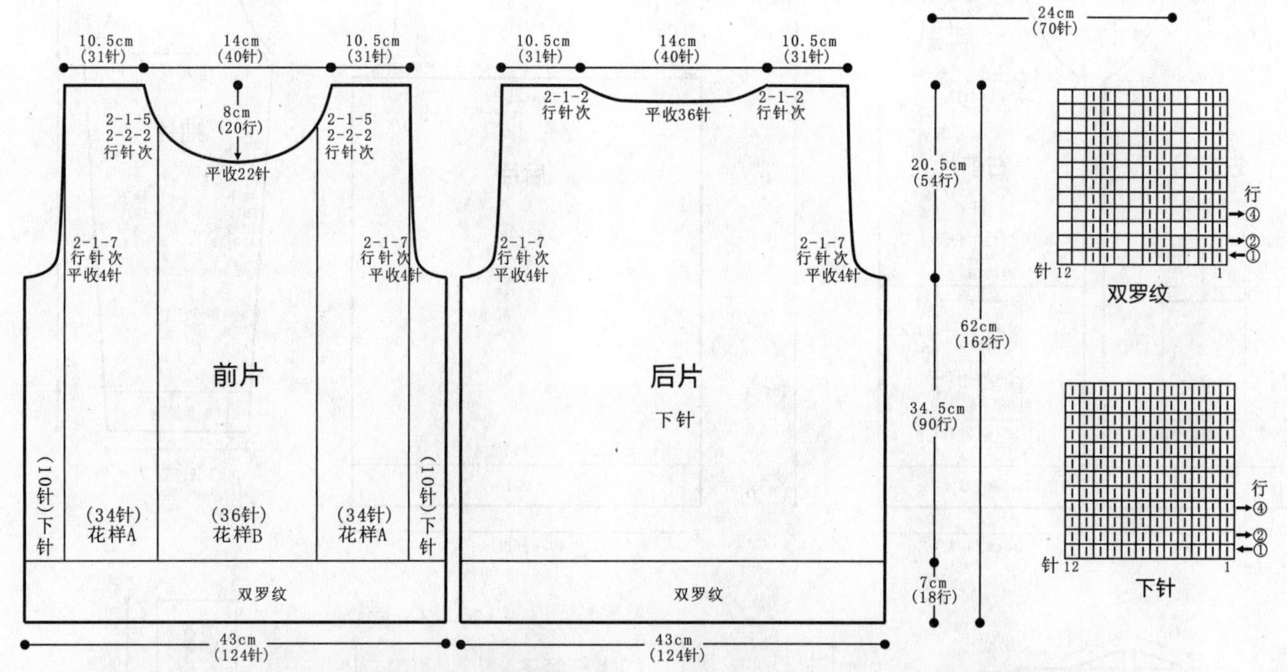

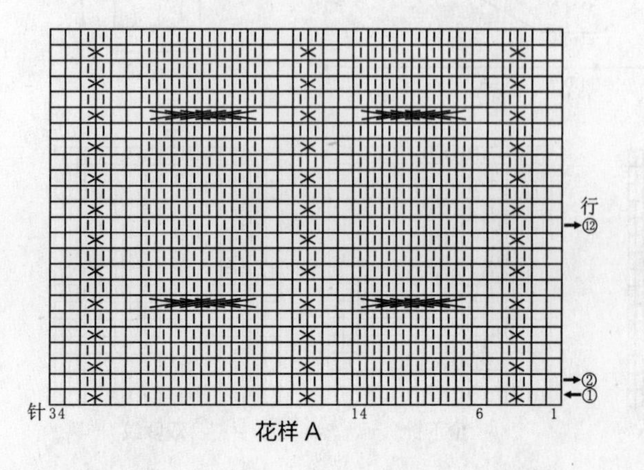

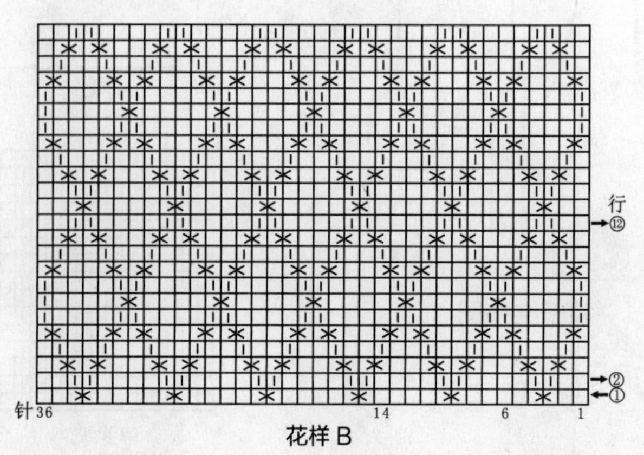

049

【成品尺寸】衣长 72cm　胸围 104cm　袖长 58cm
【工具】9 号棒针　10 号棒针
【材料】白色毛线 700g
【密度】10cm^2 ：25 针 ×35 行

【制作方法】

1. 前片：用 10 号棒针起 180 针织双罗纹 10cm 后，换 9 号棒针往上织 10 针花样，170 针下针，织到 34cm 处，按图解收袖窿。
2. 后片：用 9 号棒针起 130 针，织 10 针花样，120 针下针，按图解放出左袖窿，继续织 40cm 后收出右袖窿。
3. 袖片：用 10 号棒针起 50 针，织双罗纹，按图解编织。
4. 用 10 号棒针按图解织领子，然后将前后片、袖片、领子缝合。

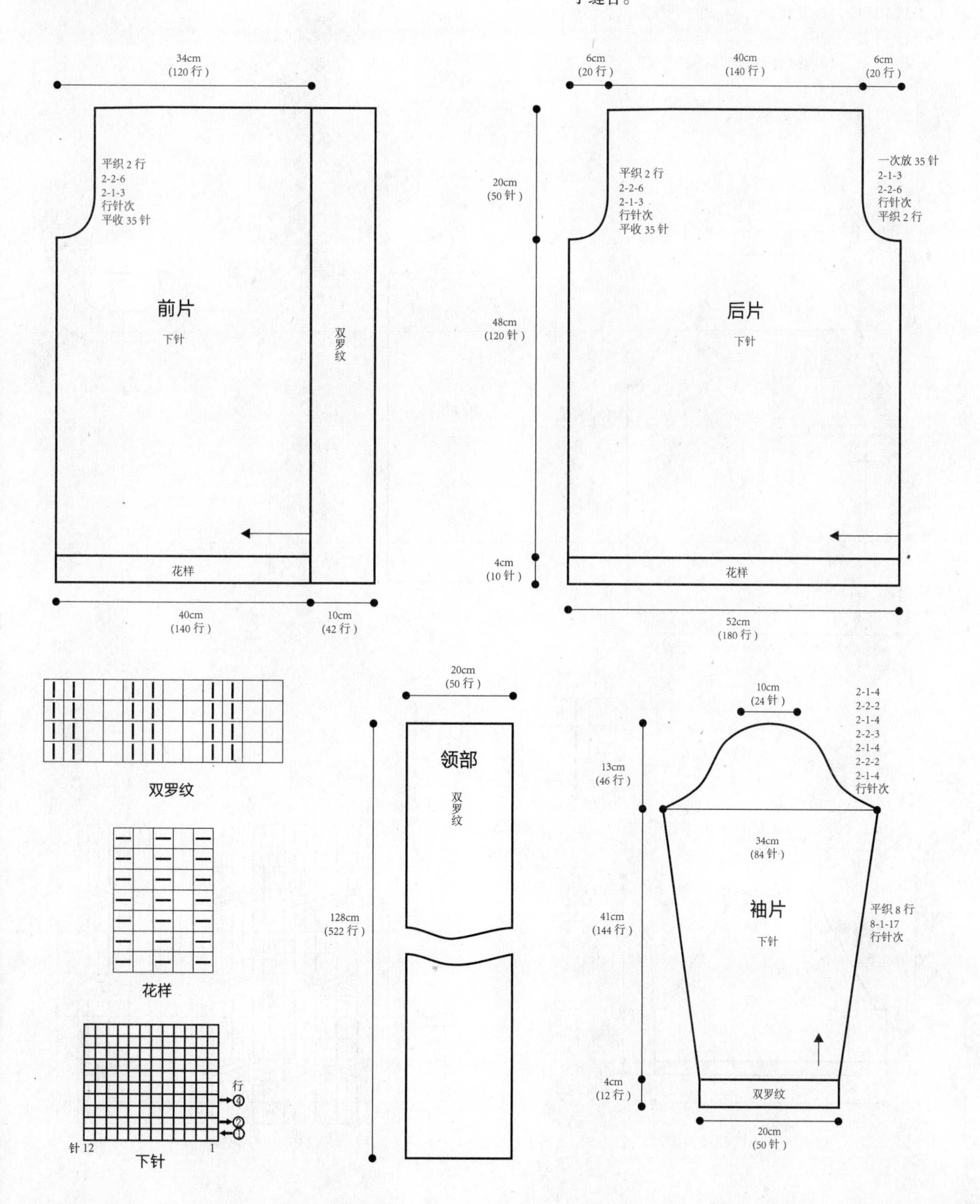

050

【成品尺寸】衣长 54cm　胸围 86cm　袖长 30cm
【工具】9 号棒针
【材料】淡蓝色毛线 300g
【密度】10cm^2：24 针 ×35 行

【制作方法】

1. 后片：起 103 针，按花样织到 34cm 处开挂肩，按图解减针。
2. 前片：起 55 针，按图解编织。
3. 袖片：起 72 针，挂肩减针等按图解编织。
4. 将前后片、衣袖缝合。
5. 领子：挑 134 针，织 8cm 单罗纹。

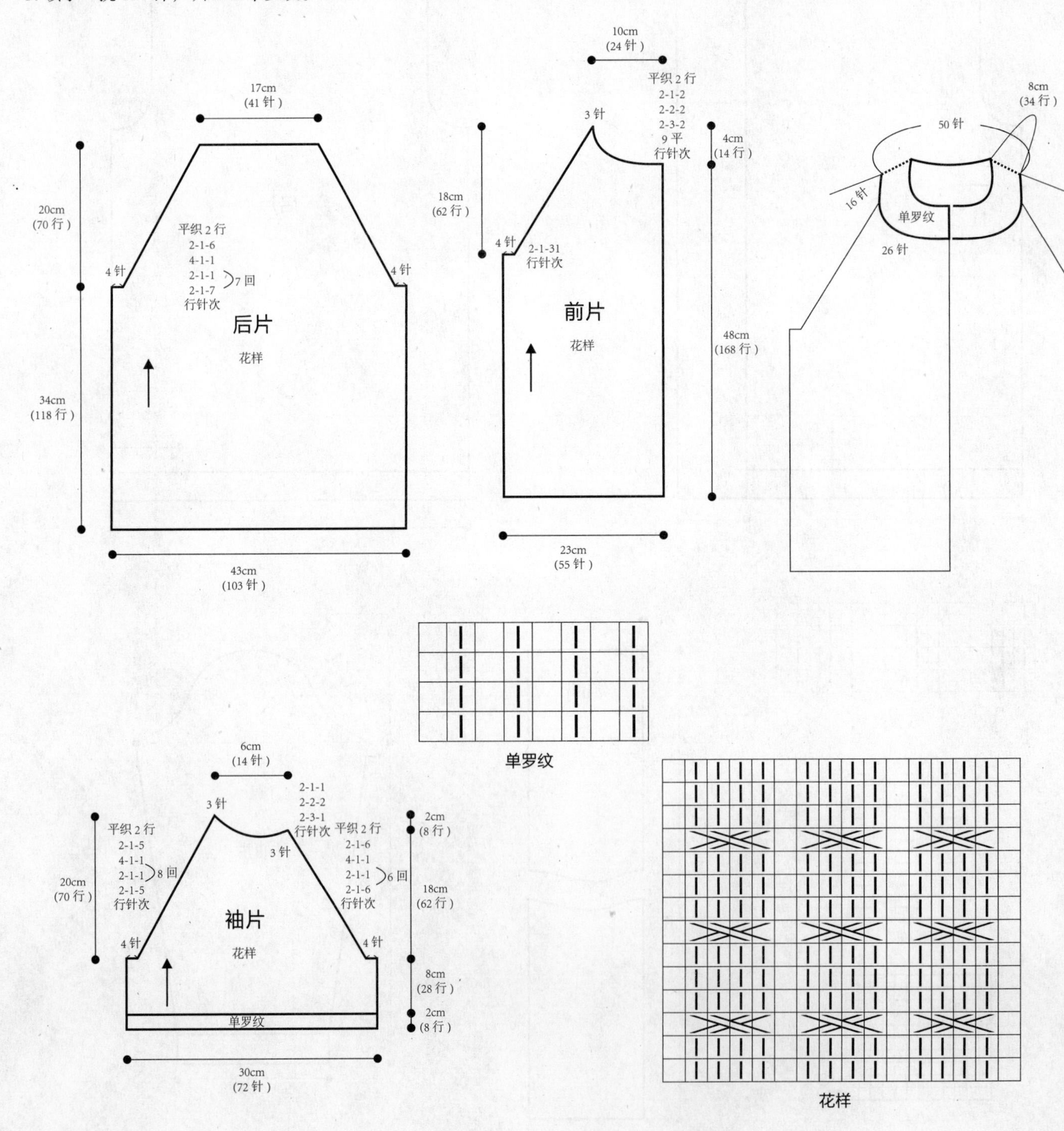

051

【成品尺寸】衣长 65cm　胸围 96cm　袖长 53cm
【工具】10 号棒针　绣花针
【材料】杏色羊毛线 600g
【密度】$10cm^2$ ：22 针 ×32 行
【附件】拉链 1 条

【制作方法】

1. 前片：分左、右 2 片编织。左前片：按图起 34 针，织 5cm 双罗纹后，改织花样，侧缝按图示减针，织至 27cm 时加针，形成收腰，再织 15cm 时两边各平收 5 针，收袖窿，再织 8cm 开领窝，织至肩位余 20 针。右前片：按图起 18 针，织 5cm 双罗纹后，改织全下针，侧缝按图减针，织至 27cm 时加针，形成收腰，再织 15cm 时两边各平收 5 针收袖窿，织至完成。
2. 后片：按图起 104 针，织 5cm 双罗纹后，改织全下针，侧缝与前片一样加减针，形成收腰，织至 15cm 时两边各平收 5 针，收袖窿，并按图收领窝，肩位余 20 针。
3. 袖片 ：按图起 56 针，织 5cm 双罗纹后，改织全下针，袖下按图示加针，织至 37cm 时，开始收袖山，两边各平收 5 针，按图示减针，用同样方法织另一袖片。
4. 将前片、后片的肩位、侧缝与袖片全部缝合。
5. 领圈挑 100 针，织 10cm 双罗纹，形成翻领。
6. 缝上拉链。

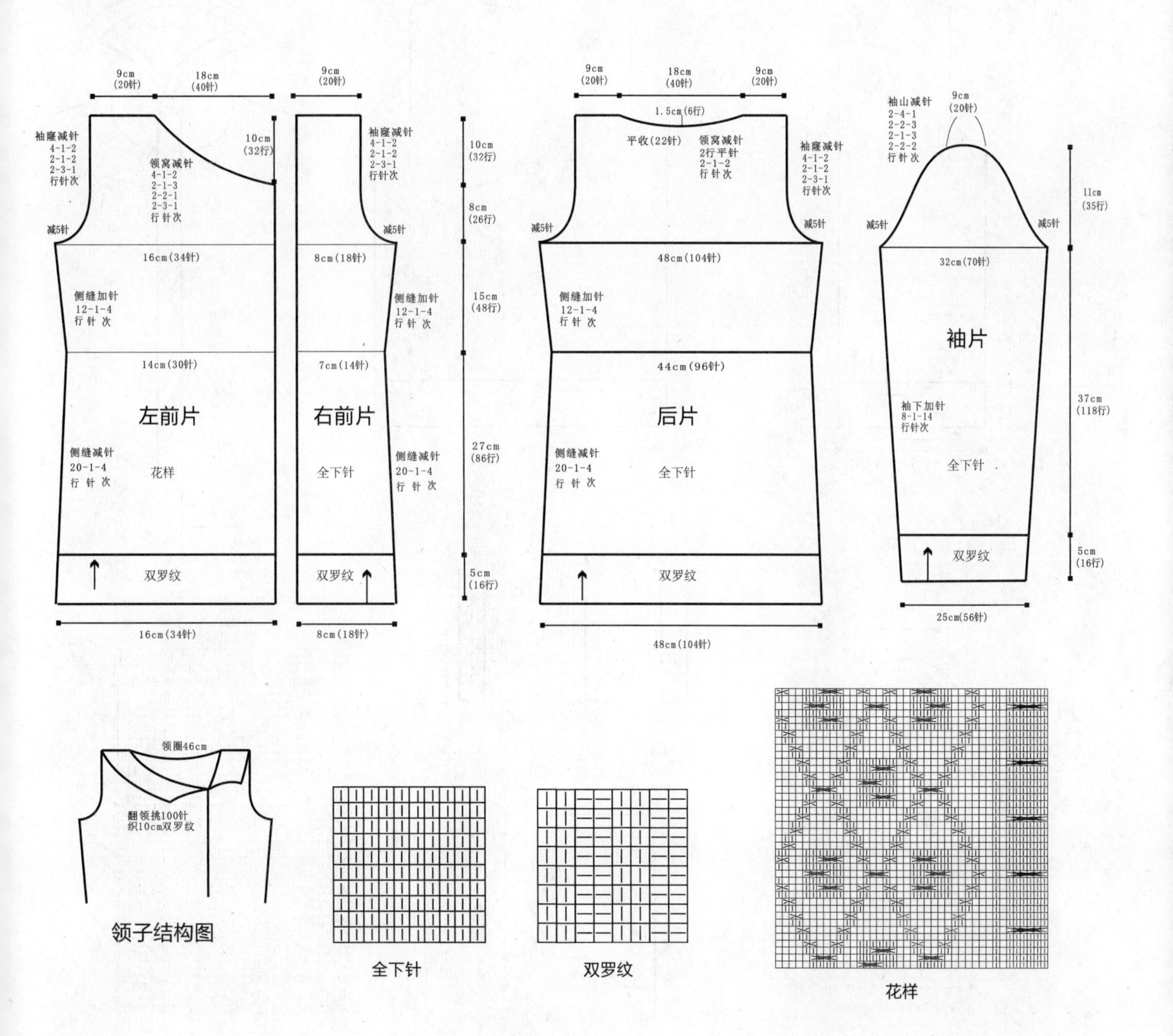

052

【成品尺寸】衣长 68cm　胸围 90cm　袖长 46cm
【工具】7 号棒针　8 号棒针　绣花针
【材料】蓝白花色线 800g
【密度】$10cm^2$ ：16 针 ×24 行
【附件】纽扣 5 枚

【制作方法】

1. 左前片：用 8 号棒针起 36 针，从下往上织 7cm 双罗纹，换 7 号棒针织花样到 38cm 处开挂肩，按图解分别收袖窿、收领子。右前片织法同左前片。
2. 后片：用 8 号棒针起 72 针，编织 7cm 双罗纹后，换 7 号棒针按后片图解编织花样。
3. 袖片：用 8 号棒针起 32 针，从下往上织 7cm 双罗纹，换 7 号棒针织花样，放针，织到 26cm 处按图解收袖山。
4. 将前后片、袖片、帽子缝合，按图解挑门襟，织 5cm 双罗纹，收针，按图解钉上纽扣。

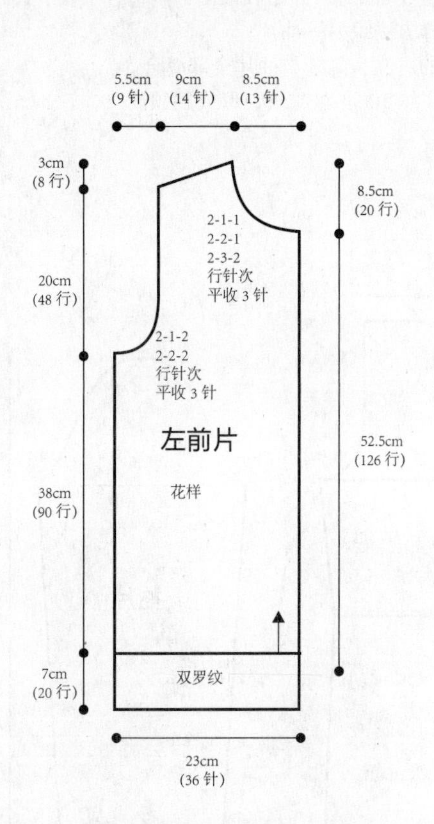

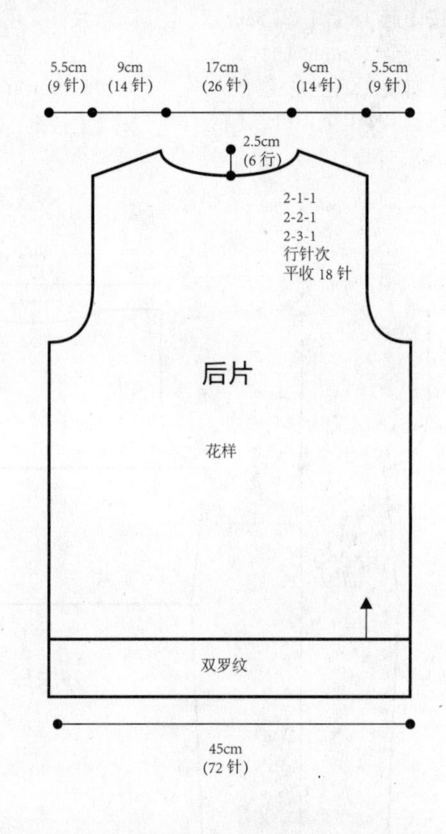

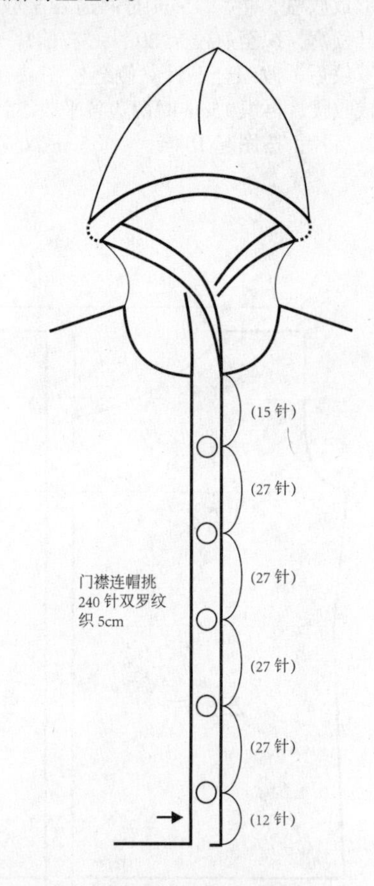

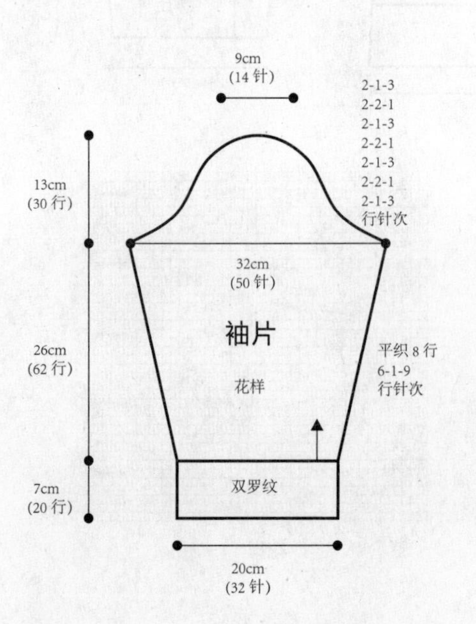

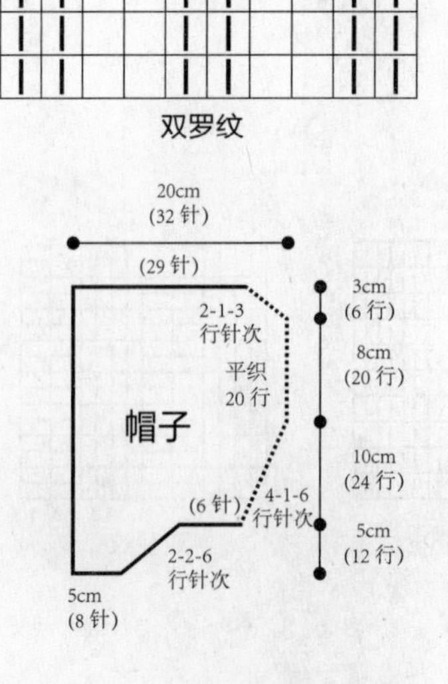

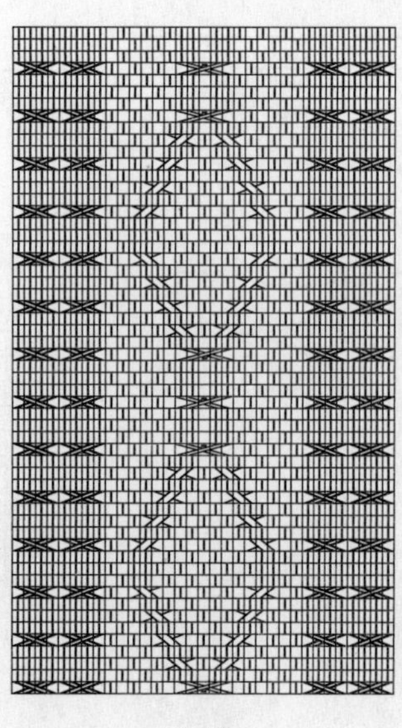

花样

053

【成品尺寸】衣长 79cm 胸围 50cm 袖长 20cm
【工具】10 号棒针
【材料】浅灰色羊毛线 800g
【密度】10cm^2 ：22 针 ×32 行

【制作方法】
1. 从左前片织起，起 96 针，织花样，织至 65cm 时待用，另起 44 针织花样，织 20cm 时与左前片连起来编织，此时编织后片，织至 46cm 时，分右前片和袖片编织，右前片织至 65cm 时收针断线，袖片织至 20cm 时收针断线。
2. 两个衣袋另织，起 28 针，织 13cm 花样后，改织 2cm 单罗纹，按成品结构图缝合。
3. 缝合：将袖片中 A 与 B 缝合、C 与 D 缝合，形成成品结构图的形状。

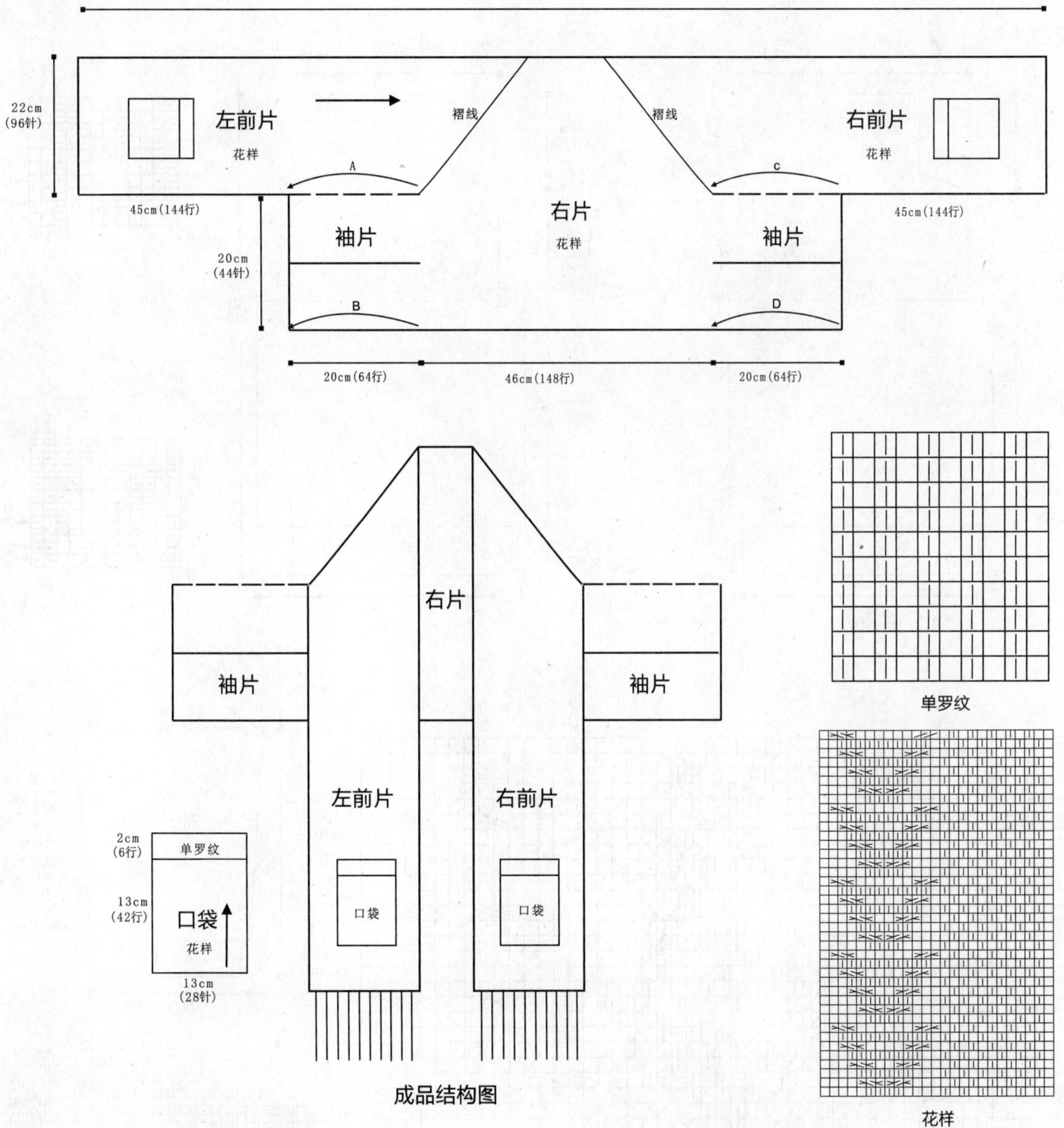

成品结构图

054

【成品尺寸】衣长 79cm　胸围 90cm　袖长 55cm
【工具】8 号棒针　9 号棒针
【材料】赭色马海毛线 700g
【密度】$10cm^2$ ： 20 针 ×26 行

【制作方法】

1. 按结构图示，前片、后片分别编织，袖片为左右 2 片。先织后片，用 9 号棒针和赭色马海毛线起 89 针，织 8cm 双罗纹后，换 8 号棒针编织花样，织 38cm 到腋下后，按图示进行袖窿减针，往上织 17cm，引用引退针法，织出斜肩，肩各为 16 针，收针，领留 39 针，继续往上织，不加不减 13cm，收针。
2. 前片：织法与后片相同。
3. 袖片：用 9 号棒针和赭色马海毛线起 48 针，织 6cm 双罗纹后，换 8 号棒针织上针，织 35cm 到腋下后，进行袖山减针，减针方法如图，减针完毕，袖山形成，用同样的方法编织另外一只袖子。
4. 分别合并侧缝线和袖下线，并缝合袖子。

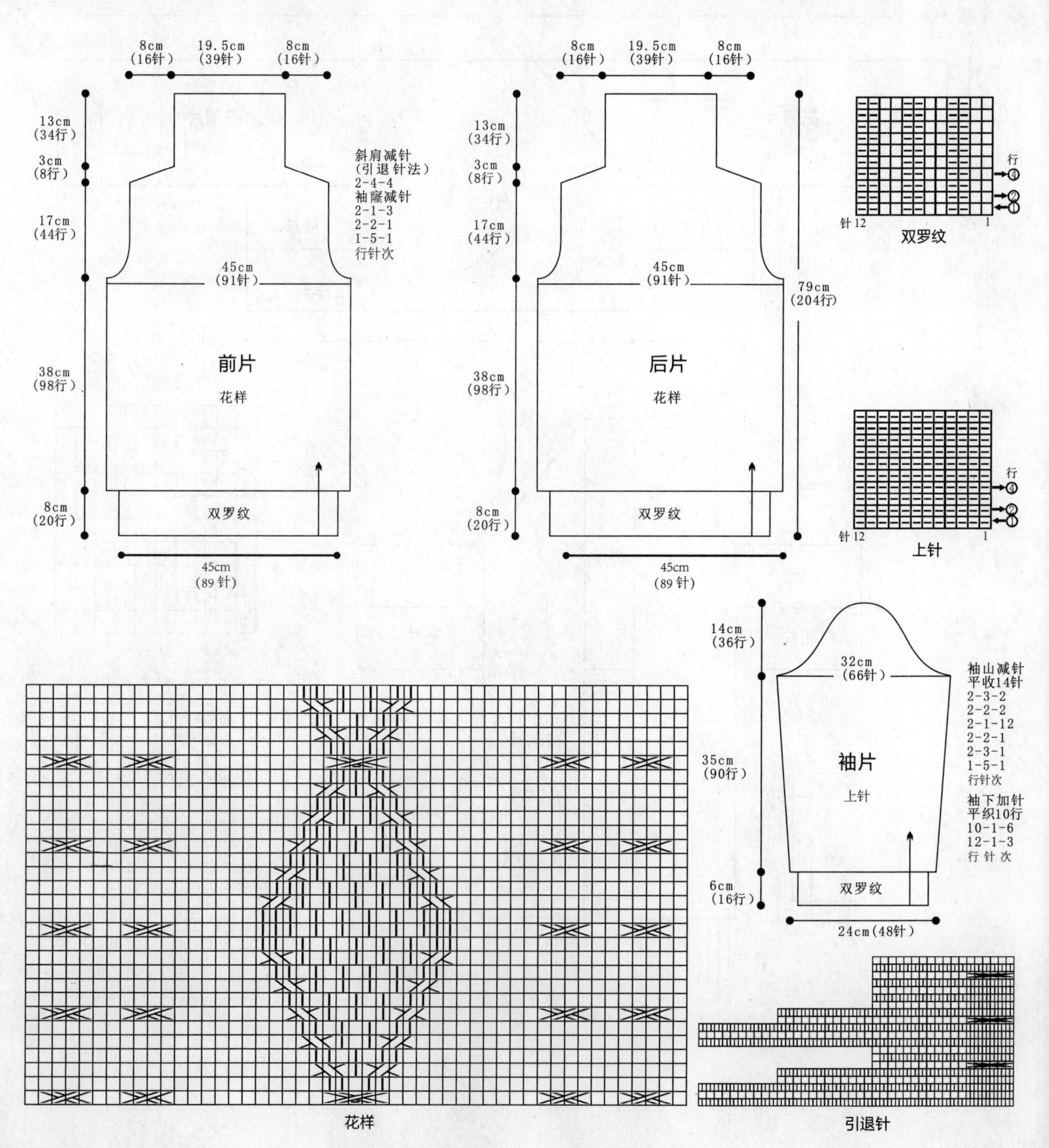

055

【成品尺寸】衣长 75cm 胸围 100cm 肩宽 34cm 袖长 52cm
【工具】11 号棒针 小号钩针 绣花针
【材料】灰色马海毛线 650g
【密度】10cm^2：22 针 ×27 行
【附件】纽扣 5 枚

【制作方法】

1. 后片：起 128 针，织 4cm 下针，再织 4cm 花样 A，然后与起针合并成双层衣摆，继续织花样 A，一边织一边两侧按 14-1-8 的方法减针，织至 48cm 的高度，两侧各平收 4 针，然后按 2-1-14 的方法减针织成袖窿，织至 74cm，中间平收 44 针，两侧按 2-1-2 的方法后领减针，最后两肩部各余下 14 针，后片共织 75cm 长。

2. 左前片：起 76 针，织 4cm 下针，再织 4cm 花样 A，然后与起针合并成双层衣摆，继续织花样 A，一边织一边左侧按 14-1-8 的方法减针，织至 48cm 的高度，左侧平收 4 针，然后按 2-1-14 的方法减针织成袖窿，织至 67cm，右侧平收 27 针，然后按 2-1-9 的方法前领减针，最后肩部余下 14 针，左前片共织 75cm 长。注意左前片织至 14cm 起，每隔 13cm 留起 1 个扣眼，共 5 个扣眼。同样的方法相反方向织右前片。

3. 袖片（2 片）：起 44 针，织 4cm 下针，再织 4cm 花样 A，然后与起针合并成双层袖口，继续织花样 A，一边织一边两侧按 8-1-11 的方法加针，织至 38cm 的高度，两侧各平收 4 针，然后按 2-1-19 的方法减针织成袖山，袖片共织 52cm 长，最后余下 20 针。袖底缝合。

4. 领子：沿领口挑起 96 针织花样 A，织 21cm 长度，向外缝合成双层领。

5. 衣襟：将左、右衣襟侧向内缝合 2cm 的宽度作为衣襟。缝上纽扣。

6. 口袋：起 28 针织花样 A，织 15cm 的高度。用小号钩针在口袋片的四周钩一圈花样 B，完成后缝合于左右前片图示位置。

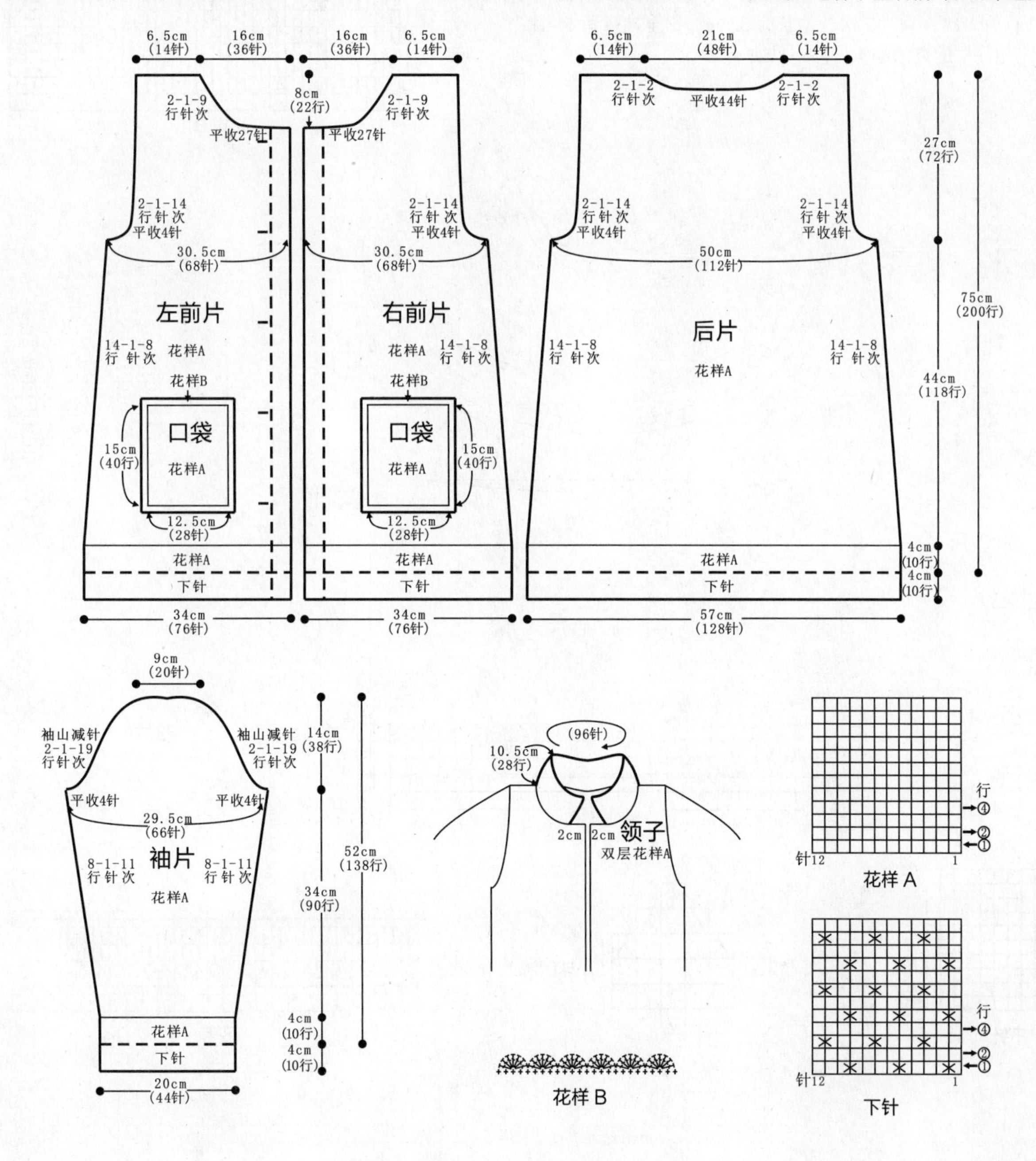

056

【成品尺寸】衣长 52cm　胸围 88cm　袖长 32cm
【工具】8 号环形针
【材料】米黄色中粗毛线 250g
【密度】10cm^2 ：23 针 ×30 行

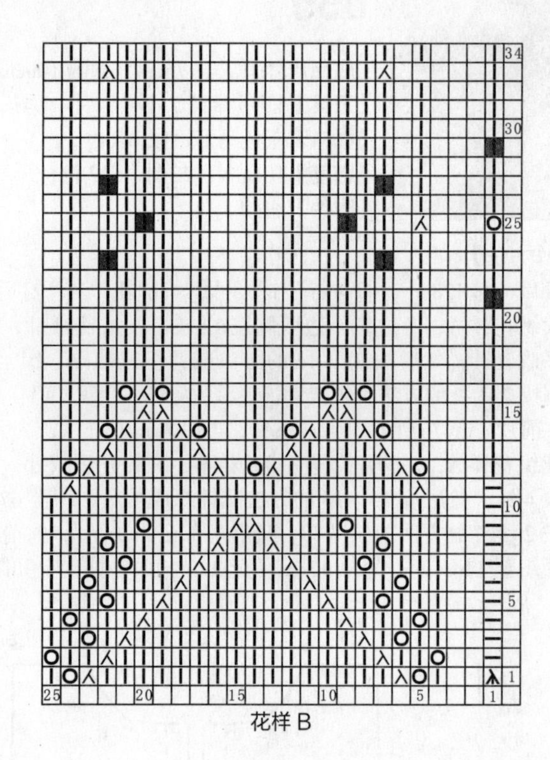

【制作方法】

1. 先织育克部分，从下往上织，起下针 250 针，编织花样 A，织 5 行后，按照花样 B 编织，边织边减针，减针方法按照花样 B 图示，减至领口剩 140 针，收针，断线。
2. 在育克起针处进行分针，前后片各 77 针，袖片各 48 针，圈织，每片留出 2 针作为斜肩的 4 根径，按图示每 2 行加 1 针，一共加 6 次，留出袖子的针数，先织身体部分，圈织，前后片腋下各一次性加 6 针，这样，前后片总针数是 202 针，再织下针，不加不减织 34cm，收针，断线。
3. 袖片：圈织，在腋下两侧各挑 6 针，这时袖子针数为 72 针，织下针，按图示隔 12 行收 1 次，共收 7 次，袖长为 32cm，织至袖口留 58 针，收针，断线，用同样的方法编织另外一只袖子。

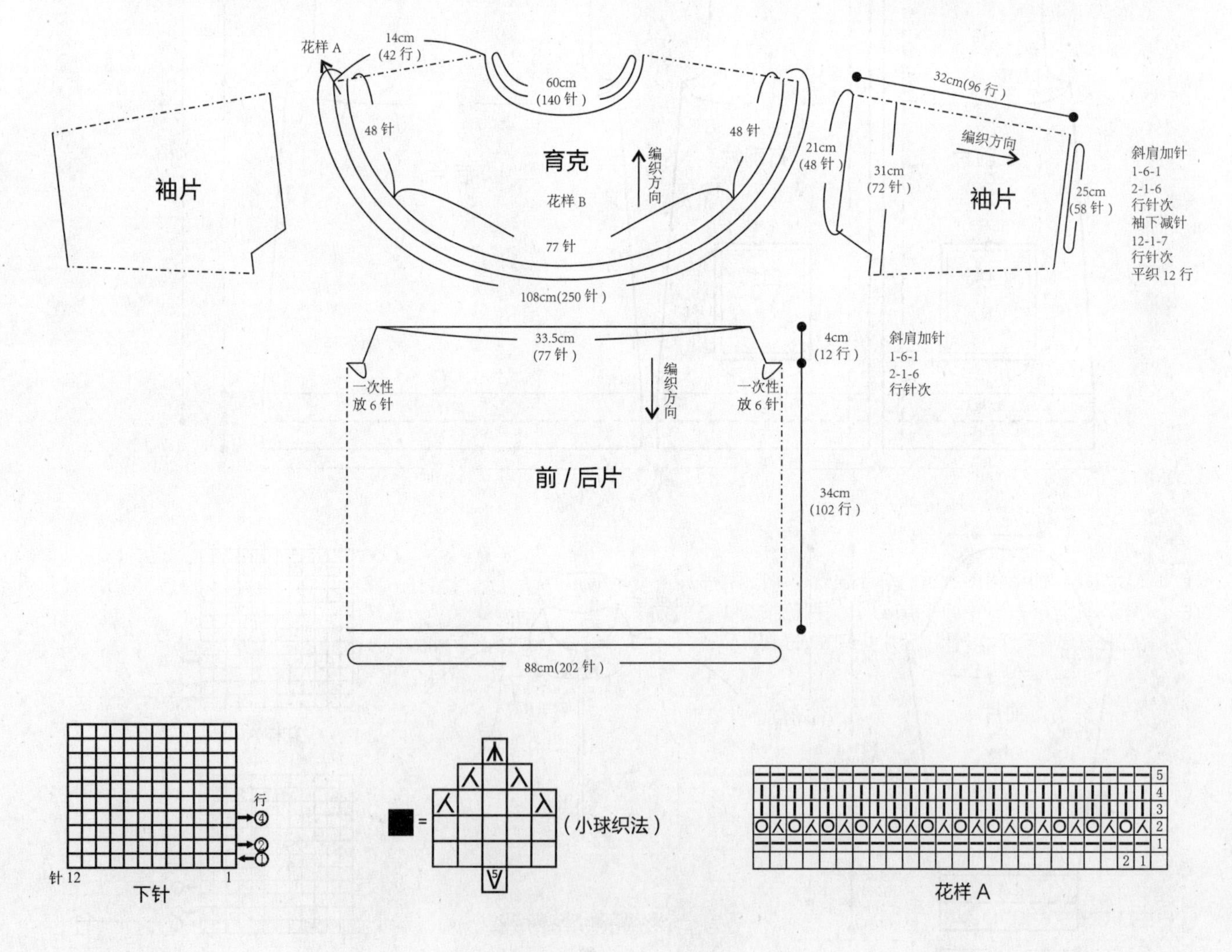

057

【成品尺寸】衣长 35cm　胸围 90cm　袖长 42cm
【工具】10 号棒针
【材料】白色羊毛线 500g
【密度】$10cm^2$：22 针 ×32 行

【制作方法】
毛衣是从领圈往下编织，用一般起针法起 116 针，先织 3cm 花样，作为领子，然后继续编织至 7cm 时，每织 2 针加 1 针，此时为 184 针，再织 7cm 时每织 3 针加 1 针，此时为 244 针，再织 7cm 时每织 3 针加 1 针，此时为 324 针，开始分前片、后片和袖片，按编织方向，前片分左、右两片编织，编织花样 7cm，袖片袖下按图减针，织 14cm 花样。

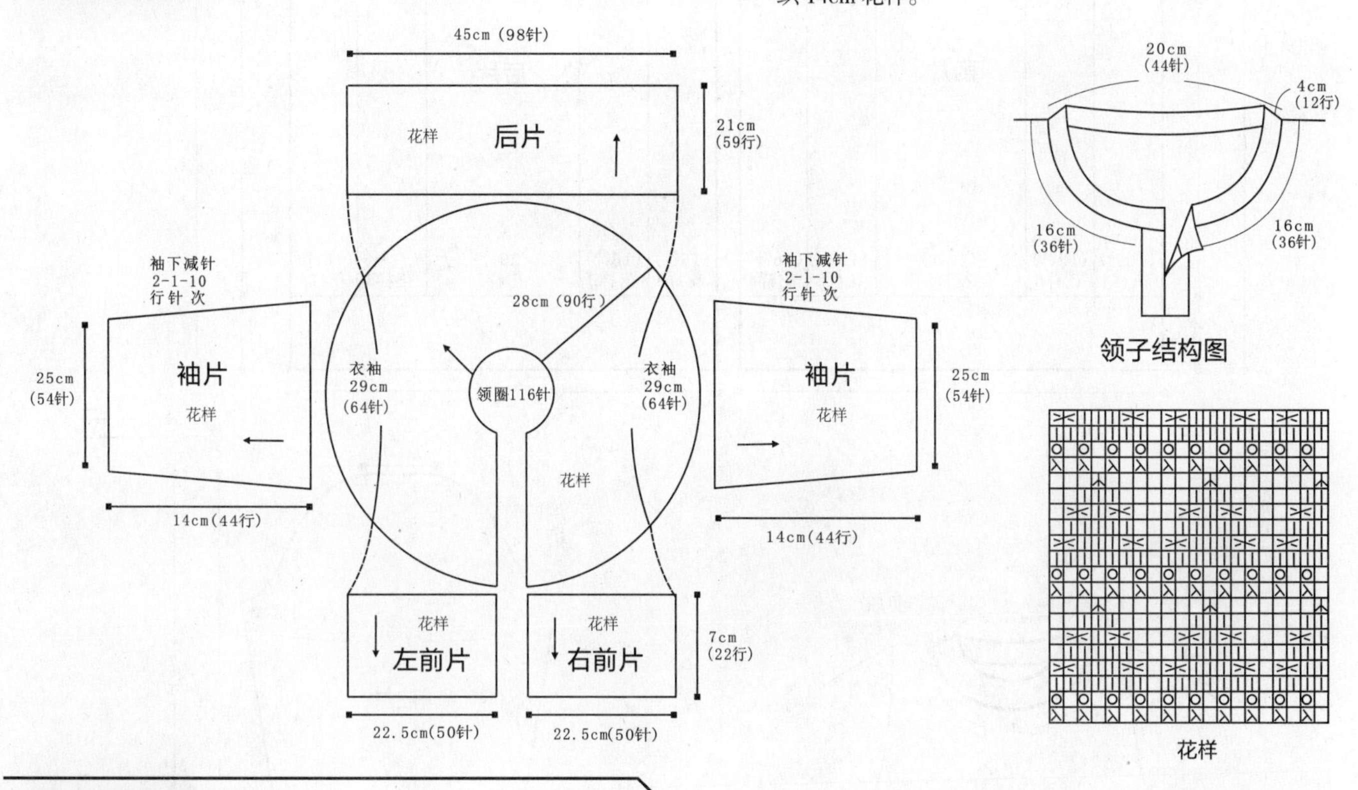

058

【成品尺寸】衣长 67cm　胸围 66cm　袖长 38cm
【工具】12 号棒针
【材料】灰色棉线 500g
【密度】$10cm^2$：29 针 ×21 行

【制作方法】
1. 后片：起 97 针，织单罗纹，织 6cm 的高度，改为花样 A、花样 B、花样 C 组合编织，如结构图所示，织至 39cm，两侧各平收 4 针，继续往上编织，织至 65cm，中间平收 43 针，两侧按 2-1-2 的方法后领减针，最后两肩部各余下 16 针，后片共织 67cm 长。
2. 前片：起 97 针，织单罗纹，织 6cm 的高度，改为花样 A、花样 B、花样 C 组合编织，如结构图所示，织至 39cm，两侧各平收 4 针，继续往上编织，织至 59cm，中间平收 27 针，两侧按 2-2-2、2-1-6 的方法后领减针，最后两肩部各余下 16 针，前片共织 67cm 长。
3. 袖片：起 42 针，织单罗纹，织 8cm 的高度，改织花样 A，如结构图所示，一边织一边按 6-1-6 的方法两侧加针，织至 25cm 的高度，两侧各平收 4 针，然后按 2-1-14 的方法袖山减针，袖片共织 38cm 长，最后余下 18 针，将袖底缝合。
4. 领片：领圈挑起 104 针，织单罗纹，共织 3.5cm 的长度。

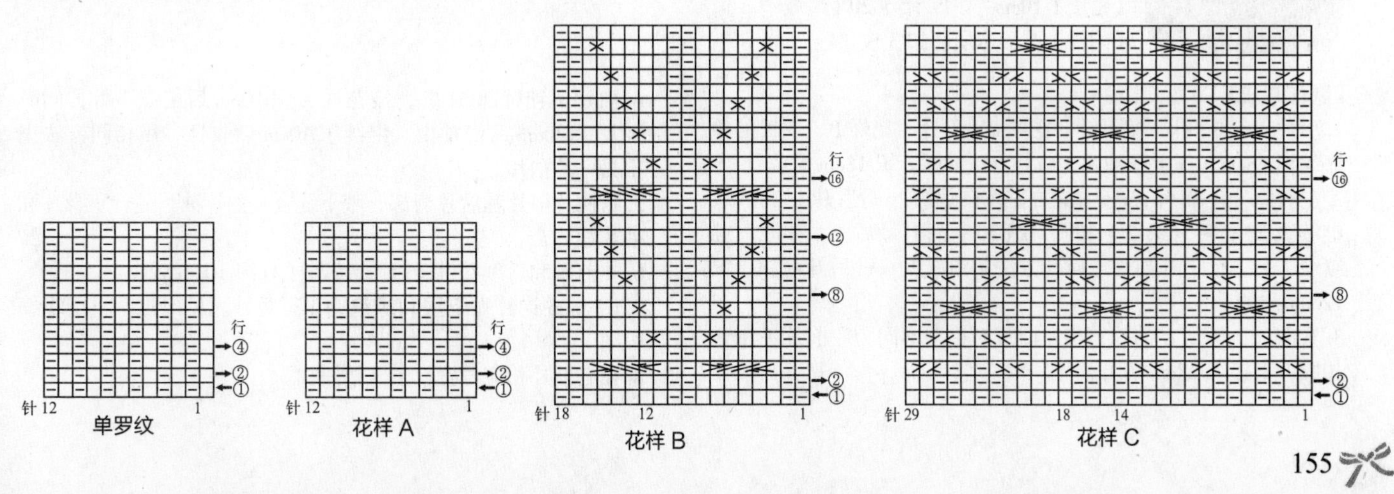

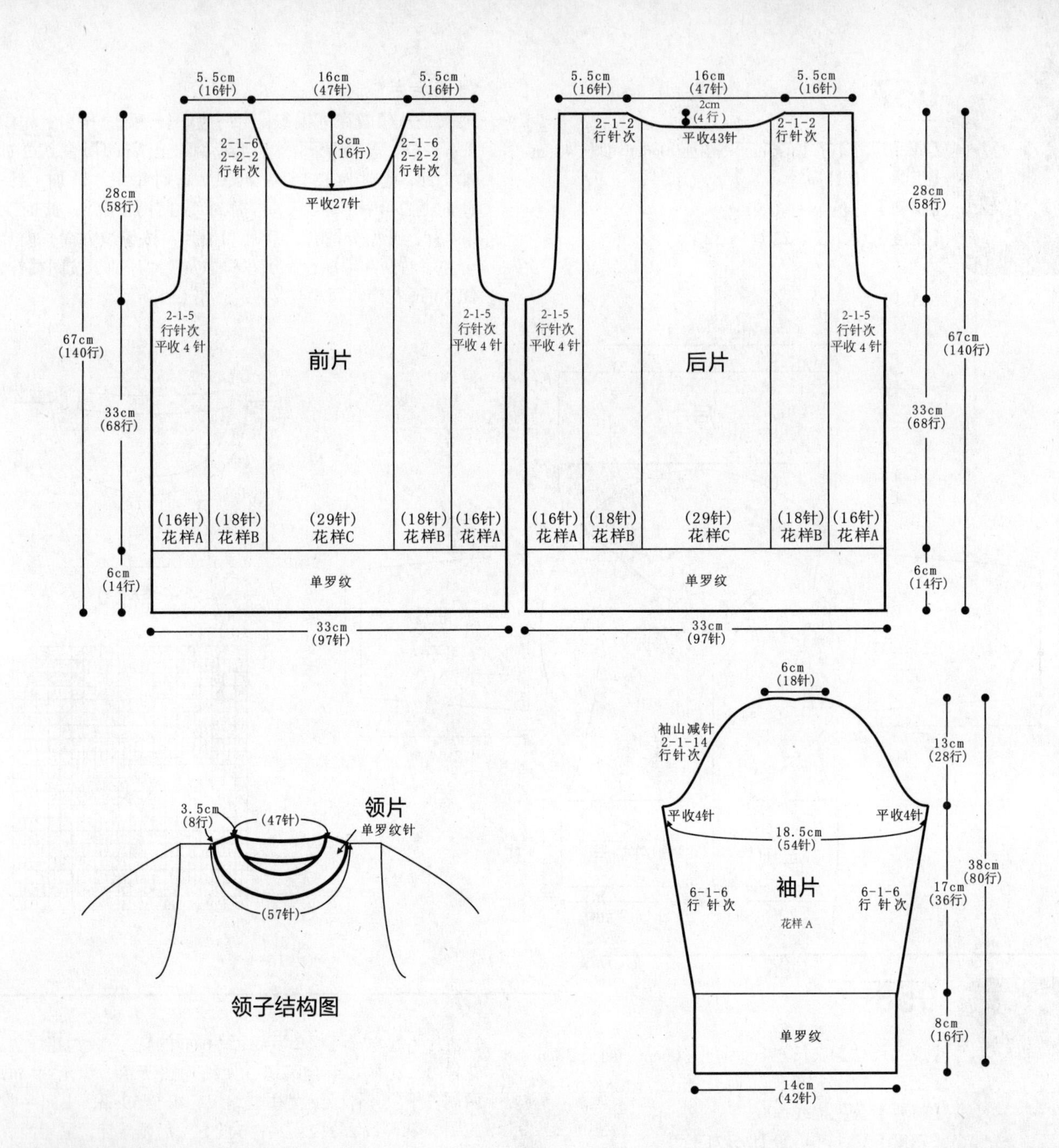

059

【成品尺寸】衣长 46cm　胸围 84cm　袖长 50cm

【工具】10 号棒针　4mm 钩针　绣花针

【材料】蓝色棉线 500g

【密度】10cm^2 : 17 针 ×20 行

【附件】圆形木质纽扣 3 枚

【制作方法】

1. 后片：起 72 针，按下针、花样 B、下针、花样 B、下针的顺序编织 28cm。往上开袖窿，减针方法如图。织 18cm 后收针。
2. 左前片：起 38 针，按前片花样整体图编织 26 行后开 1 个扣眼，继续织 20 行后开第 2 个扣眼，织 20 行后开最后一个扣眼，继续织 2 行。往上开袖窿，减针方法如图，织 6cm 后开前领，织 12cm 后收针。
3. 右前片：类似左前片，与左前片对称。不同为左前片不用开扣眼，直接织 28cm 后开袖窿。
4. 袖片：锁针起 51 针，按花样 A 织 10cm 后编织下针，同时加针织 20cm 后织袖山，继续织 10cm 后收针，用相同方法织出另一片袖片。
5. 将两片前片和后片肩部、腋下缝合；袖片袖下缝合；身片和袖片相缝合。
6. 在前领和后领共挑 76 针，按花样 D 织 10cm 后收针。
7. 用 4mm 钩针在下摆和缘编钩 1 行短针，见门襟、下摆缘编织图。
8. 在右前片相应位置钉上 3 枚纽扣。

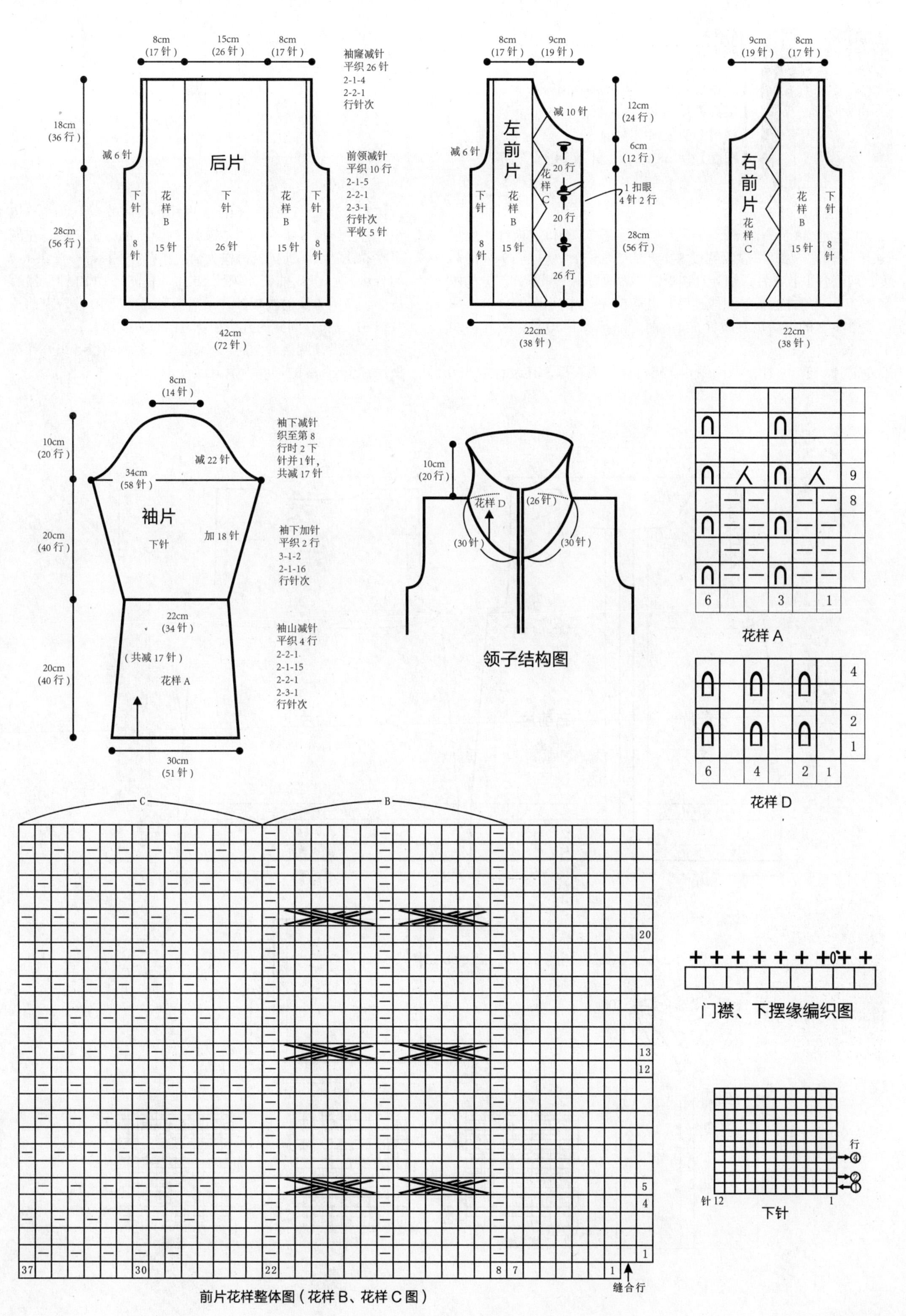

8cm (17针)
15cm (26针)
8cm (17针)
袖窿减针
平织26针
2-1-4
2-2-1
行针次
18cm (36行)
减6针
后片
前领减针
平织10行
2-1-5
2-2-1
2-3-1
行针次
平收5针
下针
花样B
下针
花样B
下针
28cm (56行)
8针
15针
26针
15针
8针
42cm (72针)
8cm (17针)
9cm (19针)
减10针
12cm (24行)
左前片
减6针
6cm (12行)
20行
花样C
1扣眼
4针2行
20行
28cm (56行)
26行
下针
花样B
8针
15针
22cm (38针)
9cm (19针)
8cm (17针)
右前片
花样C
花样B
下针
15针
8针
22cm (38针)
8cm (14针)
10cm (20行)
减22针
34cm (58针)
袖片
下针
加18针
20cm (40行)
22cm (34针)
(共减17针)
花样A
20cm (40行)
30cm (51针)
袖下减针
织至第8
行时2下
针并1针,
共减17针
袖下加针
平织2行
3-1-2
2-1-16
行针次
袖山减针
平织4行
2-2-1
2-1-15
2-2-1
2-3-1
行针次
10cm (20行)
花样D
(26针)
(30针)
(30针)
领子结构图
9
8
6
3
1
花样A
4
2
1
6
4
2
1
花样D
C
B
20
13
12
5
4
1
37
30
22
8
7
1
缝合行
前片花样整体图(花样B、花样C图)
门襟、下摆缘编织图
行
④
②
①
针 12
1
下针

060

【成品尺寸】衣长 61cm　胸围 84cm　肩宽 27cm
【工具】12 号棒针
【材料】灰色棉线 450g
【密度】10cm^2：17.1 针 ×24 行

【制作方法】

1. 后片：起 88 针，织 6 行搓板针、12 行花样、6 行搓板针，然后改织下针，一边织一边两侧按 8–1–8 的方法减针，织至 39cm 的高度，两侧各平收 6 针，织 4 针搓板针作为袖边，中间下针部分的两侧按 2–1–7 的方法减针织成袖窿，织至 59cm，中间平收 22 针，两侧按 2–1–2 的方法后领减针，最后两肩部各余下 10 针，后片共织 61cm 长。

2. 左前片：起 48 针，右侧织 6 针搓板针作为衣襟，其余针数织 6 行搓板针、12 行花样、6 行搓板针，然后改织下针，一边织一边左侧按 8–1–8 的方法减针，织至 39cm 的高度，左侧平收 6 针，织 4 针搓板针作为袖边，衣身下针部分按 2–1–7 的方法减针织成袖窿，织至 55cm，右侧平收 10 针，然后按 2–1–7 的方法前领减针，最后两肩部余下 10 针，左前片共织 61cm 长。同样的方法相反方向织右前片。

3. 帽子：沿领圈挑起 70 针，织花样，两侧帽襟各织 6 针搓板针，织 26cm 的长度，帽顶缝合。

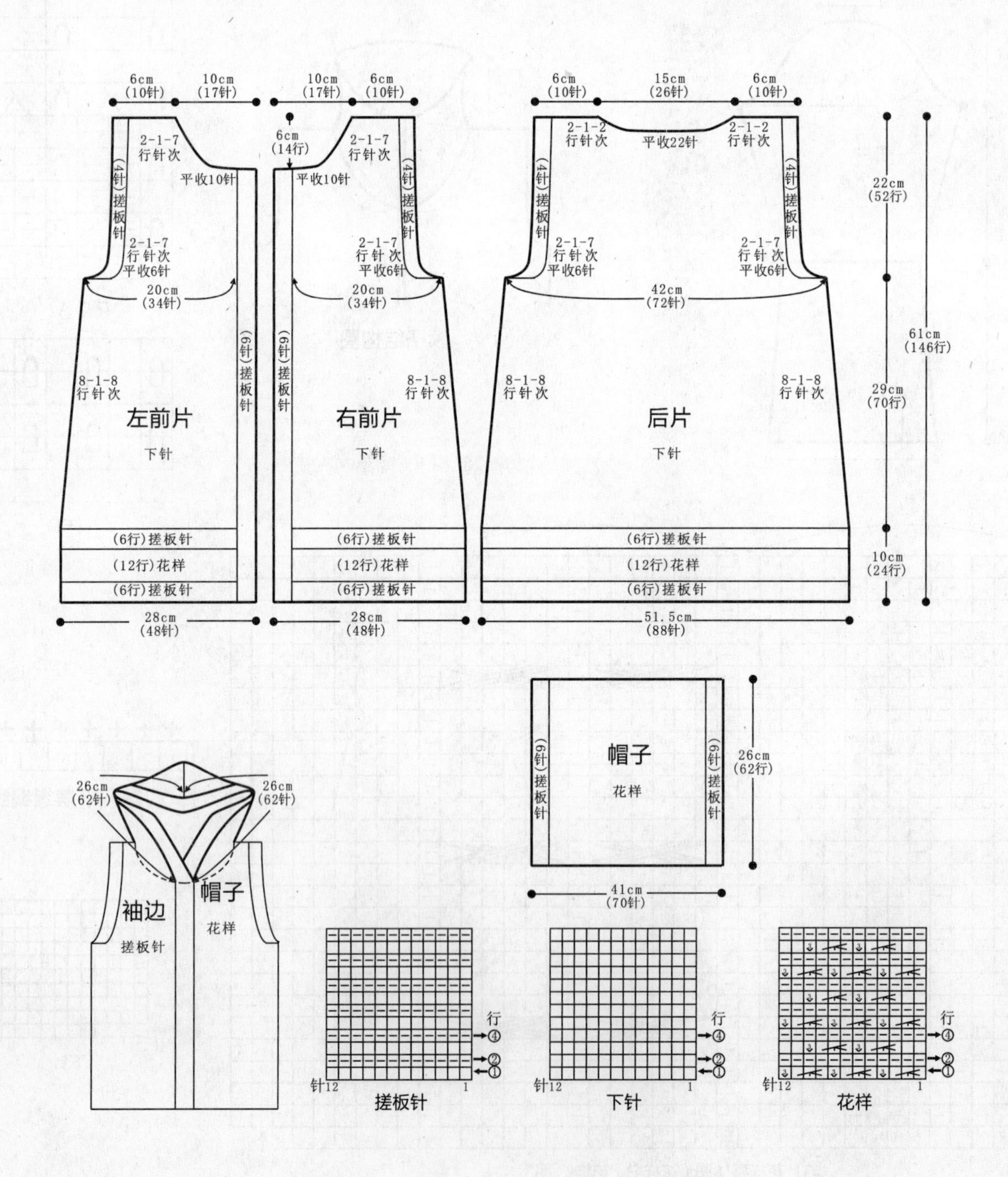

061

【成品尺寸】衣长 54cm　胸围 88cm　袖长 52cm

【工具】9 号棒针　10 号棒针　绣花针

【材料】粉红色毛线 600g

【密度】$10cm^2$ ：24 针 ×36 行

【附件】纽扣 5 枚

【制作方法】

1. 左前片：用 10 号棒针起 58 针，织 4cm 单罗纹，换 9 号棒针织花样 A 和花样 B，按图解减针，收领。
2. 后片：用 10 号棒针起 105 针，织 4cm 单罗纹，换 9 号棒针织 30cm 花样 A，按图收针。
3. 袖片：起 50 针，挂肩减针等按图编织。
4. 将前后片、衣袖缝合后，挑领钉纽扣。

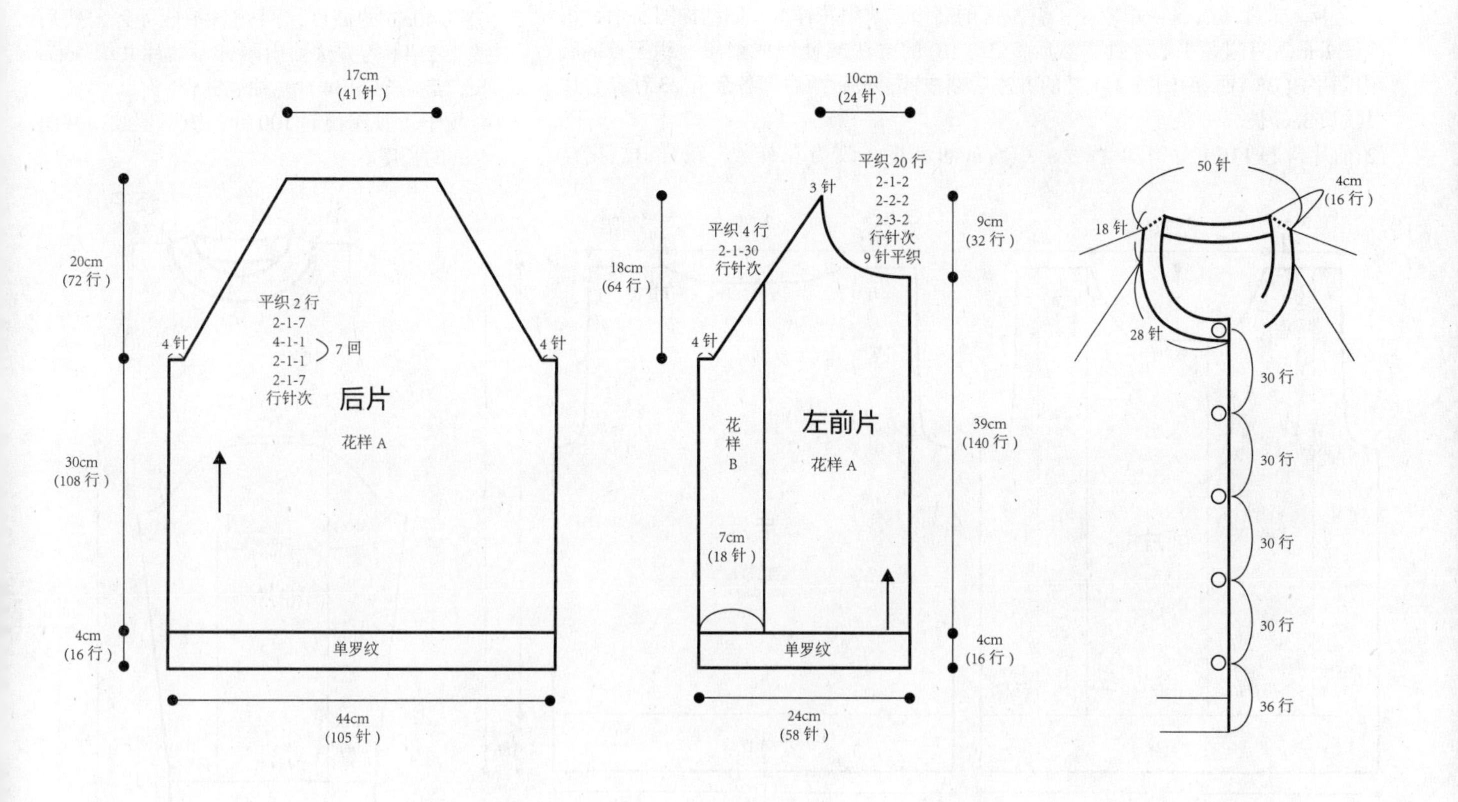

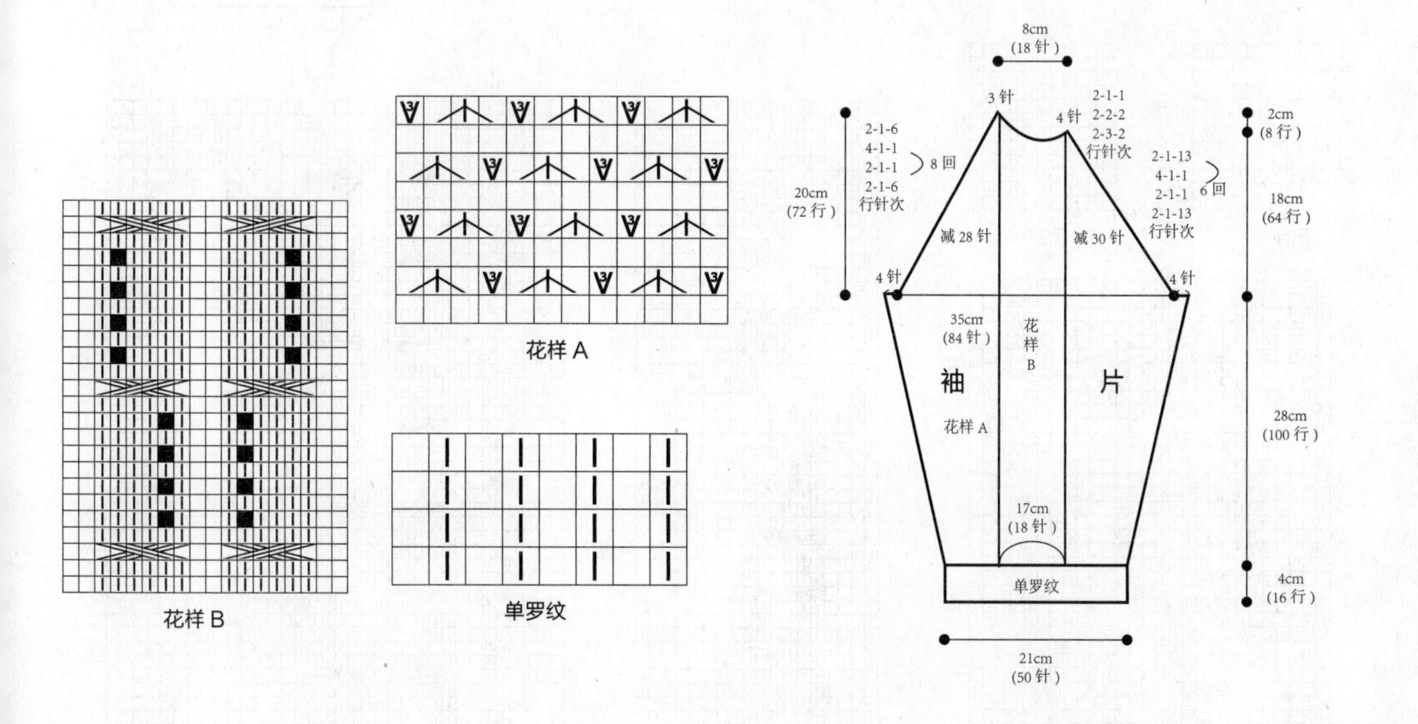

062

【成品尺寸】衣长 53cm　胸围 88cm　肩宽 33cm　袖长 46cm

【工具】12 号棒针

【材料】灰色棉线 550g

【密度】10cm^2：26 针 ×35 行

【制作方法】

1. 后片：起 116 针，织单罗纹，织 5cm 的高度，改织花样 A，如结构图所示，织至 32cm，两侧各平收 4 针，然后按 2-1-10 的方法减针织成袖窿，织至 52cm，中间平收 38 针，两侧按 2-1-2 的方法后领减针，最后两肩部各余下 23 针，后片共织 53cm 长。

2. 前片：起 116 针，织单罗纹，织 5cm 的高度，改为花样 A、花样 B、花样 C、花样 D 组合编织，如结构图所示，织至 32cm，两侧各平收 4 针，然后按 2-1-10 的方法减针织成袖窿，织至 46cm，中间平收 20 针，两侧按 2-2-2、2-1-7 的方法前领减针，最后两肩部各余下 23 针，前片共织 53cm 长。

3. 袖片：起 66 针，织单罗纹，织 5cm 的高度，改为花样 A、花样 C 组合编织，如结构图所示，一边织一边按 8-1-15 的方法两侧加针，织至 40cm 的高度，两侧各平收 4 针，然后按 2-2-11 的方法袖山减针，袖片共织 46cm 长，最后余下 44 针。袖底缝合。

4. 领子：领圈挑起 100 针，织单罗纹，共织 4cm 的长度。

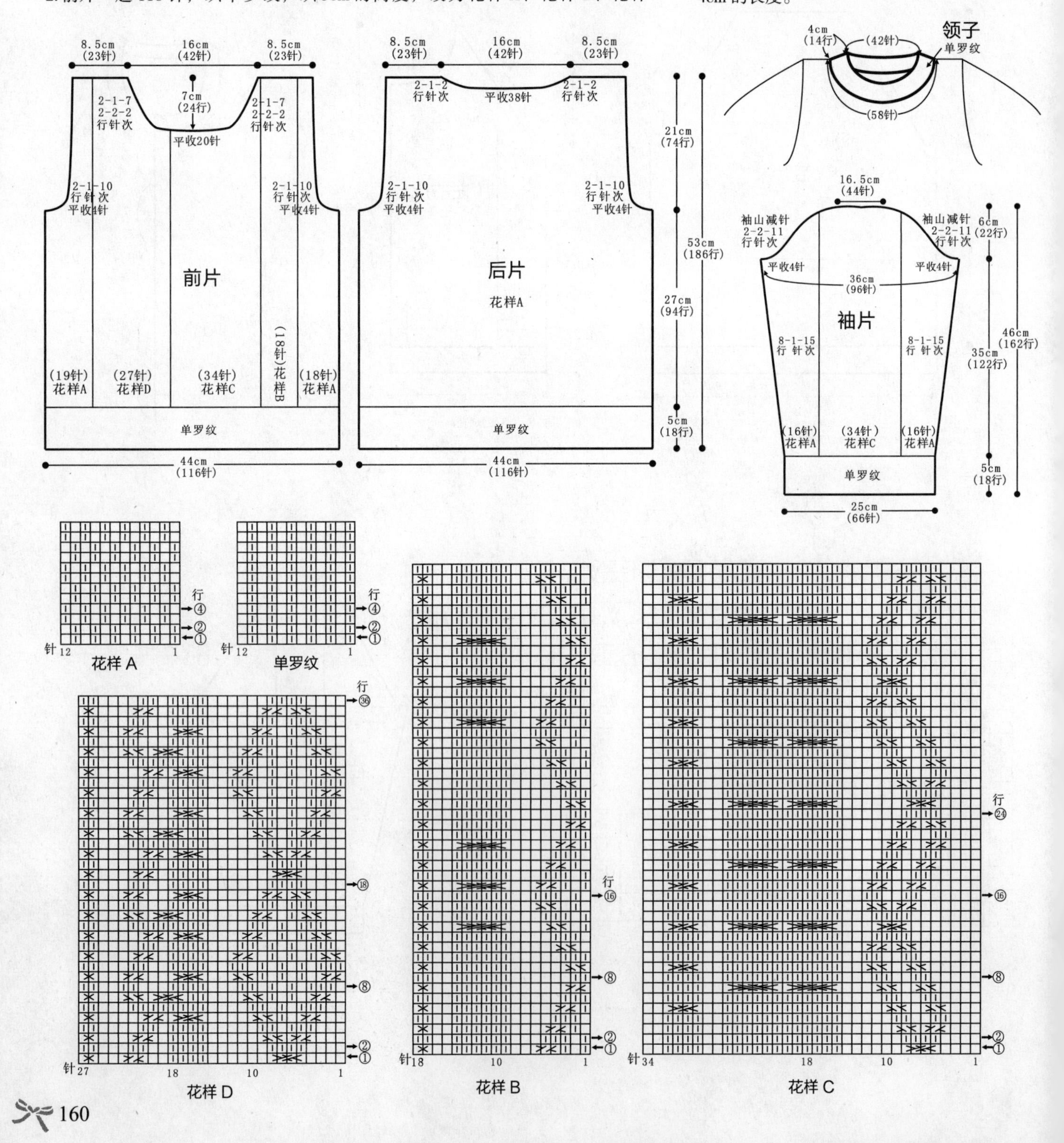

063

【成品尺寸】衣长 90cm　胸围 88cm　袖长 53cm
【工具】11 号棒针
【材料】灰色棉线 570g
【密度】10cm^2：24 针 ×30 行

【制作方法】
1. 身片：如图，起 144 针，织下针 40cm 后，开始减针，按小燕子收针法减 28 次，共减 56 针，减针织 30cm，开袖窿，如图所示，继续往上织 20cm 后收针，对称织出另一片。
2. 袖片：起 48 针，织双罗纹 10cm 后，往上织下针，同时加针织 30cm，往上按袖山减针织袖山，织 13cm 后收针，用相同方法织出另一片袖片。
3. 两片身片在小燕子减针处缝合，同时将袖片与身片相缝合。

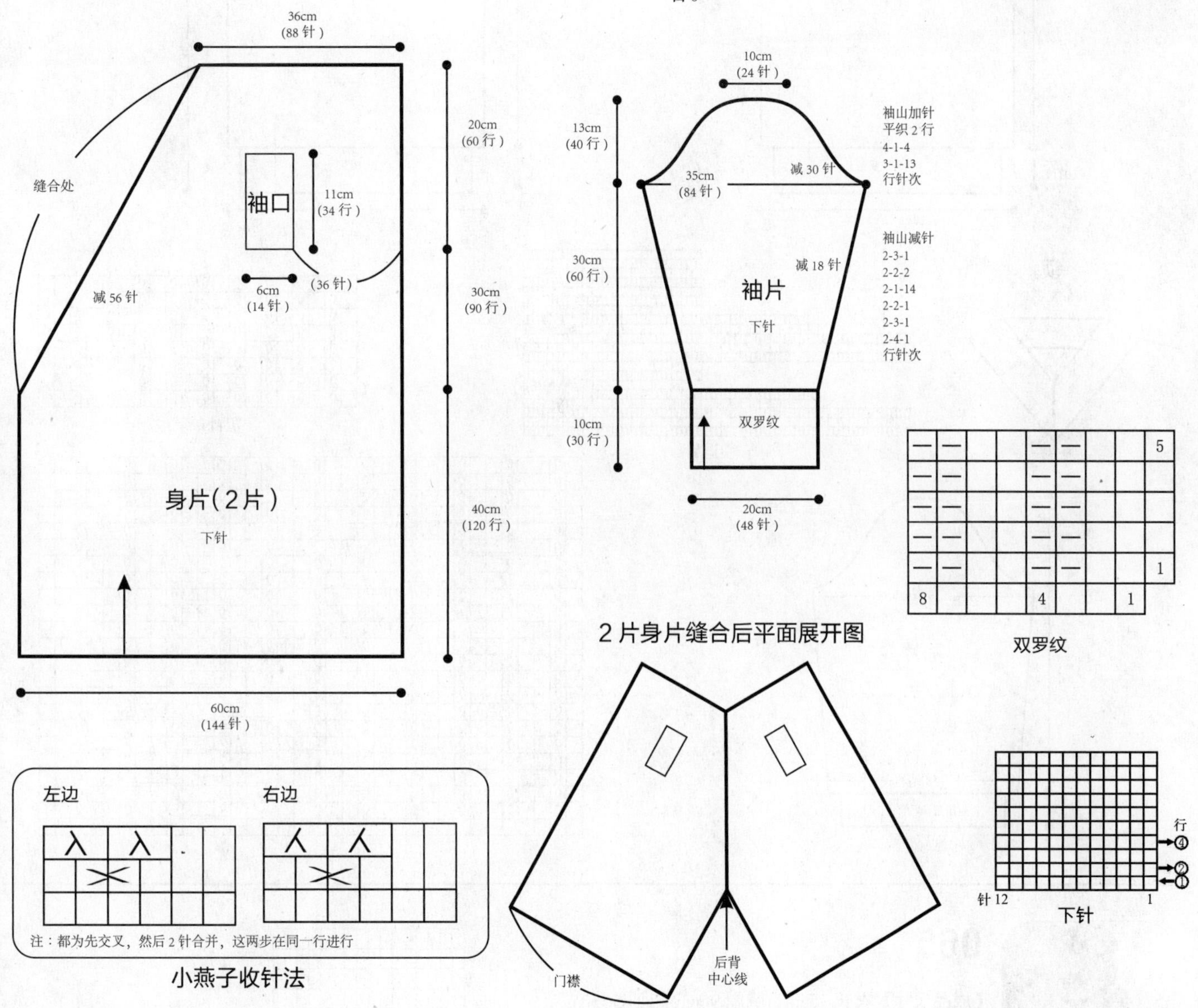

064

【成品尺寸】衣长 62cm　胸围 80cm　袖长 50cm
【工具】8 号棒针　9 号棒针
【材料】灰蓝色中粗毛线 700g
【密度】10cm^2：30 针 ×30 行

【制作方法】
1. 后片：用 9 号棒针起 119 针，织 7cm 扭针单罗纹后，换 8 号棒针编织花样，不加不减织 33cm 到腋下，然后按图进行袖窿减针，织到 20cm 时，采用引退针法进行斜肩减针，同时后领按图减针，肩留 27 针，待用。
2. 前片：织法与后片基本相同，只需要按图进行领口减针。
3. 袖片：用 9 号棒针起 54 针，织 5cm 扭针单罗纹后，换 8 号棒针编织花样，袖下按图加针，织 31cm 到腋下后，开始袖山减针，减针方法如图，减针完毕袖山形成，收针断线。
4. 合肩：将前后片反面下针缝合，分别合并侧缝线和袖下线，并缝合袖子。
5. 领：挑织扭针单罗纹，织 2cm。

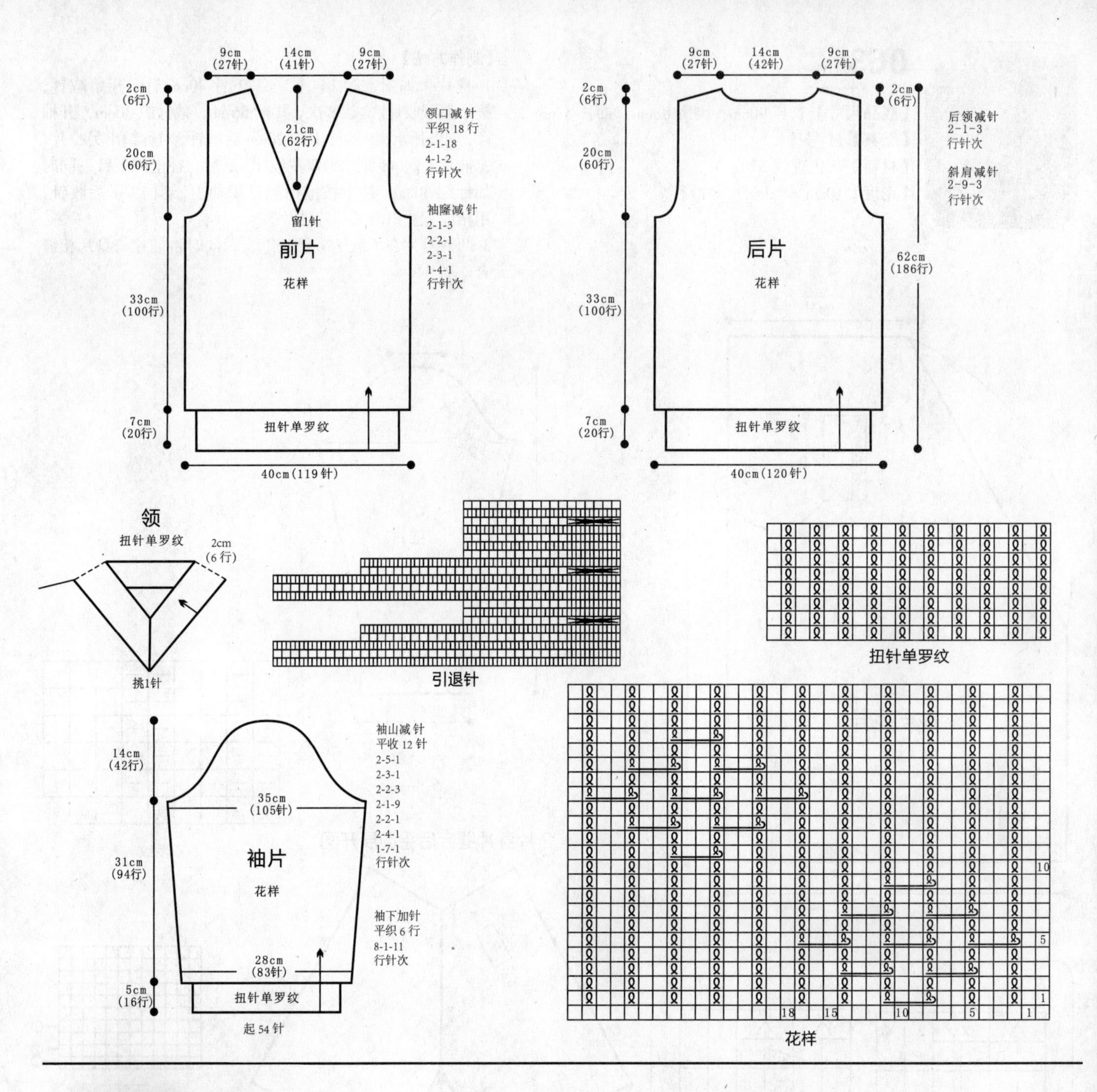

065

【成品尺寸】衣长 75cm　胸围 96cm　袖长 53cm

【工具】9 号棒针

【材料】深灰色羊毛线 500g

【密度】10cm^2：25 针 ×32 行

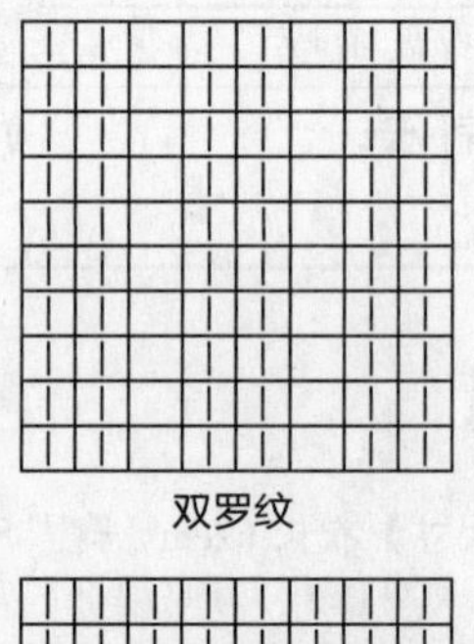

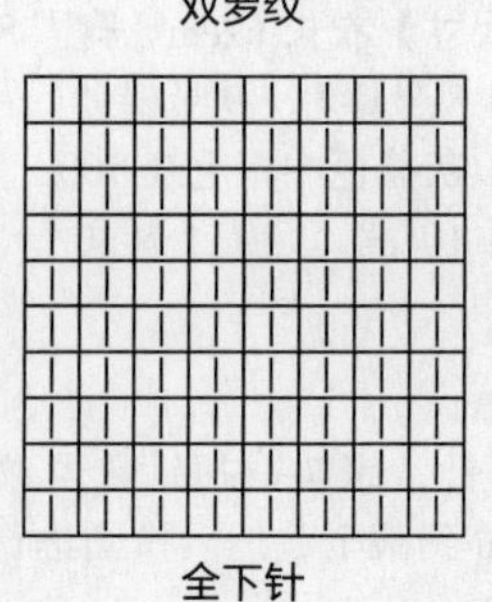

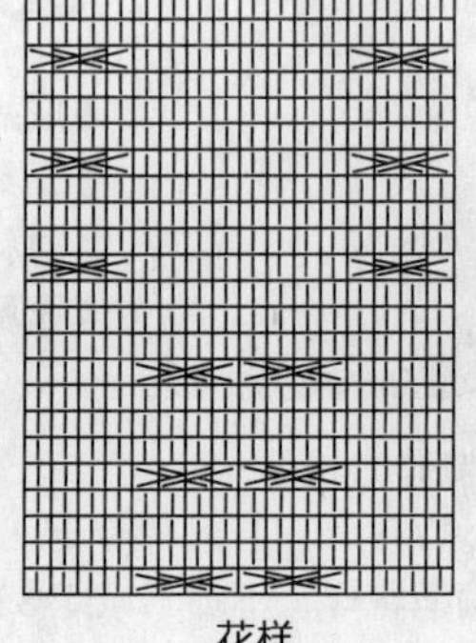

【制作方法】

1. 前片：按图示起 104 针，织 8cm 双罗纹后，改织花样，中间织全下针，同时侧缝按图示减针，织至 34cm 时加针，形成收腰，织 15cm 后留袖窿，在两边同时各平收 5 针，然后按图示收成袖窿，再织至 10cm 时，中间平收 40 针，两边继续编织至肩部，剩 22 针。
2. 后片：织法与前片一样，只是不用开领窝。
3. 袖片：按图起 56 针，织 8cm 双罗纹后，改织全下针，袖下加针，织至 34cm 时两边同时平收 5 针，并按图收成袖山，用同样方法编织另一袖。
4. 将前后片的肩部、侧缝、袖片分别缝合，完成。

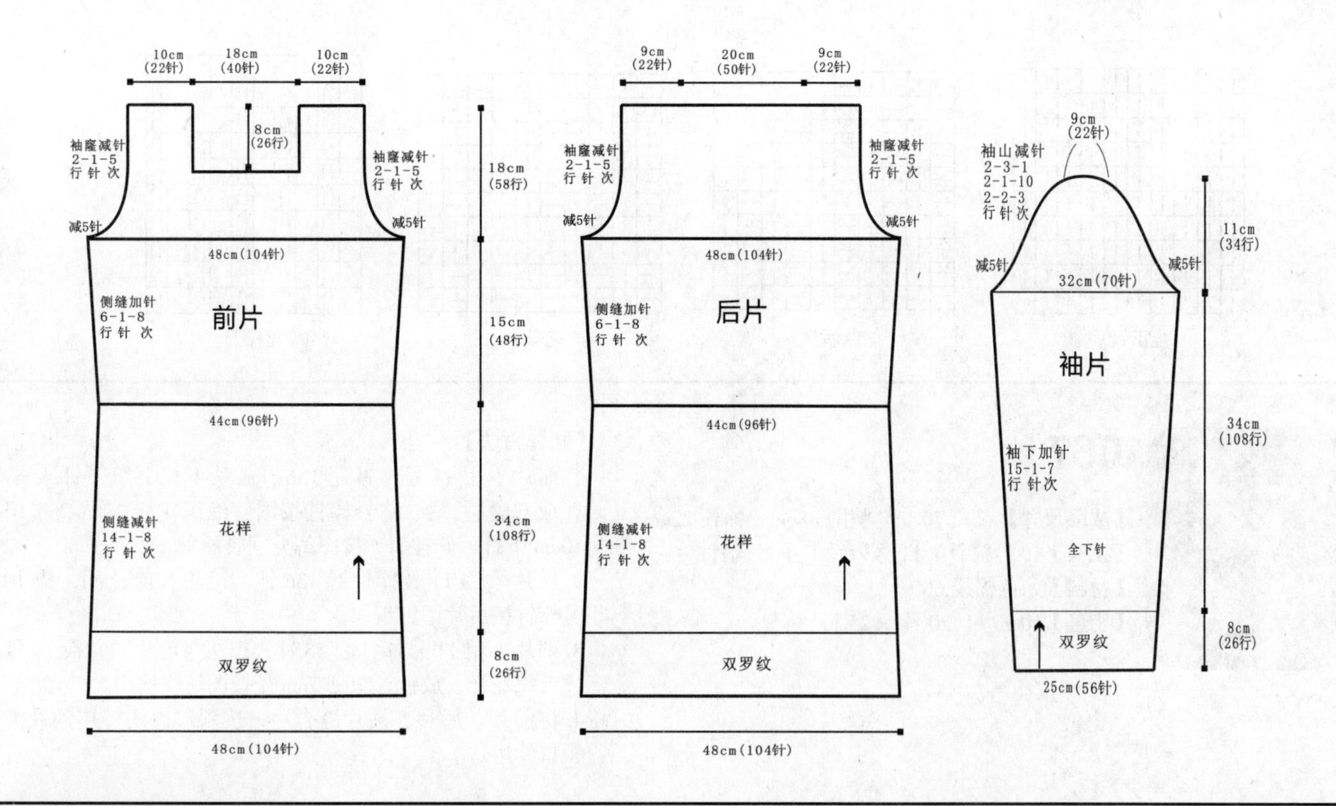

066

【成品尺寸】衣长 60cm　胸围 92cm　袖长 22cm

【工具】10 号棒针

【材料】灰色羊毛线 600g

【密度】$10cm^2$：25 针 ×36 行

【制作方法】

1. 前片：按图起 96 针，织全下针，同时两边衣角加针至 116 针，织至 38cm 时收插肩袖窿，织至 17cm 时同时收领窝，织至肩位余 5 针。

2. 后片：按图起 96 针，织法与前片一样，只是织至 20.5cm 才收领窝。

3. 袖片：按图起 90 针，织全下针，两边同时按图示减针收插肩袖山，用同样方法织另一袖。

4. 下摆至袖口边缘另织高 8cm 单罗纹的矩形。前片、后片的肩位，侧缝与袖片全部缝合。

5. 领圈挑 106 针，织 18cm 花样 A，形成高领，口袋另织好，与前片缝合。

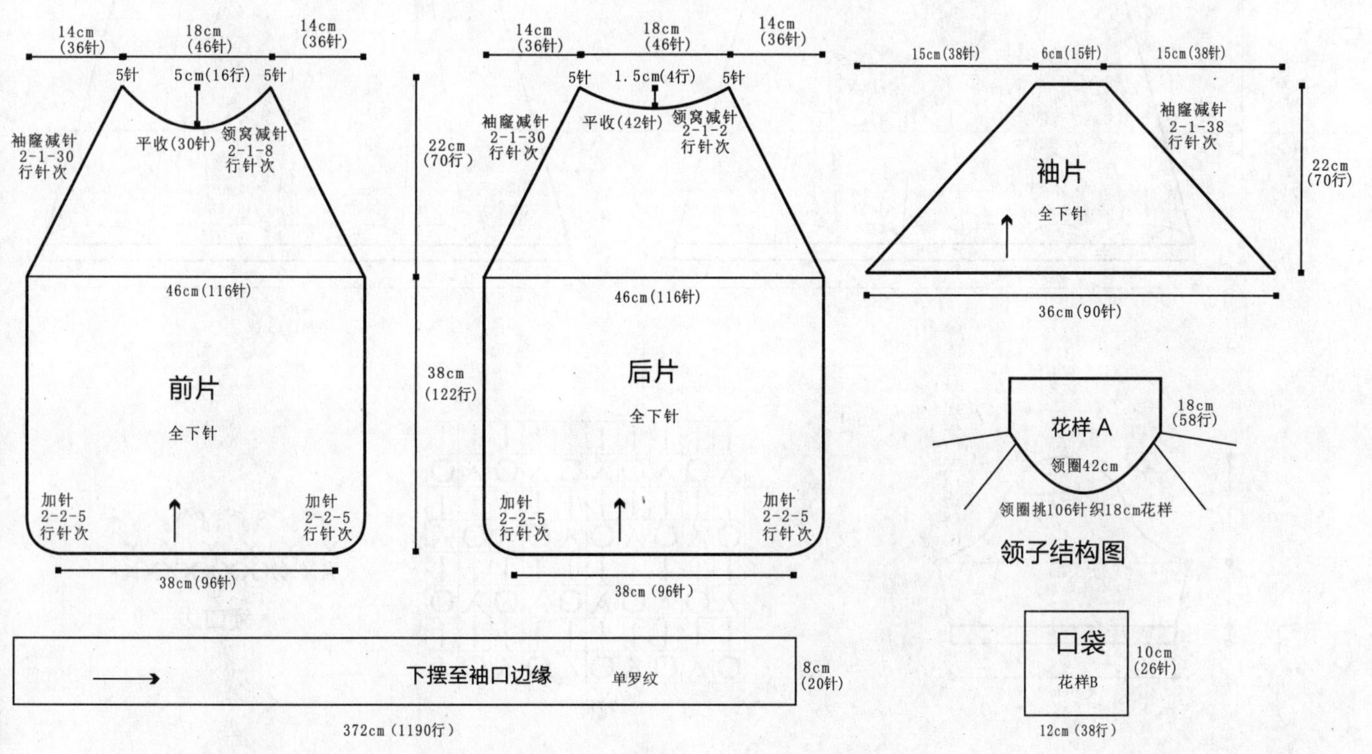

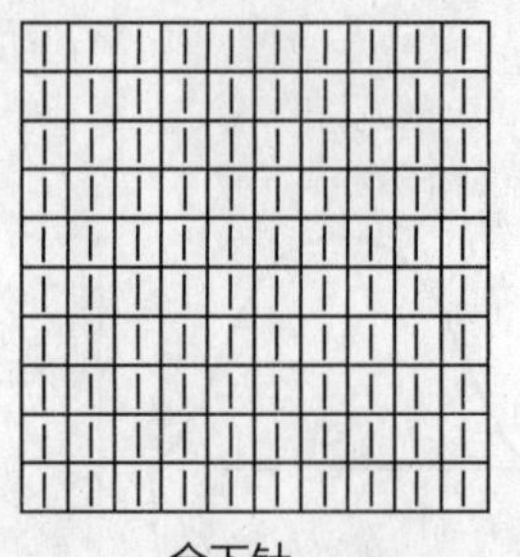
全下针

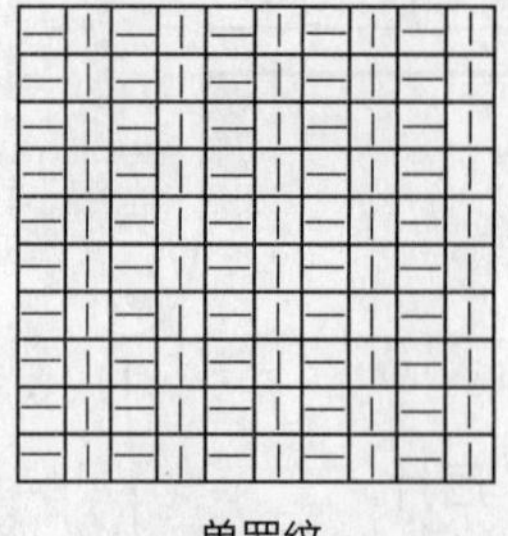
单罗纹

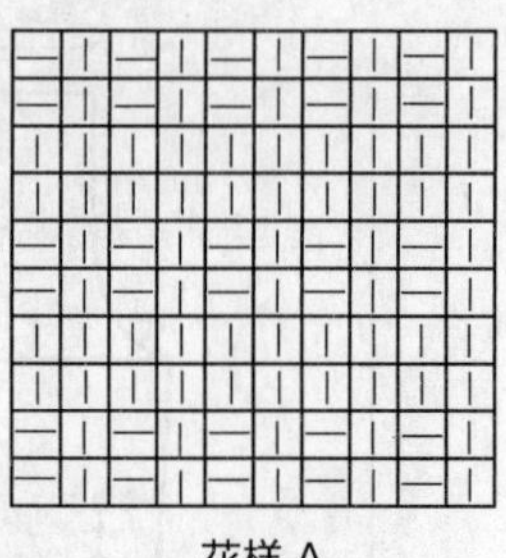
花样 A

花样 B

067

【成品尺寸】衣长 70cm　胸围 88cm　袖长 22cm

【工具】10 号棒针　11 号棒针　小号钩针

【材料】米色棉线 600g

【密度】10cm^2：20 针 ×25 行

【制作方法】

1. 前片：用 11 号棒针起 136 针，从下往上织下针 4cm，并成双叠边，换 10 号棒针按图解编织花样 37cm，平织 10cm 下针后开挂肩，按图解分别收袖窿、收领子。
2. 后片：用 11 号棒针起 136 针，织法与前片同，换 10 号棒针按后片图解编织。
3. 袖片：用 11 号棒针起 58 针，织法与前片同，换 10 号棒针织花样，放针，织到 7cm 处按图解收袖山。
4. 将前片、后片、袖片缝合后，按领口边图解用钩针为领口钩边。

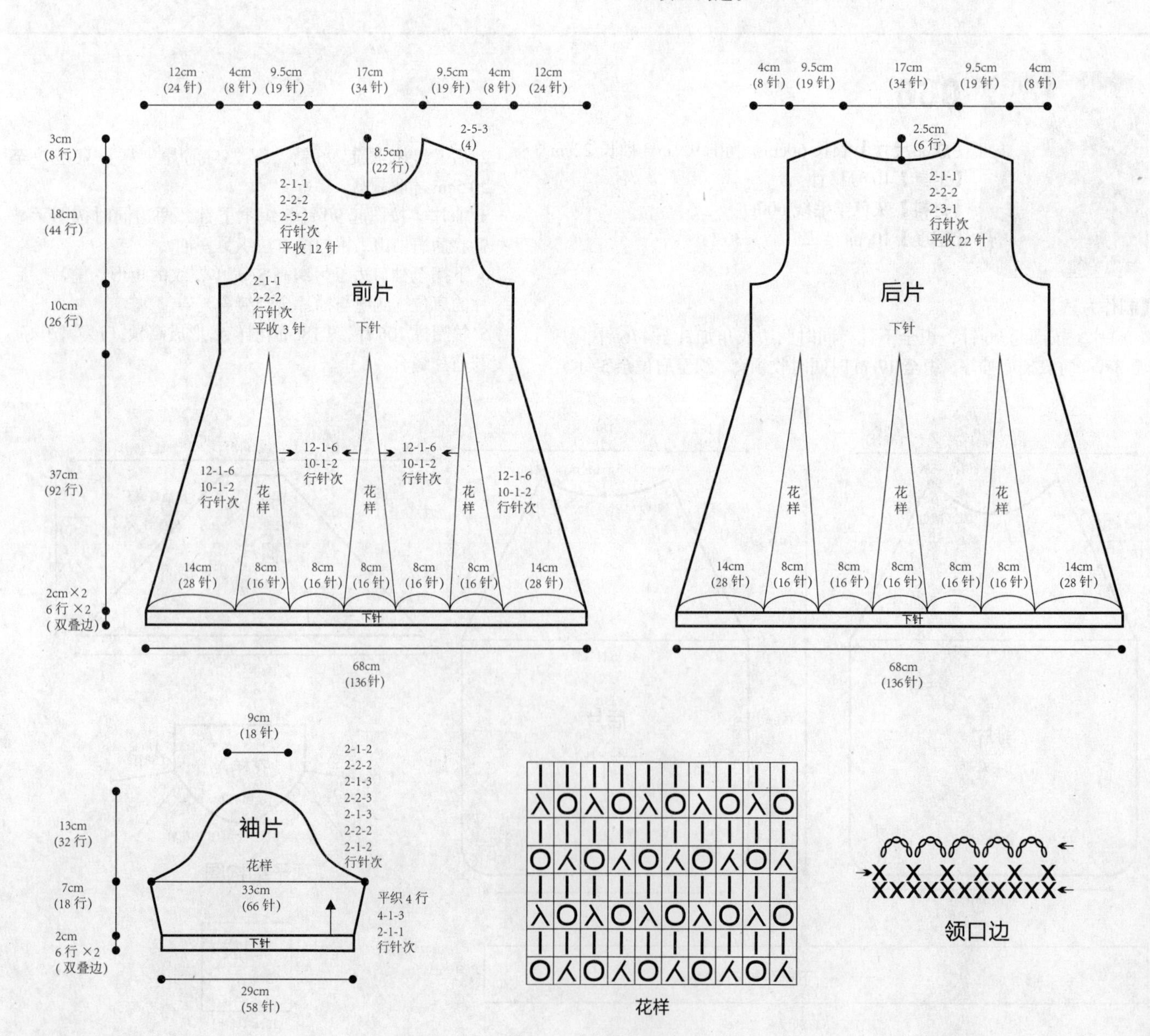

068

【成品尺寸】衣长 47cm　衣宽 110cm
【工具】10 号棒针　绣花针
【材料】灰色段染纯羊毛线 800g
【密度】$10cm^2$ ：22 针 ×32 行
【附件】纽扣 6 枚

【制作方法】

1. 前片：按图起 202 针，织花样 A，中间留 14 针织单罗纹，织至 20cm 时分左、右 2 片编织，左前片继续编织至 14cm 时，开始开领窝，门襟不用收针，织至完成，右前片在中间单罗纹处挑 14 针，继续编织至 14cm 时，开始开领窝，门襟不用收针，织至完成。
2. 后片：按图起 242 针，织 47cm 花样 A，并按图开领窝。
3. 将前片、后片的肩位缝合，袖口至侧缝挑 206 针，织 6cm 花样 A。
4. 领圈挑 96 针，与门襟连起来织 10cm 花样 C，形成翻领，衣袋另织花样 B，与左、右前片缝合。

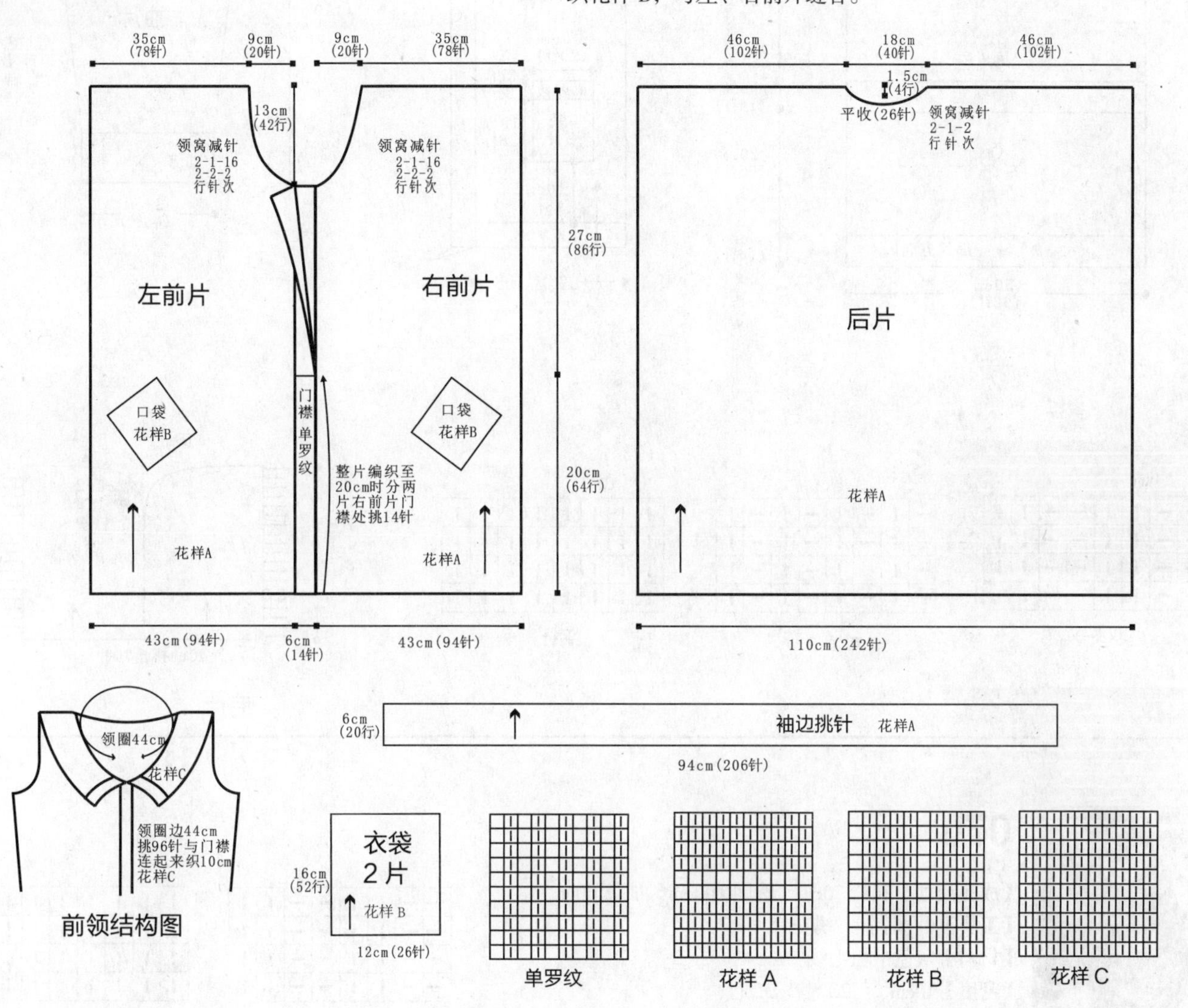

069

【成品尺寸】衣长 75cm　胸围 100cm　袖长 55cm
【工具】7 号棒针　绣花针
【材料】深灰色粗毛线 850g
【密度】$10cm^2$ ：19 针 ×28 行
【附件】按扣 7 枚

【制作方法】

1. 后片：向上编织，起 96 针，编织双罗纹边后编织平针 20cm，接着编织 5cm 单罗纹，继续编织平针 25cm，然后按图示开挂肩及后领窝。
2. 左前片：向上编织，起 48 针，编织双罗纹边后编织平针 50cm，按结构图所示开挂肩及前领部分。
3. 袖片：袖口起 44 针向上编织单罗纹 6cm，然后编织平针 39cm，袖身按结构图所示均匀加针，袖山减针。用同样方法再完成另一片袖片。
4. 将前片与后片及袖片沿对应位置缝合。
5. 风帽挑起 76 针编织平针 28cm，帽顶部分按图示减针合并。
6. 门襟连着风帽挑起编织双罗纹 10 行，注意留出扣眼。
7. 口袋起 20 针编织平针 10cm，单罗纹 3cm（袋口），编织两片按结构图所示位置缝于前片上。
8. 用绣花针缝上按扣。

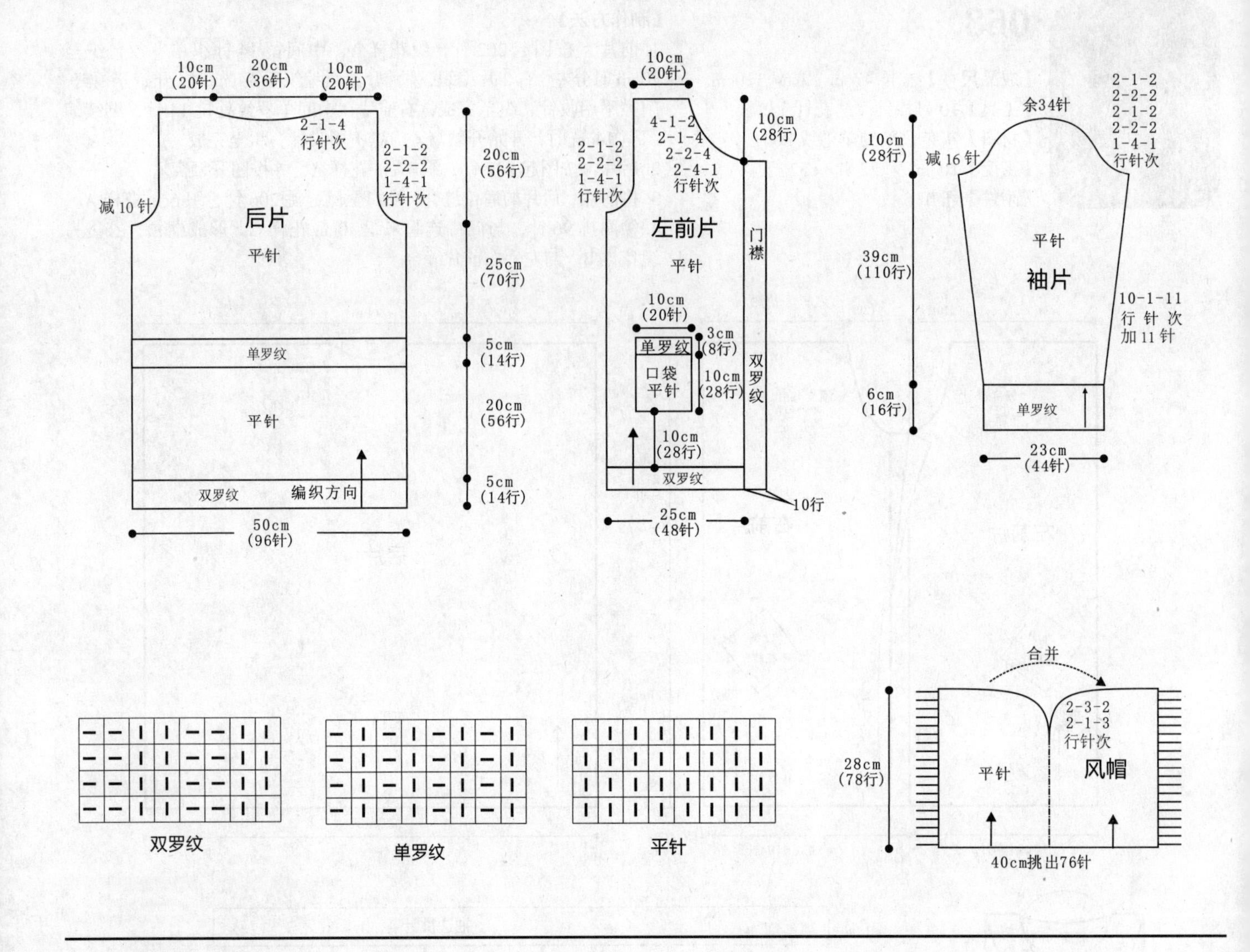

070

【成品尺寸】衣长 75cm　胸围 100cm　袖长 60cm

【工具】6 号棒针　绣花针

【材料】灰色中粗毛线 500g

【密度】$10cm^2$ ：20 针 ×32 行

【附件】纽扣 8 枚

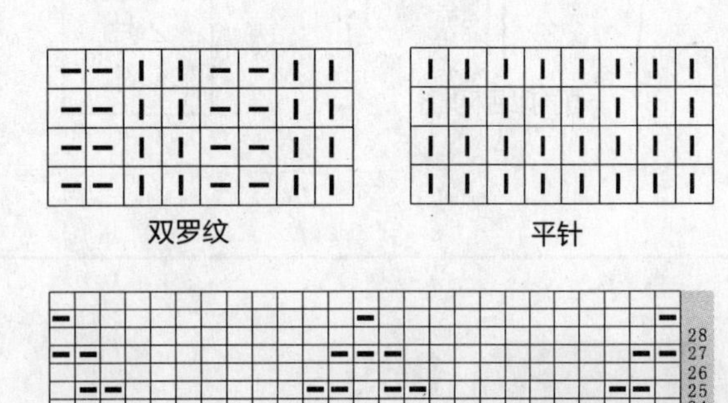

【制作方法】

单股线编织。毛衣由前、后身片、袖片组成。

1. 后片：起 96 针织 8cm 双罗纹后编织花样，编织 47cm 花样后开始减针袖窿，按图示减出袖窿，留出后领窝。

2. 前片（2 片）：左前片：起 48 针织 26 行双罗纹后编织花样，编织花样 10cm 后留出口袋位置，整片织好后，编织口袋里层缝在前片上，袋口挑织双罗纹，按图示减针留出袖窿、前领窝。

3. 袖片：从袖口起 48 针织 8cm 双罗纹后 1 次加 4 针开始编织花样，按结构图所示均匀加针，袖山一边与前片减针相同，另一边与后片减针相同。

4. 沿边对应相应位置缝实。

5. 领口与门襟（2 辫子挑 3 针）挑起织双罗纹（挑织针数以平整为主）。缝上纽扣。

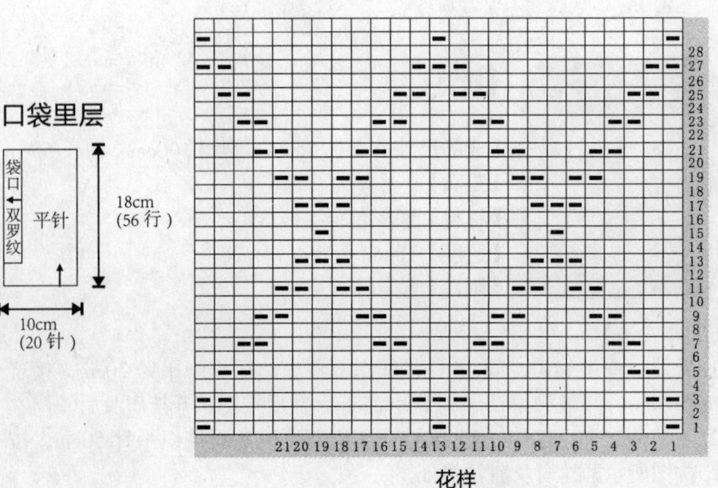

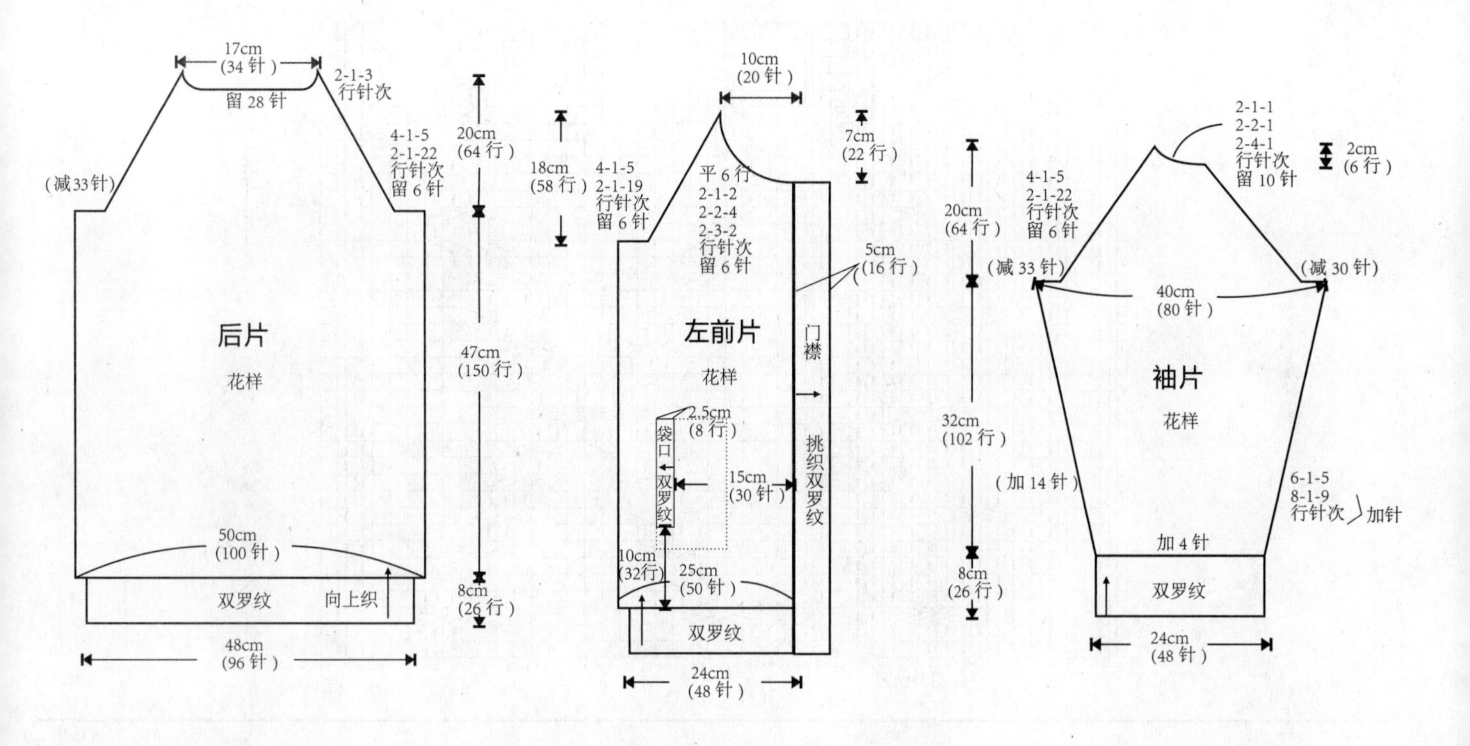

071

【成品尺寸】衣长 70cm　胸围 100cm　袖长 55cm

【工具】7 号棒针

【材料】深灰色粗毛线 600g

【密度】10cm^2：20 针 ×28 行

【制作方法】

单股线编织。毛衣由前、后身片、袖片组成。

1. 后片：起 100 针，织 6cm 双罗纹后编织 44cm 花样，开挂肩及后领。
2. 前片：起 100 针，织 6cm 双罗纹后编织 44cm 花样，按图示开挂肩及前领。
3. 袖片：起 46 针，织 8cm 双罗纹后编织花样 37cm，按结构图所示均匀加针，袖山减针按图所示。
4. 将前片与后片及袖片沿边对应相应位置缝实。
5. 领口挑织双罗纹结束。

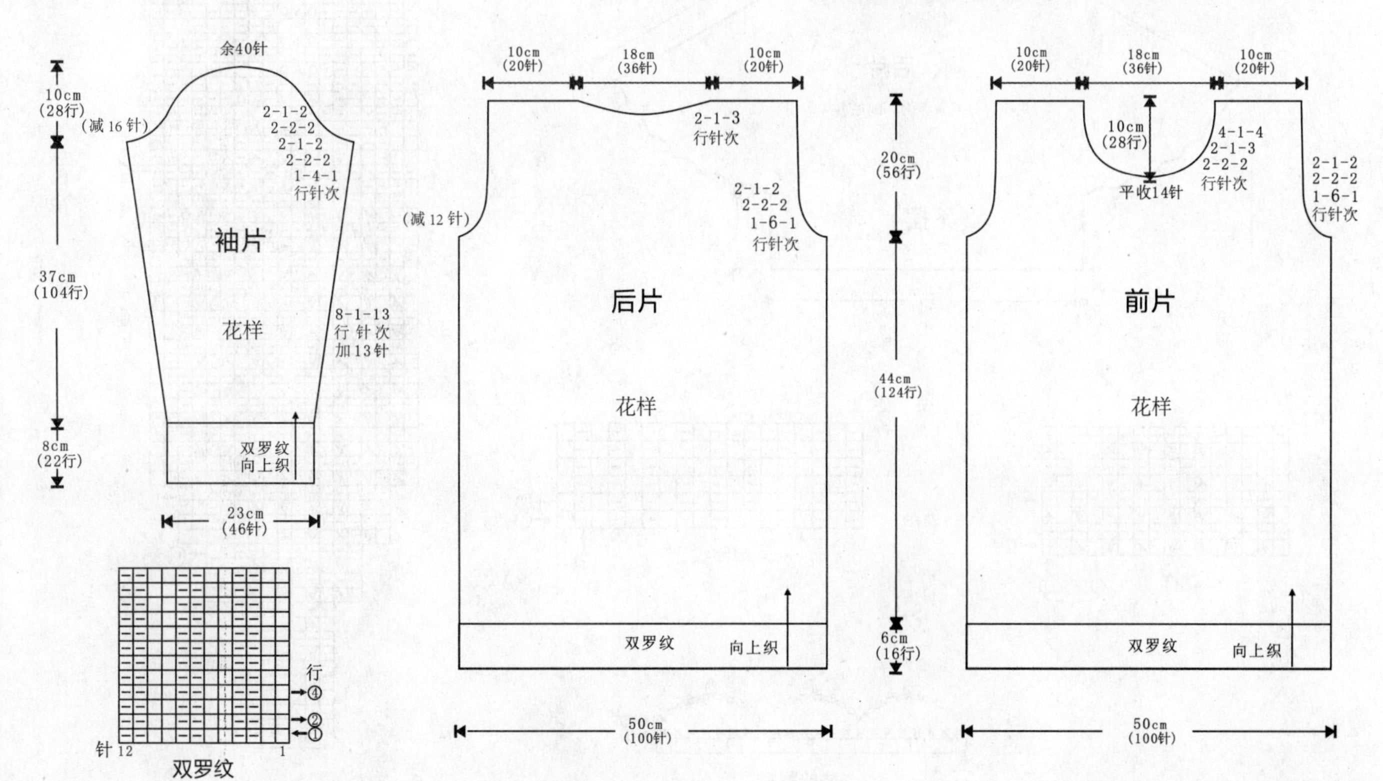

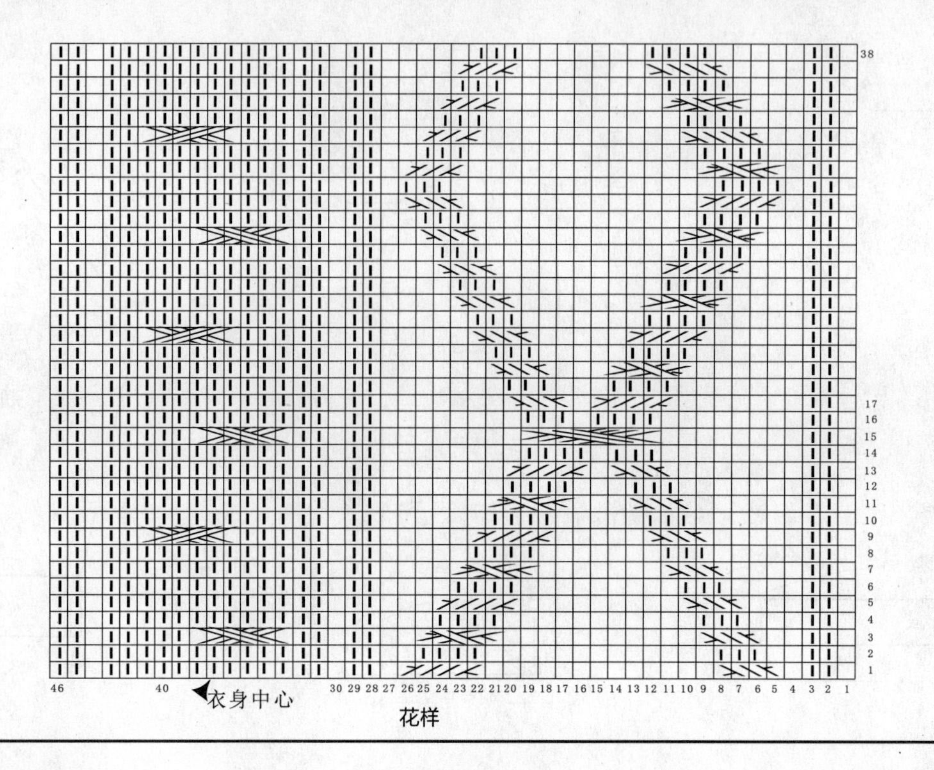

花样

072

【成品尺寸】衣长 43cm　衣宽 86cm
【工具】6 号棒针　7 号钩针
【材料】杏色棉线 420g
【密度】$10cm^2$ ：14 针 ×18 行

【制作方法】

1. 前、后片：衣服分 8 等份，圈织，为一片编织。起 56 针。每等份 7 针，参照花样——等分图编织，每份由开始的 7 针加至结束 19 针，即结束针数共为 152 针，织 56 行后收针。
2. 下摆：如图，在前、后片中心位置 43cm 之间圈织单罗纹，共挑 120 针，织 12cm 后收针。
3. 袖口：参照袖口图解，用钩针钩上花边。

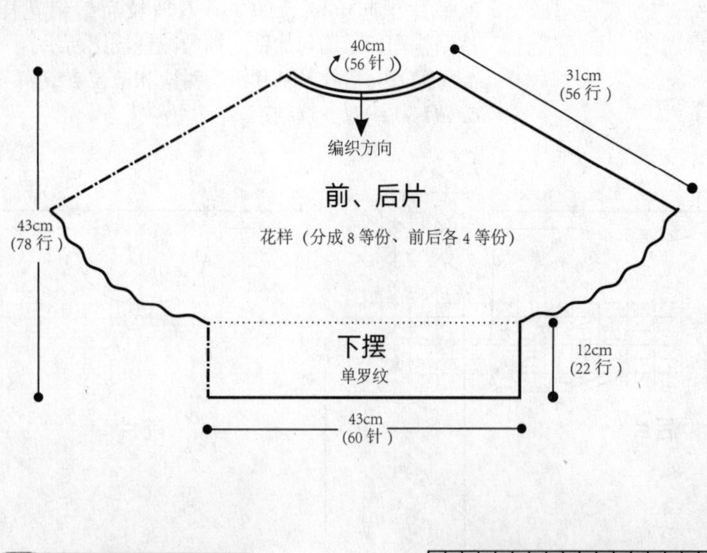

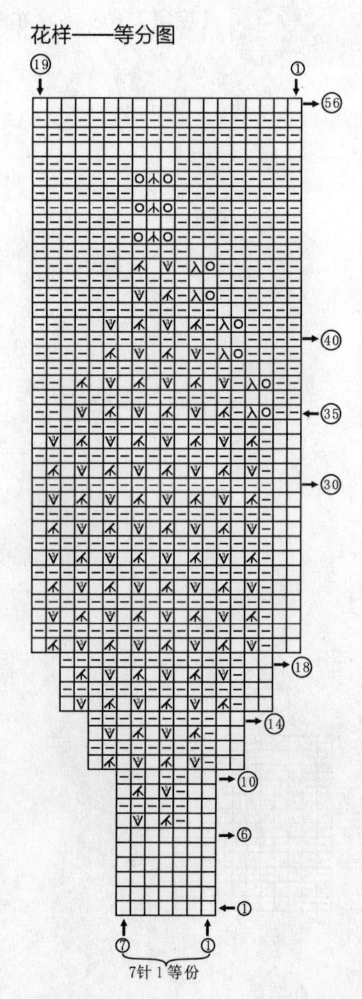

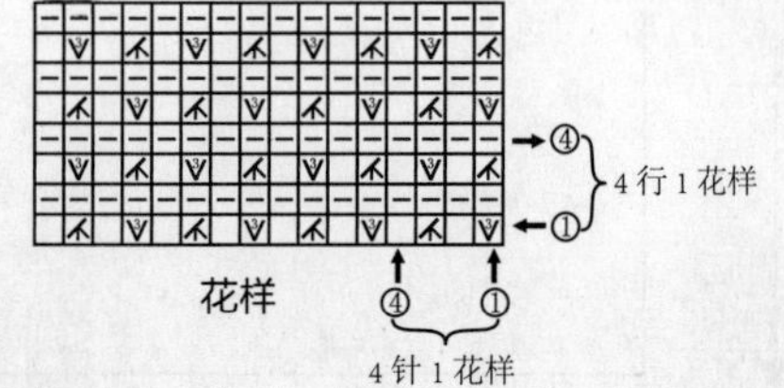

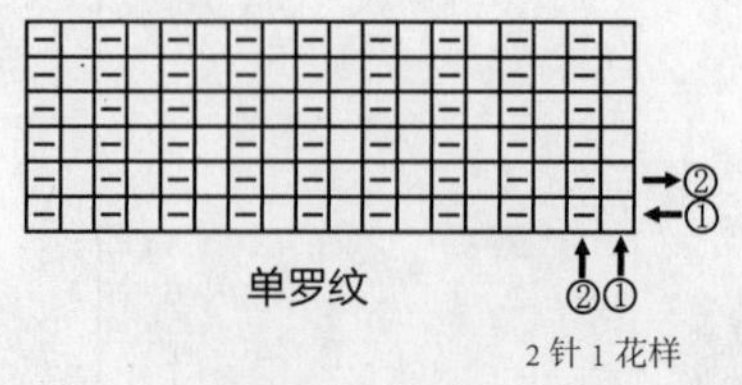

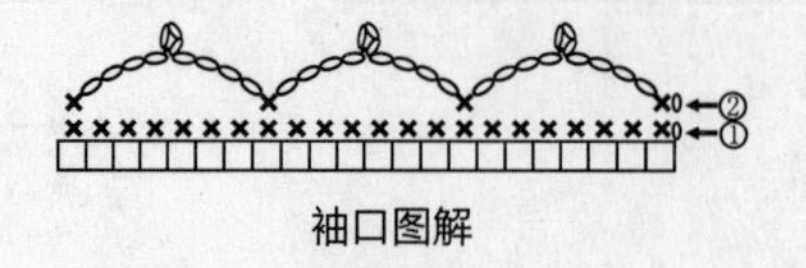

袖口图解

073

【成品尺寸】衣长 56cm 胸围 84cm 袖长 50cm
【工具】10 号棒针
【材料】灰色棉线 700g
【密度】10cm^2：16 针 ×22 行

【制作方法】

1. 前片：起 71 针，编织 8 行上针，如图所示，往上由上针、花样 A、花样 B 组成，编织顺序见图，花样 A、花样 B 见图，织 68 行后开袖窿，按减针方法织 24 行后中间留 11 针，再分两片编织，织 18 行后收针，对称织出另一片。

2. 后片：类似前片，不同为开袖窿后织 38 行，然后再开领，减针方法见图。

3. 袖片：起 38 针，织 8 行上针，往上由上针及花样 A 组成，编织顺序见图，同时加针，织 84 行后减针织袖山，减针如图，继续织 18 行后收针，用相同方法织出另一片袖片。

4. 将两片袖片袖下缝合；前片与后片肩部、腋下缝合；身片与袖片缝合。

5. 领：共挑 69 针，编织 8 行上针后收针。

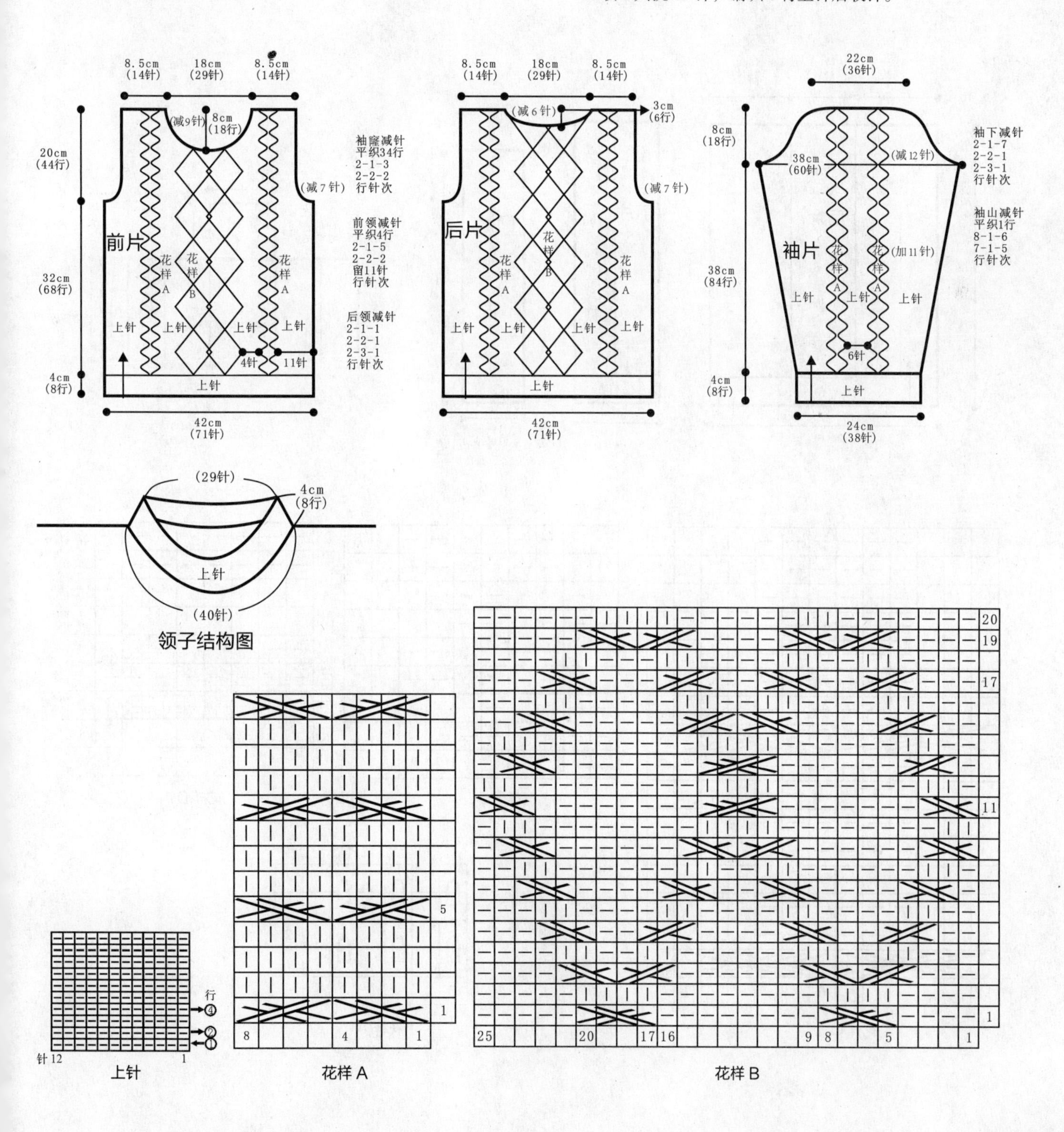

074

【成品尺寸】衣长 50cm　胸围 84cm　袖长 5cm
【工具】10 号棒针　绣花针
【材料】乳白色棉线 500g
【密度】10cm²：15 针 ×22 行
【附件】纽扣 4 枚

【制作方法】

1. 后片：起 64 针，按花样 A 编织 5cm 后，按花样 B、花样 C、花样 D、花样 C、花样 B 的顺序编织，织 45cm 后收针。
2. 前片：起 24 针，按花样 A 编织 5cm 后，按花样 C、花样 B 的顺序编织 45cm 行后收针，对称织出另一片。
3. 门襟：起 19 针，按花样 D 编织 45cm 后收针，用相同方法织出另一条。
4. 将两片前片与后片缝合。
5. 后片挑领：如领图，在后片挑 19 针后往上织 10cm 后收针。
6. 将两条门襟与两片前片和领缝合。
7. 挑袖（圈织）：挑 54 针，按花样 A 编织 5cm 后收针，用相同方法织出另一片。
8. 用绣花针缝上纽扣。

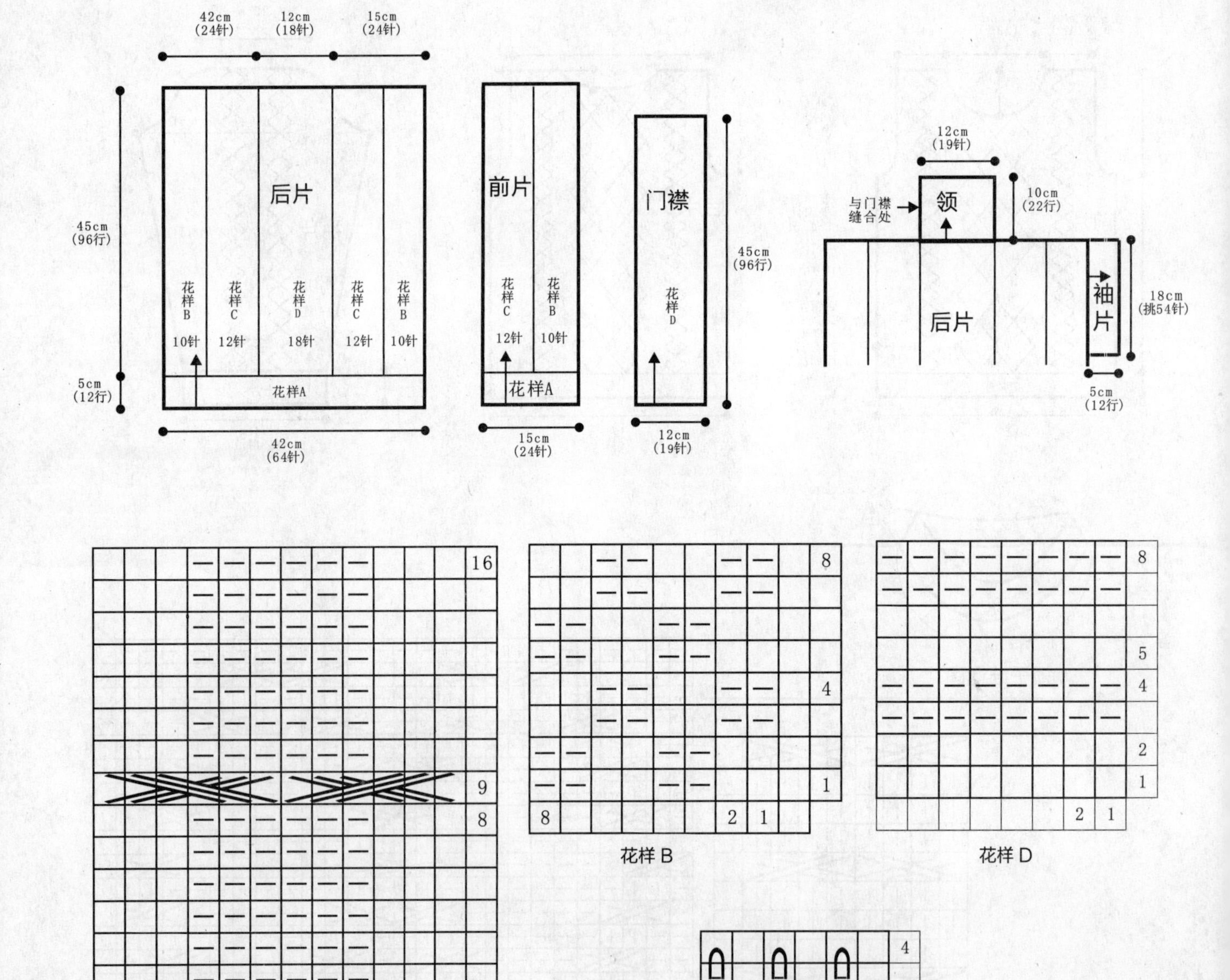

075

【成品尺寸】衣长 66cm 胸围 96cm
【工具】7 号棒针 8 号棒针
【材料】灰色棉线 1000g
【密度】$10cm^2$ ：19 针 ×24 行

【制作方法】

1. 前片：用 8 号棒针起 84 针，从下往上织 8cm 花样 A，换 7 号棒针织平针 35cm 后织 8cm 双罗纹，往上继续织 15cm 花样 B，两边多的针数都为平针。
2. 后片：用 8 号棒针起 98 针，花样 A 编织与前片同，换 7 号棒针按后片图解编织。
3. 领片：用 8 号棒针起 98 针，从下往上织双罗纹 22cm。
4. 将前片、后片、领子缝合（领片的长与后片相缝，宽分别与前片相缝）。

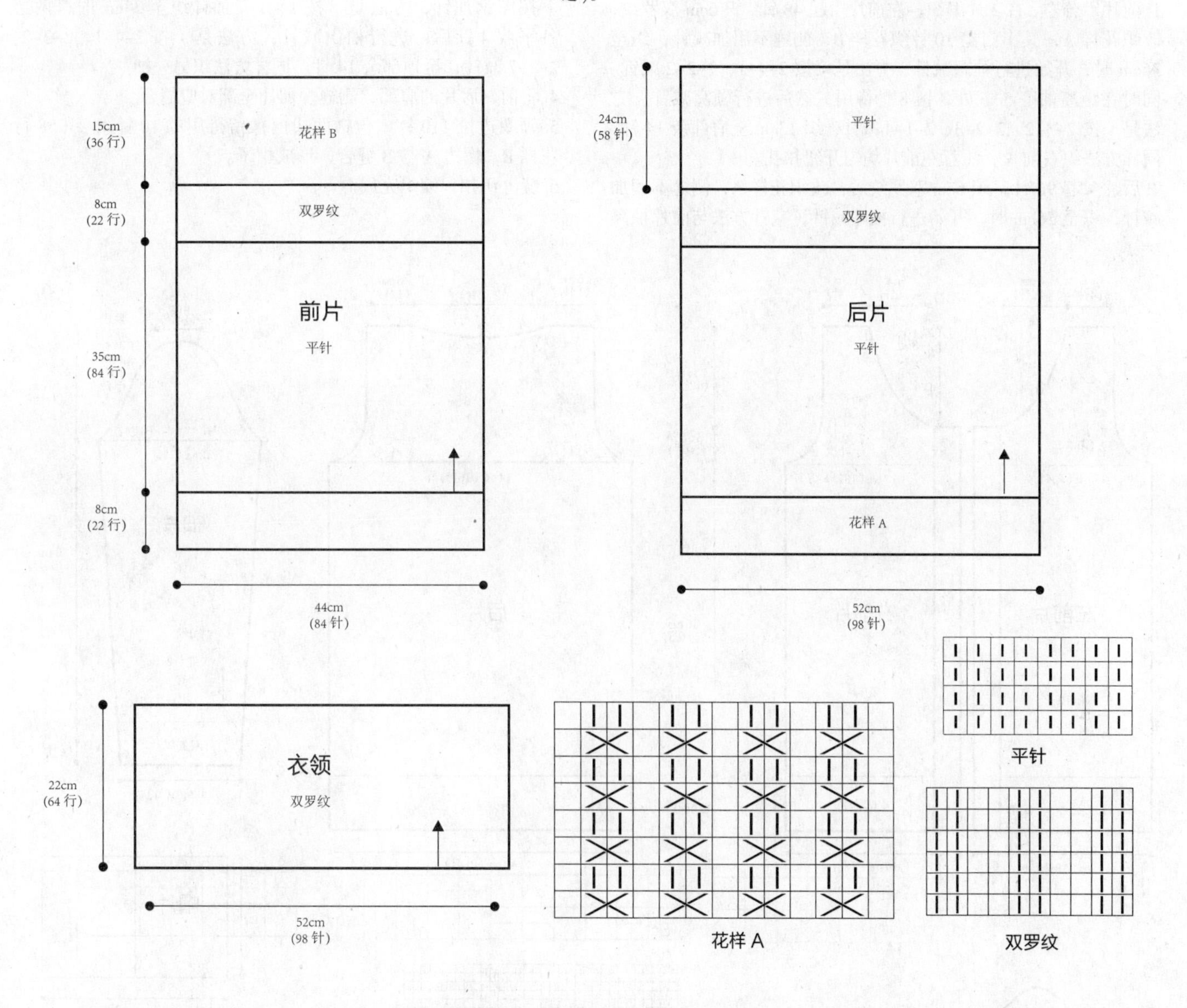

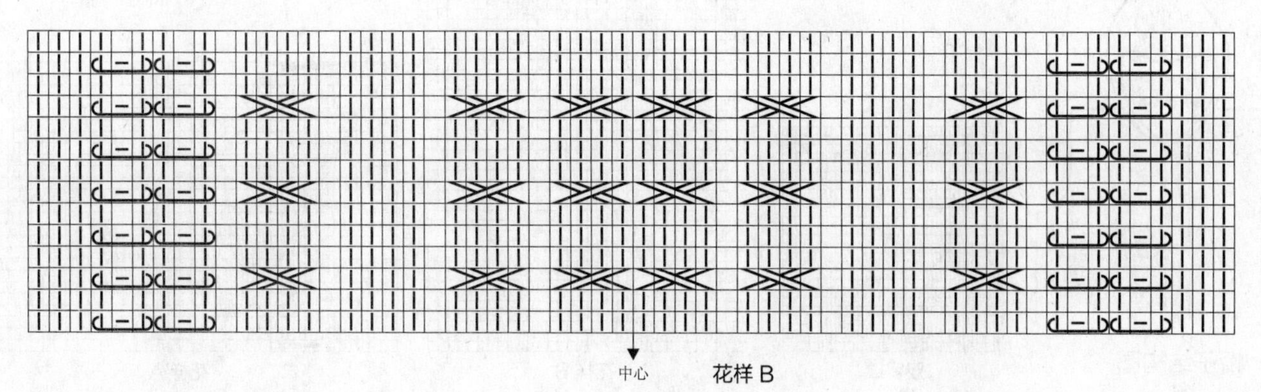

076

【成品尺寸】衣长 60cm　胸围 88cm　肩宽 26cm　袖长 53cm

【工具】10 号棒针　绣花针

【材料】灰白色羊毛线 600g

【密度】10cm^2：22 针 ×32 行

【附件】纽扣 5 枚

【制作方法】

1. 前片：分左、右 2 片编织。左前片：起 48 针，织 6cm 双罗纹，改织花样 A，其中门襟 10 针织花样 B，侧缝不用加减针，织至 36cm 时，开始进行袖窿减针，方法是：按 2-4-1、2-2-2 减针。同时在距离袖窿 5cm 处，留 8 针待用，然后进行领窝减针，方法是：按 2-3-2、2-2-3、2-1-4 减针，织 13cm 至肩部余 14 针。同样方法织右前片。注意左前片均匀开纽扣孔。

2. 后片：起 96 针，织 6cm 双罗纹后，改织花样 A，侧缝不用加减针，织至 36cm 时，开始进行袖窿减针，减针方法与前片袖窿一样，同时在距离袖窿 52 行处进行领窝减针，中间平收 26 针后，两边减针，方法是：按 2-2-3 减针，织至两边肩部余 14 针。

3. 袖片（2 片）：起 56 针，织 8cm 双罗纹后，改织花样 B，袖下按图示加针，方法是：按 14-1-7 加针织至 34cm 时，两边各平收 4 针后，进行袖山减针，方法是：按 2-4-1、2-3-2、2-2-7 减针，至顶部余 14 针。同样方法织另一袖。

4. 将前、后片的肩部、侧缝、袖片全部对应缝合。

5. 领圈边挑 110 针（包括两边门襟留待用的 10 针），织 58 行花样 B，帽边 A 与 B 缝合，形成帽子。

6. 缝上纽扣，编织完成。

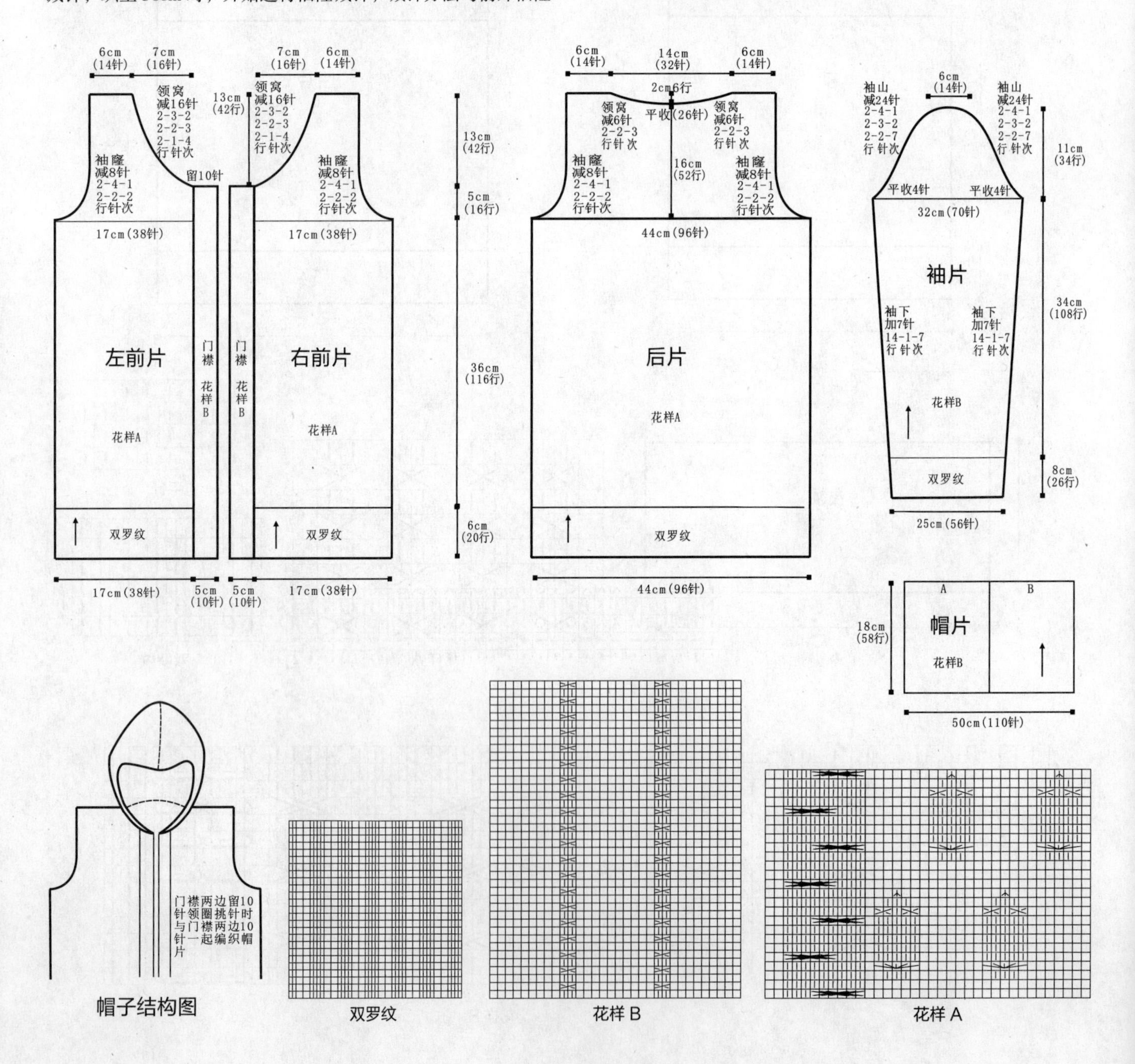

077

【成品尺寸】衣长 70cm　胸围 100cm
【工具】7 号棒针
【材料】紫色粗毛线 500 克
【密度】$10cm^2$ ：20 针 ×28 行

【制作方法】
1. 后片：向上编织，起 100 针织 8 行正反针后编织花样至 50cm 后，两侧各有 6 针织正反针作为袖边，挂肩不用减针。
2. 前片：和后片的编织方法相同，按图示减针留出前领窝。
3. 前片与后片沿边对应相应位置缝实。
4. 领口、袖口挑织正反针 8 行结束。

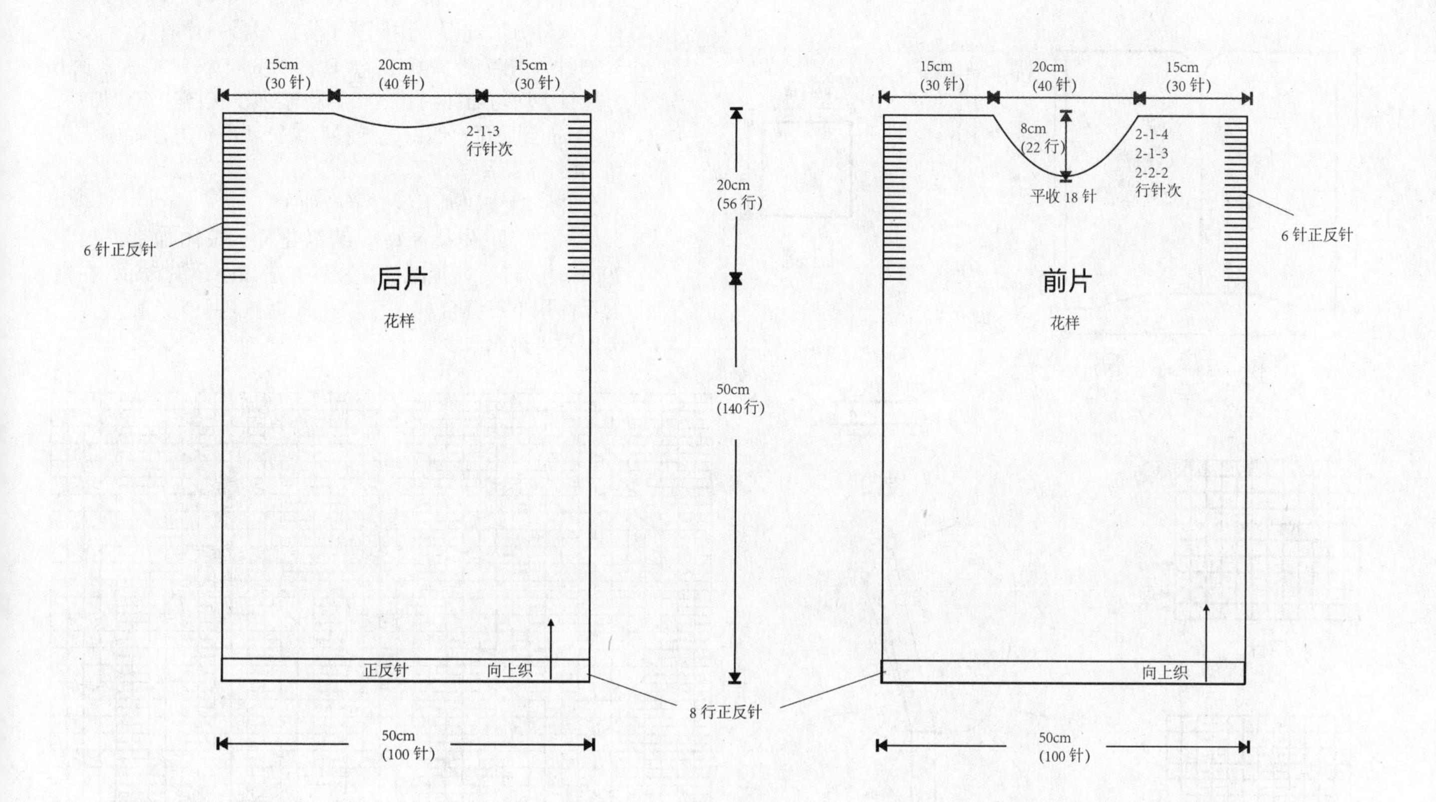

正反针

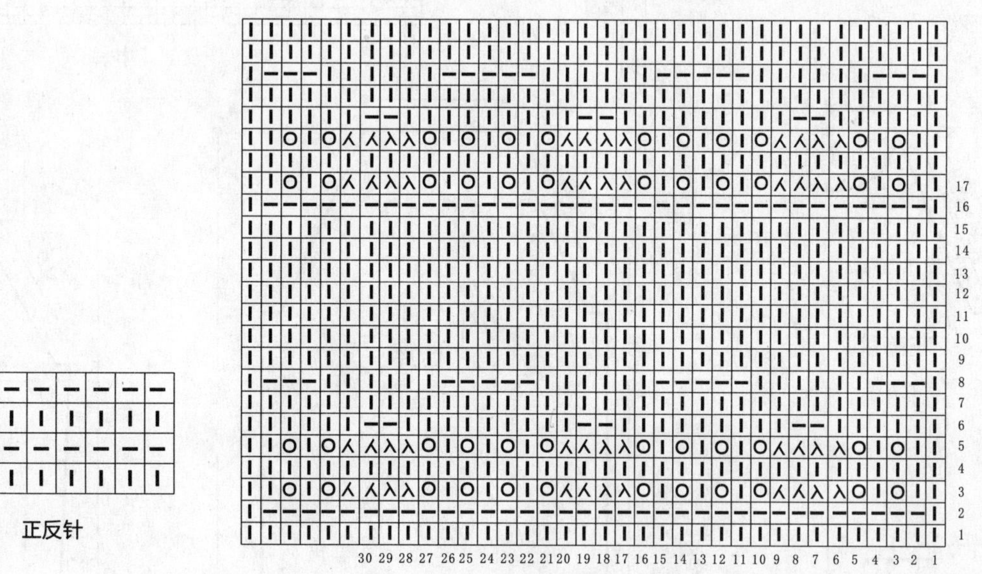

花样 11 针 8 行 1 花样

078

【成品尺寸】衣长 79cm　胸围 96cm　袖长 71cm

【工具】6 号棒针　7 号棒针　绣花针

【材料】灰色粗毛线 1700g

【密度】10cm²：18 针 × 22 行

【附件】纽扣 5 枚

【制作方法】

1. 先织后片，用 7 号棒针起 90 针，织 10cm 双罗纹后，换 6 号棒针编织花样，不加不减织 47cm 到腋下，然后开始斜肩减针，减针方法如图，织至 22cm 时，后领留 36 针，待用。

2. 前片：左前片：用 7 号棒针起 40 针，织 10cm 双罗纹后，换 6 号棒针编织花样，不加不减织 12.5cm，如图示，留 10cm，作为袋口，口袋编织方法如图，织到 47cm 后，开始斜肩减针，如图示，织至最后 6cm 时，进行领口减针，减针方法如图，用同样的方法织另一片前片。

3. 袖片：用 7 号棒针起 48 针，织 8cm 双罗纹后，换 6 号棒针，均匀加针到 52 针，编织花样，按图边织边加针，织 41cm 到腋下，然后进行斜肩减针，减针方法如图，肩留 14 针，待用。

4. 合并侧缝线和袖下线并缝合袖子。

5. 帽：挑织，先挑 8 针，编织花样，按图加针，织至 29cm 时，进行帽顶减针，减针方法如图，织 5cm，在帽的反面用下针缝合。

6. 门襟：挑织双罗纹。

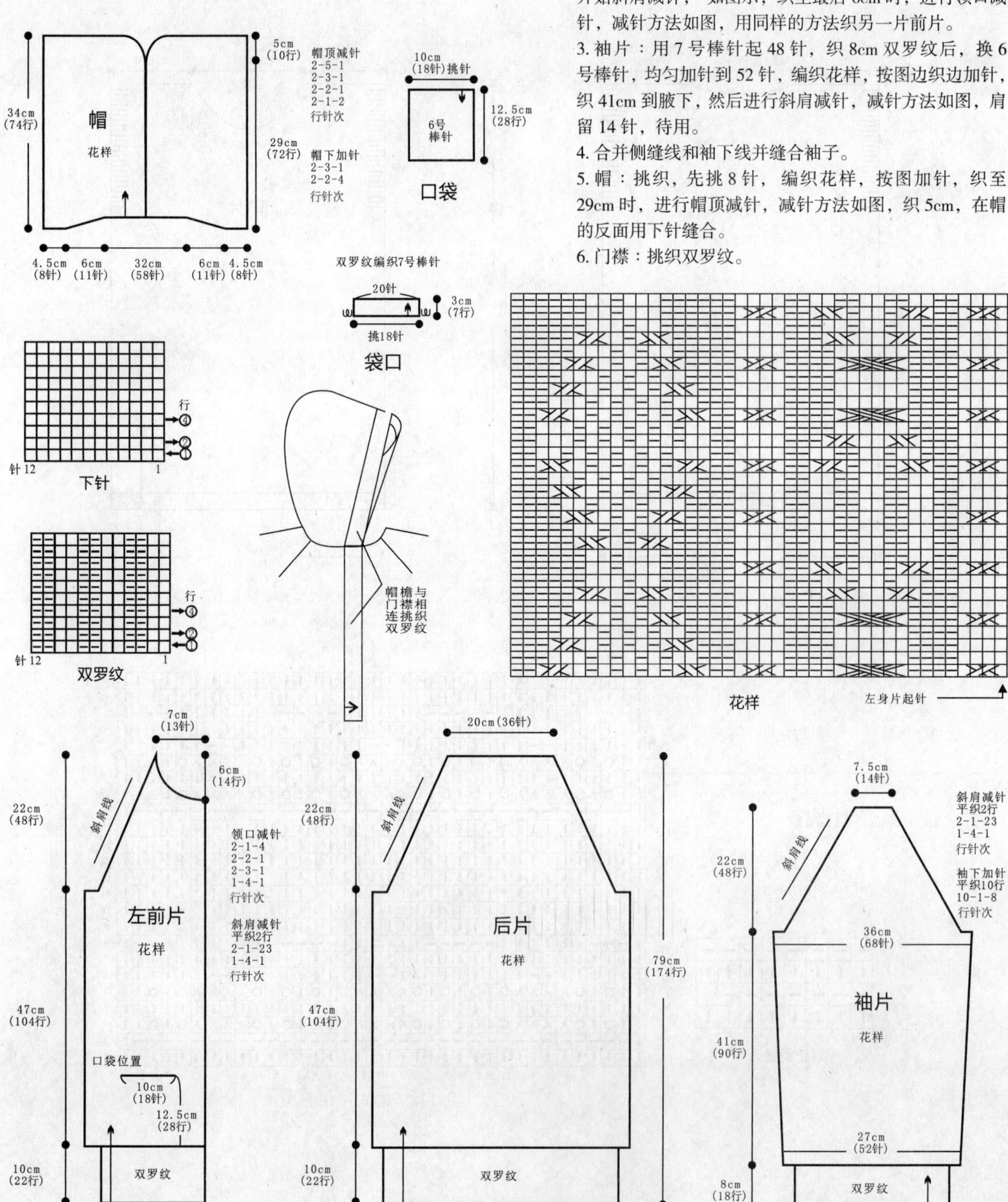

079

【成品尺寸】边长 135cm

【工具】7 号棒针

【材料】乐谱全毛毛线 750g

【密度】10cm^2 ：13 针 ×26 行

【制作方法】

起针 41 针，按方块花样编织收至 1 针，然后在方块一条边上挑起 20 针，在 1 针的另一头再加 20 针，共 41 针编织第二个方块，织完 8 个方块后断线，编织第二条。

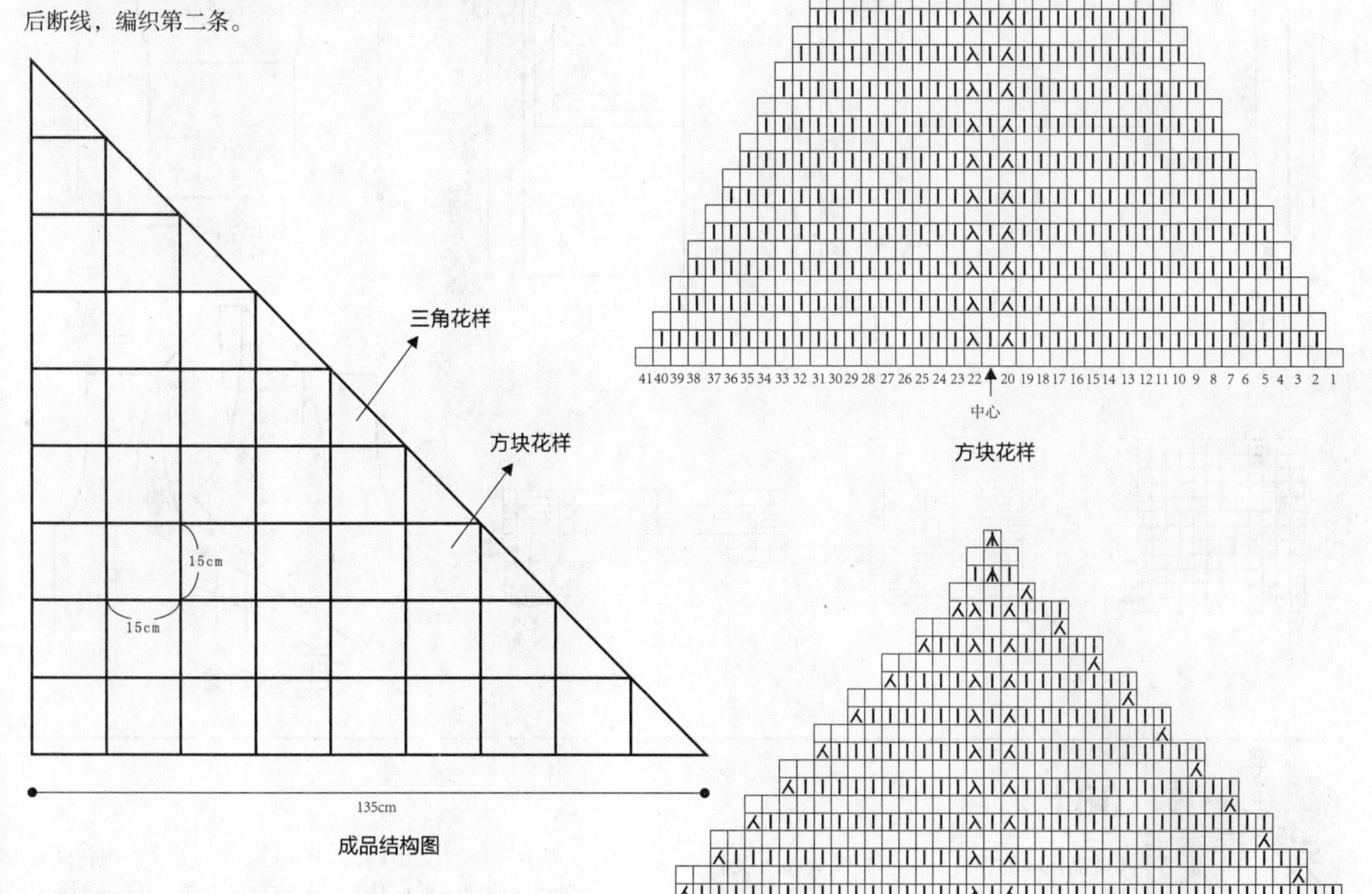

成品结构图

方块花样

三角花样

080

【成品尺寸】衣长 75cm　胸围 98cm　袖长 59cm

【工具】11 号棒针

【材料】酒红色棉线 700g

【密度】10cm^2 ：24 针 ×30 行

【制作方法】

1. 后片：(1) 起 118 针，双罗纹织 20cm。(2) 上针编织 35cm。(3) 开袖窿：两侧各减 10 针，编织 18cm。(4) 开后领：中间平收 36 针，分两片编织，各织 2cm 后收针。

2. 前片：以左前片为例，(1) 起 54 针，双罗纹织 20cm。(2) 上针编织 30cm。(3) 开前领：领侧按减 19 针编织，织 16 行。(4) 开袖窿：袖窿侧按减 10 针编织，两侧同时减针，织 60 行。

3. 袖片（2 片）：(1) 起 48 针，双罗纹编织 18cm。(2) 上针编织，两侧逐渐加针，织 31cm。(3) 织袖山：按减 29 针编织，织 10cm。相同织法编织另一片。

4. 口袋（2 片）：起 40 针，上针织 30 行后换双罗纹织 10 行后收针。相同织法编织另一片。

5. 缝合：将前片、后片肩部、腋下缝合；袖片袖下缝合，并与身片相缝合。两片口袋缝合在相应位置，位置可参考左前片图。

6. 挑领：在前、后片各挑 57 针、50 针、57 针，双罗纹织 20cm 后收针。

7. 系带（2 条）：起 12 针，下针编织 80cm 后收针。相同织法编织另一条，并缝合在相应位置。缝合位置可参考衣领图。

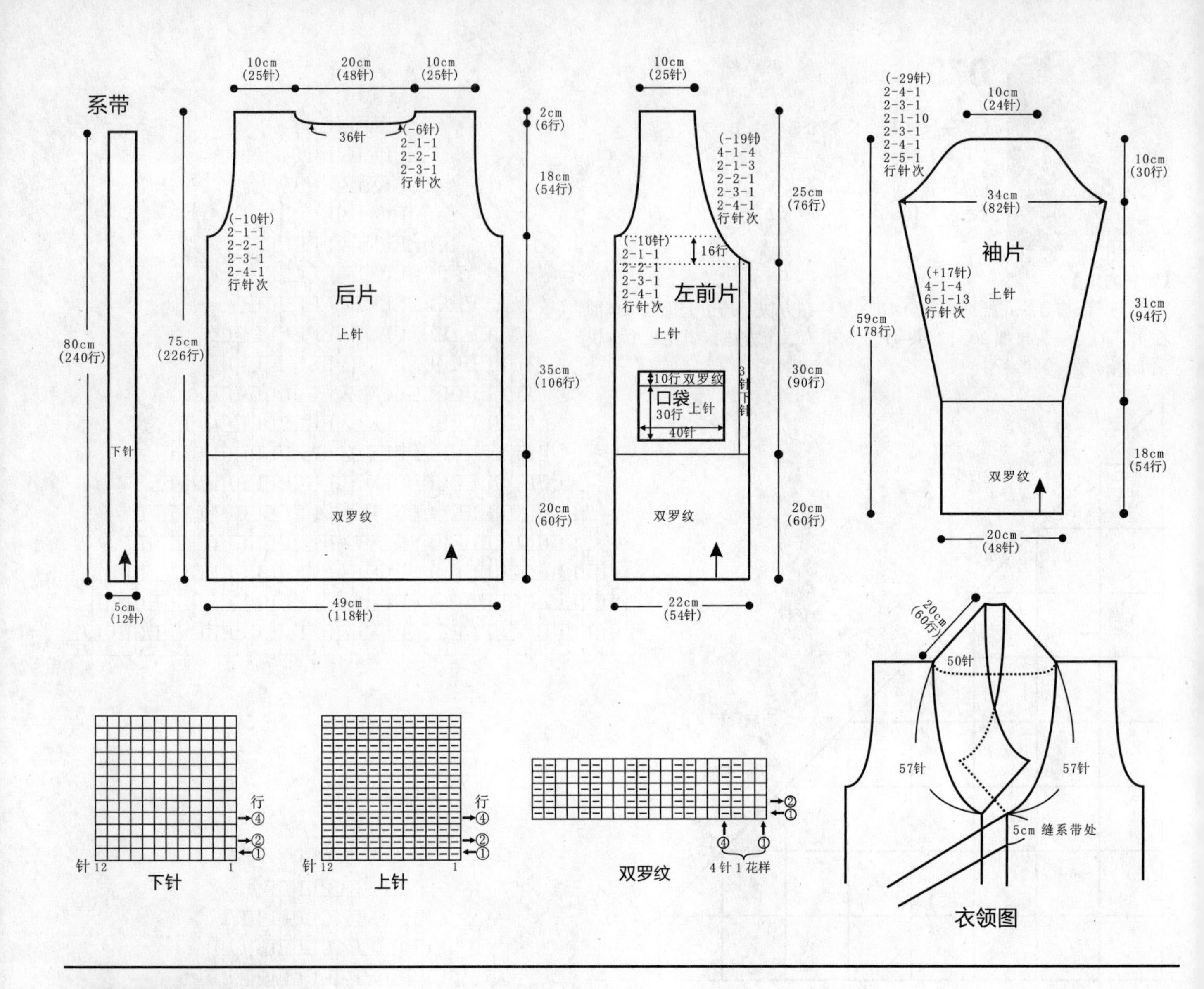

081

【成品尺寸】衣长 75cm　胸围 96cm　袖长 53cm

【工具】10 号棒针

【材料】浅杏色羊毛线 1000g

【密度】10cm²：22 针 ×32 行

【制作方法】

1. 前片：分左、右两片编织，左前片按图起 52 针，织 5cm 双罗纹后，改织花样 A，侧缝按图示减针，织至 37cm 时加针，形成收腰，织至 15cm 时两边平收 5 针，按图收袖窿，再织 5cm 时同时收领窝，织至肩位余 20 针，用同样方法反方向编织右前片。

2. 后片：按图起 104 针，织 5cm 双罗纹后，改织花样 B，侧缝与前片一样加减针，形成收腰，织至 15cm 时两边平收 5 针，收袖窿，并按图收领窝，肩位余 20 针。

3. 袖片：按图起 56 针，织 5cm 双罗纹后，改织花样 B，袖下按图示加针，织至 37cm 时，开始收袖山，两边各平收 5 针，按图示减针，用同样方法织另一袖。

4. 将前片、后片的肩位、侧缝与袖片全部缝合。

5. 门襟挑 136 针，织 4cm 双罗纹。

6. 领圈边挑 124 针，织 8cm 双罗纹，形成开襟翻领。

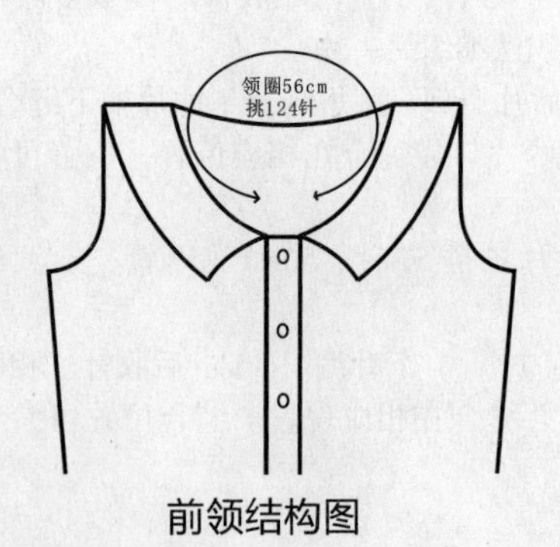

前领结构图

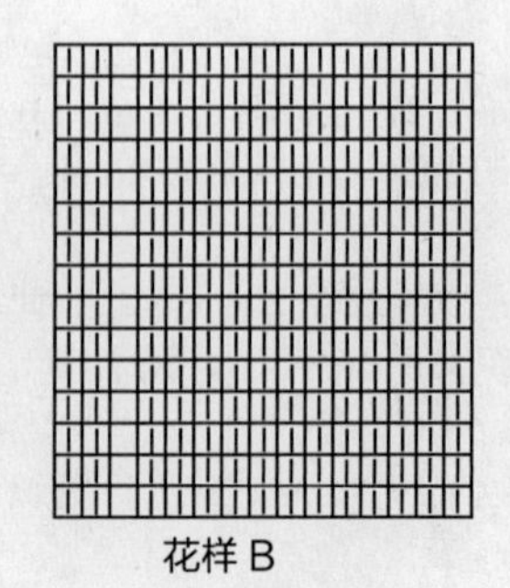
双罗纹

花样 B

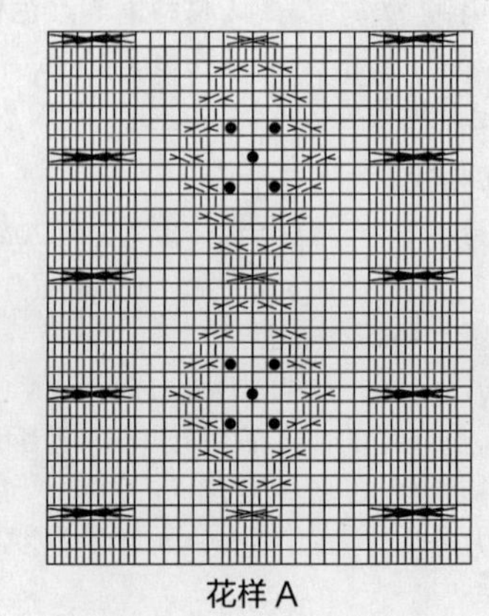
花样 A

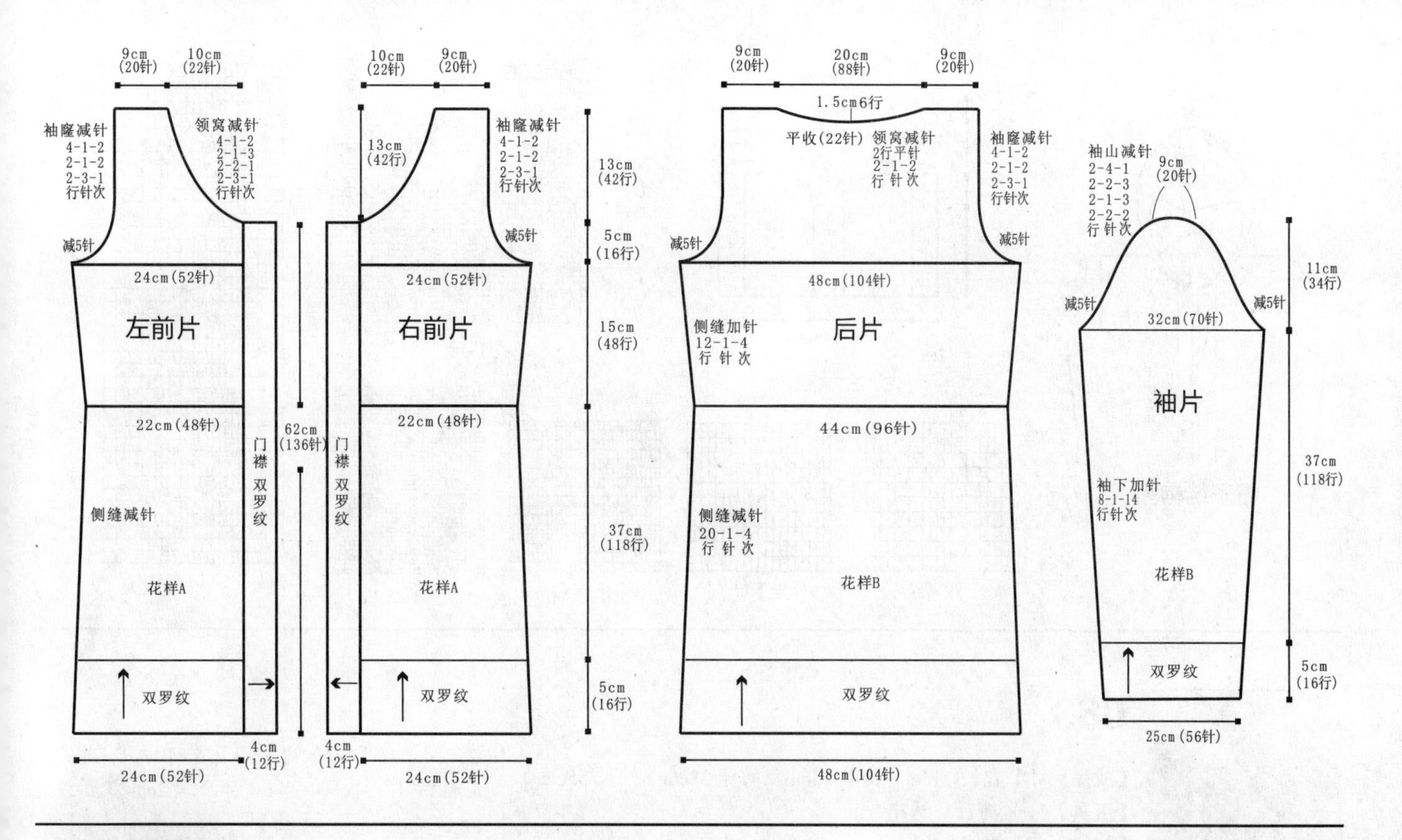

082

【成品尺寸】衣长 75cm　胸围 96cm　袖长 53cm

【工具】10 号棒针　绣花针

【材料】浅灰色羊毛线 800g

【密度】10cm²：22 针 ×32 行

【附件】纽扣 5 枚

【制作方法】

1. 前片：分左、右 2 片编织。左片：由上、中、下 3 片组成。上片：按图起 52 针，织花样 A，侧缝不用加减针，织至 9cm 时开始开袖窿，即平收 5 针，并按图收袖窿，织至 3cm 时开领窝。中片：按编织方向起 14 针，织 24cm 花样 B。下片：起 56 针，织 5cm 花样 C 后，改织全下针，侧缝同时减针，织至 37cm 时，全部收针。将上、中、下三片缝合，用相同方法相反方向织右前片。

2. 后片：由上、中、下 3 片组成。上片：按图起 104 针，织花样 D，侧缝不用加减针，织至 9cm 时两边开始开袖窿，即平收 5 针，并按图收袖窿，织至 16.5cm 时开领窝。中片：按编织方向起 14 针，织 48cm 花样 B。下片：起 114 针，织 5cm 花样 C 后，改织全下针，侧缝同时减针，织 37cm 时，全部收针。将上、中、下 3 片缝合。

3. 袖片：按图起 56 针，织 5cm 花样 C 后，改织全下针，袖下按图示加针，织至 37cm 时，开始收袖山，两边各平收 5 针，按图示减针，用同样方法织另一袖片。

4. 将前片、后片的肩位、侧缝、袖片缝合。

5. 门襟至帽缘挑 198 针，织 4cm 双罗纹，左片均匀地开纽扣孔，缝上纽扣。

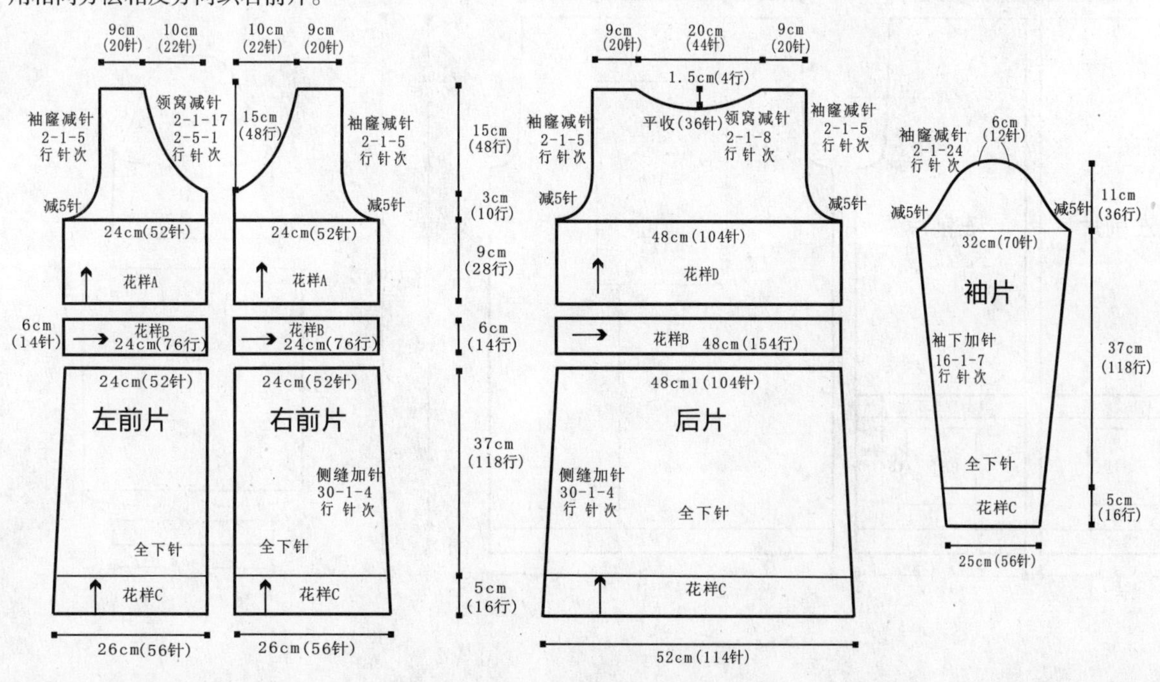

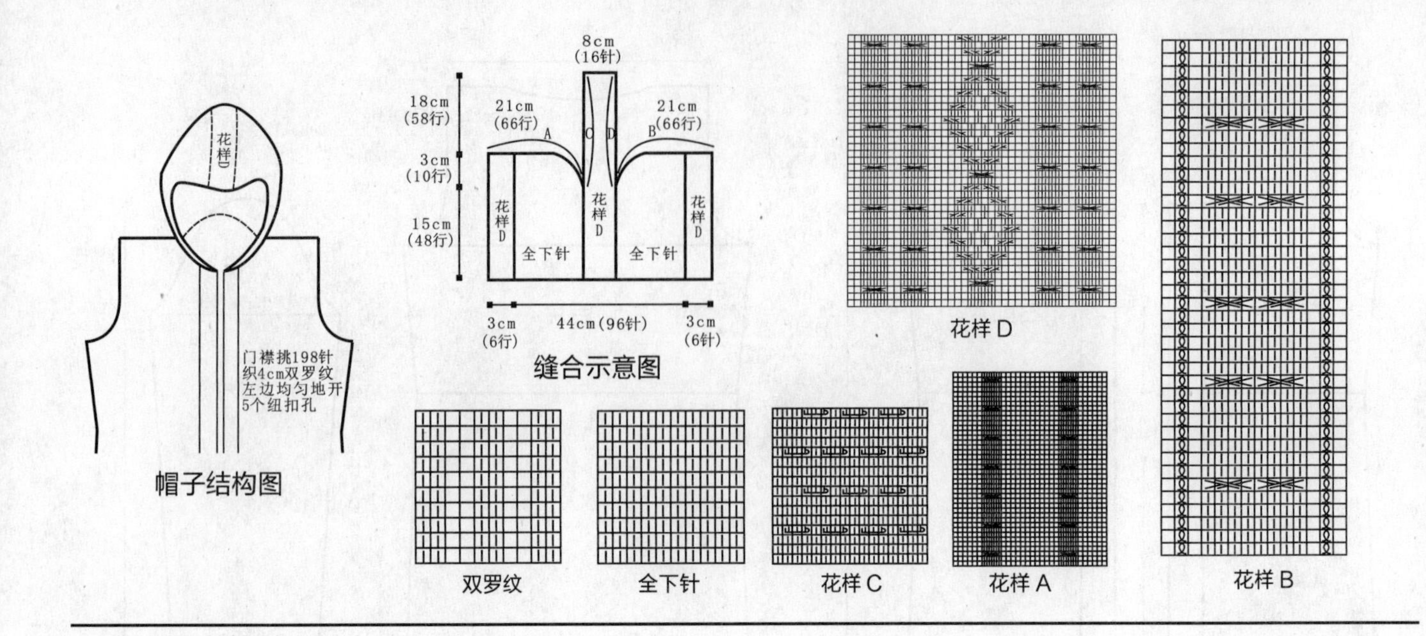

083

【成品尺寸】衣长 71cm　胸围 94cm　肩宽 38cm　袖长 55cm
【工具】11 号棒针　绣花针
【材料】灰色棉线 650g
【密度】10cm^2：20 针 ×28 行
【附件】纽扣 5 枚

【制作方法】

1. 后片：起 94 针，织双罗纹，织 2cm 后改织上针，织至 38cm 的高度，后片居中织 32 针花样 A，织至 51cm 的高度，两侧各平收 4 针，然后按 2-1-5 的方法减针织成袖窿，织至 71cm，中间 38 针留起不织，两侧肩部各平收 19 针，后片共织 71cm 长。
2. 左前片：起 47 针，织双罗纹，织 2cm 后改织上针，织至 18cm 的高度，改织双罗纹，织至 21cm 的高度，收针作为口袋。另起线从左前片里侧衣脚双罗纹的顶部挑起 47 针，织上针，织至 51cm 的高度，左侧平收 4 针，然后按 2-1-5 的方法减针织成袖窿，织至 71cm，右侧 38 针留起不织，左侧肩部平收 19 针，左前片共织 71cm 长。同样的方法相反方向编织右前片。
3. 袖片（2 片）：起 48 针，织 2cm 双罗纹，分散均匀加针至 56 针，改织上针，织至 32cm 的高度，在织片中间制作两个对称折皱，织片变成 48 针，继续往上织至 44cm 的高度，两侧各平收 4 针，然后按 2-1-15 的方法减针织成袖山，袖片共织 55cm 长，最后余下 10 针。袖底缝合。
4. 帽子：沿领口挑起 52 针织上针，织 26cm 长度，帽顶缝合。
5. 衣襟：沿左右衣襟侧及帽侧分别挑起 194 针，织双罗纹，织 4cm 的长度。注意左侧衣襟均匀留起 5 个扣眼。
6. 口袋饰花：按花样 B 的方法编织 5 片叶子，钩织 1 朵钩花，缝合于口袋中央。缝上纽扣。

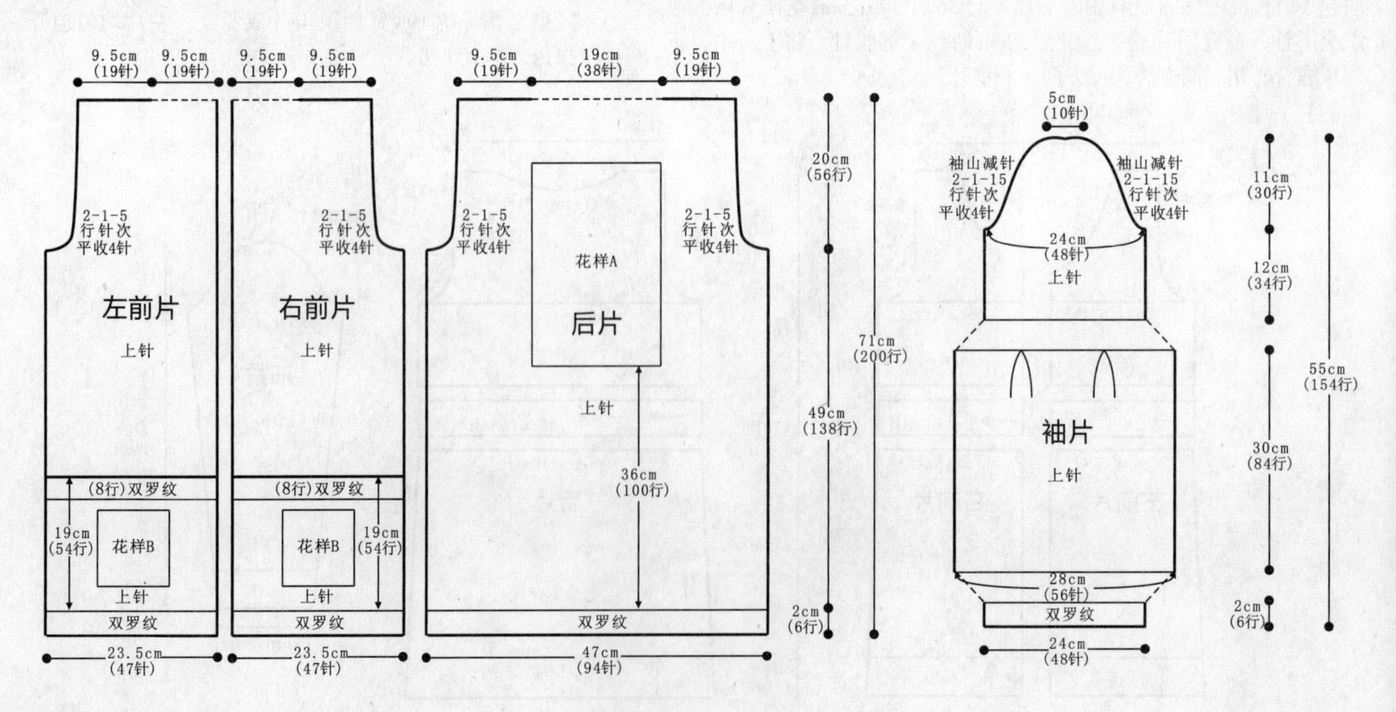

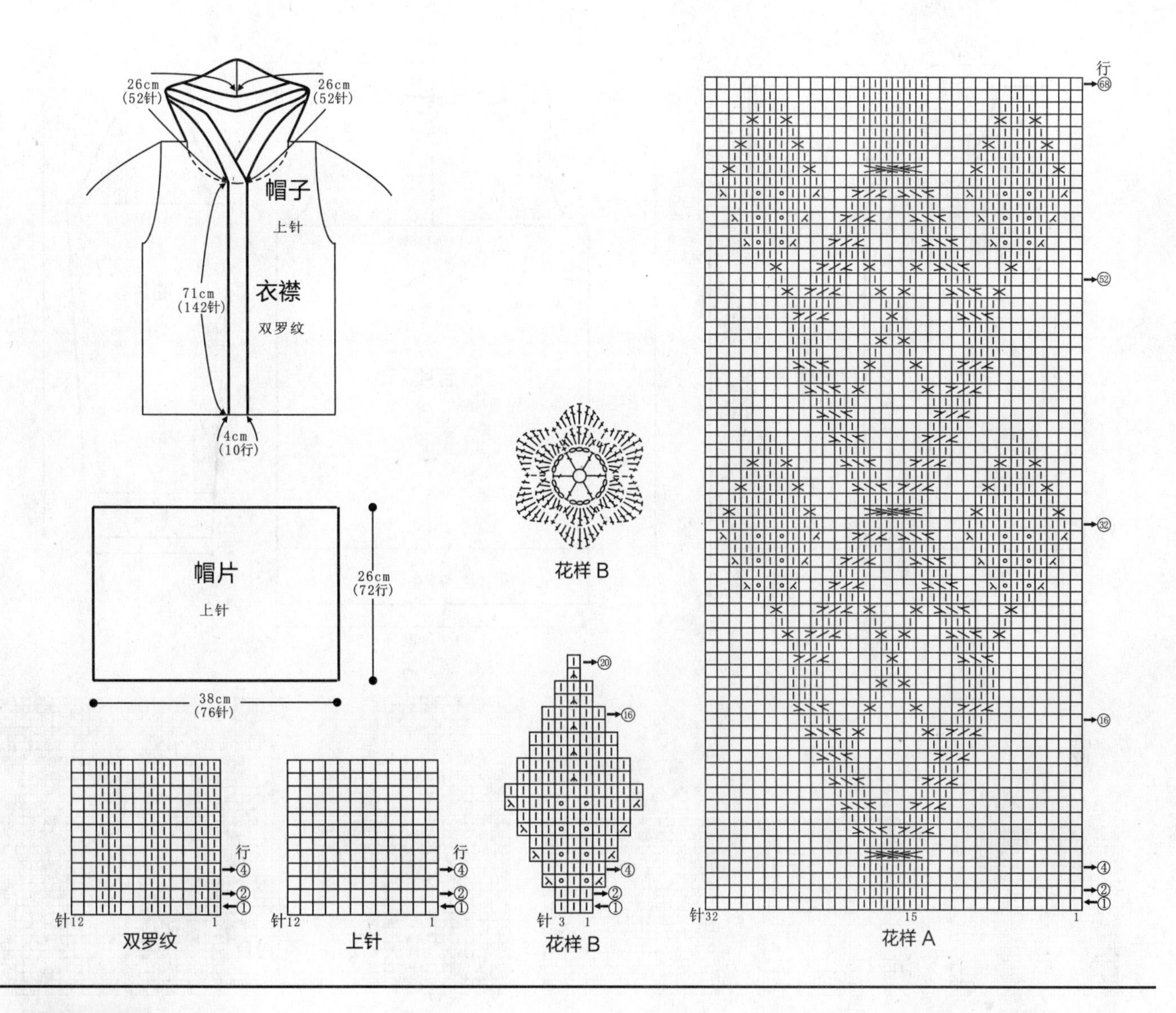

084

【成品尺寸】衣长 60cm　胸围 78cm　袖长 53cm

【工具】10 号棒针　绣花针

【材料】灰白色羊毛线 600g

【密度】10cm^2：22 针 ×32 行

【附件】纽扣 5 枚

【制作方法】

1. 前片：分左、右 2 片编织。左前片：起 48 针，织 6cm 双罗纹，改织花样 A，其中门襟 10 针织花样 C，侧缝不用加减针，织至 20 行时，在距离侧缝 14 针处，分两片编织开口袋，织 16 行再合并编织，内袋另织，起 30 针织 70 行全下针，与前片缝合，织至 36cm 时，开始进行袖窿减针，方法是：按 2-4-1、2-2-2 减针。同时在距离袖窿 5cm 处，留 8 针待用，然后进行领窝减针，方法是：按 2-3-2、2-2-3、2-1-4 减针，织 42 行至肩部余 14 针。同样方法织右前片。注意左前片均匀开纽扣孔。

2. 后片：起 96 针，织 6cm 双罗纹后，改织花样 B，侧缝不用加减针，织至 36cm 时，开始进行袖窿减针，减针方法与前片袖窿一样，同时在距离袖窿 16cm 处进行领窝减针，中间平收 26 针后，两边减针，方法是：按 2-2-3 减针，织至两边肩部余 14 针。

3. 袖片（2 片）：起 56 针，织 8cm 双罗纹后，改织花样 A，袖下按图示加针，方法是：按 14-1-7 加针，织至 34cm 行时，两边各平收 4 针后，进行袖山减针，方法是：按 2-4-1、2-3-2、2-2-7 减针，至顶部余 14 针。同样方法织另一袖。

4. 将前后片的肩部、侧缝、袖片全部对应缝合。

5. 领圈边挑 110 针（包括两边门襟留待用的 10 针），织 18cm 花样 B，帽边 A 与 B 缝合，形成帽子。

6. 袋口挑 26 针，织 6 行单罗纹，收针。缝上纽扣，编织完成。

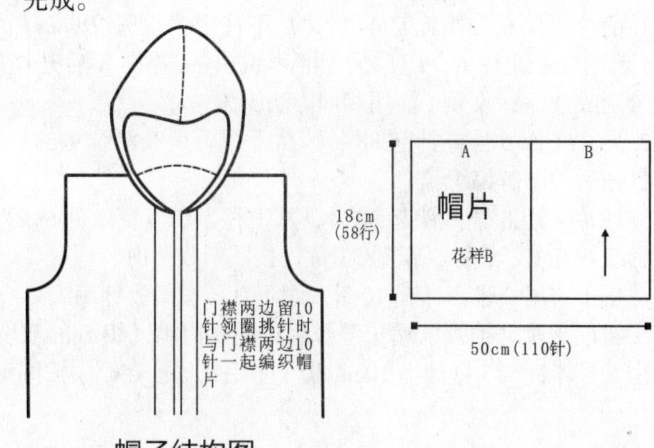

帽子结构图

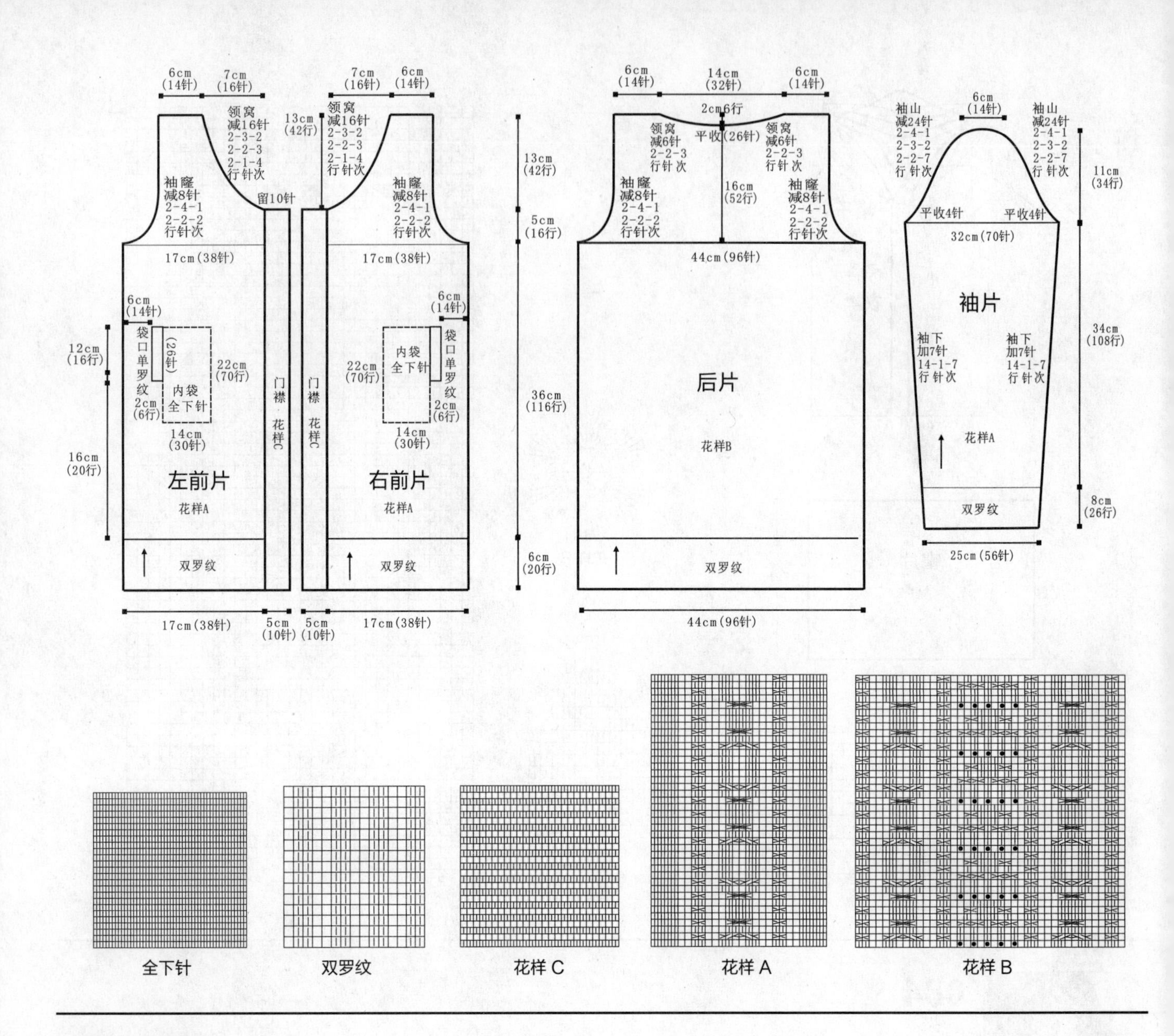

085

【成品尺寸】衣长 72cm　胸围 96cm　袖长 55cm

【工具】5 号棒针　6 号棒针　绣花针

【材料】绿色粗毛线 1000g

【密度】$10cm^2$：18 针 ×24 行

【附件】盘扣 5 个

【制作方法】

1. 前片：用 6 号棒针起 44 针，从下往上织双罗纹 9cm 后，换 5 号棒针织 10cm 花样 A，织口袋，继续织 30cm 花样 A 后开挂肩，按图解分别收袖窿、收领子。用相同方法织另一片。

2. 后片：用 6 号棒针起 88 针，从下往上织双罗纹 9cm 后，换 5 号棒针按后片图解编织。

3. 袖片：用 6 号棒针起 36 针，从下往上织双罗纹 9cm 后，换 5 号棒针织花样 C，放针，织到 33cm 处按图解收袖山。

4. 帽子：用 6 号棒针起 10 针，织下针，按图放针编织。

5. 将前后片、袖片、帽子缝合后按图挑门襟，织 5cm 双罗纹，收针，用 6 号棒针织 3 针圆绳 10cm，做 1 个毛线球挂在帽尖按图解钉上纽扣。

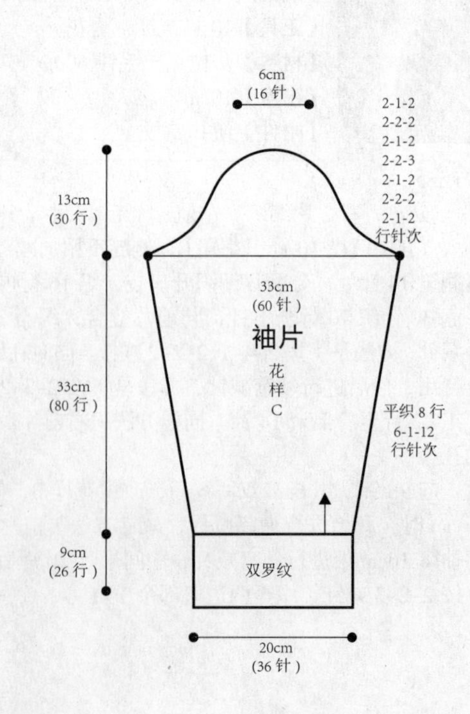

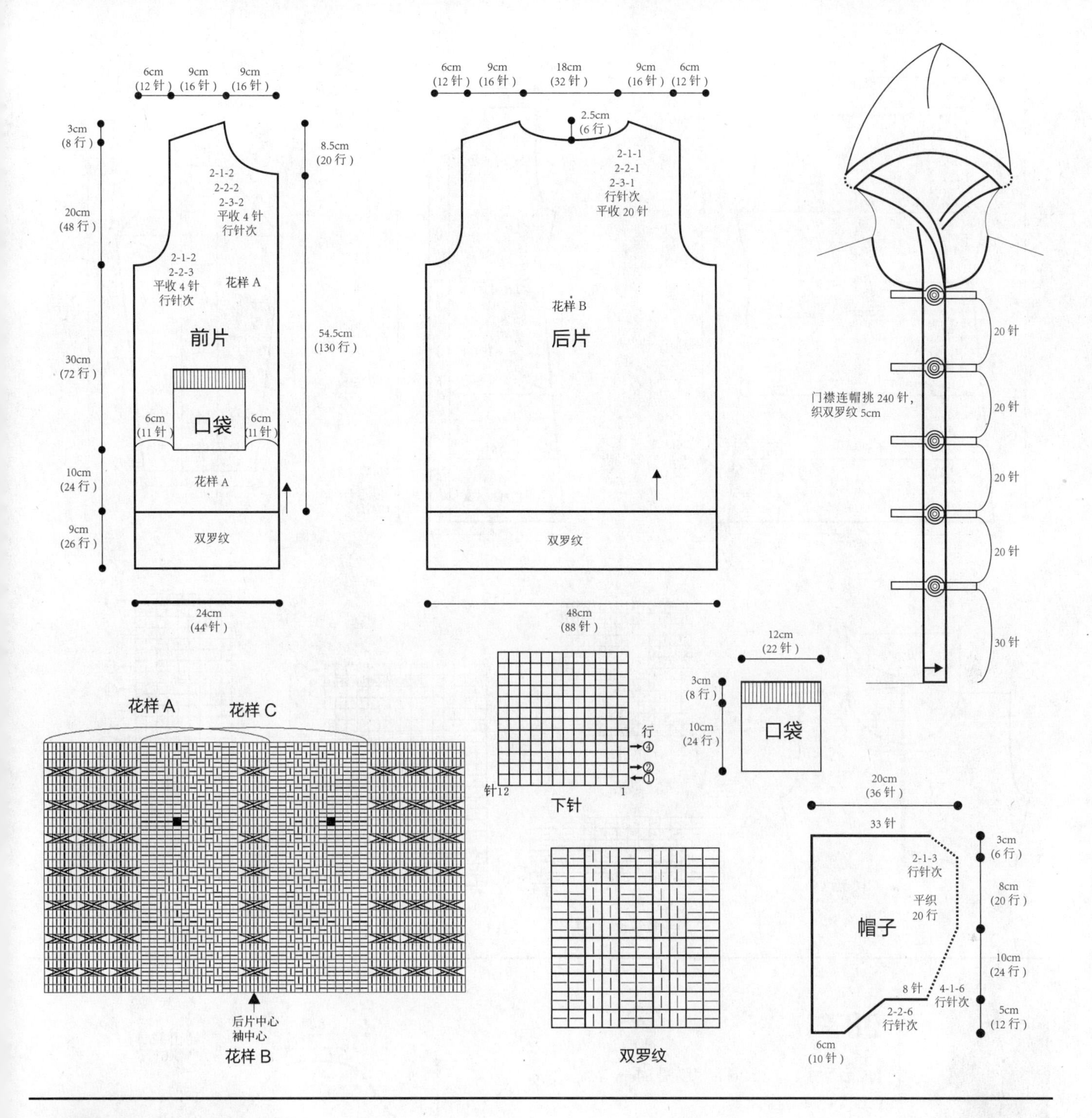

086

【成品尺寸】衣长 72cm　胸围 90cm　袖长 53cm

【工具】6 号棒针　绣花针

【材料】深蓝色棉线 1200g

【密度】$10cm^2$ ： 15 针 ×20 行

【附件】纽扣 5 枚　按扣 2 枚

【制作方法】

1. 后片：(1) 起 68 针，花样 A 编织 12cm 后下针编织 12cm。(2) 花样 B 编织，同时两侧减针，织 20cm，往上两侧逐渐加针，织 10cm。(3) 开袖窿：两侧各减 4 针，织 16cm。(4) 开后领：中心留 22 针，分两片编织，织 2cm 后收针。

2. 前片（2 片）：以左前片为例，一侧 6 针均为下针，(1) 下针起针法起 42 针，花样 A 编织 12cm 后下针编织 24 行。(2) 花样 B 编织，同时两侧减针，织 20cm，往上两侧逐渐加针，织 10cm。(3) 开袖窿：两侧各减 4 针，织 10cm。(4) 开前领：按减 16 针编织，织 8cm 后收针。如图开扣眼。对称织出右前片。

3. 袖片（2 片）：起 30 针如图示编织，逐渐加针织至 41cm 后两侧各留 3 针，往上逐渐减针，织 12cm 后收针。相同方法织另一片。

4. 缝合：将前片后肩部、腋下缝合。袖片缝合，并与身片相缝合。

5. 挑领：如图前、后片各挑 18 针、28 针、18 针，单罗纹编织 12cm 后收针。

6. 收尾：在右门襟对应右门襟处缝上纽扣，并在合适位置缝上 2 枚按扣。

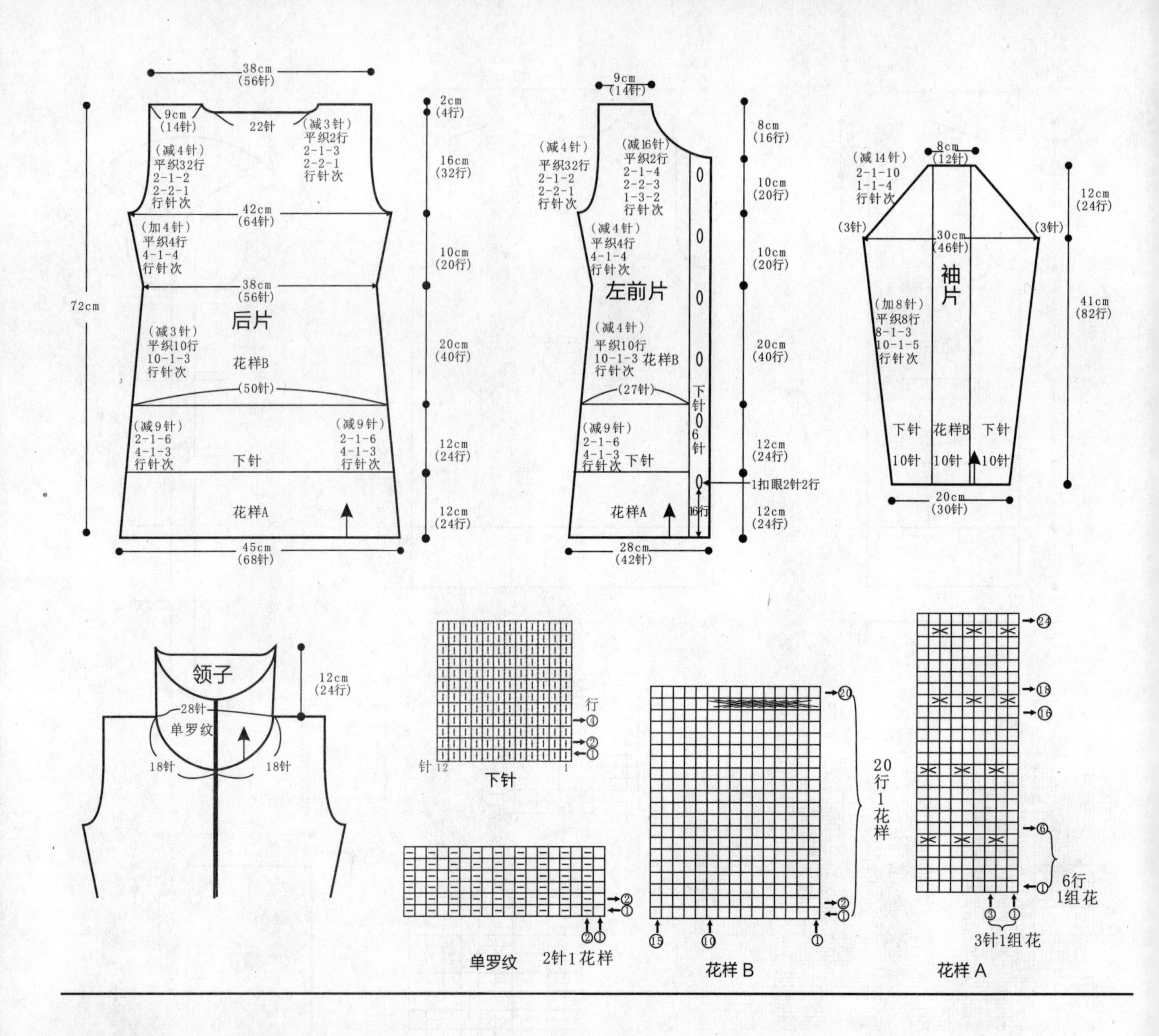

087

【成品尺寸】衣长 76cm 胸围 84cm 袖长 59cm

【工具】10 号棒针

【材料】蓝色时装线 750g

【密度】10cm^2：15 针 ×20 行

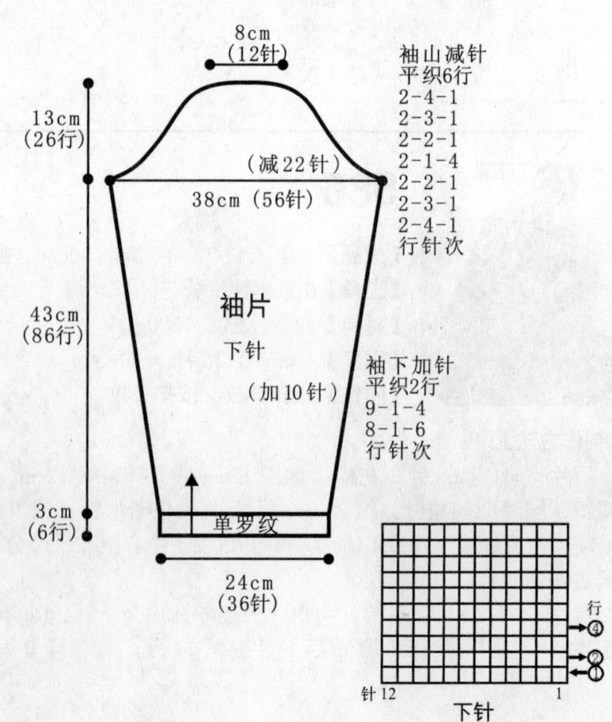

【制作方法】

1. 后片：起 64 针，单罗纹织 3cm，改下针编织，同时减针，织 27cm 后加针织 27cm，开袖窿，按图示减针，织 19cm 后收针。
2. 前片：左前片：起 34 针，单罗纹织 3cm，改下针编织，同时减针，织 27cm 后加针织 27cm，开袖窿织 10cm 后开领口，减针方法见图，织 9cm 后收针，用相同方法织出另一片前片。
3. 袖片：起 36 针，单罗纹织 3cm，改下针编织，同时加针，织 43cm 后减针，减针方法见图，织 13cm 后收针，用相同方法织出另一片袖片。
4. 将两片前片与后片缝合；两片袖片袖下缝合；袖片与身片缝合。
5. 领：挑 76 针，按花样编织 10cm 后收针。

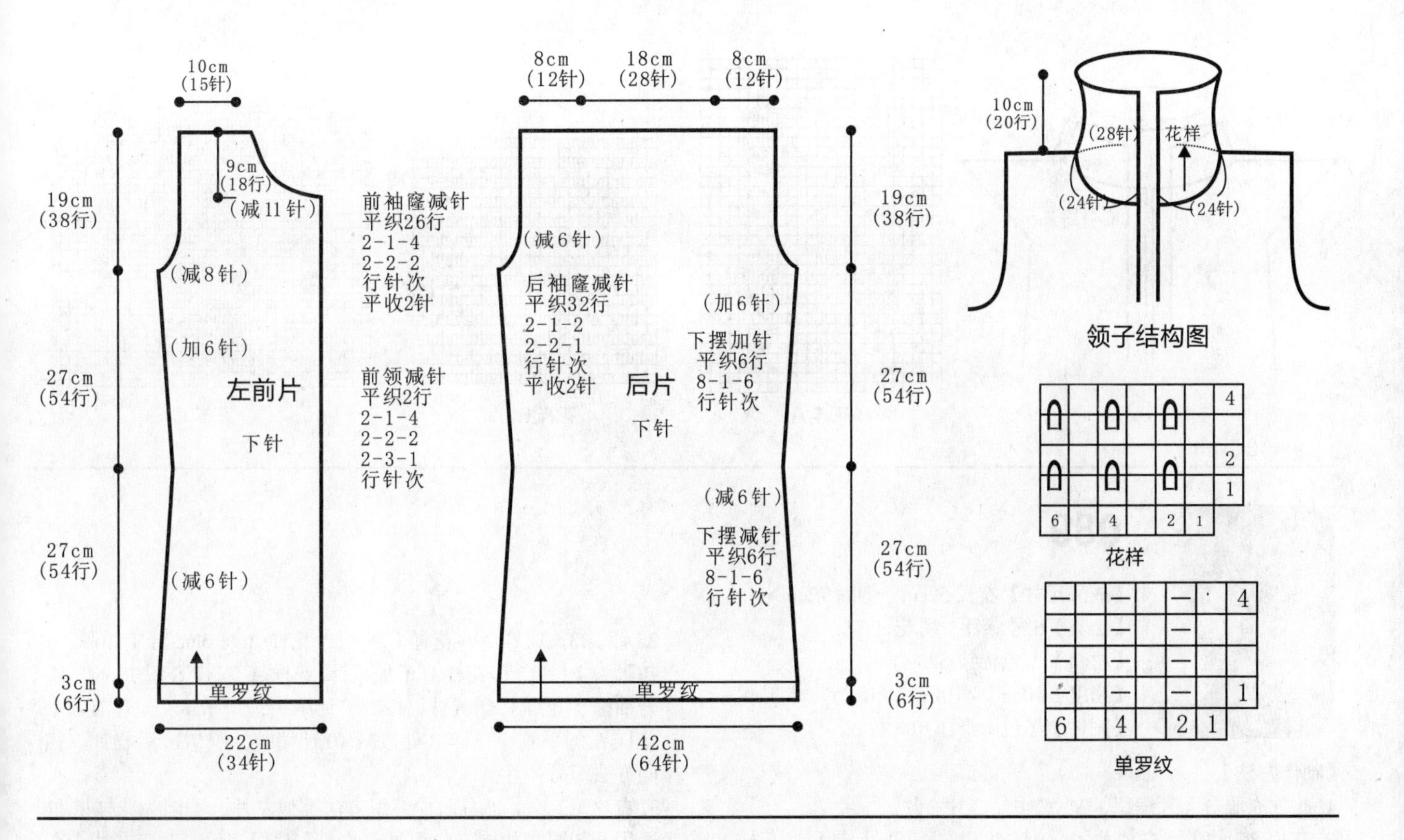

088

【成品尺寸】衣长 41cm　胸围 52cm

【工具】10 号棒针

【材料】湖蓝色羊毛线 400g

【密度】$10cm^2$ ：18 针 ×28 行

【制作方法】

1. 前片：分左、右 2 片编织。左前片：起 36 针，织 3cm 花样 B 后，改织花样 A，两边留 8 针继续织花样 B，侧缝减 4 针，方法是：按 12–1–4 减针，织至 24cm 时，袖窿侧平收 4 针后，开始进行袖窿加针，方法是：按 2–1–20 加针。同时在距离袖窿 4cm 处，平收 8 针后进行领窝减针，方法是：按 2–3–2、2–2–3、2–1–2 减针到织至肩部余 30 针。同样方法织右前片。

2. 后片：起 70 针，织 3cm 花样 B 后，改织花样 C，两边各留 8 针继续织花样 B，侧缝与前片一样减针，再织 24cm 时，两边进行袖窿加针，方法与前片袖窿一样，同时在距离袖窿 12cm 处进行领窝减针，中间平收 22 针后，两边减针，方法是：按 2–1–3 减针，织至两边肩部余 30 针。

3. 将前、后片的肩部、侧缝全部对应缝合。

4. 领圈边挑 64 针，织 32 行花样 B。编织完成。

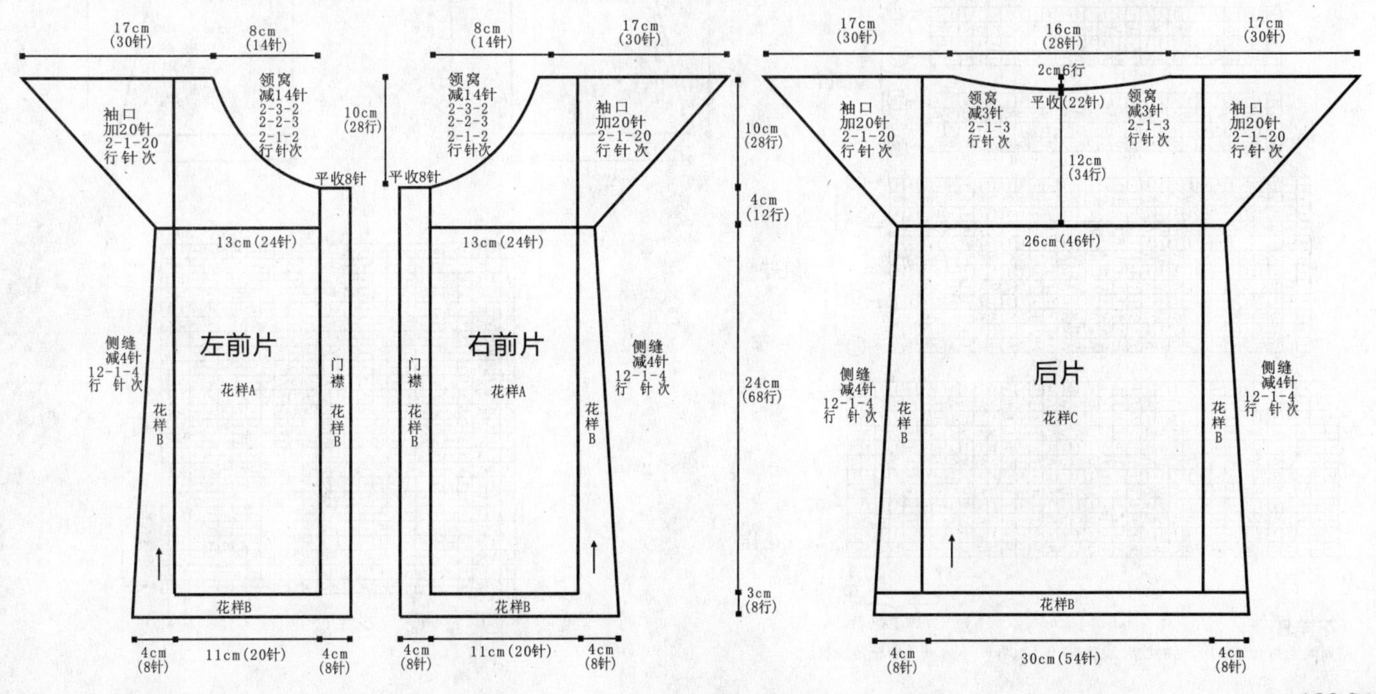

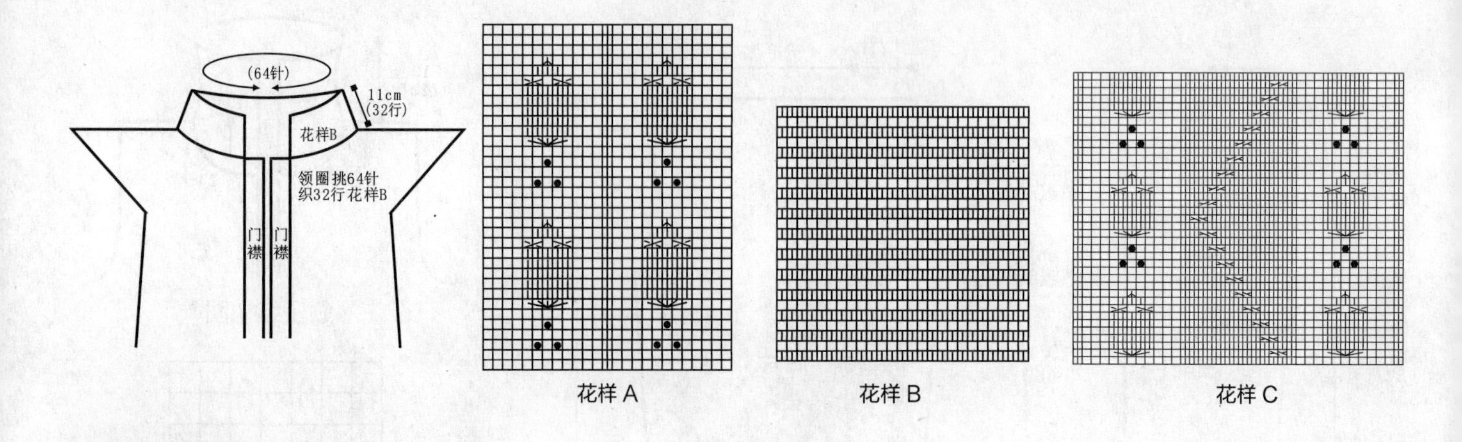

089

【成品尺寸】衣长 52cm 胸围 72cm
【工具】6 号棒针 绣花针
【材料】白色棉线 320g
【密度】$10cm^2$ ：14 针 ×18 行
【附件】黑色圆形纽扣 3 枚

【制作方法】

1. 此款衣服分 4 片编织，2 片左片、2 片右片。
2. 左片（2 片）：左前片：(1) 起 40 针。 (2) 花样 A、 花样 B 编织，注意花样 A 不加减针。花样 B 织 24cm，参照花样 B 每 3 组花样减 5 针，减 2 次，共减去 10 针，即花样 B 织至 40 行时为 25 针。(3) 花样 A、花样 C 编织：花样 A 每 5cm 开 1 扣眼，1 扣眼为 1 针 2 行，花样 C 不加减针，花样 A、花样 C 织 12cm。(4) 开袖窿：花样 C 侧减针，按减 5 针编织，织 9cm。⑤开前领：花样 A 侧平收，花样 B 处按减 10 针编织，织 7cm 后收针。相同方法织另一片。
3. 右片（2 片）：右前片编织方法类似左片，不同为花样 A 处不用开扣眼。相同方法织另一片。右片织完后，对应左片，在相应位置缝上 3 枚纽扣。
4. 缝合：将 4 片肩部、腋下对齐缝合。

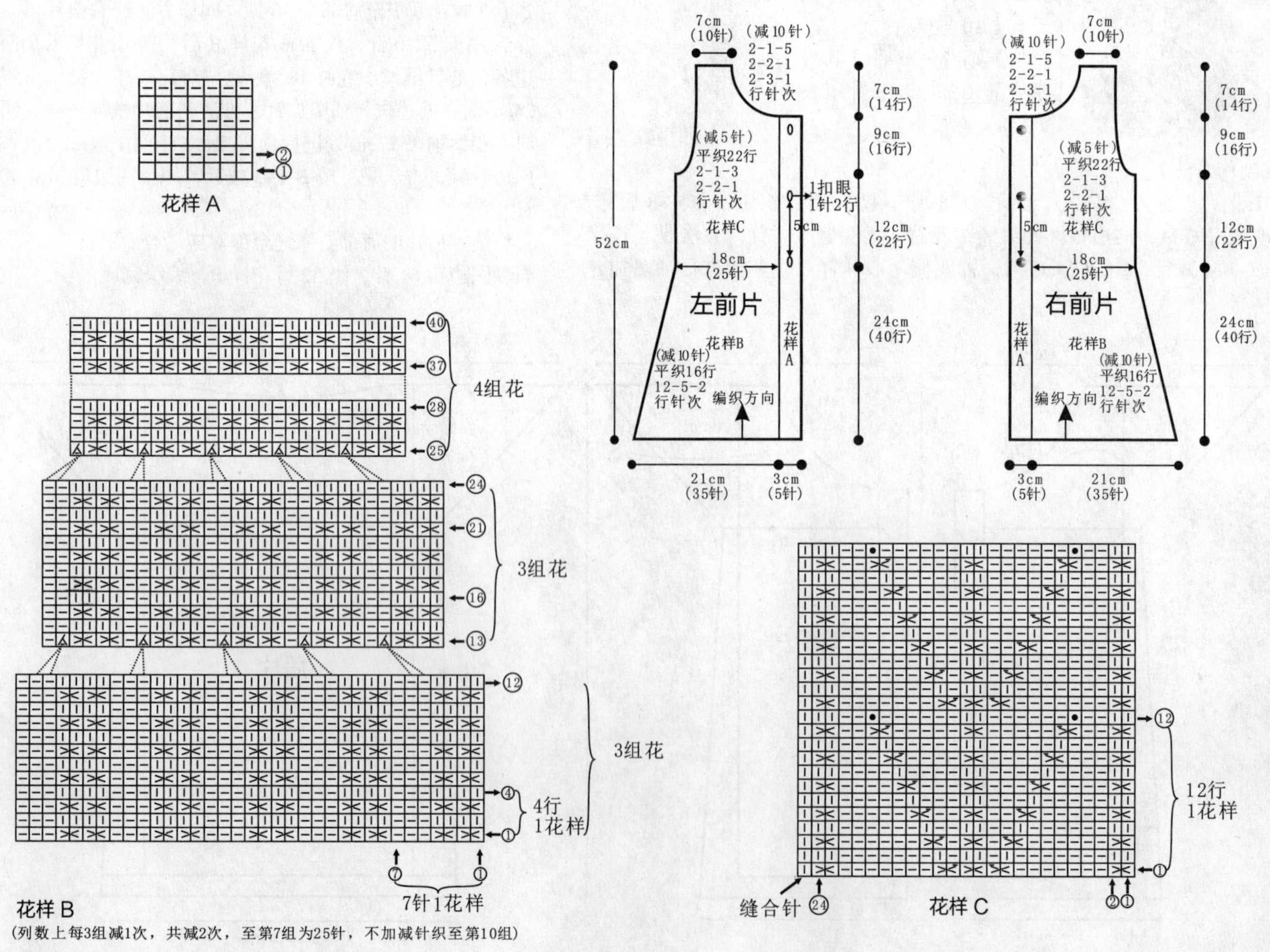

090

【成品尺寸】衣长 65cm　胸围 80cm　袖长 53cm
【工具】10 号棒针
【材料】深蓝色羊毛线 600g
【密度】10cm²：22 针 ×32 行

【制作方法】

1. 前片：分左、右 2 片编织。左前片：起 62 针，织 5cm 花样 B 后，改织花样 A，侧缝减 6 针，方法是：按 22-1-4 减针，同时在 18cm 处，中间平收 32 针，内袋另织好，起 32 针，织 18cm 全下针，与原织片合并，继续编织，口袋下部与前片缝合。织至 20cm 时两边平收 4 针后，开始进行袖窿减针，方法是：按 2-3-1、2-2-2、2-1-1 减针。同时在距离袖窿 5cm 处，平收 12 针后进行领窝减针，方法是：按 2-3-3、2-2-3、2-1-3 减针，织 13cm 至肩部余 14 针。同样方法织右前片。

2. 后片：起 124 针，织 5cm 花样 B 后，改织花样 A，侧缝与前片一样加减针，再织 42cm 时，两边平收 4 针，开始进行袖窿减针，减针方法与前片袖窿一样，同时在距离袖窿 16cm 处进行领窝减针，中间平收 30 针后，两边减针，方法是：按 2-2-3 减针，织至两边肩部余 14 针。

3. 袖片（2 片）：起 56 针，织 5cm 花样 B 后，改织花样 A，袖下按图示加针，方法是：按 16-1-7 加针，织至 37cm 时，两边各平收 4 针后。进行袖山减针，方法是：按 2-4-1、2-3-2、2-2-7 减针，至顶部余 14 针。同样方法织另一袖。

4. 将前、后片的肩部、侧缝、袖片全部对应缝合。

5. 领圈边挑 92 针，织 16 行花样 B。编织完成。

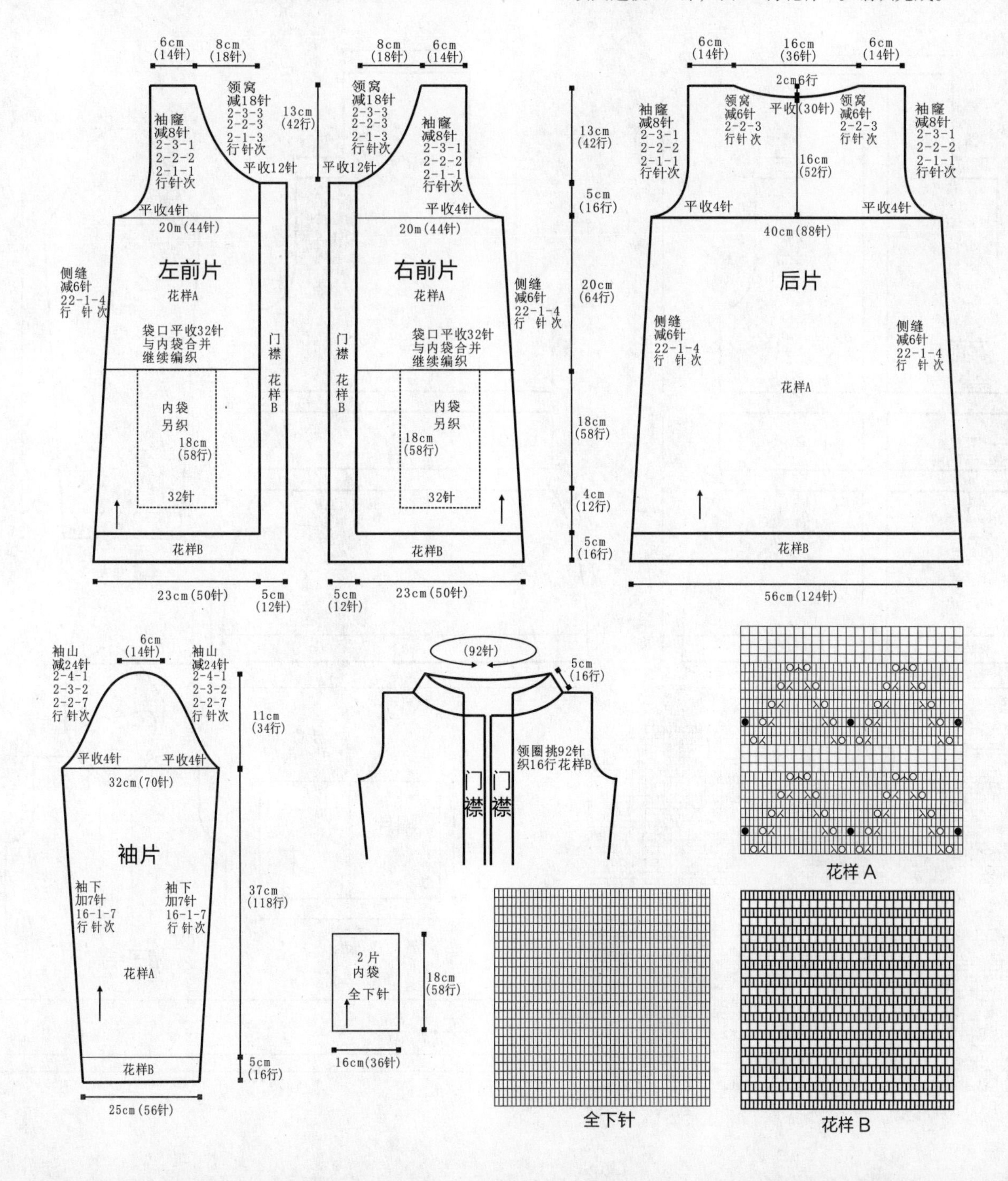

091

【成品尺寸】衣长 82cm　胸围 88cm　袖长 53cm
【工具】10 号棒针　绣花针
【材料】深蓝色羊毛线 600g
【密度】10cm^2：22 针 ×32 行
【附件】纽扣 5 枚

【制作方法】

1. 左前片：分上、中、下 3 片编织。上片：起 48 针，织花样 A，侧缝不用加减针，织 8cm 时，开始袖窿以上编织，先平收 4 针，然后进行袖窿减针，方法是：按 2-3-1、2-2-2、2-1-1 减针，不加不减织 18cm 至肩部，肩部平收 14 针，余 22 针不用收针待用。中片：织一个横向的长方形，起 14 针，织 22cm 花样 C。下片：起 62 针，先织 6cm 单罗纹后，改织 24cm 全下针，收针断线。把上中下片按图缝合，注意下片要打皱褶。同样方法编织右前片。
2. 后片：分上、中、下 3 片编织。上片：起 96 针，织花样 B，侧缝不用加减针，织至 8cm 时，开始袖窿以上的编织，先两边各平收 4 针，然后进行袖窿减针，方法与前片袖窿一样，不加不减织 18cm 至肩部，两边肩部平收 14 针，中间余 44 针不用收针待用。中片：织一个横向的长方形，起 14 针，织 44cm 花样 C。下片：起 124 针，先织 6cm 单罗纹后，改织 24cm 全下针，收针断线。把上、中、下 3 片按图缝合，注意缝合时下片要打皱褶。
3. 袖片（2 片）：起 56 针，织 6cm 单罗纹后，改织全下针，袖下按图示加针，方法是：按 16-1-7 加针，织至 36cm 时，两边各平收 4 针后进行袖山减针，方法是：按 2-4-1、2-3-2、2-2-7 减针，至顶部余 14 针。同样方法织另一袖。
4. 将前后片的肩部、侧缝、袖片全部对应缝合。
5. 把前、后片领圈边待用的针数共 88 针，合并编织 18cm 花样 B，帽边 A 与 B 缝合，形成帽子。
6. 两边门襟至帽檐另织好，起 8 针，织 164cm，左边门襟均匀开纽扣孔，与衣服门襟缝合。
7. 缝上纽扣，编织完成。

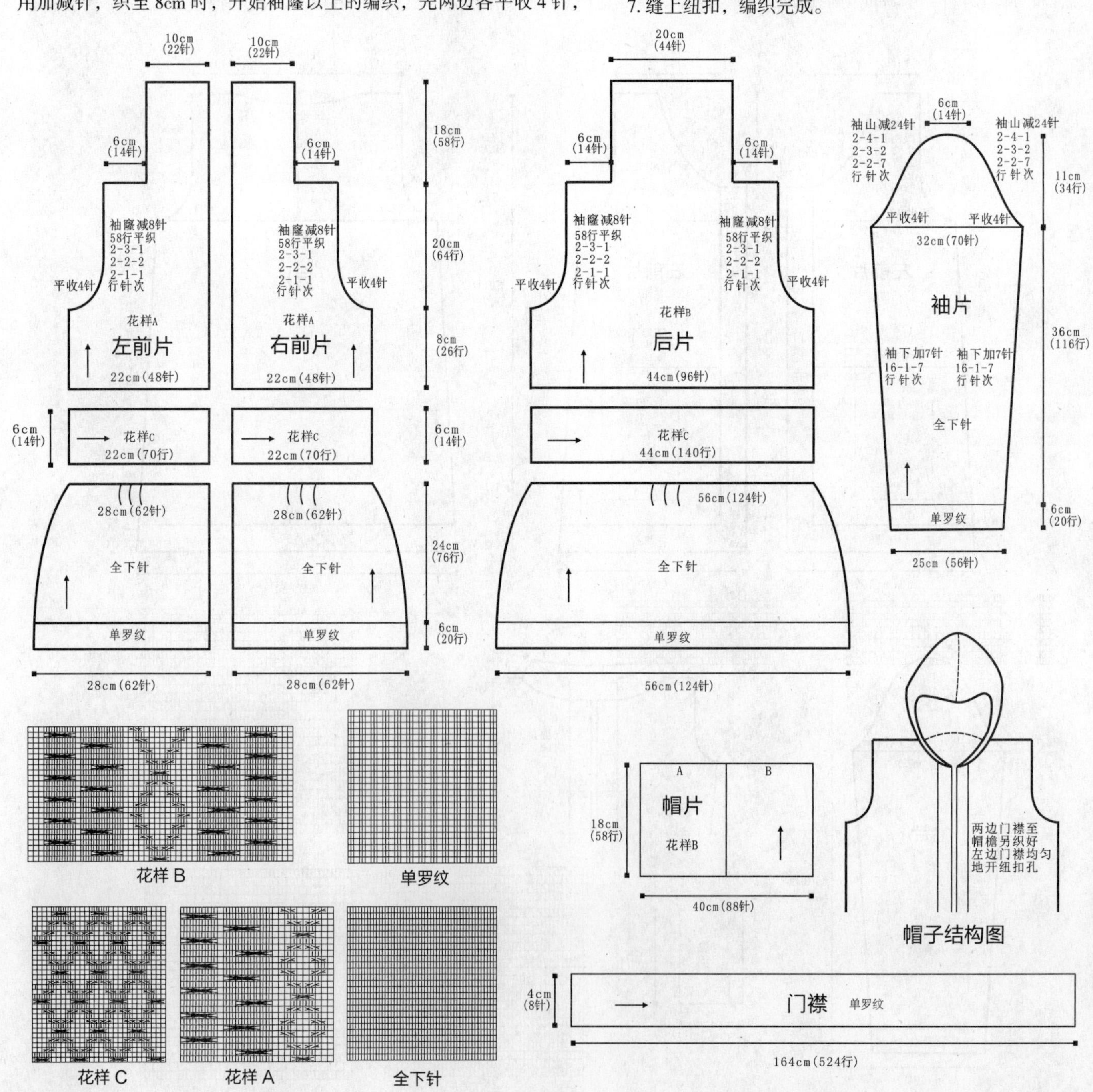

092

【成品尺寸】衣长 74cm　胸围 96cm

【工具】7 号棒针　8 号棒针　小号钩针

【材料】白色毛线 500g

【密度】10cm² ：24 针 ×30 行

【制作方法】

1. 起 8 针织花样 A，放到 34 针，再收到 24 针，.1 针放 1 针变成 48 针，1 针隔 1 针分别放在 2 根针上，各织 8cm 后合并，再 1 针放 1 针开始织花样 B。
2. 按图解织花样 B，最后 3 行开始留袖洞。
3. 按图解织花样 C。
4. 另一半跟这一半织法相反，放出的针都为收针，织到最后 8 针收针。
5. 按边缘图解钩织花边。

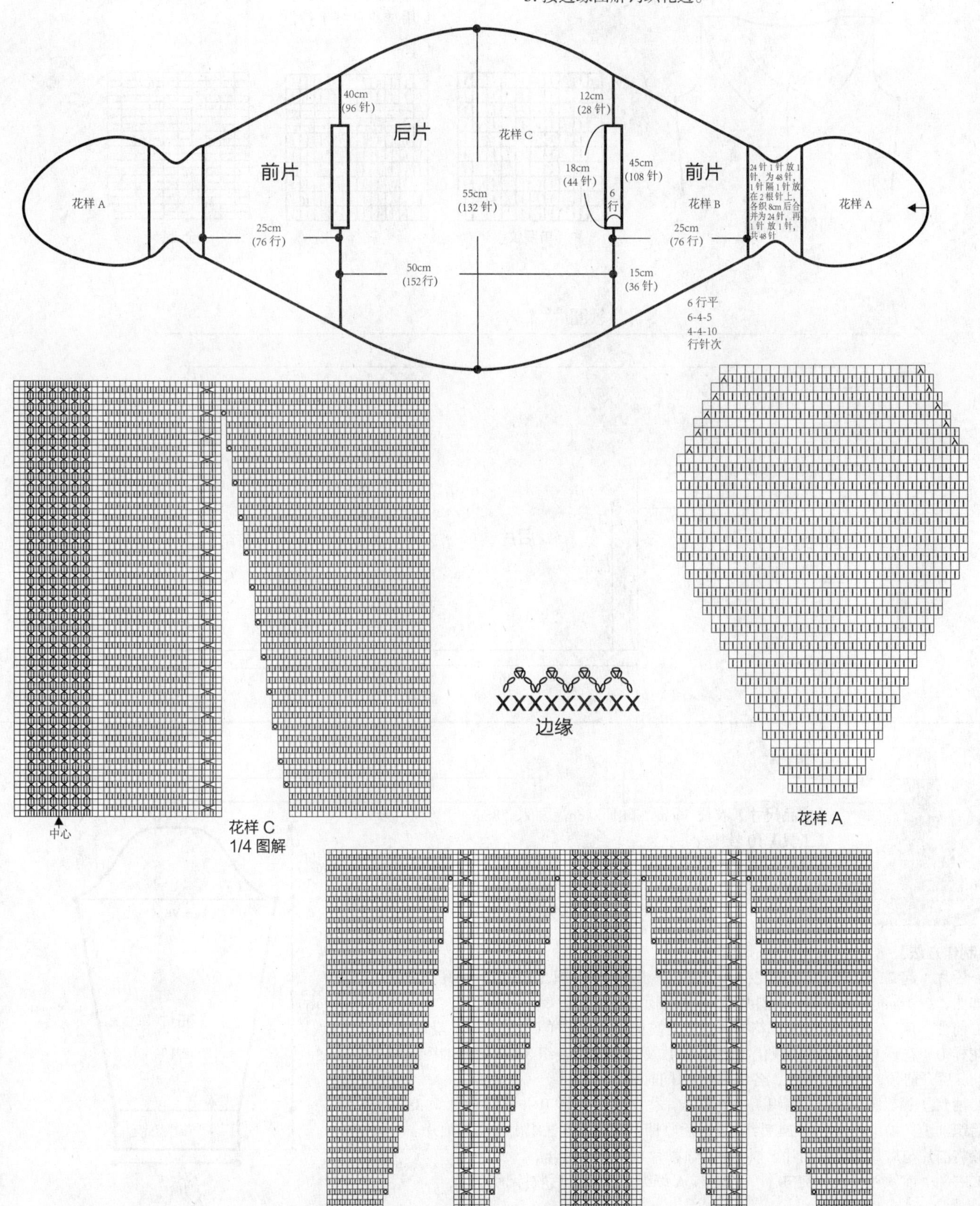

093

【成品尺寸】衣长 45cm　胸围 76cm　袖长 28cm

【工具】10 号棒针　绣花针

【材料】灰色羊毛线 500g

【密度】10cm² ：22 针 ×32 行

【附件】拉链 1 条

【制作方法】

1. 本款是横织毛衣，先从左前片门襟织起，起 70 针，织花样，第 1 次织一个来回，第 2 次留 5 针不织，再返回织，第 3 次留 38 针不织，再返回织，以后按这个规律编织，同时按图开领窝，织 19cm 左前片后，侧缝分针织左袖，织 38cm 后片，再分针织右袖，用同样方法继续织右前片。
2. 侧缝 A 与 B 缝合、C 与 D 缝合，袖口挑 62 针，织 5cm 全上针。
3. 领圈挑 124 针，织 10cm 单罗纹形成翻领。
4. 用绣花针缝上拉链。

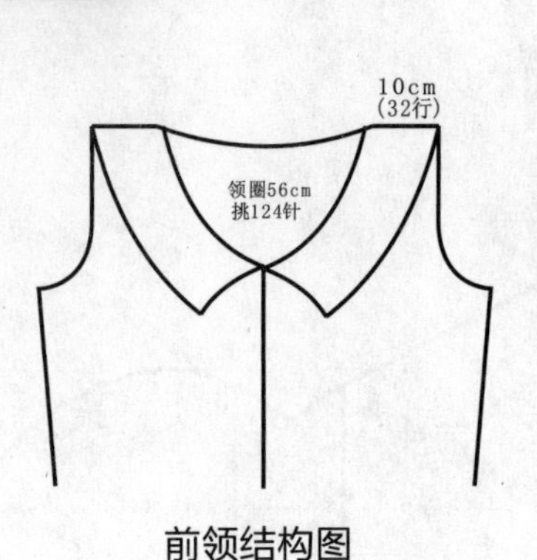

前领结构图

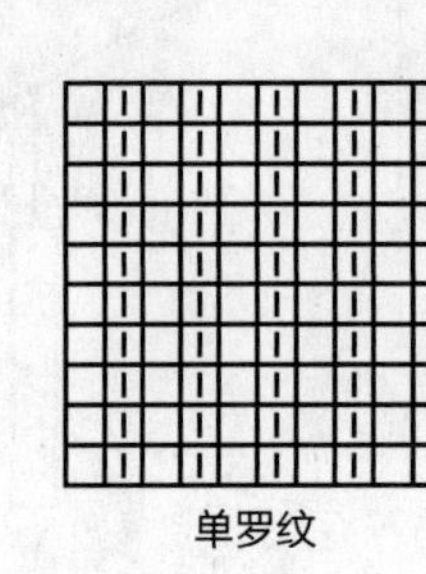
单罗纹

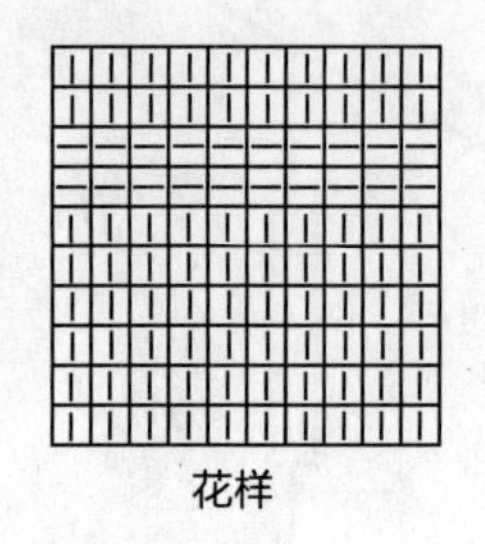
花样

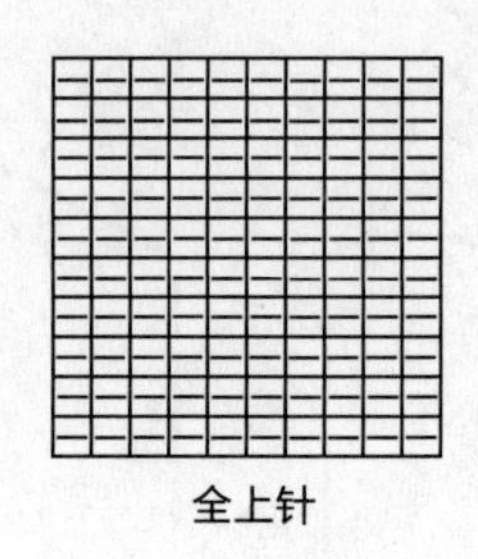
全上针

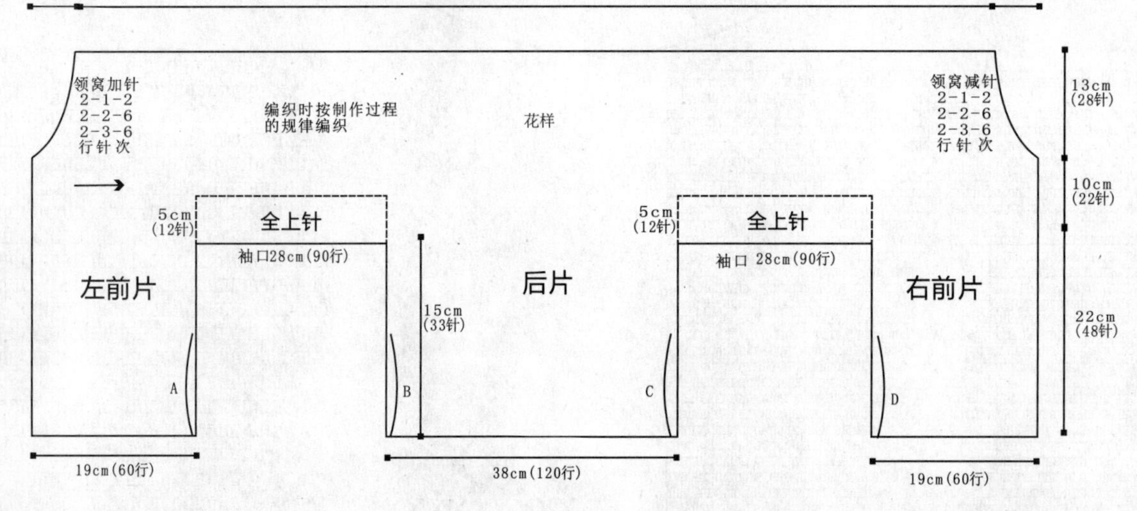

094

【成品尺寸】衣长 56cm　胸围 84cm　袖长 58cm

【工具】10 号棒针

【材料】橘黄色棉线 600g

【密度】10cm² ：16 针 ×24 行

【制作方法】

1. 后片：起 72 针，编织 7cm 花样 A，往上编织花样 B，织 31cm 后开袖窿，减针如图，织 15cm 后织肩斜，肩斜共 3cm，按图示减针。
2. 前片：起 72 针，编织 7cm 花样 A，往上按花样 B、花样 C、花样 D、花样 E、花样 D、花样 C、花样 B 的顺序编织，针数及花样见图，织 31cm 后开袖窿，织 8cm 后开前领，分两边编织，各织 10cm，同时减针后收针。
3. 袖片：锁针起 40 针，编织 7cm 花样 A，往上编织花样 B 并同时加针织 38cm 后织袖山，袖山两边各减 24 针织 13cm 后收针，用相同方法织出另一片袖片。
4. 将前片与后片缝合；袖片、袖下缝合；袖片与身片相缝合。
5. 衣领：前领和后领共挑 70 针，按花样 A 编织，织 4cm 后收针。

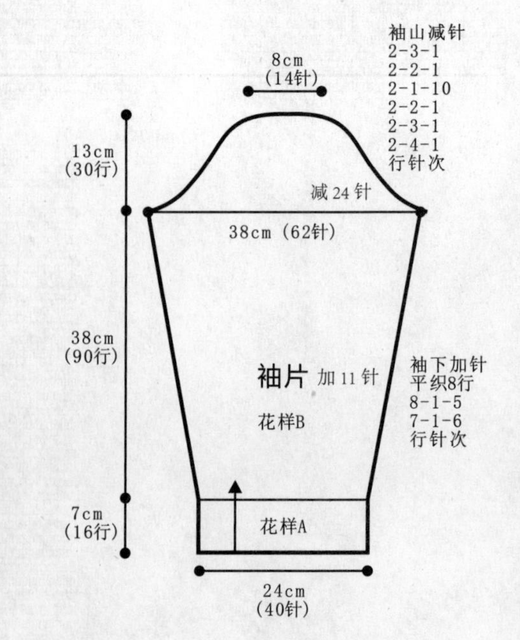

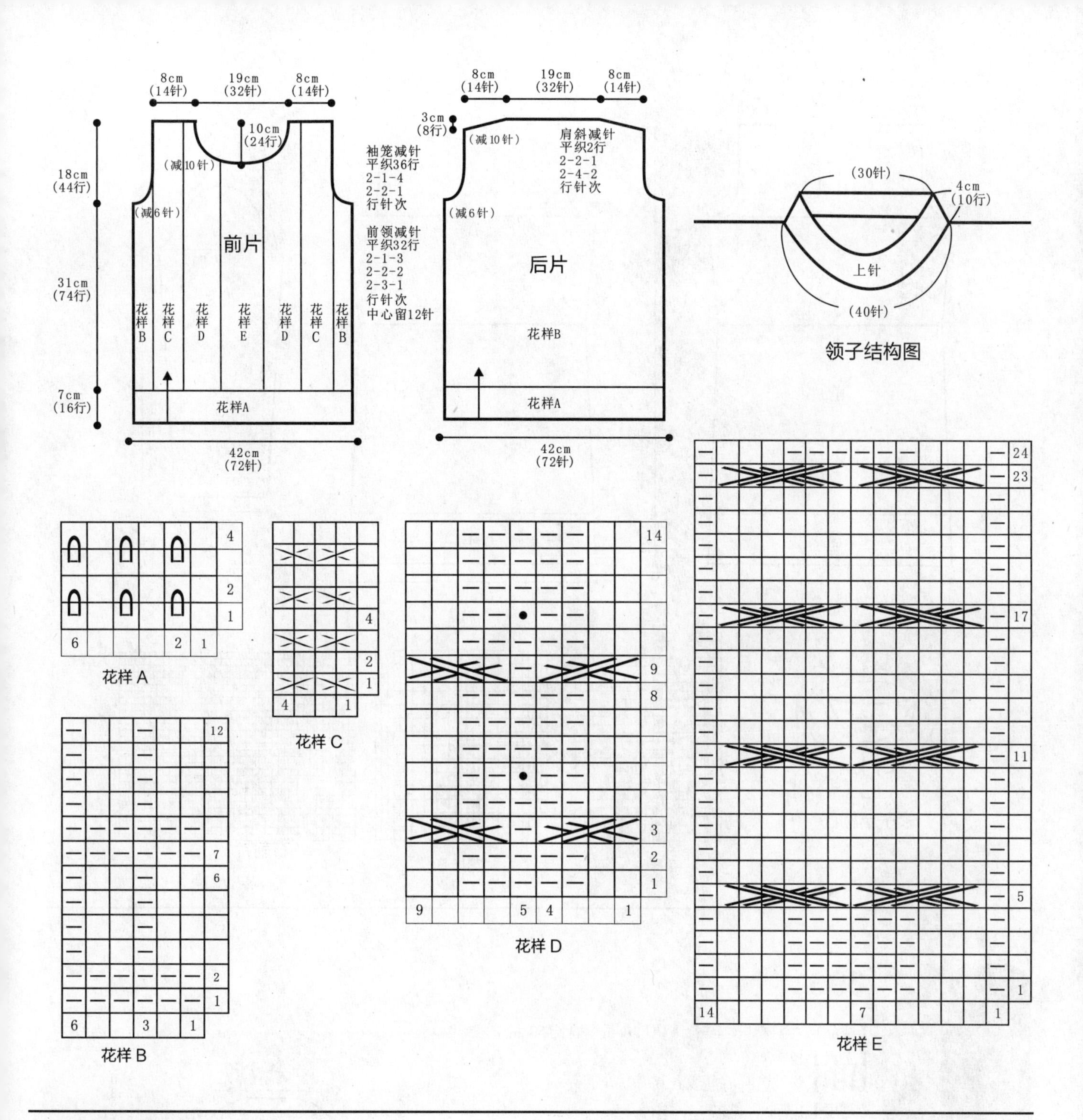

095

【成品尺寸】衣长 65cm　胸围 96cm　袖长 53cm

【工具】10 号棒针

【材料】红色羊毛线 600g

【密度】10cm^2 ：25 针 ×36 行

【制作方法】

1. 前片：按图示起 120 针，织 10cm 花样 B 后，改织花样 A，侧缝按图减针，织至 22cm 时加针，形成收腰，再织 15cm 时留袖窿，在两边同时各平收 5 针，然后按图示收成袖窿，同时前领窝中间平收 16 针，分 2 片编织，织至 10cm 时收领窝。

2. 后片：织法与前片一样，只是袖窿织 16.5cm 时，才留领窝。

3. 袖片：按图起 62 针，织花样 C，袖下加针，织至 42cm 时两边同时平收 5 针，并按图收成袖山，用同样方法编织另一袖片。

4. 将前片、后片的肩部、侧缝、袖片缝合。

5. 领圈挑 114 针，织 12cm 花样 B 形成翻领。

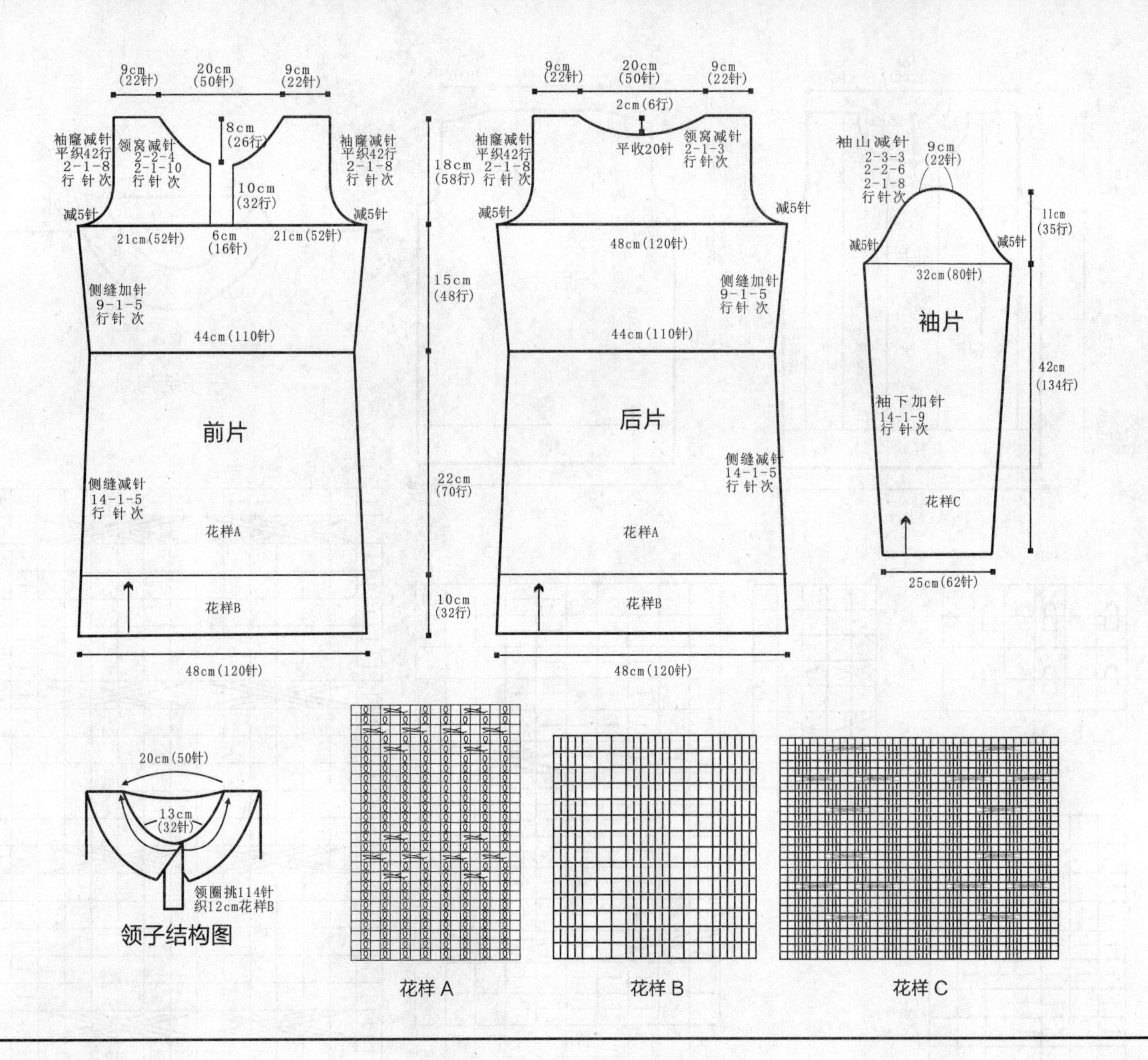

096

【成品尺寸】衣长 74cm　胸围 80cm　袖长 50cm

【工具】12 号棒针

【材料】紫红色马海毛线 650g

【密度】$10cm^2$：28 针 ×33 行

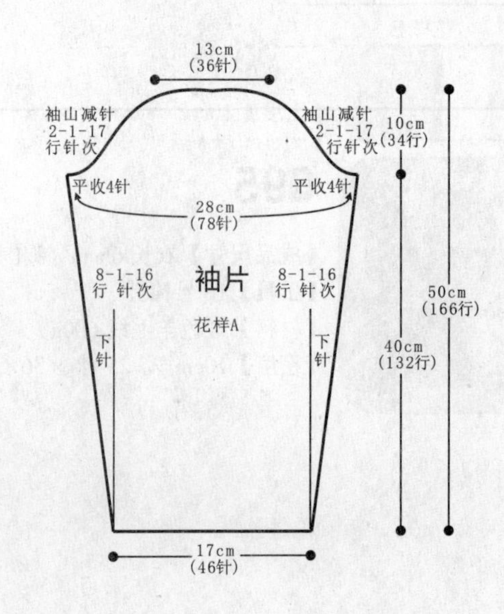

【制作方法】

1. 后片：起 110 针，织花样 A，织 37cm 的高度，改织双罗纹，织至 44cm，改织上针，织至 51cm，两侧各平收 4 针，然后按 2–1–6 的方法减针织成袖窿，织至 72cm，中间平收 44 针，两侧按 2–1–3 的方法后领减针，最后两肩部各余下 20 针，后片共织 74cm 长。

2. 前片：起 110 针，织花样 A，织 37cm 的高度，改织双罗纹，织至 44cm，改为花样 B、花样 C 与上针组合编织，织至 51cm，两侧各平收 4 针，然后按 2–1–6 的方法减针织成袖窿，织至 62cm，中间平收 20 针，两侧按 2–2–3、2–1–9 的方法前领减针，最后两肩部各余下 20 针，前片共织 74cm 长。

3. 袖片：起 46 针，织花样 A，一边织一边按 8–1–16 的方法两侧加针，加起的针数织下针，织至 40cm 的高度，两侧各平收 4 针，然后按 2–1–17 的方法袖山减针，袖片共织 50cm 长，最后余下 36 针。袖底缝合。

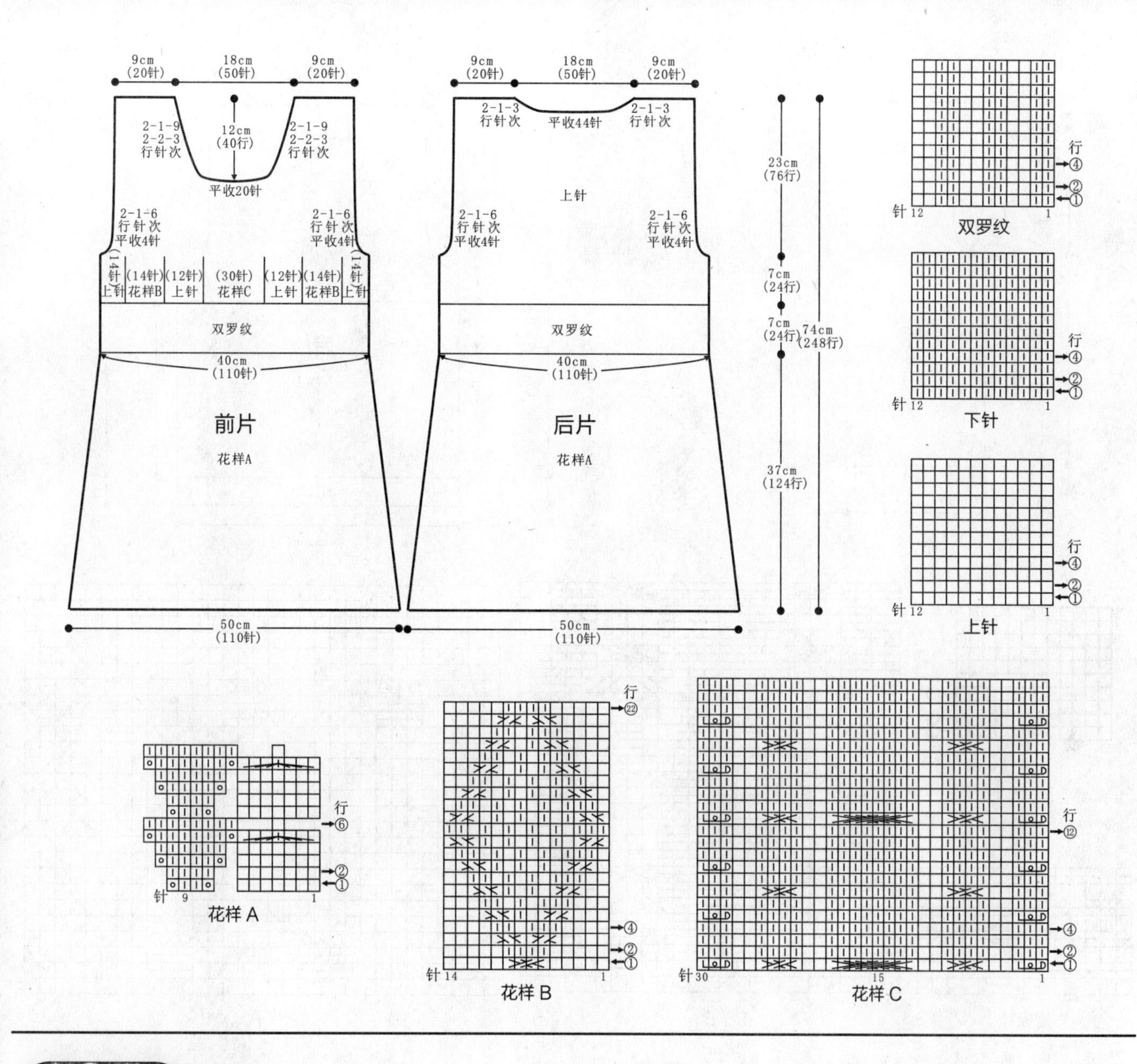

097

【成品尺寸】衣长 60cm　胸围 92cm　袖长 55cm

【工具】8 号棒针　绣花针

【材料】红色毛线 700g

【密度】10cm^2：24 针 ×26 行

【附件】纽扣 8 枚

【制作方法】

1. 后片：起 96 针，织 3cm 搓板针后，换织花样 A，不加不减织 30cm，这时均匀加针到 108 针，编织花样 B，织 6cm 到腋下，然后开始袖窿减针，织至衣长最后 2cm 时，后领减针，肩留 22 针，待用。

2. 前片分 2 片，用 8 号棒针起 51 针（其中 6 针为门襟），织 3cm 搓板针后，换织花样 A，不加不减织 30cm，这时均匀加针到 51 针（不包括门襟针数），编织花样 B，织 6cm 到腋下，然后开始袖窿减针，减针方法如图，织至最后 7cm，进行领口减针，如图，肩留 22 针，待用，用同样的方法织好另一片前片。

3. 袖片：8 号棒针起 52 针，织 3cm 搓板针后，换织花样 A，按图示进行袖下加针，织 32cm 后，换织花样 B，织 6cm 到腋下，然后按图进行袖山减针，减针完毕，袖山形成，用同样的方法织好另一只袖子。

4. 领口挑织搓板针 3cm。

5. 前后片反面用下针缝合，分别合并侧缝线和袖下线，并缝合袖子。

6. 用绣花针缝上纽扣。

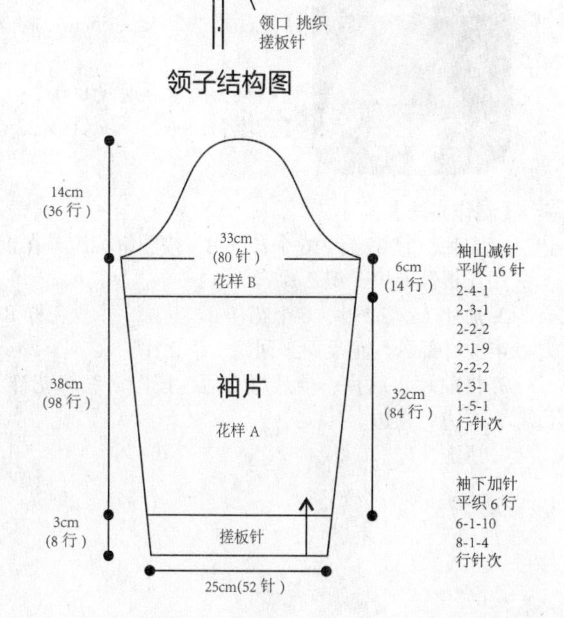

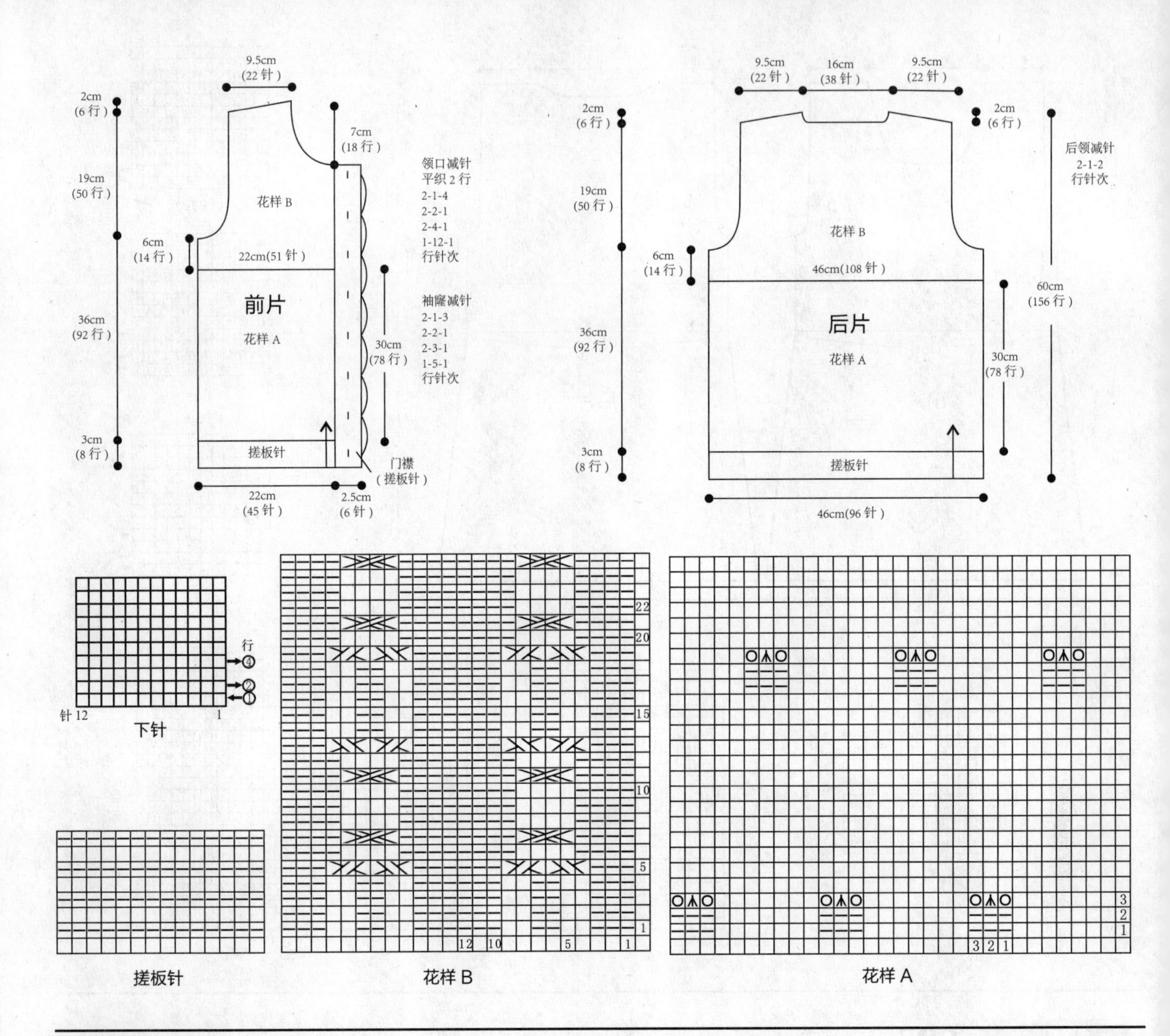

098

【成品尺寸】衣长 55cm　胸围 84cm

【工具】7 号棒针

【材料】淡紫色毛线 800g

【密度】$10cm^2$：17 针 ×22 行

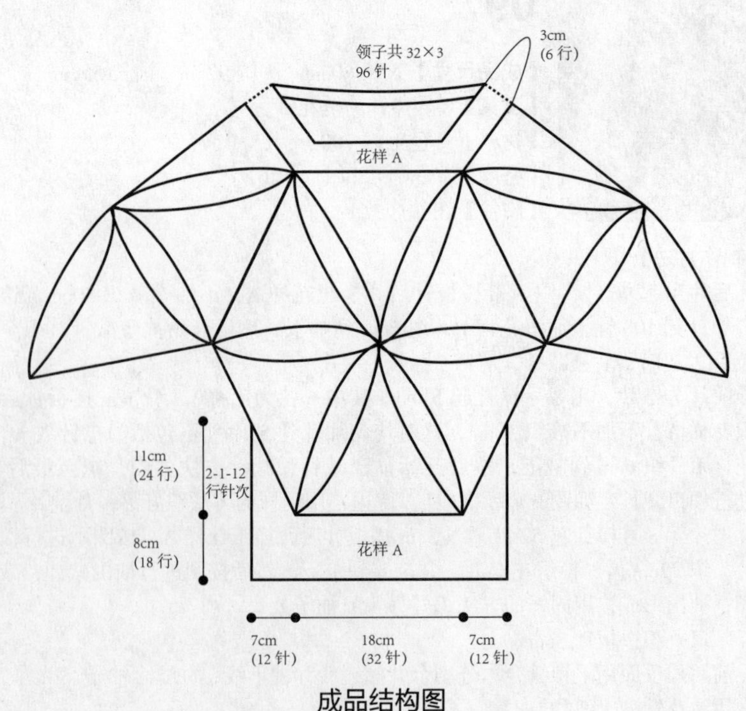

成品结构图

【制作方法】

1. 衣片：起 32 针，6 个花样 B，按图解编织，在正面用 5 根针圈织，织 2 片。

2. 袖片：起 32 针，6 个花样 B，其中 1 个少花样 B 右半放针部分，正反面来回织，织 2 片。

3. 将前片、后片、袖片缝合后，按图解编织花样 A，织衣边、领边。

4. 清洗整理。

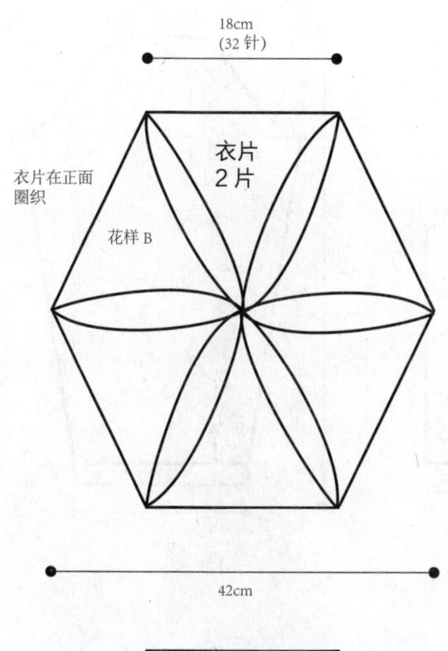

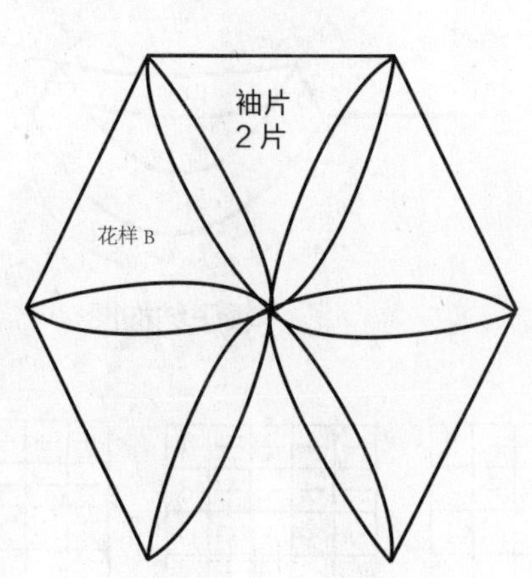

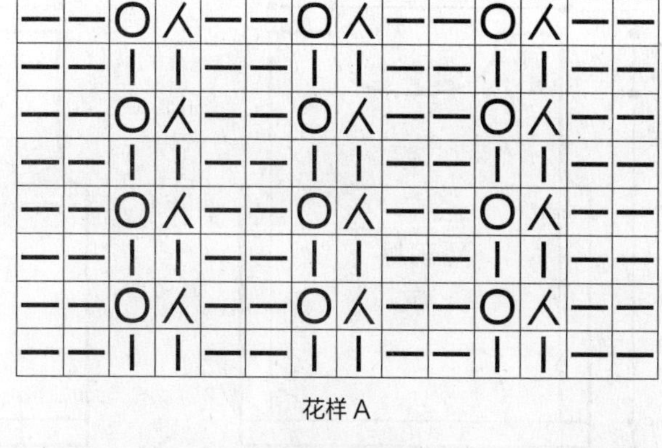
花样 A

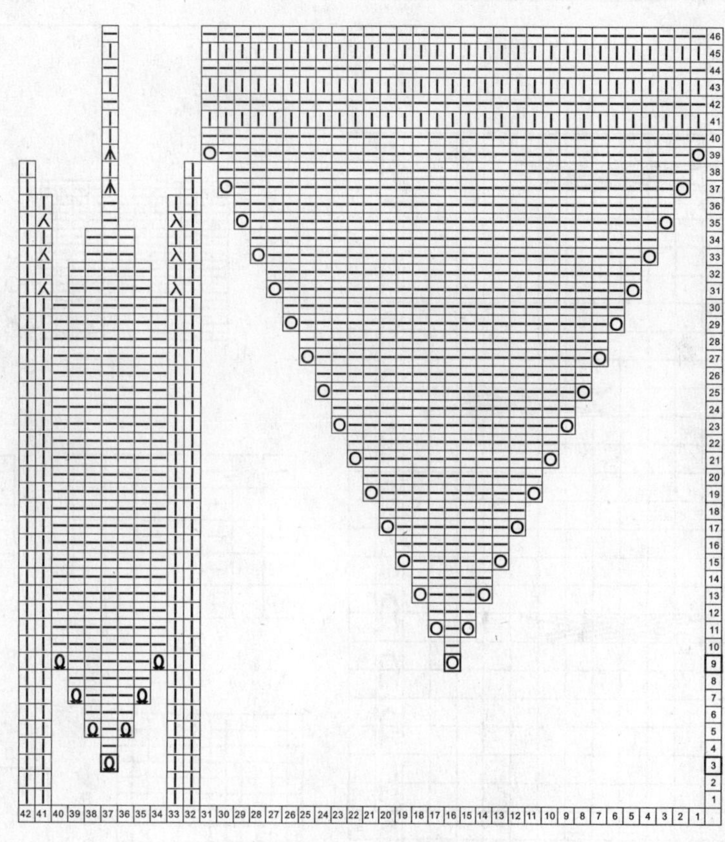
花样 B

099

【成品尺寸】衣长 48cm　胸围 84cm　袖长 52cm
【工具】10 号棒针
【材料】浅黄色中粗棉线 650g
【密度】10cm^2 ：11 针 ×18 行

【制作方法】

1. 前片：起 48 针，织单罗纹 3cm 后，按 4 针上针、3 组花样 A、4 针上针的顺序编织，织 27cm 后开袖窿，减针方法如图，织 11cm 后开领窝，分片编织，中心留 10 针，两边各减 6 针。
2. 后片：类似前片，不同为后片不用开领，开袖窿后直接织 18cm 收针。
3. 袖片：起 26 针，织单罗纹 3cm 后，编织花样 B，同时加针织 36cm，往上织袖山，袖山减针如图，织 13cm 后收针，用相同方法织出另一片袖片。
4. 将两片袖片、袖下缝合；前片与后片肩部、腋下缝合；袖片与身片缝合。
5. 领子：共挑 52 针后，织单罗纹 3cm 后收针。

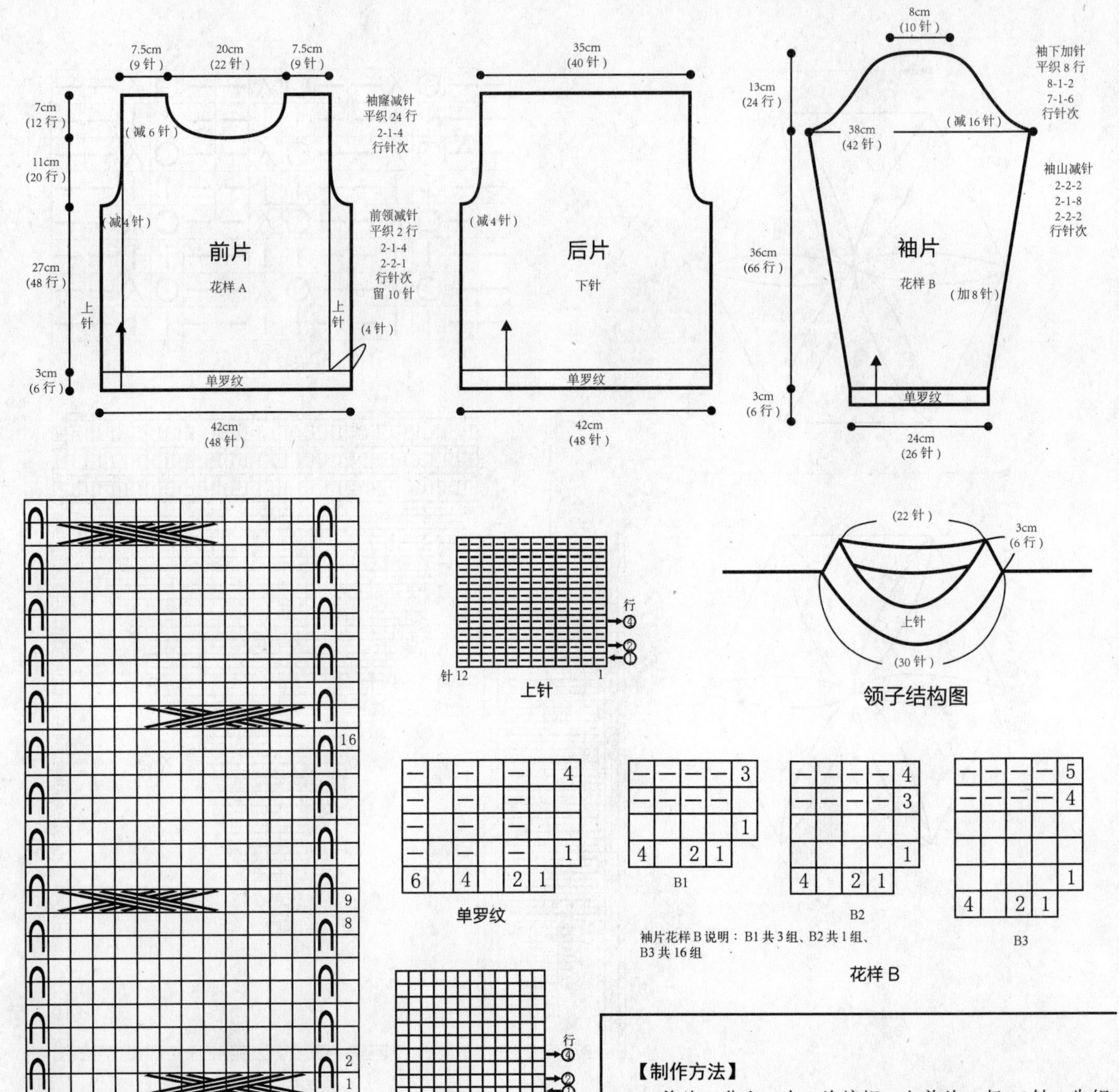

【制作方法】

1. 前片：分左、右2片编织。左前片：起46针，先织7cm双罗纹后，改织花样A，门襟8针织花样B，再织9cm时，进行插肩袖窿减针，方法是：按8-2-3、10-2-3、12-2-4减针，不用开领窝，织29cm至顶部余26针，门襟留10针不用收针待用。同样方法反方向编织右前片。
2. 后片：按图起76针，先织7cm双罗纹后，改织花样A，织9cm时，进行两边插肩袖窿减针，方法与前片插肩袖窿一样，不用开领窝，织29cm至肩部余36针。
3. 袖片：按图起70针，先织5cm双罗纹后，改织花样A，织12行时进行插肩袖山减针，方法是：按8-2-3、10-2-3、12-2-4减针，织29cm至顶部余30针。同样方法编织另一袖。
4. 将前、后片的肩部、侧缝与袖片全部对应缝合。
5. 领圈边挑118针（包括两边门襟留待用的8针），织12行花样B，形成开襟立领。
6. 缝上纽扣。毛衣编织完成。

100

【成品尺寸】 衣长45cm　胸围76cm　袖长40cm

【工具】 10号棒针　绣花针

【材料】 红色纯羊毛线400g

【密度】 $10cm^2$：20针×28行

【附件】 纽扣5枚

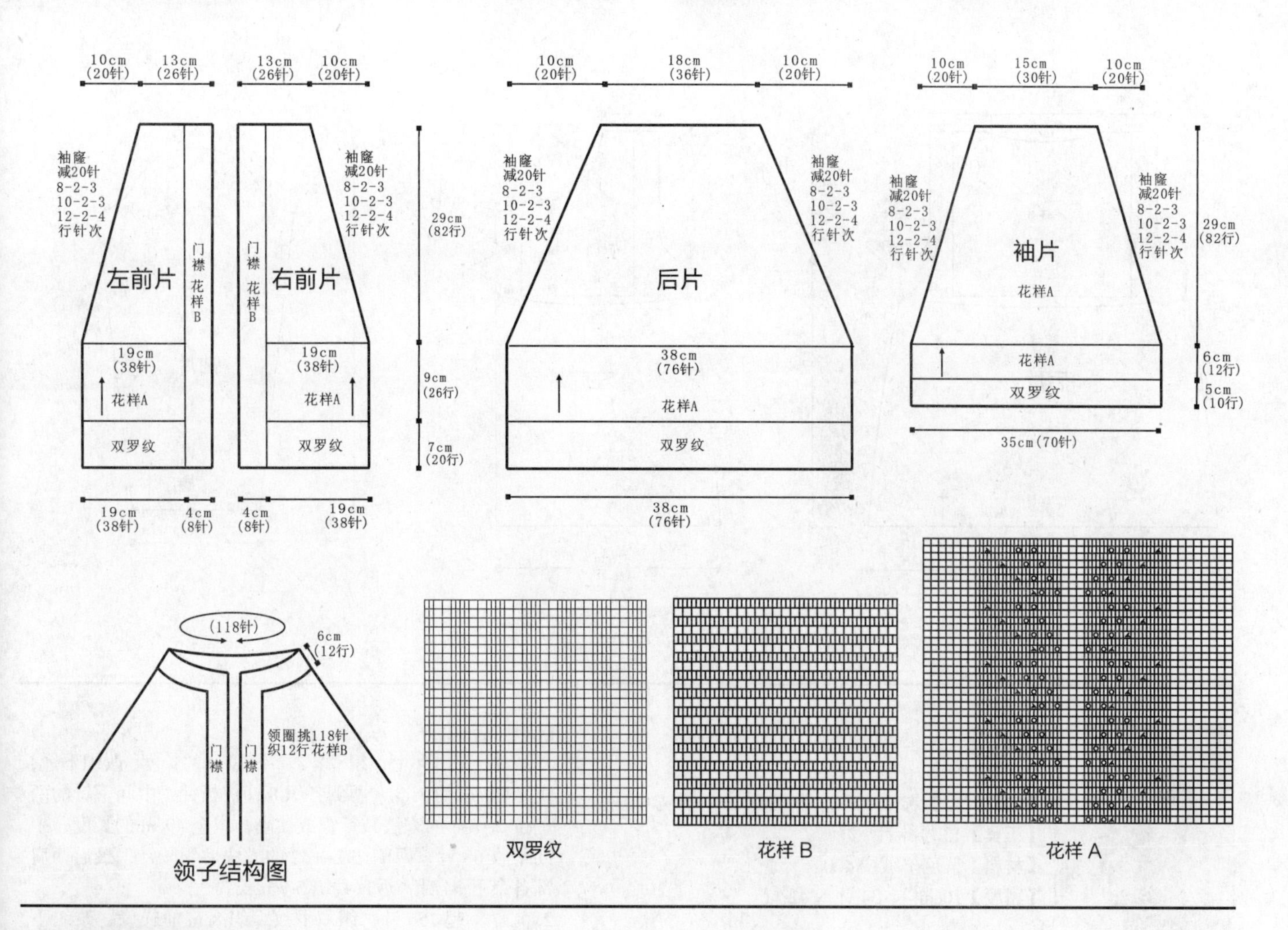

101

【成品尺寸】衣长 60cm　胸围 90cm　袖长 55cm

【工具】7 号棒针　绣花针

【材料】蓝色粗毛线 600g

【密度】$10cm^2$：9 针 ×28 行

【附件】纽扣 6 枚

【制作方法】

1. 后片：向上编织，起 104 针编织 35cm 花样 A，然后 1 次减针至 86 针，按图示编织 14 行花样 B 开挂肩及后领窝。
2. 左前片：向上编织，起 68 针编织 35cm 花样 A，然后 1 次减针至 58 针编织 5cm 花样 B，按结构图所示开挂肩及前领部分，此款衣服不另外编织门襟，要注意留出扣眼位置。
3. 袖片：袖口起 44 针向上编织 45cm 花样 A，按结构图所示均匀加针，袖山减针，断线。用同样方法再完成另一片袖片。
4. 衣领起 76 针编织 10cm 花样 A。
5. 将前片与后片及袖片和衣领沿边对应相应位置缝实，钉上纽扣。

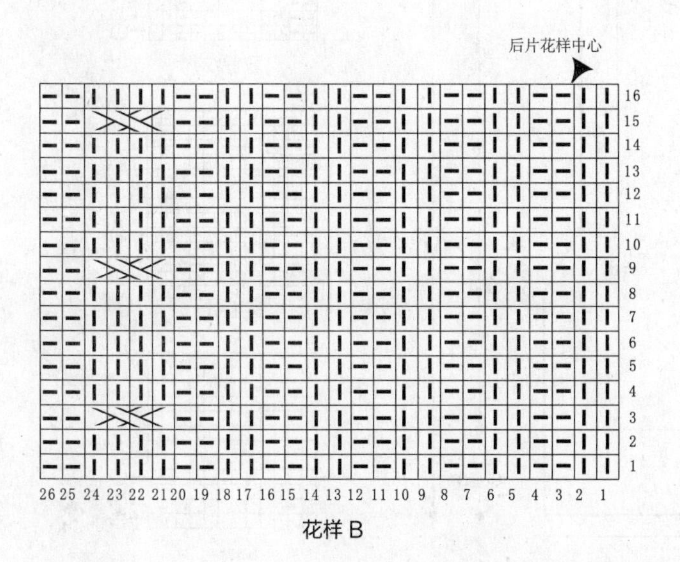

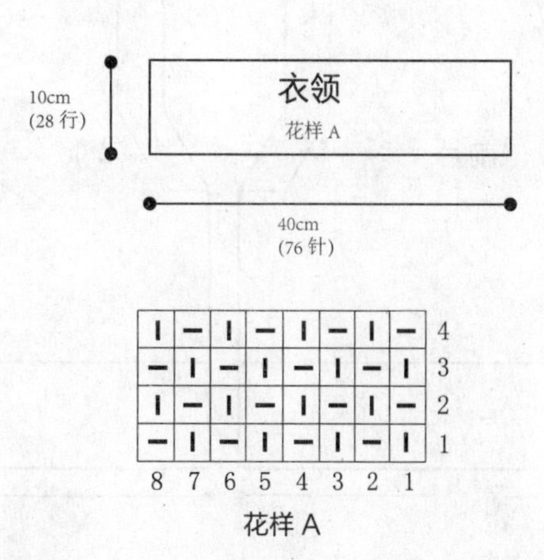

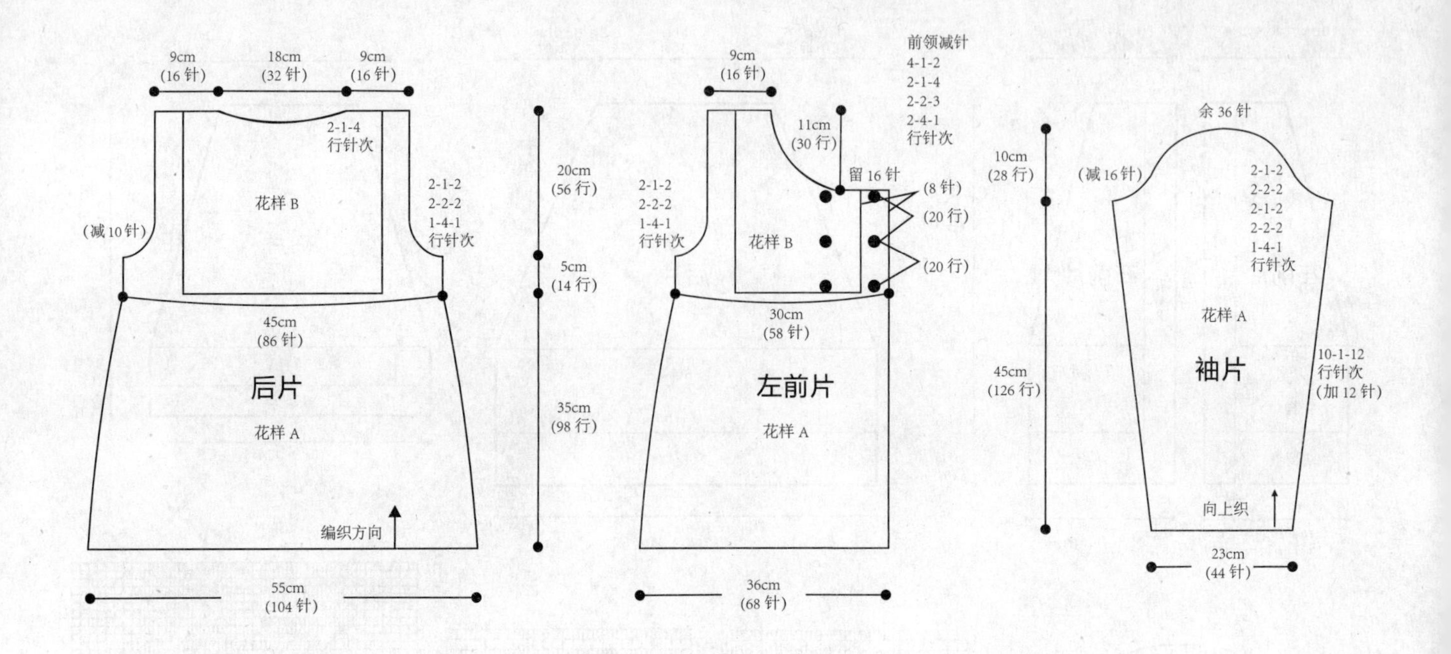

102

【成品尺寸】衣长 50cm　胸围 92cm　肩宽 41cm

【工具】13 号棒针

【材料】蓝色羊绒线 400g

【密度】10cm^2：34 针 ×42 行

【制作方法】

1. 后片：起 156 针，织双罗纹，织 8cm 的长度，改织下针，织至 20cm 的长度，两侧各织 8 针搓板针，中间下针的两侧按 2-1-8 的方法减针织成袖窿，织至 49cm 的长度，中间平收 68 针，两侧按 2-1-2 的方法后领减针，最后两肩部各余下 34 针，后片共织 50cm 长。

2. 前片：起 156 针，织双罗纹，织 8cm 的长度，改织下针，织至 20cm 的长度，两侧各织 8 针搓板针，中间下针的两侧按 2-1-8 的方法减针织成袖窿，织至 45cm 的长度，中间平收 44 针，两侧按 2-2-5、2-1-4 的方法前领减针，最后两肩部各余下 34 针，前片共织 50cm 长。

3. 领片：沿领圈挑起 154 针，织下针，织 4cm 的长度。

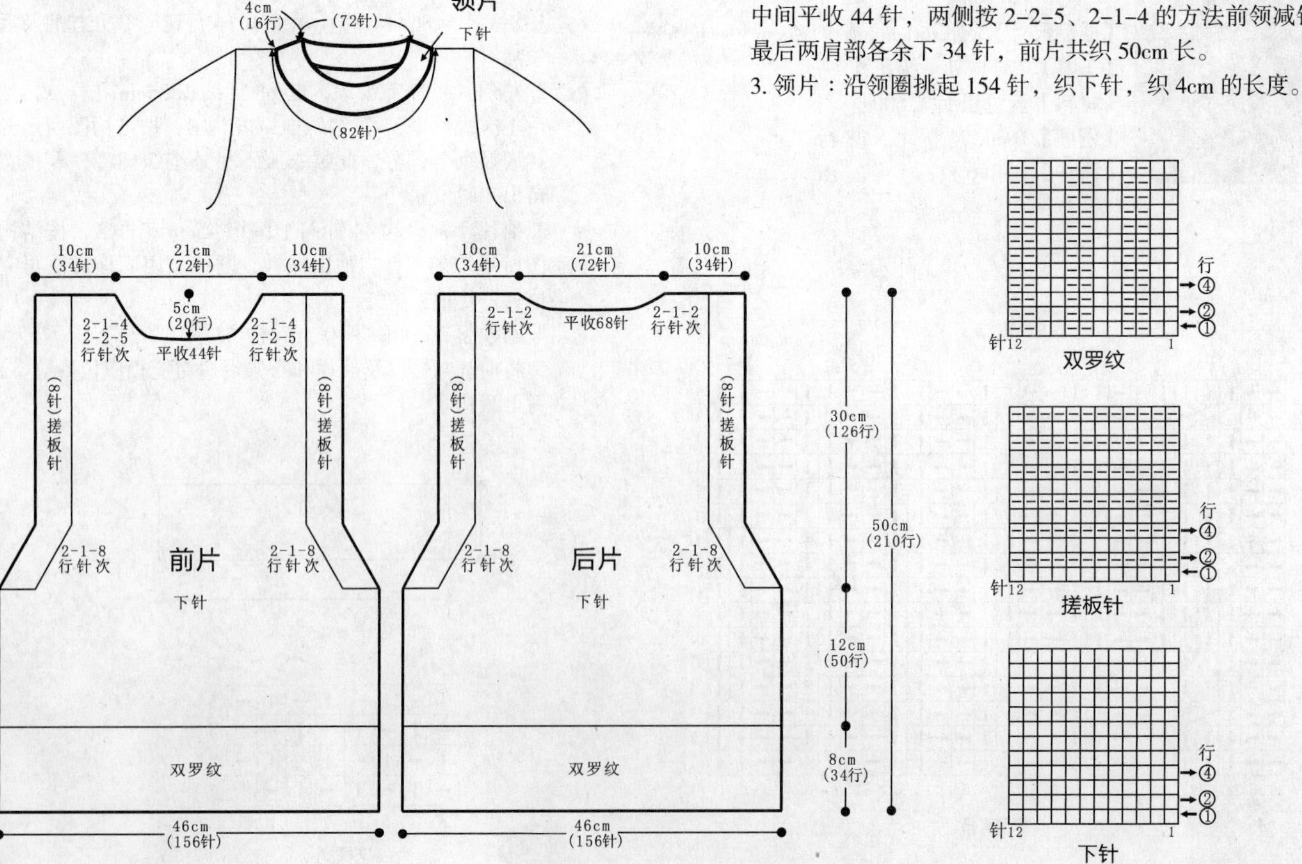

103

【成品尺寸】衣长 51cm 胸围 88cm 袖长 15cm

【工具】6 号棒针

【材料】蓝色毛线 700g

【密度】10cm^2：15 针 ×23 行

【制作方法】

1. 此衣为横织衣，从门襟处开始织，织到 23cm 处，花样 C 停织，花样 B 继续织 15cm 为右袖片，同时加 8 针花样 A 为袖口边，花样 B 和花样 C 合起来织后片。后片织 44cm 后，花样 C 停织，花样 B 继续织 15cm 为左袖片，同时加 8 针为袖口边，花样 B 和花样 C 合起织左前片。左前片与右前片织法相同。
2. 按图挑领编织。

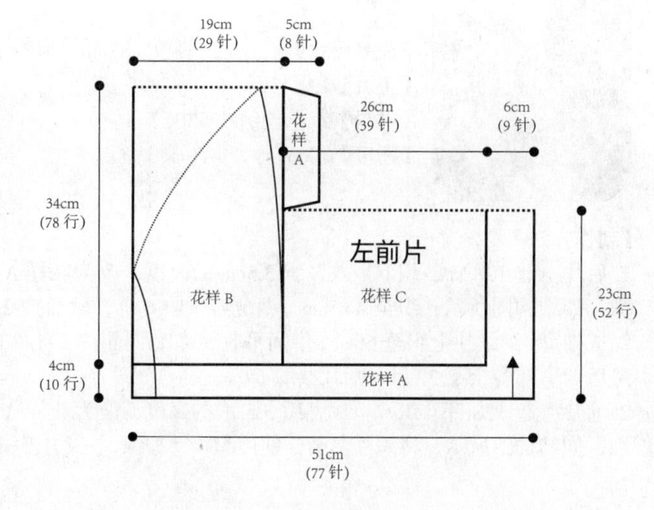

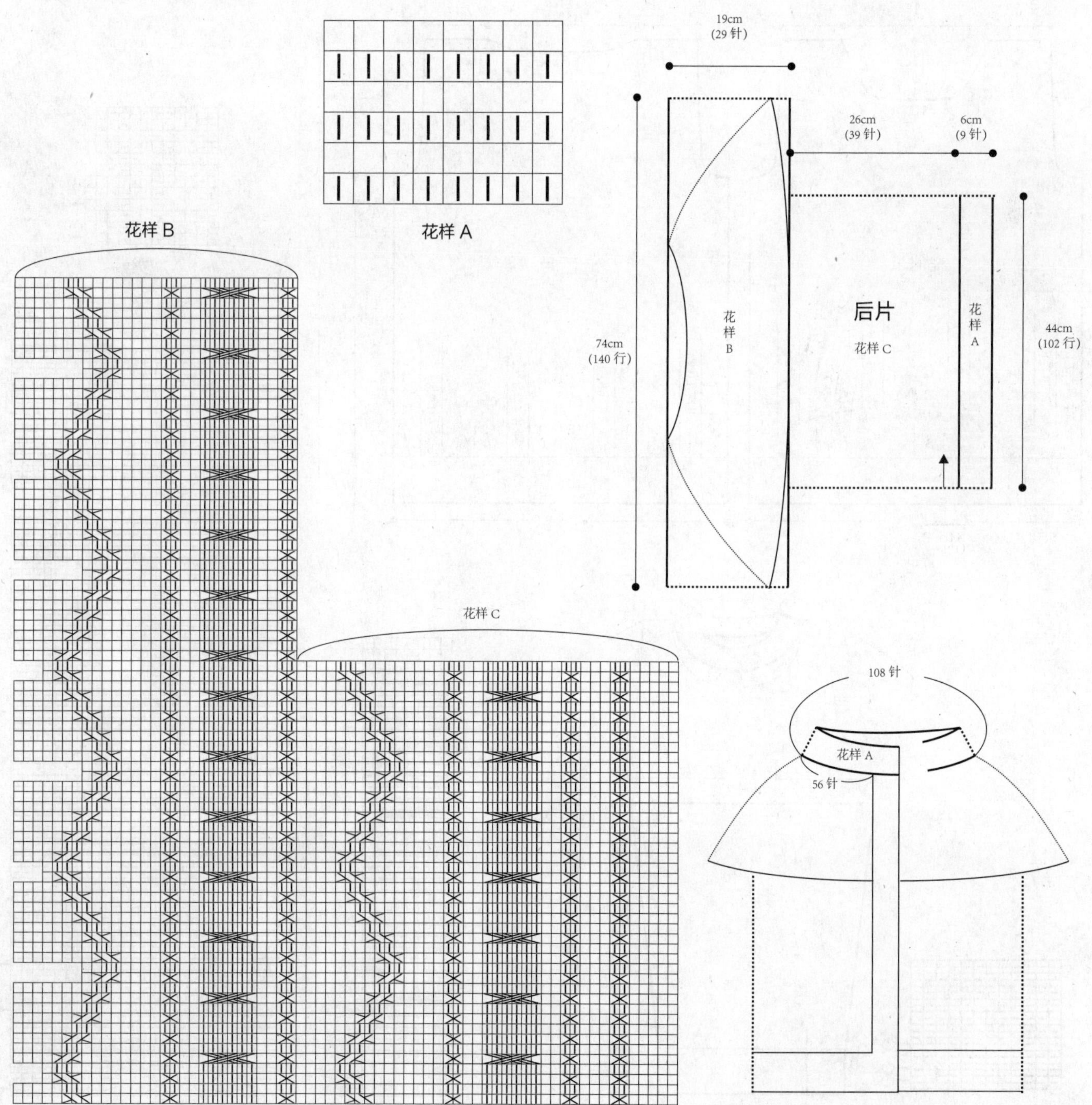

104

【成品尺寸】长 67cm　胸围 88cm　肩宽 36cm　袖长 40cm
【工具】12 号棒针
【材料】紫色长绒线 550g
【密度】$10cm^2$ ：29 针 ×33 行

【制作方法】

1. 后片：起 128 针，织双罗纹，织 3.5cm 的高度，改为花样 A 与花样 B 组合编织，如结构图所示，织至 44.5cm，两侧各平收 6 针，然后按 2-1-6 的方法减针织成袖窿，继续往上织至 66cm，中间平收 36 针，两侧按 2-1-2 的方法后领减针，最后两肩部各余下 32 针，后片共织 67cm 长。

2. 前片：起 128 针，织双罗纹，织 3.5cm 的高度，改为花样 A 与花样 B 组合编织，如结构图所示，将织片两端分别挑起 4 针编织，一边织一边向中间挑加针，加针方法为 2-1-4、2-2-6，织 6cm 后，将中间 88 针同时挑起编织，织至 44.5cm，两侧各平收 6 针，然后接 2-1-6 的方法减针织成袖窿，继续往上织至 50cm，中间平收 12 针，两侧按 2-2-3、2-1-8 的方法前领减针，最后两肩部各余下 32 针，前片共织 67cm 长。

3. 袖片（2 片）：起 74 针，织双罗纹，织 3.5cm 的高度，改为上针编织，如结构图所示，一边织一边按 8-1-15 的方法两侧加针，织至 40cm 的高度，织片变成 104 针，袖片共织 40cm 长。将袖底缝合。

4. 领片：领圈挑起 136 针，织双罗纹，共织 3cm 的长度。

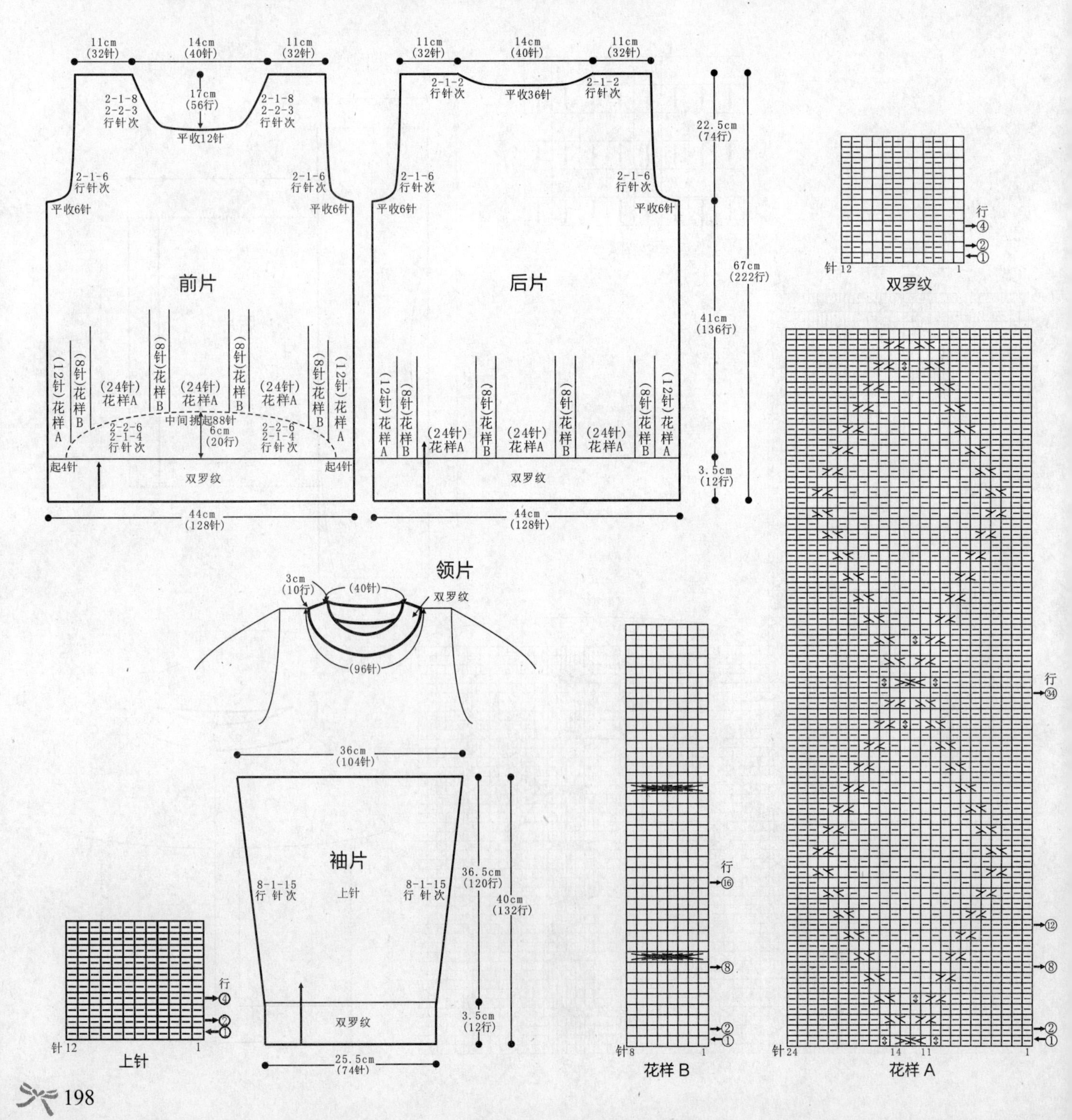

105

【成品尺寸】衣长 49cm 胸围 84cm 肩宽 42cm
【工具】8 号棒针 6 号钩针
【材料】蓝色毛线 900g
【密度】$10cm^2$：20 针 ×28 行

【制作方法】
1. 前片：用 8 号棒针起 94 针，从下往上织花样 C45.5cm，分挂，按图解收针。
2. 后片：用 8 号棒针起 94 针，织法与前片同，织到 45.5cm 收针。
3. 按图解织育克片部分。
4. 将前、后片、育克片缝合，挑织单罗纹领子，袖口用钩针钩狗牙花，清洗整理。

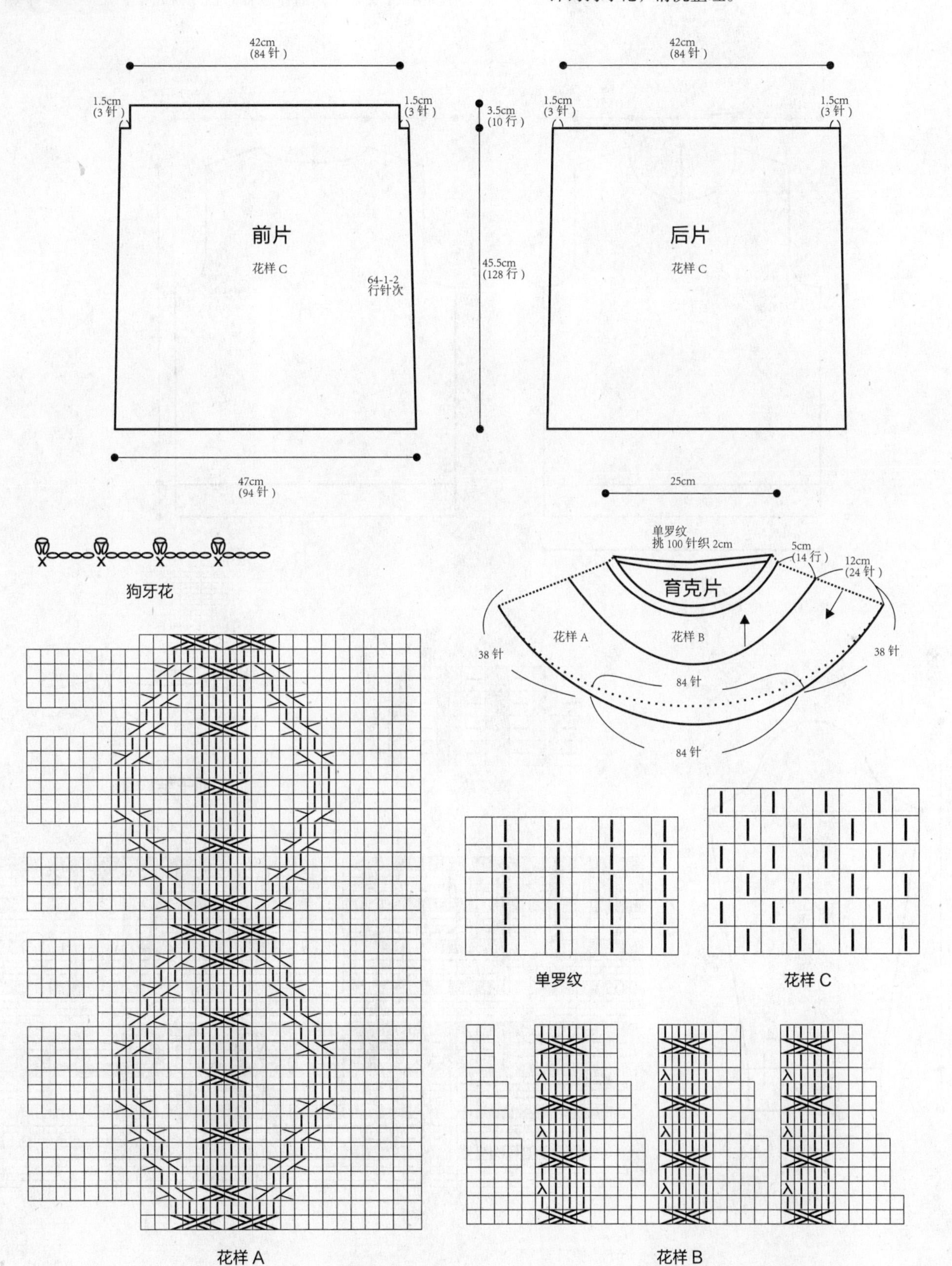

106

【成品尺寸】衣长 58cm　胸围 90cm　袖长 56cm
【工具】6 号棒针　7 号棒针
【材料】蓝色毛线 700g
【密度】10cm^2：18 针 ×26 行

【制作方法】

1. 前片：用 7 号棒针起 81 针，织单罗纹 6cm 后，换 6 号棒针往上织花样，织到 30cm 处开挂肩，按图收袖窿、收领子。
2. 后片：起针与前片相同，按图编织。
3. 袖片：用 7 号棒针起 36 针，织单罗纹 6cm 后，换 6 号棒针织花样，按图编织。
4. 将前后片、袖片缝合，按图挑领子，用 7 号棒针编织单罗纹 6cm。

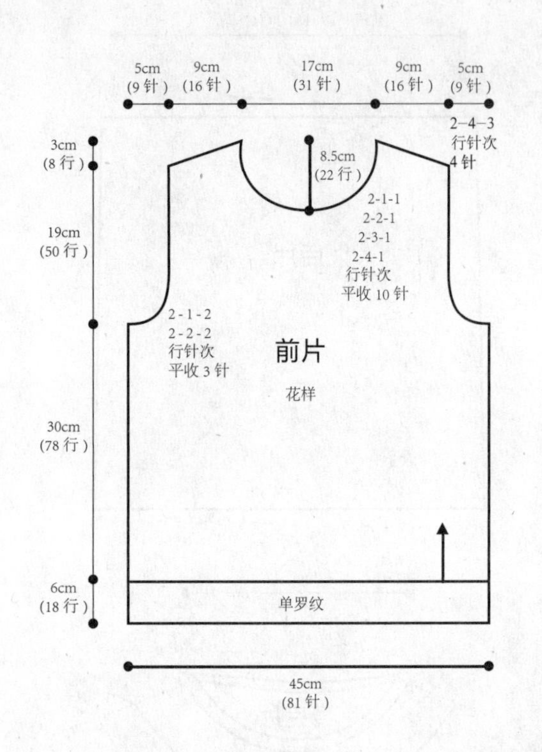

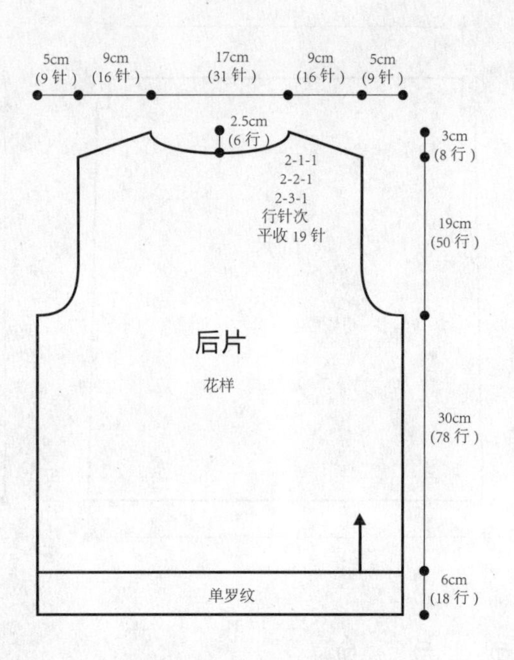

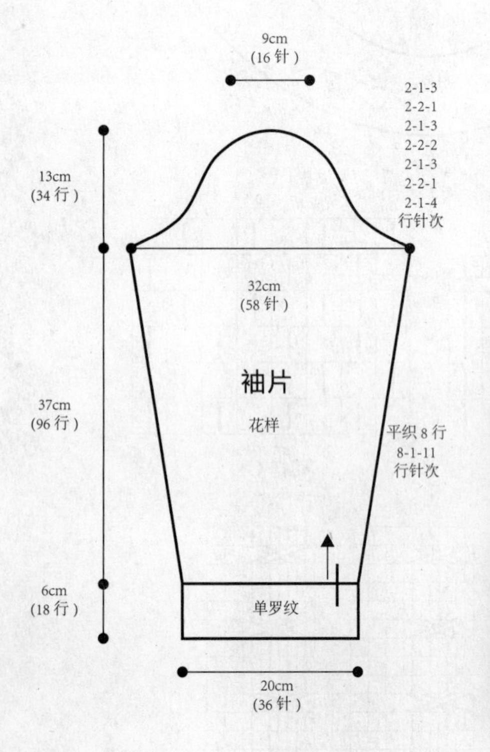

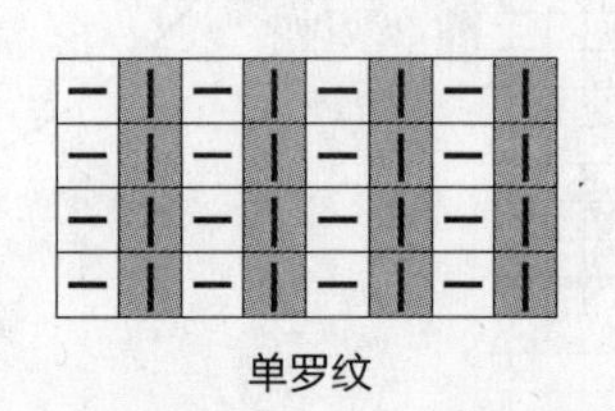

单罗纹

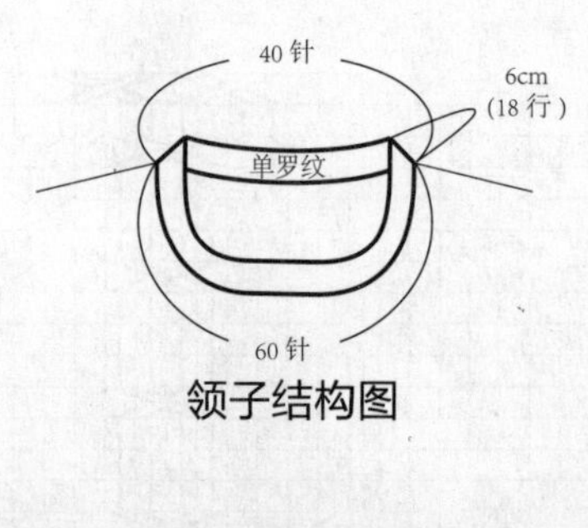

领子结构图

花样

107

【成品尺寸】衣长 48cm　胸围 90cm　袖长 41cm
【工具】11 号棒针
【材料】段染棉线 450g
【密度】10cm² ：20 针 ×28 行

【制作方法】

1. 后片：(1) 双罗纹起针法起 92 针，织 7cm。(2) 加针：下针编织两侧逐渐加针，各加 6 针，加针方法为按 2–1–6 加针。共加 12 针，加至 104 针，织 4cm。(3) 减针：两侧逐渐减针，减针方法如图，织 37cm 后断线。

2. 前片：(1)(2) 织法同后片。(3) 织法类似后片，两侧减针织至 34cm 处。(4) 开前领：中间留 10 针，分两边编织，一边两侧同时按减针方法编织，织 8 行，相同织另一边。

3. 袖片：(1) 双罗纹起针法起 74 针，双罗纹编织 3cm。(2) 不加减针下针编织 4cm。(3) 袖山两侧逐渐减针，各减 24 针，织 34cm 后收针。相同方法织另一片。

4. 缝合：前片、后片、袖片均织完后，4 片对齐缝合。

5. 挑领：参照衣领图，前领、后领、袖片各挑 32 针、28 针、22 针、22 针，即共挑 104 针，扭针单罗纹编织 18cm 后收针。

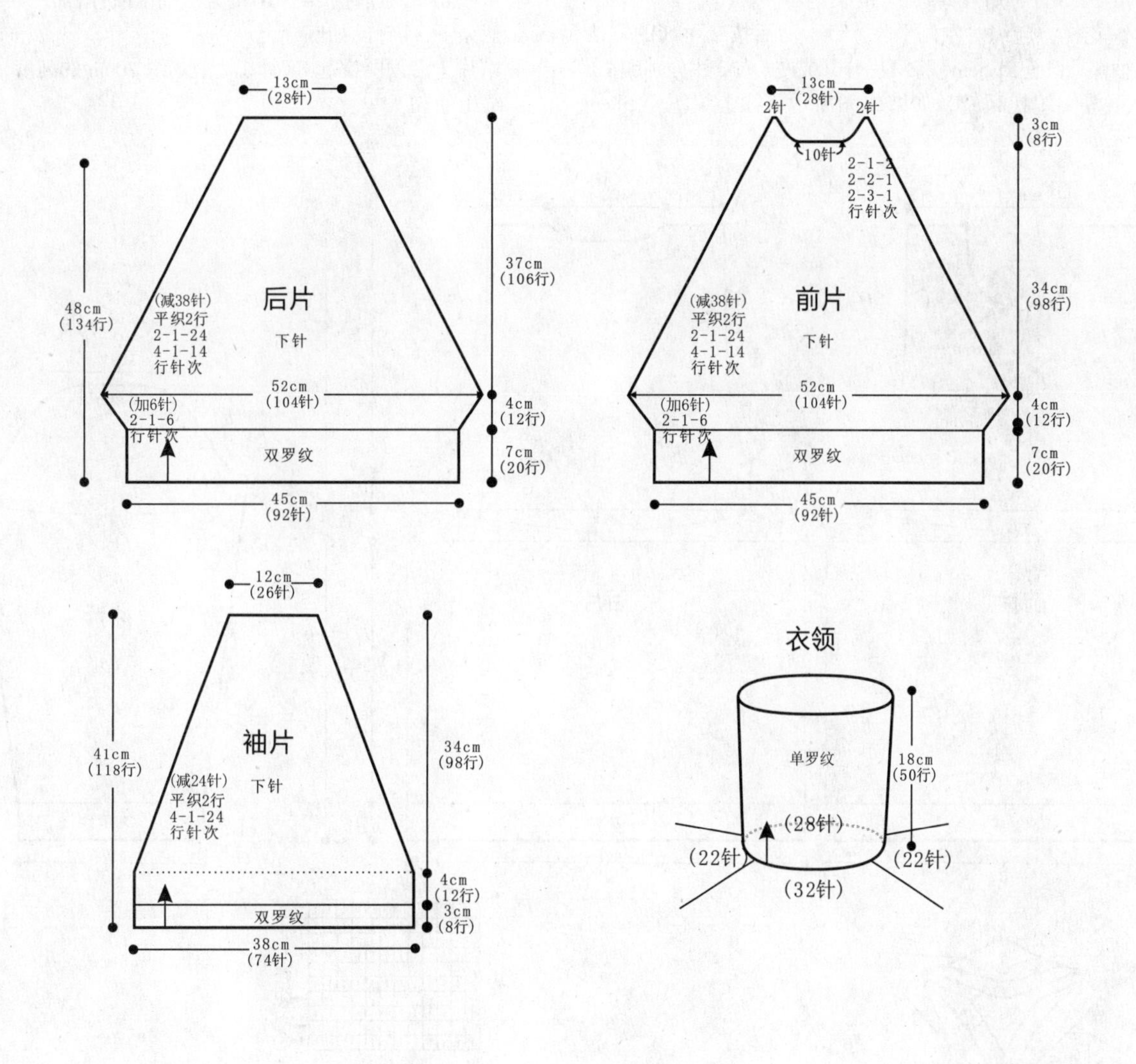

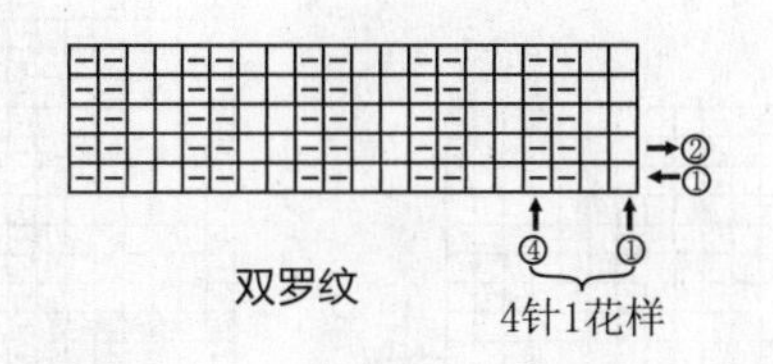

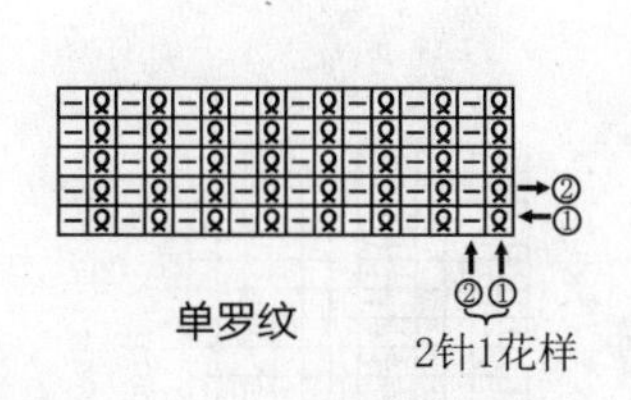

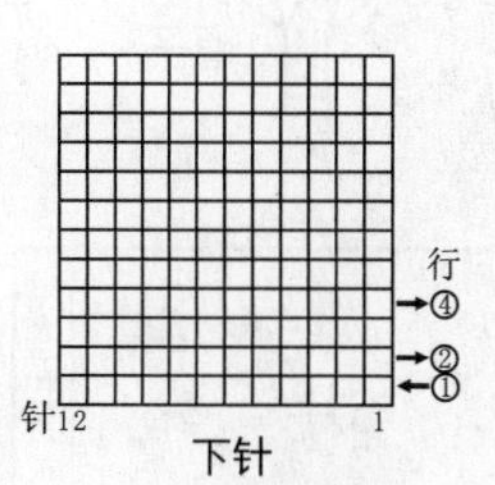

108

【成品尺寸】衣长 67cm　胸围 68cm　肩宽 28cm　袖长 50cm

【工具】12 号棒针　绣花针

【材料】粉红色棉线 650g

【密度】花样：10cm^2：40 针 ×32 行　下针：10cm^2：22 针 ×32 行

【附件】白色纽扣 2 枚

【制作方法】

1. 衣身片：起 272 针，环形编织双罗纹，织 4cm 的高度，改织下针，织至 34cm，改织花样，织至 46cm，将织片均分成前片和后片分别编织，如结构图所示。先织后片，织花样，起织时两侧各平收 4 针，然后按 2–1–8 的方法减针织成袖窿，织至 65cm，中间平收 50 针，两侧按 2–1–3 的方法后领减针，最后两肩部各余下 28 针，后片共织 67cm 长。

2. 前片：织花样，起织时左侧平收 4 针，然后按 2–1–8 的方法减针织成袖窿，织至 51.5cm，将织片分开成左、右 2 片分别编织，中间 8 针重叠编织搓板针，如结构图所示，往上编织至 58cm 的高度，将左、右片领口处 8 针搓板针收针，两侧按 2–2–11、2–1–2 的方法减针成前领，织至 67cm 的高度，最后肩部余下 28 针。

3. 袖片：起 46 针，织双罗纹，织 4cm 的高度，改织下针，一边织一边按 8–1–14 的方法两侧加针，织至 40cm 的高度，两侧各平收 4 针，然后按 2–1–16 的方法袖山减针，袖片共织 50cm 长，最后余下 34 针。袖底缝合。

4. 帽片：沿领圈挑起 88 针织下针，织 20cm 的高度，帽顶缝合。

5. 缝上纽扣。

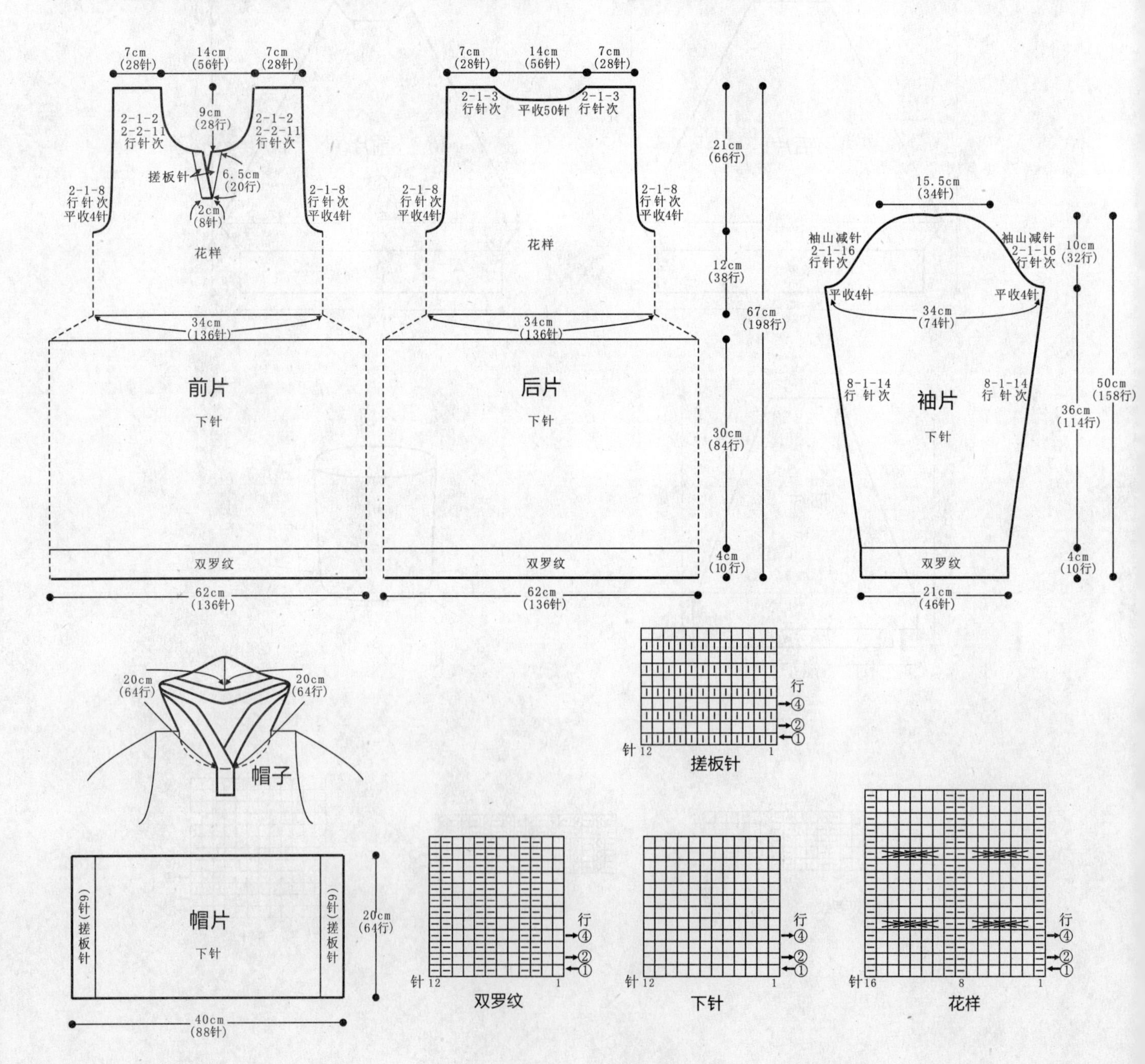

109

【成品尺寸】衣长 48cm　胸围 70cm　袖长 37.5cm

【工具】9 号棒针

【材料】蓝色羊毛线 400g

【密度】10cm^2：22 针 ×32 行

【制作方法】

1. 前片：按图起 114 针，织 6cm 双罗纹后，改织花样，两边腋下同时加针，织至 24cm 时，不用加减针，此时的针数为 154 针，织至 8cm 时，开始减针织斜肩，并按图开领窝。
2. 后片：织法与前片一样。
3. 袖片：两边袖片按编织方向挑 18 针，织 20cm 双罗纹。
4. 将前后片的腋下、斜肩、袖片缝合。
5. 领圈挑 156 针，织 10cm 双罗纹，形成圆领，完成。

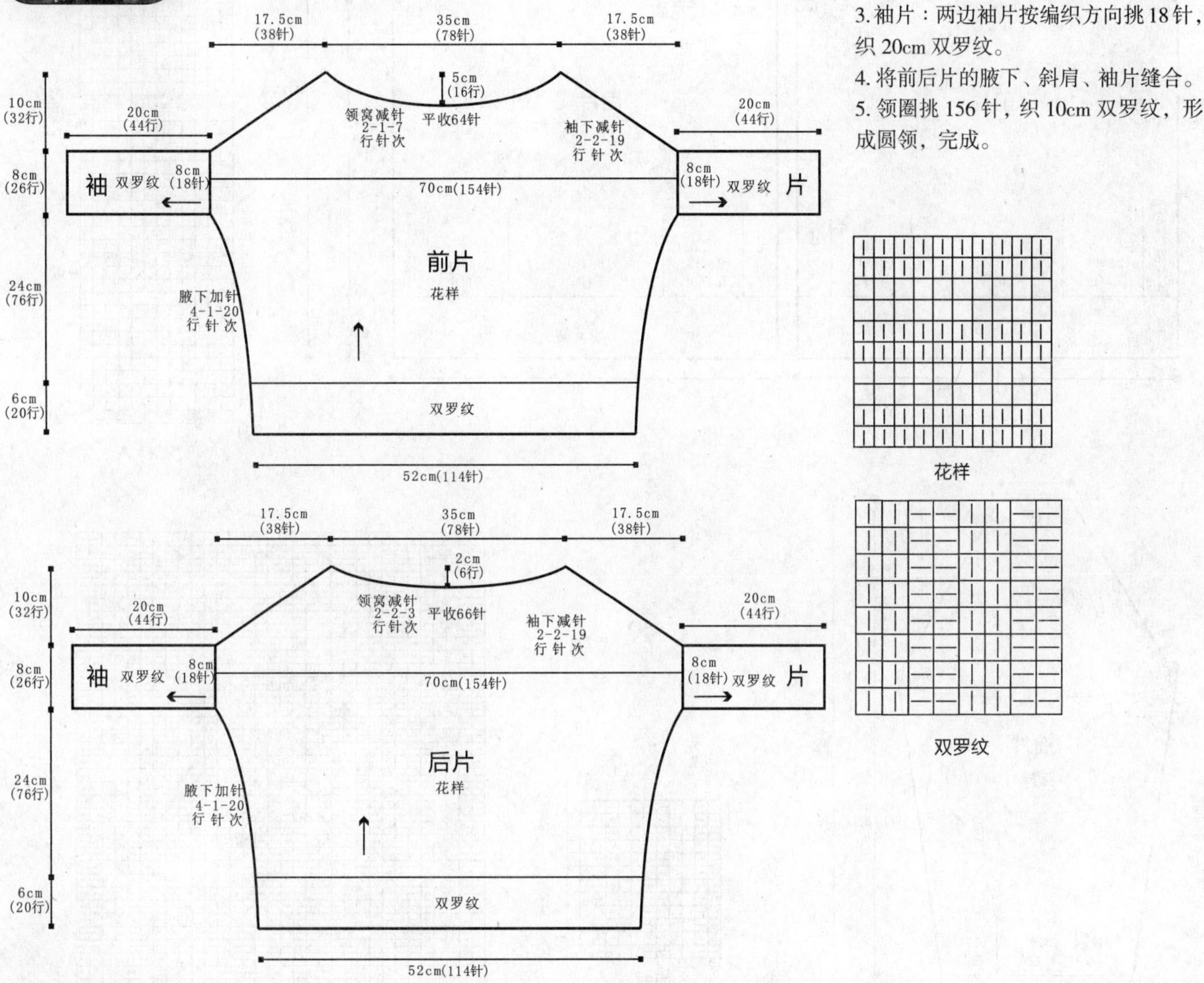

110

【成品尺寸】衣长 56cm　胸围 82cm　袖长 62cm

【工具】12 号棒针

【材料】蓝色棉线 600g

【密度】10cm^2：33 针 ×32 行

【制作方法】

1. 后片：起 134 针，织双罗纹，织 7cm 的高度，改为花样 A、花样 B、花样 C 组合编织，如结构图所示，织至 37.5cm，两侧各平收 4 针，然后按 2-1-30 的方法减针织成插肩袖窿，织至 56cm，织片余下 66 针。
2. 前片：起 134 针，织双罗纹，织 7cm 的高度，改为花样 A、花样 B、花样 C 组合编织，如结构图所示，织至 37.5cm，两侧各平收 4 针，然后按 2-1-30 的方法减针织成插肩袖窿， 织至 51cm，中间平收 34 针，两侧按 2-2-8 的方法前领减针，前片共织 56cm 长。
3. 袖片（2 片）：起 66 针，织双罗纹，如结构图所示，织 7cm 的高度，改为花样 B、花样 C 组合编织，一边织一边按 10-1-11 的方法两侧加针，织至 43.5cm，两侧各平收 4 针，然后按 2-1-30 的方法减针织成插肩袖山，织至 62cm，最后余下 20 针。袖底缝合。
4. 领子：领圈挑起 176 针，织双罗纹，共织 3cm 的长度。

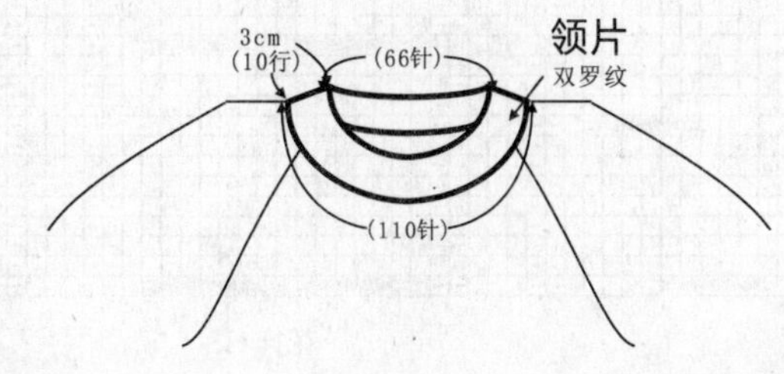

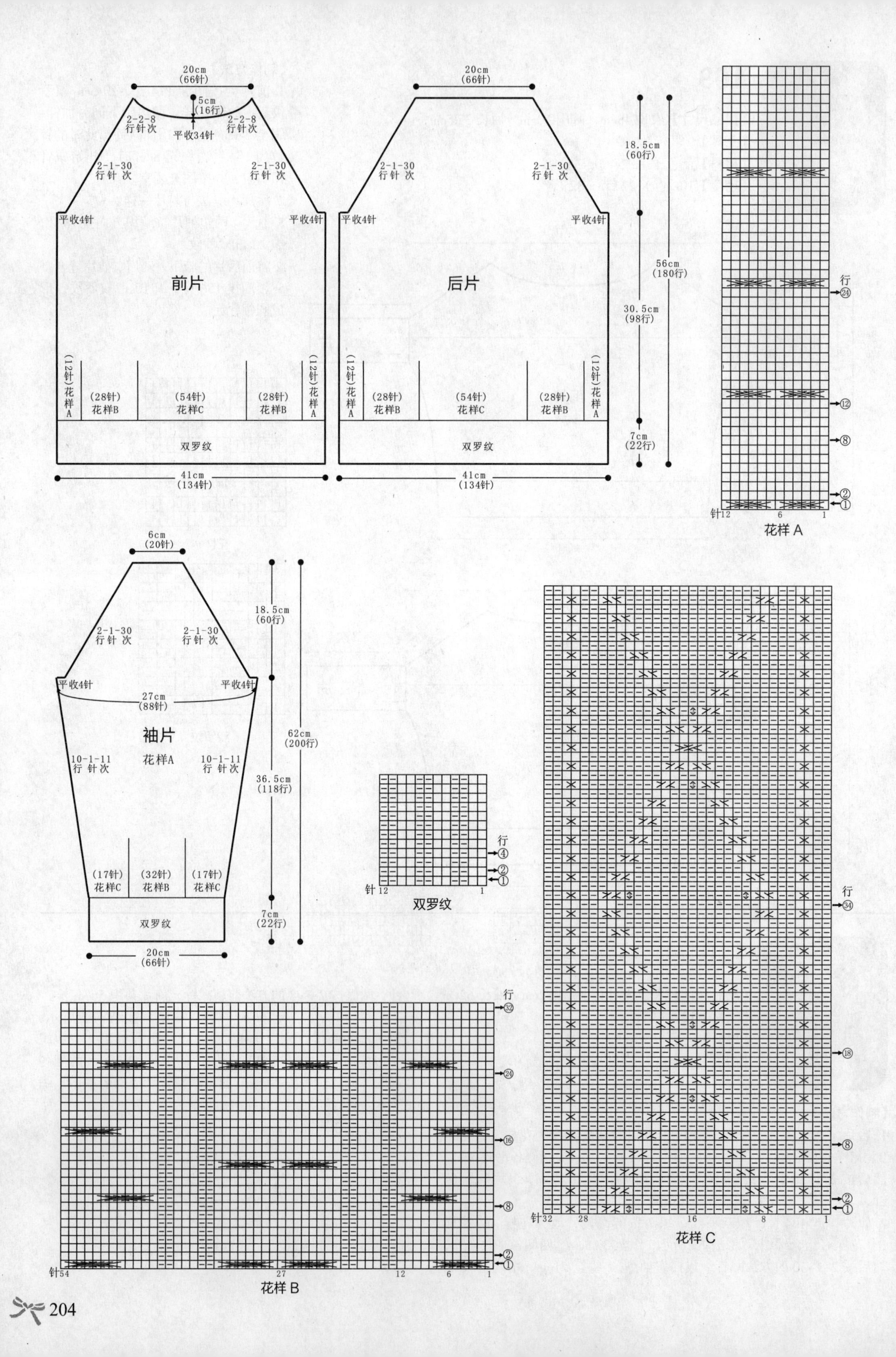
20cm
(66针)
5cm
(16行)
2-2-8
行针次
平收34针
2-1-30
行针次
平收4针
前片
(12针)
花样A
(28针)
花样B
(54针)
花样C
双罗纹
41cm
(134针)
后片
18.5cm
(60行)
56cm
(180行)
30.5cm
(98行)
7cm
(22行)
6cm
(20针)
27cm
(88针)
袖片
10-1-11
行针次
(17针)
花样C
(32针)
62cm
(200行)
36.5cm
(118行)
花样A
花样B
花样C
双罗纹
行
针

111

【成品尺寸】衣长 65cm　胸围 88cm　袖长 62cm
【工具】10 号棒针
【材料】粉红色羊毛线 600g
【密度】$10cm^2$ ：22 针 ×32 行

【制作方法】

1. 前片：按图起 104 针，织 8cm 单罗纹后，改织花样 A，侧缝按图示减针，织至 24cm 时加针，形成收腰，织至 15cm 时留袖窿，在两边同时各平收 6 针，然后按图示收成插肩袖窿，再织 5cm 后留领窝，织至完成。
2. 后片：织法与前片一样，只是袖窿织 16.5cm，才留领窝。
3. 袖片：按图起 54 针，织 10cm 单罗纹后，改织花样 B，袖下按图示加针，织至 32cm 时开始收插肩袖山，两边各平收 6 针，按图示减针，用同样方法编织另一袖片。
4. 将前后片的肩、侧缝、袖片缝合。
5. 领圈挑 118 针，织 4cm 单罗纹，形成圆领。

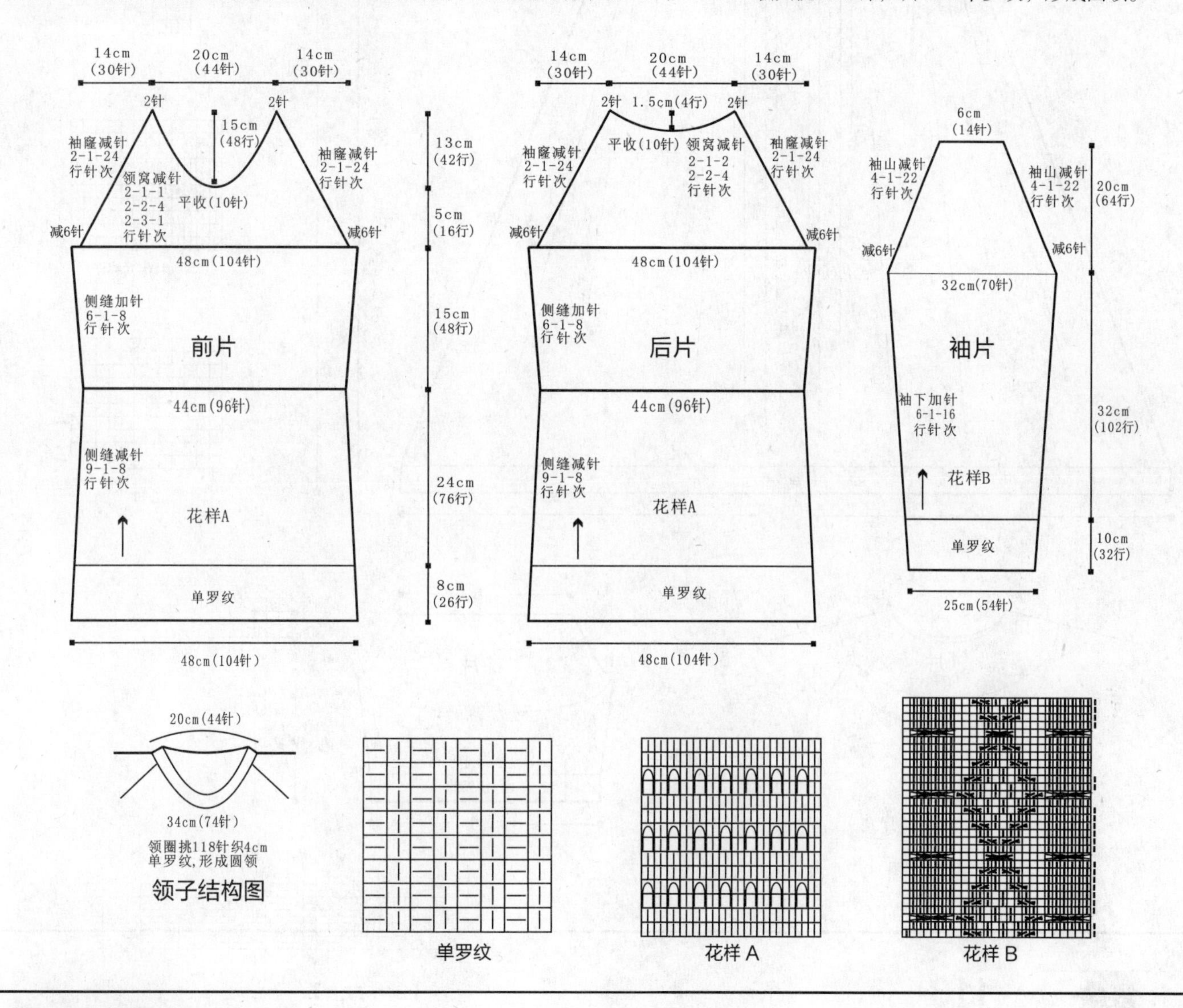

112

【成品尺寸】衣长 82cm　胸围 74cm　袖长 19cm
【工具】12 号棒针
【材料】浅黄色棉线 400g
【密度】$10cm^2$ ：22 针 ×31 行

【制作方法】

1. 前、后片：前后片编织方法一样。起 177 针织搓板针，织 2.5cm 后，改织花样，一边织一边自由分散减针，织至 63cm 的高度，织片变成 81 针，改织上针，不加减针织至 76cm 的高度，两侧各平收 2 针，然后按 2-1-9 的方法减针织成插肩袖窿，同时中间平收 31 针，然后按 2-2-5、2-1-4 的方法减针织成前领，共织 82cm 的高度。
2. 袖片：起 50 针，织搓板针，织 2.5cm 后，改织上针，一边织一边两侧按 8-1-4 的方法加针，织至 13cm，织片变成 58 针，两侧各平收 2 针，然后按 2-1-9 的方法减针织成插肩袖山，共织 19cm 的高度，织片余下 36 针。
3. 领子：沿领口挑起 95 针织花样，一边织一边自由分散减针，织 18cm 的高度，织片余下 112 针，收针断线。

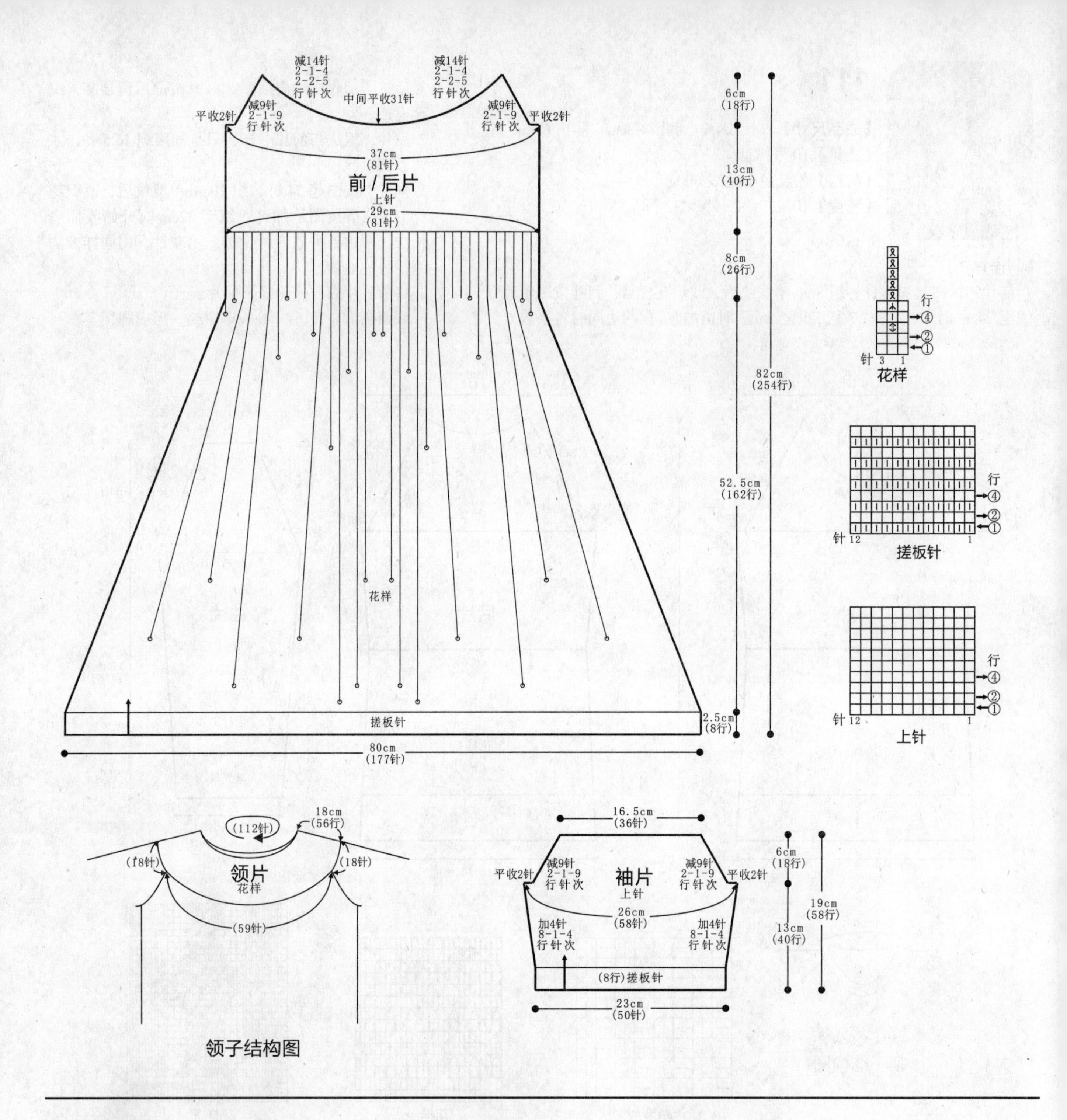

113

【成品尺寸】衣长 70cm　胸围 74cm　袖长 18cm

【工具】7 号棒针　绣花针

【材料】深蓝色棉线 700g

【密度】10cm^2：16 针 ×52 行

【附件】圆形纽扣 6 枚

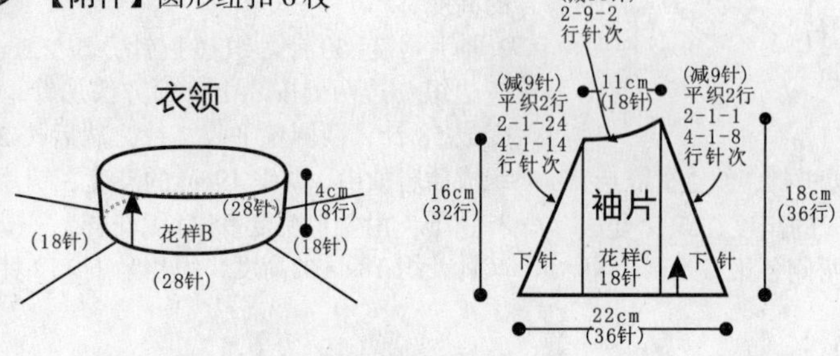

【制作方法】

1. 后片：(1) 起 8 针，花样 A 编织 80 行。(2) 花样 A 上挑 60 针，花样 C 编织 35cm。(3) 两侧各留 4 针，往上两侧各减 9 针，织 18cm。(4) 花样 A 往下挑 60 针，花样 B 编织 12cm 后收针。

2. 前片：(1)(2)(4) 织法同后片。(3) 两侧各留 4 针，往上两侧各减 9 针，织 16cm。

3. 袖片：起 36 针，排花编织，两侧各减 9 针，减针方法见图。

4. 缝合：将前、后片腋下缝合，前、后片、袖片袖窿对齐相缝合。

5. 挑领：前、后、袖片各挑 28 针、28 针、18 针、18 针，即共挑 92 针，花样 B 编织 4cm 后收针。

6. 缝上纽扣。

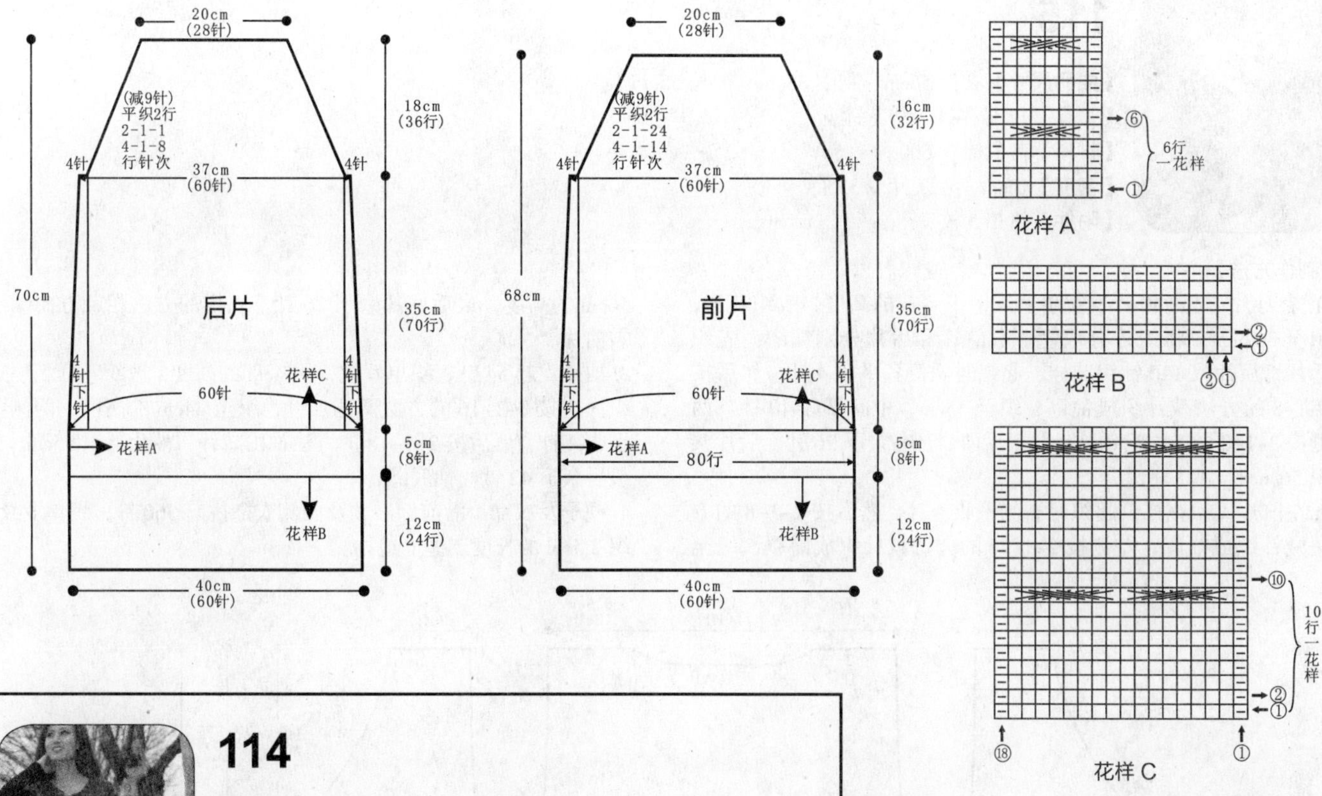

114

【成品尺寸】衣长 45cm　胸围 96cm

【工具】10 号棒针

【材料】紫色羊毛线 500g

【密度】10cm^2：22 针 ×32 行

【制作方法】

1. 本款是横织毛衣，先从左前片门襟织起，起 100 针，先起机器边织 6 行双罗纹后，改织花样，按花样 A、花样 B、花样 C 排花，第 1 次织一个来回，第 2 次留 5 针不织，再返回织，第 3 次留 38 针不织，再返回织，以后按这个规律编织，织 19cm 左前片后，侧缝分针织左袖，织 38cm 后片，分针织右袖，用同样方法继续织右前片，门襟织 6 行双罗纹后，收机器边。
2. 侧缝 A 与 B 缝合、C 与 D 缝合，袖口挑 62 针。
3. 领圈挑 124 针，织 3cm 花样 C，形成开襟圆领。

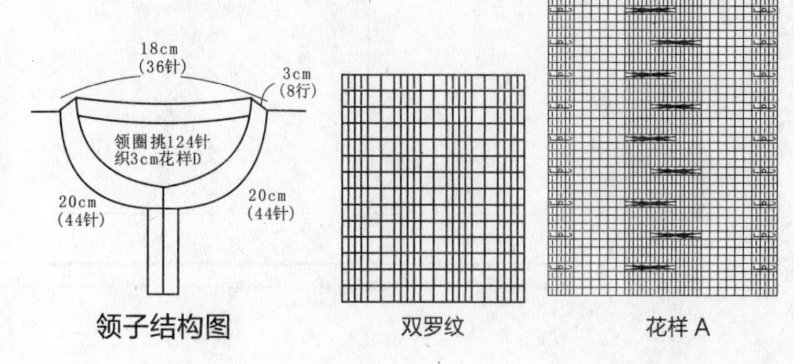

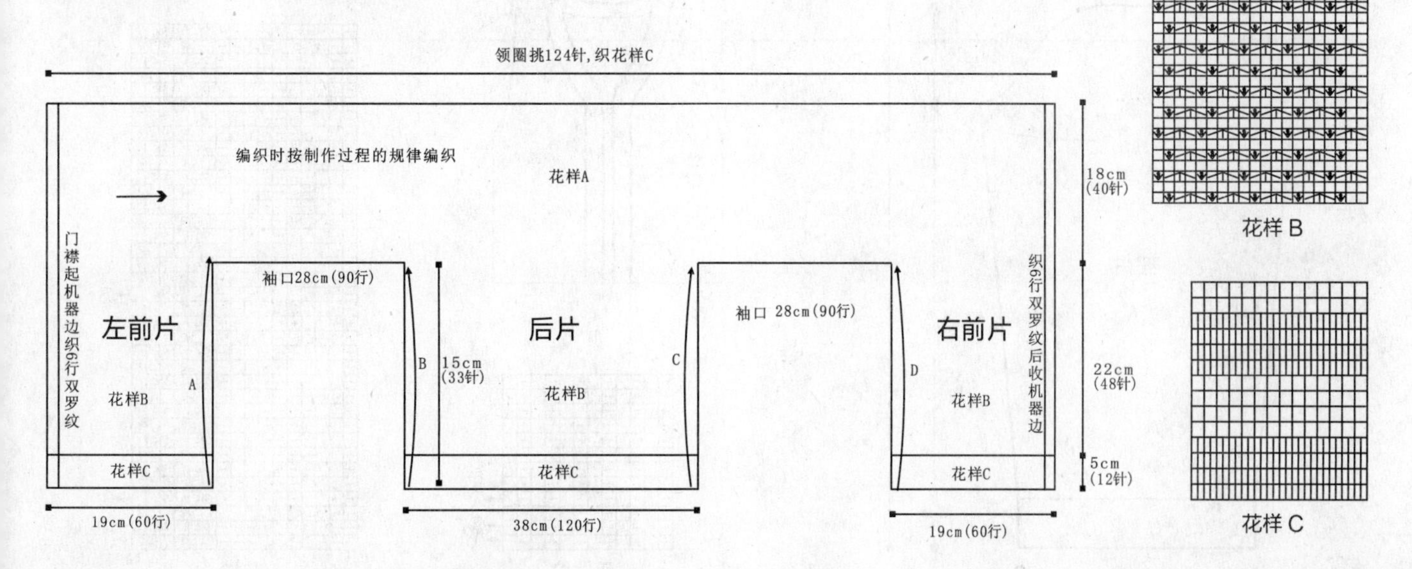

115

【成品尺寸】衣长 56cm　胸围 88cm　袖长 55cm

【工具】12 号棒针　绣花针

【材料】蓝色棉线 600g

【密度】10cm²：27 针 ×33 行

【附件】纽扣 5 枚

【制作方法】

1. 衣身片：起 240 针，织单罗纹，织 4cm 的高度，改织花样，织至 36.5cm，将织片分成左、右前片和后片分别编织，先织后片，后片取 120 针织花样，起织时两侧各平收 4 针，然后按 2-1-8 的方法减针织成袖窿，织至 55cm，中间平收 40 针，两侧按 2-1-2 的方法后领减针，最后两肩部各余下 26 针，后片共织 56cm 长。

2. 左前片：织花样，起织时右侧平收 4 针，然后按 2-1-8 的方法减针织成袖窿，左侧按 2-1-22 的方法减针织成前领，织至 56cm 的高度，最后肩部余下 26 针。同样的方法相反方向编织右前片。

3. 袖片：起 54 针，织单罗纹，织 4cm 的高度，改织花样，一边织一边按 8-1-16 的方法两侧加针，织至 44cm 的高度，两侧各平收 4 针，然后按 2-1-18 的方法袖山减针，袖片共织 55cm 长，最后余下 42 针。袖底缝合。

4. 领子及衣襟：沿前、后领及两侧衣襟挑起 360 针，织单罗纹，织 2.5cm 的长度。缝上纽扣。

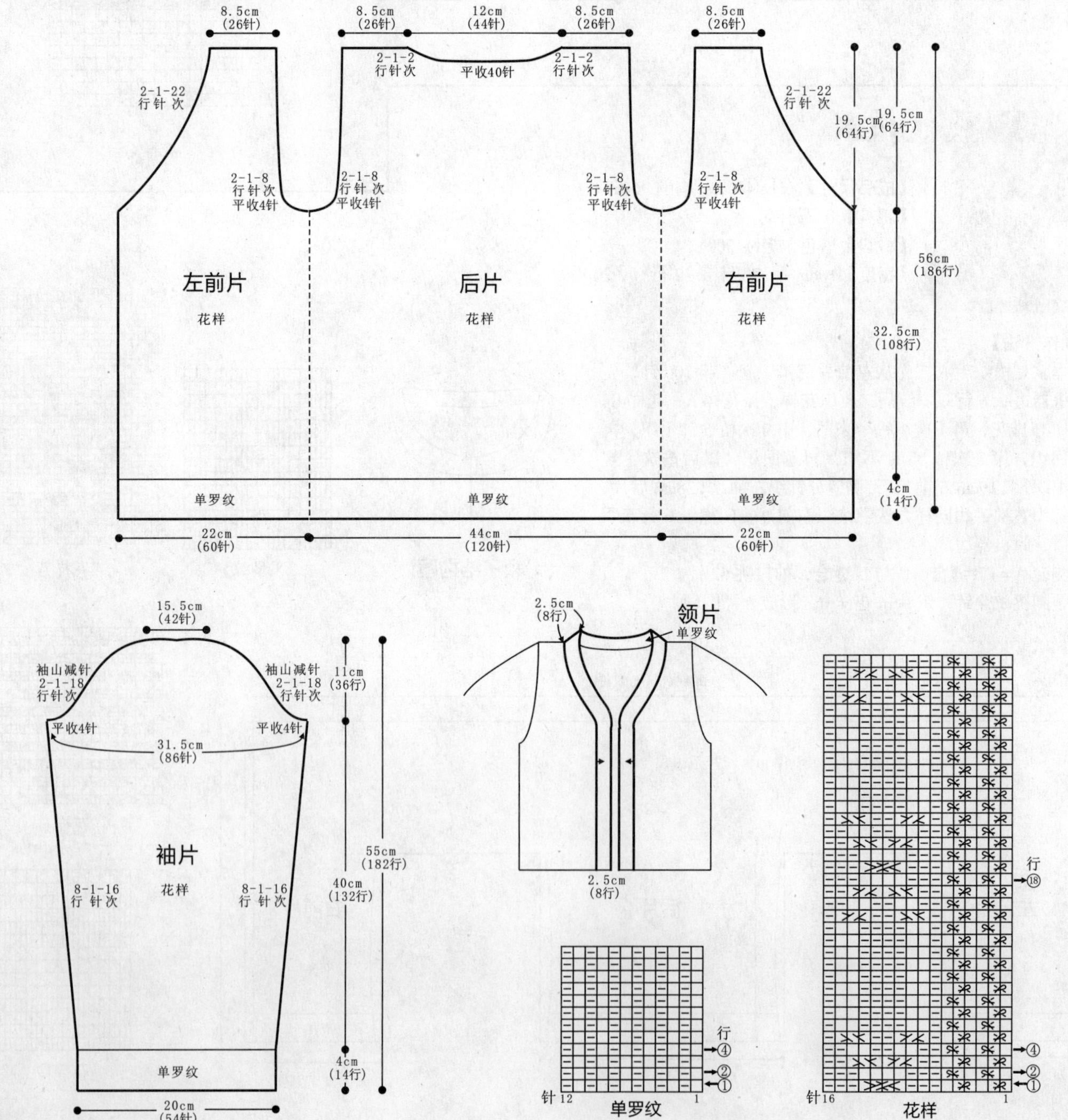

116

【成品尺寸】衣长 74cm　胸围 104cm　袖长 45cm

【工具】11 号棒针　12 号棒针　绣花针

【材料】驼色毛线 1000g　黑色毛线 150g　白色毛线 50g

【密度】10cm^2 ：25 针 ×34 行

【附件】纽扣 7 枚

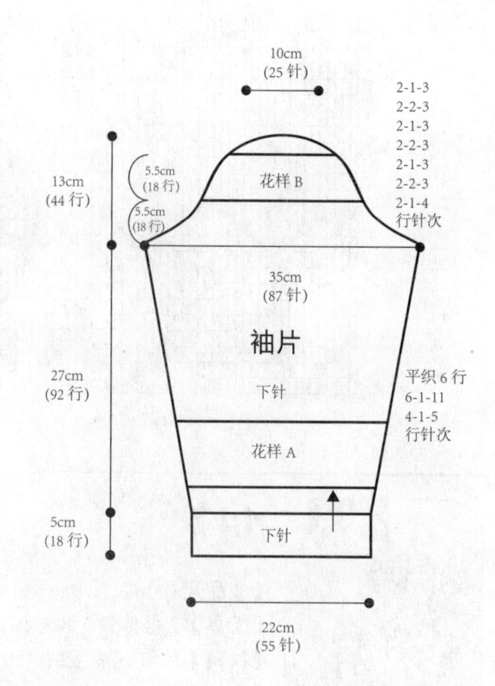

【制作方法】

1. 左前片：用 12 号棒针起 65 针，用黑色线从下往上织下针 5cm，换驼色线和 11 号棒针，织 10 行下针后织花样 A，继续用驼色线织下针，按图解编织花样 B，用相同方法织另一片。

2. 后片：用 12 号棒针起 130 针，边与前片织法相同，换 11 号棒针按后片图解编织。

3. 袖片：用 12 号棒针起 55 针，边与衣片织法相同，换 11 号棒针织花样 A，放针，织到 27cm 处按图解收袖山，再织 5.5cm 花样 B。

4. 口袋和帽子按图另织。

5. 将前片、后片、袖片、帽子缝合，钉上纽扣。

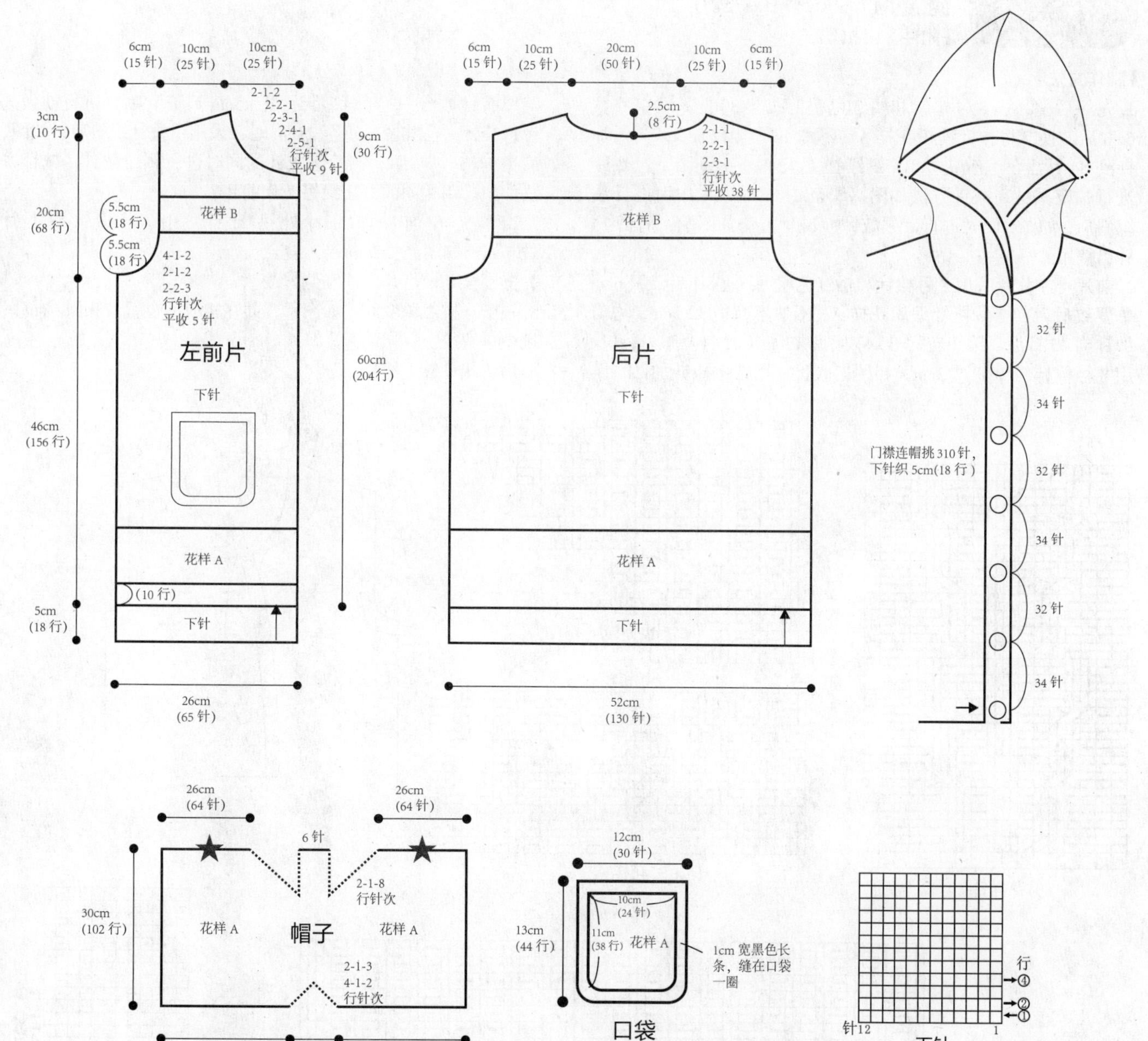

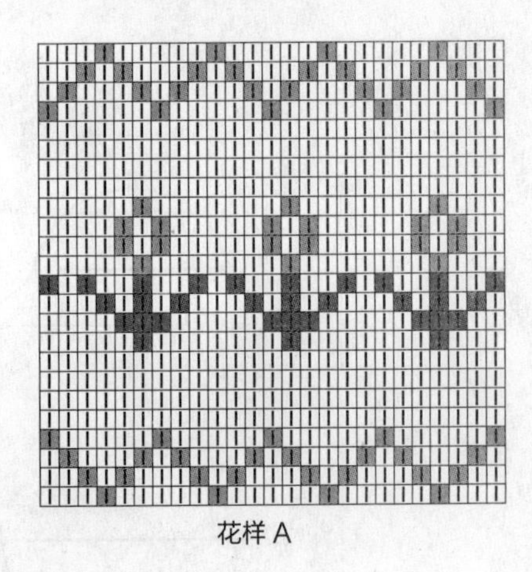
花样A

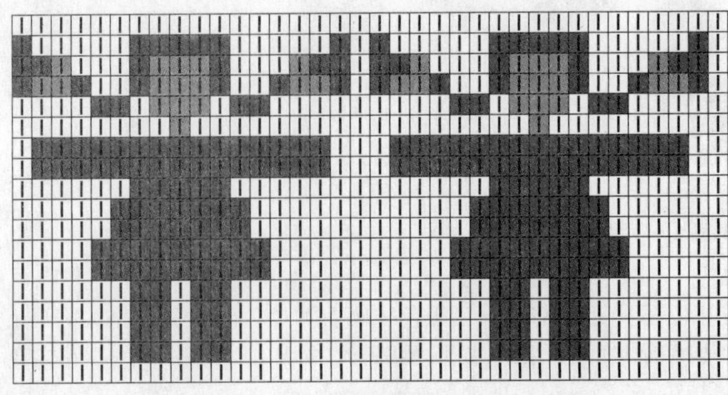
花样B

117

【成品尺寸】衣长 85cm 胸围 92cm
【工具】7 号棒针 8 号棒针 绣花针
【材料】橘红色粗毛线 450g
【密度】$10cm^2$ ：17 针 ×24 行
【附件】纽扣 4 枚

【制作方法】

1. 先织后片，用 8 号棒针和橘红色粗毛线起 80 针，织单罗纹 6cm 后，换 7 号棒针编织花样 A，不加不减织 12.5cm，均匀加针到 84 针后，编织花样 B，继续往上织 43.5cm 到腋下，然后进行袖窿减针，减针方法如图，织至 21cm 时，采用引退针法织斜肩，如图，同时进行后领减针，减针方法如图示，肩留 14 针，待用。
2. 前片：左前片：用 8 号棒针和橘红色粗毛线起 41 针，织 6cm 单罗纹后，换 7 号棒针编织花样 A，不加不减织 12.5cm，均匀加针到 43 针后，编织花样 B，中间留 12cm（21 针）作为袋口，用 8 号棒针织单罗纹 3cm，如图，收针，用 7 号棒针加 21 针，与原有针数合一起为 43 针，织 3.5cm 到腋下后，进行袖窿减针，减针方法如图，织至 21cm 时，采用引拔针织斜肩，如图，肩留 14 针，待用，在袖窿减针的同时进行领口减针，减针方法如图。用相同的方法织另一片前片。
3. 口袋：在前片加 21 针处挑 21 针，用 7 号棒针织下针 12.5cm，如图，收针断线，缝合。
4. 分别合并前后片肩线和侧缝线。
5. 领子：挑织单罗纹，如图示，并在相应的位置留扣眼；袖窿，挑织单罗纹。
6. 用绣花针缝上纽扣。

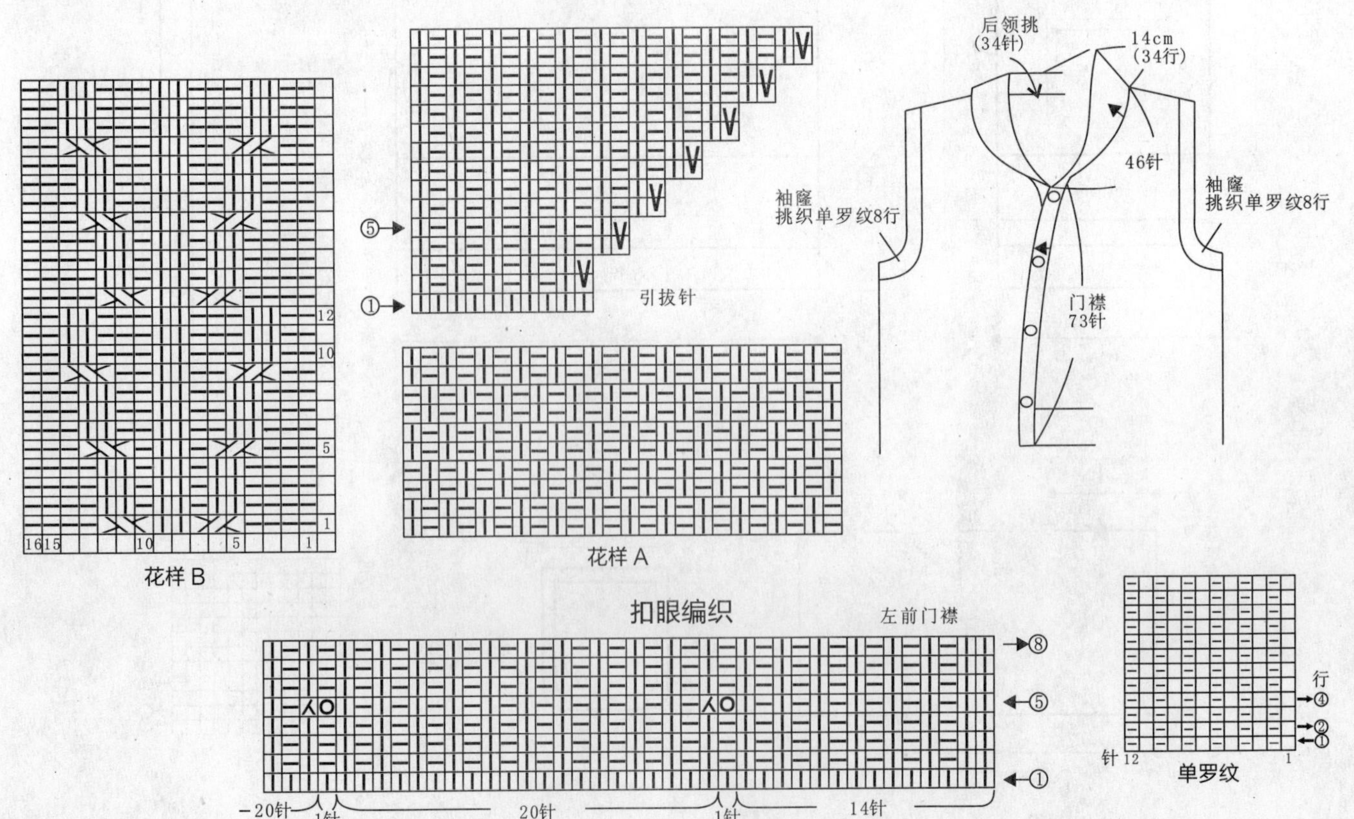

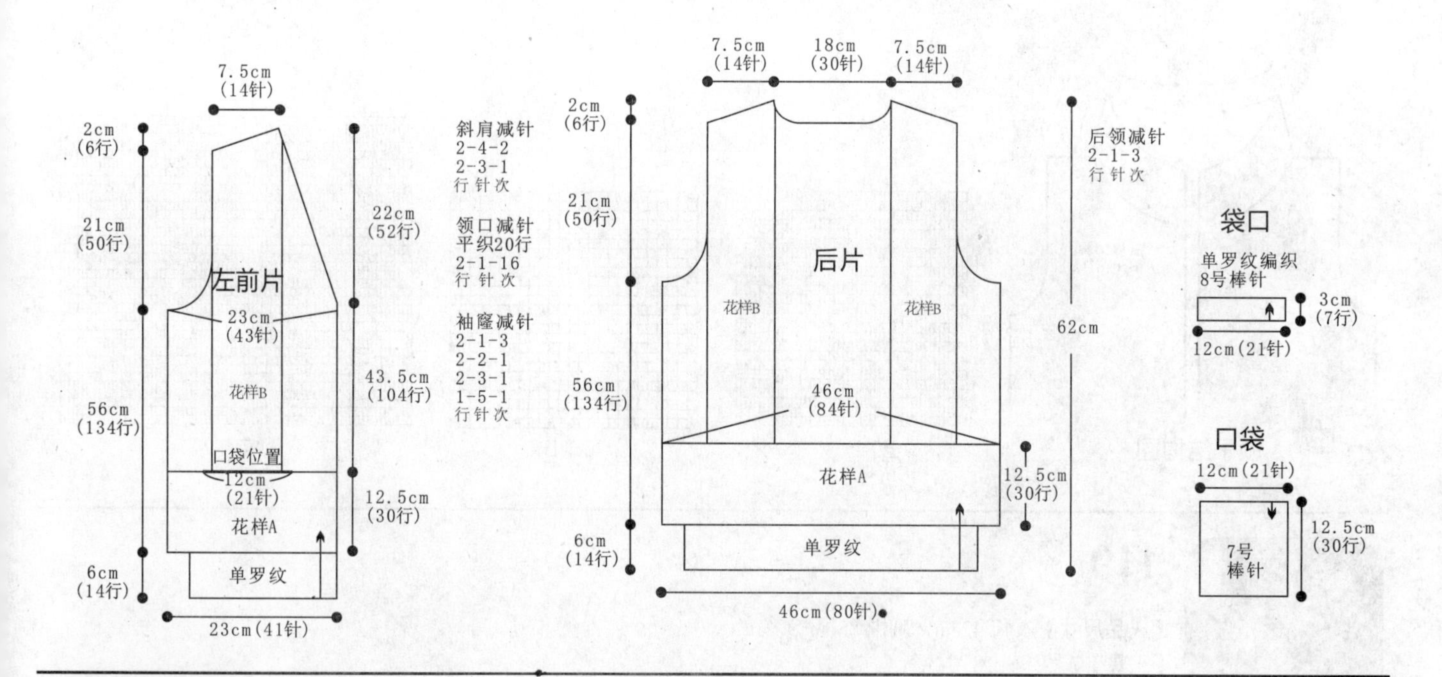

118

【成品尺寸】衣长 57cm　胸围 88cm　袖长 53cm

【工具】10 号棒针　绣花针

【材料】深红色羊毛线 600g

【密度】10cm²：22 针 ×32 行

【附件】纽扣 4 枚

【制作方法】

毛衣为从下往上编织开衫。

1. 前片：分左、右 2 片编织。左前片：起 48 针，先织 22cm 花样 B，然后改织花样 A，侧缝不用加减针，再织至 20cm 时，平收 4 针后，开始进行袖窿减针，方法是：按 2-3-1、2-2-1、2-1-1 减针。同时在距离袖窿 7cm 处，平收 4 针，然后进行领窝减针，方法是：按 2-3-2、2-2-3、2-1-4 减针，织 8cm 至肩部余 18 针。同样方法织右前片。注意左前片均匀开纽扣孔。

2. 后片：起 96 针，先织 22cm 花样 B 后，然后改织花样 A，侧缝不用加减针，织至 20cm 时，开始进行袖窿减针，减针方法与前片袖窿一样，同时在距离袖窿 16cm 处进行领窝减针，中间平收 34 针后，两边减针，方法是：按 2-2-3 减针，织至两边肩部余 18 针。

3. 袖片（2 片）：起 56 针，先织 20cm 花样 A 后，改织全下针，袖下按图示加针，方法是：按 18-1-7 加针，再织至 22cm 时，两边各平收 4 针后，进行袖山减针，方法是：按 2-4-1、2-3-2、2-2-7 减针，至顶部余 14 针。同样方法织另一袖。

4. 将前、后片的肩部、侧缝、袖片全部对应缝合。

5. 领圈边挑 102 针，织 12cm 花样 A，形成翻领。

6. 缝上纽扣，毛衣编织完成。

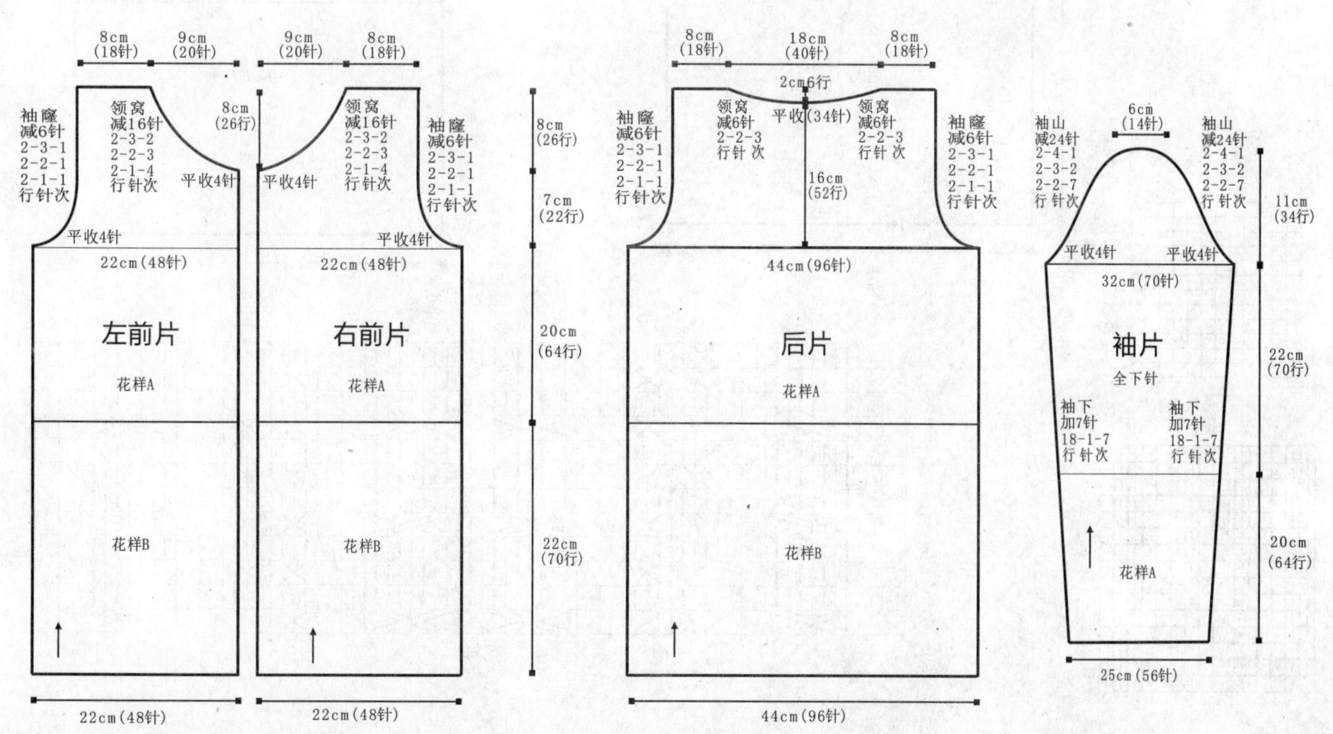

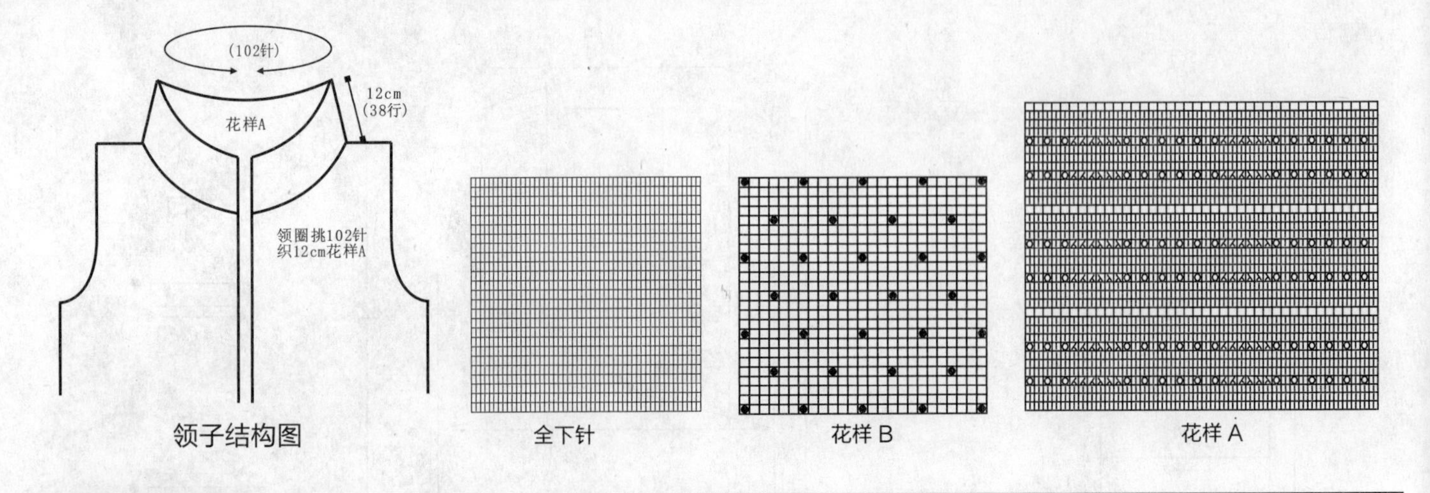

119

【成品尺寸】衣长 42cm　胸围 88cm
【工具】7 号棒针　8 号棒针
【材料】浅紫色毛线 400g
【密度】$10cm^2$：22 针 ×26 行

【制作方法】

1. 前片：用 7 号棒针起 97 针，从下往上织下针 27cm，换 8 号棒针织双罗纹 6cm，按图解编织花样和下针。
2. 后片：用 7 号棒针起 97 针，换 8 号棒针按后片图解编织。
3. 领条编织 22cm 双罗纹。
4. 将前片、后片、领片缝合。

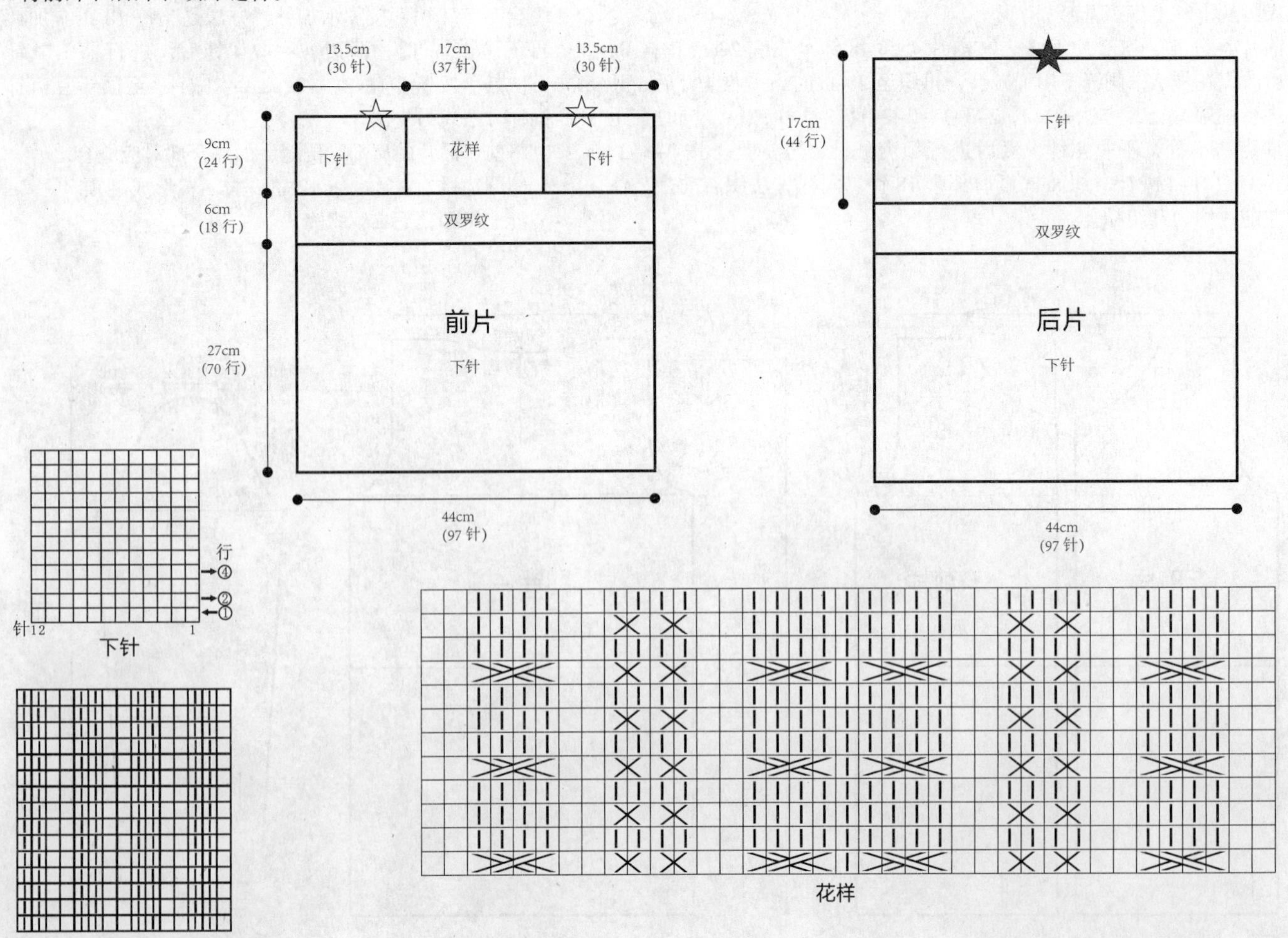

120

【成品尺寸】衣长 66cm　胸围 84cm　肩宽 35cm

【工具】12 号棒针

【材料】灰色棉线 400g

【密度】$10cm^2$：27 针 ×35 行

【制作方法】

1. 后片：起 121 针，织单罗纹，织 10cm 的高度，改为花样 A 与下针组合编织，如结构图所示，织至 40cm，改为搓板针与花样 A、花样 B 组合编织，将织片两侧下针部分均匀分散减掉 10 针，然后两侧各平收 4 针，按 2-1-5 的方法减针织成袖窿，织至 65cm，中间平收 49 针，两侧按 2-1-2 的方法后领减针，最后两肩部各余下 20 针，后片共织 66cm 长。

2. 前片：起 121 针，织单罗纹，织 6cm 的高度，改为花样 A 与下针组合编织，如结构图所示，织至 36cm，改为搓板针与花样 A、花样 B 组合编织，将织片两侧下针部分均匀分散减掉 10 针，然后两侧各平收 4 针，按 2-1-5 的方法减针织成袖窿，织至 51cm，中间平收 19 针，两侧按 2-2-4、2-1-9 的方法前领减针，最后两肩部各余下 20 针，前片共织 62cm 长。

3. 领子：领圈挑起 130 针，织单罗纹，共织 4cm 的长度。

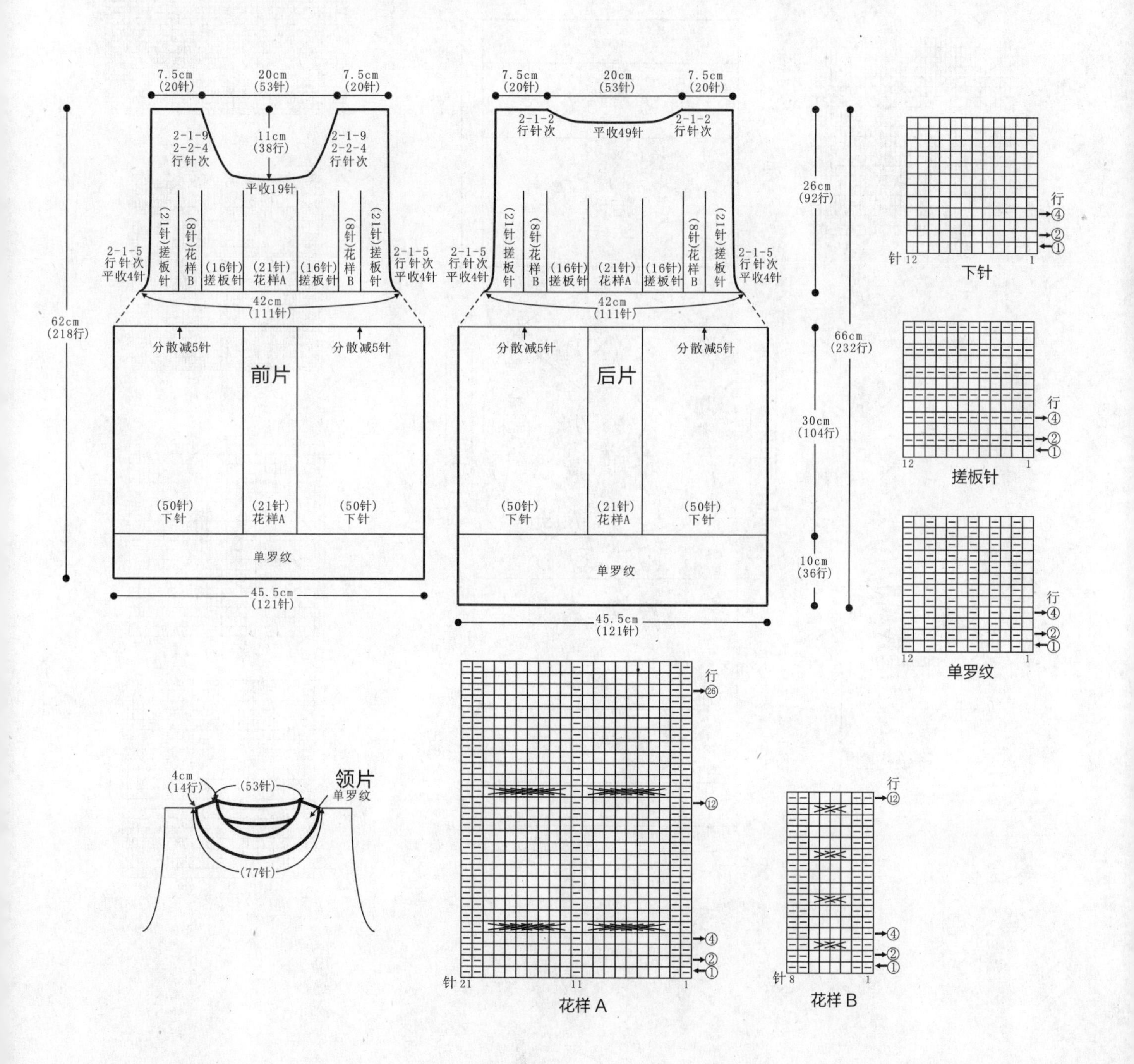

121

【成品尺寸】衣长 45cm　胸围 68cm
【工具】10 号棒针　钩针 1 支
【材料】深紫色羊毛绒线 350g
【密度】10cm² ：26 针 ×34 行

【制作方法】
毛衣是从领圈往下编织。
1. 先织领圈环形片，起 104 针，织花样 A，先片织 10 行然后合并圈织，同时按花样 A 加针，织至 50 行时，开始分前后片和袖片。
2. 前片：分出 88 针，织 15cm 全下针后，改织 9cm 花样 B，再织 6cm 双罗纹，收针断线。
3. 后片：织法与前片一样。
4. 袖口：两边袖口各分出 72 针，织 2cm 单罗纹。
5. 翻领：领圈挑 104 针，织 8cm 双罗纹。
6. 装饰：用钩针钩织小花，缝于胸前。编织完成。

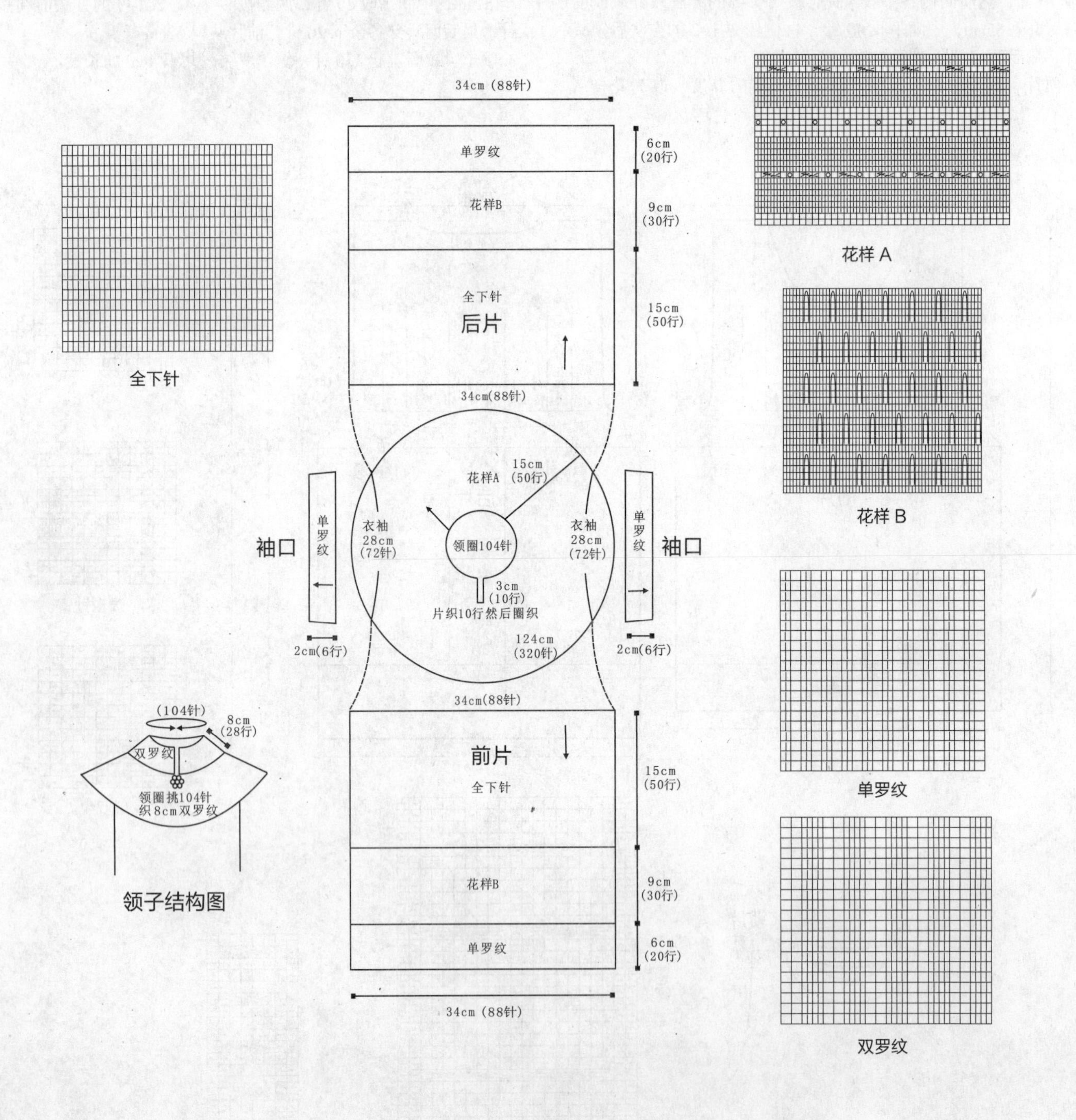

122

【成品尺寸】衣长 53cm　胸围 80cm
【工具】12 号棒针　绣花针
【材料】墨绿色粗棉线 400g
【密度】10cm^2：13 针 ×15.1 行
【附件】纽扣 3 枚

【制作方法】

1. 后片：起 52 针，织 4 行搓板针，再织 8 行花样 A，织至 8cm 的长度，两侧各织 5 针搓板针，中间其余针数织下针，织至 25cm 的长度，两侧按 2–1–5 的方法减针织成袖窿，织至 31.5cm，织片余下 42 针，中间织 32 针下针，两侧各织 5 针搓板针，织至 49cm 的长度，中间平收 14 针，两侧按 2–1–3 的方法后领减针，最后两肩部各余下 11 针，后片共织 53cm 长。

2. 左前片：起 31 针，右侧 5 针作为衣襟，一直织搓板针，左侧 26 针织 4 行搓板针，再织 8 行花样 A，织至 8cm 的长度，左侧也织 5 针搓板针，中间 21 针织花样 B，如结构图所示，织至 25cm 的长度，左侧按 2–1–5 的方法减针织成袖窿，织至 31.5cm，织片余下 26 针，中间织 16 针花样 B，两侧各织 5 针搓板针，织至 46.5cm 的长度，右侧留起 5 针暂时不织，然后按 2–2–5 的方法前领减针，最后肩部余下 11 针，左前片共织 53cm 长。同样的方法相反方向编织右前片。

3. 领子：沿领圈挑起 56 针，两侧衣襟部位各织 5 针搓板针，其余织花样 A，织 6cm 的长度。

4. 用绣花针缝上纽扣。

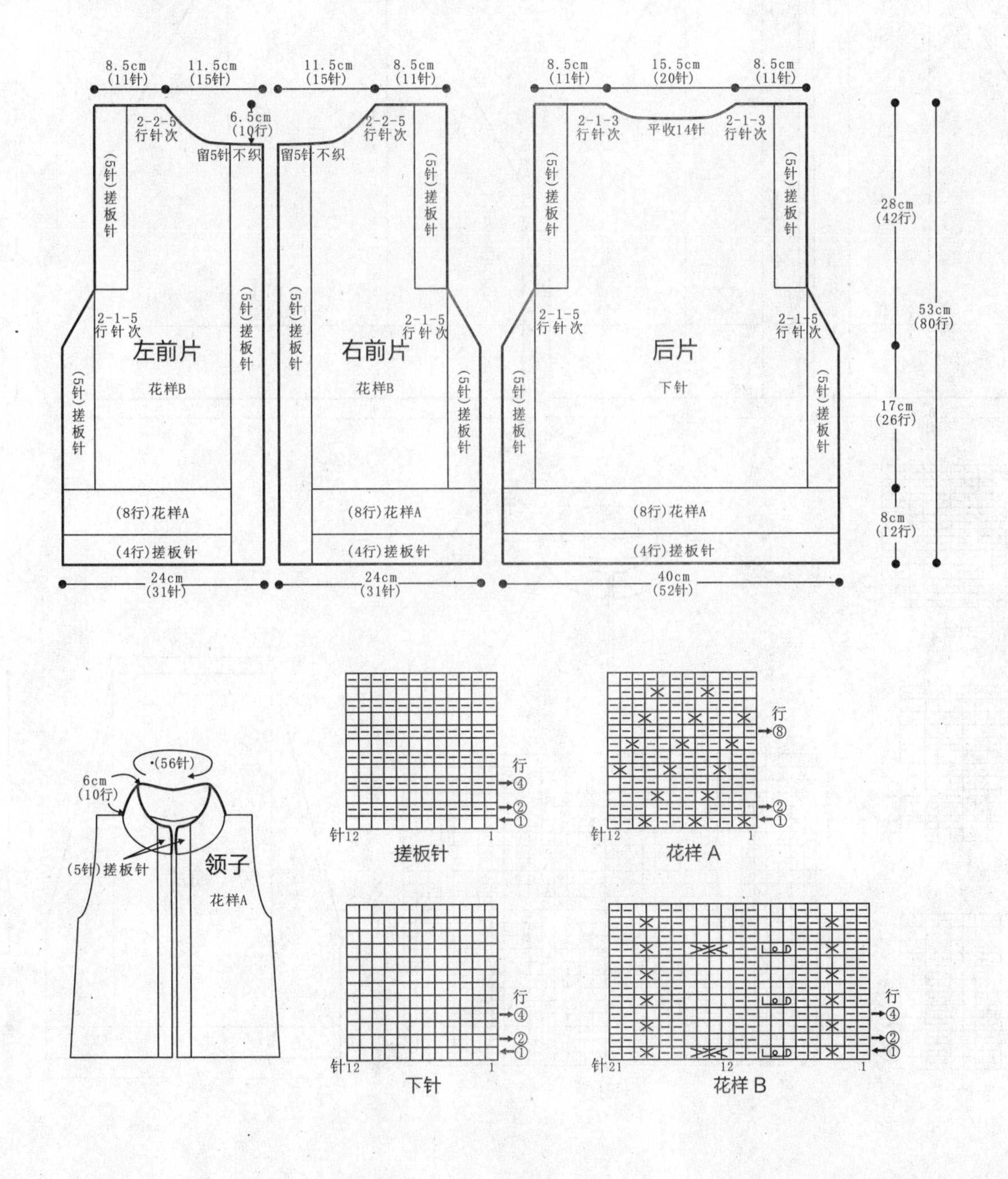

123

【成品尺寸】衣长 46cm 胸围 88cm 袖长 35cm
【工具】11 号棒针 绣花针
【材料】段染线 500g
【密度】10cm^2 ：22 针 ×26 行
【附件】纽扣 5 枚

【制作方法】

1. 后片：起 94 针，织双罗纹，织 9cm 的高度，改为花样与上针组合编织，如结构图所示，织至 23cm，两侧按 2-1-30 的方法减针织成插肩袖窿，织至 46cm，织片余下 34 针。
2. 左前片：起 55 针，右侧织 8 针搓板针作为衣襟，余下衣身部分织双罗纹，织 9cm 的高度，衣身改为花样与上针组合编织，如结构图所示，织至 23cm，左侧按 2-1-30 的方法减针织成插肩袖窿，织至 46cm，织片余下 25 针。
3. 袖片（2 片）：起 64 针，织双罗纹，织 3cm 的高度后，改为花样与上针组合编织，如结构图所示，织至 12cm，两侧按 4-1-15 的方法减针织成插肩袖山，织至 35cm，织片余下 34 针。
4. 领子：领圈挑起 152 针，织搓板针，共织 4cm 的长度。
5. 收尾：衣襟处缝上纽扣。

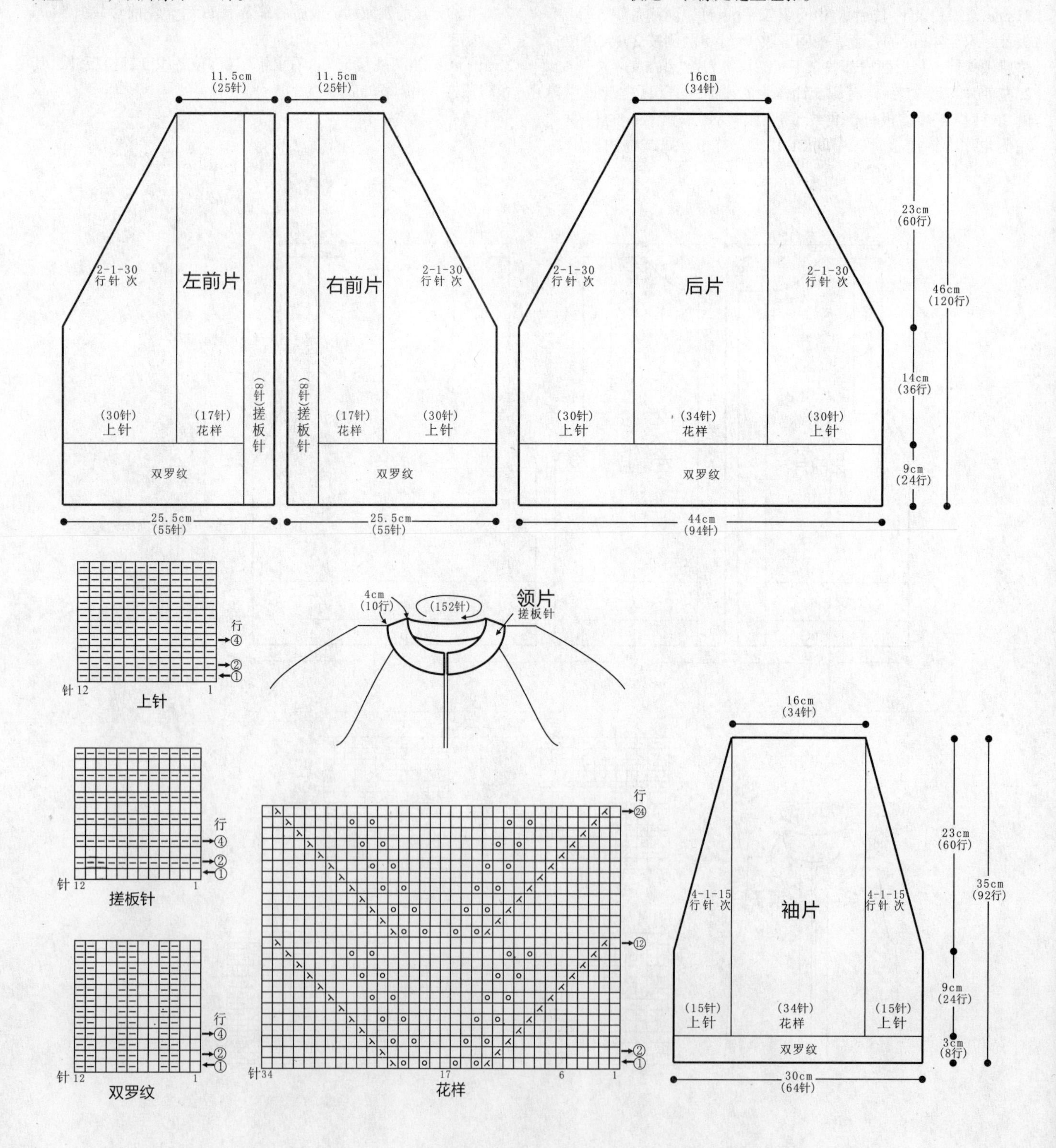

124

【成品尺寸】衣长 75cm　胸围 96cm　袖长 53cm
【工具】10 号棒针
【材料】橘红色纯羊毛线
【密度】$10cm^2$ ：22 针 ×32 行

【制作方法】

1. 前片：分左、右 2 片编织。左前片：按图起 52 针，织花样，侧缝按图示减针，织至 35cm 时加针，形成收腰，织至 15cm 时两边平收 5 针，按图收袖窿，织 10cm 时，门襟按图加针，织 5cm 时平收 8 针，袖窿再织 15cm 时，肩部平收 20 针，余 20 针不用收针，织 10cm 收针断线，用同样方法反方向编织另一片。
2. 后片：按图起 104 针，织花样，侧缝与前片一样加减针，形成收腰，织至 15cm 时两边平收 5 针，按图收袖窿，并按图收领窝，肩部余 20 针。
3. 袖片：按图起 56 针，织花样，袖下按图示加针，织至 42cm 时，开始收袖山，两边各平收 5 针，按图示减针，用同样方法织另一袖。
4. 将前、后片的肩部、侧缝、袖片全部缝合，前片的 A 与 B 缝合、C 与 D 合并与后领窝缝合，形成立领。

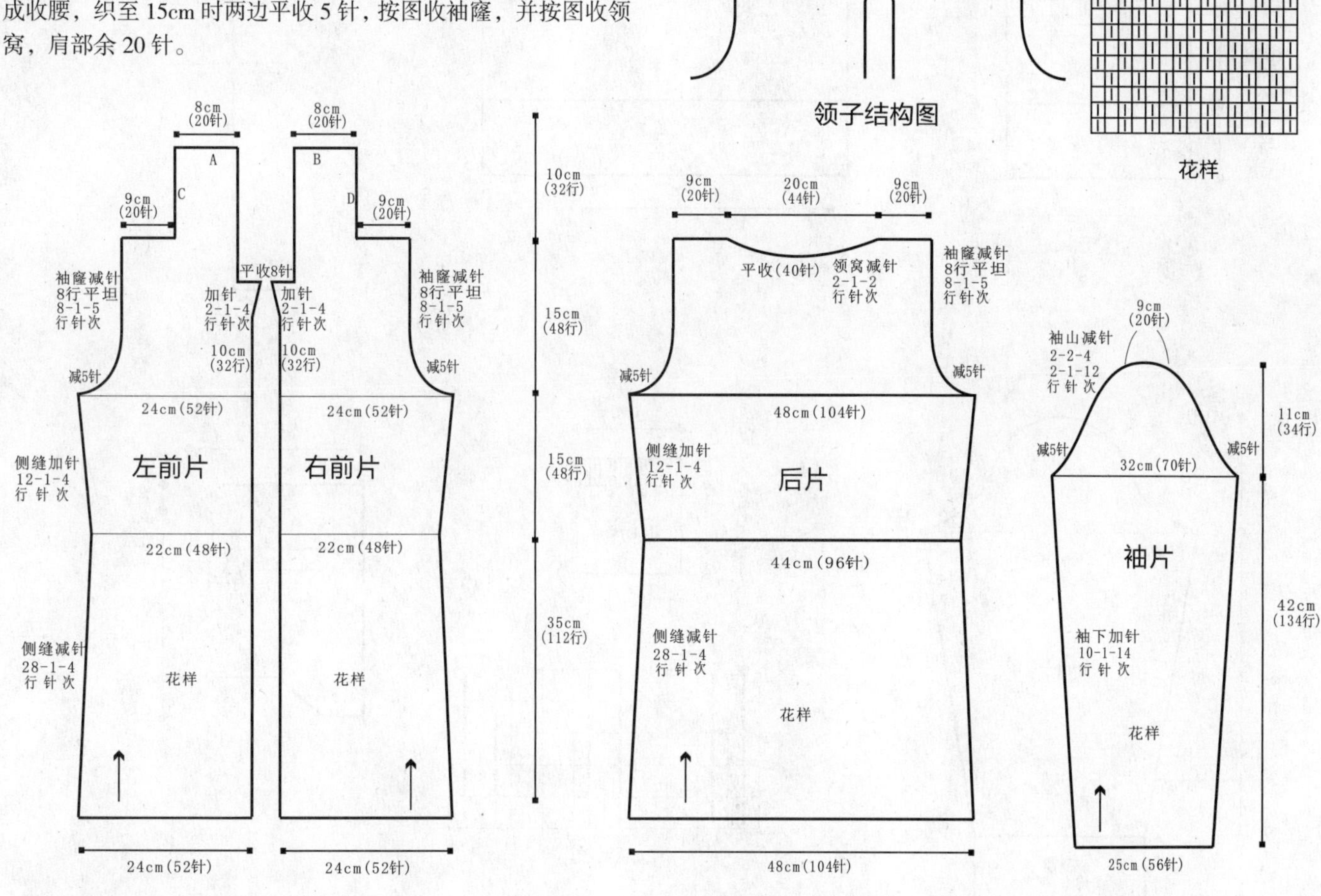

125

【成品尺寸】衣长 71cm　胸围 96cm　袖长 56cm
【工具】10 号棒针　13 号棒针　绣花针
【材料】紫色毛线 1000g
【密度】$10cm^2$ ：16 针 ×24 行
【附件】自制盘扣 5 枚

【制作方法】

1. 左前片：用 10 号棒针起 38 针，从下往上织双罗纹 9cm，换 13 号棒针织 39cm 花样 A 后开挂肩，按图解分别收挂肩、收领子。用相同方法相反方向织右前片。
2. 后片：用 10 号棒针起 76 针，罗纹与前片同，换 13 号棒针按后片图解编织。
3. 袖片：用 10 号棒针起 32 针，从下往上织双罗纹 7cm，换 13 号棒针织花样 C，放针，织到 36cm 处按图解收袖山。
4. 帽子、口袋按图解编织。
5. 将前片、后片、袖片、帽子缝合。帽子边挑针后织平针叠成 2 层，用棒针织 3 针圆绳 150cm，从帽边中穿过，做 2 个毛线球挂在圆绳两头，在前两片中间钉上 5 枚盘扣，清洗整理熨烫。

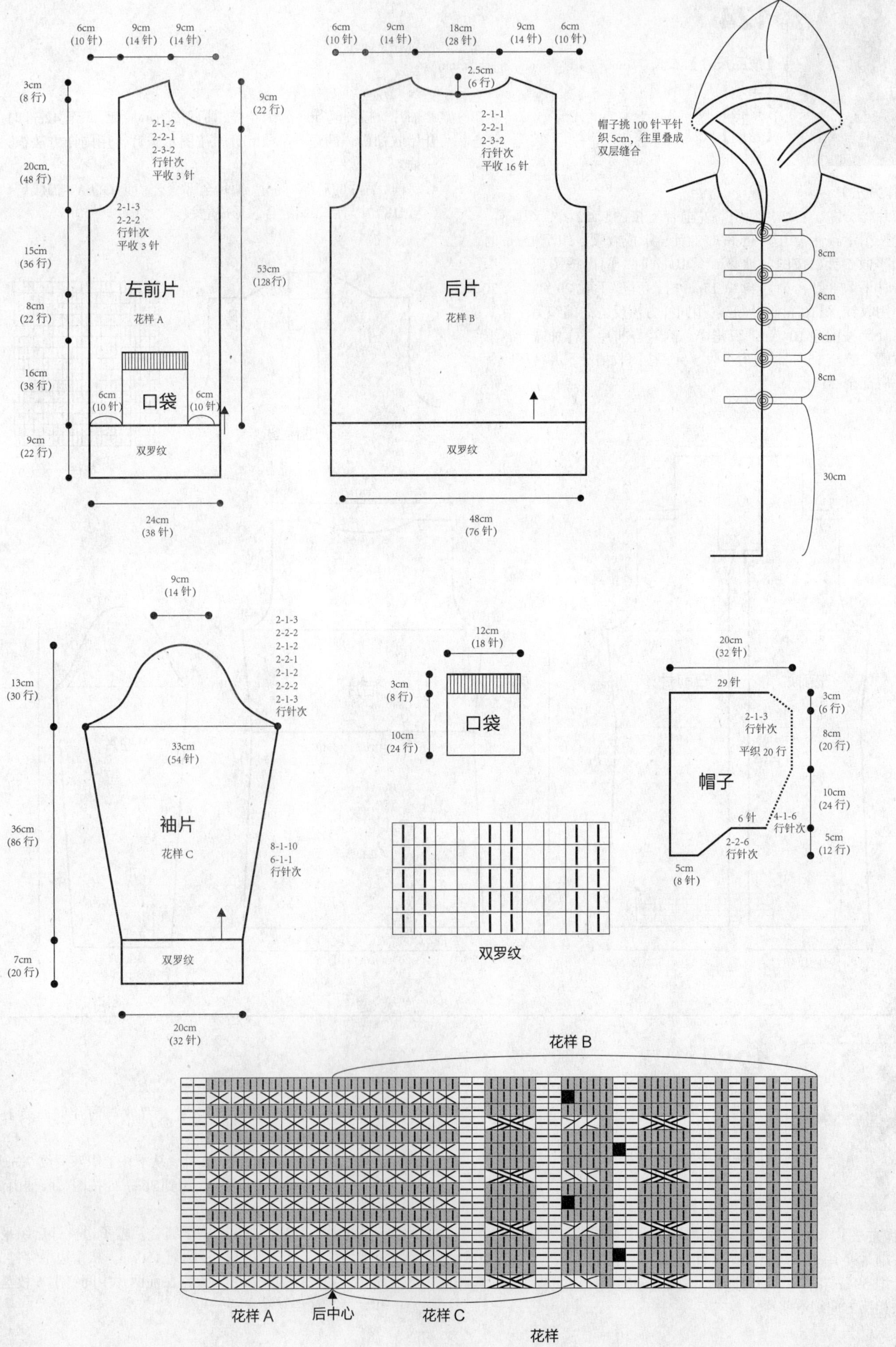

6cm (10针)
9cm (14针)
9cm (14针)
3cm (8行)
20cm (48行)
15cm (36行)
8cm (22行)
16cm (38行)
9cm (22行)
9cm (22行)
53cm (128行)
2-1-2
2-2-1
2-3-2
行针次
平收3针
2-1-3
2-2-2
行针次
平收3针
左前片
花样A
口袋
6cm (10针)
6cm (10针)
双罗纹
24cm (38针)
6cm (10针)
9cm (14针)
18cm (28针)
9cm (14针)
6cm (10针)
2.5cm (6行)
2-1-1
2-2-1
2-3-2
行针次
平收16针
后片
花样B
双罗纹
48cm (76针)
帽子挑100针平针织5cm，往里叠成双层缝合
8cm
8cm
8cm
8cm
30cm
9cm (14针)
2-1-3
2-2-2
2-1-2
2-2-1
2-1-2
2-2-2
2-1-3
行针次
13cm (30行)
33cm (54针)
袖片
花样C
36cm (86行)
8-1-10
6-1-1
行针次
7cm (20行)
双罗纹
20cm (32针)
12cm (18针)
3cm (8行)
10cm (24行)
口袋
双罗纹
20cm (32针)
29针
3cm (6行)
2-1-3
行针次
8cm (20行)
平织20行
帽子
10cm (24行)
6针
4-1-6
行针次
2-2-6
行针次
5cm (12行)
5cm (8针)
花样B
花样A
后中心
花样C
花样

126

【成品尺寸】衣长 70cm　胸围 90cm　袖长 45cm

【工具】7 号棒针　绣花针

【材料】暗红色中粗毛线 650g

【密度】$10cm^2$ ：19 针 ×28 行

【附件】纽扣 7 枚

【制作方法】

1. 单股线编织。毛衣由前片、后片、袖片组成。
2. 此件衣服是横向编织，门襟处起针 120 针，衣边 10 针，衣身 80 针，圆肩部分 30 针，编织 10 行双罗纹，向下编织上针，注意圆肩部分需要引返编织，编织 23cm 后只编织圆肩部分，编织圆肩 36cm 后连上衣身一起编织，织完后片与前面相同方法编织完另一片前片。
3. 袖子从圆肩上挑起 64 针向下编织花样，按图示均匀减针至 40 针织到 37cm，接着编织袖口双罗纹。
4. 领口从圆肩上挑起编织正反针结束。
5. 缝上纽扣。

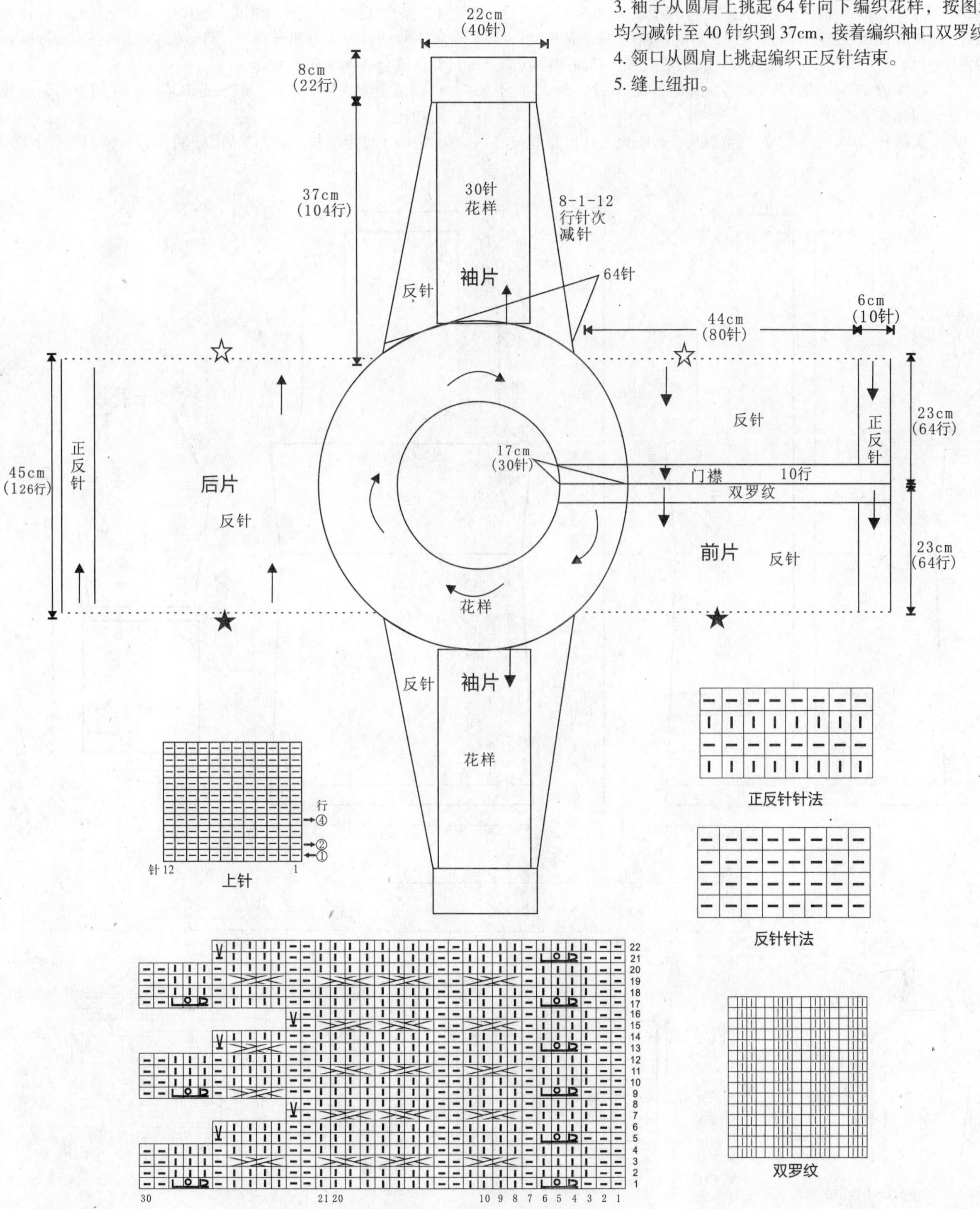

127

【成品尺寸】衣长 80cm　胸围 88cm　袖长 53cm
【工具】5 号棒针　小号钩针　绣花针
【材料】深绿色纯羊毛线 600g
【密度】10cm^2：22 针 ×32 行
【附件】纽扣 5 枚

【制作方法】

1. 前片：分左、右 2 片编织，分别按图起 52 针，织 3cm 双罗纹后，改织全上针，侧缝按图示减针，织 12cm 时，改织 3cm 双罗纹，再改织全上针，继续编织，17cm 时加针，形成收腰，15cm 时两边平收 5 针，按图收袖窿，再织 15cm 时，肩部平收 20 针，余 22 针不用收针，同样方法织另一片。
2. 后片：按图起 104 针，织 3cm 双罗纹后，改织全上针，侧缝与前片一样加减针，形成收腰，15cm 时两边平收 5 针，按图收袖窿，再织 15cm 时，肩部平收 20 针，余 44 针不用收针。
3. 袖片：分上、下片编织，上片：按图起 58 针，织全上针，袖下按图示加针，织至 20cm 时，开始收袖山，两边各平收 5 针，按图示减针。下片：起 62 针，织 3cm 双罗纹后，改织 19cm 全上针，打皱褶与上片缝合。同样方法织另一袖。
4. 将前、后片的肩部、侧缝、袖片全部缝合。前、后片领部未收的针数，全部合并，一起继续编织，织至 15cm 时收针，缝合 A 与 B 形成帽子。
5. 门襟至帽缘挑 255 针，织 5cm 双罗纹，左门襟均匀地开纽扣孔。
6. 装饰：缝上纽扣。装饰花另织，并用钩针钩织 2 朵小花。

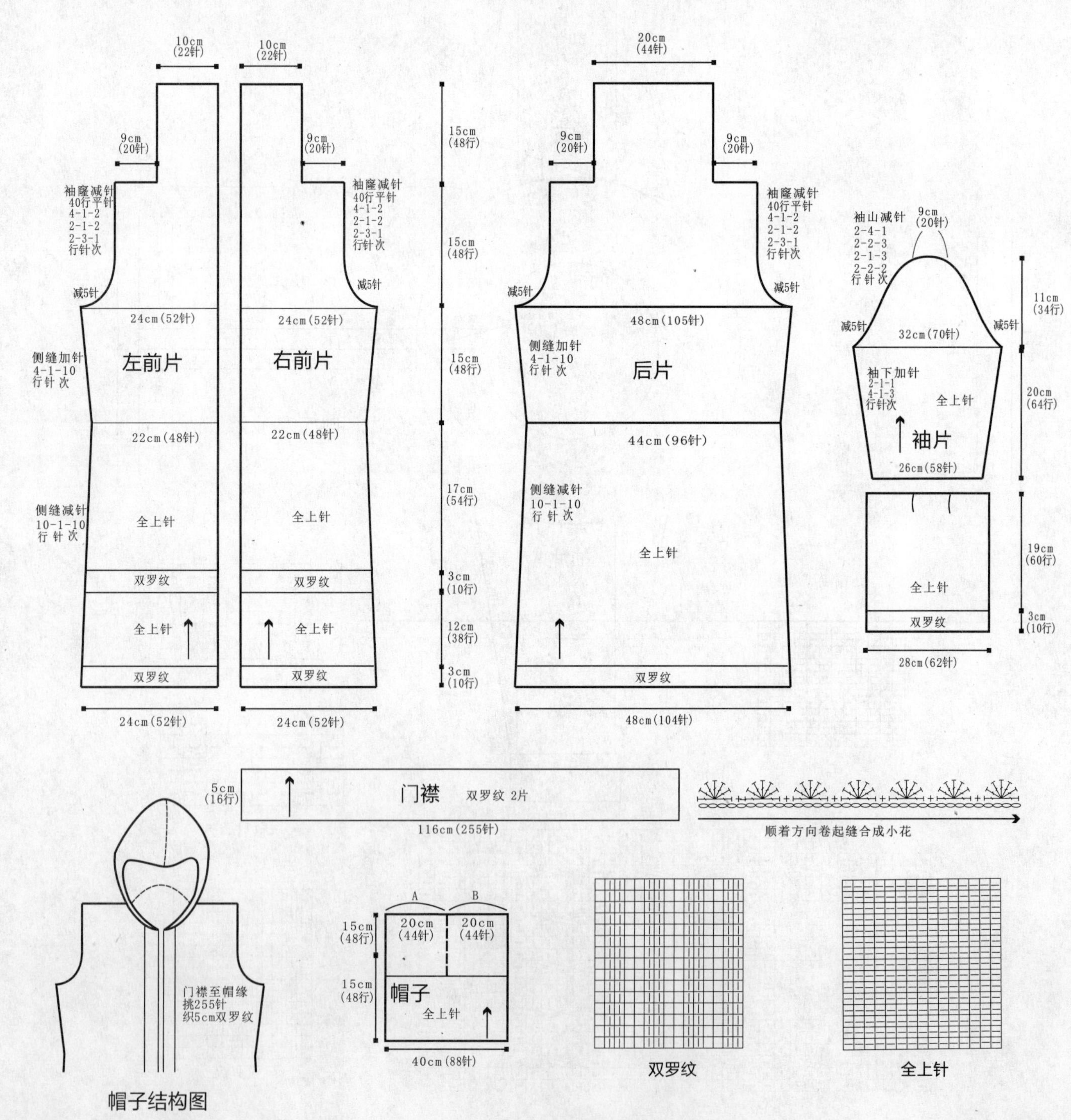

128

【成品尺寸】衣长 75cm　胸围 87cm　袖长 54cm

【工具】11 号棒针　绣花针

【材料】红色极细棉线 650g

【密度】$10cm^2$ ：51 针 ×46 行

【附件】纽扣 7 枚

【制作方法】

1. 后片：起 248 针，织 7cm 双罗纹，改织下针，一边织一边两侧按 28-1-8 的方法减针，织至 56cm 的高度，两侧各平收 8 针，然后按 2-1-20 的方法减针织成袖窿，织至 73cm，中间平收 96 针，两侧按 2-1-4 的方法后领减针，最后两肩部各余下 36 针，后片共织 75cm 长。

2. 左前片：起 116 针，织 7cm 双罗纹，改织花样，一边织一边左侧按 28-1-8 的方法减针，织至 56cm 的高度，左侧平收 8 针，然后按 2-1-20 的方法减针织成袖窿，织至 68cm，右侧按 2-4-11 的方法前领减针，最后肩部余下 36 针，左前片共织 75cm 长。同样的方法相反方向织右前片。

3. 袖片：起 102 针，织双罗纹，织 7cm 的高度，改织下针，一边织一边两侧按 8-1-21 的方法加针，织至 44cm 的高度，两侧各平收 8 针，然后按 2-1-23 的方法减针织成袖山，袖片共织 54cm 长，最后余下 82 针。袖底缝合。

4. 领子：沿领口挑起 204 针织双罗纹，织 10cm 长度。

5. 衣襟：沿左、右衣襟侧及领侧分别挑起 400 针，织单罗纹，织 4cm 的长度。缝上纽扣。

6. 口袋：起 58 针织花样，织 11.5cm 的长度，改织双罗纹，共织 10 行的长度，完成后缝合于左、右前片图示位置。

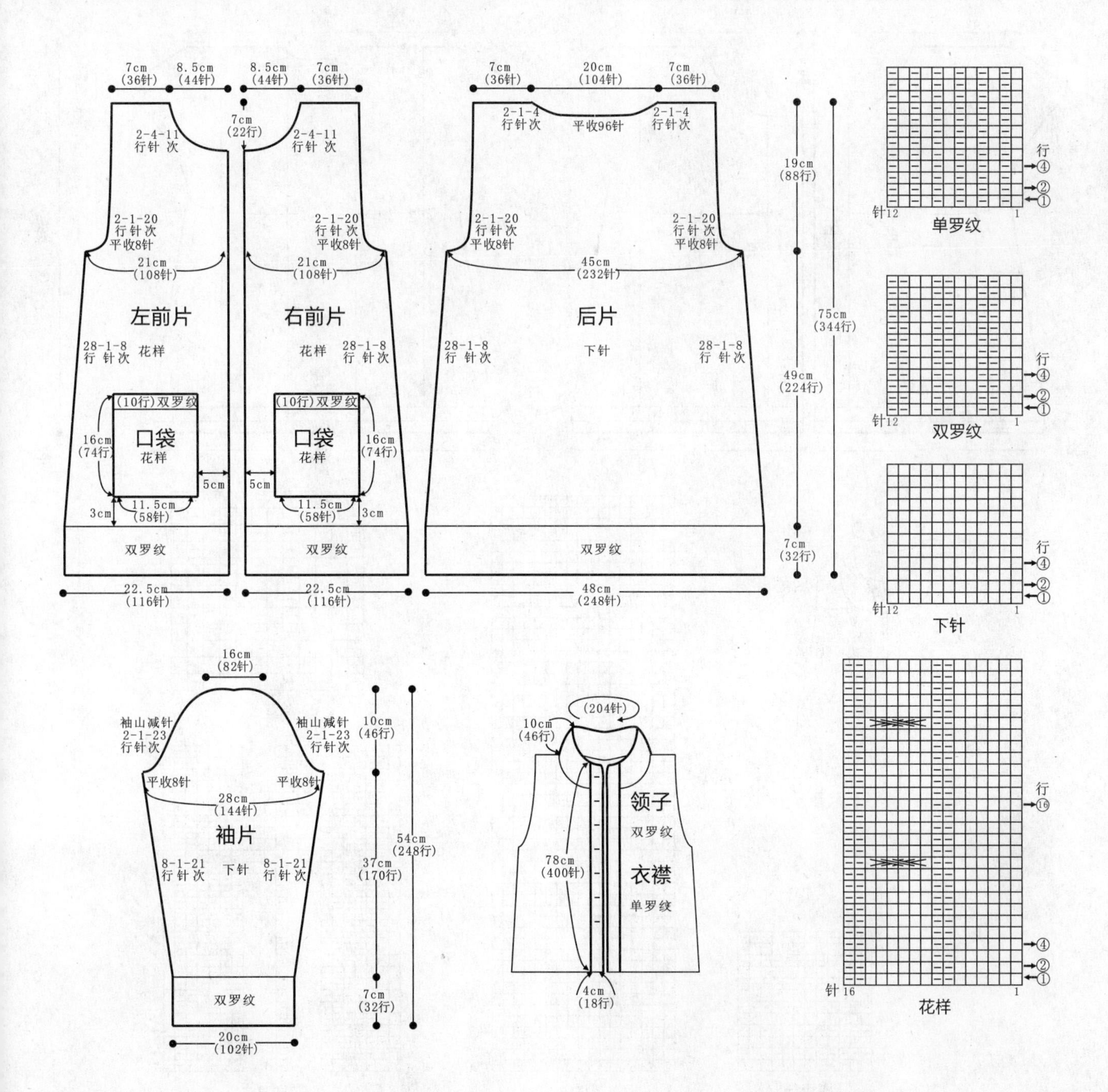

129

【成品尺寸】衣长 52cm　胸围 74cm

【工具】11 号棒针　绣花针

【材料】红色棉线 450g

【密度】10cm^2：18.1 针 ×28.5 行

【附件】纽扣 4 枚

【制作方法】

1. 后片：起 81 针，织 2 行单罗纹，改织搓板针，织至 3cm 的高度，改为花样 A、花样 B 与搓板针组合编织，如结构图所示，一边织一边两侧按 10-1-7 的方法减针，织至 28cm 的高度，两侧按 3-1-14 的方法加针，加针完成后织 4 行平坦，然后两侧按 2-2-7 的方法减针，织至 50.5cm 的高度，中间平收 15 针，两侧按 2-1-2 的方法后领减针，最后两肩部各余下 24 针，后片共织 52cm 长。

2. 左前片：起 54 针，织 2 行单罗纹，改织搓板针，织至 3cm 的高度，改为花样 B 与搓板针组合编织，如结构图所示，一边织一边左侧按 10-1-7 的方法减针，织至 28cm 的高度，左侧按 3-1-14 的方法加针，织至 41cm 的高度，右侧平收 8 针后，按 2-1-15 的方法减针织成前领，左侧袖窿加针完成后织 4 行平坦，然后按 2-2-7 的方法减针，织至 52cm 的高度，最后肩部余下 24 针。同样的方法相反方向编织右前片。

3. 领子：起 73 针织搓板针，织 8.5cm 的高度，两侧按 2-1-8 的方法减针，共织 12.5cm 的高度，余下 57 针，收针。

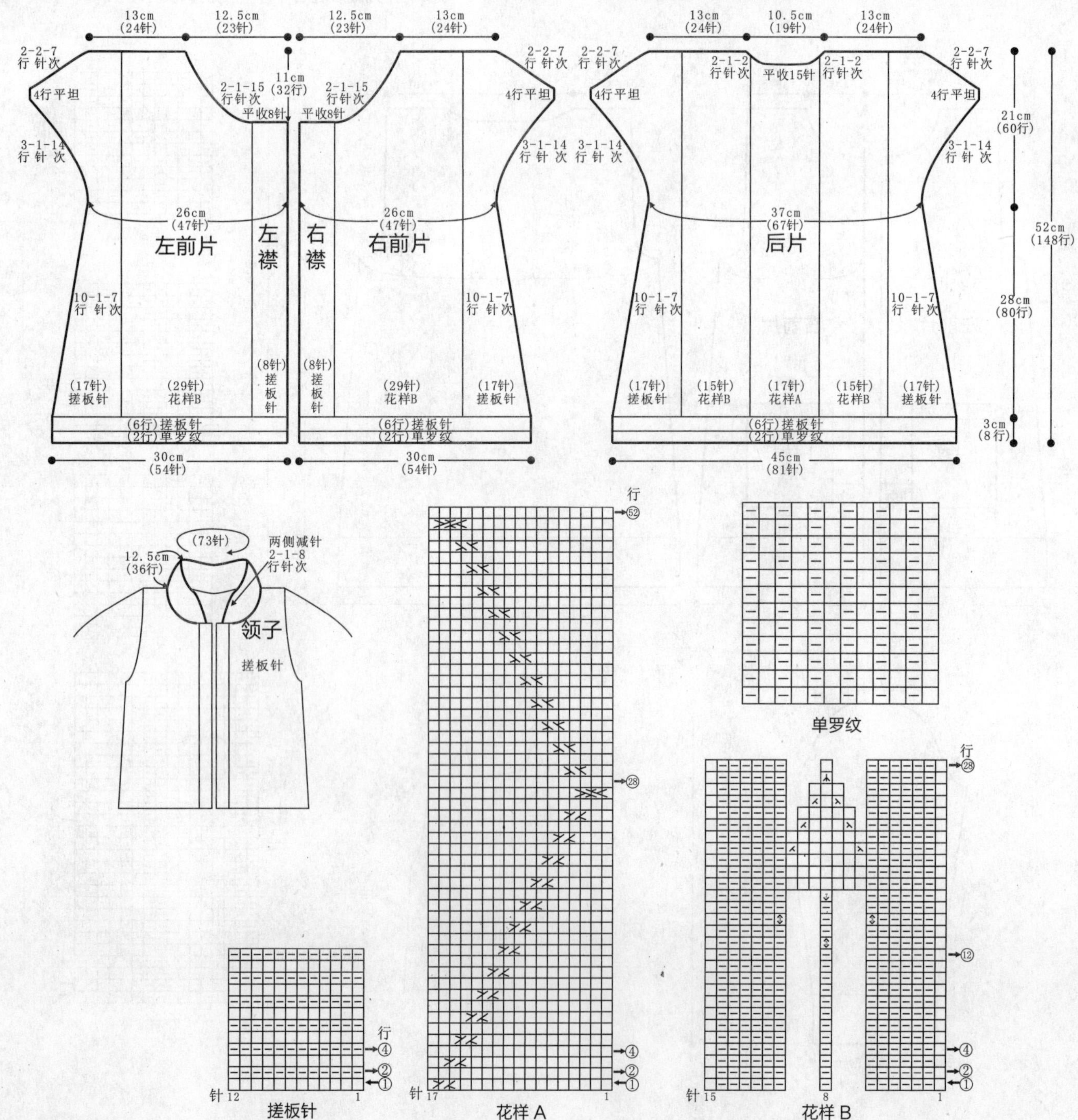

130

【成品尺寸】衣长 47cm　胸围 80cm　袖长 25cm

【工具】12 号棒针　绣花针

【材料】灰色棉线 500g

【密度】$10cm^2$ ：24 针 ×36 行

【附件】纽扣 1 枚

【制作方法】

1. 后片：起 100 针，织搓板针，织 2cm 的高度后，改织花样，织至 22cm，两侧加针，方法为 2-1-6、2-2-13、2-20-1，织至 34cm，织片变成 204 针，不加减针织至 46cm，中间平收 40 针，两侧按 2-1-2 的方法后领减针，最后两肩及袖部各余下 80 针，后片共织 47cm 长。

2. 左前片：起 46 针，织搓板针，织 2cm 的高度后，改织花样，织至 22cm，左侧加针，方法为 2-1-6、2-2-13、2-20-1，织至 31cm，右侧减针织成前领，方法为 2-1-18，织至 34cm，不加减针往上织，织至 47cm，余下 80 针，左前片共织 47cm 长。

3. 右前片：与左前片编织方法一样，方向相反。

4. 袖口：挑起 32 针，织搓板针，织 1.5cm。

5. 领子：领圈及衣襟挑起 272 针，织搓板针，共织 2cm 的长度。

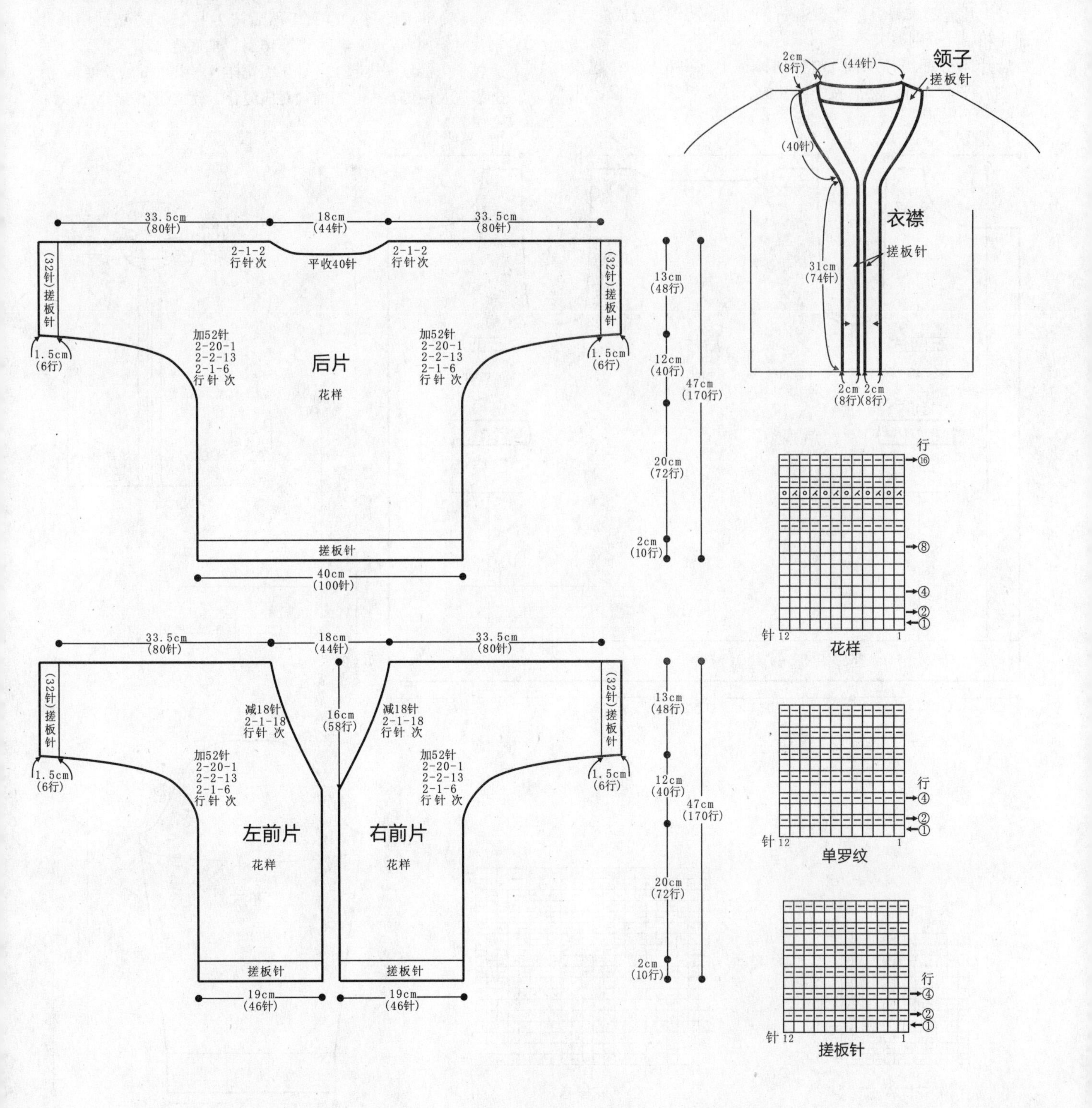

131

【成品尺寸】衣长 72cm　胸围 86cm　袖长 49cm
【工具】12 号棒针　绣花针
【材料】灰色棉线 650g
【密度】$10cm^2$：26 针 ×35 行
【附件】纽扣 10 枚

【制作方法】

1. 衣摆片：起 234 针，织花样 A，织至 5.5cm，两侧各织 12 针花样 A 作为衣襟，中间改织花样 B，如结构图所示，织至 31cm 的高度，暂停不织，将织片第 24~51 针、第 184~211 针用棒针挑出，单独编织 12 行作为口袋盖，完成后收针。另起两片 28 针的织片，织花样 A，织 10cm 的长度，拼放到口袋的位置，与衣身织片连起来编织，织至 50cm 的高度，将织片分成左、右、前片和后片分别编织。

2. 后片：分配织片中间 110 针到棒针上，织花样 B，起织时两侧各平收 4 针，然后按 2-1-9 的方法减针织成袖窿，织至 70cm，中间平收 50 针，两侧按 2-1-3 的方法后领减针，最后两肩部各余下 14 针，后片共织 72cm 长。

3. 左前片：取 62 针，继续花样 B 编织，起织时右侧平收 4 针，然后按 2-1-9 的方法减针织成袖窿，织至 63.5cm，左侧平收 16 针后，按 2-2-7、2-1-5 的方法减针织成前领，最后肩部余下 14 针，左前片共织 72cm 长。同样的方法相反方向编织右前片。

4. 袖片：起 44 针，织花样 A，织 5.5cm，改织花样 B，如结构图所示，一边织一边按 8-1-13 的方法两侧加针，织至 36cm 的高度，两侧各平收 4 针，然后按 2-1-23 的方法袖山减针，袖片共织 49cm 长，最后余下 16 针。袖底缝合。

5. 领子：沿领圈挑起 126 针，织花样 A，织 4cm 的长度。

6. 袋底及两侧与左、右前片对应缝合。缝上纽扣。

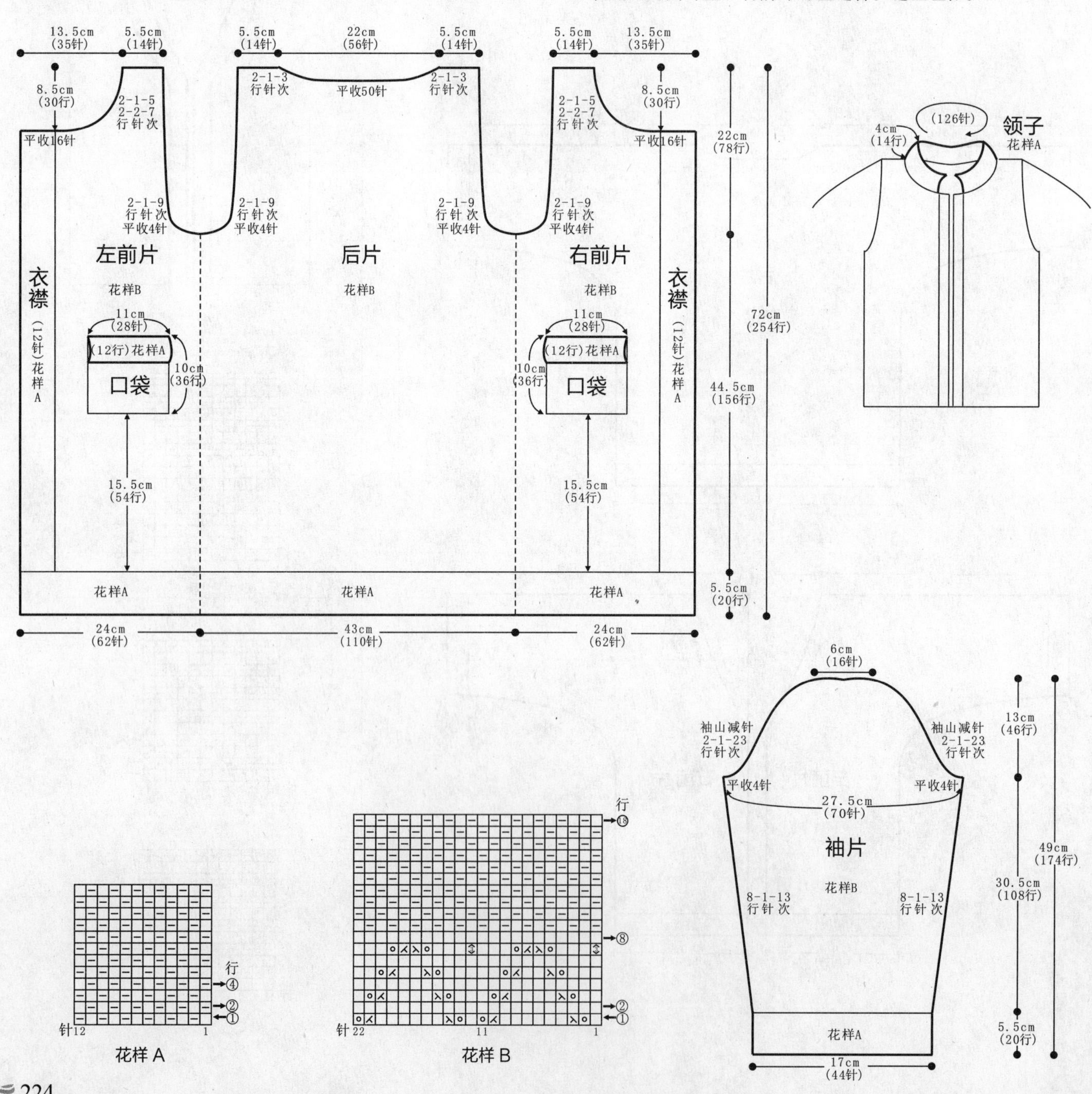

132

【成品尺寸】衣长 54cm　胸围 84cm　袖长 41cm
【工具】12 号棒针
【材料】白色棉线 450g
【密度】10cm^2 ：26 针 ×28 行

【制作方法】

1. 前、后片：以前片为例，(1) 起 112 针，织 7cm 双罗纹。(2) 上针编织 22cm。然后两侧逐渐按加 32 针方法加针，织 10cm。(3) 上针织 6cm 后开领，中心留 50 针后分 2 片编织，领部减针按减 31 针方法减，织 9cm 后收针。相同方法织另一片领部。相同方法织出后片。
2. 袖片：起 54 针，双罗纹编织 41cm，并两侧同时加针，加针按加 13 针加针方法编织，织 114 行。
3. 领：前、后片分片编织。以前片领为例：每份分为两步，第 1 步挑针，把领部收掉的 31 针按收针时方法挑针，织 9cm 后两侧 11cm 分别收针；继续织领 2，领 2 中心留 54 针，织 15cm 后收针。相同织后片领。
4. 缝合：将前、后片肩部、腋下、领对齐缝合；袖片、袖下缝合，并与身片袖窿处相缝合。

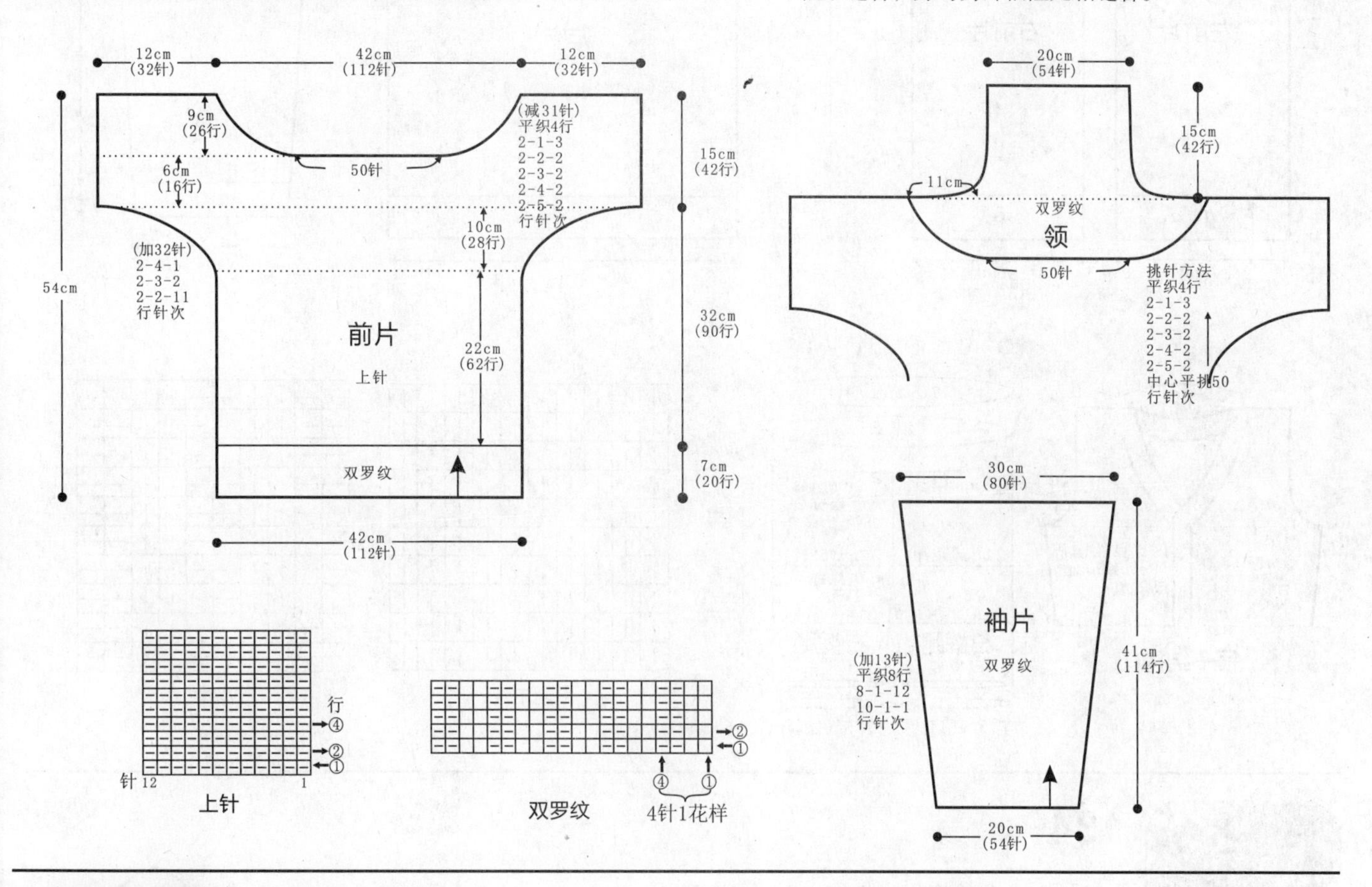

133

【成品尺寸】衣长 50cm　胸围 64cm　袖长 53cm　裤长 40cm　腰围 70cm
【工具】9 号棒针　绣花针
【材料】黑色羊毛线 600g
【密度】10cm^2 ：25 针 ×32 行
【附件】纽扣 5 枚　宽紧带 1 根

【制作方法】

上衣

1. 前片：分左、右 2 片编织，左前片按图起 40 针，织 3cm 双罗纹后，改织全下针，侧缝不用加减针，织至 29cm 时，开始减 5 针收袖窿，并同时收领窝，织至 18cm 时，肩部针数为 12 针，用同样方法、反方向编织右前片。
2. 后片：按图起 80 针，织 3cm 双罗纹后，改织全下针，侧缝不用加减针，织至 29cm 时，两边开始减 5 针收袖窿，织至 16.5cm 时收领窝，此时肩部针数为 12 针。
3. 袖片：按图起 62 针，织 3cm 双罗纹后，改织全下针，袖侧缝按图加针，织至 39cm 时，两边同时减 5 针收袖山，织至 11cm 时余 22 针。
4. 领子：门襟至领圈挑起 196 针，织 3cm 双罗纹。
5. 装饰：缝上纽扣。

裤子

1. 裤子圈织，从裤头织起，起 174 针，圈织 6cm 全下针，褶边缝合，形成双层边，用于穿宽紧带。
2. 继续圈织全下针，同时把全部针数分成两部分，定好前后裆的中点，留 1 针作为加针点，隔 8 行在两边各加 1 针，共 2 针，加 8 次。
3. 平均分成左、右两个裤腿，分别继续圈织，裆位处开始减针，最后织 10cm 双罗纹，完成。

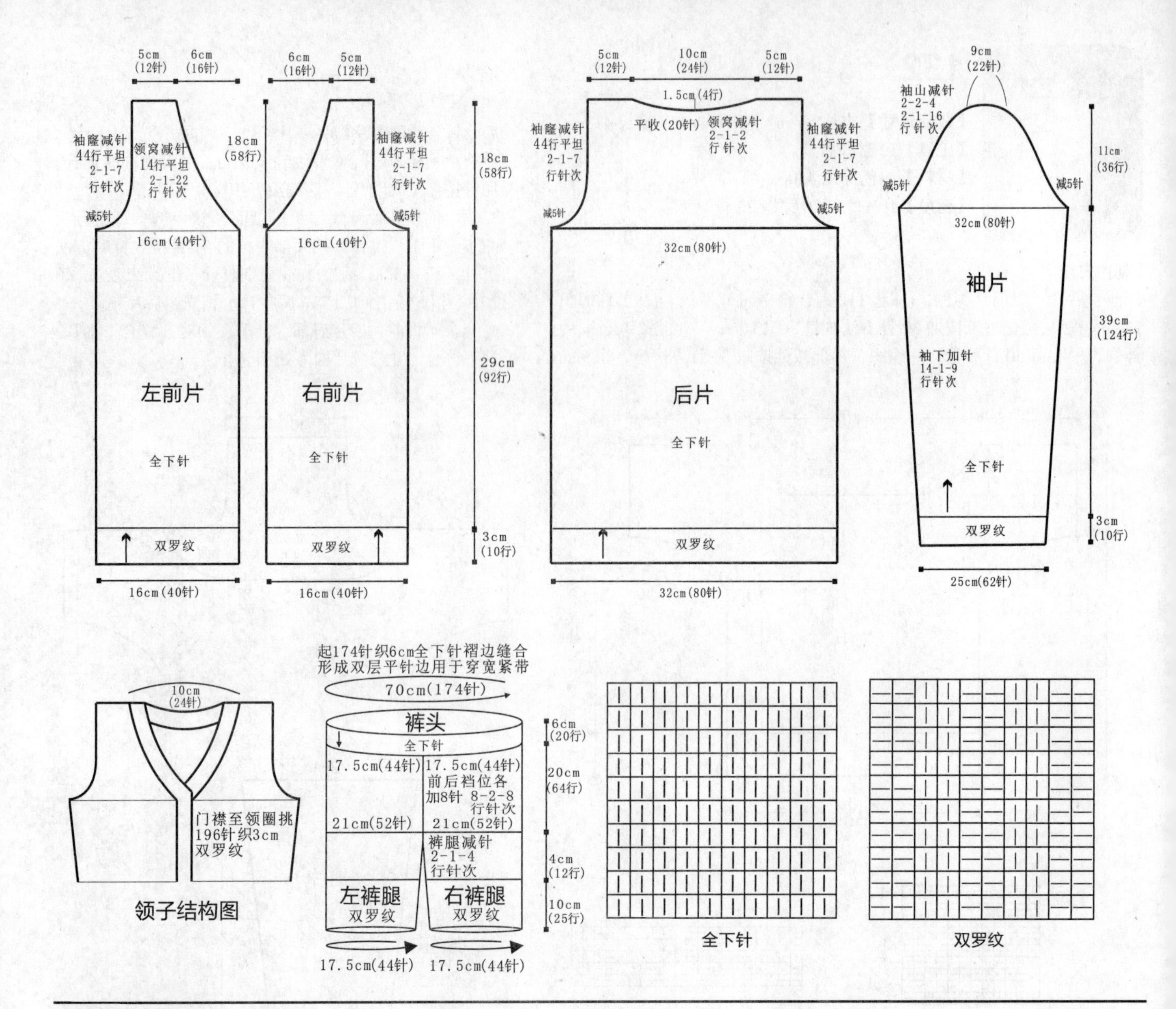

134

【成品尺寸】衣长 70cm　胸围 96cm　袖长 53cm

【工具】10 号棒针

【材料】黑色羊毛线 800g

【密度】10cm^2：22 针 ×32 行

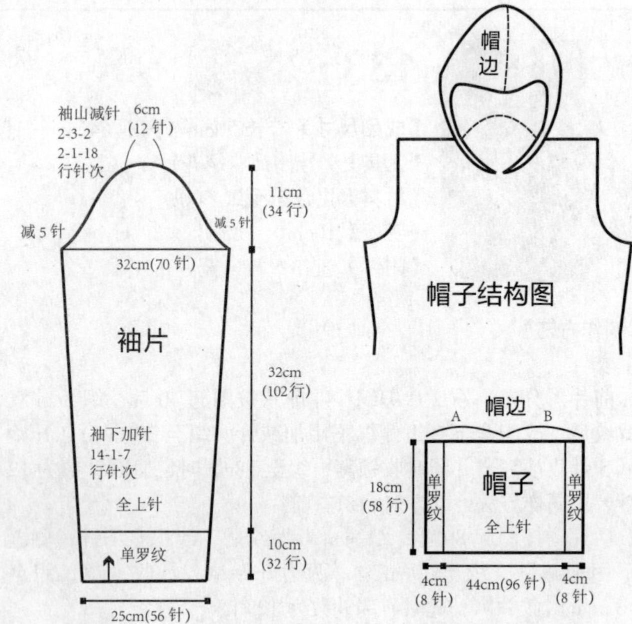

【制作方法】

1. 前片：分上、下 2 片编织。上片：按图示起 106 针，织全上针，侧缝不用加减针，织 10cm 时留袖窿，在两边同时各平收 5 针，然后按图示收成袖窿，再织 3cm 时留前领窝；下片：起 128 针，先织 5cm 单罗纹后，改织花样，侧缝按图减针，织至完成，打皱褶后与上片缝合。

2. 后片：织法与前片一样，但袖窿织 16.5cm 才留领窝。

3. 袖片：按图起 56 针，织 10cm 单罗纹后，改织全上针，袖下加针，织至 32cm 时两边同时平收 5 针，并按图收成袖山，用同样方法织另一袖。

4. 前、后片的肩、侧缝、袖片对应缝合。

5. 领边挑 112 针，织 18cm 全上针，两边织 4cm 单罗纹，将帽边缝合，形成帽子。

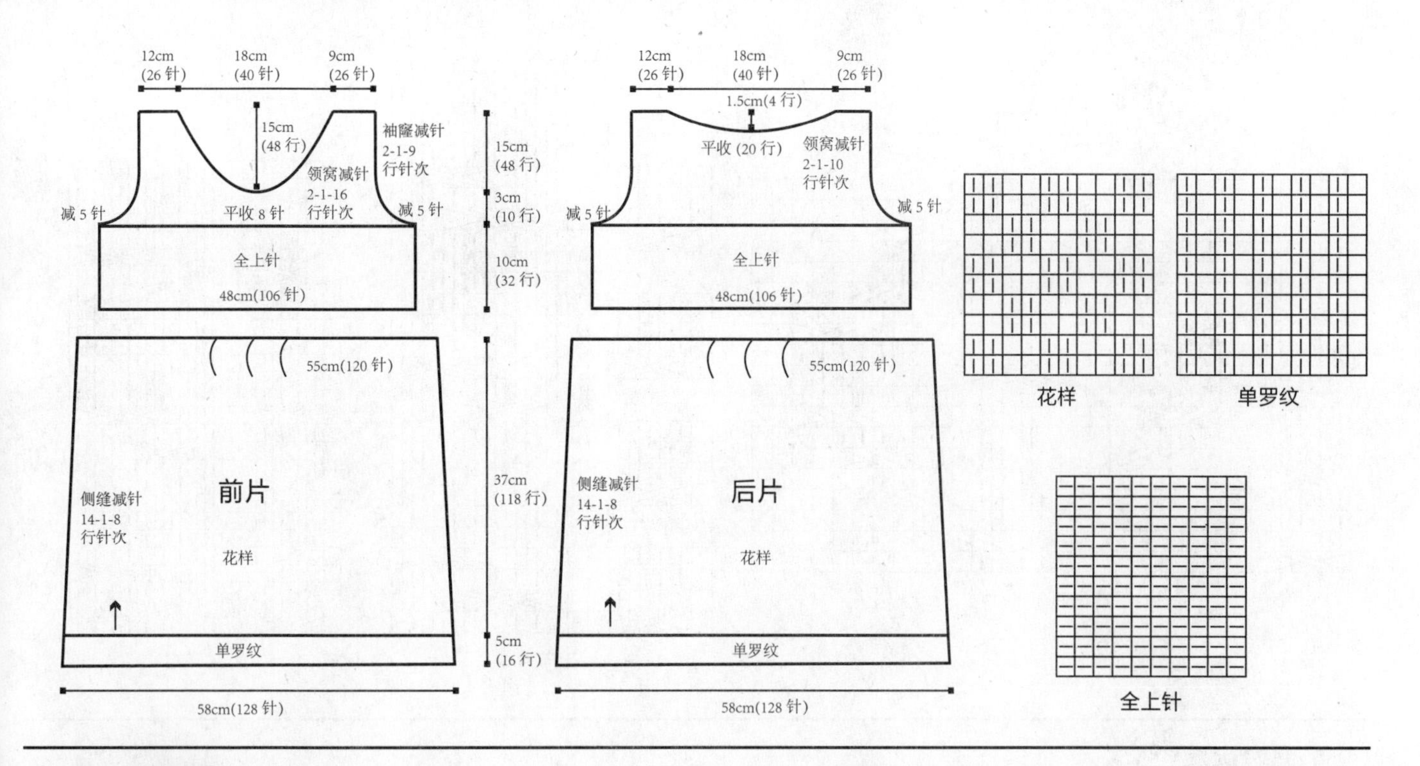

135

【成品尺寸】衣长 50cm　胸围 90cm　袖长 38cm

【工具】8 号棒针

【材料】咖啡色毛线 900g

【密度】10cm^2 ：18 针 ×26 行

【制作方法】

1. 右前片：起 9 针，按图解放针，放出的针织花样 B，织到 28cm 处开斜肩，按图解收领子。
2. 后片：起 81 针织花样 B。按图解收尾。
3. 袖片：起 50 针，织花样 B，织 4 行按图解编织。育克片部分按图解编织花样 A。
4. 另用花样 C 织门襟边，前后片连起来织，共织 167cm，434 行，前后片、袖片门襟缝合后（两门襟重叠与育克片缝住），做两个毛球挂胸前。

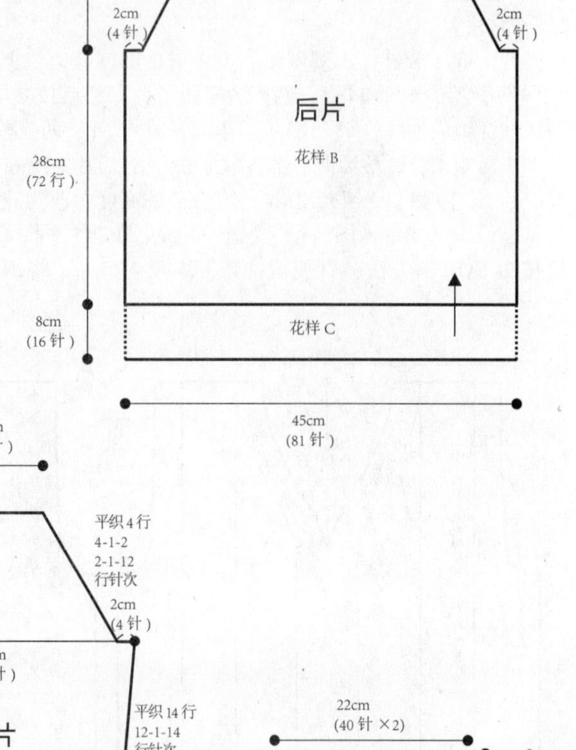

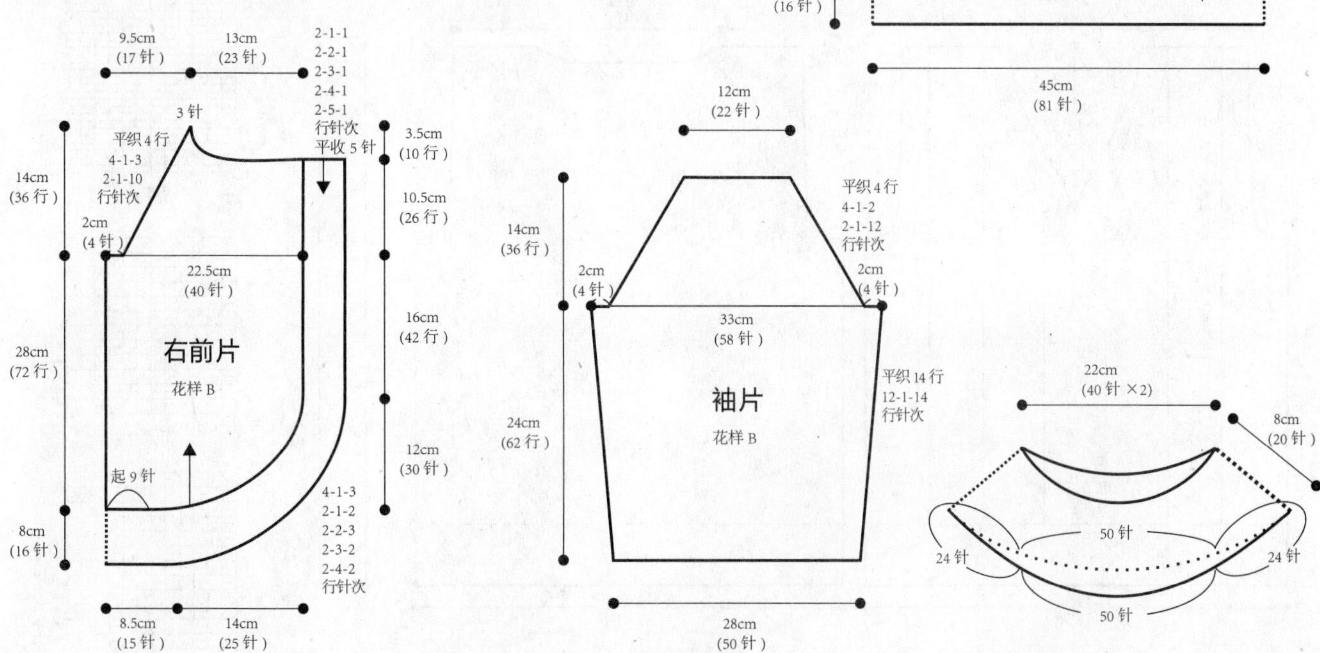

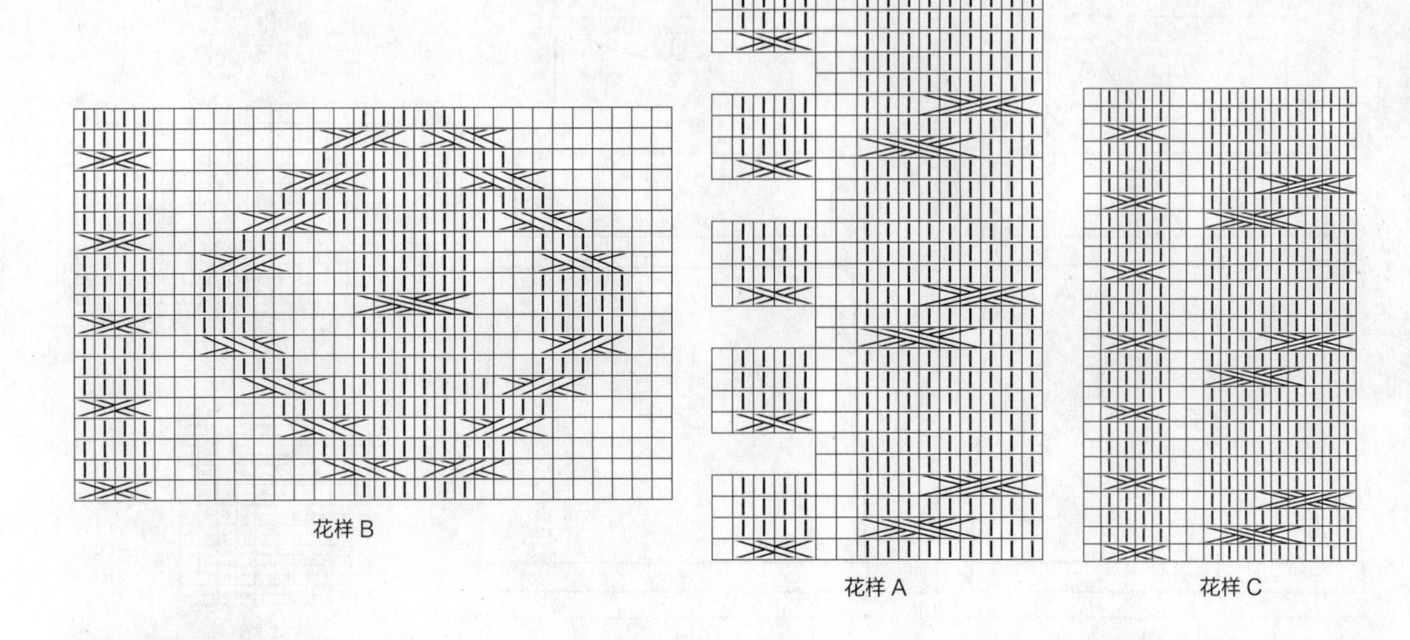

136

【成品尺寸】衣长 66cm　胸围 86cm　袖长 53cm
【工具】12 号棒针
【材料】浅灰色棉线 550g
【密度】$10cm^2$ ：34 针 ×43 行

【制作方法】

1. 后片：起 148 针，织双罗纹，织 7cm 的高度，改织上针，如结构图所示，织至 44cm，两侧各平收 4 针，然后按 2-1-10 的方法减针织成袖窿，织至 65cm，中间平收 60 针，两侧按 2-1-2 的方法后领减针，最后两肩部各余下 28 针，后片共织 66cm 长。
2. 前片：起 148 针，织双罗纹，织 7cm 的高度，改为花样与上针组合编织，如结构图所示，织至 44cm，两侧各平收 4 针，然后按 2-1-10 的方法减针织成袖窿，织至 47.5cm，将织片从中间分开成左右两部分别编织，领口两侧各织 10 针单罗纹作为前领，一边织一边两侧按 2-1-22 的方法前领减针，最后两肩部各余下 38 针，前片共织 66cm 长。
3. 袖片：起 74 针，织双罗纹，织 5cm 的高度，改为花样与上针组合编织，如结构图所示，一边织一边按 8-1-21 的方法两侧加针，织至 45cm 的高度，两侧各平收 4 针，然后按 2-2-17 的方法袖山减针，袖片共织 53cm 长，最后余下 40 针。袖底缝合。
4. 领子：沿左侧领子挑起 10 针，织单罗纹，共织 19cm 的长度，与右侧前领对应缝合，再将后领子侧边与衣身后片对应缝合。

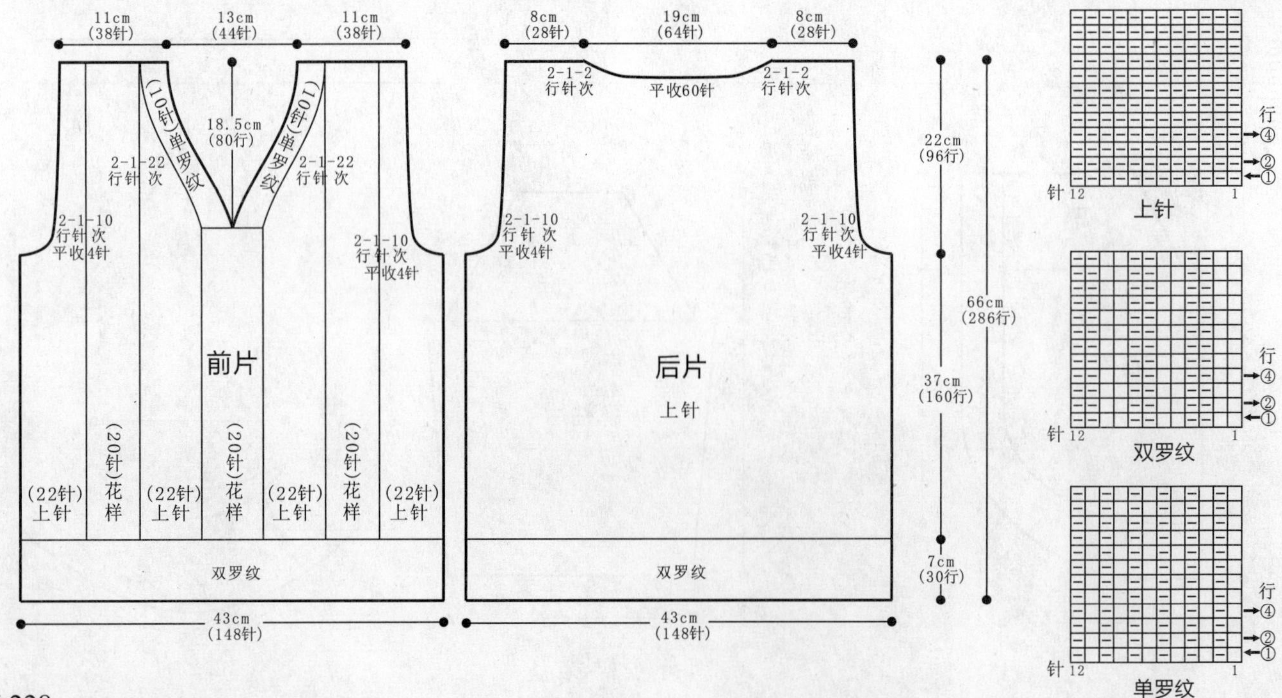

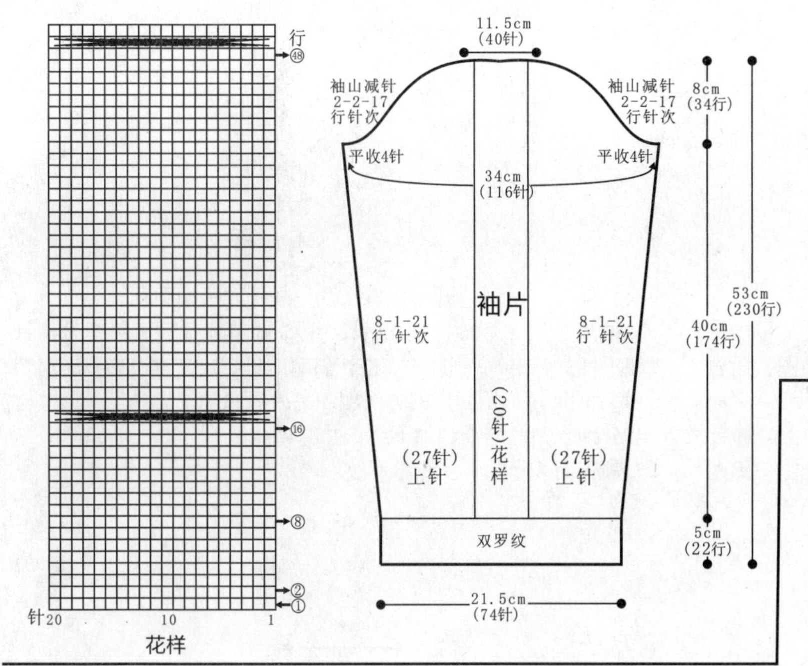

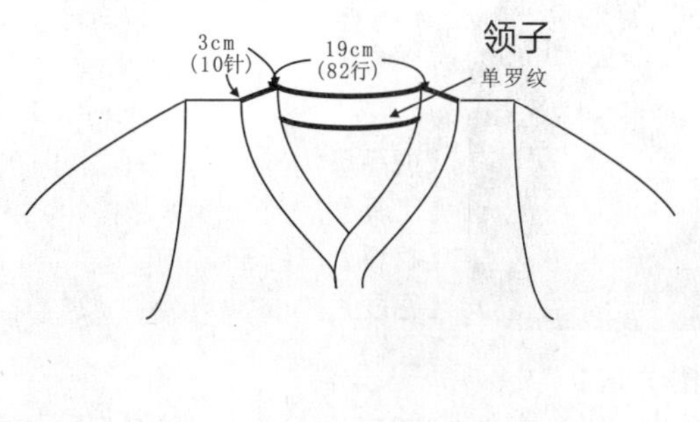

【制作方法】

1. 前片：起 152 针，织双罗纹，织 11cm 后，改织下针，织至 35cm，两侧各平收 2 针，然后按 4-2-22、16-2-2 的方法插肩减针，再织 3cm 后改织双罗纹，后片共织 60cm 长，领部余下 52 针。

2. 后片：织法与前片相同，只是改织下针后，不再改织双罗纹。

3. 袖片：从袖口往上织，起 96 针织双罗纹，织 9cm 后改织上针，两侧按 6-1-20 的方法加针，织至 33cm 的高度，改织花样，织至 35cm，织片变成 136 针，两侧各平收 2 针，然后按 4-2-22、16-2-2 的方法插肩减针，织至 35cm 的高度，改回编织上针，后片共织 60cm 长，领部余下 36 针。

4. 领子：领圈挑起 176 针，前片领口对应针数仍织双罗纹，左右前片对应针数仍织上针，环形编织，共织 18cm 长。

137

【成品尺寸】衣长 60cm　胸围 76cm　袖长 60cm

【工具】14 号棒针

【材料】杏色棉线 500g

【密度】$10cm^2$：40 针 ×48 行

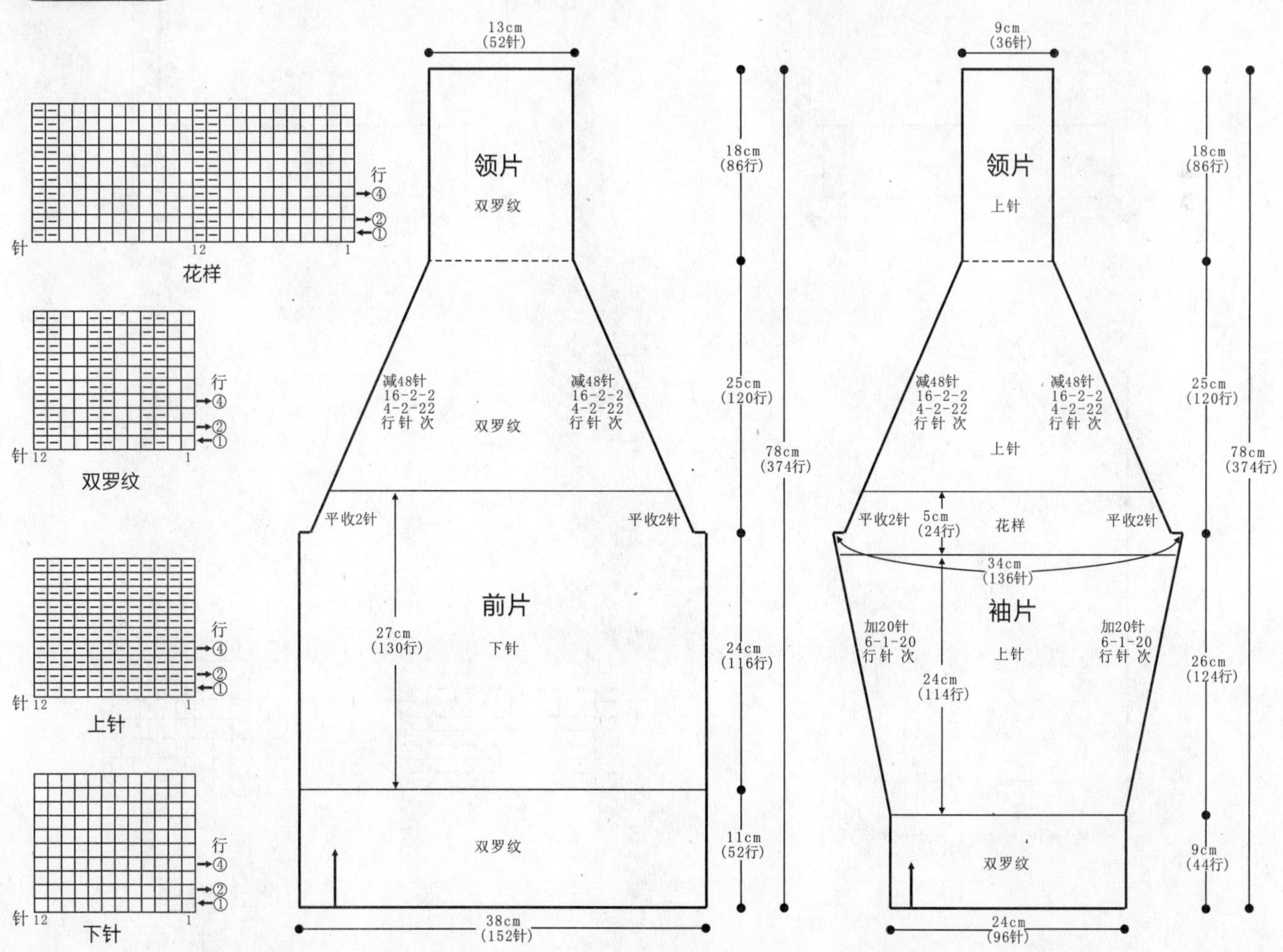

138

【成品尺寸】衣长 66cm　胸围 92cm　袖长 62cm
【工具】7 号棒针　8 号棒针
【材料】白色珠线 650g
【密度】$10cm^2$ ：18 针 ×24 行

【制作方法】

1. 后片：用 8 号棒针起 84 针，织 10cm 单罗纹后，换 7 号棒针织上针，织 38cm 到腋下，进行斜肩减针，减针方法如图，后领留 33 针，待用。
2. 前片：用 8 号棒针起 84 针，织 10cm 单罗纹后，换 7 号棒针织上针，织 38cm 到腋下，进行斜肩减针，减针方法如图，织到衣长最后 7cm 时，开始领口减针，减针方法如图示。
3. 袖片：用 8 号棒针起 42 针，织 5cm 单罗纹后，换 7 号棒针织上针，织 39cm 到腋下，进行斜肩减针，减针方法如图，肩留 14 针，待用，用同样的方法编织另外一只袖子。
4. 分别合并侧缝线和袖下线，并缝合袖子。
5. 领：用 8 号棒针挑织单罗纹。

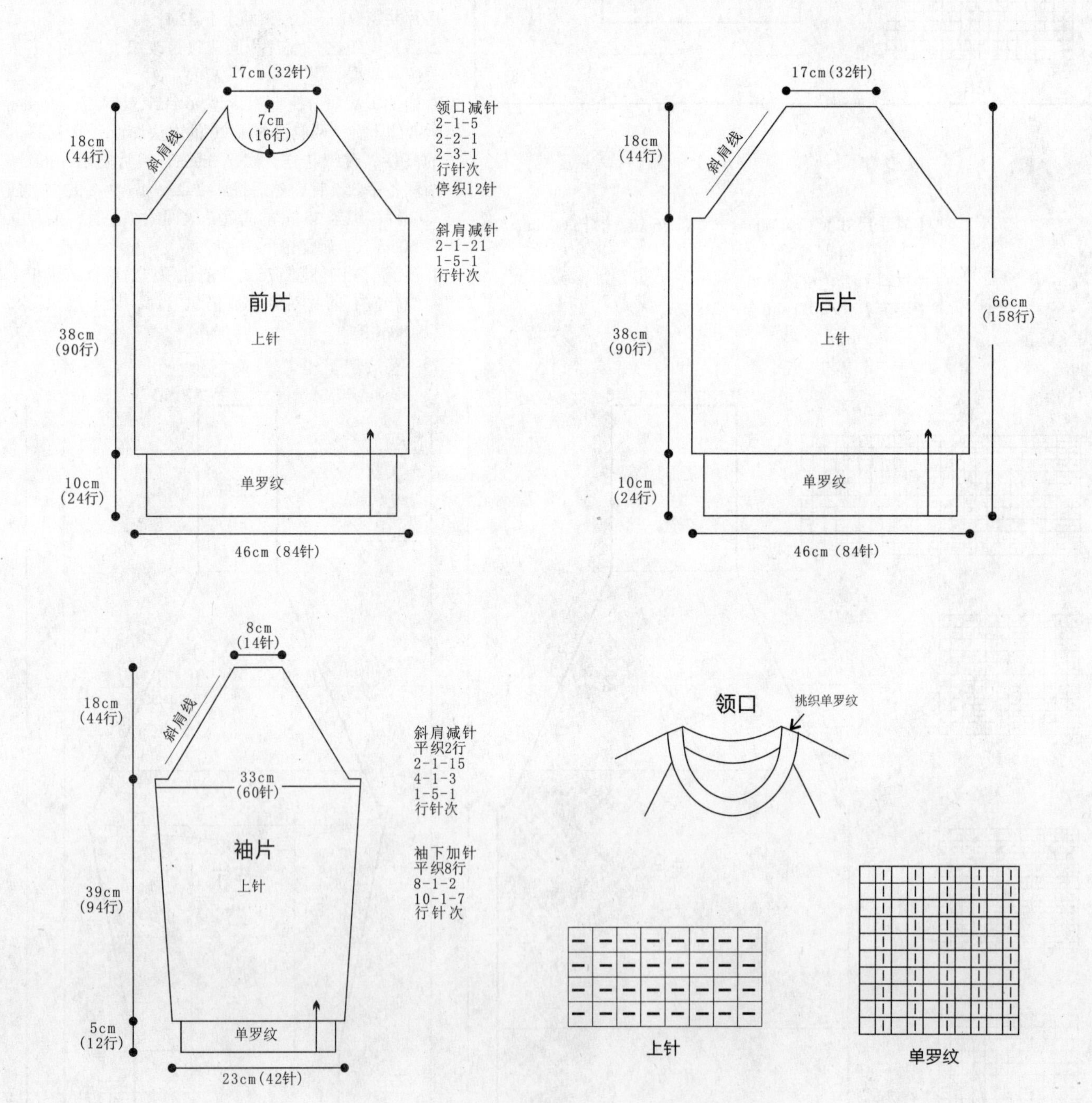

139

【成品尺寸】衣长 45cm　胸围 56cm
【工具】13 号棒针
【材料】白色棉线 400g
【密度】$10cm^2$：35 针 ×47 行

【制作方法】

1. 前、后片：从领口往下环形编织。起 104 针，织双罗纹，织 2.5cm 后，改织花样 A，共 8 组花样 A，织 12cm 后，织片变成 216 针，将织片分成前片、后片和左、右袖片 4 部分，前、后片各取 63 针，左、右袖片各取 45 针编织，分配前片和后片共 126 针到棒针上，起织时每个花样的上针间隔处加 3 针，织片变成 162 针，织花样 B，同时两侧袖底各加起 18 针，环形编织，共 6 个单元花，织 24cm 后，改织双罗纹，织 6.5cm 的高度，衣身共织 45cm 长。

2. 袖片：两袖片编织方法相同，以左袖为例，分配左袖片共 45 针到棒针上，同时挑织衣身加起的 18 针，共 63 针织双罗纹，织 2cm 后，收针断线。

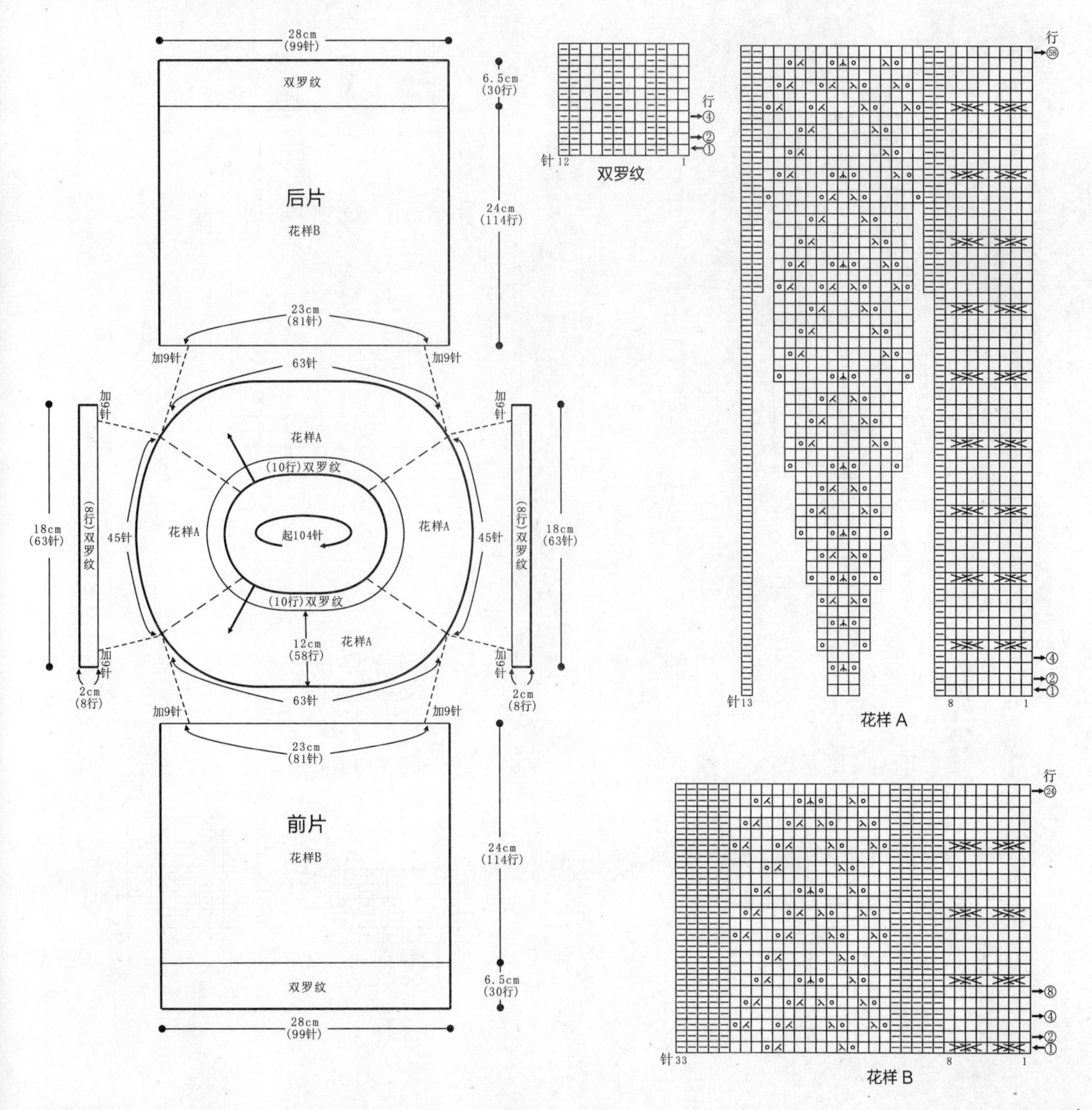

140

【成品尺寸】衣长 54cm　胸围 86cm　袖长 48cm
【工具】7 号棒针　8 号棒针　绣花针
【材料】花式时装毛线 550g
【密度】$10cm^2$：18 针 ×24 行
【附件】纽扣 7 枚

【制作方法】

1. 先织后片，用 8 号棒针起 80 针，织 5cm 单罗纹后，换 7 号棒针织上针，不加不减织 31cm 到腋下，然后开始袖窿减针，减针方法如图,织至衣长最后 3cm 时,进行后领减针,如图,肩留 14 针,待用。
2. 前片分 2 片，用 8 号棒针起 41 针织 5cm 单罗纹后，换 7 号棒针织上针，不加不减织 31cm 到腋下，然后开始袖窿减针，减针方法如图，织到最后 7cm 时，进行领口减针，减针方法如图，肩留 14 针，待用，用同样的方法织好另一片前片。
3. 袖片：用 8 号棒针起 44 针，织 4cm 单罗纹后，换 7 号棒针织上针，按图示进行袖下加针，织至 35cm，到腋下后按图进行袖山减针，减针完毕，袖山形成，用同样的方法织好另一只袖子。
4. 前后片反面用下针缝合，分别合并侧缝线和袖下线，并缝合袖子。
5. 领口：挑织单罗纹并在合适的位置留扣眼。
6. 用绣花针缝上纽扣。

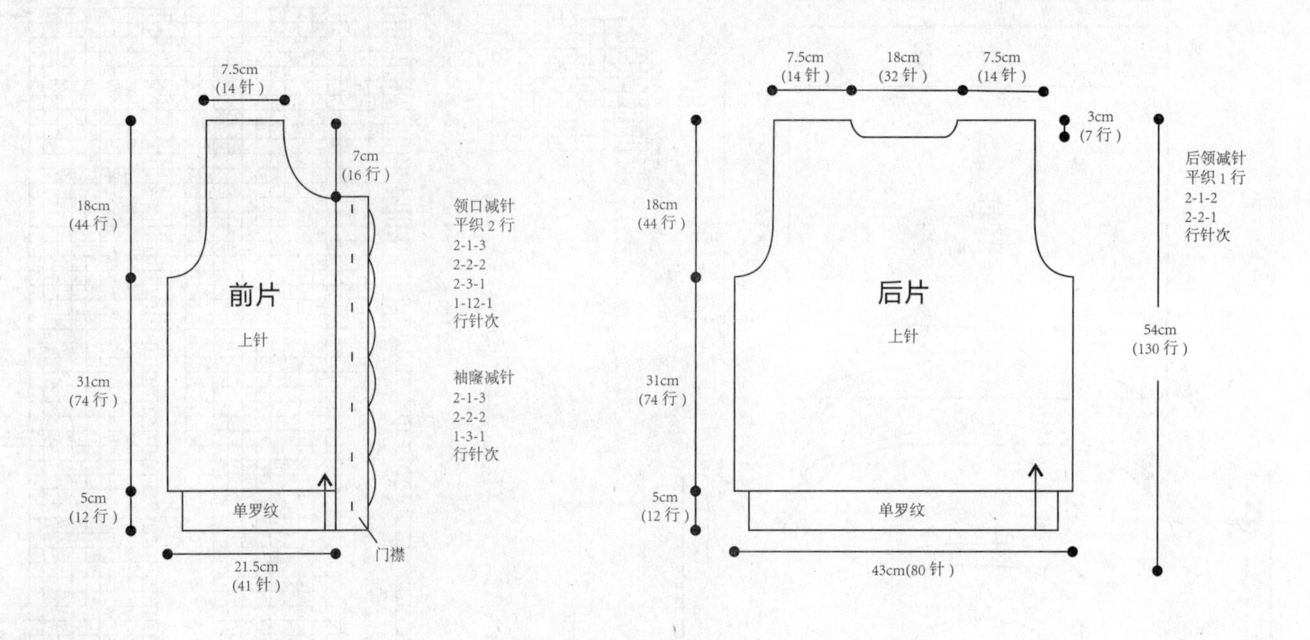

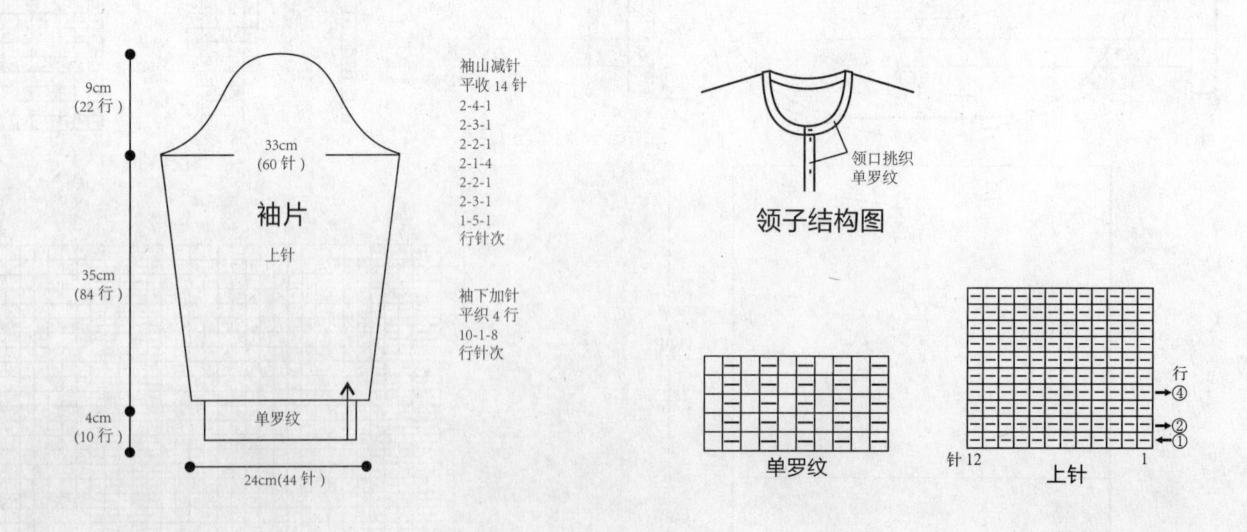

141

【成品尺寸】衣长 65cm　胸围 88cm　袖长 53cm
【工具】10 号棒针　4mm 钩针　小号钩针　绣花针
【材料】白色羊毛线 500g
【密度】10cm^2：22 针 ×32 行
【附件】纽扣 5 枚　毛毛边 1 片

【制作方法】

1. 前片：分左、右 2 片编织。分别按图起 52 针，织 10cm 双罗纹后，改织花样，侧缝按图示减针，织至 22cm 时加针，形成收腰，再织 15cm 时两边平收 5 针，按图收袖窿，再织 5cm 时同时收领窝，织至肩位余 20 针。用同样方法织另一前片。
2. 后片：按图起 104 针，织 10cm 双罗纹后，改织花样，侧缝与前片一样加减针，形成收腰，织至 15cm 时两边各平收 5 针，收袖窿，并按图收领窝，肩位余 20 针。
3. 袖片：按图起 56 针，织 10cm 双罗纹后，改织花样，袖下按图示加针，织至 32cm 时，开始收袖山，两边各平收 5 针，按图示减针，用同样方法织另一袖片。
4. 将前片、后片的肩位、侧缝与袖片全部缝合。
5. 门襟挑 114 针，织 6cm 双罗纹，左门襟均匀地开纽扣孔。
6. 领圈边挑 123 针，织 15cm 全上针，帽边缝合，形成帽子。
7. 装饰：用绣花针缝上帽子毛毛边和纽扣，口袋另用钩针钩织好，与前片缝合。

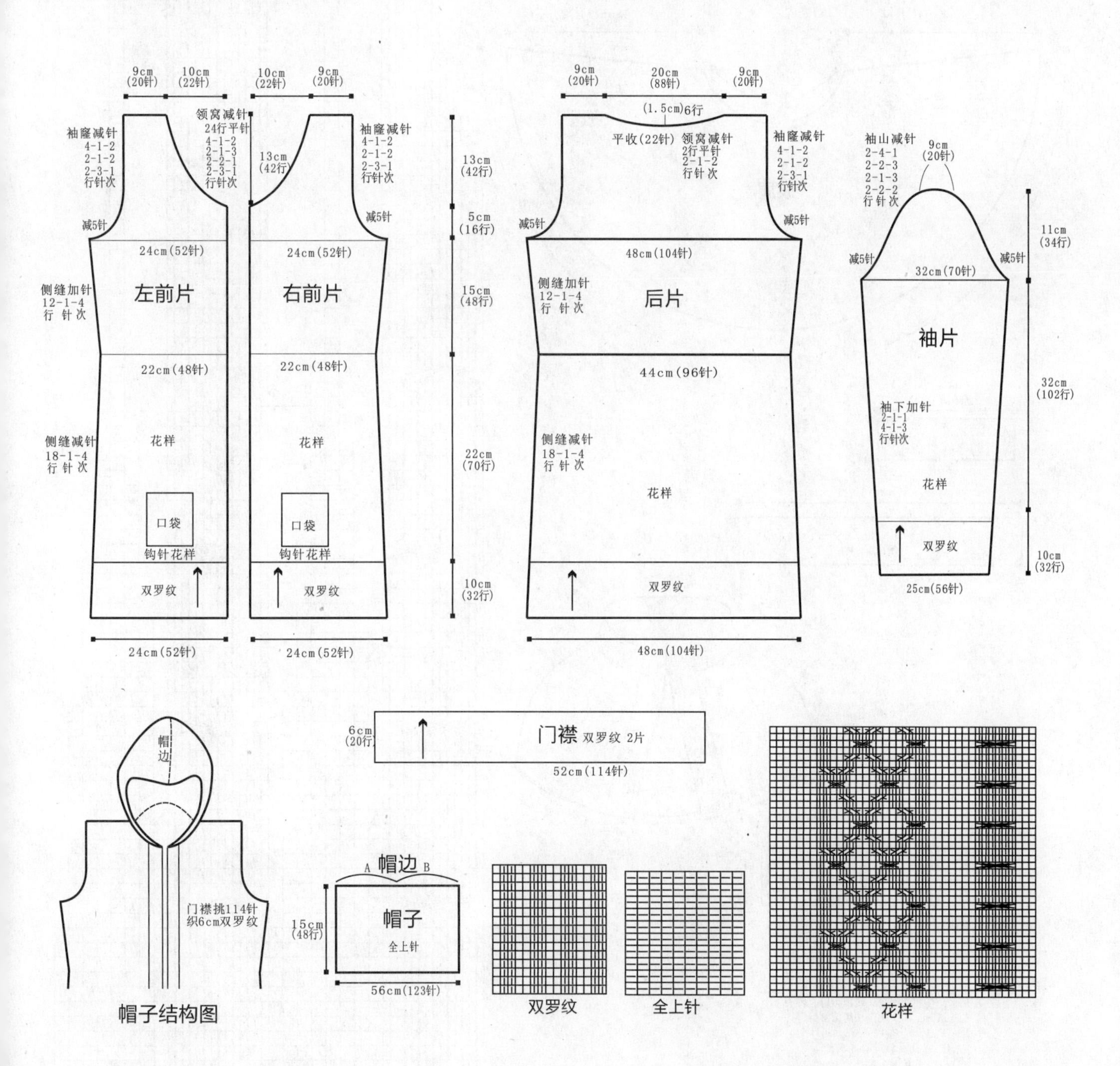

142

【成品尺寸】衣长 50cm
【工具】6 号棒针
【材料】白色粗毛线 750g
【密度】$10cm^2$：22 针 ×22 行

【制作方法】

1. 衣服为一片编织，起 306 针，编织花样，织 1.5cm 后，按图进行门襟边减针，织至 43cm 时，身片按花样均匀减针到 52 针。
2. 领：起 38 针，织 7cm 绵羊圈圈针，收针，断线。
3. 门襟：起 14 针，织 50cm 绵羊圈圈针，收针，断线。
4. 缝合领子与衣片，并缝合门襟。

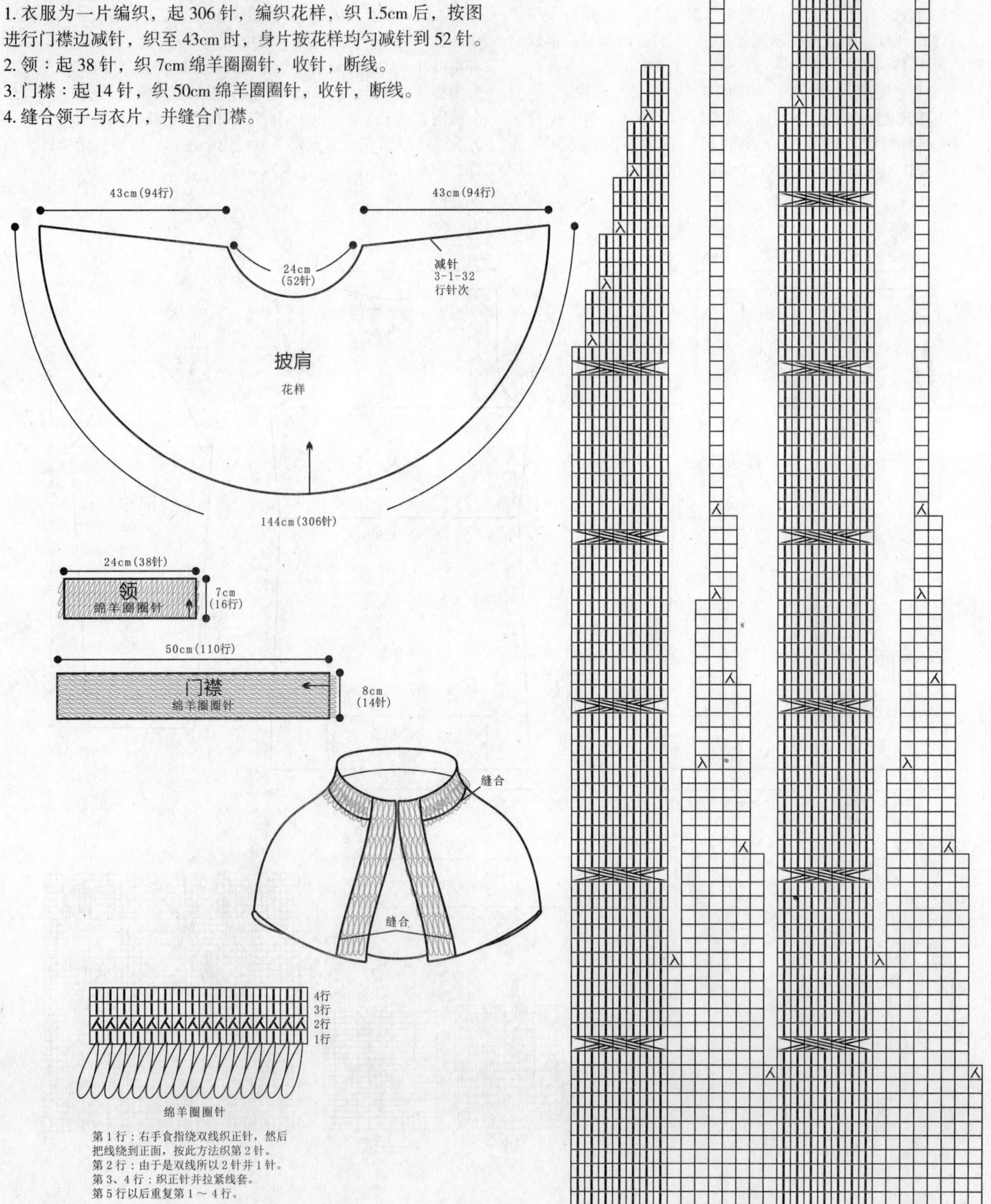

143

【成品尺寸】衣长 75cm　胸围 100cm　袖长 55cm
【工具】7 号棒针　绣花针
【材料】军绿色粗毛线 880g
【密度】$10cm^2$ ：19 针 ×28 行
【附件】牛角扣 4 枚

【制作方法】
单股线编织。毛衣由前、后身片、袖片组成。
1. 后片：起 96 针编织正反针（片织每行都织下针）53cm，按结构图减针留出袖窿，后领两侧减 1 次针方法为 2-2-1。
2. 左前片：起 48 针编织正反针（片织每行都织下针）53cm，按结构图减针留出袖窿，门襟平收 6 针，编织到门襟位置时注意留出 4 个扣眼，按图示减针留出前领窝。同样方法相反方向编织右前片。
3. 袖片：起 54 针编织正反针，按结构图所示均匀加针编织 45cm，再按图所示减出袖山余 24 针断线。同样方法再完成另一片袖片。
4. 沿边对应相应位置缝实，缝上牛角扣。挑织帽片。

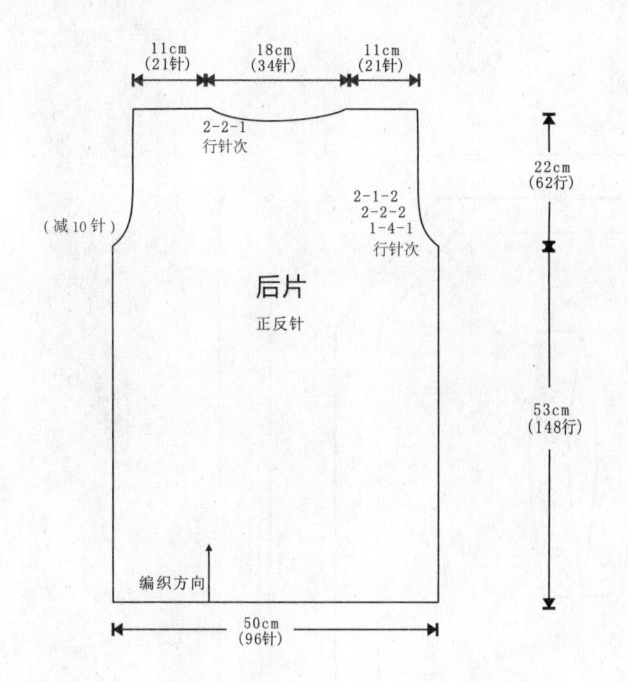

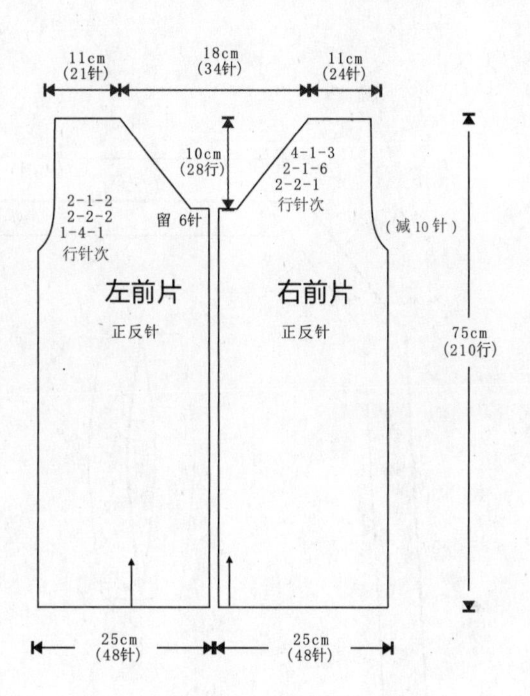

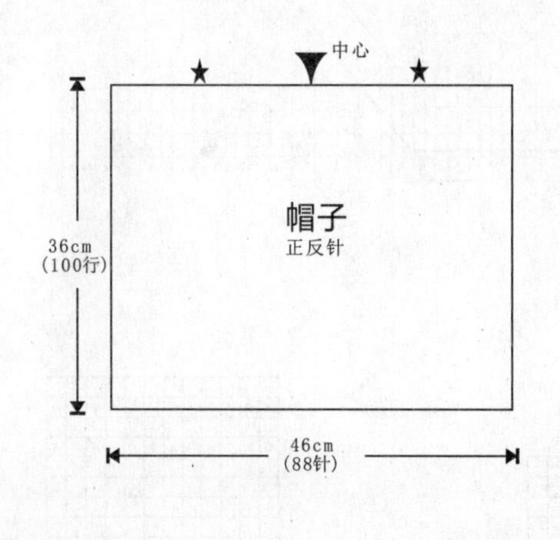

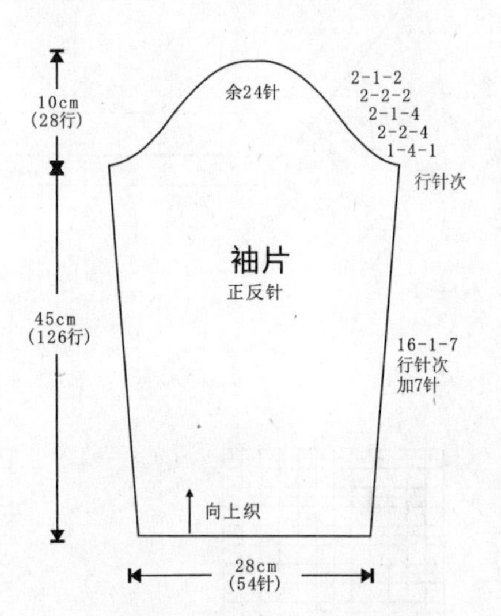

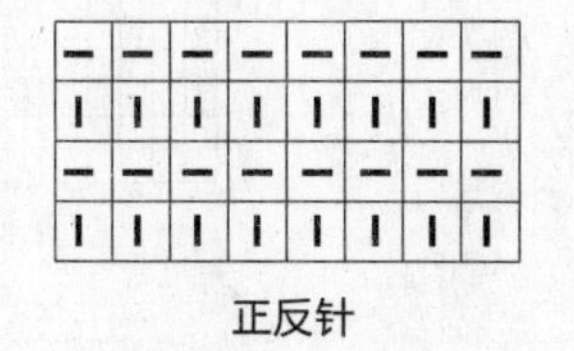

正反针

144

【成品尺寸】衣长 64cm　胸围 64cm
【工具】13 号棒针
【材料】黄色棉线 350g
【密度】$10cm^2$：28 针 ×36 行

【制作方法】

1. 衣身片：起 148 针，织搓板针，两侧按 2-1-6 的方法加针，织 3.5cm 的高度，左右两侧各织 8 针搓板针作为衣襟，中间衣身改织花样，花样的两侧按 2-1-24 的方法加针，织至 16.5cm，织片变成 196 针，右侧不加减针，衣身花样左侧按 10-1-10、14-1-2 的方法减针，织至 26.5cm 高度，将织片分成左前片、后片、右前片分别编织。右前片和后片各取 56 针，其余针数织左前片。

2. 后片：织花样，两侧袖窿边织 8 针单罗纹。右前片：织花样，左侧袖窿织 8 针单罗纹，右侧衣襟仍织 8 针搓板针。左前片：织花样，右侧袖窿织 8 针单罗纹，左侧衣襟仍织 8 针搓板针。按原来方法减针，织至 51.5cm 的高度，将 3 片织片连起来编织，两侧仍织 8 针搓板针，中间织花样，两侧减针，方法为 2-1-22，织至 60.5cm 的高度，中间衣身部分改织双罗纹，织至 64cm 的高度，收针断线。

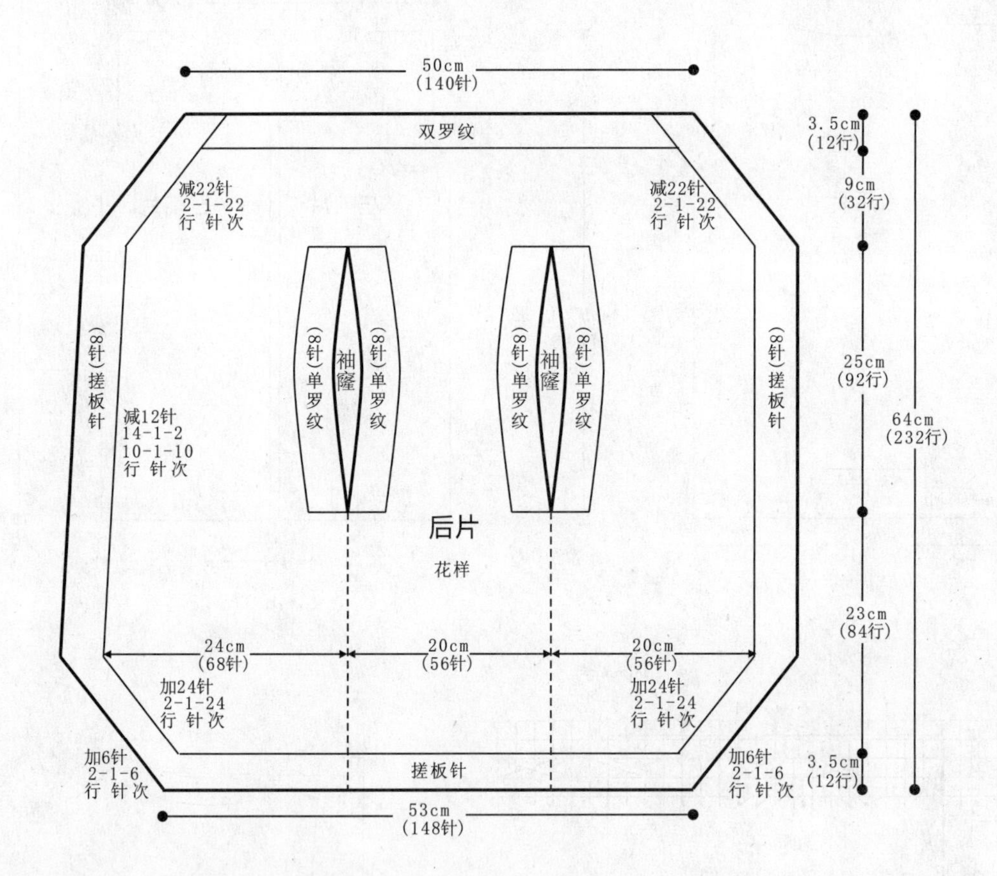

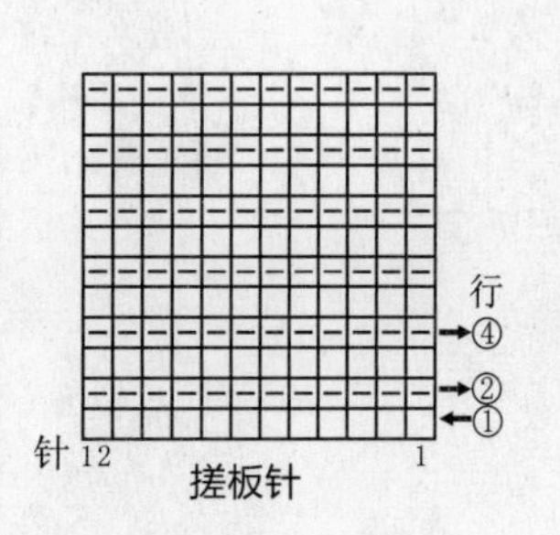

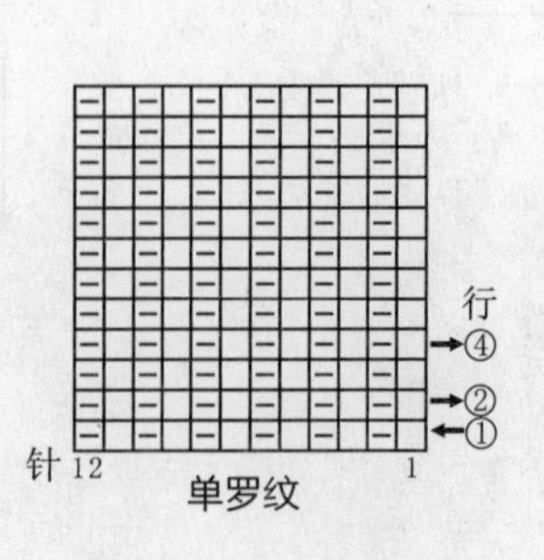

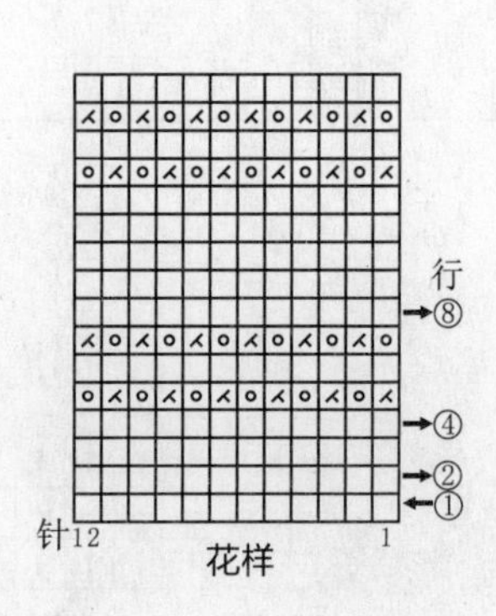

145

【成品尺寸】衣长 52cm　胸围 92cm
【工具】7 号棒针　8 号棒针
【材料】橘色粗毛线 400g
【密度】$10cm^2$ ：18 针 ×24 行

【制作方法】

1. 先织后片，用 8 号棒针起 83 针，织 6cm 双罗纹后，换 7 号棒针编织上针，织 25cm 到腋下时，按图示进行袖窿减针，减针完毕，不加不减往上织到最后 3cm 时，开始后领减针，减针方法如图，肩各留 12 针，待用。
2. 前片：用 8 号棒针起 83 针，织 6cm 双罗纹后，换 7 号棒针编织花样，织 25cm 到腋下时，按图示进行袖窿减针，减针完毕，继续往上编织到最后 16cm 时，进行领口减针，肩留 12 针。
3. 合肩：在前后片反面用下针缝合。
4. 合并侧缝线。
5. 领口和袖窿用 8 号棒针挑织双罗纹。

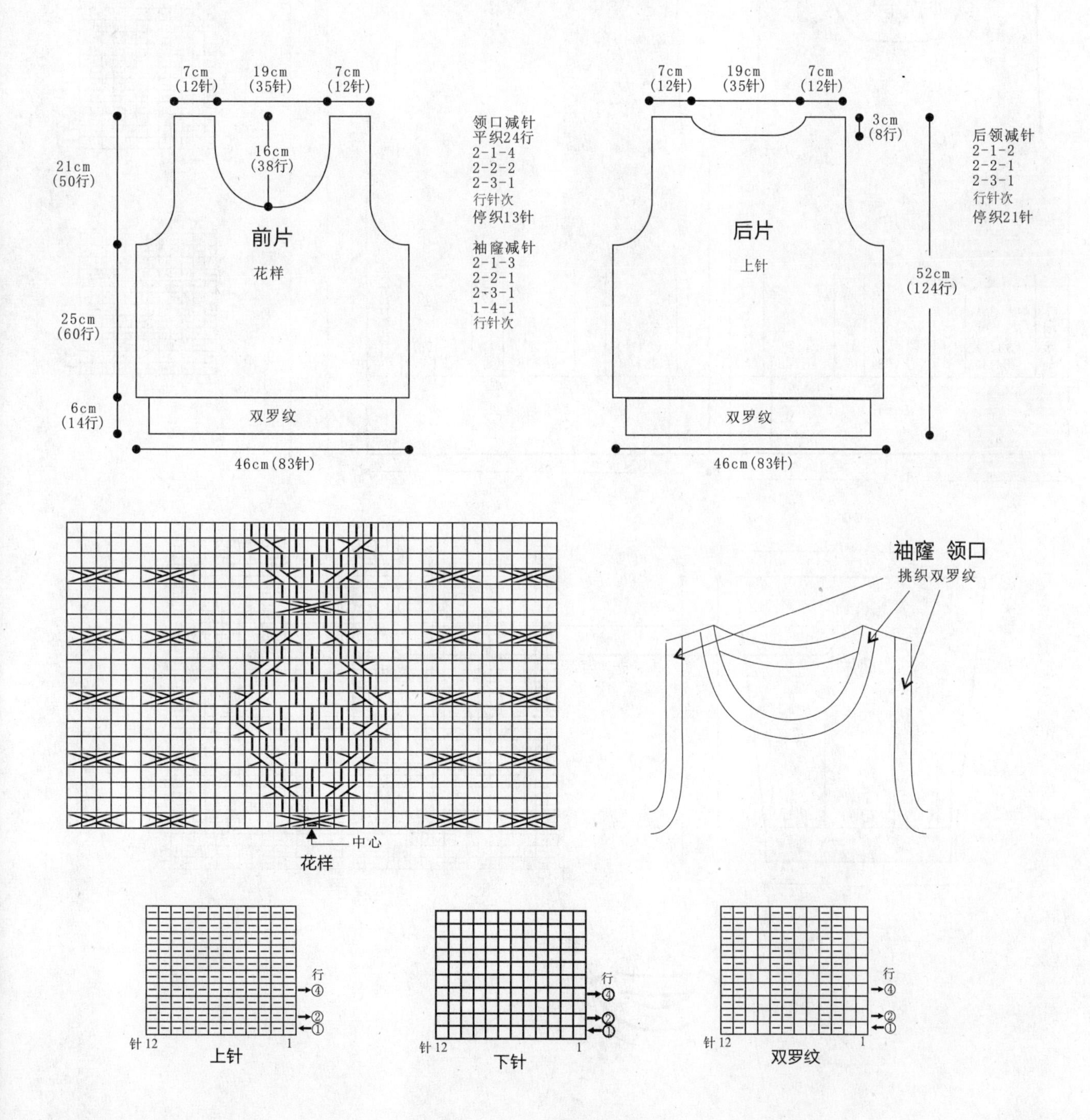

146

【成品尺寸】衣长 65cm　胸围 96cm　袖长 39cm
【工具】12 号棒针
【材料】红色羊毛线 550g
【密度】10cm²：33.8 针 ×32.3 行
【附件】红色蕾丝花边 1 条

【制作方法】

1. 后片：起 162 针，织单罗纹，织 11cm 的高度，改为花样 A、花样 B 组合编织，如结构图所示，织至 41cm，两侧各平收 4 针，继续往上织至 64cm，中间平收 60 针，两侧按 2-1-2 的方法后领减针，最后两肩部各余下 45 针，后片共织 65cm 长。

2. 前片：起 162 针，织单罗纹，织 11cm 的高度，改为花样 A、花样 B 组合编织，如结构图所示，织至 41cm，两侧各平收 4 针，继续往上织至 56.5cm，中间平收 34 针，两侧按 2-2-3、2-1-9 的方法前领减针，最后两肩部各余下 45 针，前片共织 65cm 长。缝上红色蕾丝花边。

3. 袖片（2 片）：起 62 针，织单罗纹，织 5cm 的高度，改为花样 A、花样 B 组合编织，如结构图所示，一边织一边按 10-1-11 的方法两侧加针，织至 39cm 的高度，织片变成 114 针，袖片共织 39cm 长。将袖底缝合。

4. 领片：领圈挑起 140 针，织单罗纹，共织 3cm 的长度。

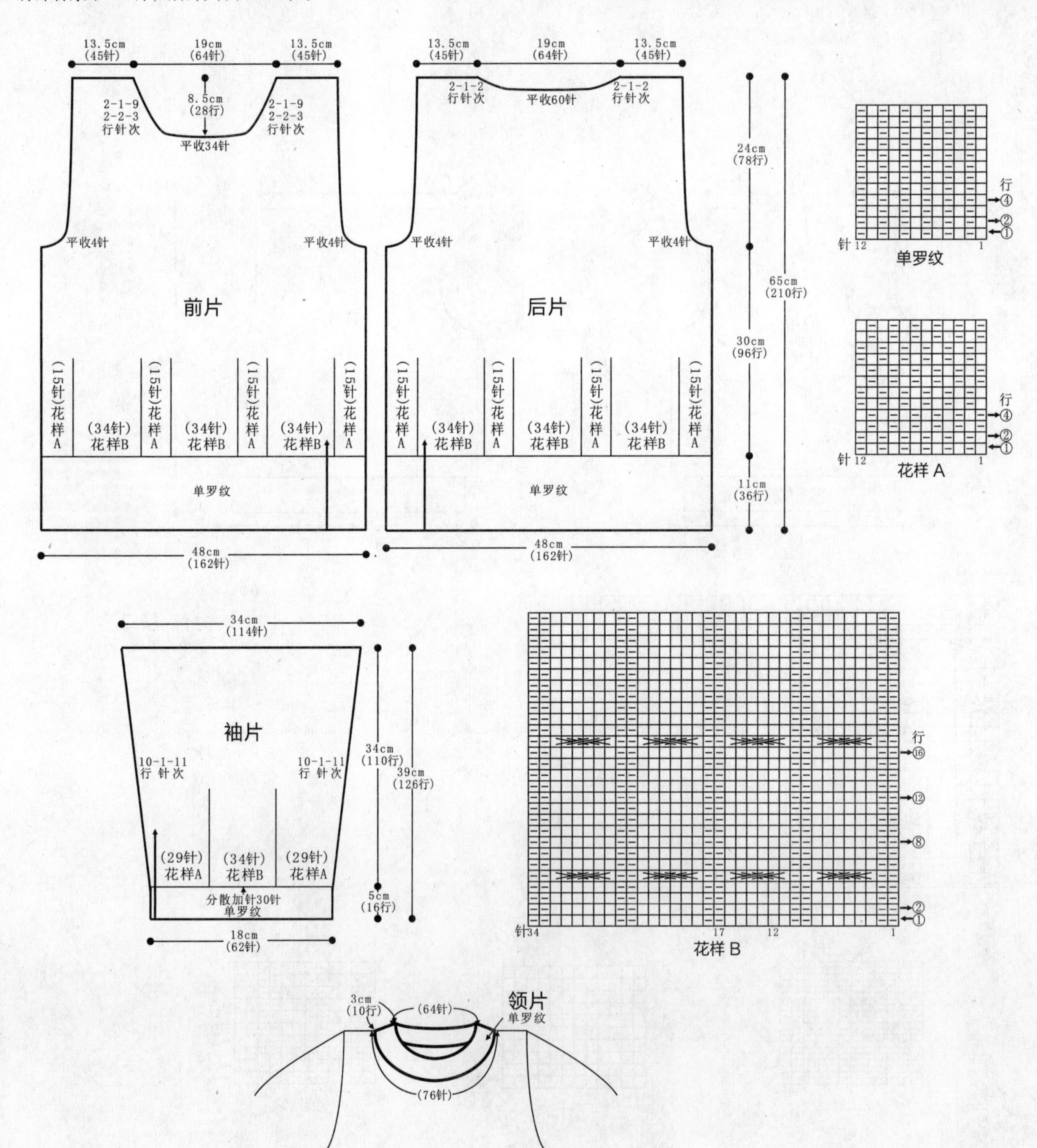

147

【成品尺寸】衣长 54cm　胸围 92cm　袖长 56cm

【工具】6 号棒针　7 号棒针　绣花针

【材料】米白色棉线 800g

【密度】10cm^2：16 针 ×24 行

【附件】拉链 1 条

【制作方法】

1. 前片：左前片：用 7 号棒针起 36 针，从下往上织 4cm 花样 A，换 6 号棒针织 28cm 花样 B 后开挂肩，按图解分别收袖窿、收领子。用相同织法织另一片。
2. 后片：用 7 号棒针起 72 针，从下往上织 4cm 花样 A，换 6 号棒针按后片图解编织。
3. 袖片：用 7 号棒针起 32 针，从下往上织 4cm 花样 A，换 6 号棒针织花样 B，放针，织到 39cm 处按图解收袖山。
4. 前后片、袖片缝合后按图解挑门襟，织 2cm 花样 A 往里叠成 2 层，收针，缝上拉链。

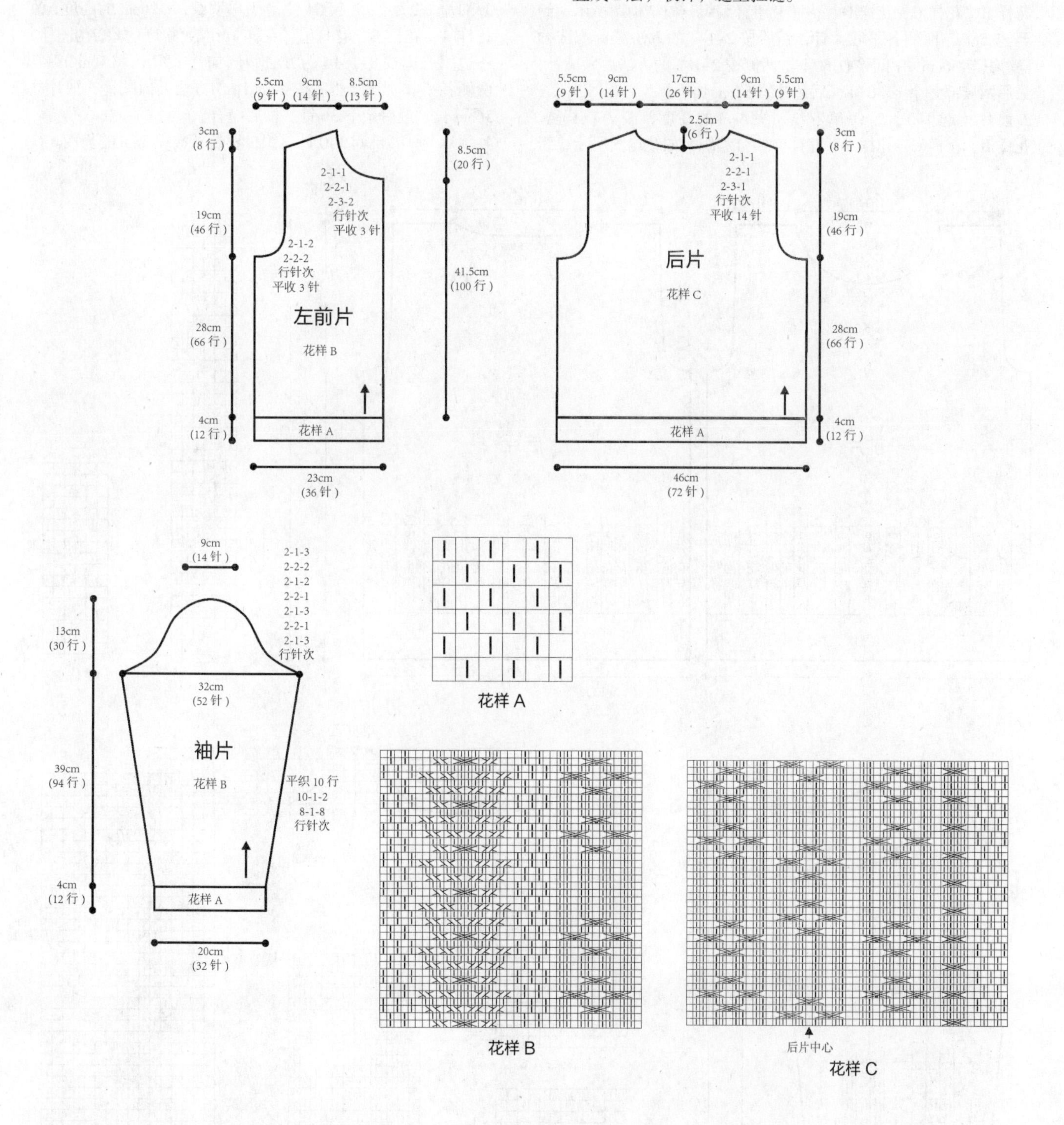

148

【成品尺寸】衣长 57cm　胸围 88cm　袖长 56cm
【工具】12 号棒针
【材料】绿色羊毛线 550g
【密度】10cm^2 ：31.8 针 ×29 行

【制作方法】

1. 后片：起 140 针，织单罗纹，织 6cm 的高度，改为花样 A、花样 B、花样 C、花样 D、花样 E 组合编织，如结构图所示，织至 37.5cm，两侧各平收 4 针，然后按 2-1-4 的方法减针织成袖窿，织至 56cm，中间平收 60 针，两侧按 2-1-2 的方法后领减针，最后两肩部各余下 30 针，后片共织 57cm 长。

2. 前片：起 140 针，织单罗纹，织 6cm 的高度，改为花样 A、花样 B、花样 C、花样 D、花样 E 组合编织，如结构图所示，织至 37.5cm，两侧各平收 4 针，然后按 2-1-4 的方法减针织成袖窿，织至 46cm，中间平收 28 针，两侧按 2-2-4、2-1-10 的方法前领减针，最后两肩部各余下 30 针，前片共织 57cm 长。

3. 袖片（2 片）：起 64 针，织单罗纹，织 6cm 的高度，改为花样 A、花样 B、花样 C、花样 D 组合编织，如结构图所示，一边织一边按 8-1-14 的方法两侧加针，织至 46.5cm 的高度，两侧各平收 4 针，然后按 2-2-14 的方法袖山减针，袖片共织 56cm 长，最后余下 36 针。袖底缝合。

4. 领片：领圈挑起 140 针，织单罗纹，共织 3cm 的长度。

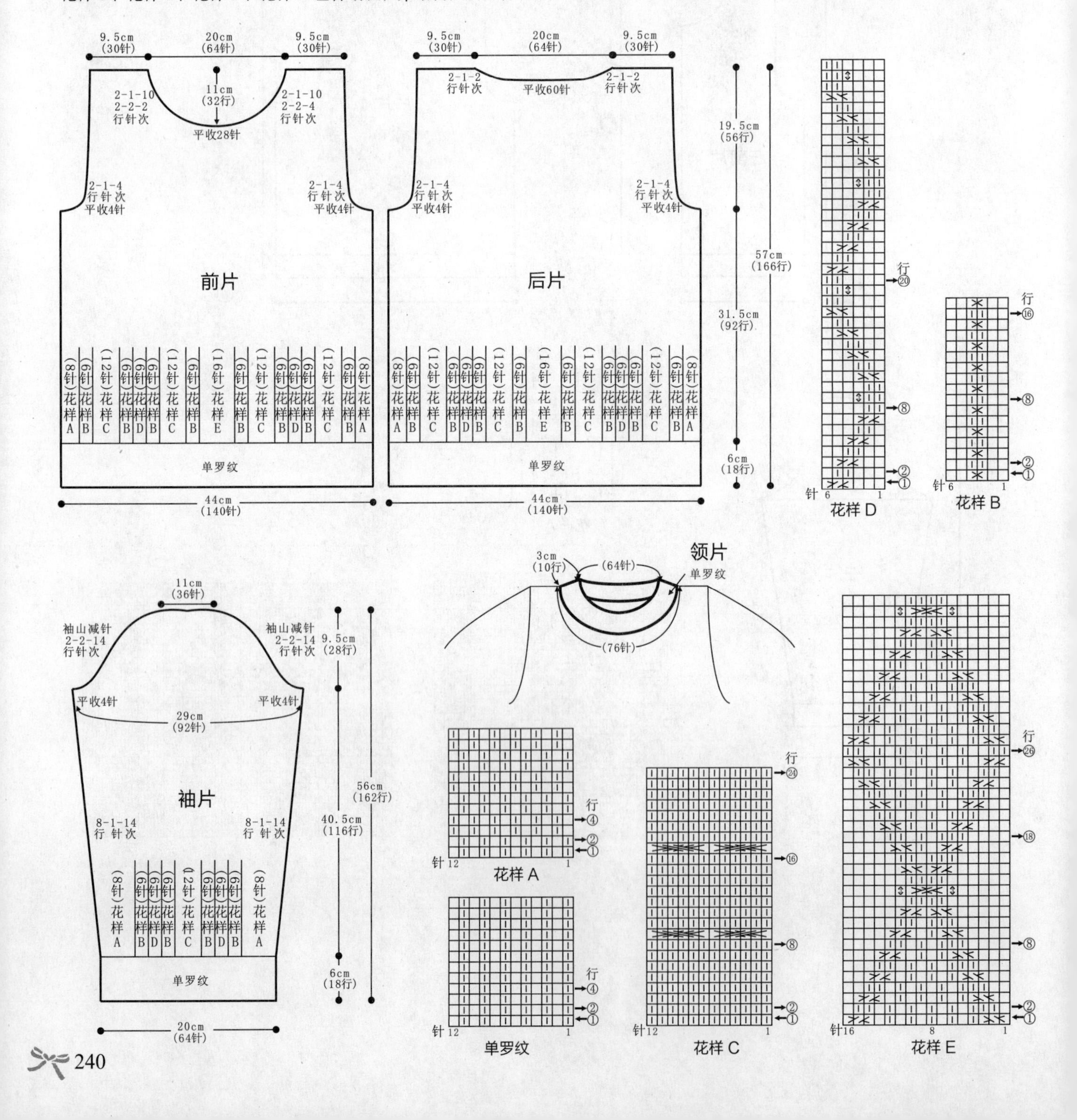

149

【成品尺寸】衣长 75cm　胸围 100cm　袖长 55cm
【工具】7 号棒针　绣花针
【材料】深灰色粗毛线 650g
【密度】$10cm^2$：19 针 ×28 行
【附件】纽扣 6 枚

【制作方法】

1. 后片：向上编织，起 96 针，编织 5cm 双罗纹边后编织平针 50cm，按图示开挂肩及后领窝。
2. 左前片：向上编织，起 48 针，编织 5cm 双罗纹边后编织花样 10cm，留出口袋位置，袋口编织双罗纹，继续编织到 50cm，按结构图所示开挂肩及前领部分。
3. 袖口起 44 针，向上编织双罗纹 6cm，然后编织花样 (花样两侧织平针)39cm，袖身按结构图所示均匀加针，袖山减针。用相同方法相反方向编织右前片。
4. 将前片与后片及袖片沿对应位置缝合。
5. 风帽挑起 76 针，编织平针 28cm，帽顶部分按图示减针合并。
6. 门襟连着风帽挑起编织双罗纹针 10 行，注意留出扣眼。
7. 口袋里层起 20 针编织平针 10cm，按结构图所示位置缝于前片里层。
8. 用绣花针缝上纽扣。

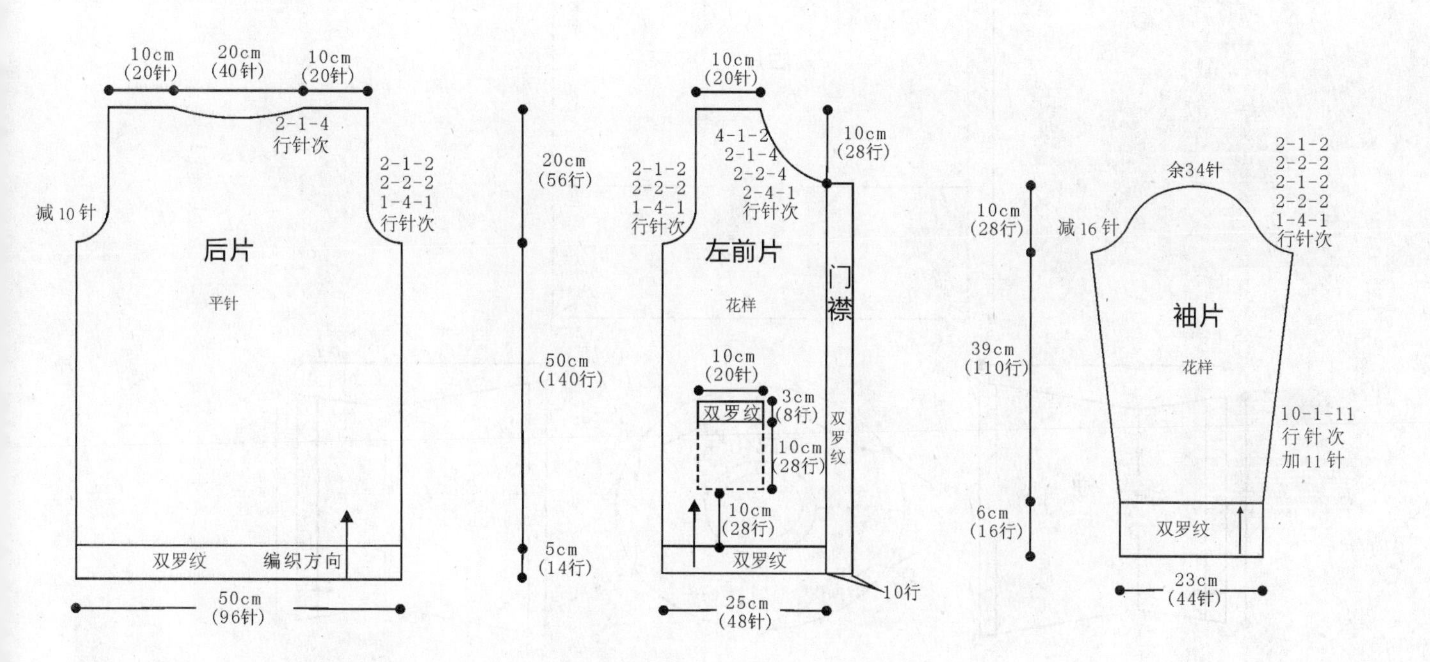

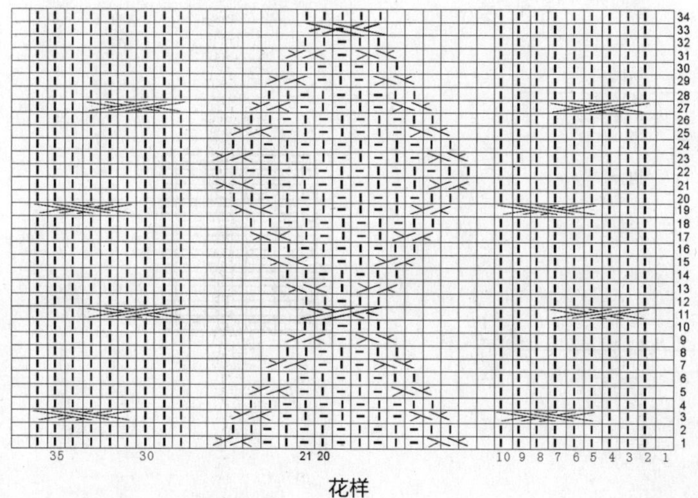

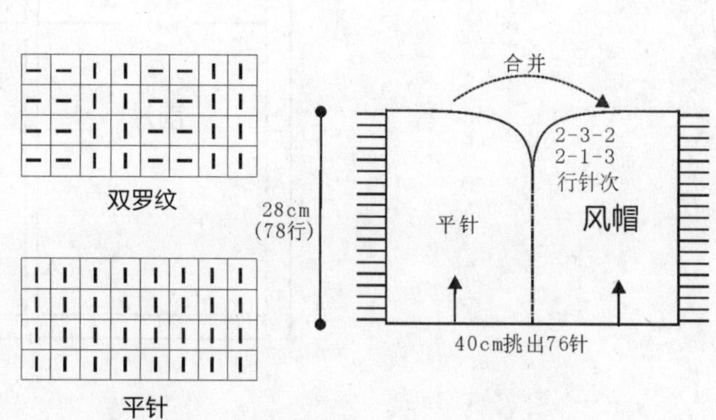

150

【成品尺寸】衣长 54cm　胸围 92cm　袖长 52cm
【工具】7 号棒针
【材料】米色粗毛线 650g
【密度】10cm²：21 针 ×32 行

【制作方法】

1. 先织身体部分，两前片和后片连在一起织，用 7 号棒针起 194 针，织 2 行上针后，换织花样，不加不减织至 32.5cm 时，前后片两侧各一次性平收 9 针，如图，其余针数别线穿上待用。
2. 袖片：起 66 针，织 2 行上针后，换织花样，每 6 行减 1 针减 4 次，织 10cm 后，进行袖下加针，每 6 行加 1 针加 8 次，如图示，织 20.5cm 到腋下，中间留 56 针，两侧各平收 9 针，用相同的方法织好另外一只袖子。
3. 分别合并侧缝线和袖下线，并缝合袖子。
4. 育克：分别挑起前后片和袖片留下的针数，按育克花样图编织，边织边均匀减针，织到 21.5cm，收针，断线。

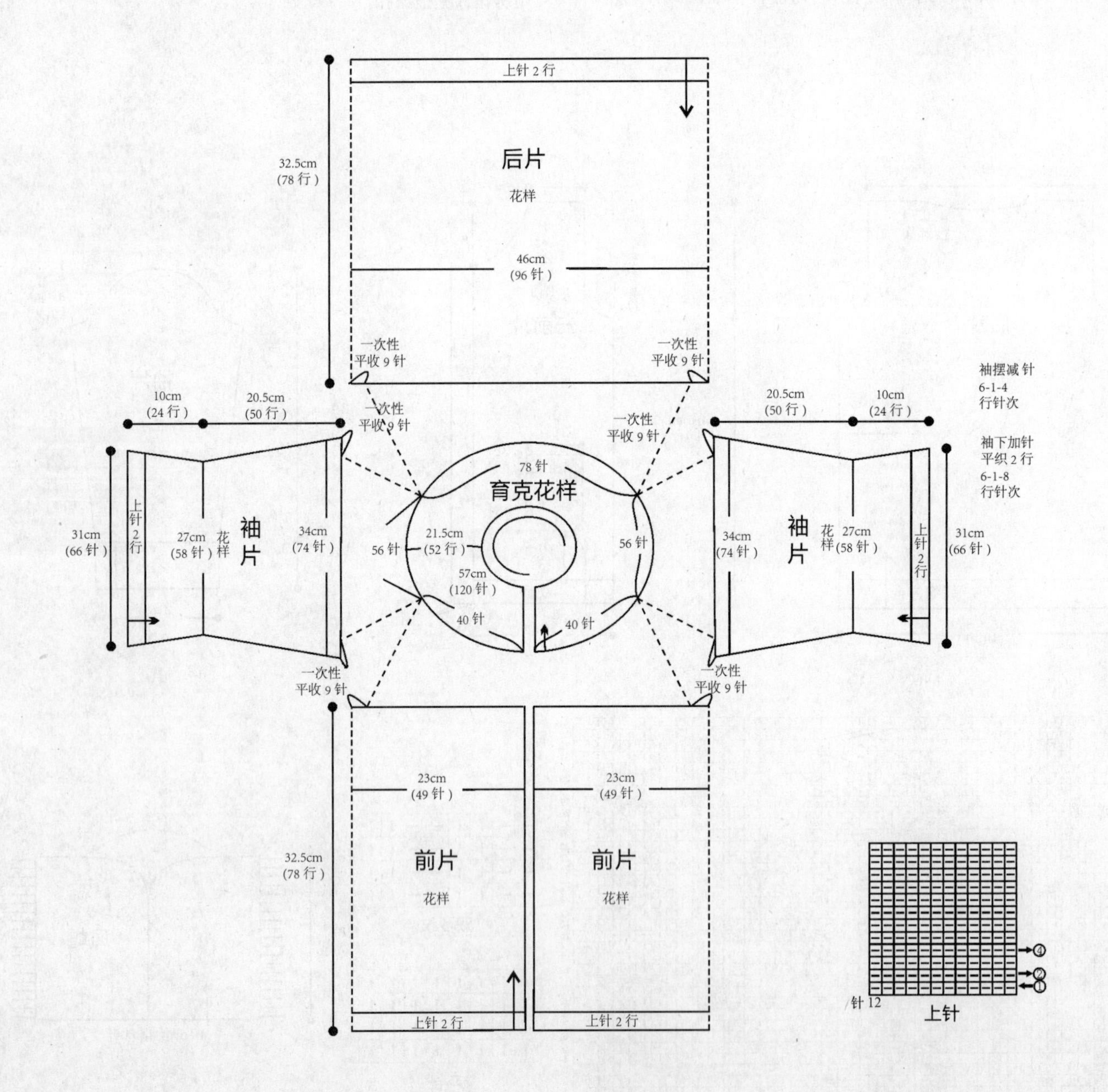

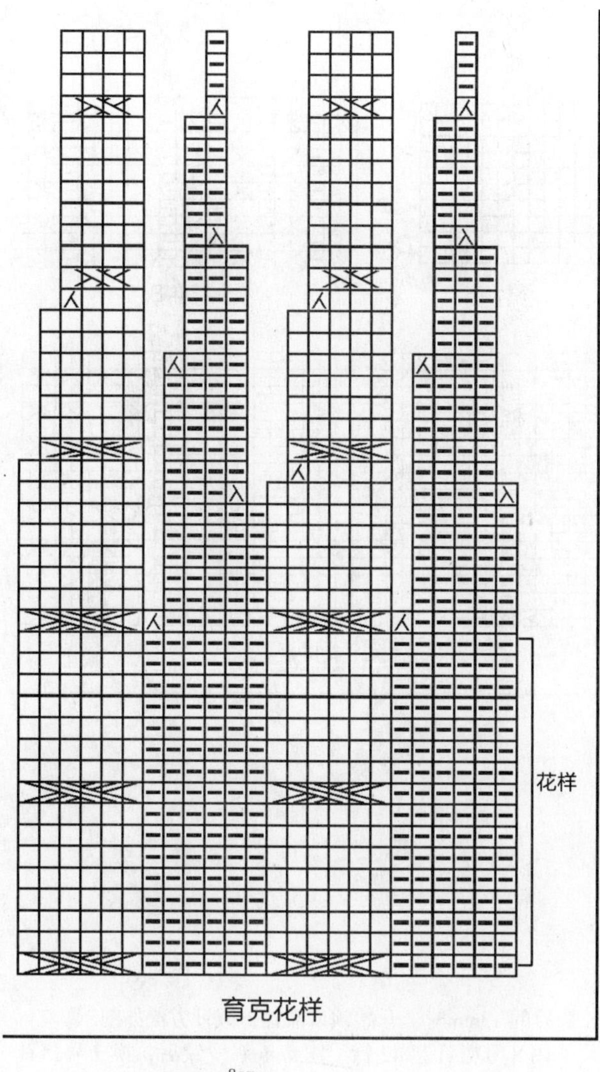

育克花样

151

【成品尺寸】衣长 65cm　胸围 88cm　袖长 63cm

【工具】6 号棒针　7 号棒针

【材料】白灰夹花粗毛线 1500g

【密度】$10cm^2$：19 针 ×22 行

【制作方法】

1. 后片：用 7 号棒针起 86 针，织 10cm 双罗纹后，换 6 号棒针编织花样 A，不加不减针织 33cm 到腋下，开始斜肩减针，减针方法如图，织 22cm，后领留 30 针，待用。

2. 左前片：用 7 号棒针起 44 针，织 10cm 双罗纹后，换 6 号棒针编织花样 A，不加不减针织 10cm，如图示，留 10cm 作为袋口，袋口织花样 B，口袋编织方法如图，织到 33cm，开始斜肩减针，如图示，织至最后 6cm 时，进行领口减针，减针方法如图，用同样的方法织另一片前片。

3. 袖片 ：用 7 号棒针起 46 针，织 10cm 双罗纹后，换 6 号棒针，编织花样 A，按图边织边加针，织至 31cm 到腋下，进行斜肩减针，减针方法如图，肩留 12 针，待用，用同样的方法织好另一片袖片。

4. 合并侧缝线和袖下线并缝合袖子。

5. 帽：挑织，先挑 7 针，编织花样 A，按图加针，织 29cm，进行帽顶减针，减针方法如图，用同样的方法织好另一片，缝合在一起。

6. 帽檐：挑织下针。

7. 参照绒球制作方法，制作绒球 2 个装饰。

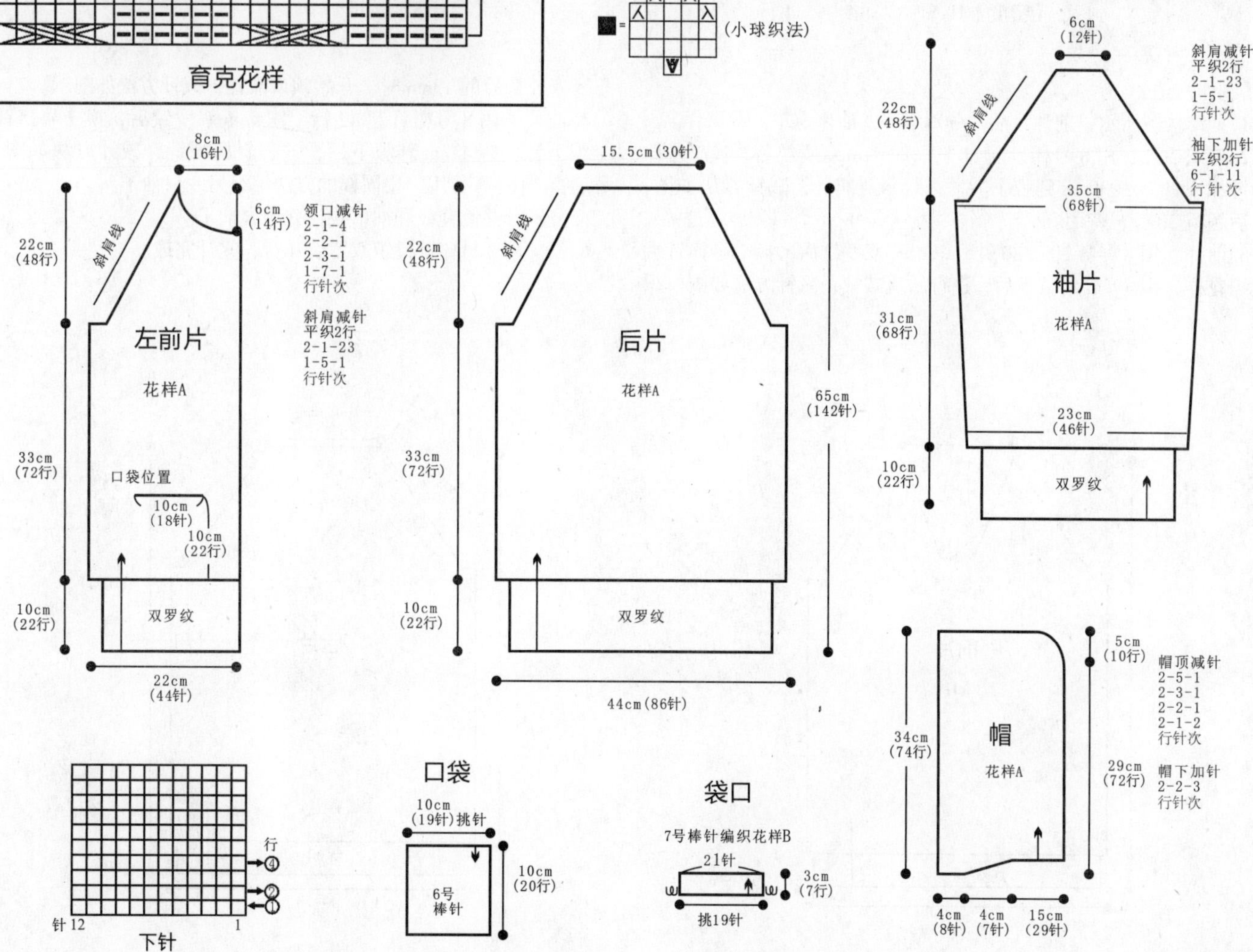

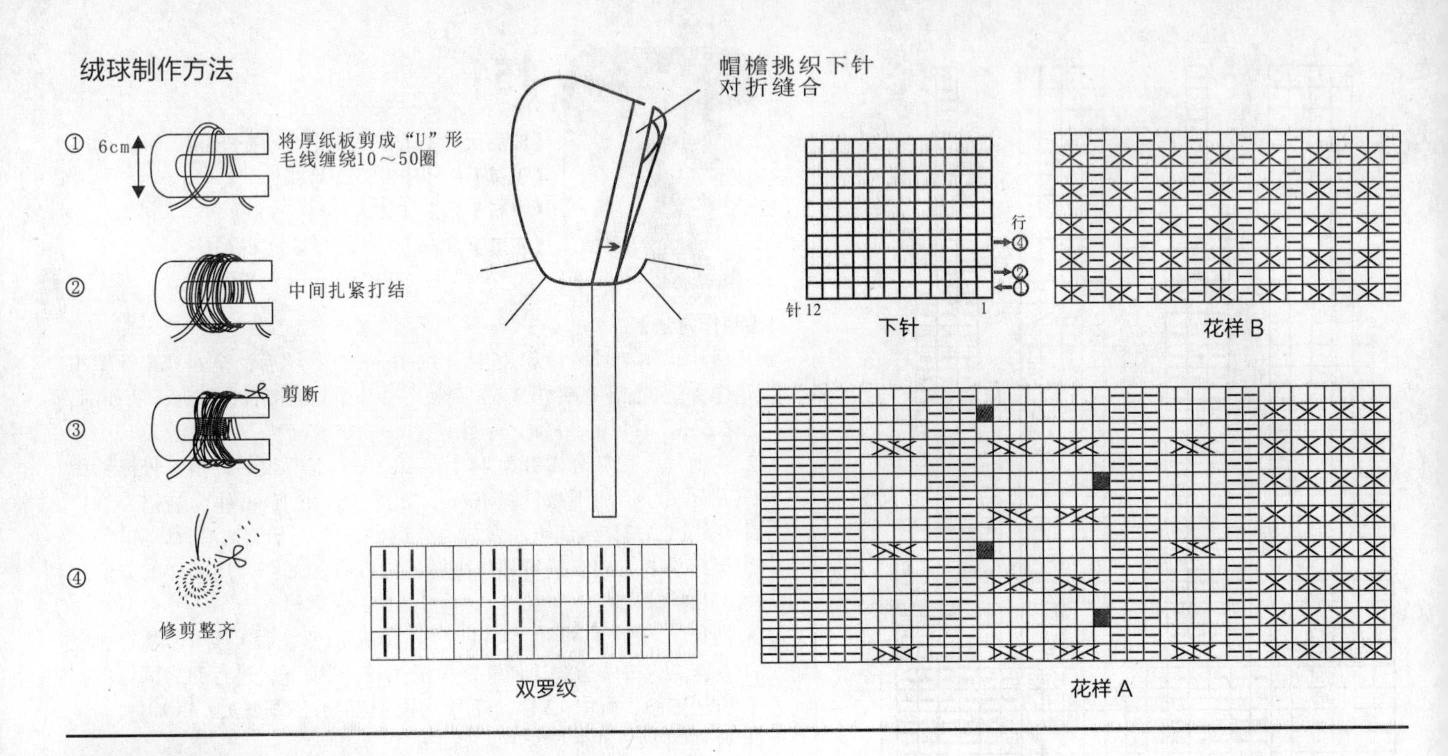

152

【成品尺寸】衣长 60cm　胸围 88cm　袖长 62cm
【工具】7 号棒针　8 号棒针
【材料】淡蓝色毛线 600g
【密度】$10cm^2$：18 针 ×24 行

【制作方法】

1. 如结构图所示，前片、后片分别编织，袖片为左、右 2 片。
2. 先织后片，用 8 号棒针起 80 针，织 4cm 双罗纹后，换 7 号棒针织下针，织 39cm 到腋下后，进行斜肩减针，减针方法如图，后领留 30 针，待用。
3. 前片：用 8 号棒针起 80 针，织 4cm 双罗纹后，换 7 号棒针编织花样，织 39cm 到腋下后，进行斜肩减针，减针方法如图，织到衣长最后的 13cm 时，开始领口减针，减针方法如图示。
4. 袖片：用 8 号棒针起 42 针，织 4cm 双罗纹后，换 7 号棒针织下针，织 41cm 到腋下后，进行斜肩减针，减针方法如图，肩留 14 针，待用，用同样的方法编织另一只袖子。
5. 分别合并侧缝线和袖下线，并缝合袖子。
6. 领：用 8 号棒针挑织双罗纹 4 行，收针完成。

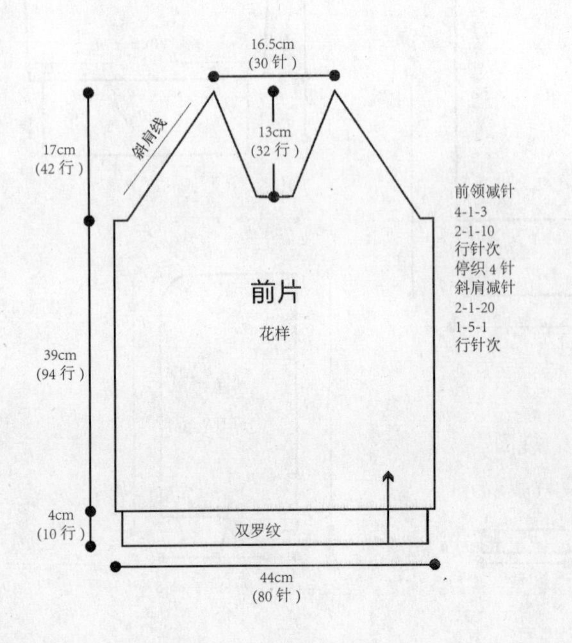

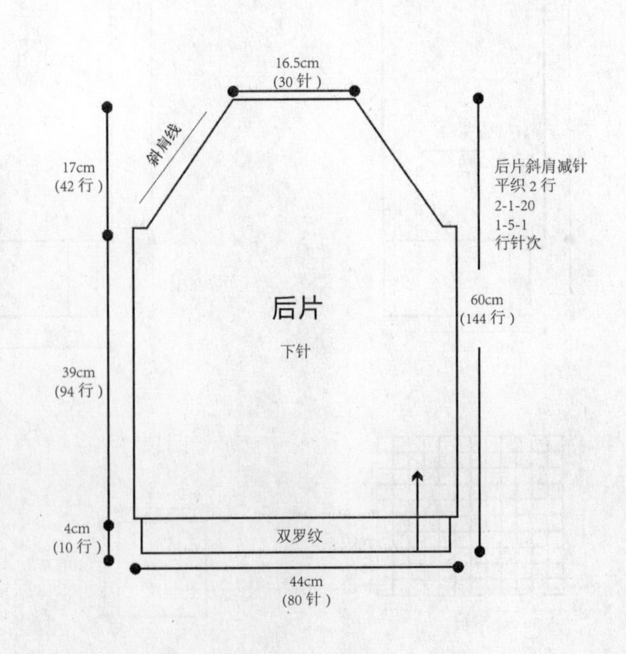

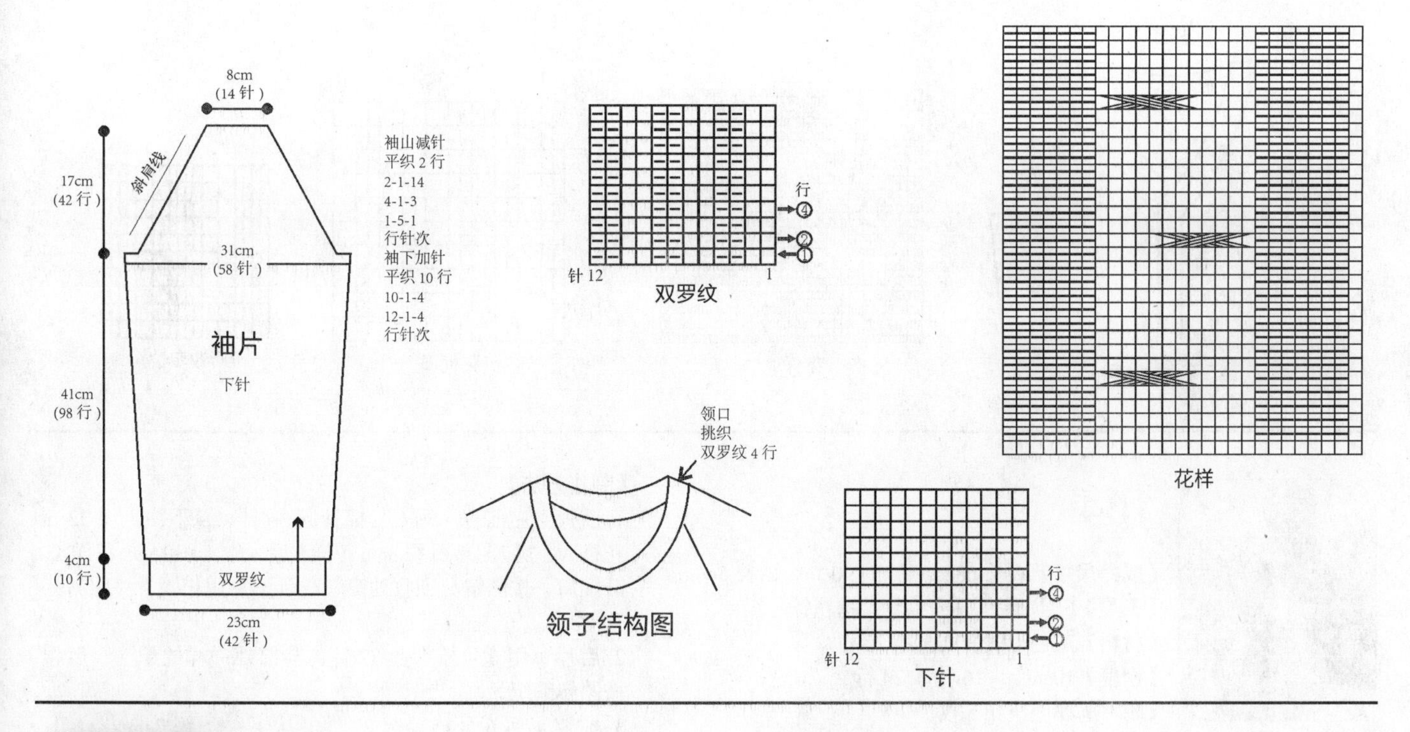

153

【成品尺寸】衣长 65cm　胸围 96cm　袖长 43cm

【工具】10 号棒针　绣花针

【材料】米色纯羊毛线 400g

【密度】10cm^2 ：22 针 ×32 行

【附件】纽扣 5 枚

【制作方法】

1. 前片：分左、右 2 片编织。左前片： 按图起 52 针，织花样 A，排花样时留 8 针织花样 B，侧缝按图示减针，织至 32cm 时加针，形成收腰，再织 15cm 时两边各平收 5 针，收袖窿，并同时在门襟边收领窝，8 针门襟始终织至肩部，用相同方法相反方向织右前片。

2. 后片：按图起 104 针，织花样 A，与前片一样加减针，形成收腰，织至 15cm 时两边各平收 5 针，收袖窿，并按图收领窝。

3. 袖片：按图起 56 针，织 3cm 双罗纹后，改织花样 A，袖下按图示加针，织至 29cm 时，开始收袖山，两边各平收 5 针，按图示减针，用同样方法织另一袖片。

4. 将前片、后片的肩位、侧缝与袖片全部缝合。

5. 用绣花针缝上纽扣。

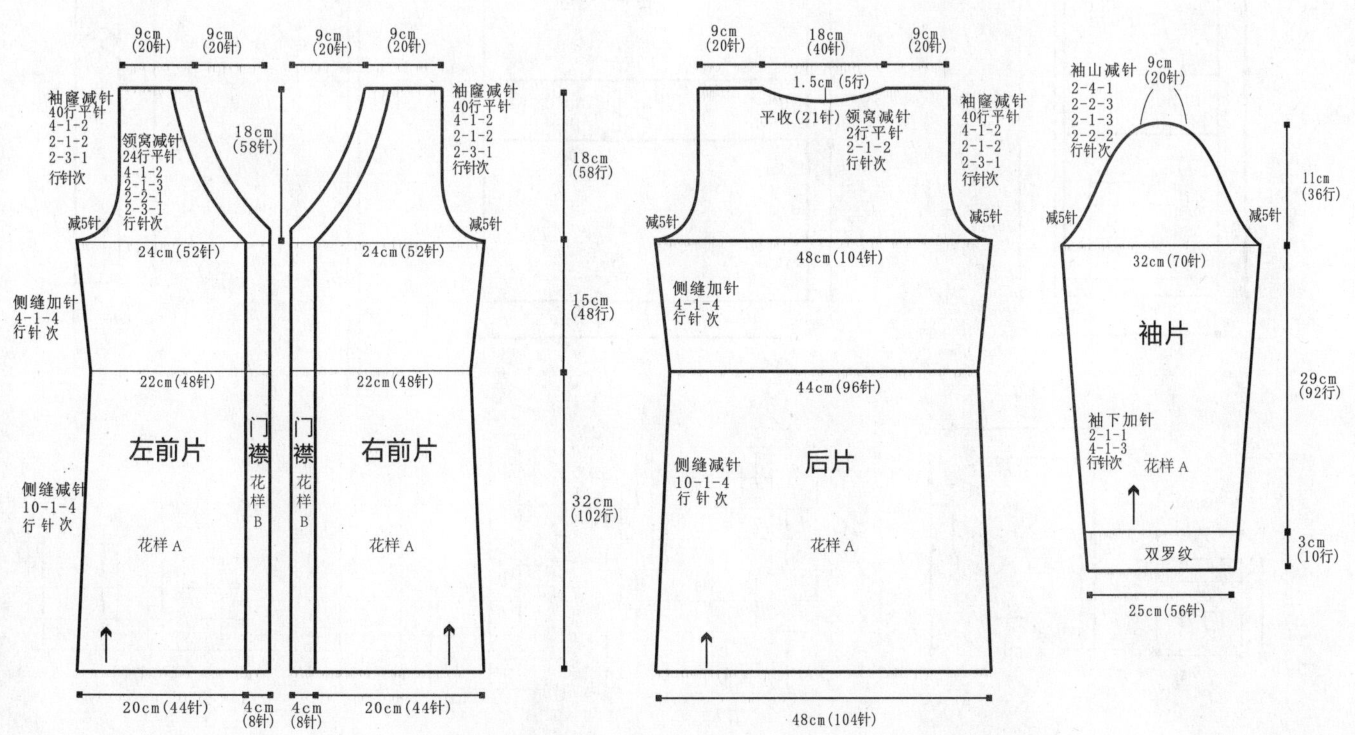

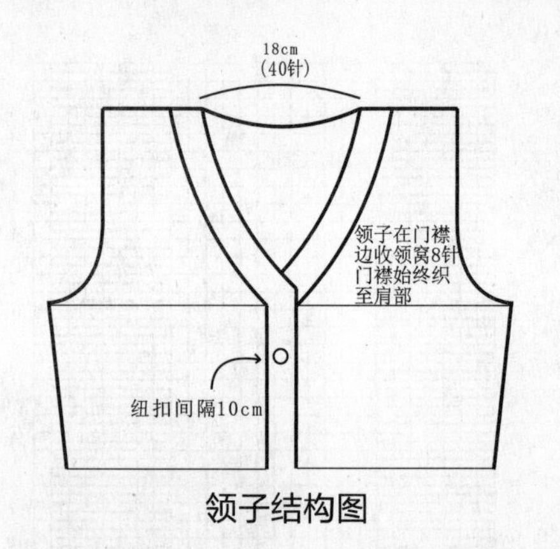

领子结构图

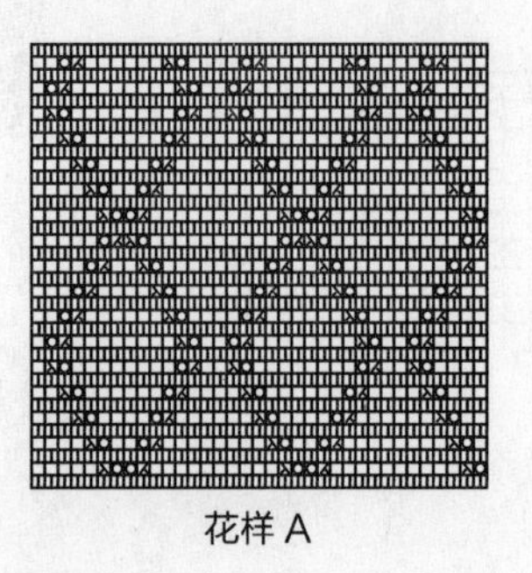
花样 A

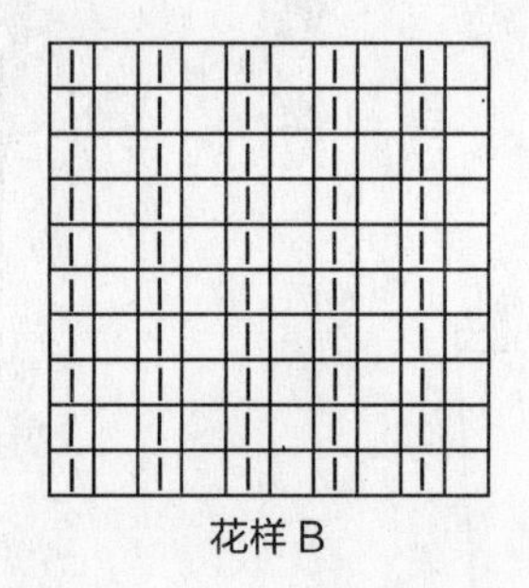
花样 B

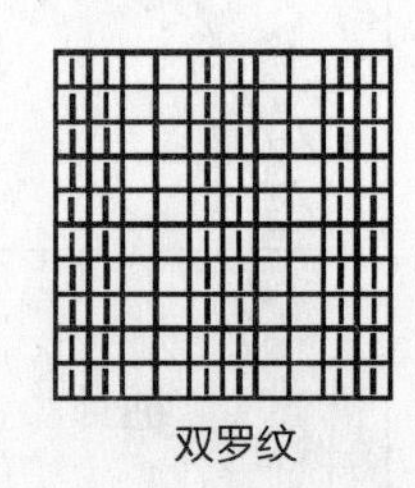
双罗纹

154

【成品尺寸】衣长 68cm　胸围 90cm　袖长 56cm
【工具】6 号棒针　7 号棒针　绣花针
【材料】灰色毛线 800g
【密度】$10cm^2$ ：16 针 ×24 行
【附件】黑色纽扣 5 枚

【制作方法】

1. 前片：左前片：用 6 号棒针起 36 针，从下往上织 22cm 花样 A，换 7 号棒针织 8cm 花样 B 后，继续织 15cm 花样 A，开挂肩，按图解分别收袖窿、收领子。用相同方法织另一片前片。
2. 后片：用 6 号棒针起 72 针，与前片一样的织法，后领按图解编织。
3. 袖片：用 6 号棒针起 32 针，从下往上织 7cm 花样 B，换 6 号棒针按花样 A 织 36cm 后按图解收袖山。
4. 将前后片、袖片、帽子缝合，用棒针织 3 针圆绳 130cm，做 4 个毛线球，2 个挂在胸前，2 个钉在帽尖，钉上纽扣，腰带按图解编织。

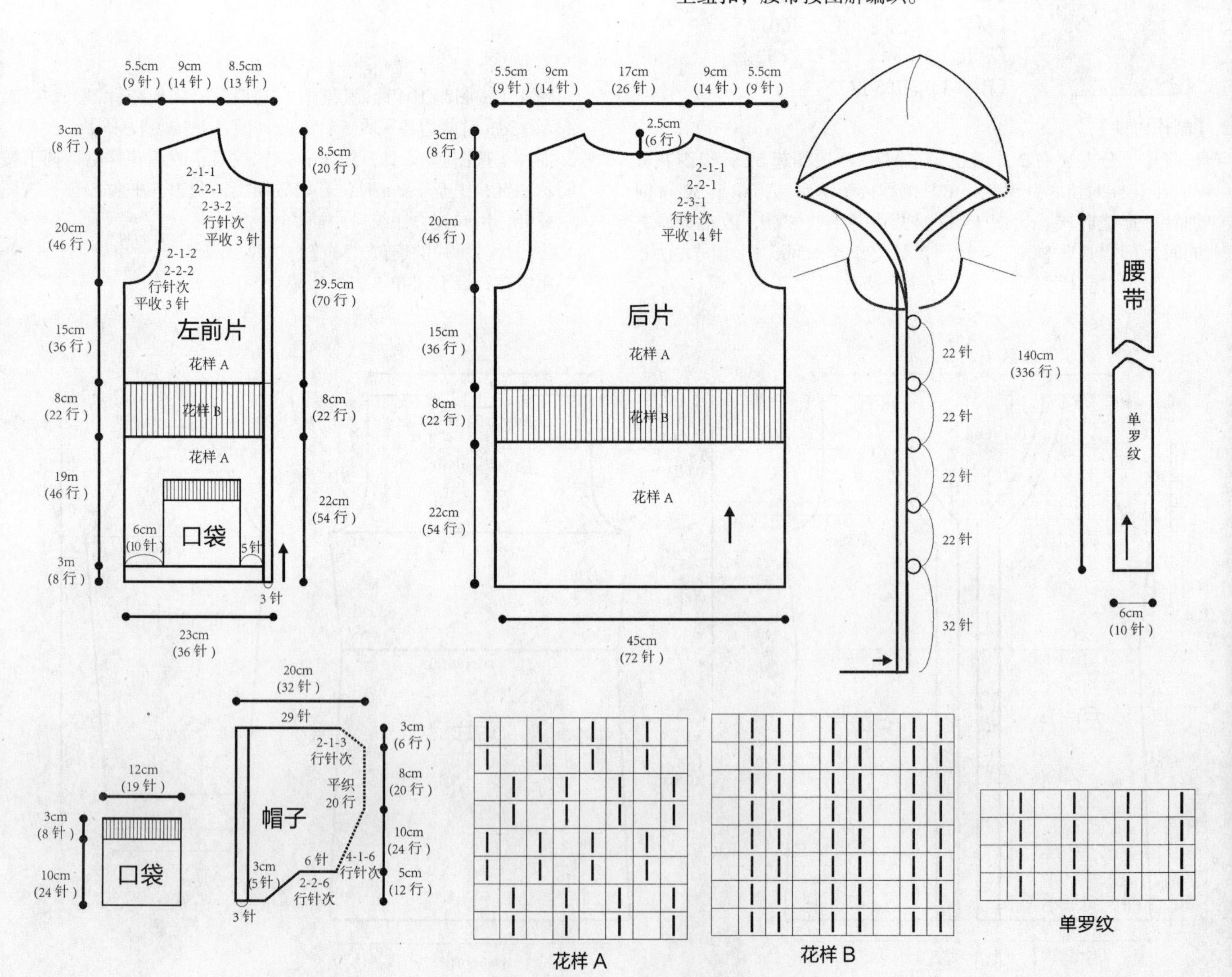

花样 A　花样 B　单罗纹

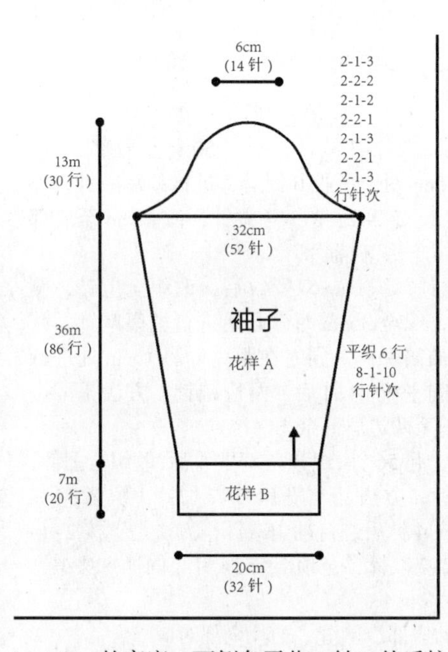

155

【成品尺寸】衣长 61cm　胸围 122cm　袖长 50cm

【工具】12 号棒针

【材料】绿色棉线 550g

【密度】10cm²：28 针 ×28 行

【制作方法】

1. 衣身片：起 280 针，环形编织单罗纹，织 4cm 的高度，改织花样 A，如结构图所示，织至 32cm，织片变成 336 针，改织花样 B，织至 38cm，将织片分成前后两片分别编织。后片取 167 针，织花样 B，两侧各平收 4 针，然后按 2-1-7 的方法减针织成袖窿，织至 59.5cm，中间平收 43 针，两侧按 2-1-2 的方法后领减针，最后两肩部各余下 49 针，后片共织 61cm 长。

2. 前片：左前片取 84 针，织花样 B，起织时左侧平收 4 针，然后按 2-1-7 的方法减针织成袖窿，同时右侧按 2-1-24 的方法减针织成前领，织至 23cm 的高度，肩部余下 49 针。右前片的编织方法与左前片相同，方向相反。

3. 袖片（2 片）：起 66 针，织花样 C，一边织一边按 8-1-15 的方法两侧加针，织至 44cm 的高度，两侧各平收 4 针，然后按 2-2-8 的方法袖山减针，袖片共织 50cm 长，最后余下 64 针。袖底缝合。

4. 领子：领圈挑起 174 针，织单罗纹，一边织一边领尖用中上 3 针并 1 针的方式减针，共织 3cm 的长度。

5. 袖边：袖窿圈挑起 128 针环形编织单罗纹，织 3cm 的长度。

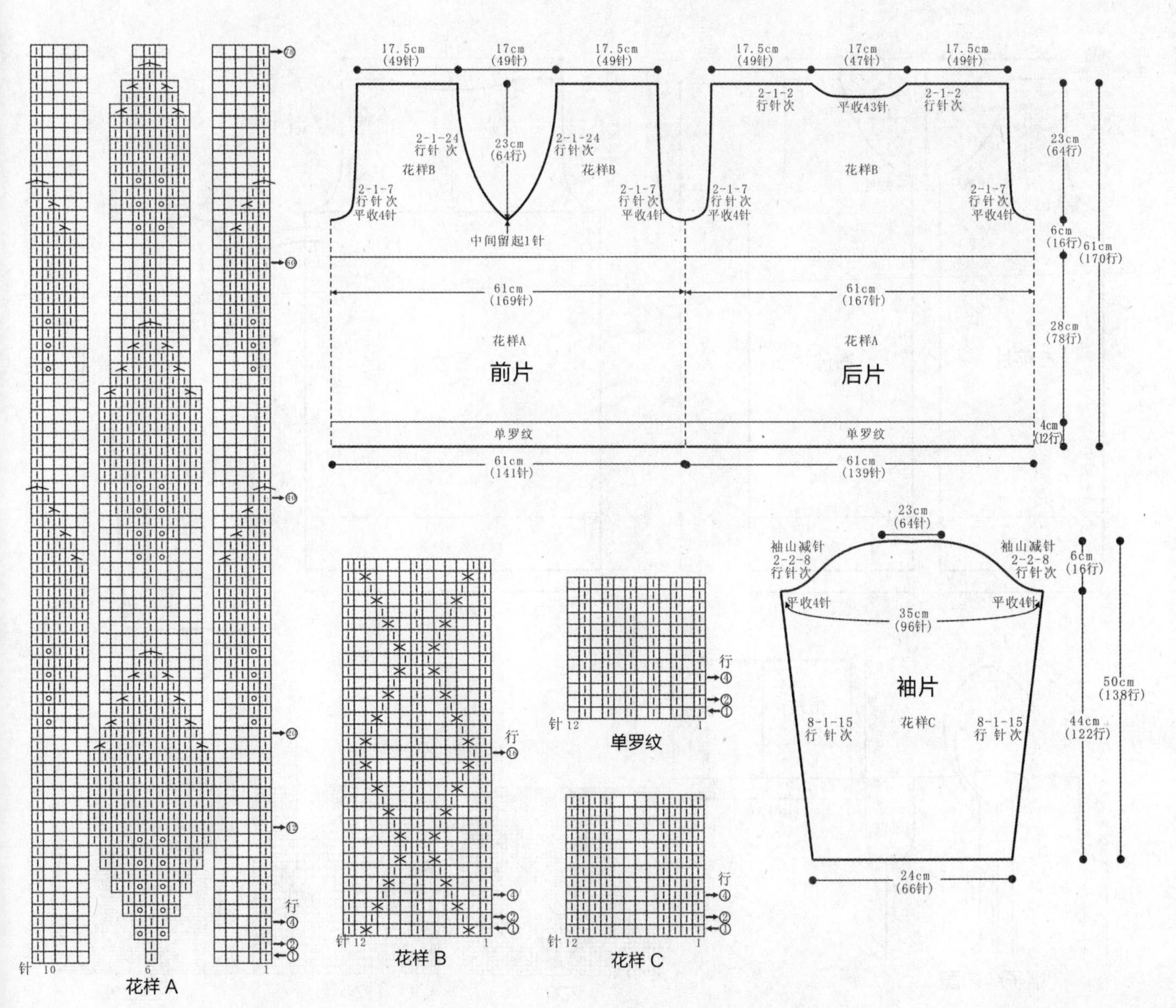

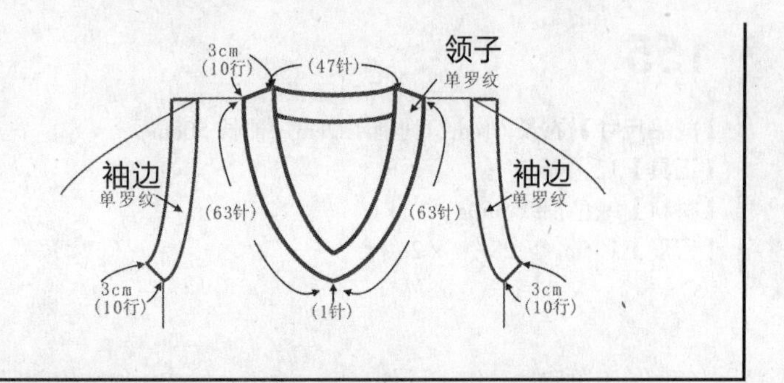

156

【成品尺寸】衣长 60cm　胸围 44cm　袖长 53cm

【工具】10 号棒针　绣花针

【材料】绿色羊毛线 600g

【密度】10cm^2：22 针 ×32 行

【附件】纽扣 6 枚

【制作方法】

毛衣为从下往上编织开衫。

1. 前片：分左、右 2 片编织。左前片：起 48 针，先织 6cm 双罗纹后，改织花样，侧缝不用加减针，织至 36cm 时，开始进行袖窿减针，方法是：按 2-4-1、2-2-3 减针，平织 50 行至肩部。同时在距离袖窿 5cm 处，平收 6 针后，进行领窝减针，方法是：按 2-3-2、2-2-2、2-1-4 减针，织 13cm 至肩部余 14 针。同样方法织右前片。

2. 后片：起 96 针，织 6cm 双罗纹后，改织全上针，侧缝不用加减针，织至 36cm 时，开始进行袖窿减针，减针方法与前片袖窿一样，同时在距离袖窿 16cm 处进行领窝减针，中间平收 24 针后，两边减针，方法是：按 2-2-3 减针，织至两边肩部余 14 针。

3. 袖片（2 片）：起 56 针，织 8cm 双罗纹后，改织全上针，袖下按图示加针，方法是：按 14-1-7 加针，织至 34cm 时，两边各平收 4 针后进行袖山减针，方法是：按 2-4-1、2-3-2、2-2-7 减针，至顶部余 14 针。同样方法织另一袖。

4. 将前、后片的肩部、侧缝、袖片全部对应缝合。

5. 领圈边挑 96 针，织 18cm 全上针，帽边 A 与 B 缝合，形成帽子。

6. 两边门襟至帽檐挑 264 针，织 16 行双罗纹，注意左边门襟均匀开纽扣孔。缝上纽扣，编织完成。

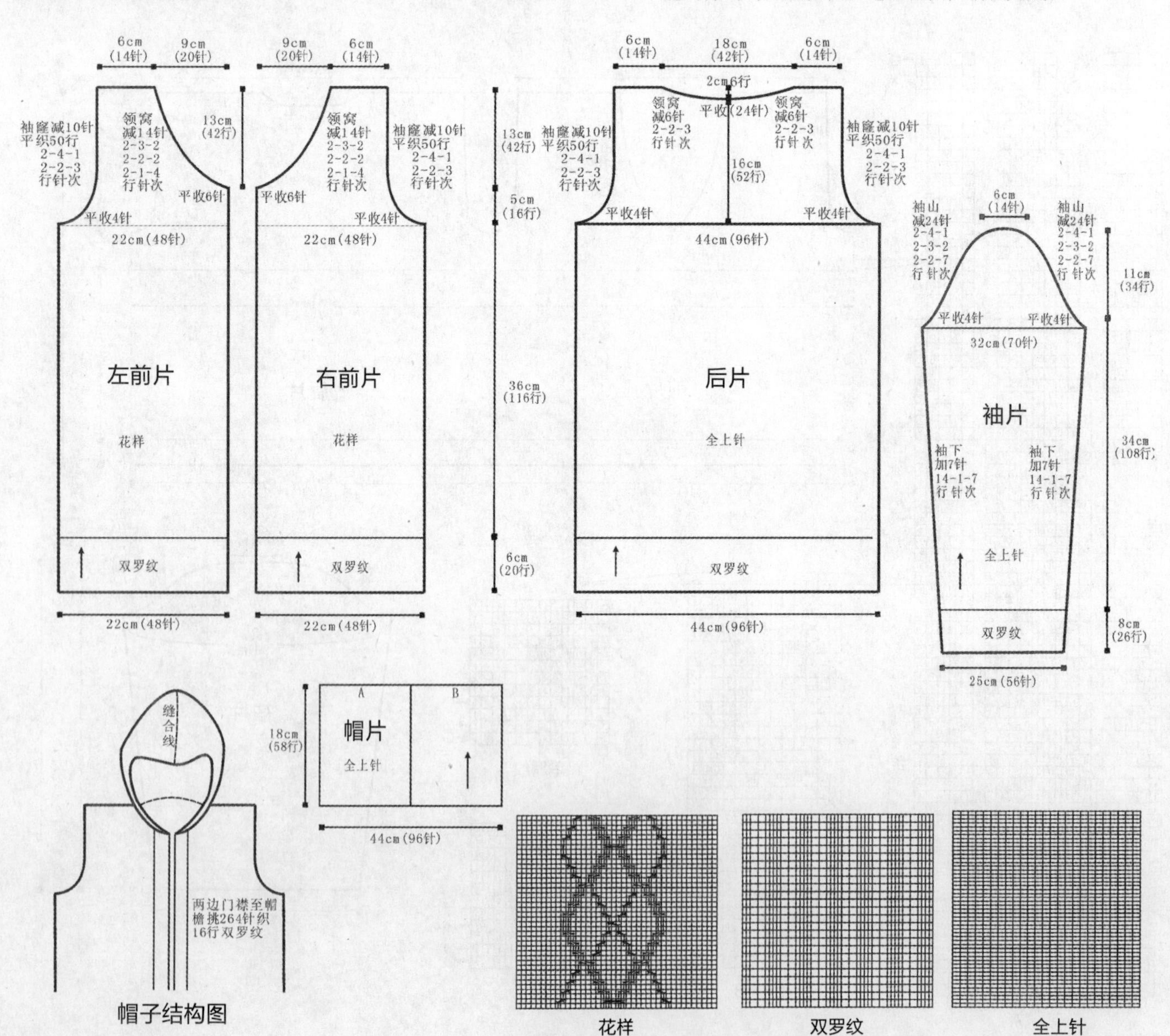

157

【成品尺寸】衣长 68cm　胸围 96cm　袖长 14.5cm
【工具】7 号棒针
【材料】咖啡色粗毛线 750g
【密度】10cm^2：18 针 ×24 行

【制作方法】

1. 先织后片，起 98 针，织 2.5cm 搓板针后，换织下针，按图示，进行两侧减针，织 49.5cm 到腋下时，开始袖窿减针，减针方法如图，减至最后留 64 针，别线穿上，待用，用相同的方法织好前片。

2. 袖片：起 64 针，织搓板针 2.5cm 后，换织下针，不加不减织 5.5cm 到腋下时，进行袖窿减针，减针方法如图示，减至最后留 40 针，别线穿上，待用，用相同的方法织好另外一只袖子。

3. 分别合并侧缝线和袖下线，并缝合袖子。

4. 分别挑起前后片和袖片留下的针数，圈织，织搓板针，边织边均匀减针，织到 12cm 时，收针，断线。

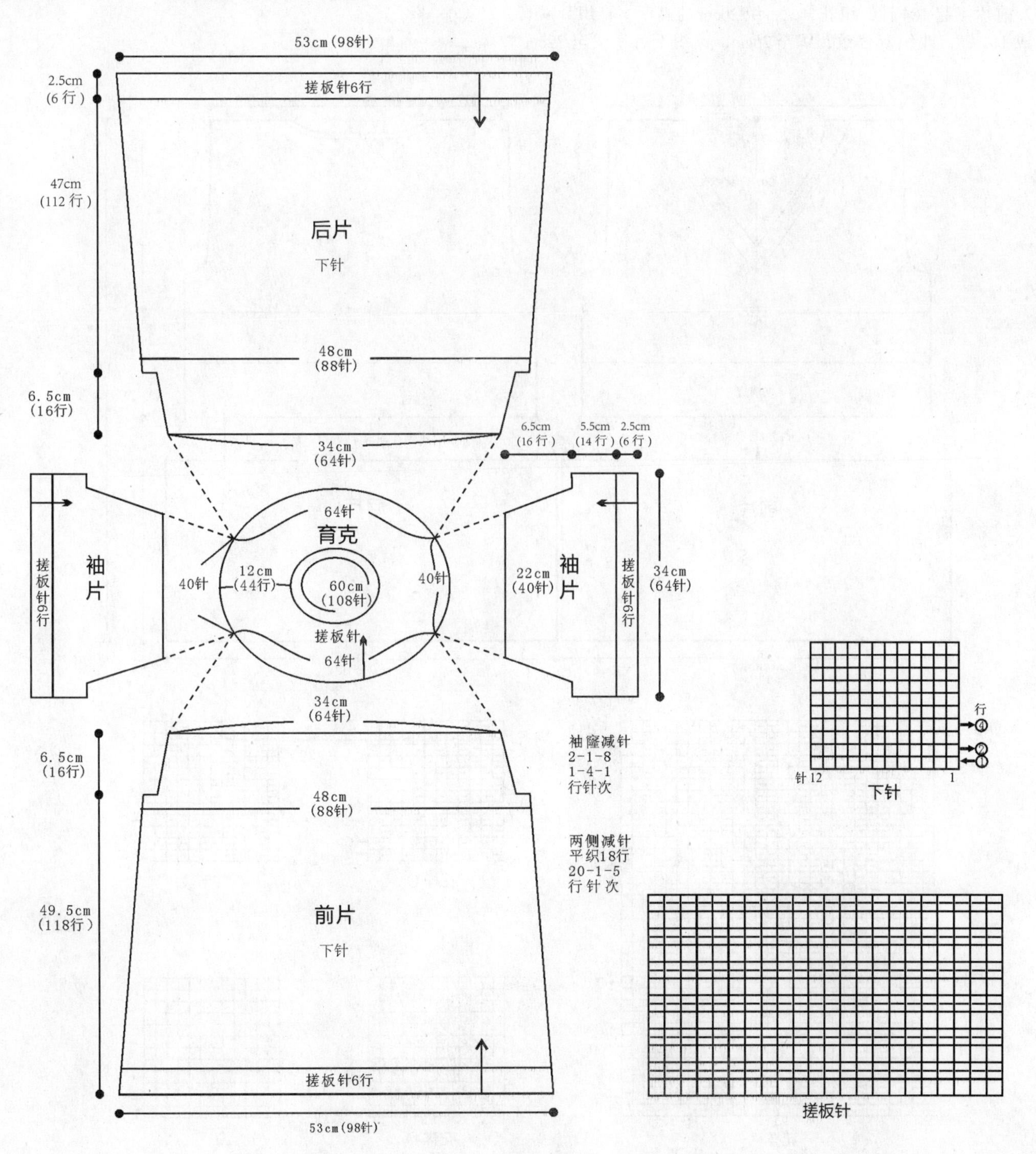

158

【成品尺寸】衣长 53cm　胸围 80cm　肩宽 30cm　袖长 53cm
【工具】13 号棒针　绣花针
【材料】天蓝色棉线 550g
【密度】$10cm^2$ ：40 针 ×44 行
【附件】纽扣 5 枚

【制作方法】

1. 后片：起 184 针，织花样 A，织 20cm 的高度，将织片减针成 161 针，改织双罗纹，织至 26cm，改织下针，织至 32cm，两侧各平收 6 针，然后按 2-1-14 的方法减针织成袖窿，织至 51.5cm，中间 61 针织双罗纹，织至 52cm 的高度，中间平收 61 针，两侧按 2-1-2 的方法后领减针，最后两肩部各余下 28 针，后片共织 53cm 长。

2. 前片：起 184 针，织花样 A，织 20cm 的高度，将织片减针成 161 针，改织双罗纹，织至 26cm，改织下针，织至 32cm，两侧各平收 6 针，然后按 2-1-14 的方法减针织成袖窿，织至 32.5cm，将织片从中间分开成左右 2 片分别编织，衣领织 8 针花样 D，按 2-1-44 减针织成前领，如结构图所示，织至 51cm，领口两侧按 2-1-4 的方法加针，织至 53cm 长，两肩部各余下 28 针。

3. 袖片（2 片）：起 88 针，织花样 C，织 3cm 的高度，改织花样 B，不加减针织至 40cm 的高度，两侧各平收 6 针，然后按 2-1-28 的方法袖山减针，袖片共织 53cm 长，最后余下 20 针。袖底缝合。

4. 缝上纽扣。

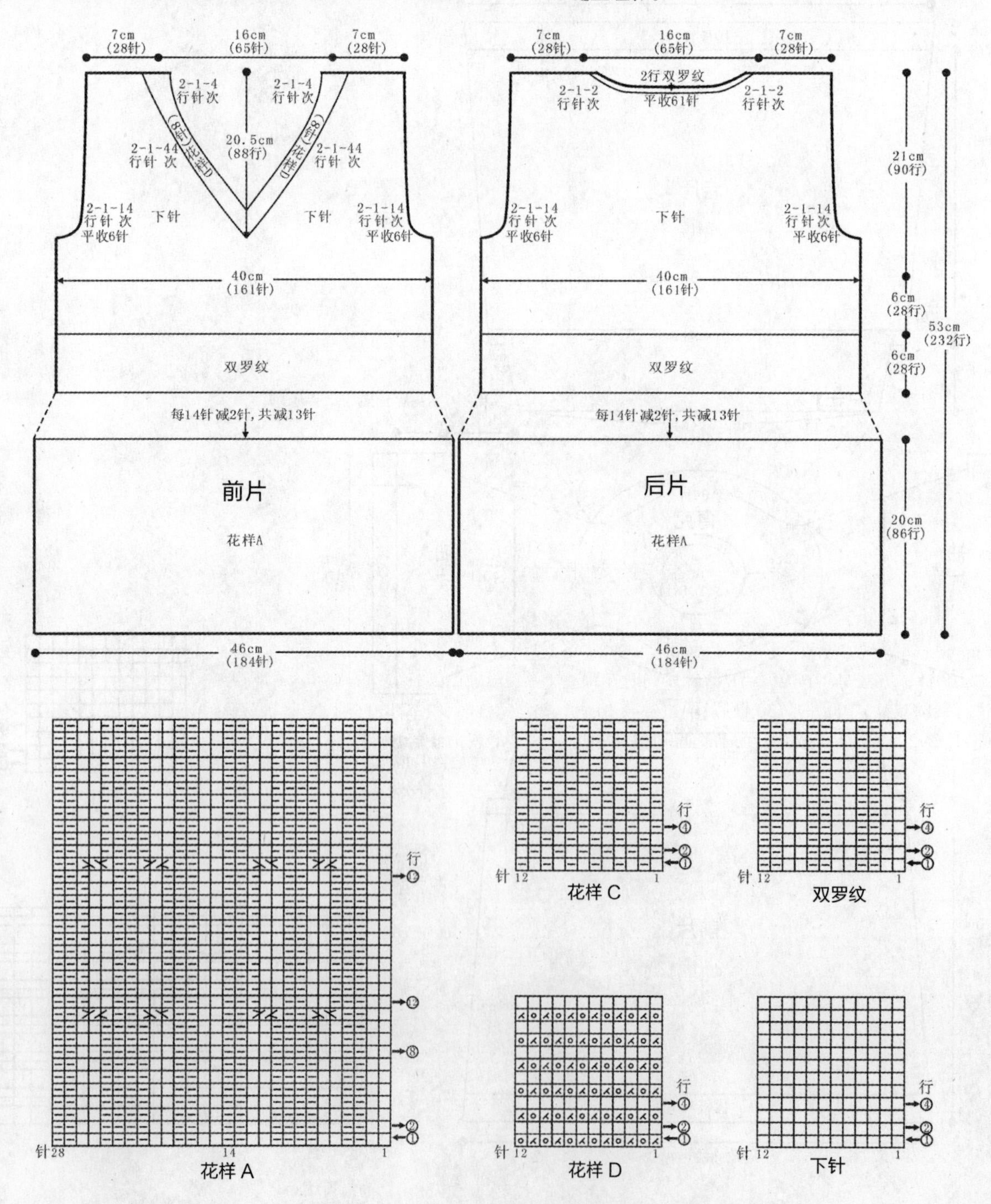

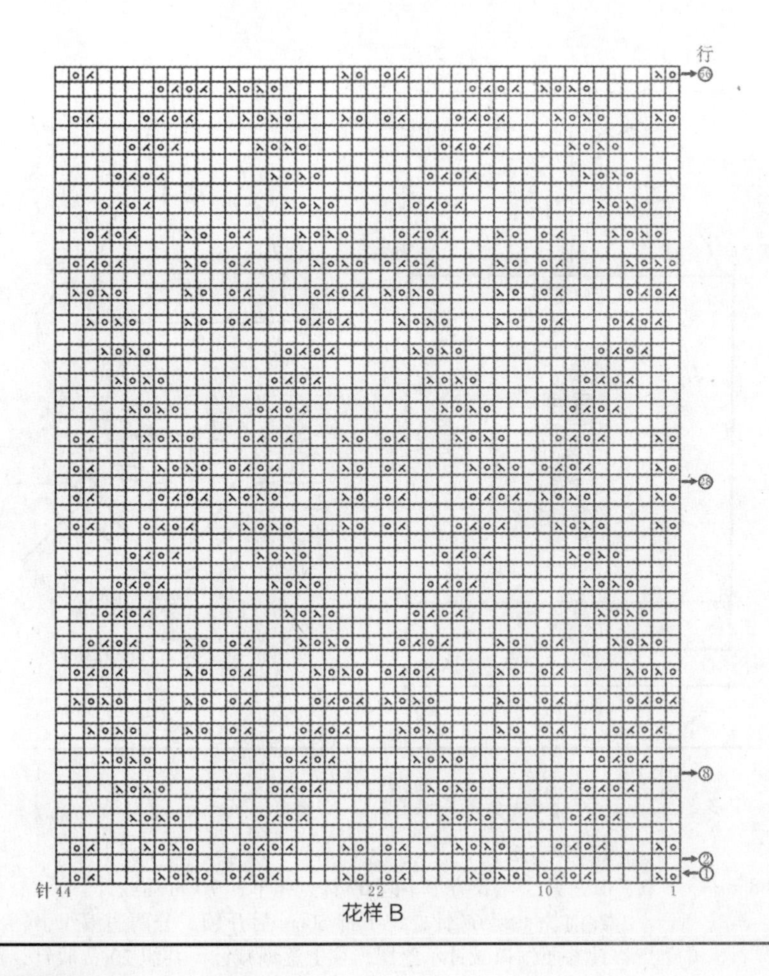

花样 B

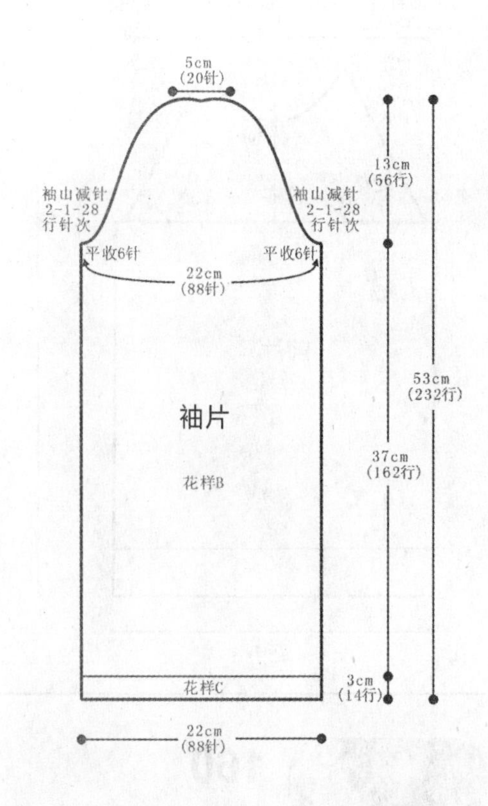

159

【成品尺寸】衣长 65cm　胸围 96cm　袖长 21cm

【工具】10 号棒针

【材料】浅灰色纯羊毛线 600g

【密度】$10cm^2$ ： 22 针 ×32 行

【制作方法】

毛衣从下往上编织。

1. 前片：按图起 106 针，织 6cm 双罗纹后，改织花样，侧缝不用加减针，织至 41cm 时开始插肩袖窿减针，在织片两边各平收 6 针，然后减 18 针，方法是：按 2-1-18 减针，同时在距离袖窿 10cm 处进行领窝减针，中间平收 30 针后，两边各减 14 针，方法是：按 2-3-1、2-2-4、2-1-3 减针，至肩部全部针数减完。

2. 后片：按图起 106 针，织 6cm 双罗纹后，改织全上针，侧缝不用加减针，织至 41cm 时开始插肩袖窿减针，在织片两边各平收 6 针，然后减 18 针，方法是：按 2-1-18 减针，同时在距离袖窿 15cm 处进行领窝减针，中间平收 40 针后，两边各减 9 针，方法是：按 2-3-1、2-2-3 减针，织至肩部全部针数减完。

3. 袖片：按图起 70 针，织 3cm 双罗纹后，改织花样，并开始插肩袖山减针，织片两边各平收 6 针后减针，方法是：按 2-1-22 减针，织至袖顶余 14 针。同样方法编织另一袖。

4. 将前、后片的侧缝、袖片对应缝合。

5. 领圈挑 148 针，织 18 行双罗纹，形成圆领。编织完成。

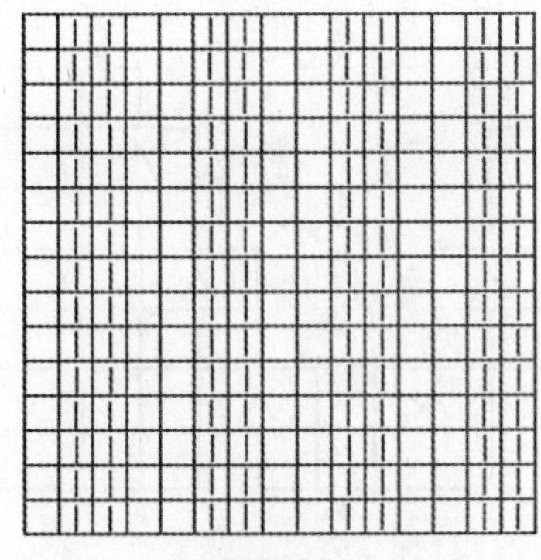
双罗纹

全上针

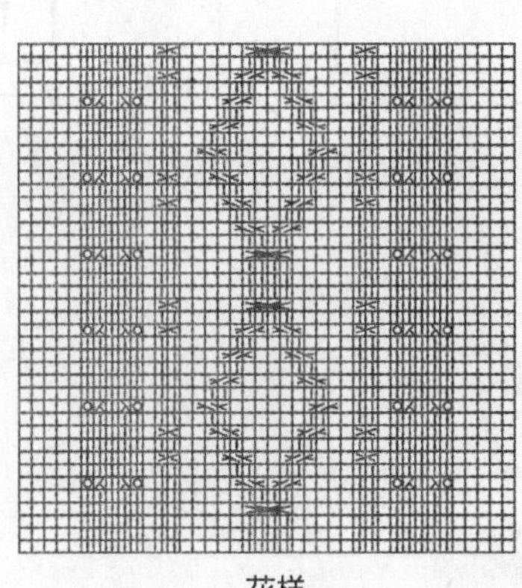
花样

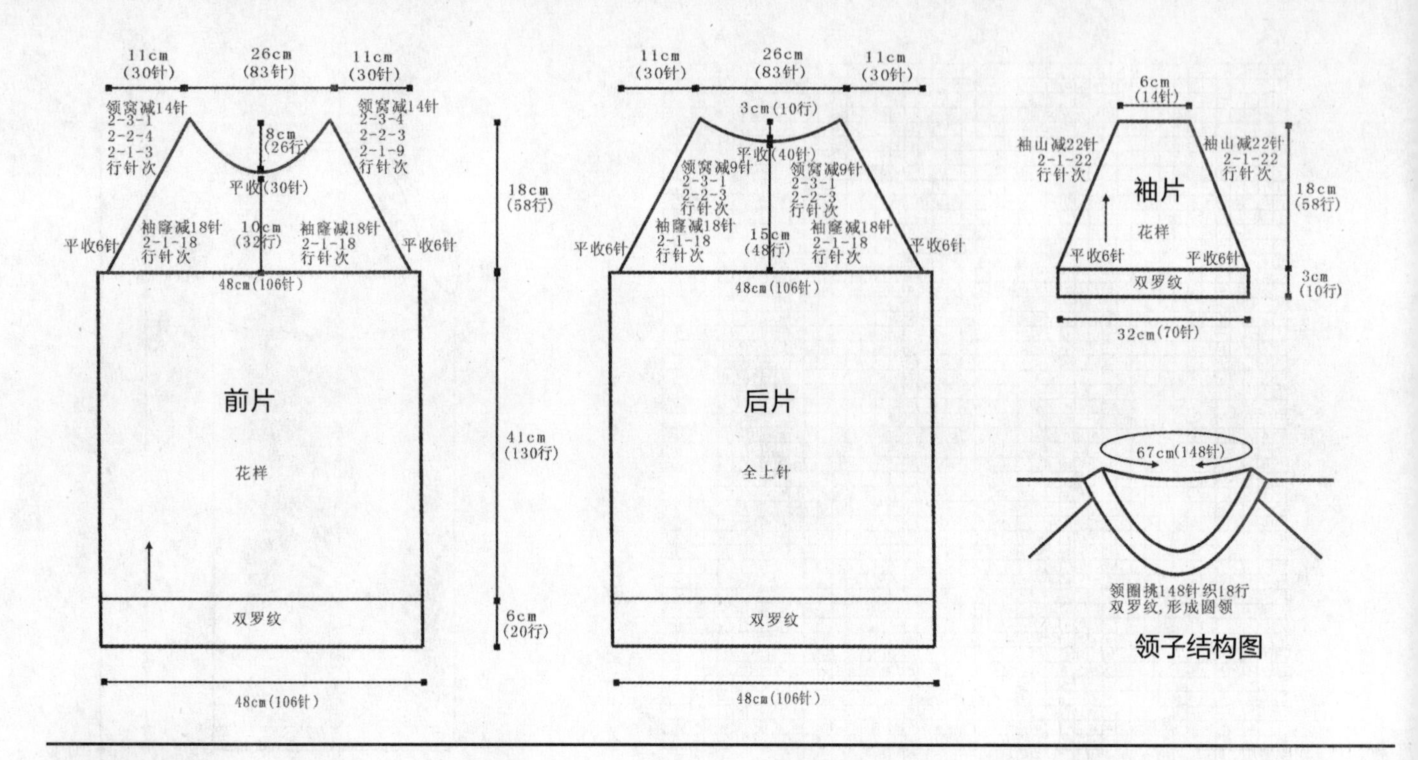

160

【成品尺寸】衣长 70cm　胸围 88cm

【工具】10 号棒针

【材料】粉红色时装线 600g

【密度】10cm^2 ：15 针 ×20 行

【制作方法】

1. 后片：呈长方形，起 67 针，织下针 70cm 后收针。
2. 前片：起 67 针，织下针 50cm 后开领，分两边编织，领部减针参照领口减针示意图，往上逐渐减针，共织 20cm 收针，用相同方法织出另一片。
3. 将肩部与腋下缝合，如前片图，袖窿缝合处为 25cm。

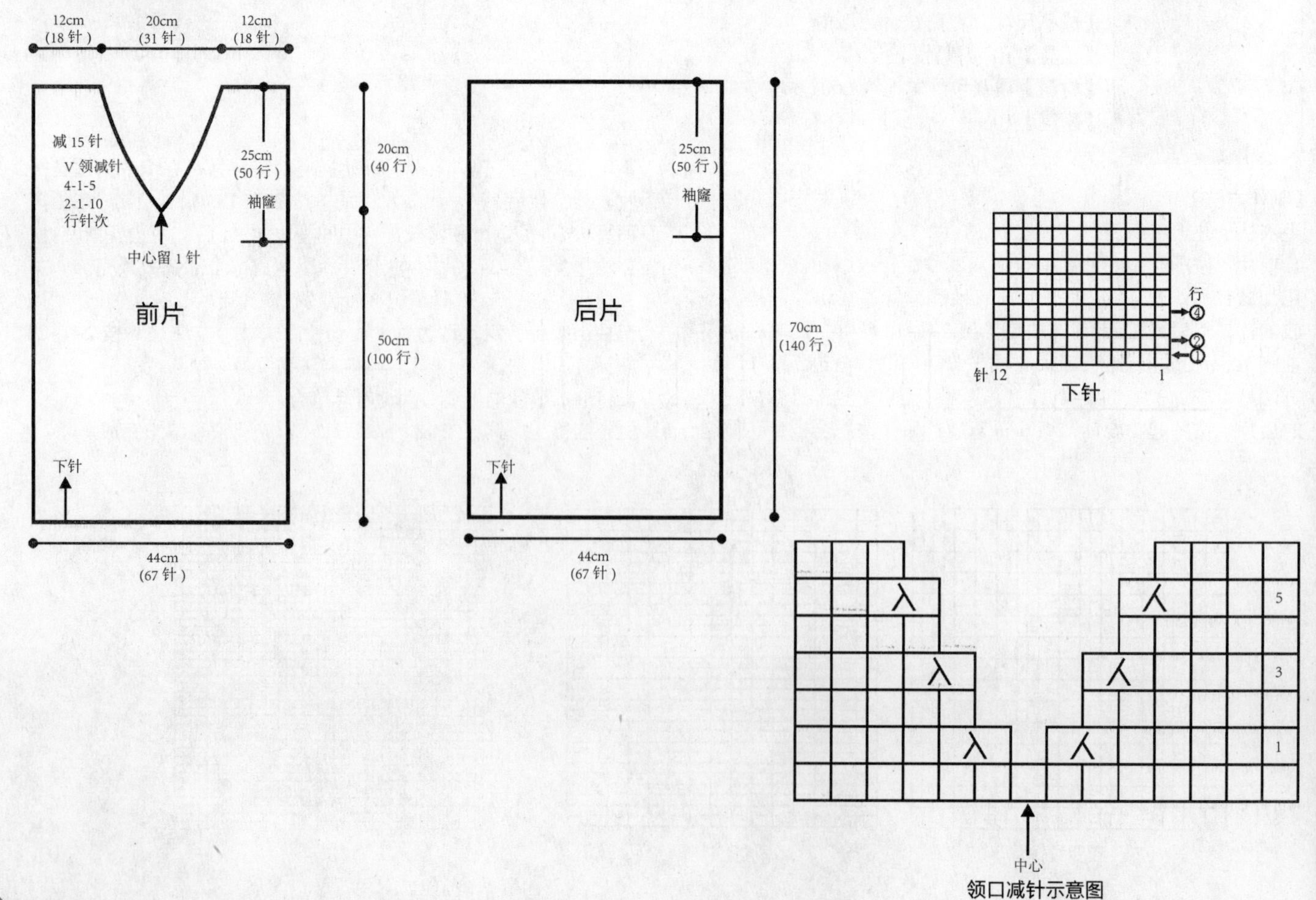

161

【成品尺寸】衣长 42cm　胸围 76cm
【工具】6 号棒针　绣花针
【材料】杏色棉线 420g
【密度】10cm^2：12 针 ×18 行
【附件】圆形纽扣 3 枚

【制作方法】

1. 此款衣服肩部为横织。编织顺序：圆肩、下身前、后片、领。
2. 圆肩：(1) 起 18 针，门襟花样编织 6 行，如图织第 3 行时开扣眼。(2)8 针麻花处 16 行为 1 组，10 针麻花处 20 行为 1 组，注意 10 针麻花处如图引返针编织 2 行，以此与 8 针麻花相平起收紧效果，麻花共织 8 针。(3) 织门襟花样 6 行后收针，此处门襟不用开扣眼。排花，门襟及两组麻花为前片，4 组花为后片。
3. 腋下后片：起 52 针，排花编织，针数如图，织 37cm 后收针两侧按减 4 针编织，织 5cm 后收针。
4. 腋下前片（2 片）：以左前片为例，起 32 针，排花编织，后片各挑 23 针、6 针、23 针，双罗纹织 40 行后收针。
5. 缝合：将腋下前、后片腋下缝合，腋下为 37cm 处。把圆肩折成前、后片。分配见圆肩说明。前将腋下身片缝合在圆肩处，注意身片上针处打褶皱缝合在圆肩处。
6. 挑领：前、后领共挑 64 针，双罗纹编织 6 行后收针。
7. 收尾：在圆肩右门襟处对应左门襟缝上 3 枚纽扣。

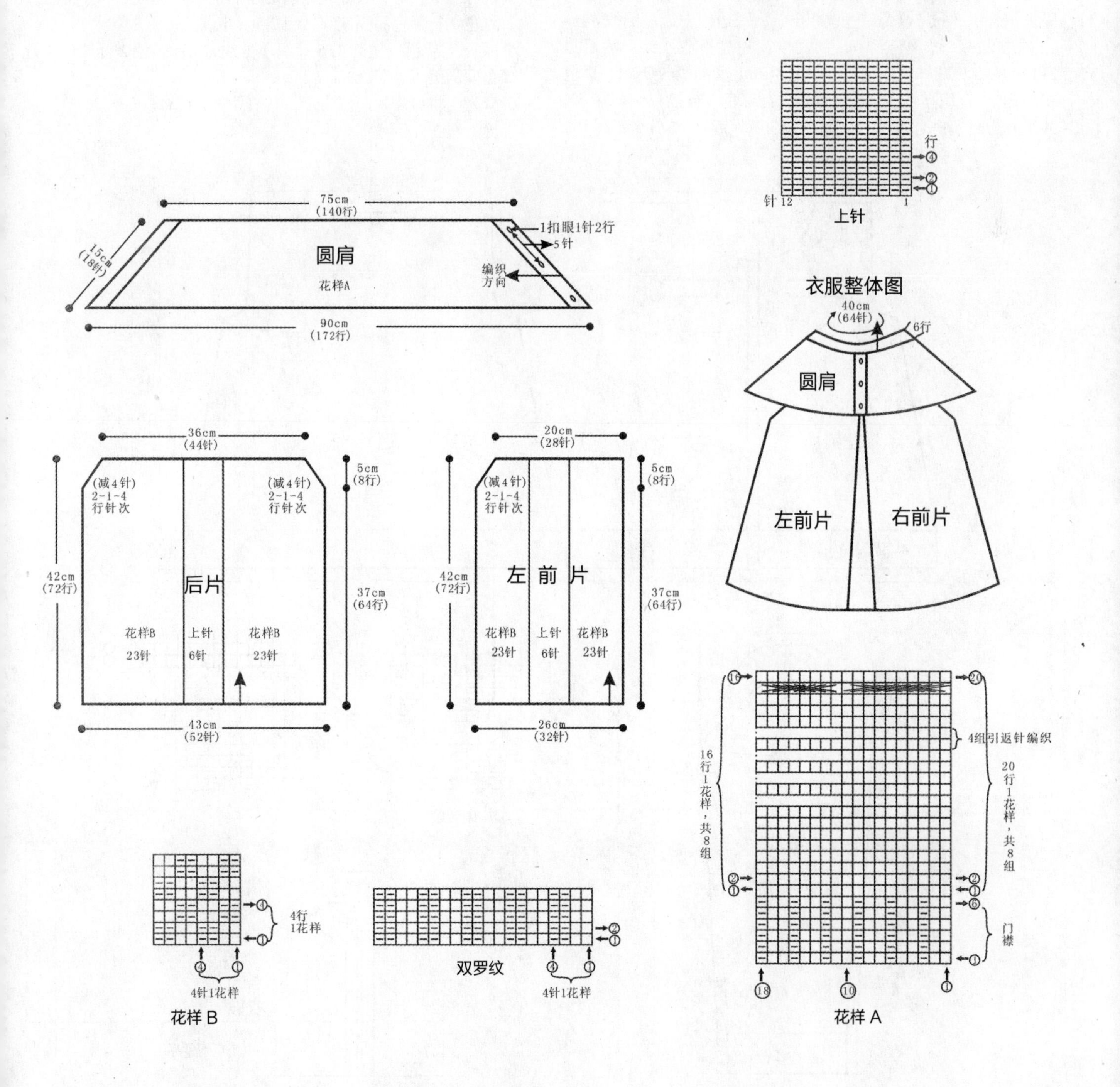

162

【成品尺寸】衣长 51cm 胸围 84cm 袖长 63cm

【工具】13 号棒针 绣花针

【材料】红色羊绒线 500g 黑色羊绒线 50g

【密度】10cm^2：28 针 ×36 行

【附件】纽扣 15 枚

【制作方法】

1. 后片：起 142 针，织单罗纹，4 行黑色 2 行红色 4 行黑色间隔编织，织 3cm，改为红色线织下针，一边织一边两侧按 8-1-12 的方法减针，织至 31cm 的高度，两侧各平收 4 针，然后按 2-1-7 的方法减针织成袖窿，织至 50cm，中间平收 44 针，两侧按 2-1-2 的方法后领减针，最后两肩部各余下 24 针，后片共织 51cm 长。

2. 左前片：起 68 针，织单罗纹，4 行黑色 2 行红色 4 行黑色间隔编织，织 3cm，改为红色线织下针，一边织一边左侧按 8-1-12 的方法减针，织至 31cm 的高度，左侧平收 4 针，然后按 2-1-7 的方法减针织成袖窿，织至 36cm，暂时留针不织，黑色线另起 26 针织单罗纹，2 行黑色 2 行红色 2 行黑色间隔编织，共织 6 行后，拼合于前片中间，与前片留起的 45 针合并编织，织至 43cm，右侧平收 7 针，然后按 2-2-4、2-1-6 的方法前领减针，最后肩部余下 24 针，左前片共织 51cm 长。同样的方法相反方向织右前片。

3. 袖片（2 片）：起 54 针，织单罗纹，4 行黑色 2 行红色 4 行黑色间隔编织，织 3cm，改为红色线织下针，一边织一边两侧按 32-1-5 的方法加针，织至 20cm 的高度，两侧各加起 4 针，继续编织，织至 49cm 的高度，两侧各平收 4 针，然后按 2-1-25 的方法减针织成袖山，袖片共织 64cm 长，最后余下 14 针。袖底缝合。沿袖口侧挑起 56 针织单罗纹，2 行黑色 2 行红色 2 行黑色间隔编织，织 2cm 长。

4. 衣襟：沿左、右衣襟侧分别挑起 116 针织单罗纹，4 行黑色 2 行红色 2 行黑色间隔编织，织 2.5cm 长。

5. 领片：沿领口挑起 116 针织单罗纹，4 行黑色 2 行红色 2 行黑色间隔编织，织 2.5cm 长。

6. 口袋：将口袋片两侧与左、右前片对应缝合。

7. 缝上纽扣。

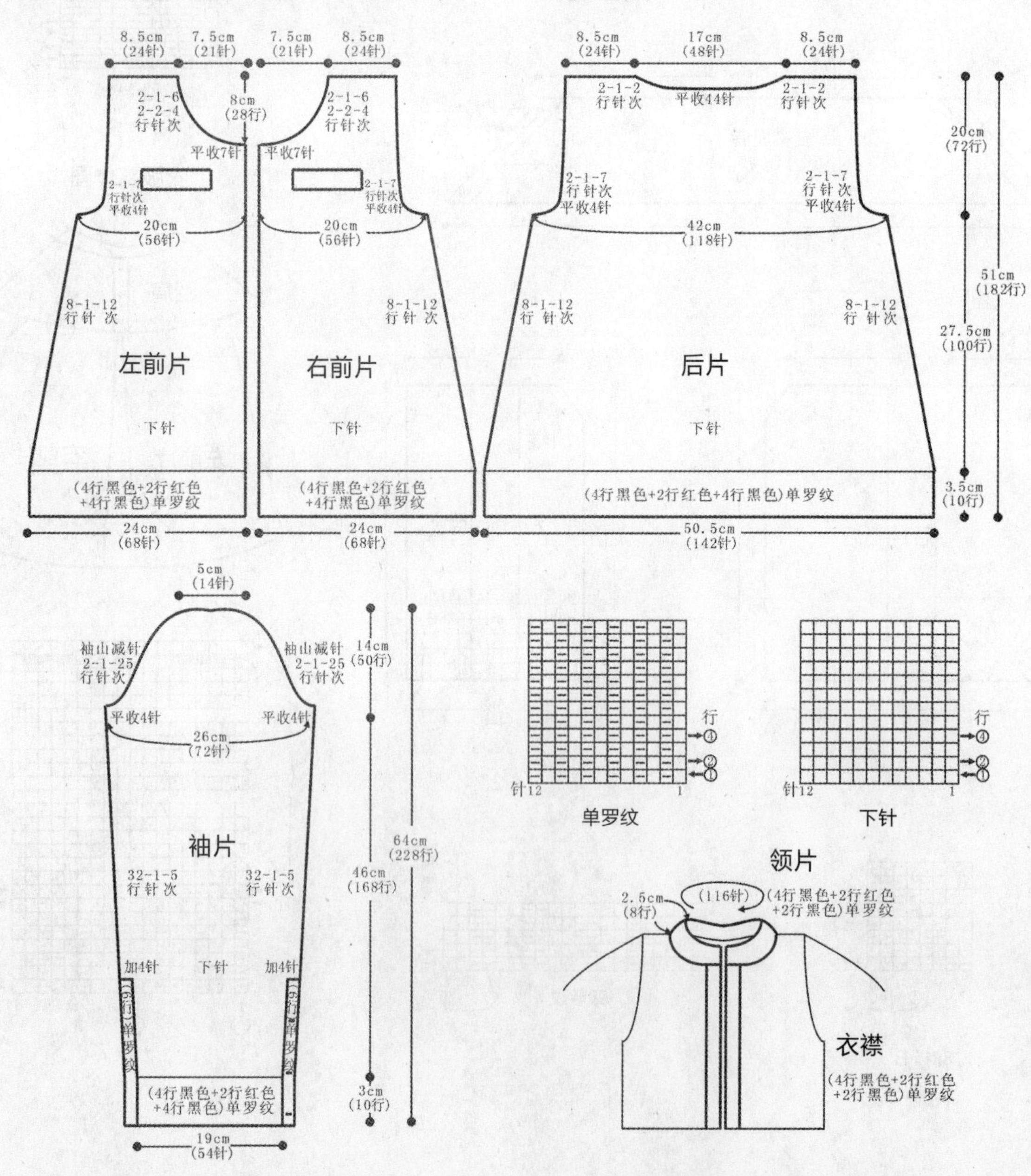

163

【成品尺寸】衣长 54cm　衣宽 52cm
【工具】11 号棒针　4 号钩针　绣花针
【材料】灰色棉线 420g
【密度】$10cm^2$ ：20 针 ×25 行
【附件】圆形包扣 1 枚　按扣 1 枚

【制作方法】
1. 身片（4 片）：(1) 起 40 针，花样编织 24cm。(2) 一侧加 20 针，并同时减针，织 28cm 后收针。相同方法织另外 3 片。
2. 缝合：衣服为开衫，对齐缝合肩和腋下。
3. 挑领：前片、后片和领各挑 40 针、70 针、40 针，双罗纹织 30 行后收针。
4. 包扣：如包扣图解，制作 1 枚包扣。然后缝合在领处相应位置。并缝上 1 枚按扣。

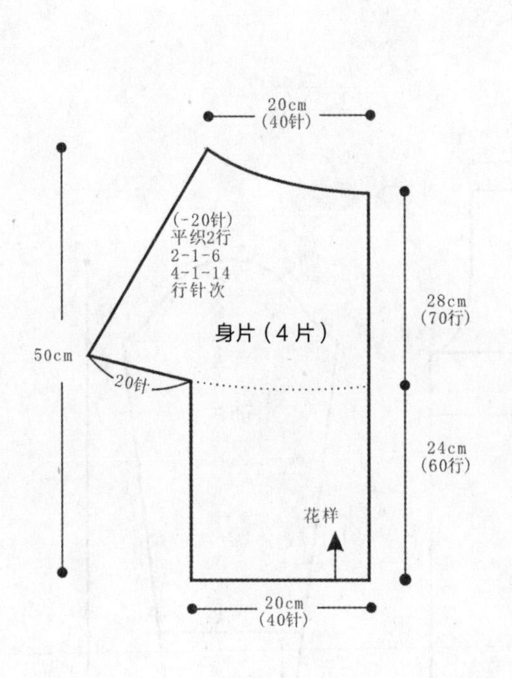

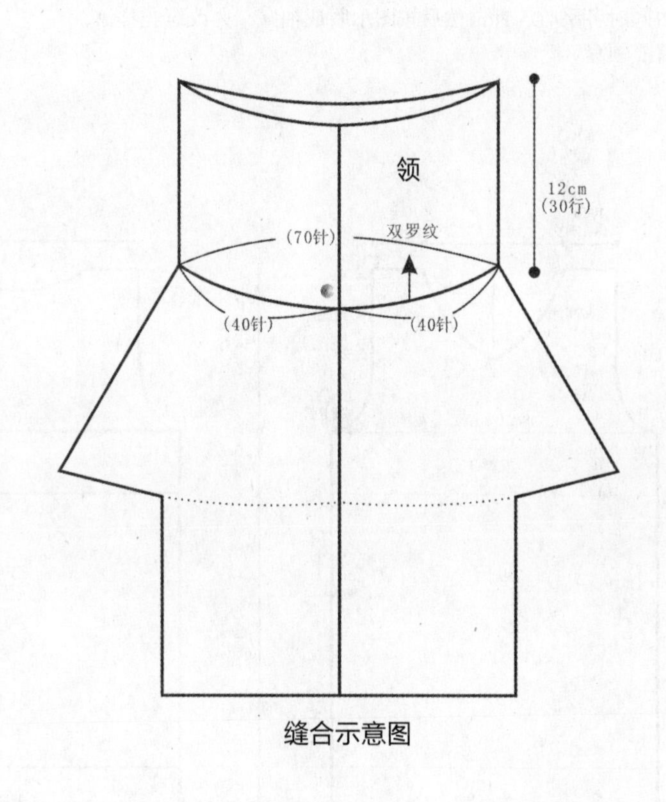

缝合示意图

包扣图解

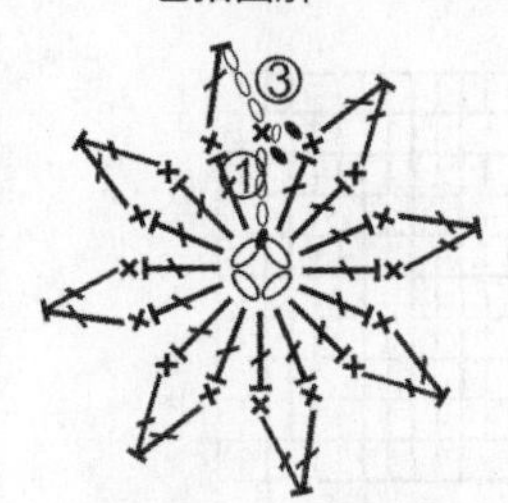

第1行：16长针
第2行：16短针
第3行：2长针并1针，共8组

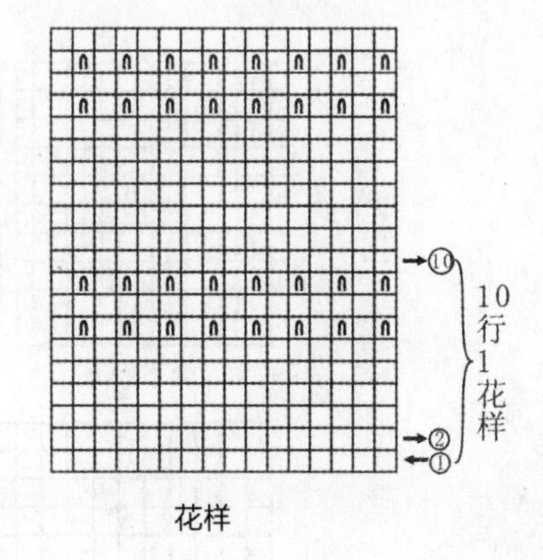

花样

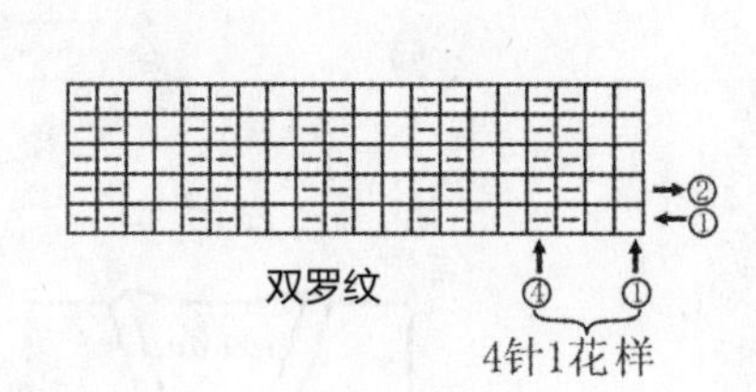

双罗纹

164

【成品尺寸】衣长 64cm　胸围 96cm　袖长 54cm
【工具】9 号棒针
【材料】淡绿色羊毛线 500g
【密度】10cm²：18 针 ×23 行

【制作方法】

1. 前片：按图示起 86 针，织 6cm 单罗纹后，改织全下针，侧缝不用加减针，织 29cm 时改织花样 B，再织 5cm 开始留袖窿，在两边同时各平收 5 针，然后按图示收成袖窿，并改织花样 A，同时留前领窝。

2. 后片：织法与前片一样，只是袖窿织 21cm，才留领窝。

3. 袖片：按图起 46 针，织 6cm 单罗纹后，改织全下针，袖下按图加针，织至 37cm 时两边同时平收 5 针，并按图收成袖山，用同样方法编织另一袖片。

4. 将前后片的肩、侧缝、袖片缝合。

5. 领圈挑 84 针，织 4cm 单罗纹，形成 V 领，完成。

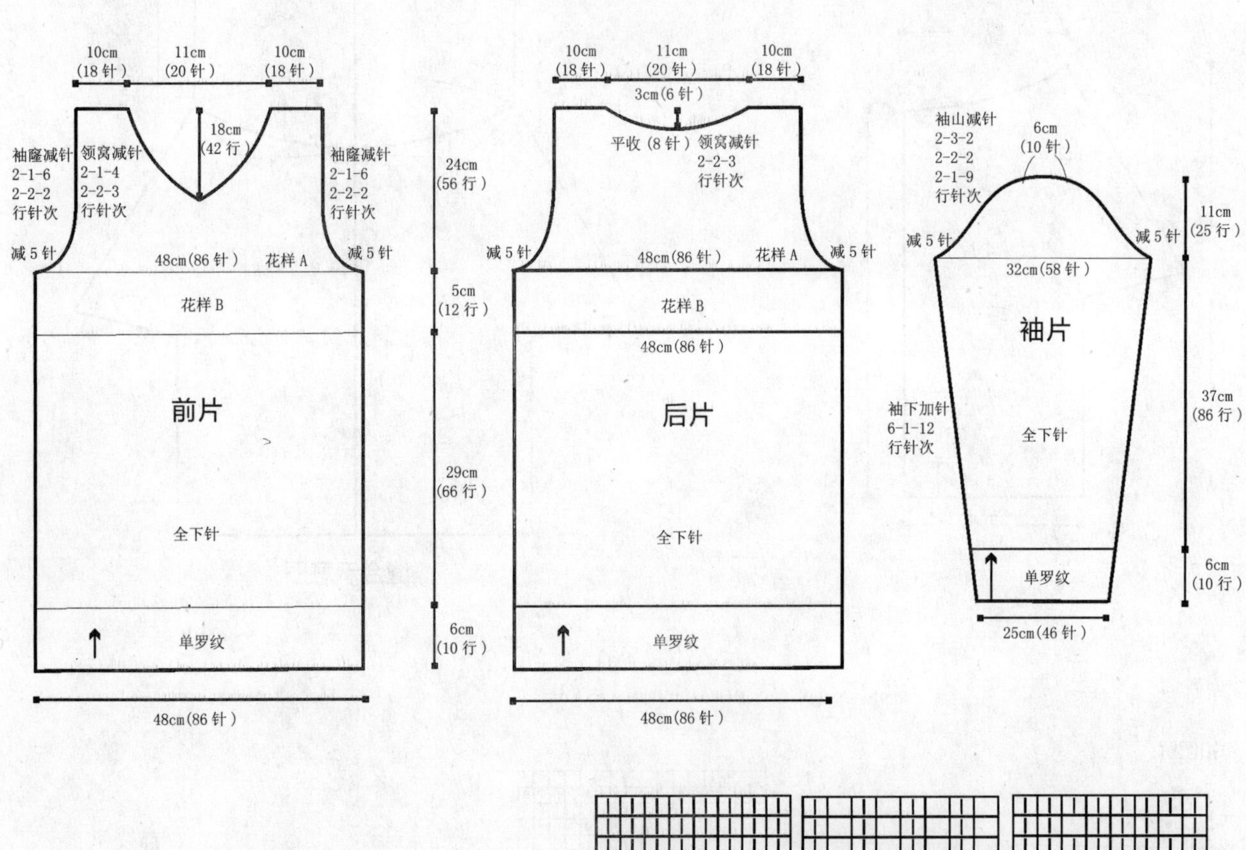

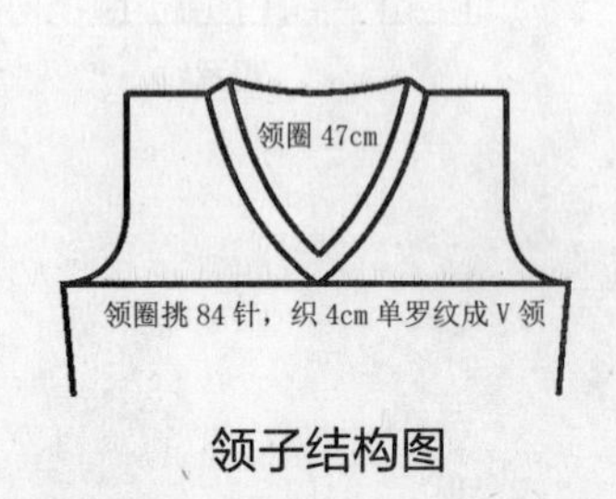

领子结构图

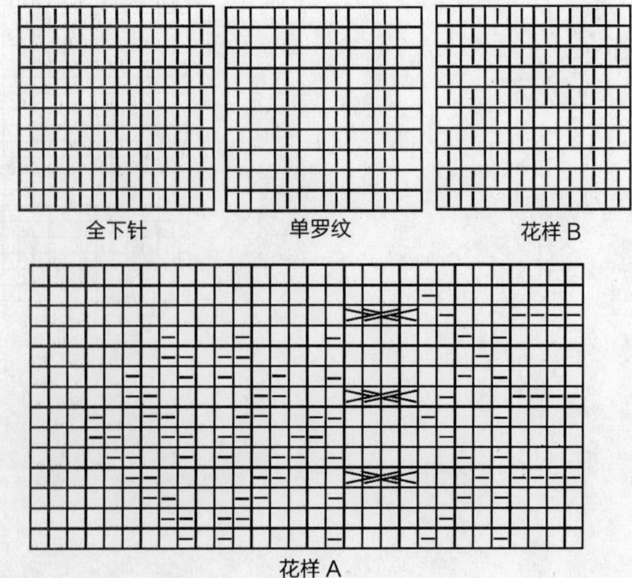

全下针　单罗纹　花样 B

花样 A

165

【成品尺寸】衣长 50cm　胸围 90cm
【工具】8 号棒针
【材料】灰色毛线 600g
【密度】$10cm^2$：18 针 ×26 行

【制作方法】
1. 左前片：用 8 号棒针起 15 针，按图解放针，织下针，织到 28cm 处开挂肩，按图解收袖窿、收领子。用相同方法相反方向织右前片。
2. 后片：用 8 号棒针起 81 针织下针，按图解编织。
3. 将前片、后片缝合。
4. 衣边装饰条按图解编织 2 条，在衣边缝完 1 条后，在这条中穿入缝合第 2 条。
5. 整理熨烫。

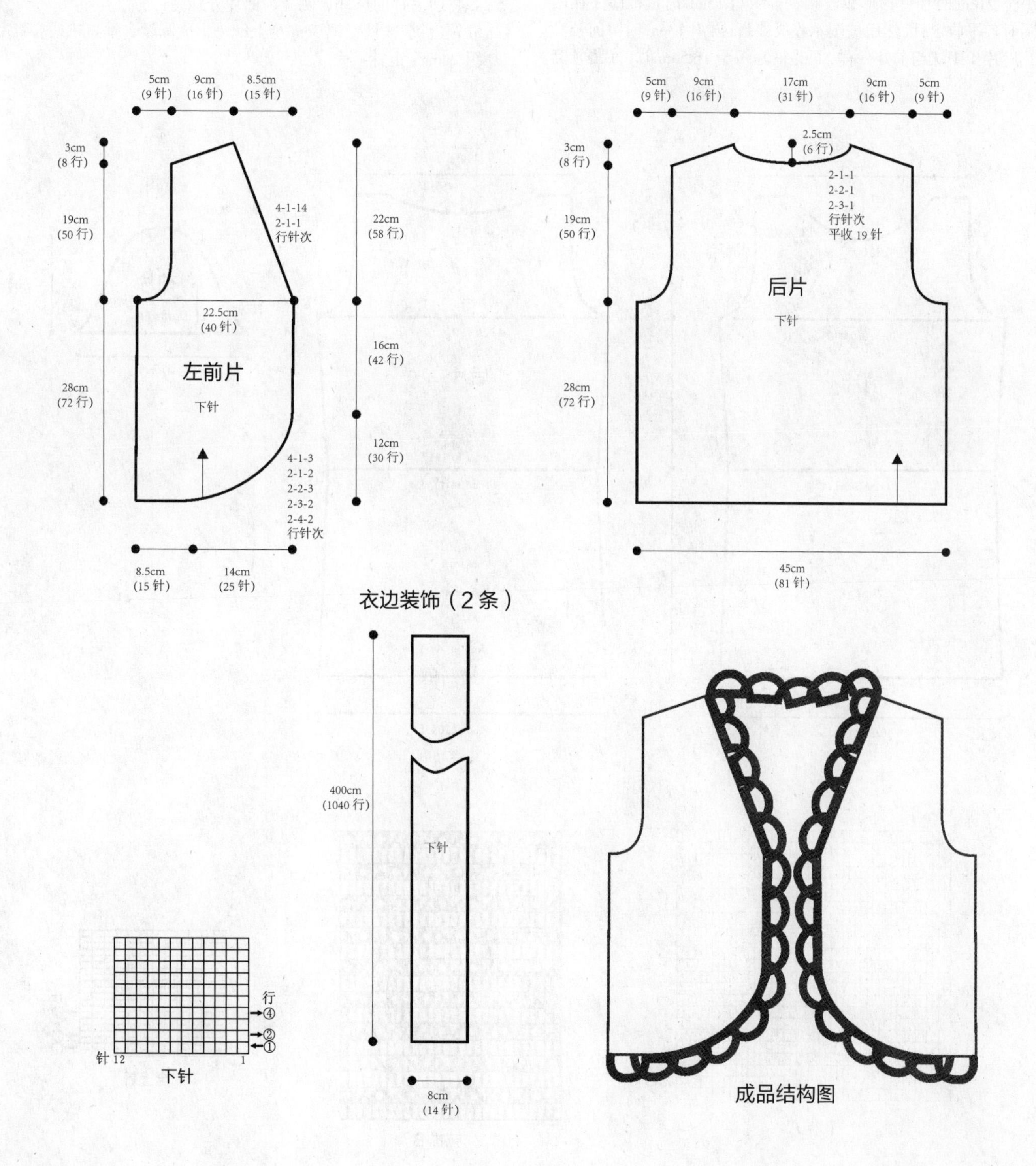

166

【成品尺寸】衣长 54cm　胸围 96cm　袖长 11cm
【工具】9 号棒针
【材料】灰色羊毛线 350g
【密度】$10cm^2$ ：22 针 ×32 行

【制作方法】

1. 前片：按图示起 104 针，织花样 A，同时侧缝按图示减针，织至 21cm 时加针，形成收腰，再织至 15cm 时留袖窿，在两边同时各平收 5 针，然后按图示收成袖窿，再织 13cm 时留前领窝。
2. 后片：织法与前片一样，只是袖窿织至 16.5cm 时，才留领窝。
3. 袖片：按图起 70 针，织花样 B，两边同时平收 5 针，并按图收成袖山，用同样方法编织另一袖。
4. 将前后片的肩部、侧缝、袖片分别缝合。
5. 领边挑 74 针，织 3cm 全上针，形成圆领，袖口挑适合针数，织 2cm 全上针，完成。

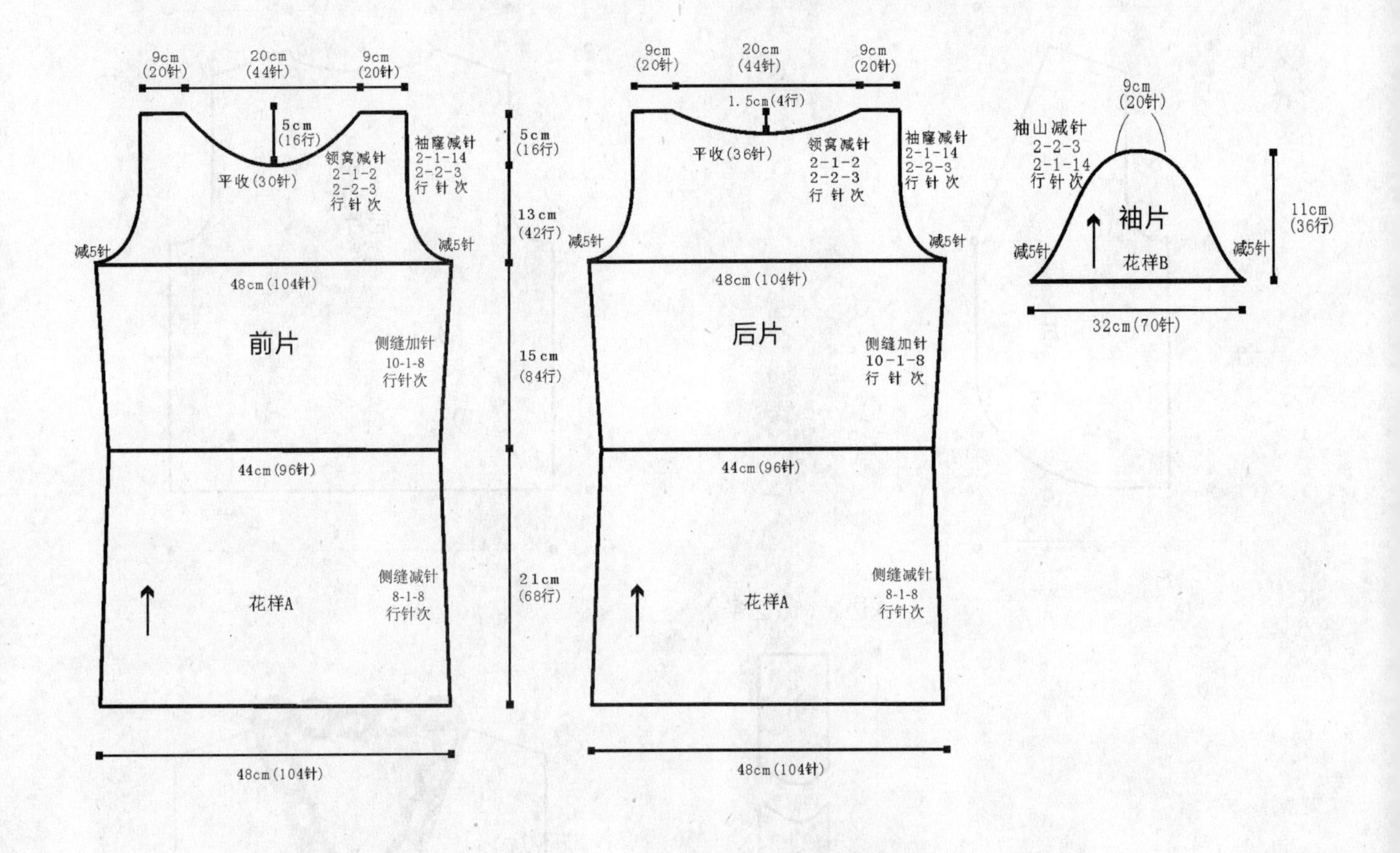

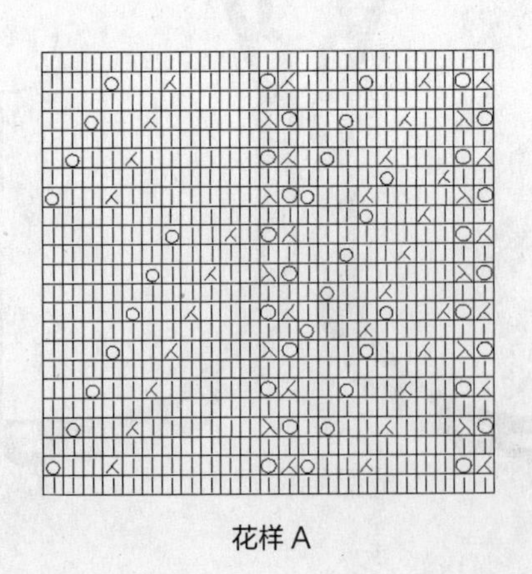
花样 A

花样 B

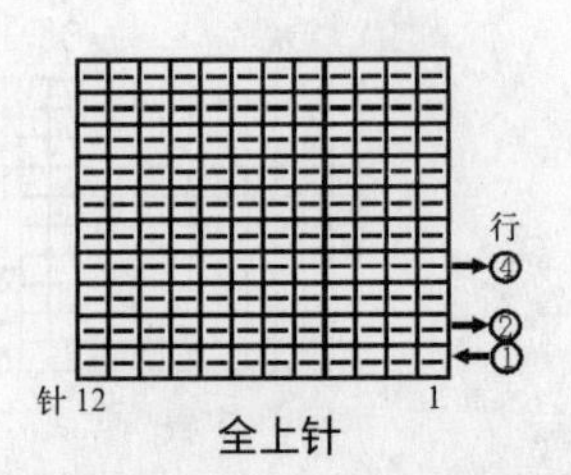

全上针

167

【成品尺寸】衣长 70cm　胸 90cm　袖长 56cm
【工具】7 号棒针　绣花针
【材料】蓝色粗毛线 650g
【密度】10cm^2 ：19 针 ×28 行
【附件】纽扣 6 枚

【制作方法】

1. 后片：向上编织，起 104 针向上编织单罗纹 4cm，编织花样 41cm，然后 1 次减针（打折方式）至 84 针，按图示编织反针 14 行开挂肩及后领窝。
2. 左前片：向上编织，起 52 针向上编织单罗纹 4cm，编织花样 41cm，然后 1 次减针至 42 针编织花样 5cm，按结构图所示开挂肩及前领部分。
3. 袖片：袖口起 38 针向上编织单罗纹 2cm，1 次加针至 48 针接着编织花样 39cm，然后编织反针 5cm 后减袖山，袖身按结构图所示均匀加针。用同样方法再完成另一片袖片。
4. 将前片与后片及袖片沿对应位置缝合。
5. 风帽挑起 76 针编织花样 28cm，帽顶部分按图示减针合并。
6. 门襟连着风帽挑起编织单罗纹 10 行，注意留出扣眼。
7. 用绣花针缝上纽扣。

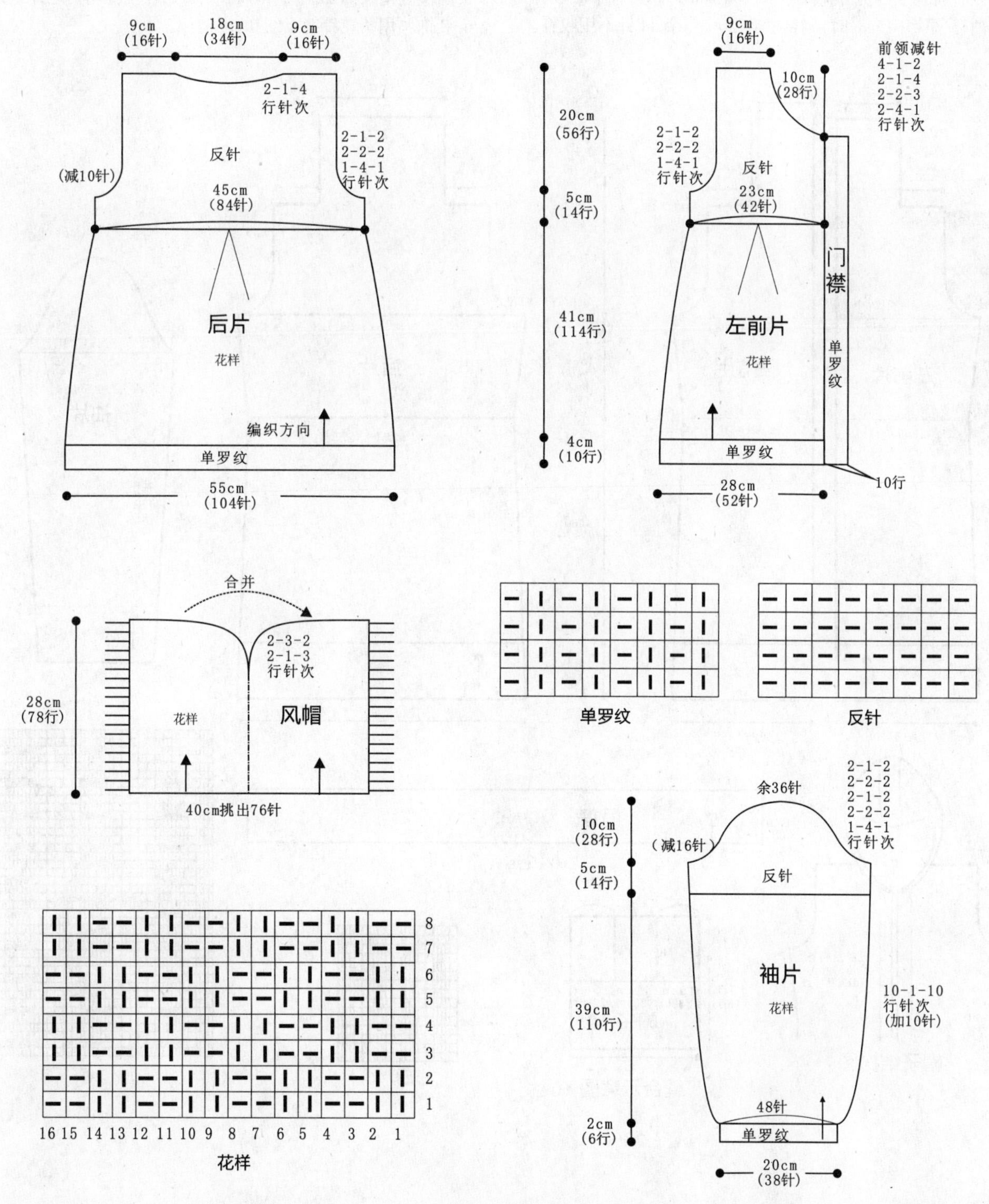

168

【成品尺寸】衣长 95cm　胸围 88cm　袖长 53cm

【工具】10 号棒针　绣花针

【材料】咖啡色羊毛线 1000g

【密度】10cm^2 ：22 针 ×32 行

【附件】纽扣 8 枚

【制作方法】

1. 前片：分左、右 2 片编织。分别按图起 52 针，织 10cm 双罗纹后，改织花样，侧缝按图示减针，织至 22cm 时加针，形成收腰，织 15cm 时两边各平收 5 针，按图收袖窿，再织 15cm 时，肩部平收 20 针，余 22 针不用收针，用同样方法织另一片。

2. 后片 ：按图起 104 针，织 10cm 双罗纹后，改织花样，侧缝与前片一样加减针，形成收腰，织至 15cm 时两边各平收 5 针，按图收袖窿，再织 15cm 时，肩部平收 20 针，余 44 针不用收针。

3. 袖片：按图起 56 针，织 10cm 双罗纹后，改织花样，袖下按图示加针，织至 32cm 时，开始收袖山，两边各平收 5 针，按图示减针，用同样方法织另一袖片。

4. 将前片、后片的肩部、侧缝、袖片全部缝合，前片、后片领部未收的针数，全部合并，一起继续编织，织至 15cm 时，按图分成 3 片，再织 15cm 时收针，并缝合 A 与 B、C 与 D，形成帽子。

5. 门襟至帽缘挑 255 针，织 6cm 双罗纹，左门襟均匀地开纽扣孔。

6. 装饰：用绣花针缝上纽扣。

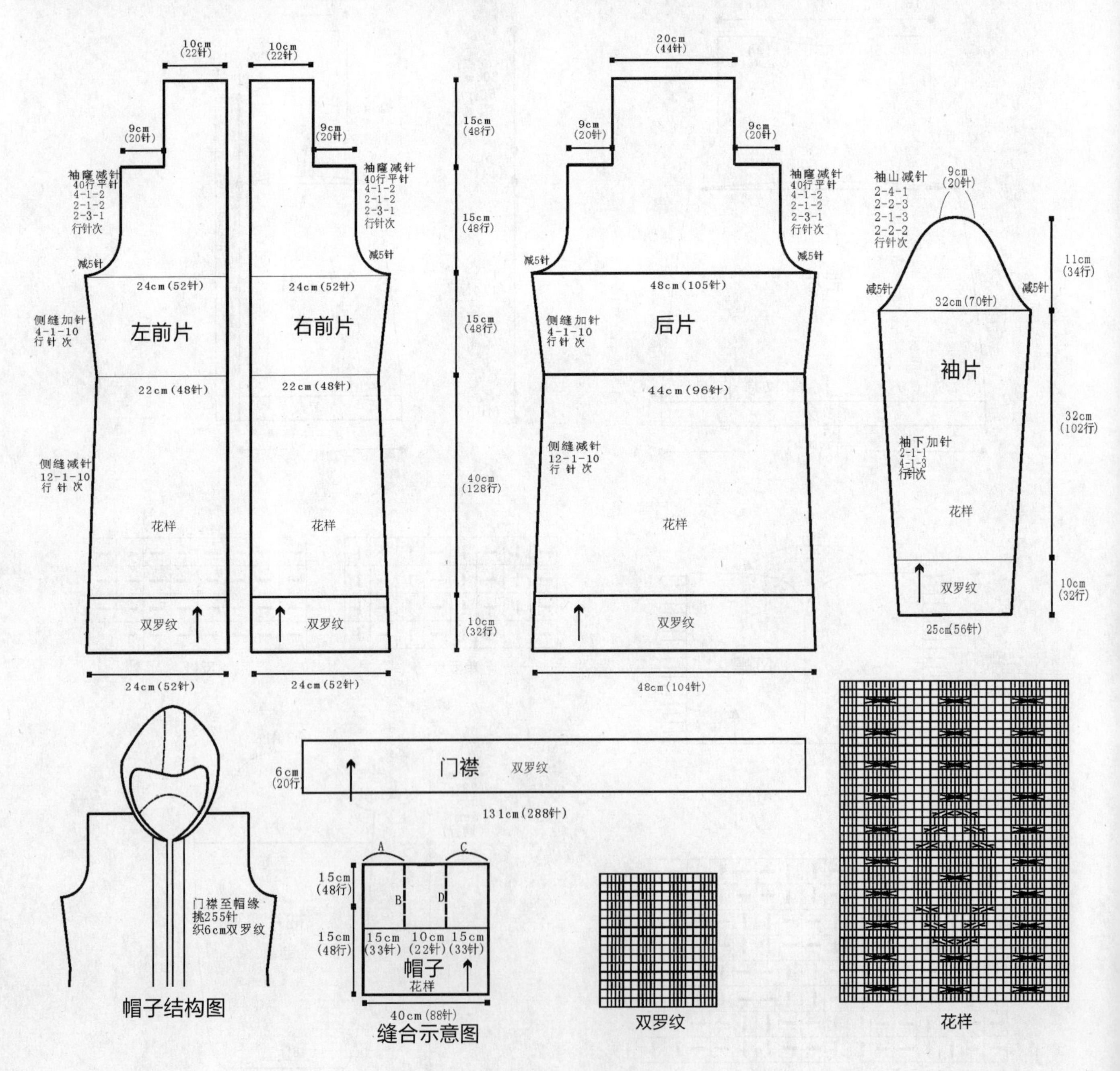

169

【成品尺寸】衣长 66cm　胸围 70cm　袖长 66cm
【工具】9 号棒针　10 号棒针
【材料】灰色夹花中粗毛线 750g
【密度】10cm^2 ：36 针 ×35 行

【制作方法】

1. 先织后片，用 10 号棒针起 125 针，织 9cm 双罗纹后，换 9 号棒针编织花样，不加不减织 36cm 到腋下，进行斜肩减针，如图，后领留 41 针。
2. 前片：编织方法与后片相同，只是织到最后 5cm 时，进行领口减针，减针方法如图。
3. 袖片：用 10 号棒针起 75 针，织 6cm 双罗纹后，换 9 号棒针编织花样，按图加针，织 39cm 加针到 107 针，开始斜肩减针，减针方法如图，肩留 23 针。
4. 缝合侧缝线和袖下线并缝合袖子。
5. 领子：用 10 号棒针挑织双罗纹，如图，不加不减织 17cm，收针，断线。

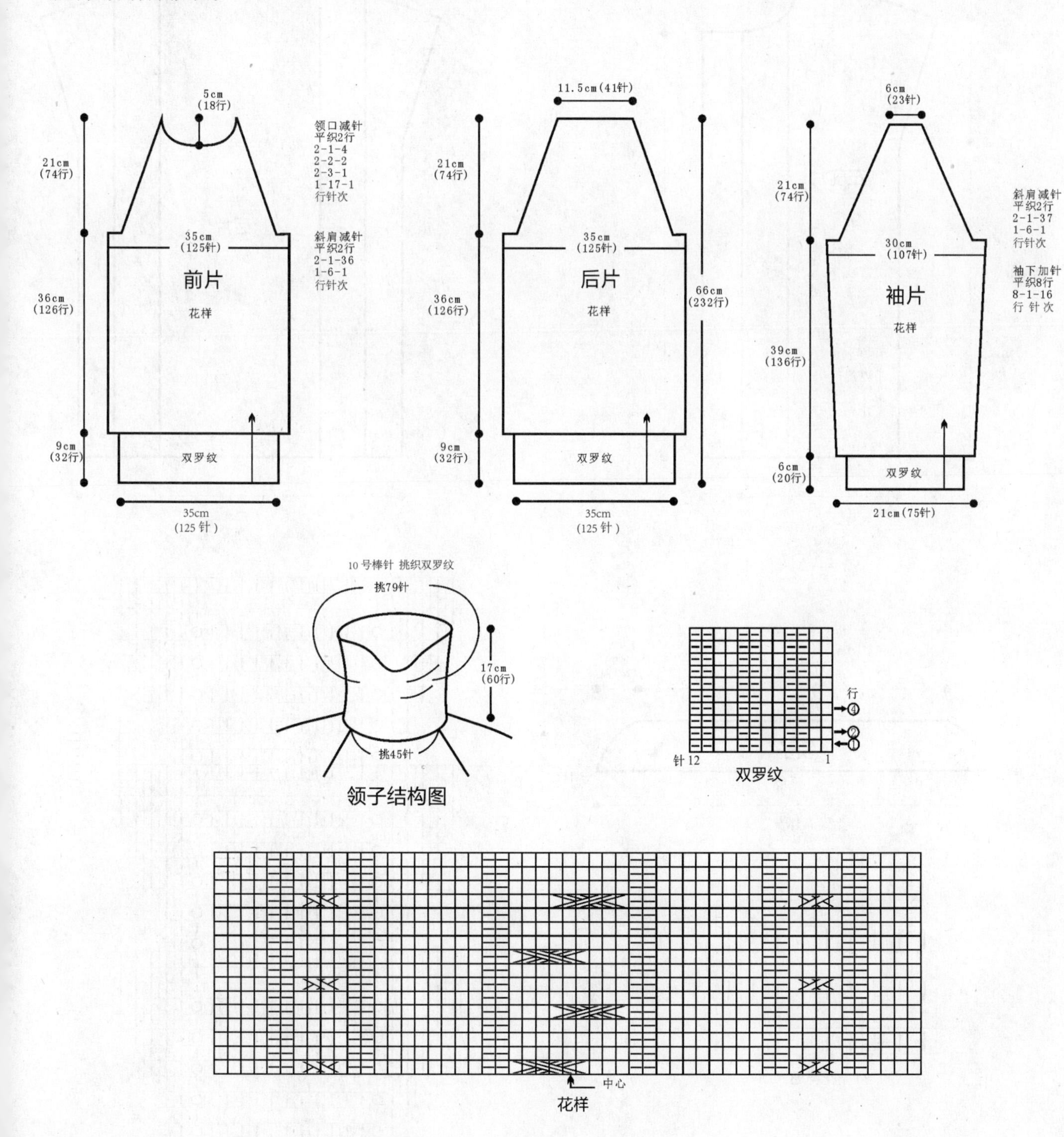

170

【成品尺寸】衣长 68cm　胸围 94cm
【工具】7 号棒针
【材料】灰色毛线 700g
【密度】10cm² ：20 针 ×25 行

【制作方法】
1. 左前片：起 57 针，织 10 针花样 B，一直往上织到领部（为门襟与衣片连织），织 47 针花样 A 和花样 B，织到 44cm 处放针，按图解继续往上收领，用相同方法相反方向织右前片。
2. 后片：起 94 针，按后片图解编织。
3. 领子按图解编织 7cm 花样 B。
4. 将前片、后片、领子缝合。

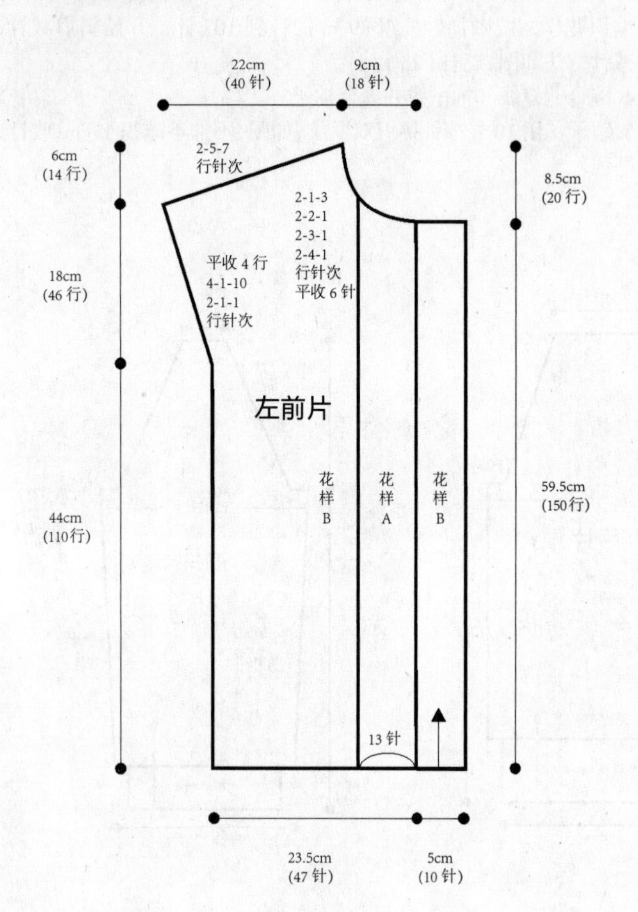

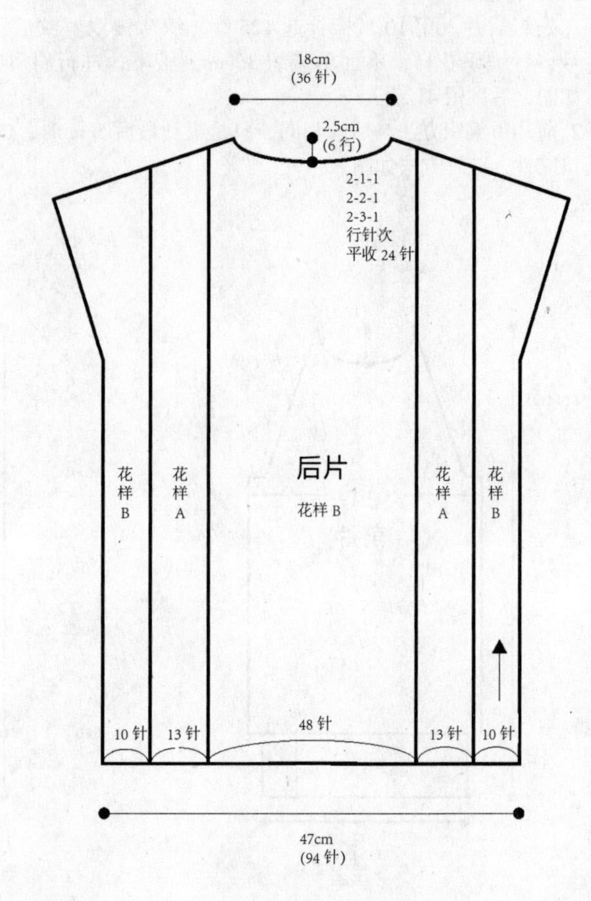

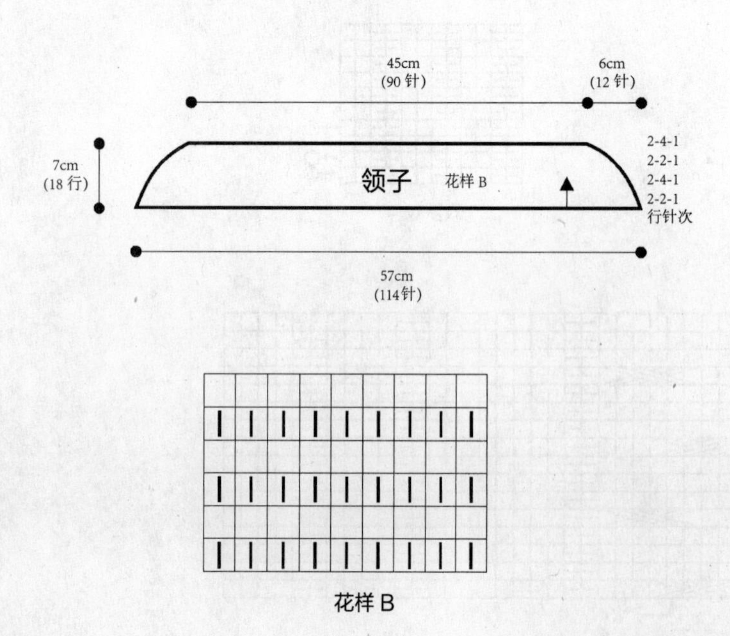

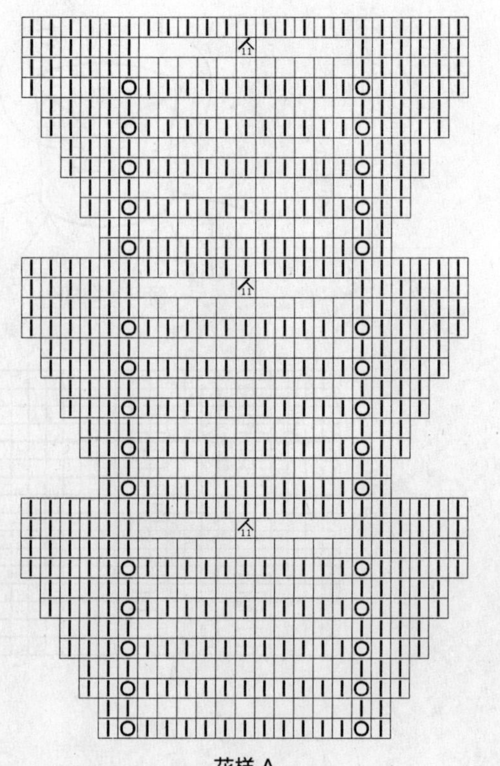

171

【成品尺寸】衣长 44cm　胸围 89cm　袖长 35cm

【工具】11 号棒针　绣花针

【材料】灰色棉线 450g

【密度】10cm^2：18 针 ×26 行

【附件】纽扣 5 枚

【制作方法】

1. 衣身片：左前片起横向编织。起 80 针，织双罗纹，织 6 行，改为花样 A、花样 B、花样 C 组合编织，织 54 行后，左前片编织完成，花样 B、花样 C 共 53 针暂时留起不织，花样 A 继续织 58 行，然后与左前片花样 B、花样 C 连起来编织后片，织 116 行，后片编织完成，花样 B、花样 C 共 53 针暂时留起不织，花样 A 继续织 54 行，然后与后片花样 B、花样 C 连起来编织右前片，织 54 行后，全部改织双罗纹，织 6 行后，收针断线。
2. 袖片（2 片）：沿袖口挑起 40 针，织花样 A 与下针组合编织，如结构图所示，一边织一边按 8-1-9 的方法两侧减针，织至 28cm 的长度，改织双罗纹，袖片共织 35cm 长，最后余下 40 针。袖底缝合。
3. 领子：沿领圈挑起 97 针，织花样 C，织 10 行的长度。
4. 收尾：在门襟处缝上纽扣。

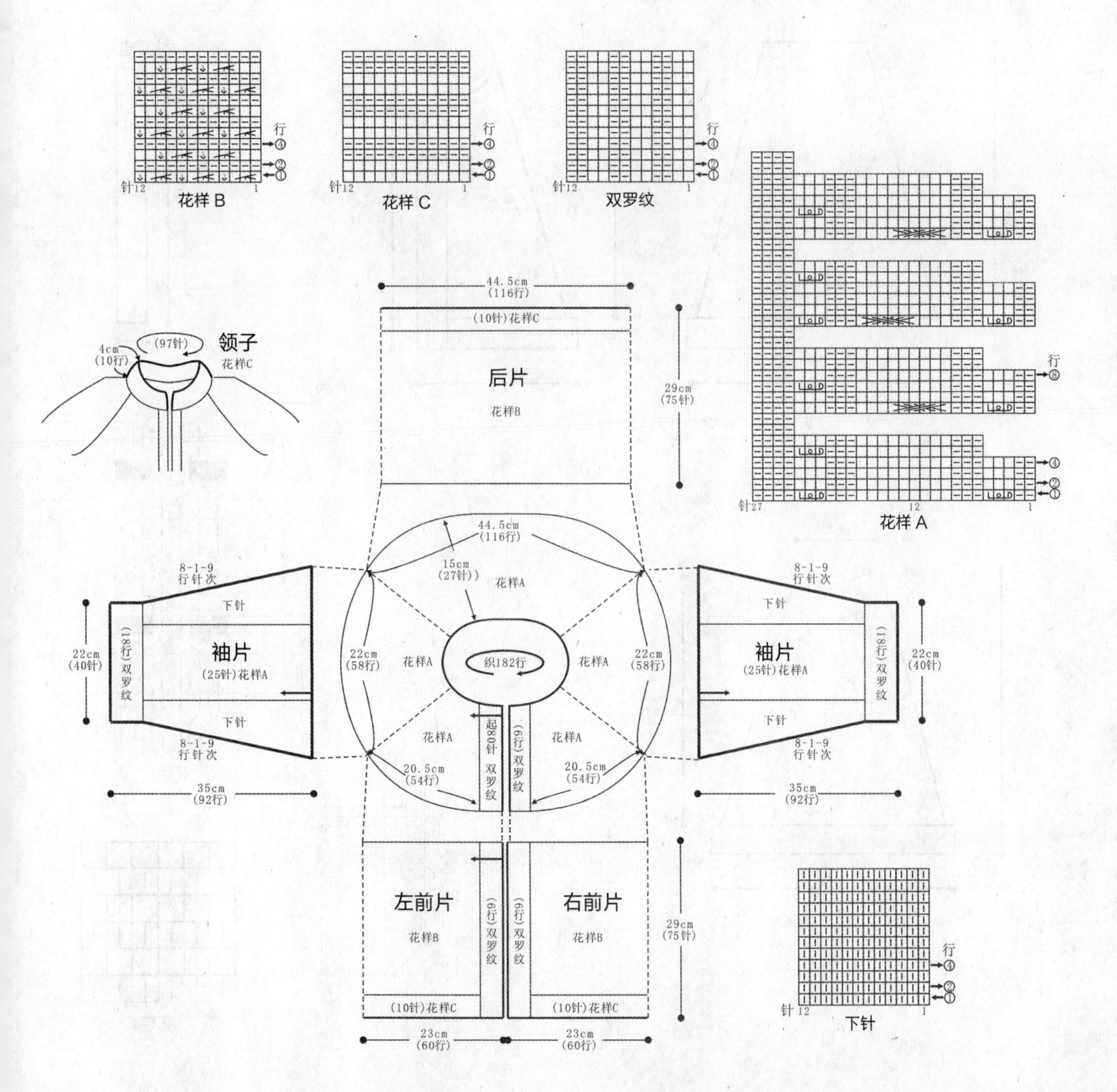

172

【成品尺寸】衣长 48cm　胸围 88cm　袖长 48cm

【工具】9 号棒针　10 号棒针

【材料】灰色毛线 600g

【密度】$10cm^2$ ：22 针 ×32 行

【制作方法】

1. 后片：用 10 号棒针起 97 针，织 5cm 花样 C 后，换 9 号棒针按图解分别织花样 A 并减针。
2. 左前片：用 10 号棒针起 59 针，织 5cm 花样 C 后，换 9 号棒针织花样 B，按图减针。
3. 袖片：起 97 针，按图减针。
4. 将前后片、衣袖缝合后，织衣领带子，缝在领部。

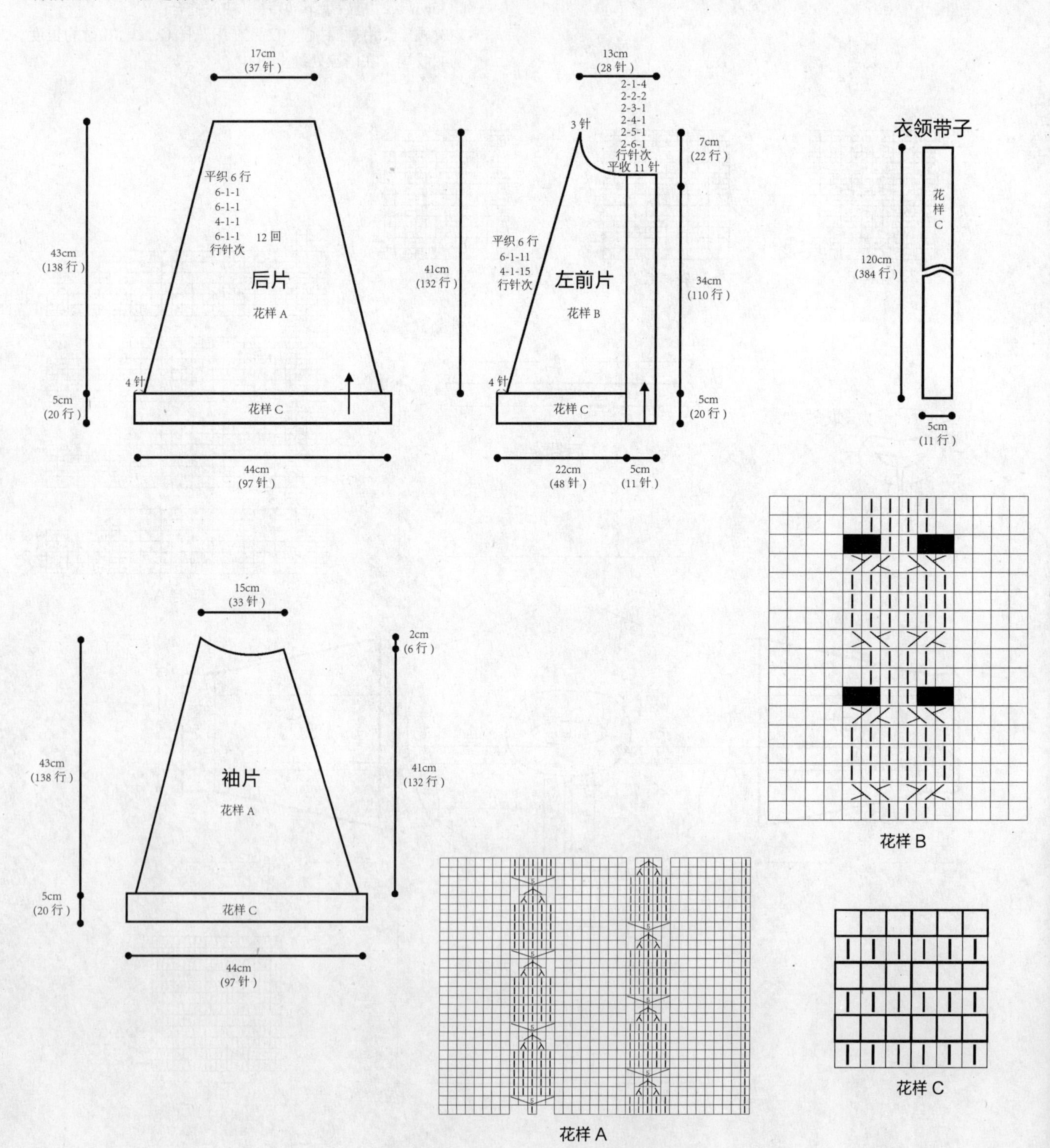

173

【成品尺寸】衣长 52cm　胸围 80cm　肩宽 26.5cm

【工具】12 号棒针

【材料】白色棉线 350g

【密度】10cm²：30 针 ×37 行

【制作方法】

1. 后片：起 120 针，织双罗纹，织 3cm 的高度，改为花样 A、花样 B 与下针组合编织，如结构图所示，织至 31.5cm，两侧各平收 10 针，然后按 2-1-10 的方法减针织成袖窿，织至 51cm，中间平收 40 针，两侧按 2-1-2 的方法后领减针，最后两肩部各余下 18 针，后片共织 52cm 长。
2. 前片：起 120 针，织双罗纹，织 3cm 的高度，改为花样 A、花样 B 与下针组合编织，如结构图所示，织至 31.5cm，两侧各平收 10 针，然后按 2-1-10 的方法减针织成袖窿，织至 44cm，中间平收 20 针，两侧按 2-2-2、2-1-8 的方法前领减针，最后两肩部各余下 18 针，前片共织 52cm 长。
3. 领子：领圈挑起 108 针，织双罗纹，共织 3cm 的长度。
4. 袖边：两侧袖窿分别挑起 112 针，织双罗纹，共织 3cm 的长度。

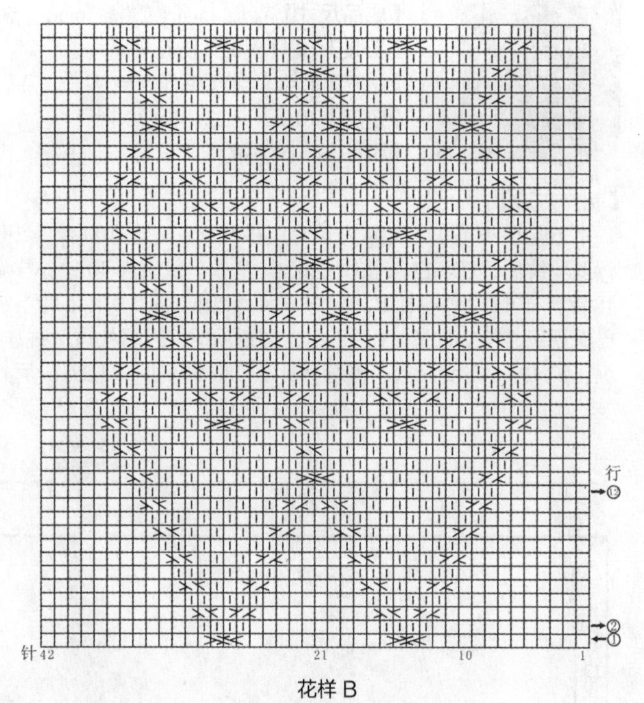

花样 B

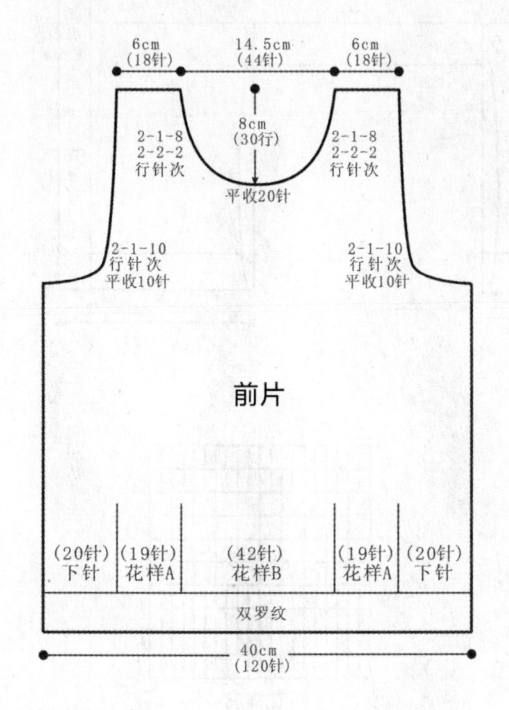

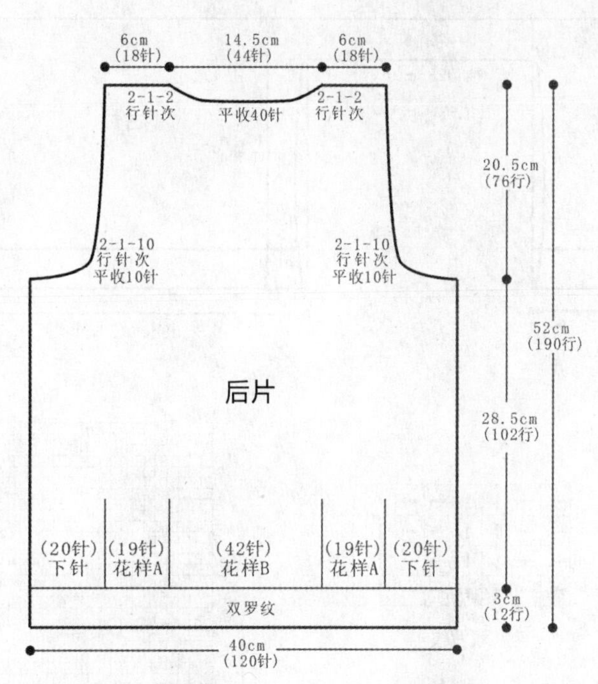

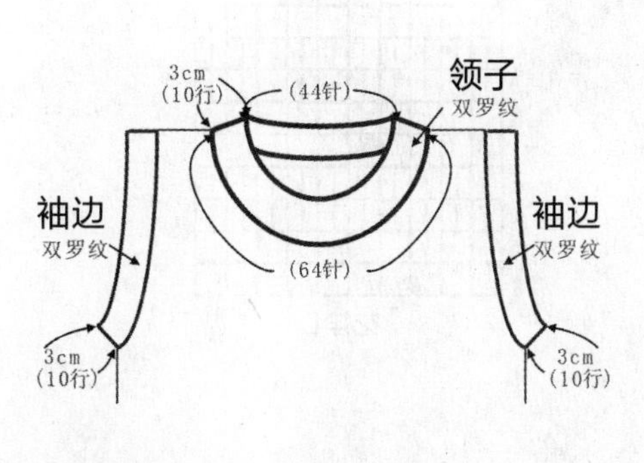

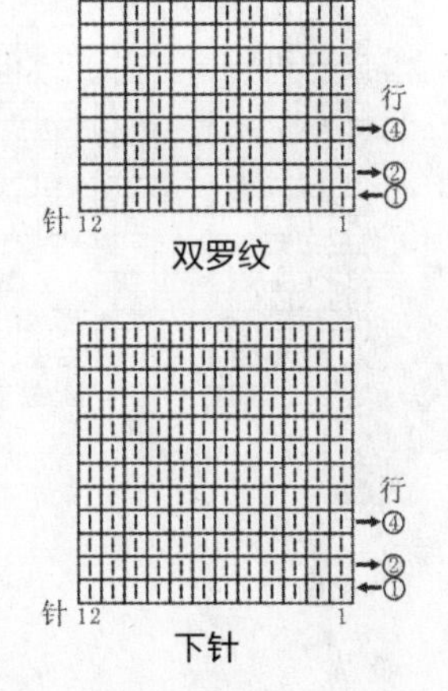

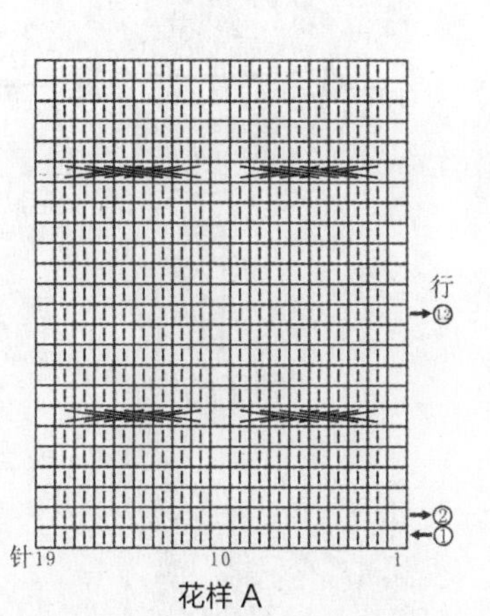

花样 A

174

【成品尺寸】衣长 45cm　胸围 76cm　袖长 28cm
【工具】10 号棒针　绣花针
【材料】玫红色纯羊毛线 500g
【密度】$10cm^2$ ：22 针 ×32 行
【附件】纽扣 2 枚

【制作方法】

1. 本款是横织毛衣，先从左前片门襟织起，先起 100 针，织 10 行双罗纹后，改织花样，按图排花样，从领口依次为 40 针花样 A、48 针花样 C、12 针花样 B，第 1 次织一个来回，第 2 次留 5 针不织，再返回织，第 3 次留 38 针不织，再返回织，以后按这个规律编织，织 19cm 左前片后，侧缝分针织 28cm 左袖，织 38cm 后片，分针织右袖，用同样方法继续织右前片，门襟织 10 行单罗纹后收针。
2. 将侧缝 A 与 B 缝合、C 与 D 缝合，袖口挑 62 针，织 5cm 花样 B。
3. 领圈挑 124 针，织 3cm 花样 D，形成开襟圆领。
4. 用绣花针缝上纽扣。

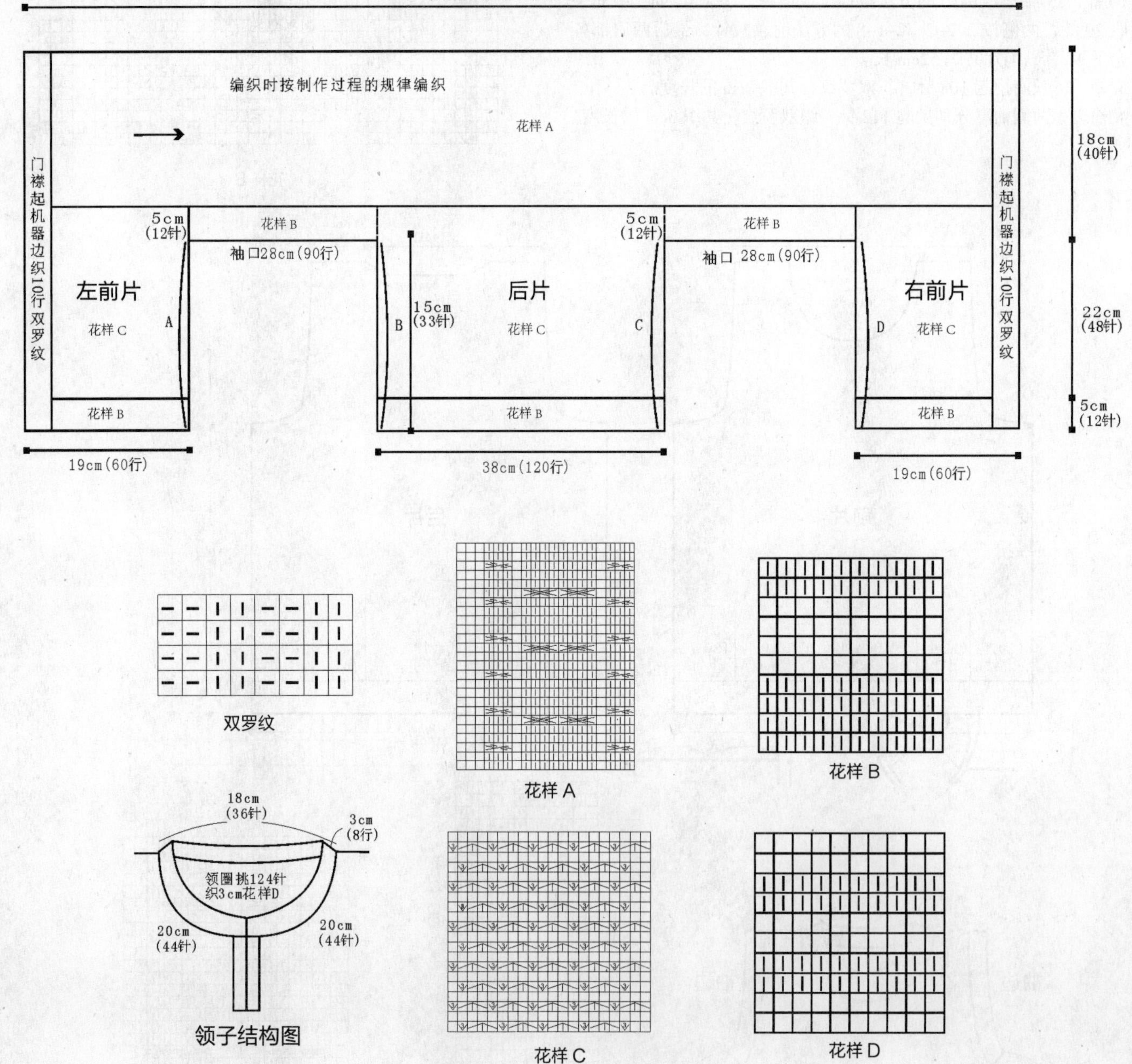

175

【成品尺寸】衣长 65cm　胸围 96cm
【工具】10 号棒针　绣花针
【材料】白色羊毛线 400g
【密度】10cm²：22 针 ×32 行
【附件】纽扣 4 枚

【制作方法】

1. 前片：分左、右 2 片，分别按图起 60 针，织全下针，侧缝按图示减针，织至 47cm 时两边平收 5 针，按图收袖窿，再织 5cm 时开领窝，织至肩位余 20 针，用同样方法织另一片。
2. 后片：按图起 118 针，织全下针，侧缝按图减针，形成收腰，织至 47cm 时两边平收 5 针，收袖窿，并按图收领窝，肩位余 20 针。
3. 将前后片的肩位、侧缝全部缝合。
4. 领圈边挑 122 针，织 15cm 全下针，将帽边缝合，形成帽子。
5. 装饰：用绣花针缝上纽扣，完成。

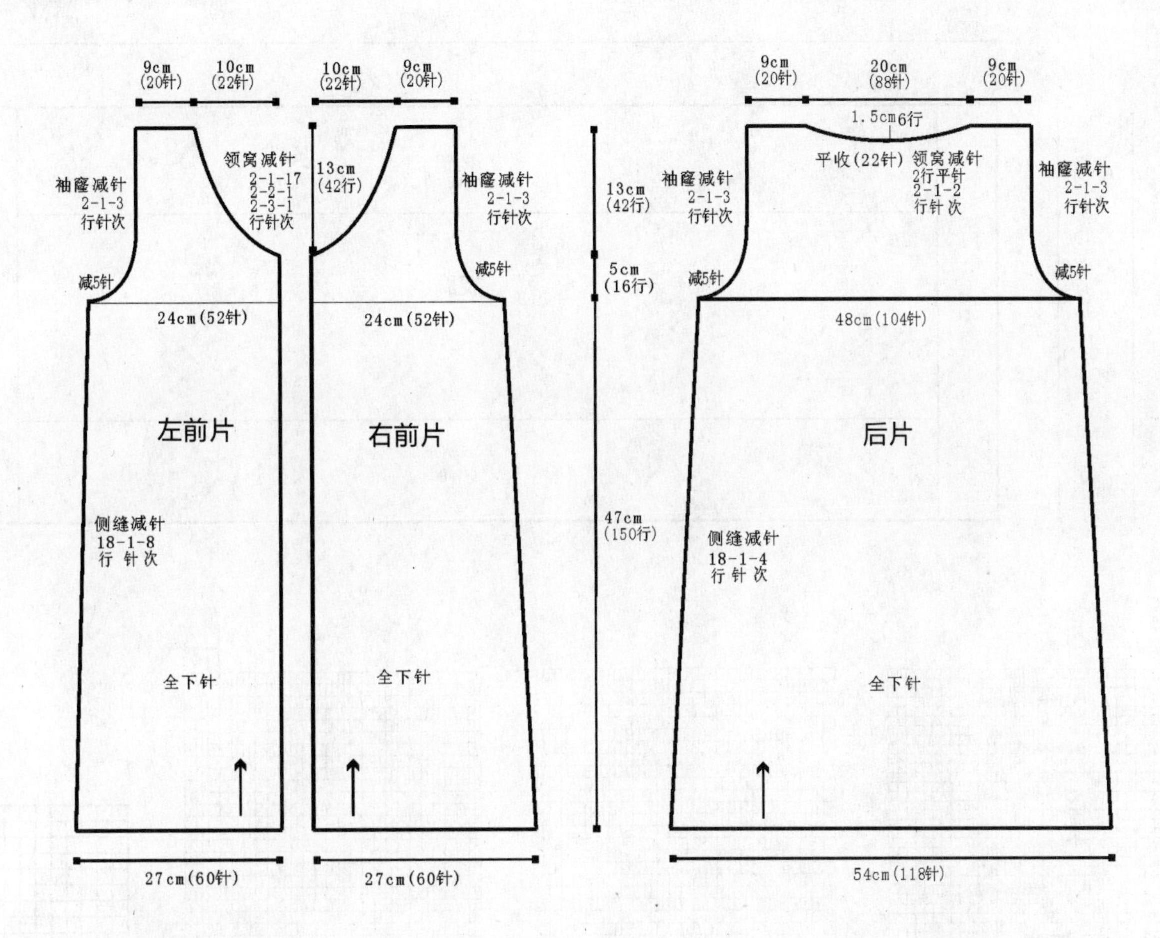

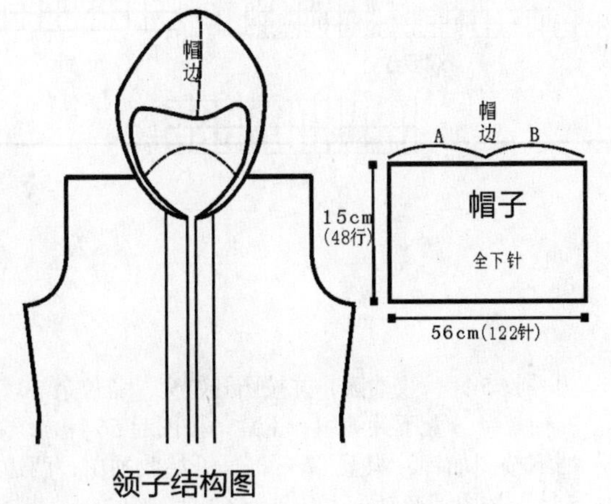

领子结构图

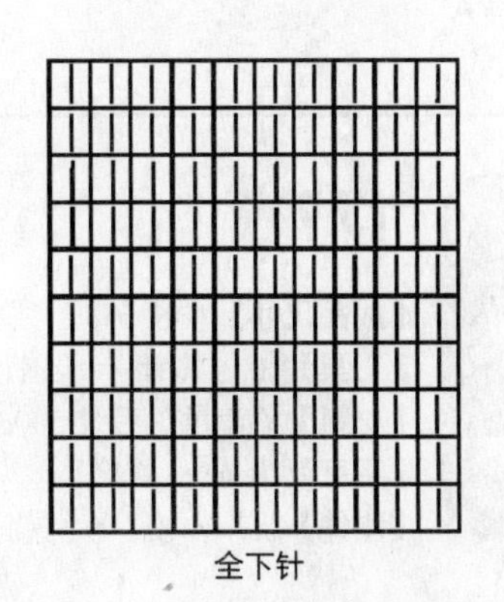
全下针

176

【成品尺寸】衣长 36cm 宽 96cm
【工具】10 号棒针 绣花针
【材料】深蓝色羊毛线 300g
【密度】10cm^2 ：24 针 ×36 行
【附件】纽扣 2 枚

【制作方法】
毛衣为从左往右编织披肩。
1. 从左边起织，下针起针法先起 80 针，织 3cm 双罗纹，然后开始排花，两边 9cm 花样 B，中间 18cm 花样 A，如此编织 90cm，全部针数改织 3cm 双罗纹，收针断线。
2. 缝上纽扣，毛衣编织完成。

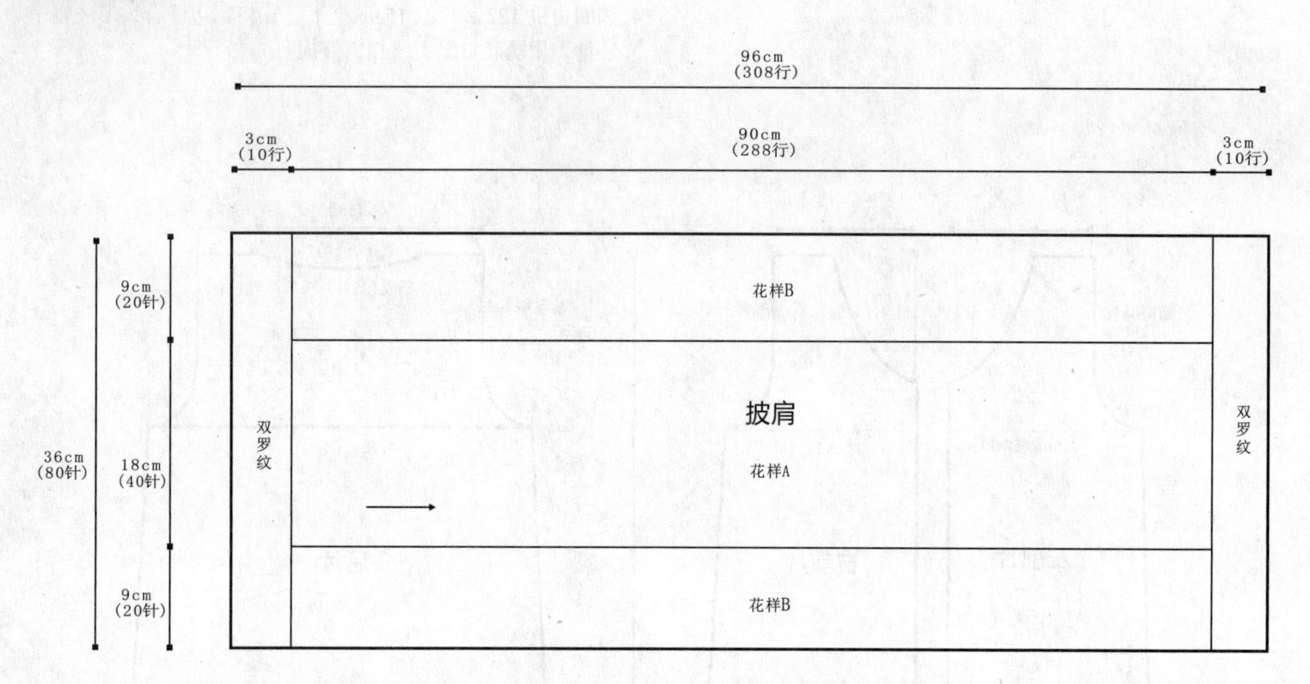

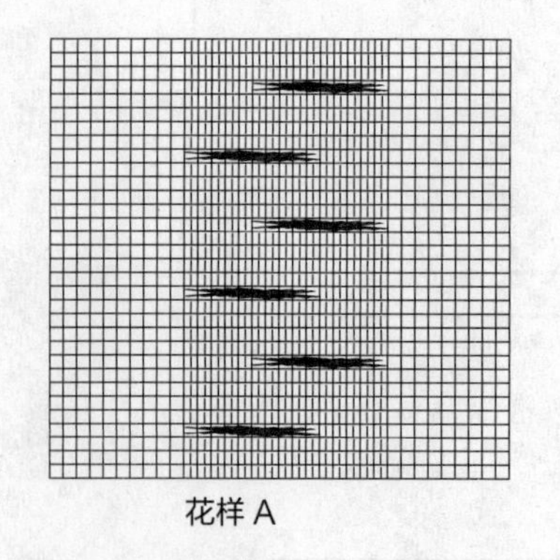
花样 A

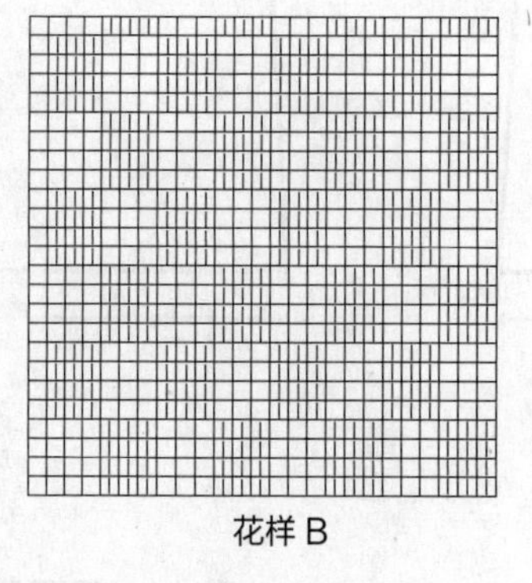
花样 B

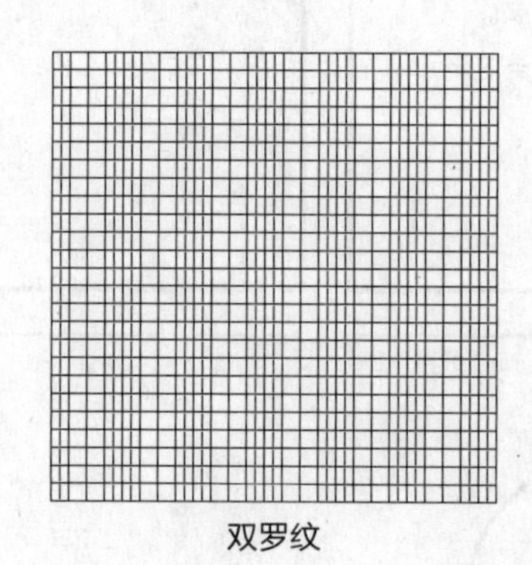
双罗纹

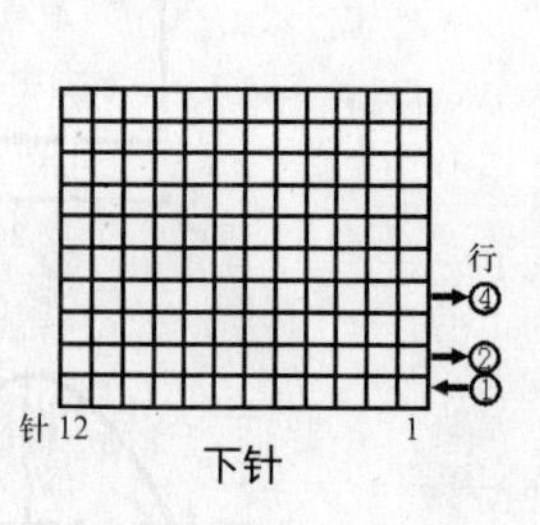

下针

177

【成品尺寸】衣长 65cm 胸围 96cm 袖长 53cm
【工具】10 号棒针 绣花针
【材料】翠蓝色羊毛线 500g
【密度】10cm^2 ：22 针 ×32 行
【附件】纽扣 4 枚

【制作方法】
1. 前片：分左、右 2 片，左前片按图起 60 针，织花样 A，侧缝按图减针，织至 47cm 时两边平收 5 针，收袖窿，门襟留 6 针织花样 C，再织 3cm 时开领窝，织至肩位余 20 针，用同样方法织另一片。
2. 后片：按图起 120 针，织花样 A，侧缝按图减针，织至 47cm 时两边平收 5 针，收袖窿，并按图开领窝，肩位余 20 针。
3. 袖片：分上下片编织。上片：按图起 56 针，织花样 B，袖下按图加针，织至 17cm 时，开始收袖山，两边各平收 5 针，按图示减针；下片：起 62 针，织 25cm 花样 A，侧缝按图减针，将上片与下片缝合，用同样方法织另一袖。
4. 将前后片的肩位、侧缝、袖片缝合。
5. 领圈挑 118 针，与门襟的 6 针连起来，织 3cm 花样 D，形成开襟圆领，缝上纽扣。

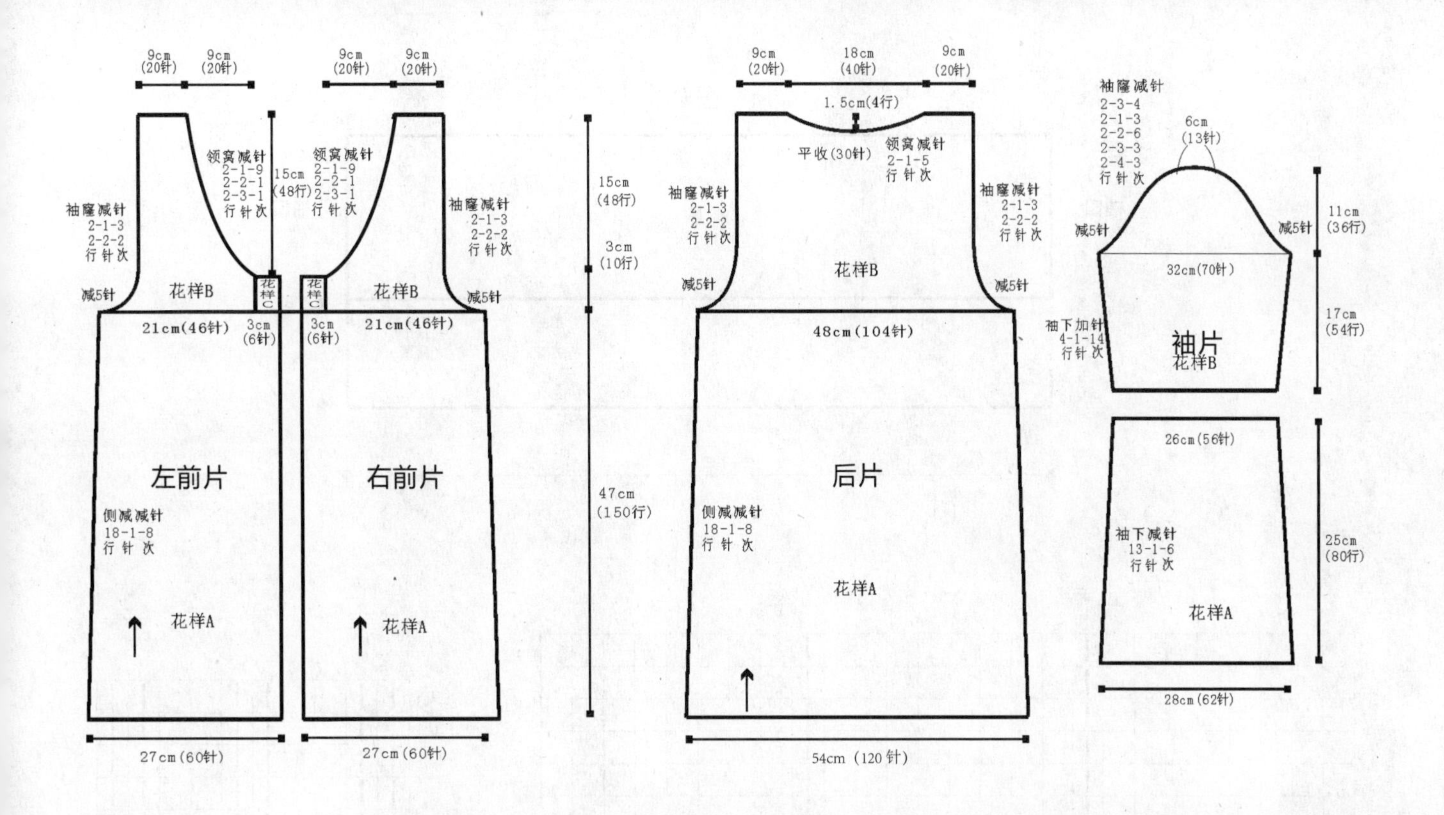

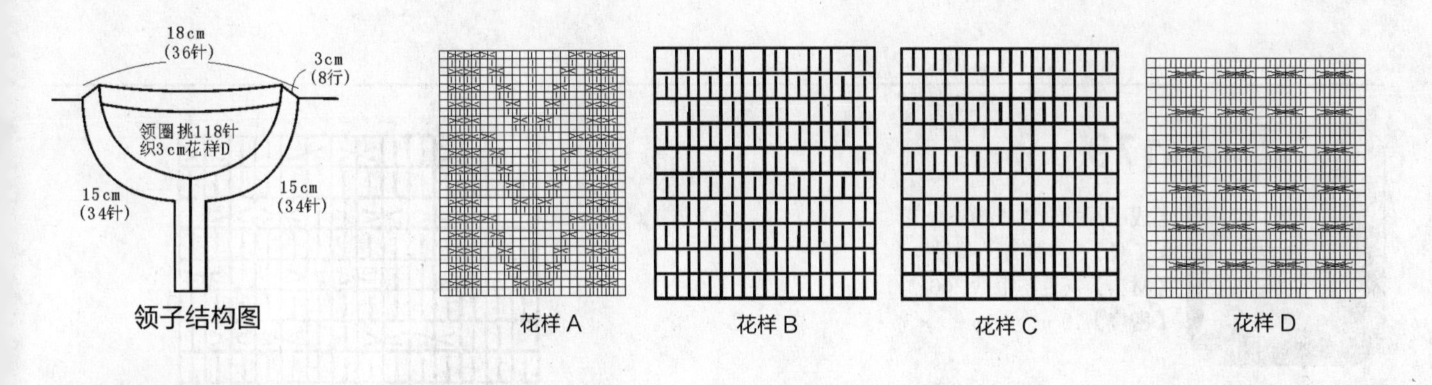

178

【成品尺寸】衣长 48cm　胸围 80cm

【工具】10 号棒针

【材料】黑色毛线 600g

【密度】10cm^2：23 针 ×28 行

【制作方法】

1. 前片、后片：用 10 号棒针起 184 针，织花样 36cm，收针。
2. 图 2 是图 1 折叠后的样子，底下挑出织 12cm 双罗纹。

图 1

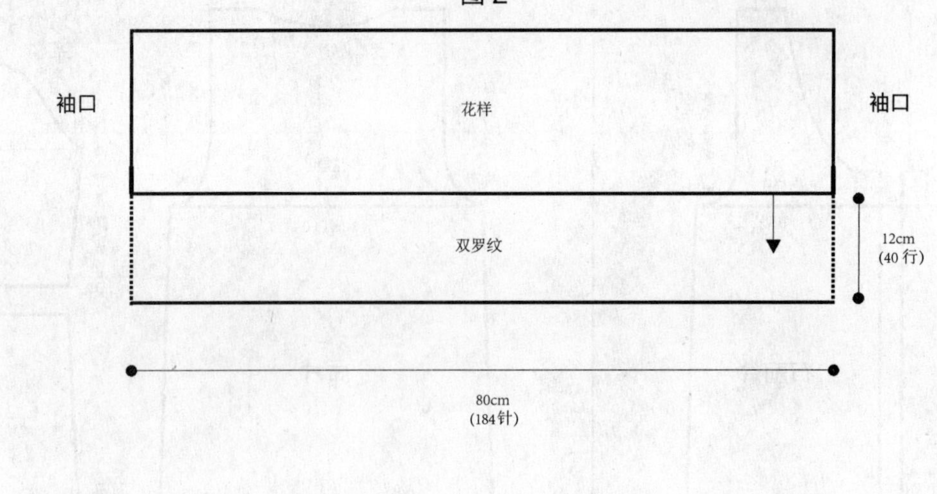

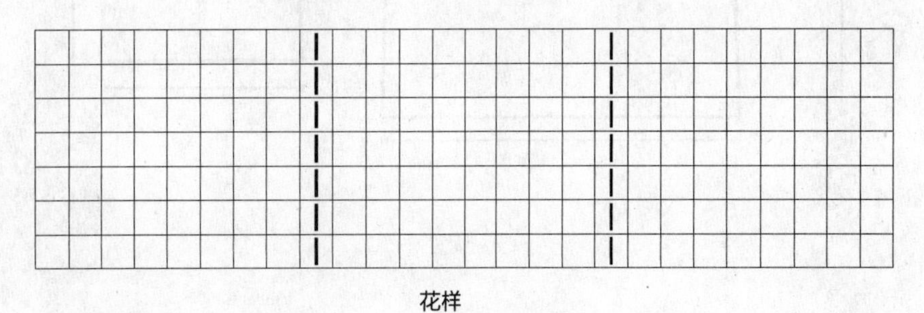
花样

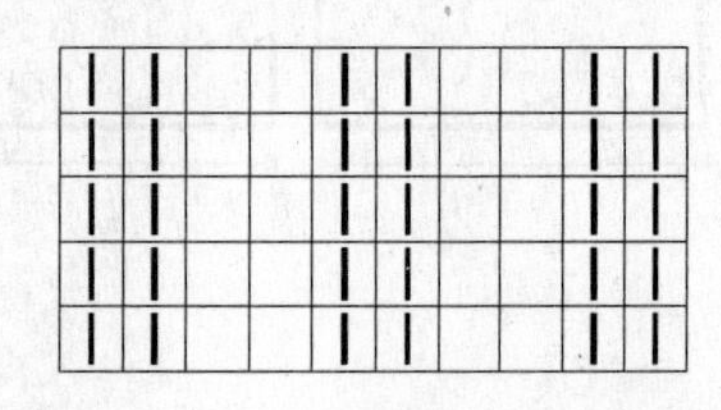
双罗纹

179

【成品尺寸】衣长 50cm

【工具】9 号棒针　钩针

【材料】灰色羊毛线 300g

【密度】10cm^2 ：25 针 ×35 行

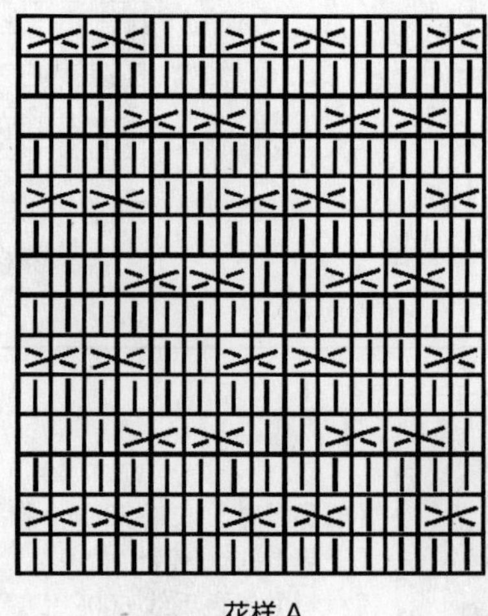
花样 A

【制作方法】

1. 前片：按图起 200 针，织花样 A，并在两边侧缝减针，按 2-2-35 减针，织至 44cm 时开始减针开领窝。
2. 后片：编织方法与前片一样，织至 37cm 时减针开领窝。
3. 下摆边用钩针按照花样 B 钩织花边，完成。

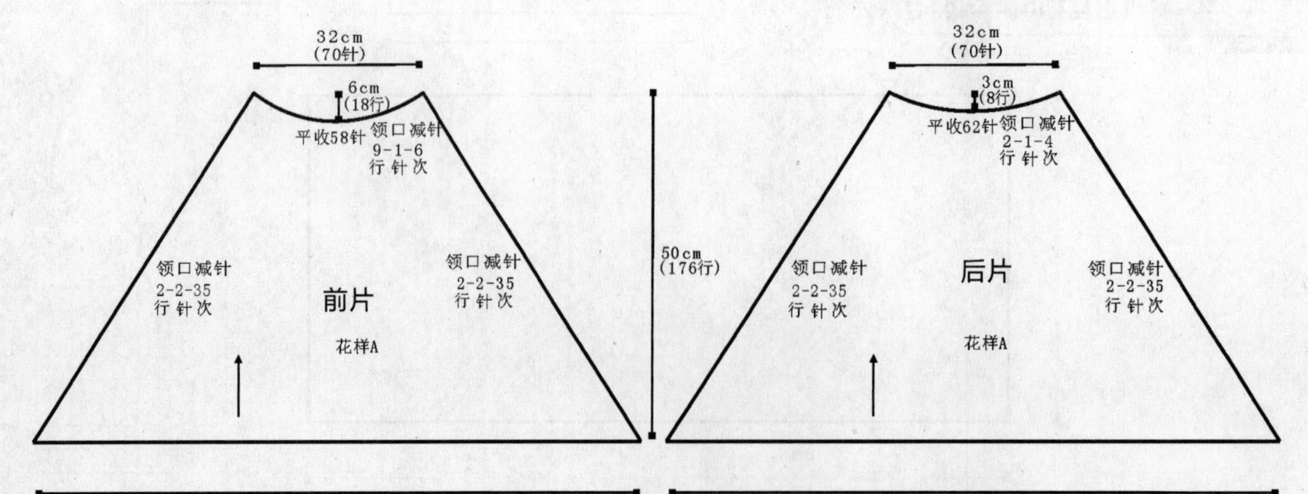

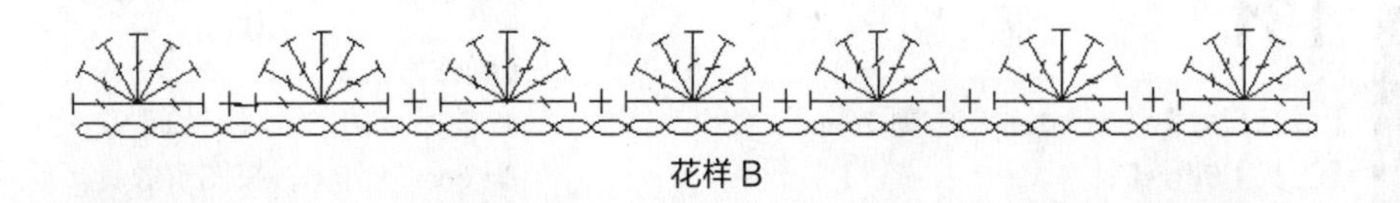

花样B

180

【成品尺寸】衣长 80cm　胸围 88cm　袖长 53cm

【工具】10 号棒针　绣花针

【材料】深灰色羊毛线 1000g

【密度】10cm^2：22 针 ×32 行

【附件】纽扣 3 枚

【制作方法】

1. 前片：分左、右 2 片编织。左前片按图起 52 针，织 3cm 单罗纹后，改织全下针，留 3cm 织单罗纹作为门襟，侧缝减针，织至 44cm 时加针，并改织单罗纹，形成收腰，织至 15cm 时两边各平收 5 针，收袖窿，再织 3cm 时同时收领窝，织至肩位余 20 针。用相同方法相反方向织右前片。

2. 后片：按图起 104 针，织 3cm 单罗纹后，改织全下针，侧缝减针，织至 44cm 时侧缝加针，形成收腰，织至 15cm 时两边各平收 5 针，收袖窿，并按图收领窝，肩位余 20 针。

3. 袖片：按图起 56 针，织 3cm 单罗纹后，改织全下针，袖下按图示加针，织至 39cm 时，开始收袖山，两边各平收 5 针，按图示减针，用同样方法织另一袖片。

4. 将前片、后片的肩位、侧缝、袖片缝合。

5. 领圈挑 112 针，织 10cm 单罗纹，形成翻领，口袋另织好，与前片缝合，缝上纽扣。

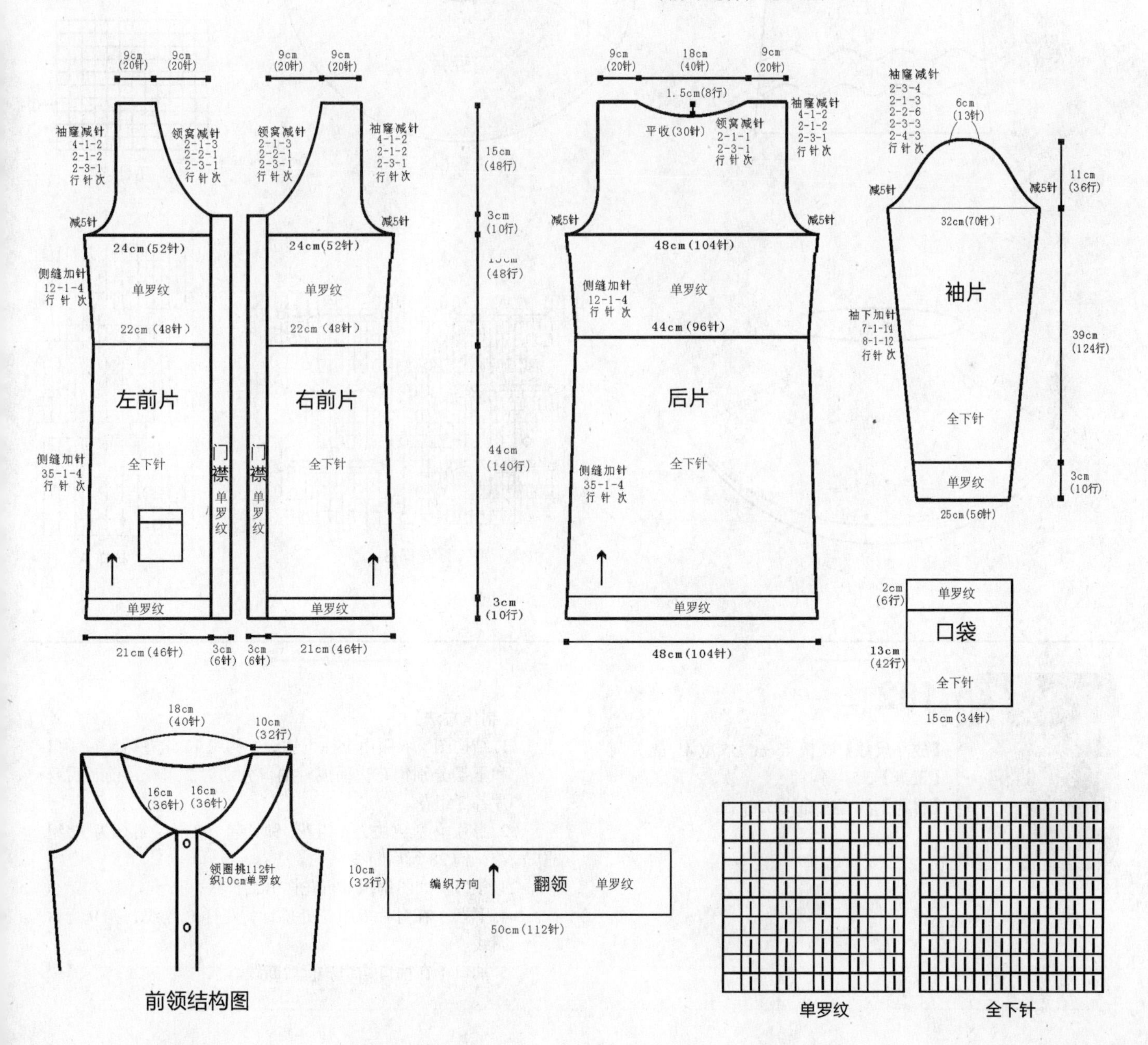

181

【成品尺寸】衣长 61cm　胸围 76cm
【工具】7 号棒针
【材料】花色毛线 1000g
【密度】10cm^2 ：21 针 ×34 行

【制作方法】
1. 前片：用 7 号棒针起 92 针，从下往上织下针 6cm，织 6cm 花样 B，按图解收针。后片织法同前片。
2. 育克片部分按图解编织。
3. 将前片、后片、育克片缝合，清洗整理。

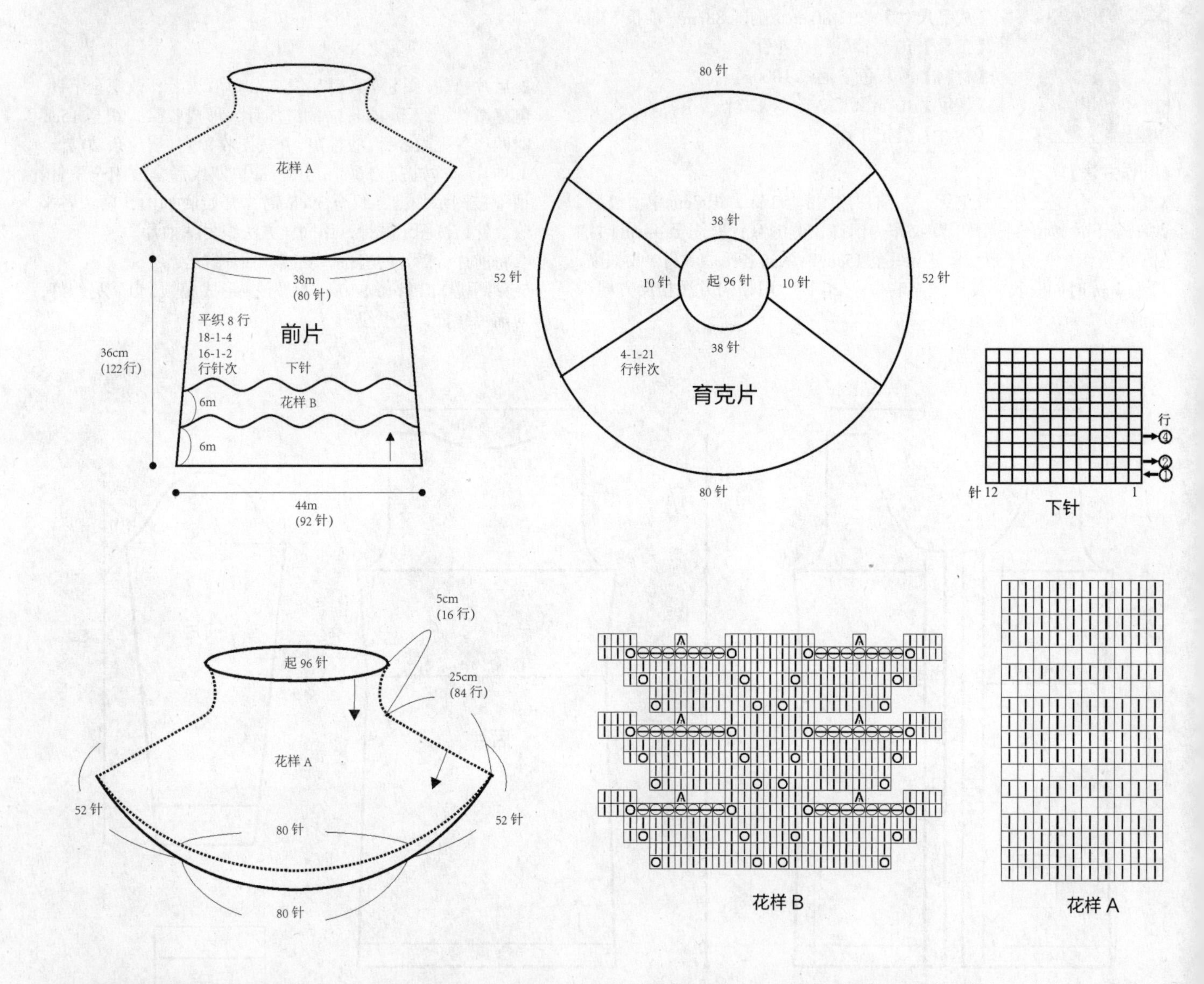

182

【成品尺寸】衣长 46cm　衣宽 45cm
【工具】3.5 号钩针
【材料】淡青色棉线 320g

【制作方法】
1. 结构图：衣服由上往下钩织，钩织 12 组花后，在领口和下摆分别钩花边而成。袖口分别为 2 组花，前、后身片各 3 组花。
2. 身片：灰色块为 1 组花，锁针起 192 针，每行为 12 组花，钩 28 行后断线。
3. 领口：如图钩织 6 行花样 B 后断线。
4. 下摆：在身片 6 组花处挑针，花样 C 钩织，钩 9 行后断线。
5. 袖口：在袖口钩织 3 行后断线。

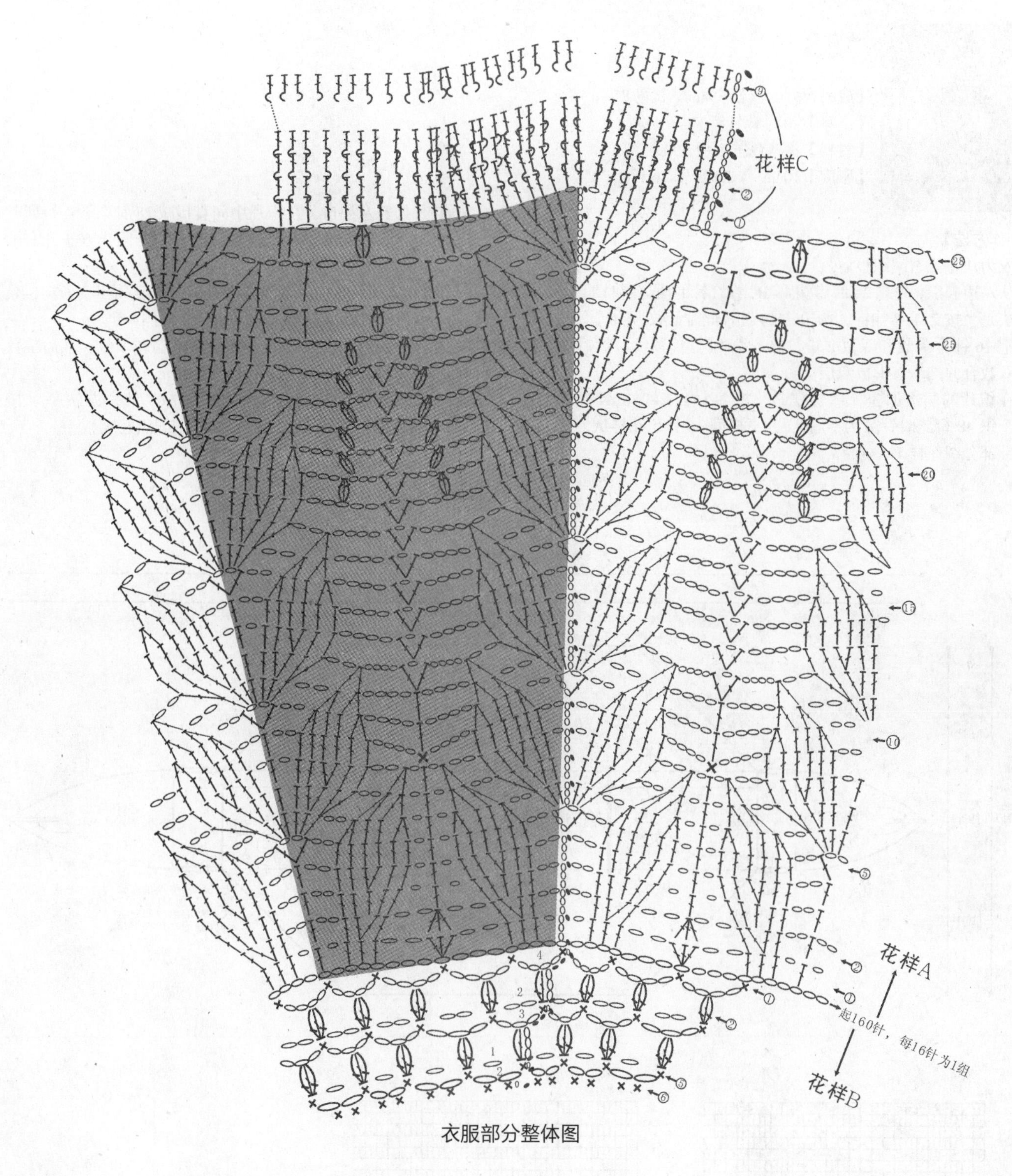

衣服部分整体图

结构图

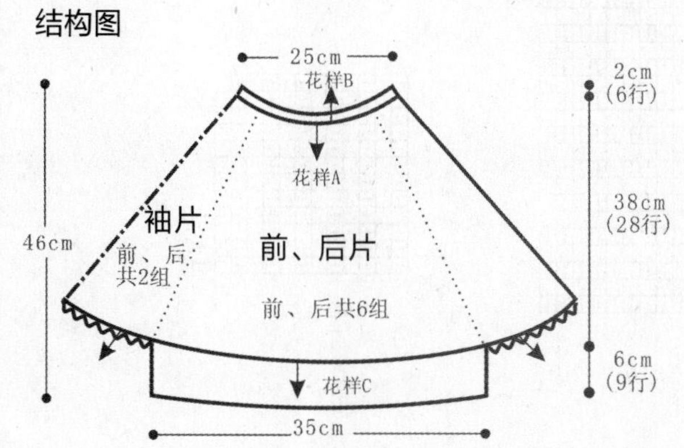

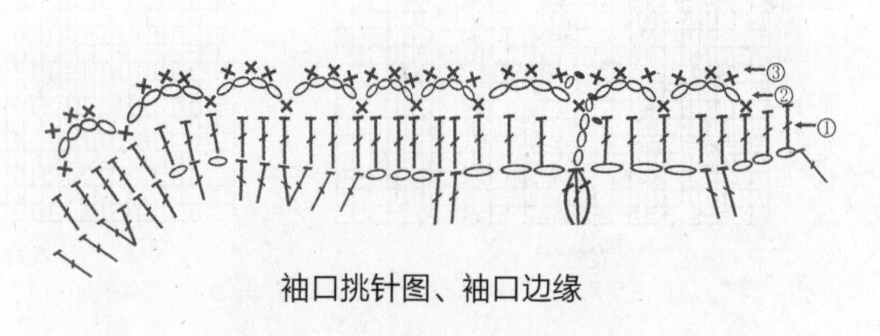

袖口挑针图、袖口边缘

183

【成品尺寸】衣长 39cm　衣宽 85cm
【工具】10 号棒针
【材料】深蓝色羊毛线 600g
【密度】10cm^2 ：24 针 ×36 行

【制作方法】

毛衣为从左往右编织披肩。

1. 从左边起织，先起 2 针，织花样 B，在 2 针的两边同时加 7 针，方法是：按 2–1–7 加针，两边共 14 针，此时针数为 16 针。
2. 把 16 针分单数和双数 2 份，分别织 14 行单罗纹，然后单数和双数合并编织，形成双层。
3. 在织片的两边加 38 针，方法是：按 2–1–4、2–2–8、4–3–6 加针，织 48 行此时针数为 94 针。注意中间 16 针织花样 A，两边加针部分织花样 B。
4. 在 60 行处开左袖口，在织片中间直接减 28 针，下一行即时直接加 28 针，形成袖口，继续编织 86 行处，同样方法开右袖口。
5. 织至 112 行时，织片两边减 38 针，方法是：按 2–1–4、2–2–8、4–3–6 减针，织 48 行此时的针数为 16 针。
6. 把 16 针分单数和双数 2 份，分别织 14 行单罗纹，然后单数和双数合并编织，形成双层。
7. 合并后继续编织花样 B，两边同时减 7 针，方法是：按 2–1–7 减针，最后剩下 2 针，收针断线。编织完成。

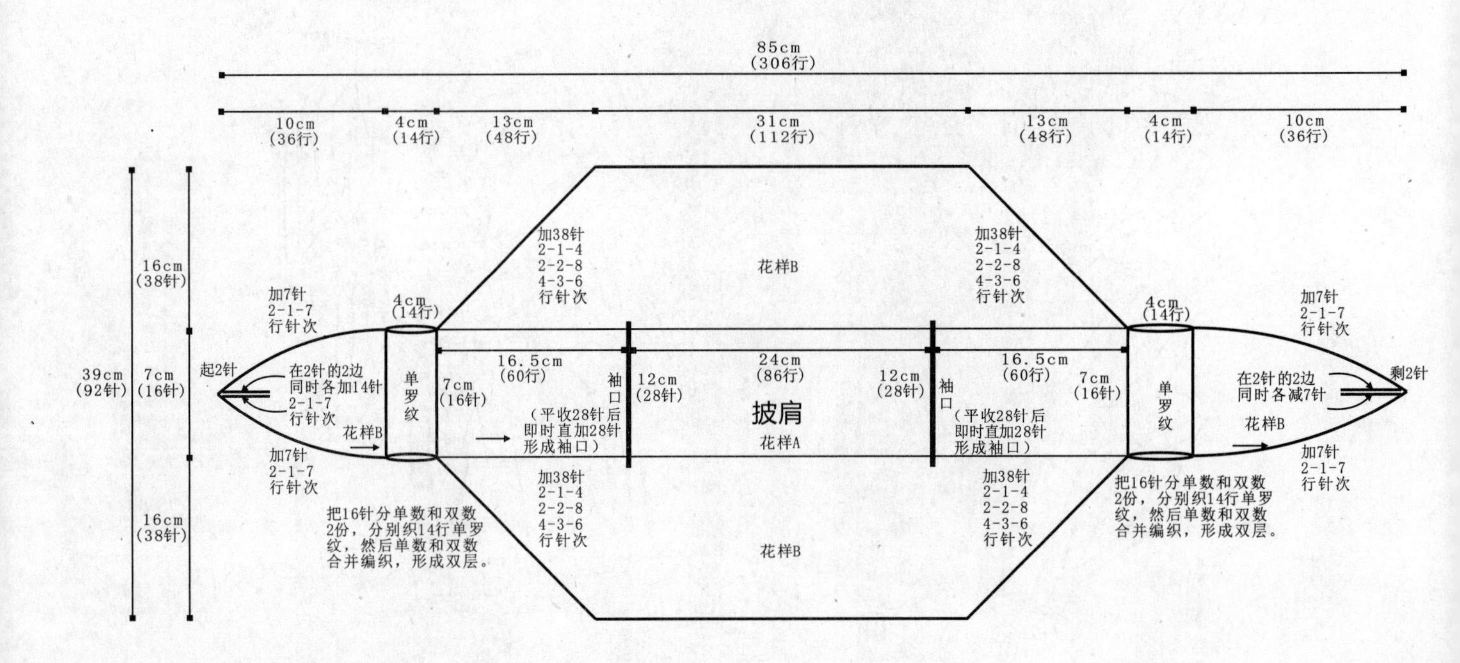

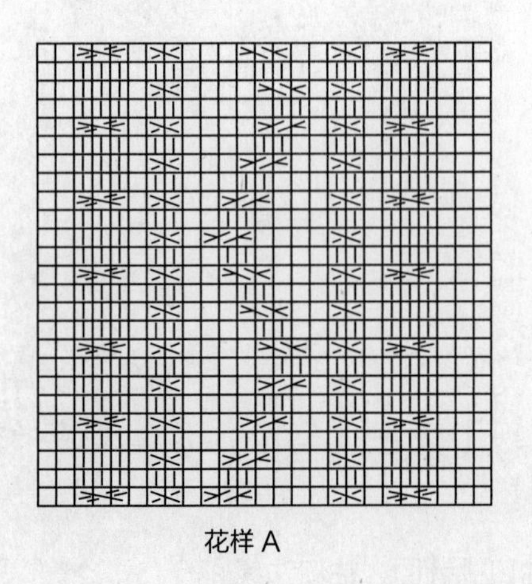

花样 A

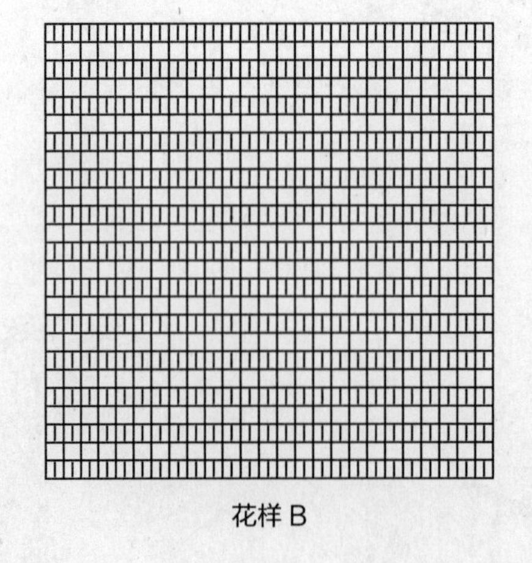

花样 B

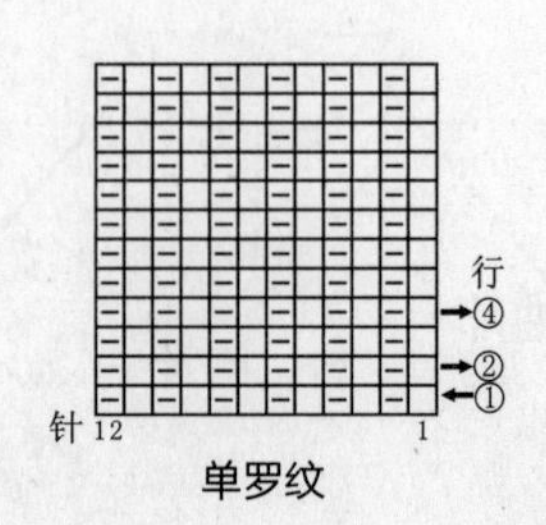

单罗纹

184

【成品尺寸】衣长 37cm　袖长 16cm　肩宽 36cm

【工具】6 号棒针

【材料】杏色棉线 420g

【密度】$10cm^2$：11 针 ×18 行

【制作方法】

1. 后片：(1) 起 52 针，花样 A 织 14 行。(2) 两侧逐渐加针，各加 10 针，织 26 行。(3) 花样 A 不加减针织 15cm 后收针。
2. 前片：(1) 起 52 针，如图排花编织，织 14 行。(2) 两侧逐渐加针，各加 10 针，织 26 行。(3) 排花不加减针织 15cm 后收针。
3. 缝合：将前、后片肩部、腋下对齐缝合。肩部在前片织花样 B。
4. 领：在前、后片共挑 56 针，花样 A 编织 7cm 后收针。

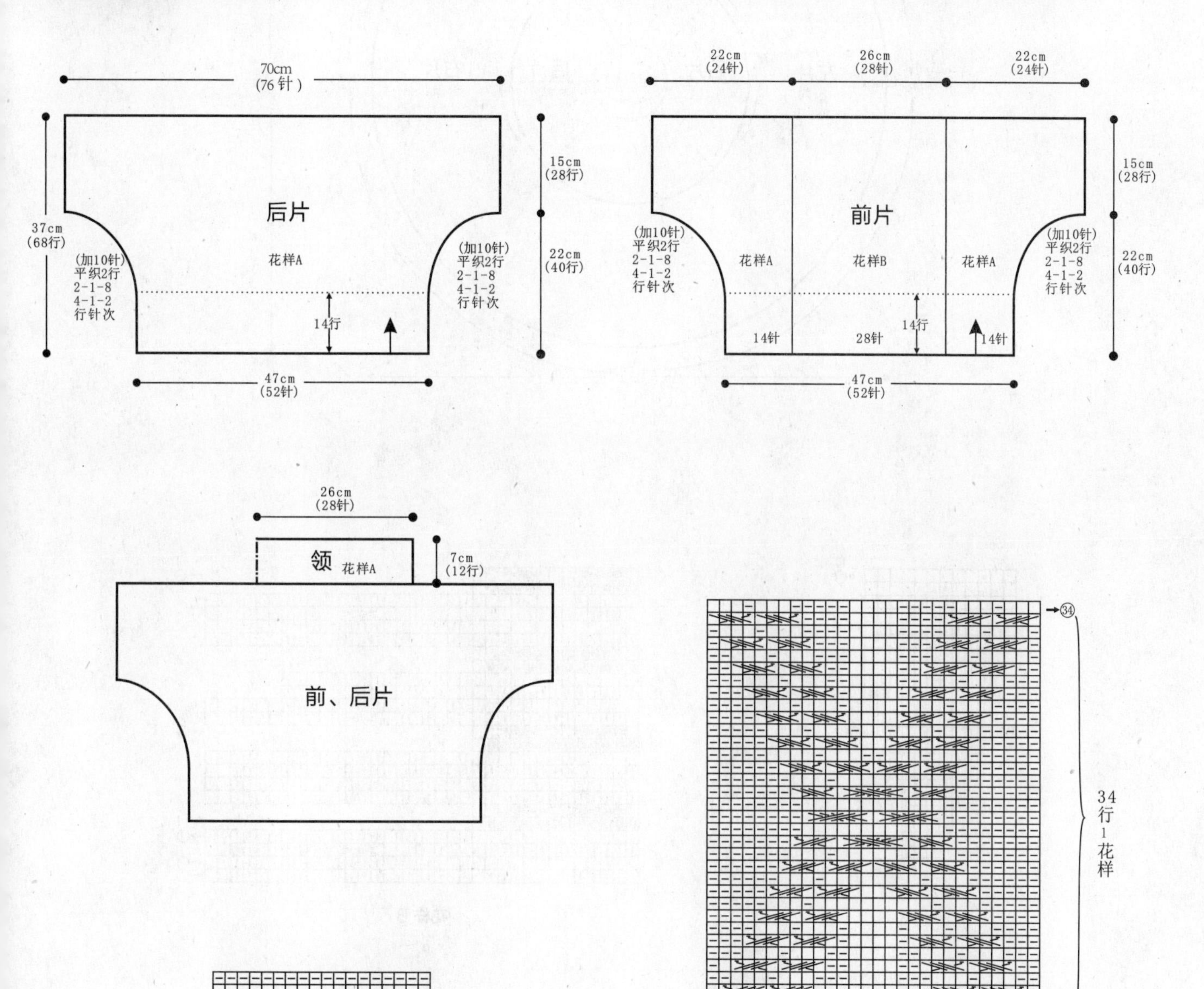

185

【成品尺寸】衣长 81cm　衣宽 81cm

【工具】10 号棒针

【材料】白色棉线 400g

【密度】$10cm^2$：13 针 ×16.5 行

【制作方法】

1. 后片：从中心往四周环织。起 16 针，织花样 A，环形编织 8 组花样，织 24 行后，织片变成 96 针，收针。
2. 左、右前片：起 34 针，织花样 B，如结构图所示，右侧共织 226 行，左侧共织 408 行，与起针缝合。
3. 缝合：将花样 B 缝合位置作为后领中心，左右片与后片缝合时，如图留起两侧袖窿的位置。

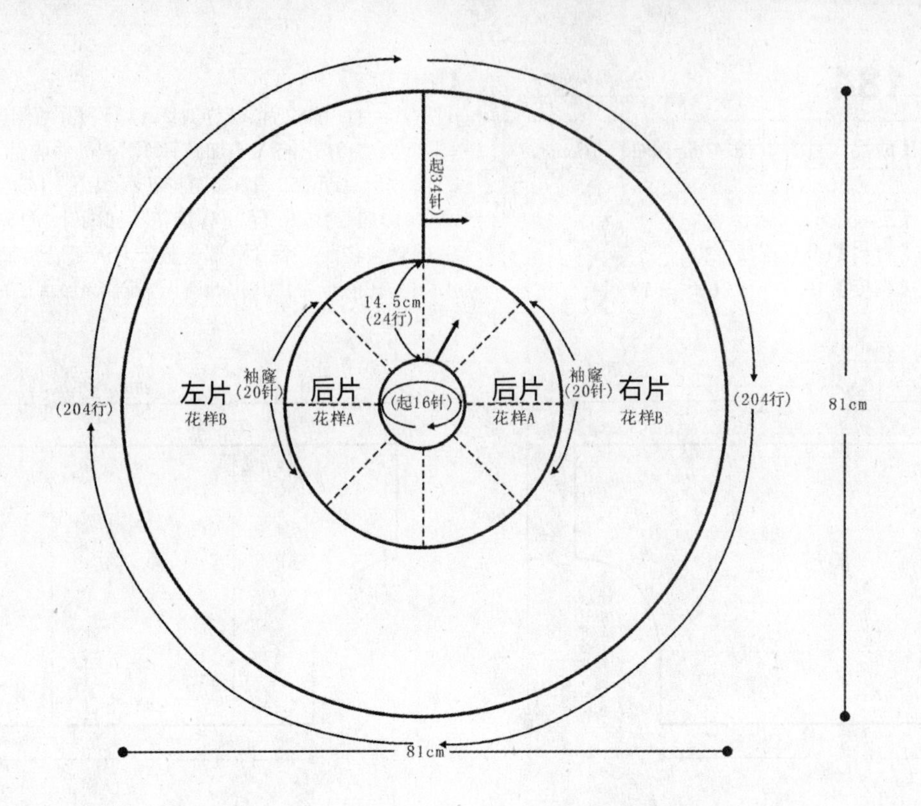

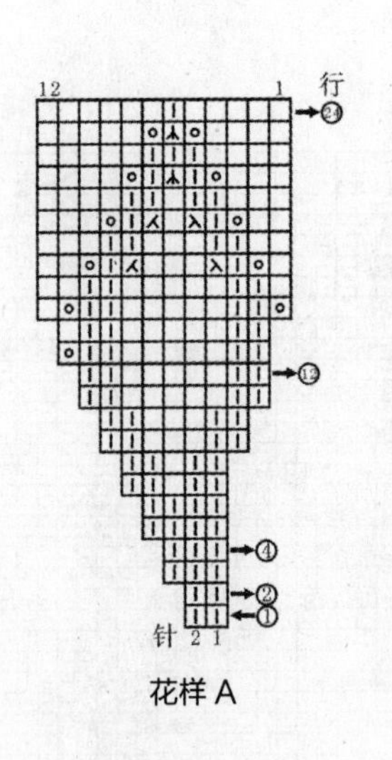

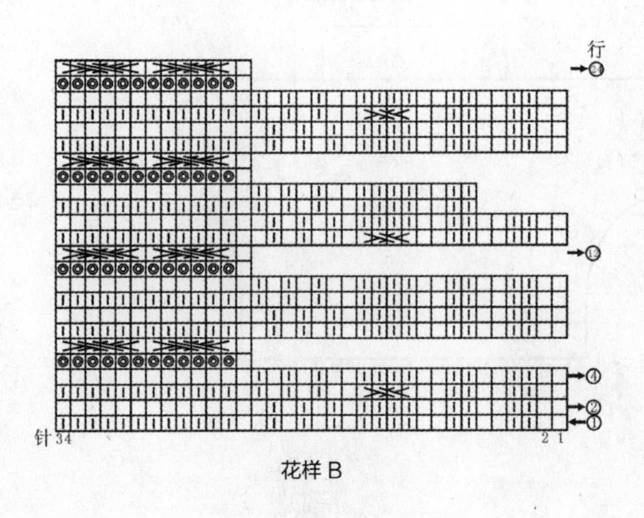

186

【成品尺寸】衣长 45cm　衣宽 80cm

【工具】10 号棒针　小号钩针

【材料】红色棉线 400g

【密度】10cm² ：14 针 ×14 行

【制作方法】

1. 衣身片：一片环形编织，从领口往下织。起 70 针，织花样 A，共 10 组花样，织至 28cm 的长度，织片变成 270 针，改织花样 B，不加减针织至 31cm 的长度。

2. 衣脚：将衣身片对折成前片和后片，取前后片居中的 2 组花样的针数，挑针织单罗纹，共 112 针环形编织，织 14cm 的长度。

3. 袖窿花边：沿两侧袖窿钩织花样 C 作为袖窿花边。

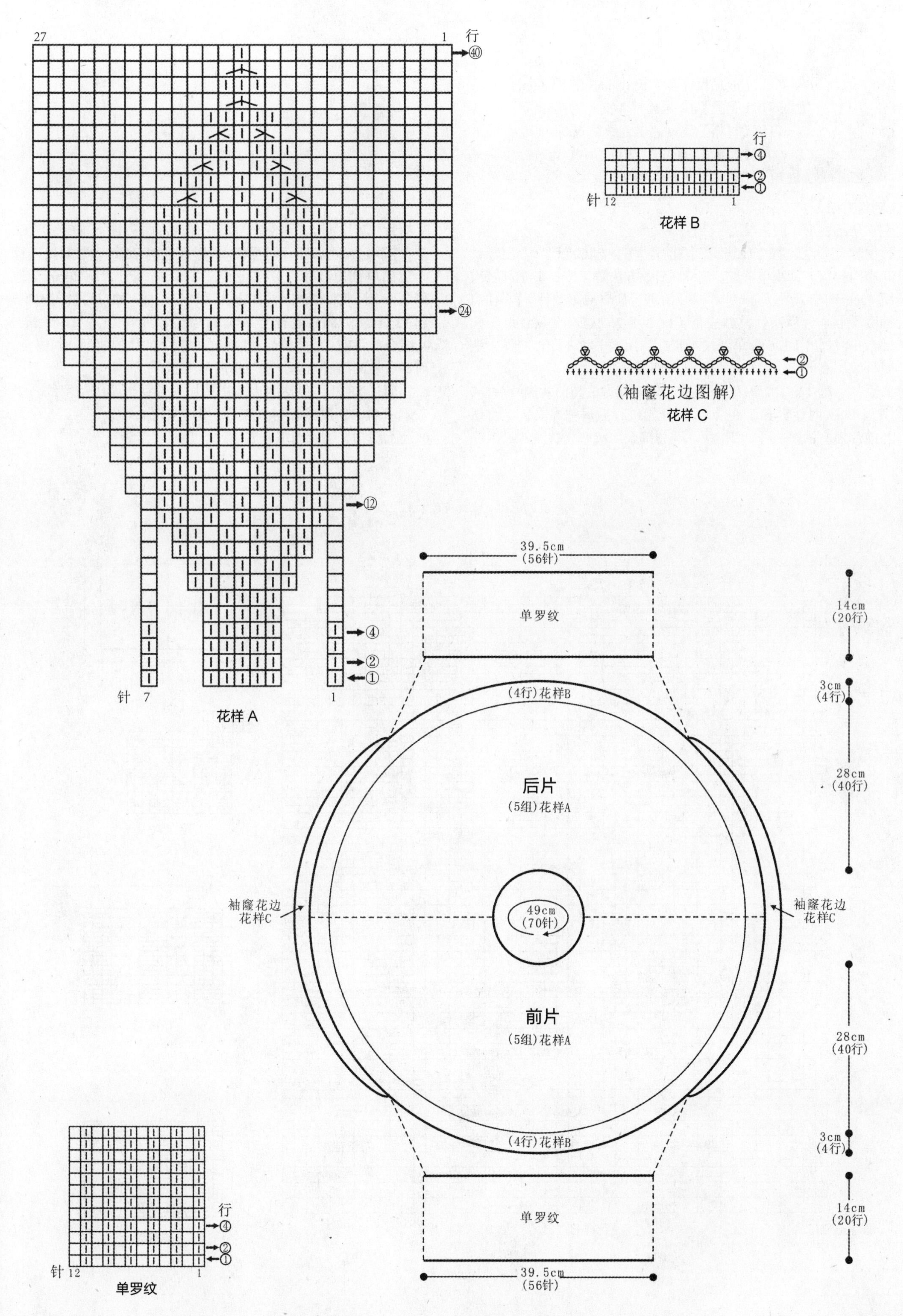

27
1
行
40
24
12
4
2
1
针 7
1
花样A
行
4
2
1
针 12
1
花样B
2
1
(袖窿花边图解)
花样C
39.5cm
(56针)
单罗纹
14cm
(20行)
(4行)花样B
3cm
(4行)
后片
(5组)花样A
28cm
(40行)
袖窿花边
花样C
49cm
(70针)
袖窿花边
花样C
前片
(5组)花样A
28cm
(40行)
(4行)花样B
3cm
(4行)
单罗纹
14cm
(20行)
39.5cm
(56针)
行
4
2
1
针 12
1
单罗纹

187

【成品尺寸】衣长 65cm　胸围 88cm　袖长 49cm
【工具】10 号棒针 4 支　绣花针
【材料】浅黄色羊毛绒线 600g
【密度】10cm^2 ：20 针 ×26 行
【附件】纽扣 7 枚

【制作方法】

毛衣从下往上编织。

1. 前片：分左、右 2 片编织。左前片：(1) 起 60 针，织花样 A，其中门襟留 6 针织单罗纹，侧缝减针，方法是：按 6-1-16 减针，织 45cm 时，针数为 44 针，并开始进行插肩袖窿减针。(2) 插肩袖窿平收 4 针后减针，方法是：按 2-1-26 减针，织 20cm 至领部余 14 针，门襟 6 针单罗纹不收针待用，平收 8 针。同样方法对称编织右前片。左前片均匀地开纽扣孔。

2. 后片：起 120 针，织花样 B，侧缝减针，方法与前片侧缝一样，织至 45cm 时，针数为 88 针，并开始进行插肩袖窿减针，方法与前片插肩袖窿一样，织 20cm 至领部余 28 针，收针断线。

3. 袖片（2 片）：起 48 针，织花样 A，两边袖下加针，方法是：按 4-1-14 加针，织至 29cm 时针数为 76 针，并开始进行两边插肩袖山减针，方法是：按 2-1-26 减针，织 20cm 至顶部余 16 针，收针断线。同样方法编织另一袖。袖口另横向编织，起 12 针，织 24cm 花样 C，与袖片缝合。

4. 缝合：将前、后片侧缝对应缝合，两个袖片的袖下分别缝合。前、后片的插肩袖窿分别与插肩袖山缝合。

5. 领圈挑 88 针，包括两边门襟待用的 6 针继续织单罗纹，织 72 行花样 B，顶部 A 与 B 缝合，形成帽子。

6. 缝上纽扣，毛衣编织完成。

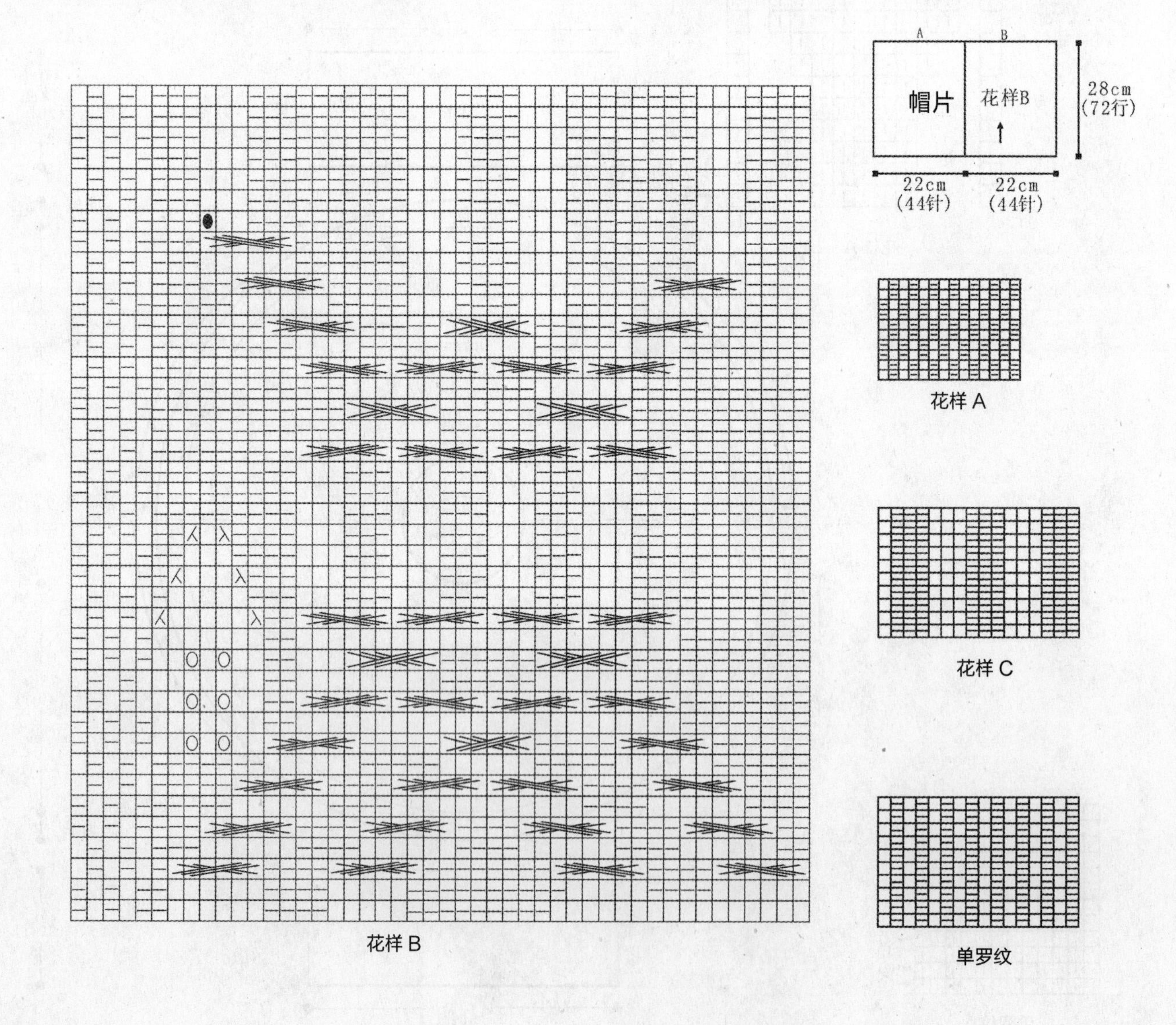

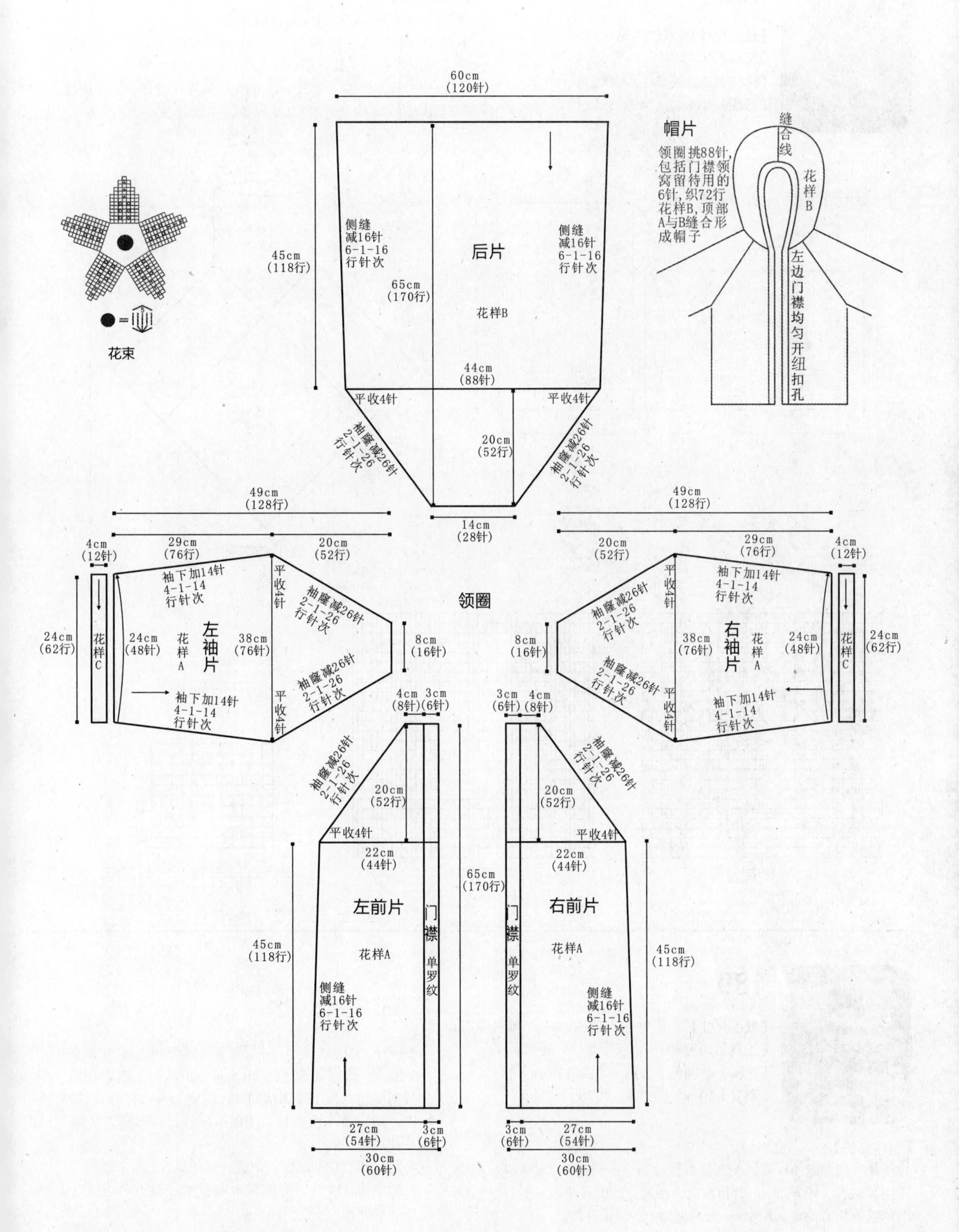

60cm
(120针)
帽片
领圈挑88针,包括门襟领窝留待用的6针,织72行花样B,顶部A与B缝合形成帽子
缝合线
花样B
左边门襟均匀开纽扣孔
花束
45cm
(118行)
侧缝
减16针
6-1-16
行针次
后片
65cm
(170行)
花样B
44cm
(88针)
平收4针
袖窿减26针
2-1-26
行针次
20cm
(52行)
14cm
(28针)
49cm
(128行)
4cm
(12针)
29cm
(76行)
20cm
(52行)
袖下加14针
4-1-14
行针次
平收4针
领圈
24cm
(62行)
花样C
24cm
(48针)
花样A
左袖片
38cm
(76针)
8cm
(16针)
右袖片
4cm
(8针)
3cm
(6针)
22cm
(44针)
左前片
右前片
门襟
单罗纹
花样A
27cm
(54针)
30cm
(60针)

188

【成品尺寸】衣长 27cm
【工具】10 号棒针
【材料】灰色纯羊毛线 400g
【密度】$10cm^2$ ：24 针 ×36 行

【制作方法】
毛衣是由两个长方形组成的披肩。
1. 用下针起针法，起 64 针，织 54cm 花样 A，不用加减针，用同样方法编织另一个长方形。
2. 把两个长方形如图摆放好，按图中 A 与 B 缝合、C 与 D 缝合。
3. 领圈边挑 92 针，织 18cm 单罗纹，形成高领。

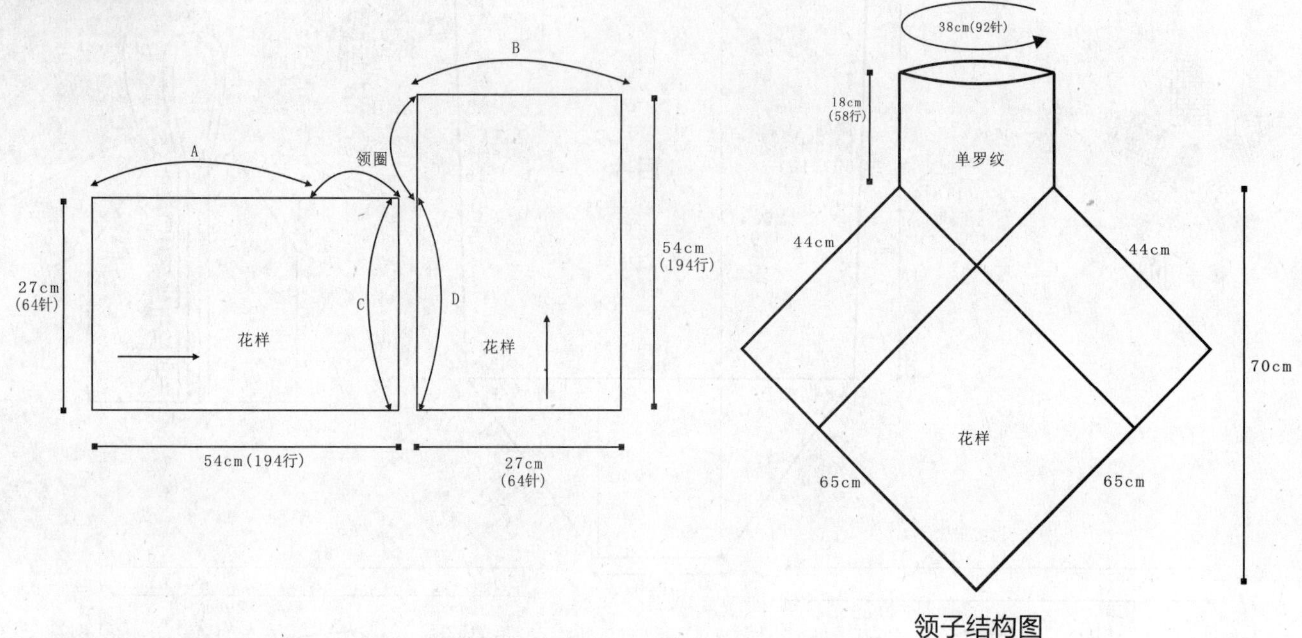

领子结构图

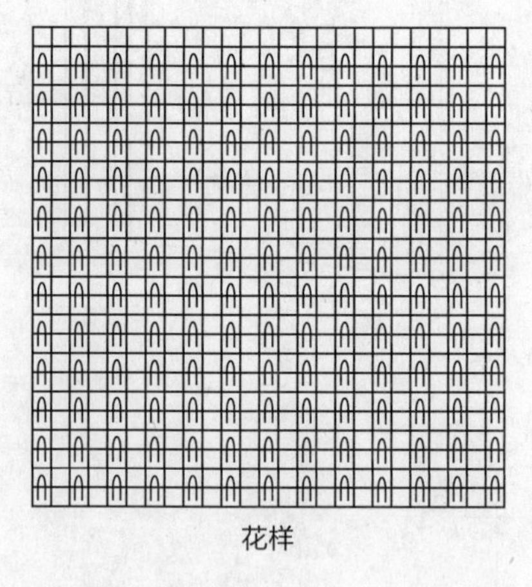
花样

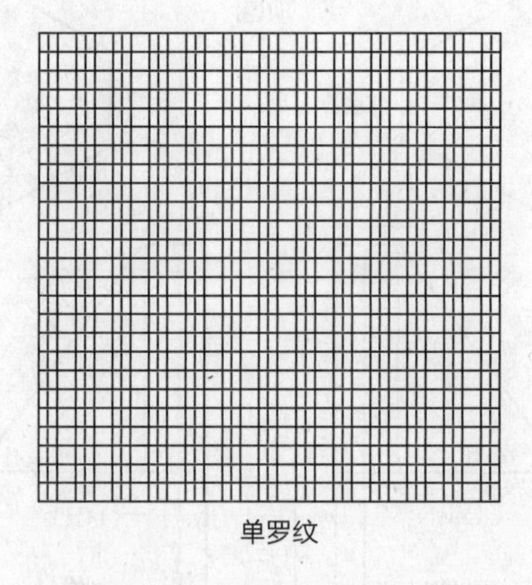
单罗纹

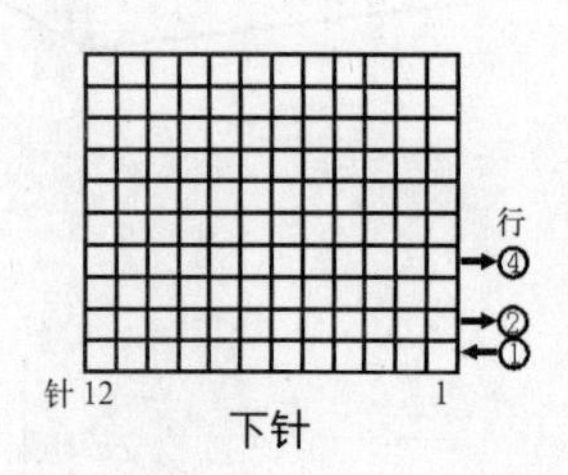

下针

189

【成品尺寸】衣长 75cm　胸围 96cm　袖长 60cm
【工具】10 号棒针
【材料】咖啡色、杏色羊毛线各 400g
【密度】$10cm^2$ ：22 针 ×32 行

【制作方法】
1. 前片：按图起 106 针，织 5cm 双罗纹后，改织花样，并配色，侧缝不用加减针，织至 50cm 时留袖窿，在两边同时各平收 6 针，然后按图示收成插肩袖窿，织 15cm 时留领窝，肩位留 2 针。
2. 后片：织法与前片一样，只是袖窿织 18.5cm，才留领窝。
3. 袖片：按图起 56 针，织 5cm 双罗纹后，改织花样，并按图配色，袖下按图示加针，织至 35cm 时开始收插肩袖山，两边各平收 6 针，按图示减针，用同样方法编织另一袖片。
4. 前片和后片的肩位、侧缝、袖片缝合。
5. 领圈挑 114 针，圈织 8cm 双罗纹，对折两边缝合，形成双层圆领。

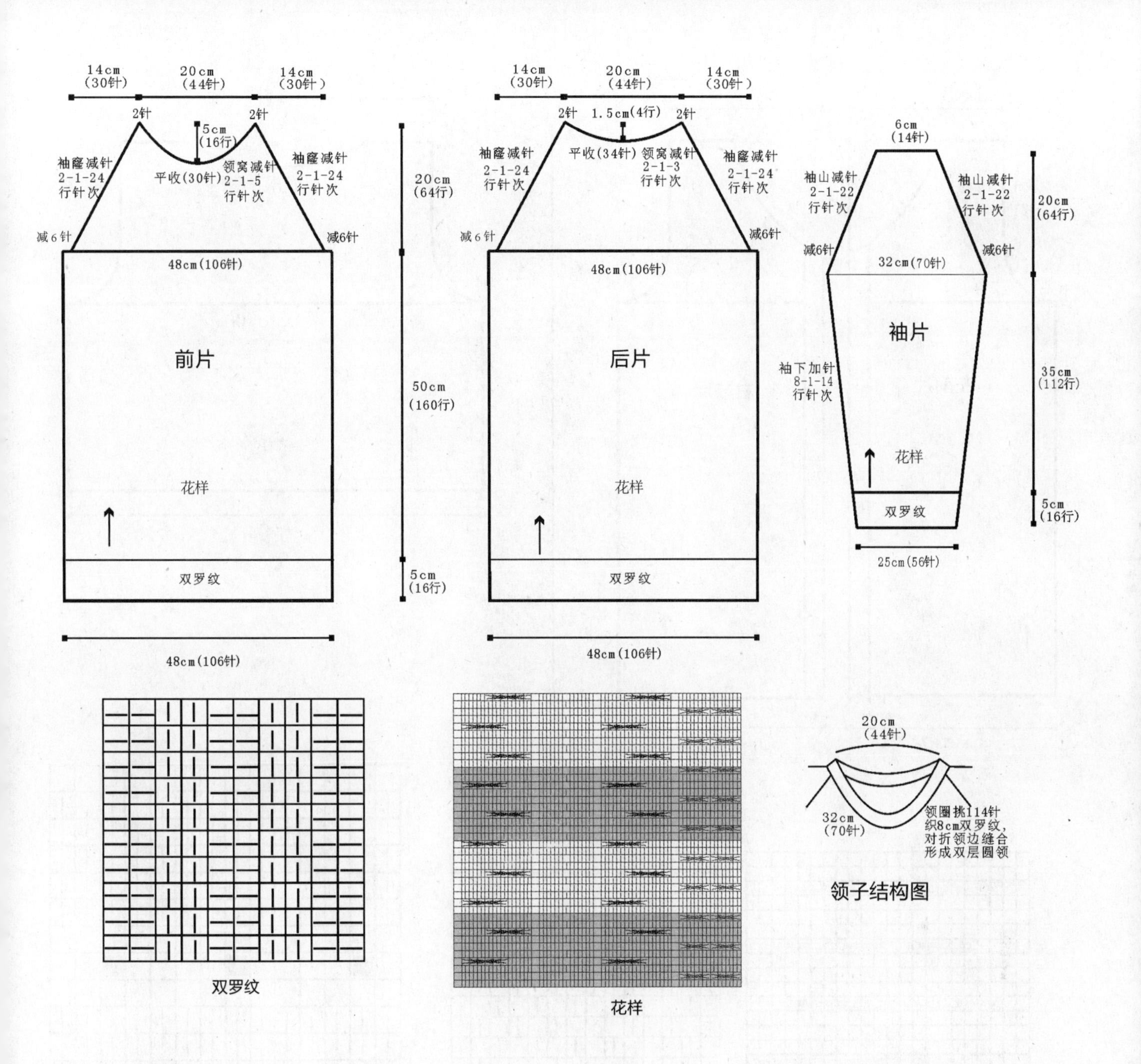

190

【成品尺寸】衣长 45cm　胸围 96cm
【工具】10 号棒针
【材料】白色羊毛线 400g
【密度】10cm² ：22 针 ×32 行

【制作方法】

1. 前片：分左、右 2 片，按图起 52 针，织花样 A，门襟留 6 针织花样 C，侧缝不用减针，织至 30cm 时，两边同时各平收 5 针，收袖窿，并改织花样 B，再织 5cm 时，开领窝，织至完成，肩位余 20 针，用同样的方法反方向编织另一片。
2. 后片：按图起 104 针，织花样 C 后，侧缝不用减针，织至 16cm 时两边各平收 5 针，收袖窿，并按图收领窝，肩位余 20 针。
3. 将前后片的肩位、侧缝全部缝合。

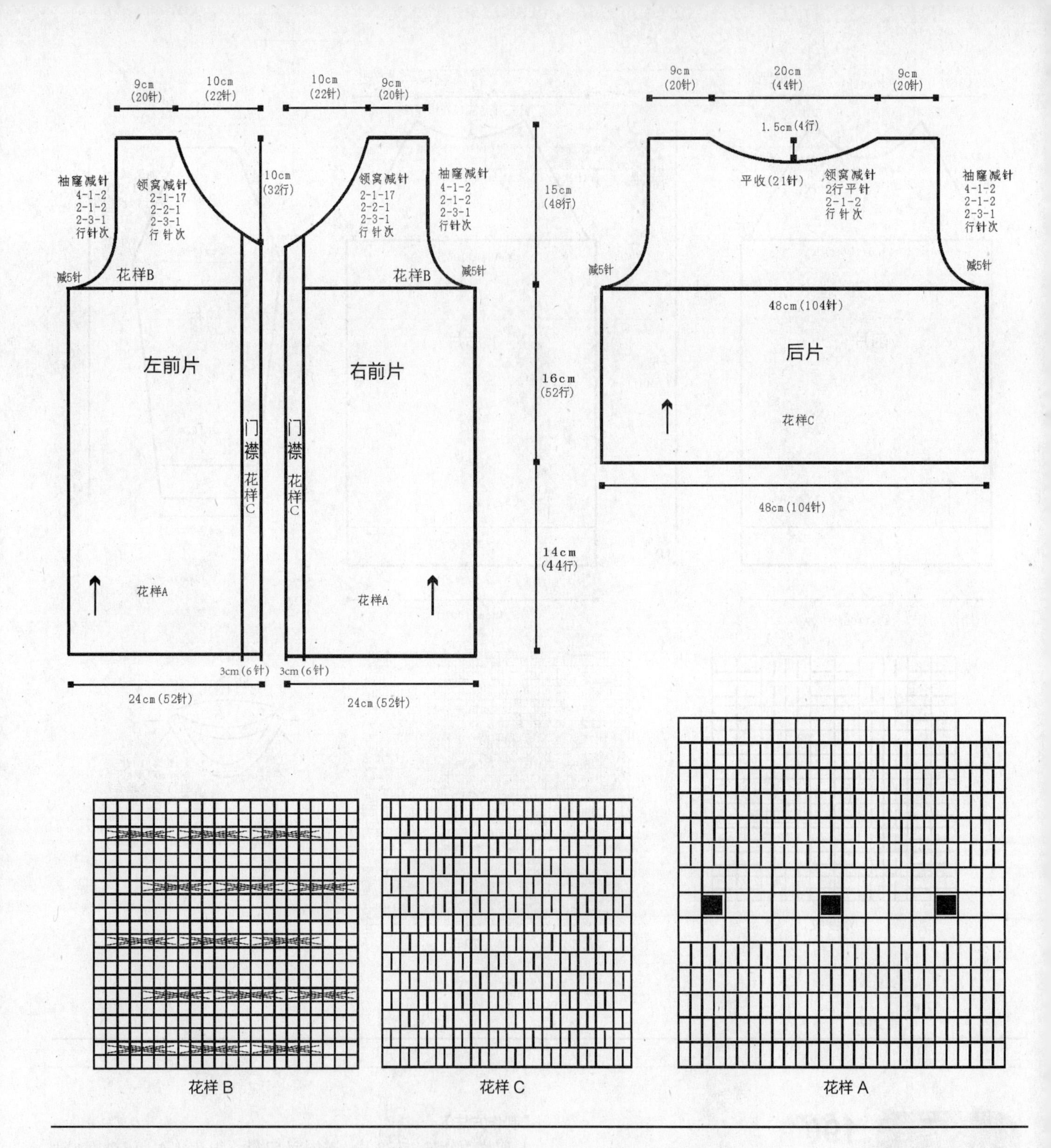

191

【成品尺寸】衣长 45cm　胸围 92cm

【工具】7 号棒针　8 号棒针　9 号棒针　绣花针

【材料】白色粗毛线 1300g

【密度】$10cm^2$ ：24 针 ×24 行

【附件】纽扣 4 枚

【制作方法】

1. 衣服为一片编织，横织，用 8 号棒针起 88 针，按图采用引退针法，编织 4cm 单罗纹后，换 7 号棒针，身片部分编织花样 A，育克部分编织单罗纹，不加不减织至 21cm 时，前片 52 针停织，育克部分不加不减继续织 30cm 单罗纹，作为袖窿，然后与前片的 52 针合在一起编织后片，不加不减织 46cm，后片完成，此时后片的 52 针停织，继续织育克部分，织 21cm 作为另一只袖窿，再与后片的 52 针一起编织到离门襟 2cm 时，采用引退针法，织至前片 21cm 时，换 8 号棒针编织 4cm 单罗纹，收针，断线。

2. 领片：用 8 号棒针按图编织长 104cm，宽 4cm 和长 68cm，宽 4cm 的两根长条为领子，与育克部分缝合。

3. 在相应的位置钉上纽扣。

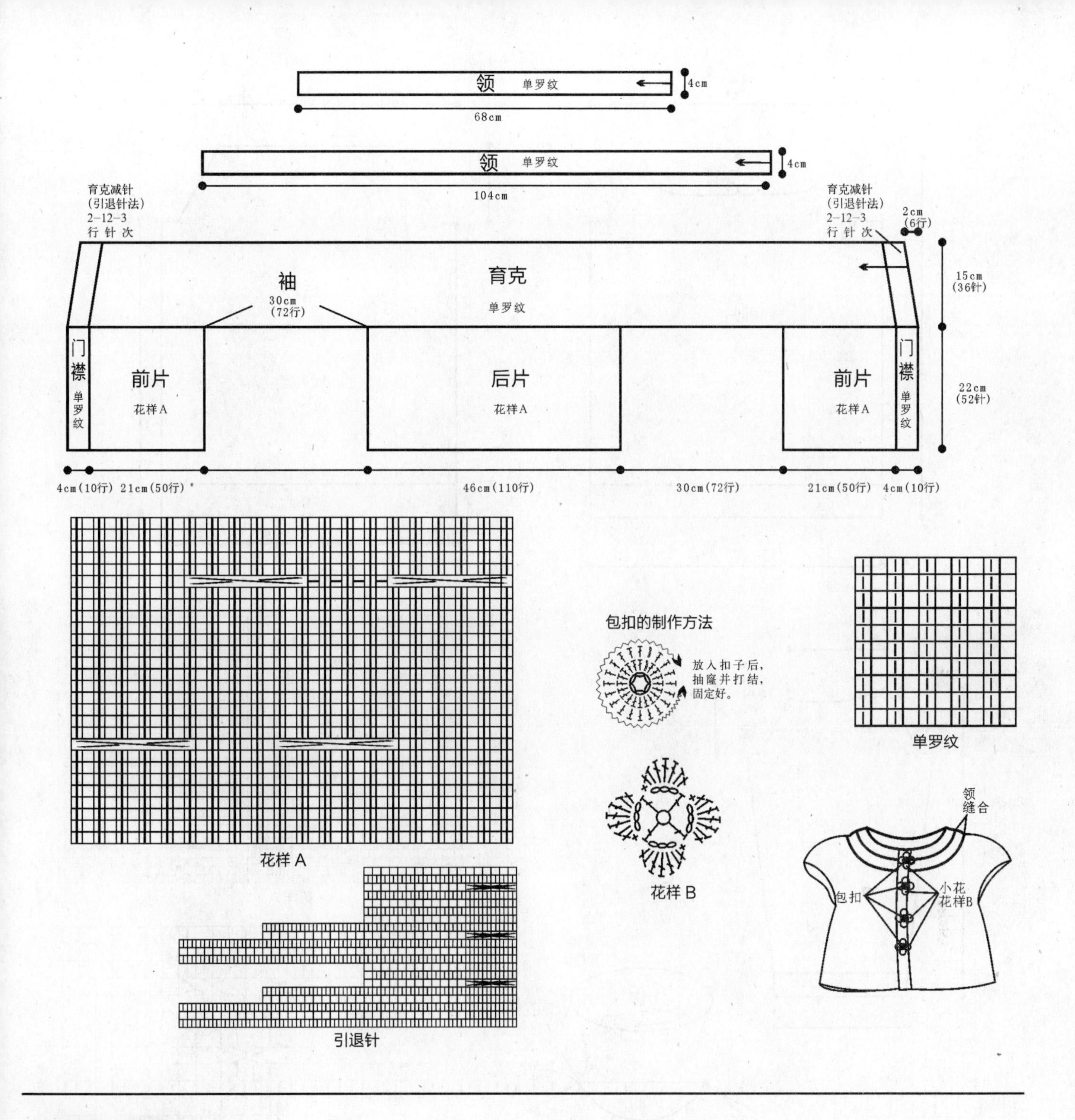

192

【成品尺寸】衣长 57cm　胸围 96cm　袖长 49cm

【工具】7 号棒针　8 号棒针

【材料】白色毛线 800g

【密度】10cm^2 ： 21 针 ×30 行

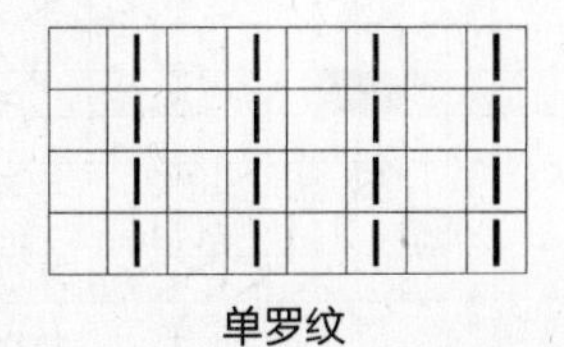

单罗纹

【制作方法】

1. 前片：用 8 号棒针起 100 针，从下往上织单罗纹 4cm，换 7 号棒针织 43cm 花样 A，然后开挂肩，按图解分别收斜肩、收领子。
2. 后片：用 8 号棒针起 100 针，从下往上织单罗纹 4cm，换 7 号棒针按后片图解编织。
3. 袖片：用 8 号棒针起 52 针，从下往上织单罗纹 4cm，换 7 号棒针织花样 A，放针，织到 33cm 处按图解收袖山。
4. 育克部分：起 22 针，按编织方向织 10cm 花样 B，将两边缝合。
5. 领子：起 34 针，织 48cm 花样 D，两边缝合后，再与育克部分缝合。
6. 将前后片、袖片缝合，育克部分与前后片相对应缝合。

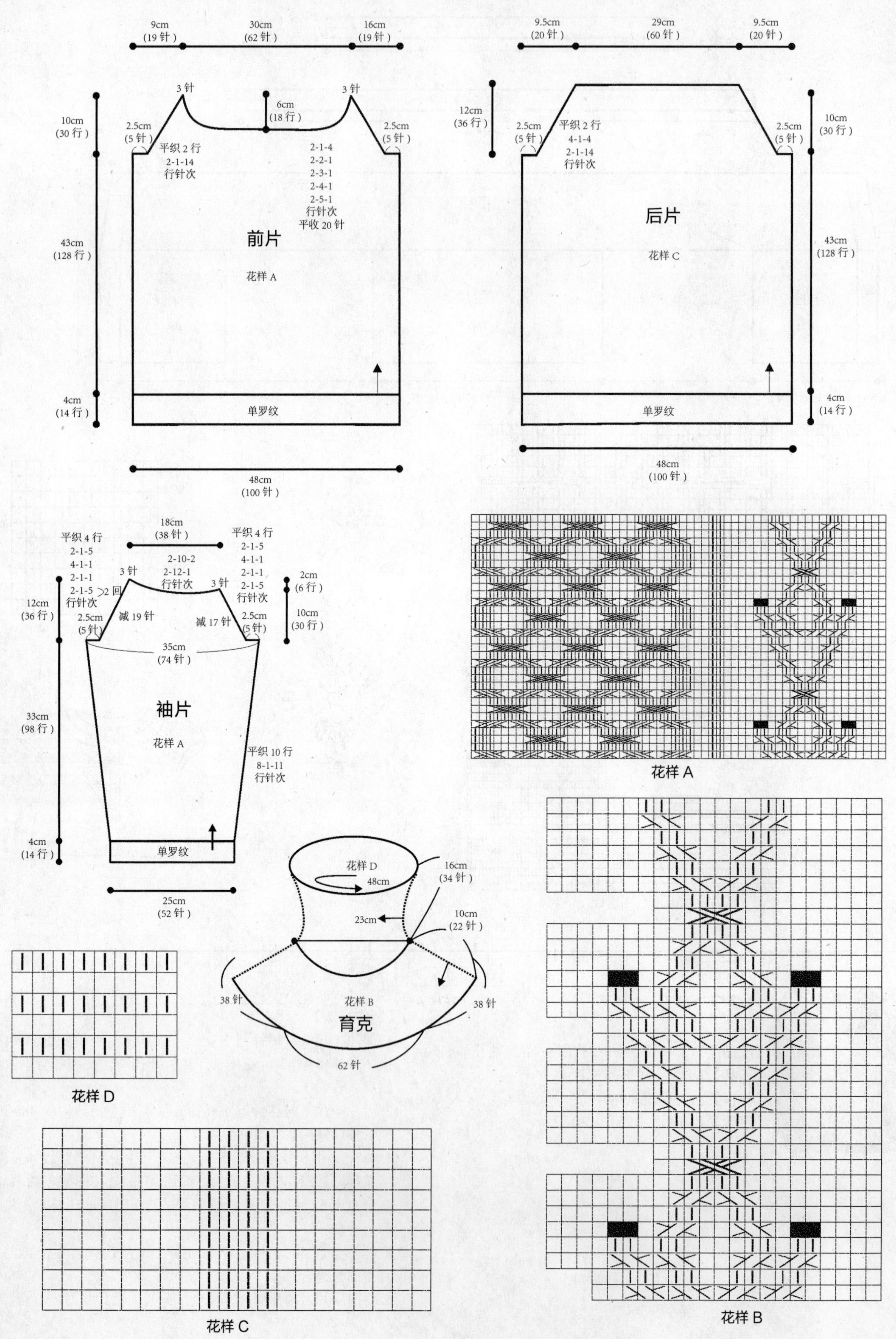

9cm (19针)
30cm (62针)
16cm (19针)
3针
3针
6cm (18行)
10cm (30行)
2.5cm (5针)
2.5cm (5针)
平织 2 行
2-1-14
行针次
2-1-4
2-2-1
2-3-1
2-4-1
2-5-1
行针次
平收 20 针
前片
花样 A
43cm (128行)
4cm (14行)
单罗纹
48cm (100针)
9.5cm (20针)
29cm (60针)
9.5cm (20针)
12cm (36行)
2.5cm (5针)
平织 2 行
4-1-4
2-1-14
行针次
2.5cm (5针)
10cm (30行)
后片
花样 C
43cm (128行)
4cm (14行)
单罗纹
48cm (100针)
18cm (38针)
平织 4 行
2-1-5
4-1-1
2-1-1
2-1-5
行针次
2 回
3针
2-10-2
2-12-1
行针次
3针
平织 4 行
2-1-5
4-1-1
2-1-1
2-1-5
行针次
2cm (6行)
10cm (30行)
12cm (36行)
2.5cm (5针)
减 19 针
减 17 针
2.5cm (5针)
35cm (74针)
袖片
花样 A
33cm (98行)
平织 10 行
8-1-11
行针次
4cm (14行)
单罗纹
25cm (52针)
花样 A
花样 D
48cm
16cm (34针)
23cm
10cm (22针)
38针
花样 B
38针
育克
62针
花样 D
花样 B
花样 C

193

【成品尺寸】衣长 52cm　胸围 86cm　袖长 23cm

【工具】11 号棒针　12 号棒针　绣花针

【材料】米白色毛线 800g

【密度】10cm^2 ：20 针 ×26 行

【附件】黑色纽扣 3 枚

【制作方法】

1. 左前片：用 12 号棒针起 42 针，从下往上织双罗纹 4cm 后，换 11 号棒针织 24cm 花样 A，再织 3cm 花样 B 开挂肩，按图解分别收袖窿、收领子。用相同织法织另一片。
2. 后片：用 12 号棒针起 86 针，从下往上织双罗纹 4cm 后，换 11 号棒针按后片图解编织。
3. 袖片：用 12 号棒针起 58 针，从下往上织双罗纹 3cm 后，换 11 号棒针织花样 B，放针，织到 7cm 处按图解收袖山。
4. 前后片、袖片缝合后按图解挑门襟，挑领，织双罗纹，收针，按图解钉上纽扣。

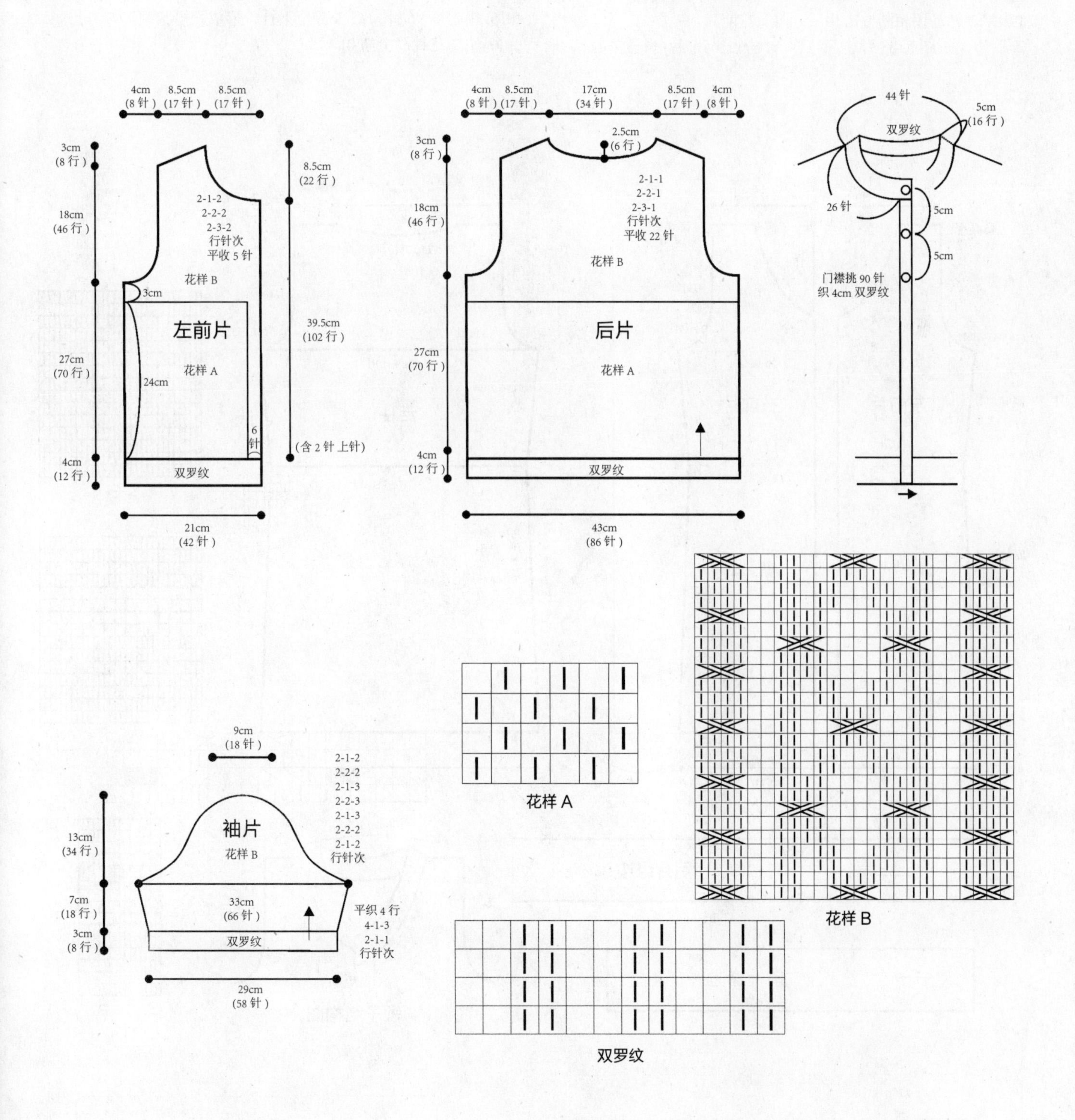

194

【成品尺寸】衣长 65cm　胸围 80cm

【工具】10 号棒针　绣花针

【材料】白色羊毛线 600g

【密度】$10cm^2$：22 针 ×32 行

【附件】纽扣 3 枚

【制作方法】

1. 前片：分左、右 2 片编织，分别按图起 44 针，织花样 A，侧缝按图示减针，织至 22cm 时加针，形成收腰，再织 15cm 时两边各平收 5 针，按图收袖窿，再织 5cm 时同时收领窝，织至肩位余 12 针。用相同方法相反方向织右前片。

2. 后片：按图起 88 针，织花样 A，侧缝与前片一样加减针，形成收腰，织至 15cm 时两边各平收 5 针，收袖窿，并按图收领窝，肩位余 12 针。

3. 前片、后片的边缘分别另织花样 B，按彩图缝合边缘。

4. 将前片、后片的肩位、侧缝全部缝合。

5. 领圈挑 96 针，织 3cm 全下针，形成开襟圆领。

6. 用绣花针缝上纽扣。

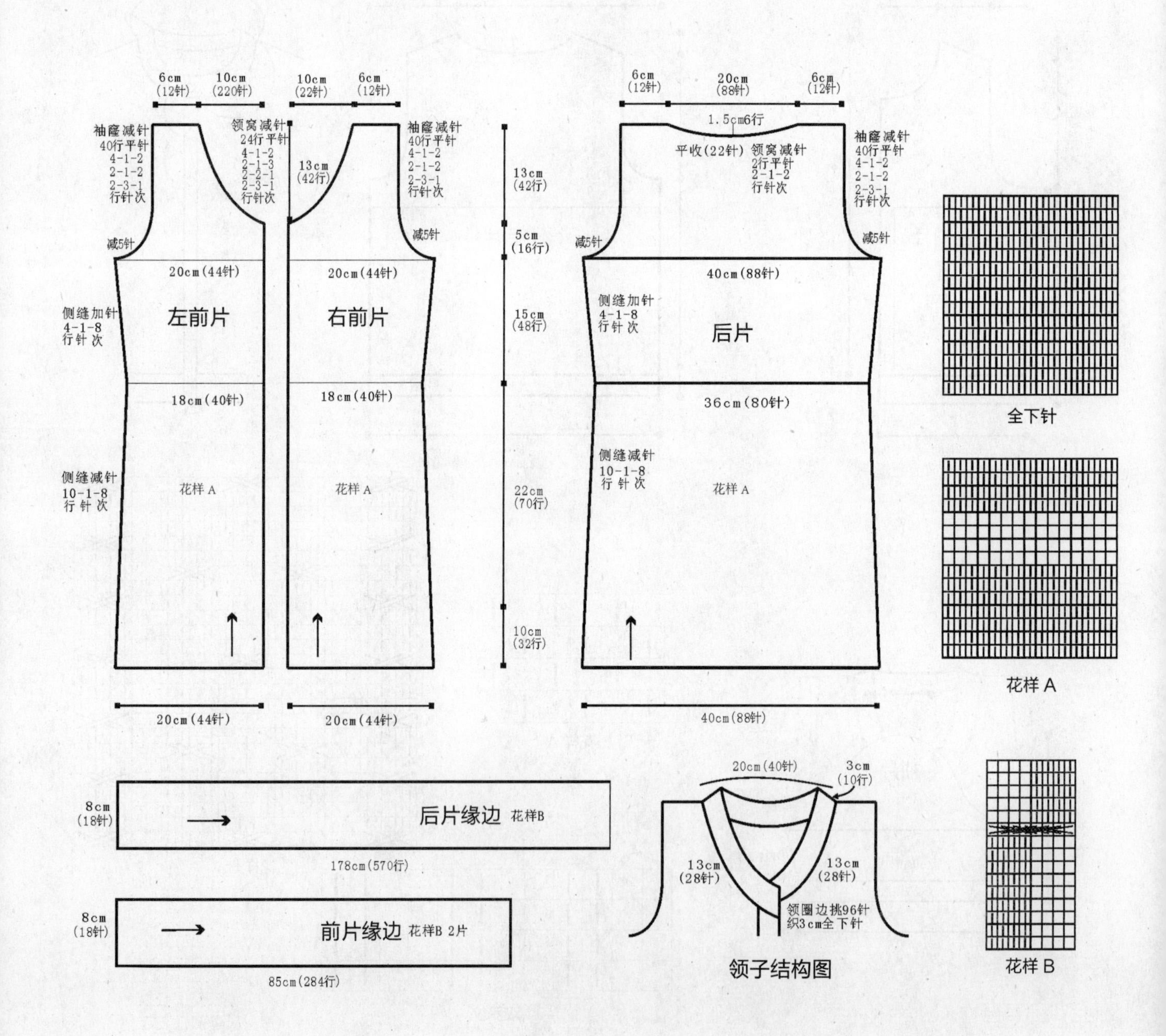

195

【成品尺寸】衣长 56cm　胸围 82cm
【工具】11 号棒针　小号钩针
【材料】深蓝色棉线 600g
【密度】$10cm^2$ ：22 针 ×24 行

【制作方法】

1. 衣身片：起 176 针，织双罗纹，织 2cm 后，改织花样 A、花样 B、花样 C 与上针组合编织，织至 37cm，将织片按结构图所示均分成前、后两片分别编织。先织后片，两侧各平收 7 针，然后按 2-1-10 的方法减针织成袖窿，织至 45cm，中间平收 12 针，两侧按 2-2-2、2-1-6 的方法后领减针，最后两肩部各余下 11 针，后片共织 56cm 长。

2. 前片：分配前片 88 针到棒针上，织花样 C，两侧各平收 7 针，然后按 2-1-10 的方法减针织成袖窿，织至 43cm，中间平收 12 针，两侧按 2-2-2、2-1-6 的方法前领减针，最后两肩部各余下 11 针，前片共织 56cm 长。

3. 领边及袖边：领圈用小号钩针钩织花样 D，共织 1 圈。

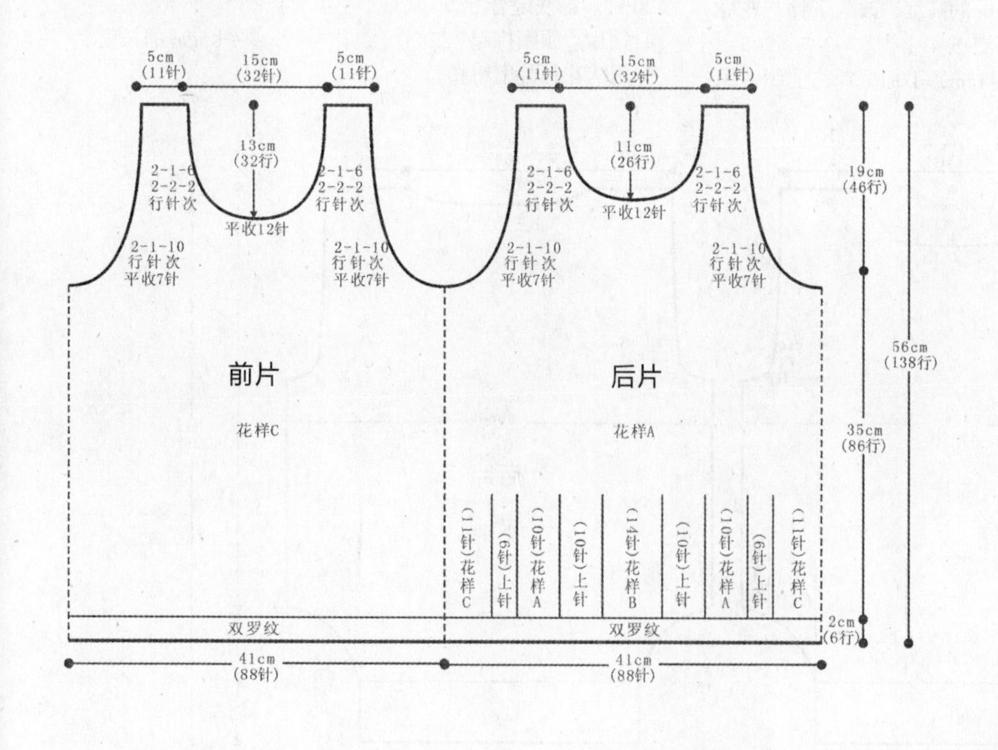

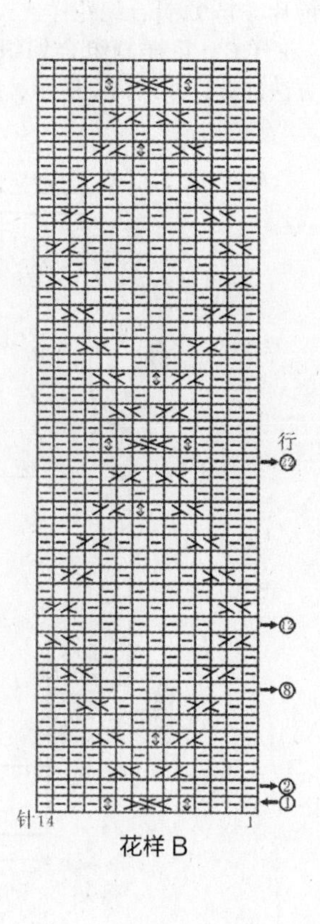

花样 B

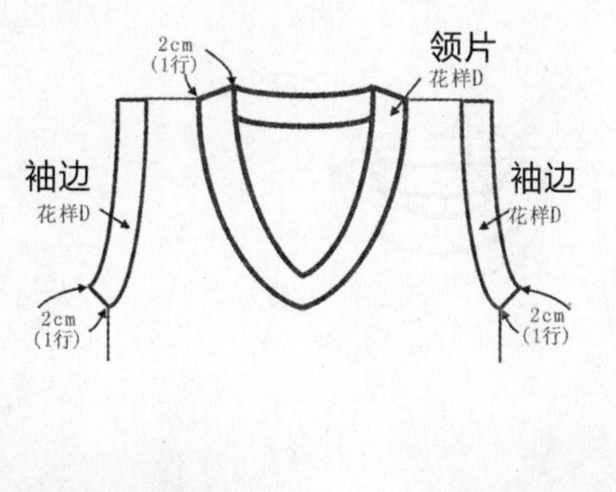

(领边/袖边图解)
花样 D

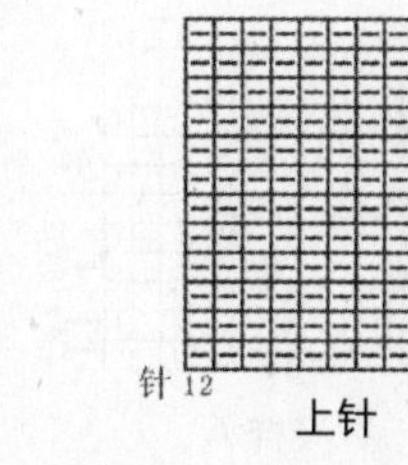

上针

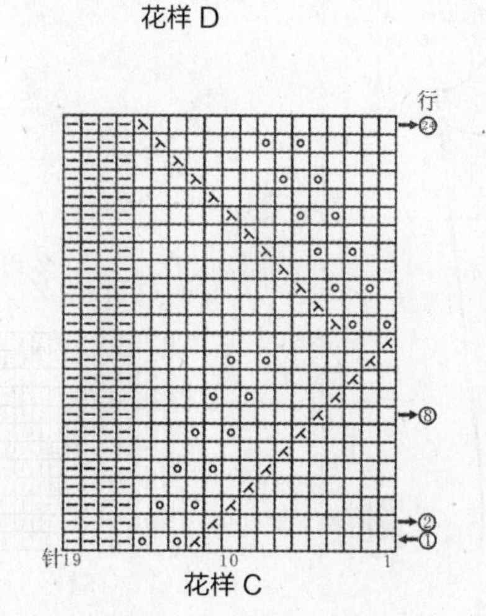

花样 C

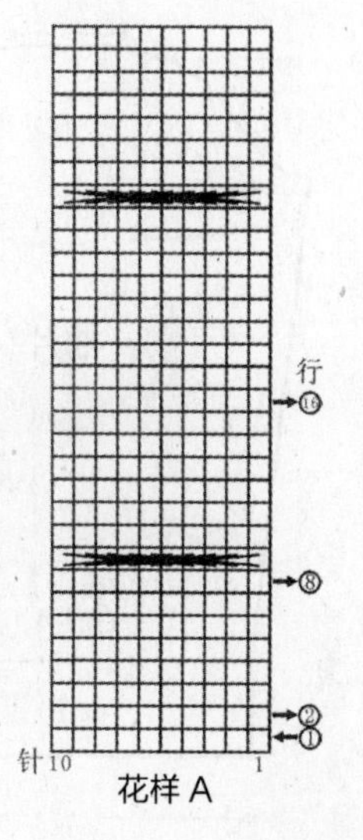

花样 A

双罗纹

196

【成品尺寸】 衣长 59cm　胸围 92cm　袖长 52cm

【工具】 12 号棒针　绣花针

【材料】 蓝色棉线 550g

【密度】 $10cm^2$ ：30.4 针 ×38 行

【附件】 纽扣 3 枚

【制作方法】

1. 后片：起 92 针，织花样 A，织 5cm 的高度，改织下针，两侧按 4–1–1、2–2–7、2–3–3 的方法加针，如结构图所示，织至 11cm，不加减针往上织，织至 39cm，两侧各平收 4 针，然后按 2–1–10 的方法减针织成袖窿，织至 58cm，中间平收 52 针，两侧按 2–1–2 的方法后领减针，最后两肩部各余下 28 针，后片共织 59cm 长。

2. 前片：起 92 针，织花样 A，织 5cm 的高度，改为下针与花样 B、花样 C、花样 D 组合编织，两侧按 4–1–1、2–2–7、2–3–3 的方法加针，如结构图所示，织至 11cm，不加减针往上织，织至 39cm，两侧各平收 4 针，然后按 2–1–10 的方法减针织成袖窿，织至 53cm，中间平收 34 针，两侧按 2–2–2、2–1–7 的方法前领减针，最后两肩部各余下 28 针，前片共织 59cm 长。

3. 袖片（2 片）：起 70 针，织花样 A，织 5cm 的高度，改为下针与花样 E、花样 D 组合编织，如结构图所示，一边织一边按 8–1–17 的方法两侧加针，织至 42cm 的高度，两侧各平收 4 针，然后按 2–2–19 的方法袖山减针，袖片共织 52cm 长，最后余下 20 针。袖底缝合。

4. 领片：领圈挑起 122 针，织花样 A，共织 5cm 的长度。

5. 用绣花针缝上纽扣。

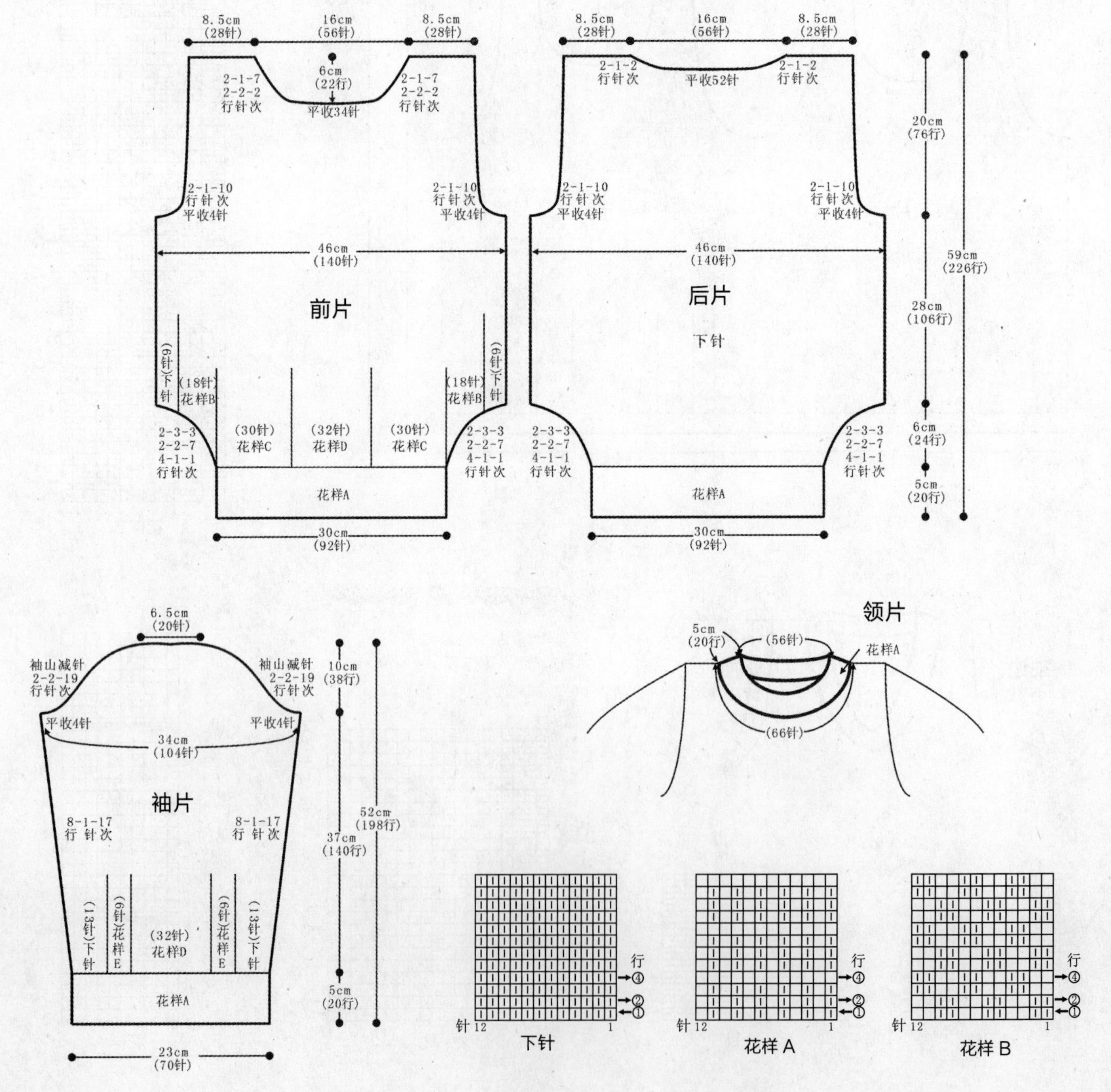

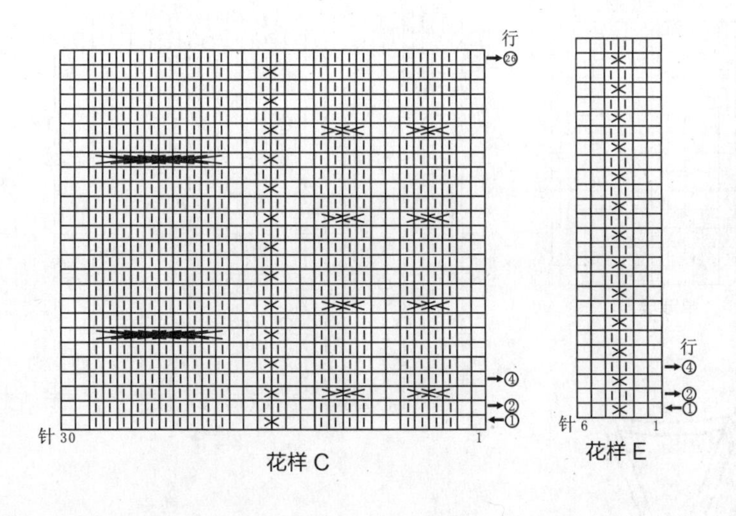

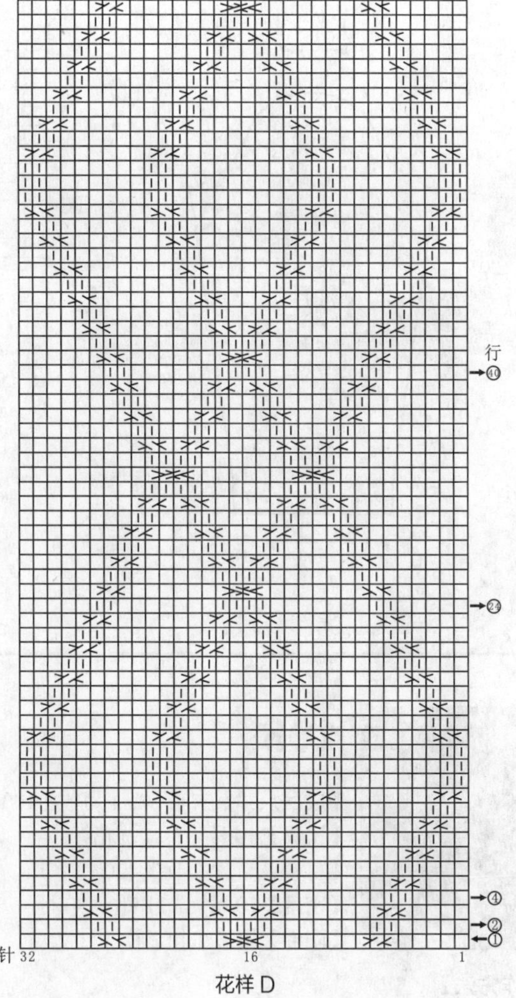

197

【成品尺寸】衣长 69cm　胸围 98cm　袖长 54cm
【工具】6 号棒针　7 号棒针
【材料】蓝色特色线 700g
【密度】$10cm^2$ ：19 针 ×29 行

【制作方法】

1. 前片：用 7 号棒针起 92 针织单罗纹 4cm 后，换 6 号棒针织花样，织到 43cm 处开挂肩，按图解收袖窿、收领子。
2. 后片：起针与前片相同，收领子按后片图解编织。
3. 袖片：用 7 号棒针起 38 针织单罗纹 4cm 后，织花样，按图解编织。
4. 前后片、袖片缝合后按图解挑领子，用 7 号棒针编织单罗纹 4cm。

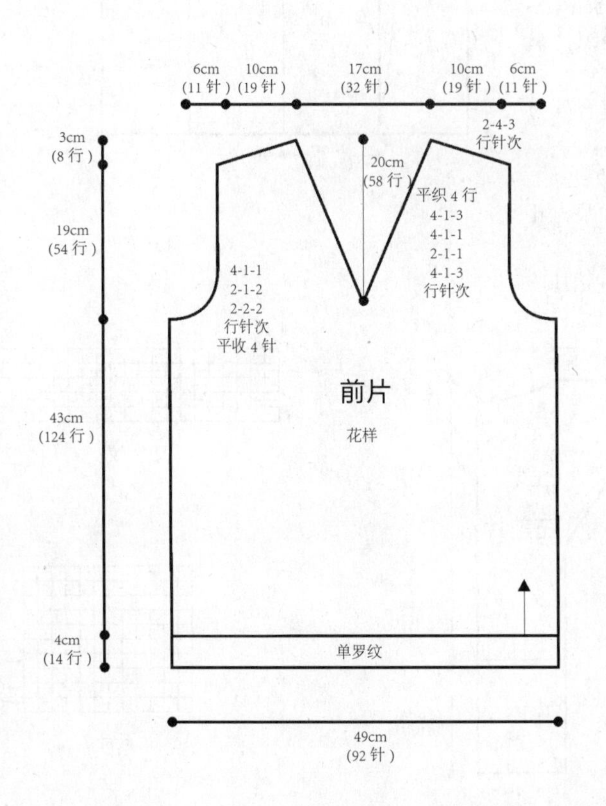

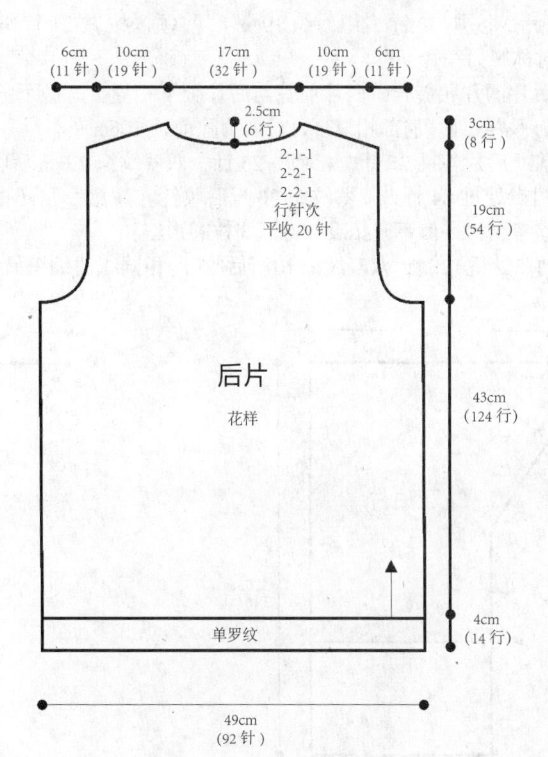

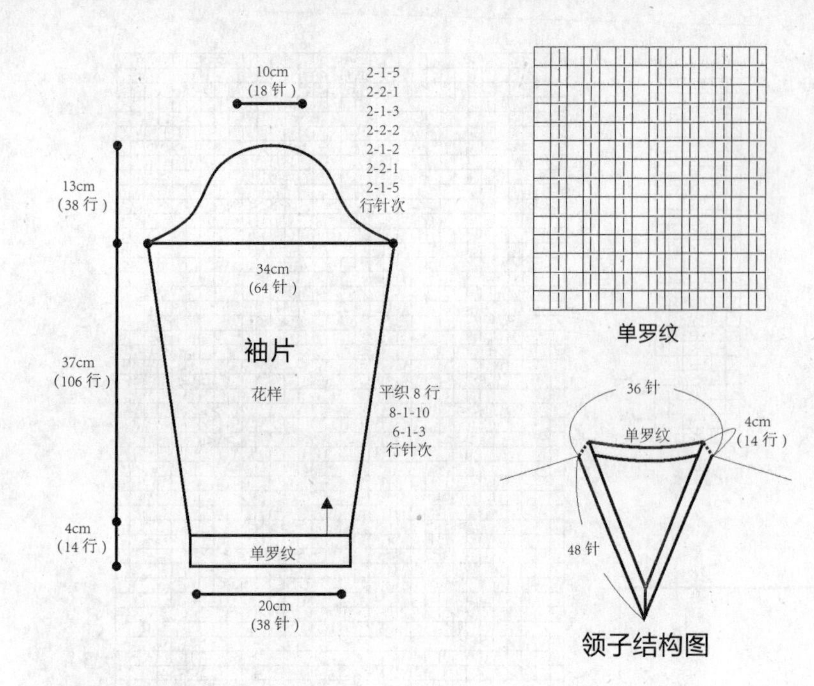

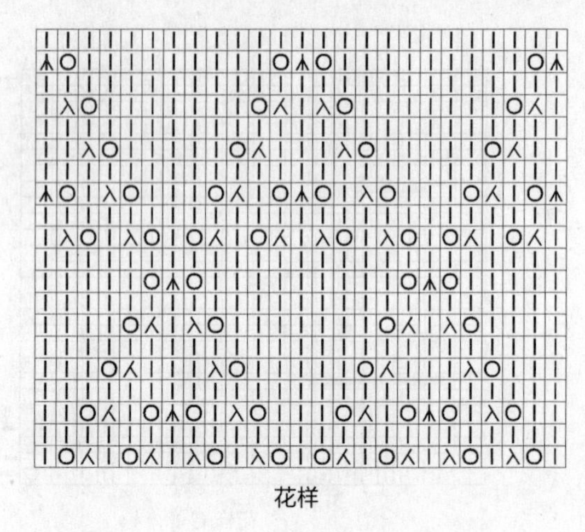

198

【成品尺寸】衣长 52cm　胸围 100cm
【工具】10 号棒针　绣花针
【材料】暗黄色毛线 420g
【密度】10cm²：21 针 ×30 行
【附件】圆形纽扣 3 枚

【制作方法】
1. 此款衣服由 4 片编织而成。
2. 后片(2 片)：左后片,(1) 起 52 针,双罗纹织 15cm 。(2) 下针编织 15cm。(3) 一侧逐渐加针，按加 32 针编织，织 22cm 后收针。对称织另一片。
3. 前片(2 片)：左前片，(1) 起 26 针，双罗纹织 15cm 。(2) 下针编织 15cm。(3) 一侧逐渐加针，按加 32 针编织，织 19cm 后前领，按减 21 针编织，织 3cm 收针。对称织另一片。
4. 缝合：将后片两片相缝合、两片前片与后片腋下相缝合。腋下缝合处为下针 15cm 与双罗纹处。肩部相缝合，肩部为除前领 10cm 处。
5. 衣领：在前、后片各挑 25 针、42 针、25 针，双罗纹织 13cm 后收针。
6. 门襟：在门襟处挑 84 针，双罗纹织 26 行后收针。注意一侧开扣眼，开扣眼位置可参考图，一侧不开扣眼，钉上 3 枚圆形纽扣。
7. 袖口：在袖口处挑 128 针，双罗纹织 10 行后收针。相同织法编织另一袖口。

衣领、门襟、袖口

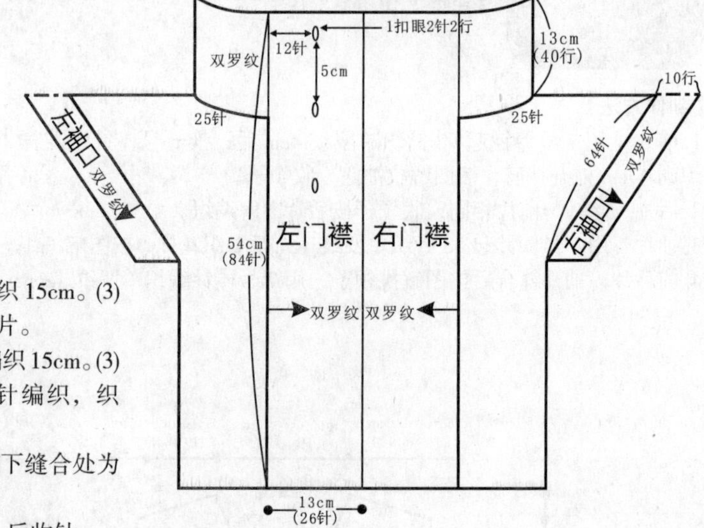

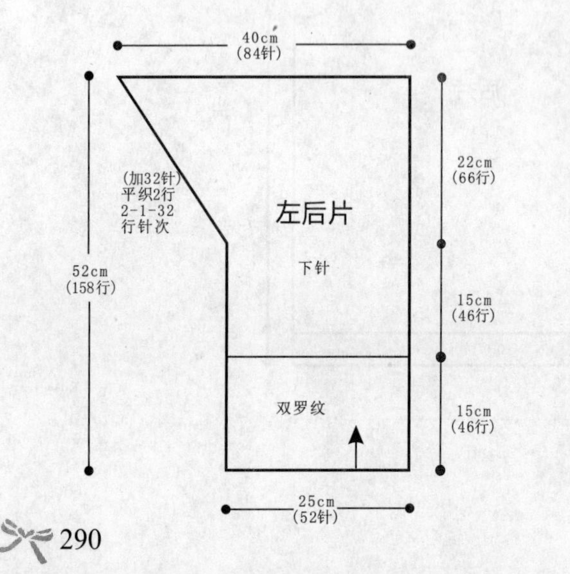

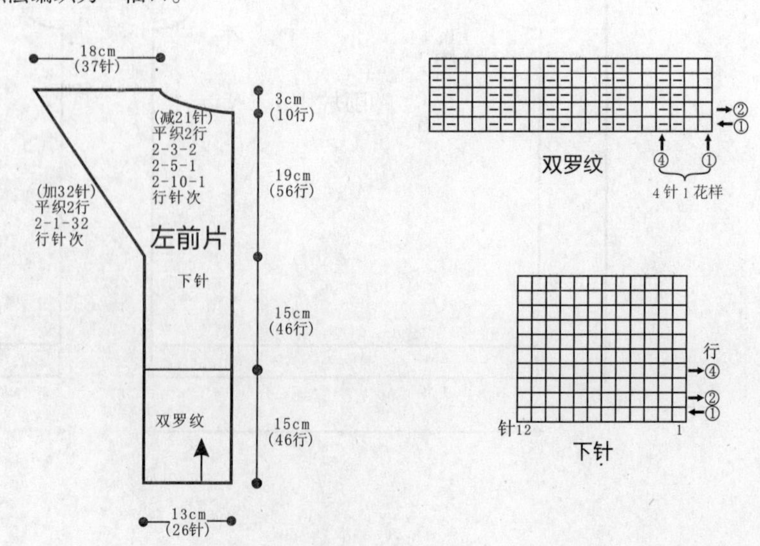

199

【成品尺寸】衣长 40cm　胸围 80cm　袖长 24cm
【工具】10 号棒针
【材料】粉红色棉线 500g
【密度】$10cm^2$：24 针 ×32 行

【制作方法】

1. 后片：起 98 针，按花样 A 编织 3cm，再按图示花样顺序编织，织 19cm 后按袖窿减针编织，织 18cm 后收针。
2. 前片：图示为左前片，按花样 A 编织 3cm，往上按图示花样顺序编织 19cm 后按袖窿减针织 10cm，再按前领减针织 8cm 后收针，对称织出右前片。
3. 袖片：起 90 针，按花样 A 编织 3cm，然后按图示花样顺序编织，织 11cm 后织袖山，按袖山减针编织，织 10cm 后收针，用相同方法织另一片袖片。
4. 口袋：起 34 针，按花样 A 编织 3cm，然后按图示花样顺序进行编织，织 7cm 后，收针，用相同方法织出另一片袋片。
5. 将两片前片和后片相缝合；两片袖片缝合；袖片和身片缝合。缝合时注意折起褶子，口袋安在两片前片合适位置。
6. 门襟：如左前片图，在门襟处挑 78 针，花样 A 织 3cm，用相同方法织另一片。
7. 领：挑 94 针，按花样 A 编织 2cm 后收针。

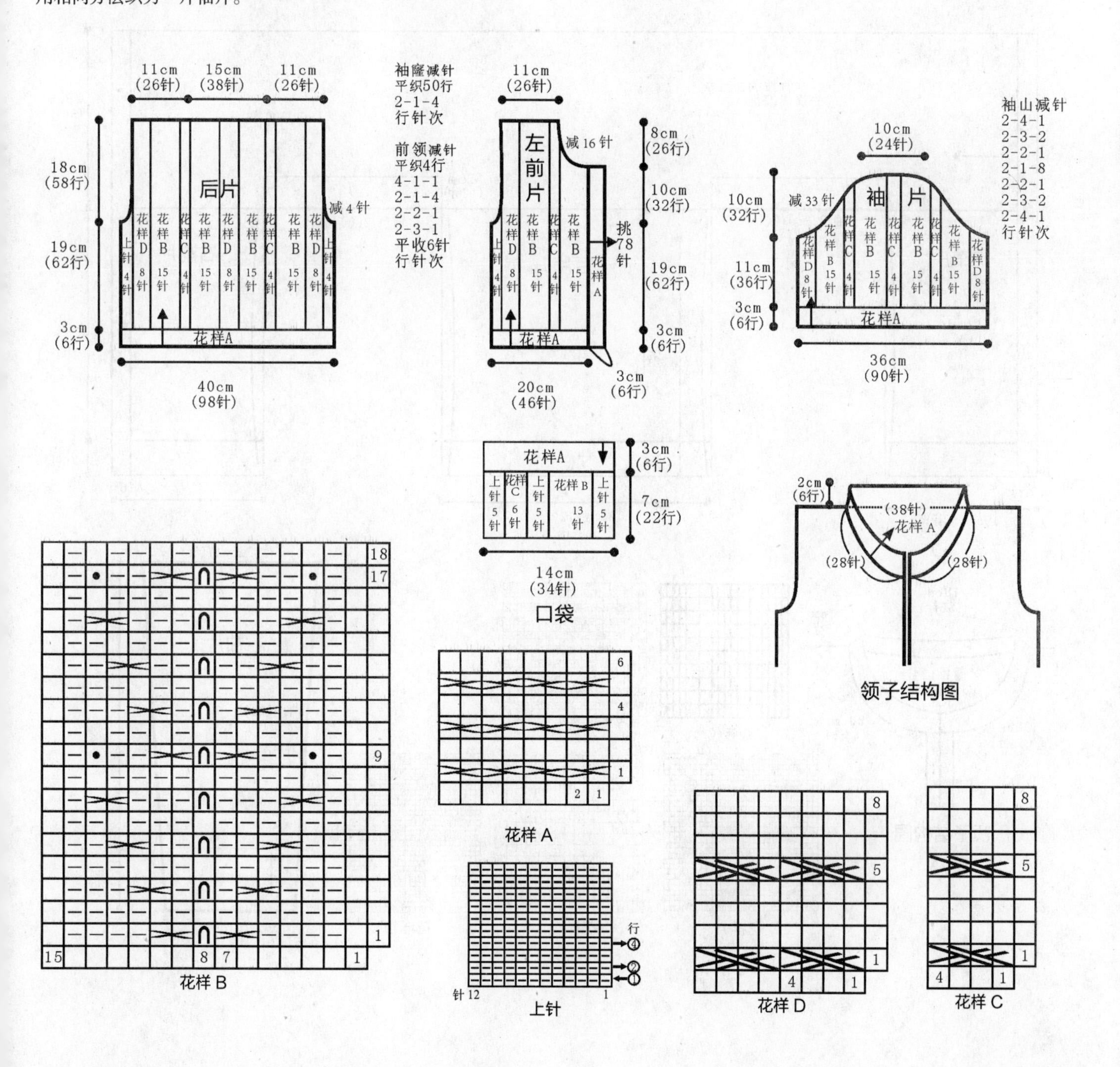

200

【成品尺寸】衣长 55cm　胸围 96cm　袖长 30cm

【工具】10 号棒针

【材料】紫色羊毛线 600g

【密度】10cm²：22 针 ×32 行

【制作方法】

1. 本款是横织毛衣，先从左前片门襟织起，起 120 针，先织 6 行双罗纹后，开始按图排花样，从领口依次为 50 针花样 A、64 针花样 B、6 针花样 C，第 1 次织一个来回，第 2 次留 5 针不织，再返回织，第 3 次留 38 针不织，再返回织，以后按这个规律编织，织 19cm 左前片后，侧缝分针织 28cm 左袖，再织 38cm 后片，分针织 28cm 右袖，用同样方法继续织右前片。

2. 侧缝 A 与 B 缝合、C 与 D 缝合。

3. 袖片起 56 针，先织 5cm 双罗纹后，改织 25cm 花样 D，完成后与衣片缝合。

4. 领圈挑 124 针，织 3cm 花样 D，形成开襟圆领。

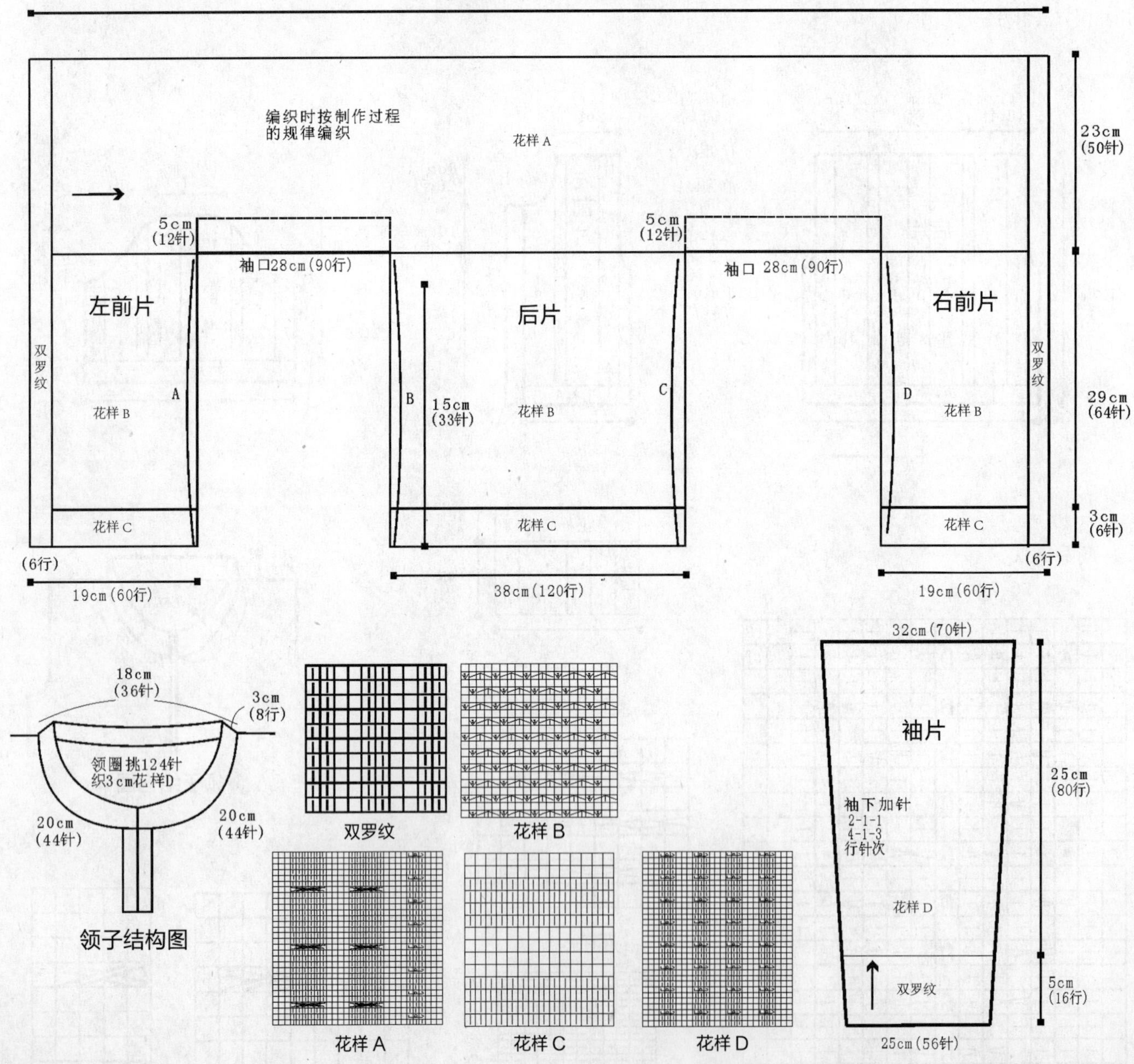

201

【成品尺寸】衣长 74cm　胸围 88cm
【工具】9 号棒针
【材料】蓝色线 800g
【密度】$10cm^2$ ：23 针 ×30 行

【制作方法】
1. 衣片由 1、2、3 3 部分组成，各个部分按图解分别起针编织花样 A、花样 B、花样 C、花样 D。
2. 2、3 部分前后片织法相同，1 部分后片比前片织高多 5cm。
3. 1、2、3 部分分别按图解位置缝合，袖边按花样 A 编织。
4. 将前片、后片、袖边缝合。

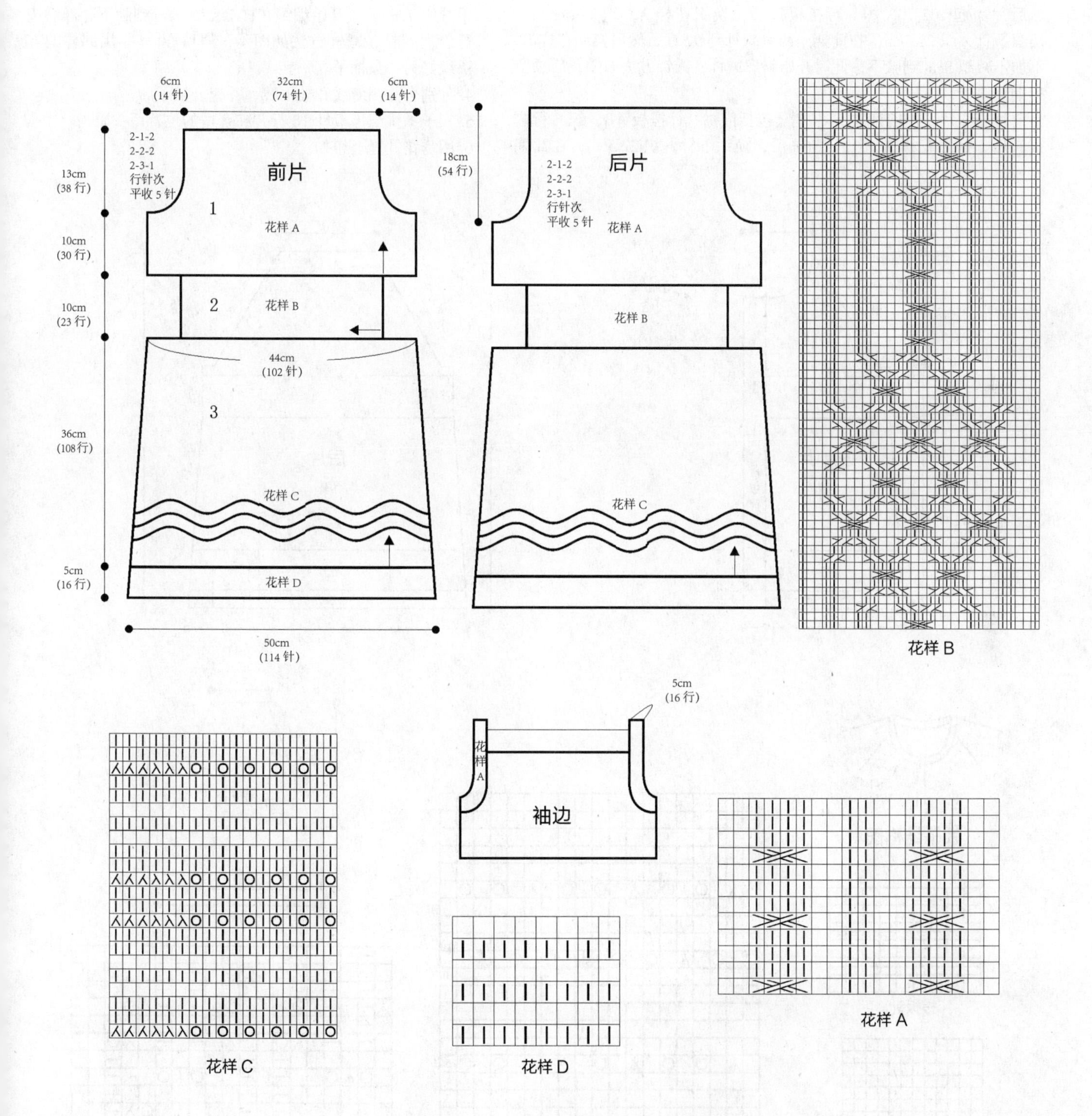

202

【成品尺寸】衣长 62cm　胸围 90cm　袖长 32cm
【工具】8 号棒针　绣花针
【材料】白色棉线 750g
【密度】10cm^2：20 针 ×26 行
【附件】纽扣 4 枚

【制作方法】

1. 后片：起 102 针，织 6 行搓板针后，换织花样 A，织 11.5cm 后，换织下针，织 22.5cm，在此期间两侧减针到 92 针，然后换织花样 B，不加不减织 8cm 到腋下，此时开始斜肩减针，减针方法如图，后领留 34 针。

2. 前片分 2 片；左前片，起 56 针（包括门襟 9 针搓板针），织 6 行搓板针后，换织花样 A，织 11.5cm 后，换织下针，织 22.5cm，在此期间两侧减针到 42 针，然后换织花样 B，不加不减织 8cm 到腋下，此时开始斜肩减针，织至最后 8cm 时，进行领口减针，减针方法如图，用同样的方法织好另一片前片。

3. 袖片：起 70 针，织 6 行搓板针后，换下针编织，不加不减织 7cm 后，开始编织花样 B，织 5cm 到腋下，然后进行斜肩减针，减针方法如图示，肩留 20 针，用同样的方法织好另一只袖子。

4. 分别合并侧缝线和袖下线，并缝合袖子。

5. 领子：挑织搓板针 10 行并在合适的位置留扣眼。

6. 用绣花针缝上纽扣。

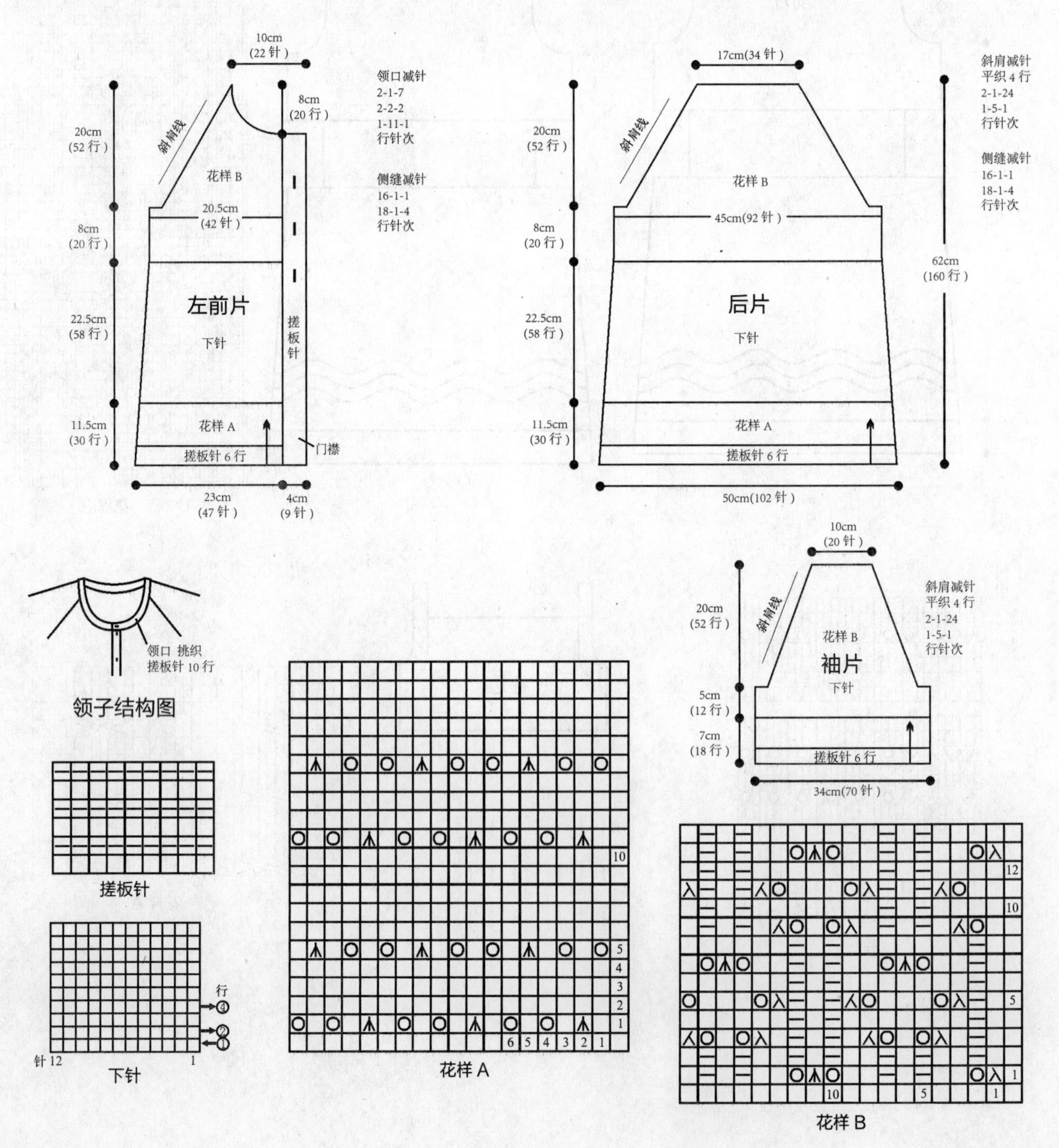

203

【成品尺寸】衣长 53cm　胸围 80cm
【工具】12 号棒针
【材料】绿色棉线 350g
【密度】$10cm^2$ ：31.8 针 ×40 行

【制作方法】

1. 后片：起 127 针，织单罗纹，织 5.5cm 后改织下针，织至 33cm 的高度，两侧各织 12 针花样 A，如结构图所示，织至 51cm，中间平收 47 针，两侧按 2-1-4 的方法后领减针，最后两肩部各余下 36 针，后片共织 53cm 长。

2. 前片：起 127 针，织单罗纹，织 5.5cm 后改为下针与花样 B 组合编织，织至 33cm 的高度，两侧各织 12 针花样 A，如结构图所示，织至 45.5cm，中间平收 19 针，两侧按 2-2-6、2-1-6 的方法前领减针，最后两肩部各余下 36 针，前片共织 53cm 长。

3. 领片：领圈挑起 120 针织单罗纹，织 2cm 长度。

4. 袖边：挑起 126 针织单罗纹，织 2cm 长度。

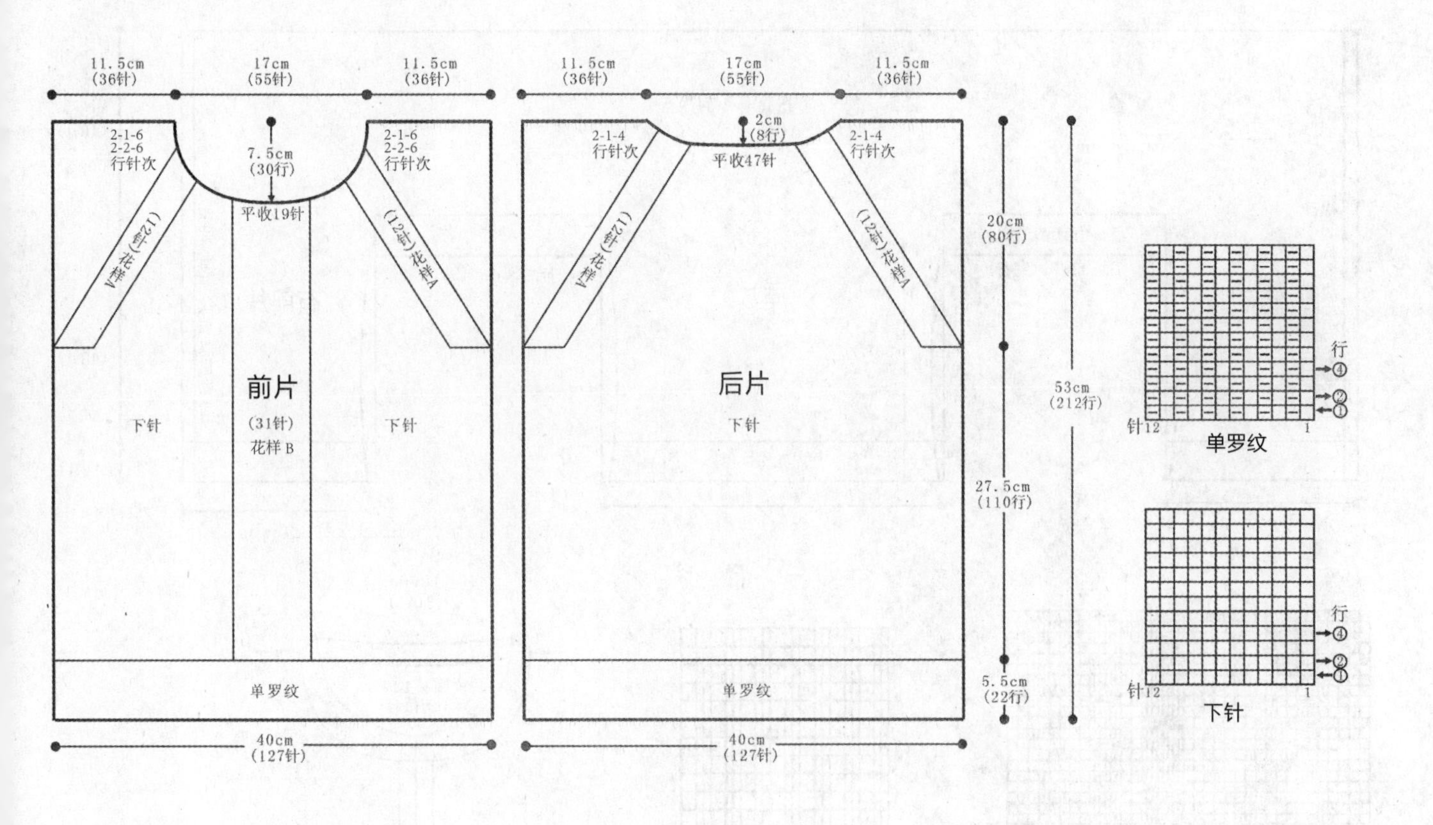

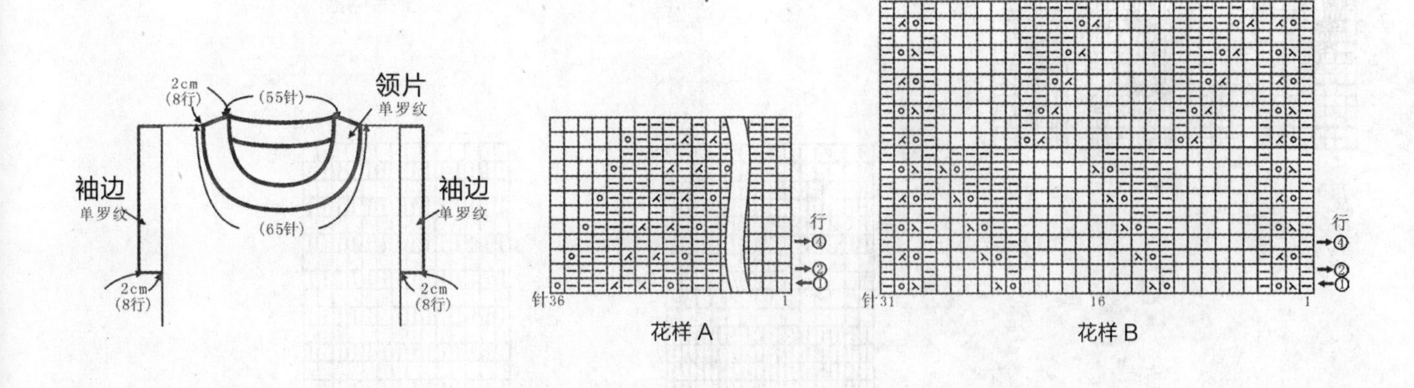

204

【成品尺寸】衣长 45cm　胸围 96cm
【工具】10 号棒针
【材料】藕色羊毛线 500g
【密度】10cm²：22 针 ×32 行

【制作方法】

1. 本款是横织毛衣，先从左前片门襟织起，起 100 针，先起机器边织 6 行单罗纹后，改织花样 A，下摆留 12 针织花样 B，第 1 次织一个来回，第 2 次留 5 针不织，再返回织，第 3 次留 38 针不织，再返回织，以后按这个规律编织，织至 19cm 时，左前片后侧缝分针织左袖，织 38cm 后片，分针织右袖，用同样方法继续织右前片，门襟织 6 行单罗纹后，收机器边。
2. 侧缝 A 与 B 缝合、C 与 D 缝合，袖口挑 62 针，织 5cm 花样 B。
3. 领圈挑 124 针，织 3cm 花样 C，形成开襟圆领。

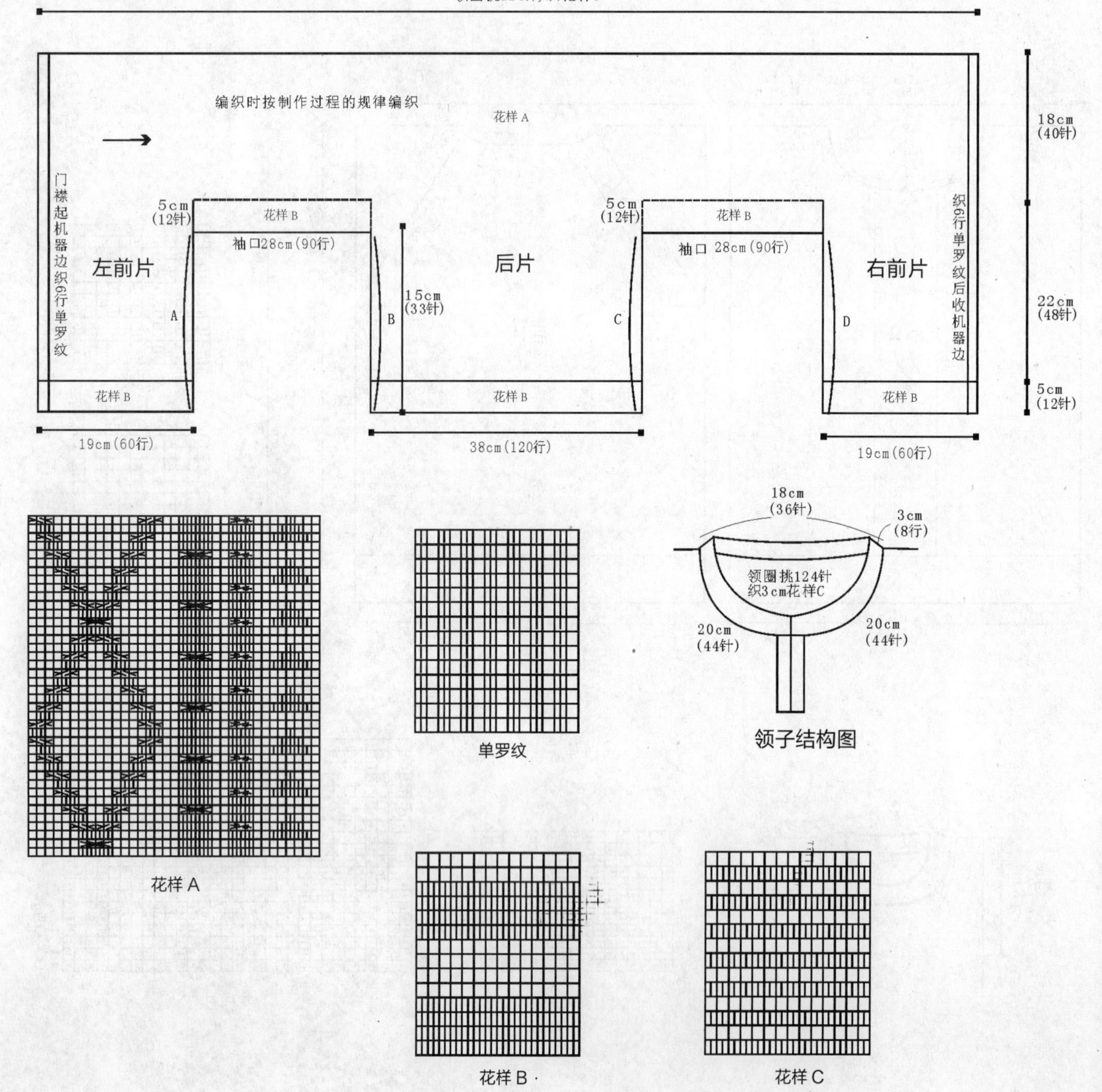

205

【成品尺寸】衣长 52cm　胸围 70cm

【工具】12 号棒针　4 号钩针

【材料】黑色羊羔绒线 200g　灰色线 150g　白色线 100g　粉红色棉线 20g

【密度】10cm² ：26 针 ×34 行

【制作方法】

1. 后片：黑色线起 159 针，织 2 行单罗纹，改织下针，两侧按 2-1-34 的方法减针，织至 18cm 的高度，改为灰色线编织，织至 35cm 的高度，改为白色线编织，织至 40cm 的高度，两侧各平收 5 针，然后按 2-1-9 的方法减针织成袖窿，织至 50cm，中间平收 31 针，两侧按 2-1-3 的方法后领减针，最后两肩部各余下 13 针，后片共织 52cm 长。

2. 前片：黑色线起 159 针，织 2 行单罗纹，改织下针，两侧按 2-1-34 的方法减针，织至 18cm 的高度，改为灰色线编织，织至 35cm 的高度，改为白色线编织，织至 40cm 的高度，两侧各平收 5 针，然后按 2-1-9 的方法减针织成袖窿，同时织片中间平收 1 针，两侧按 2-1-18 的方法前领减针，最后两肩部各余下 13 针，前片共织 52cm 长。

3. 领片：领圈粉红色线钩织短针，共钩 4 圈。

4. 袖边：粉红色线钩织短针，共钩 4 圈。

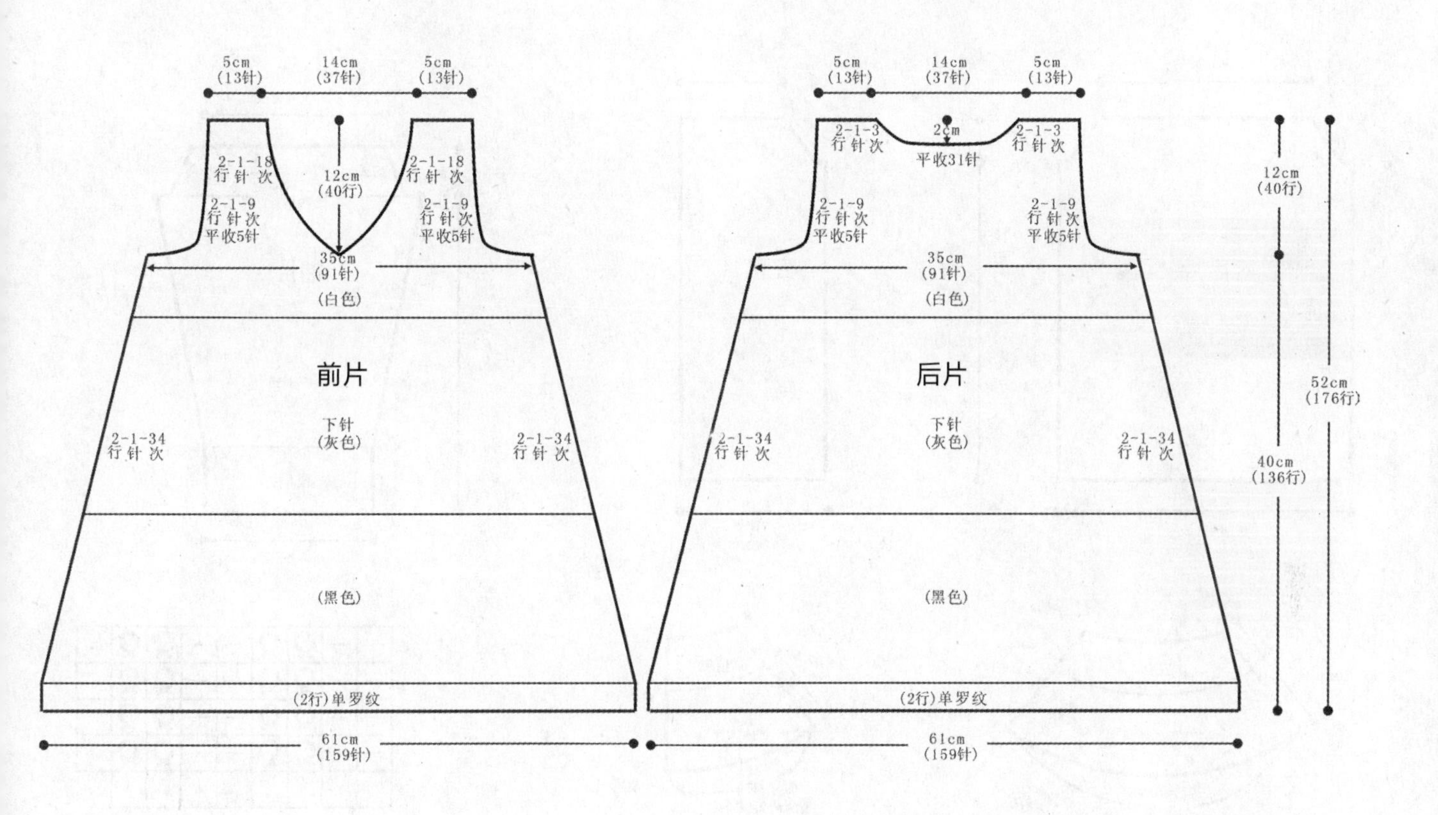

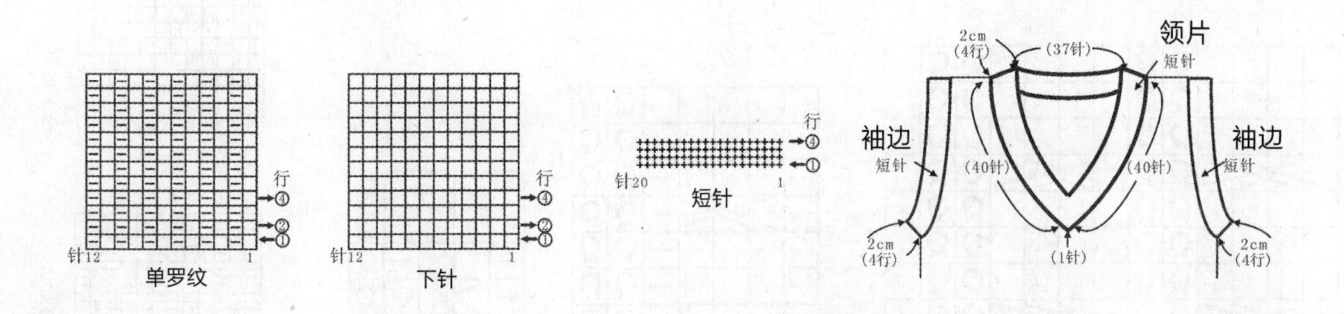

206

【成品尺寸】衣长 50cm　胸围 84cm　袖长 50cm
【工具】10 号棒针　绣花针
【材料】白色棉线 900g　白色圈圈线少许
【密度】10cm^2：13 针 ×20 行
【附件】象牙扣 5 枚

【制作方法】
1. 圈圈线编织处说明：身片边缘、领与身片间隔处、领边缘、袖边缘、袖片花样 F 与花样 G 间隔处。
2. 后片：起 56 针，按前后片花样整体图说明编织 44cm 后两边各留 2 针开袖窿。按袖窿减针方法减针，织 6cm 后收针。
3. 前片：左前片：起 28 针，按前后片花样整体图说明编织 44cm 后一边留 2 针后开袖窿，织 6cm 后收针。对称织出另一片，花样见整体图说明。
4. 袖片：起 30 针，按花样 F 编织 8cm 后，按袖下加针及花样 G 编织 36cm。往上织袖山，织 6cm 后收针。用相同方法织出另一片。
5. 领：按衣领后片与袖及衣领前片与袖图，前片、后片、领共挑 164 针，按花样 H、花样 I 编织，织 10cm 花样 H 后收针织花样 I20 行。
6. 安扣方块：起 5 针，下针织 6 行，织 10 块并缝合在两片前片合适位置，并钉上象牙扣。

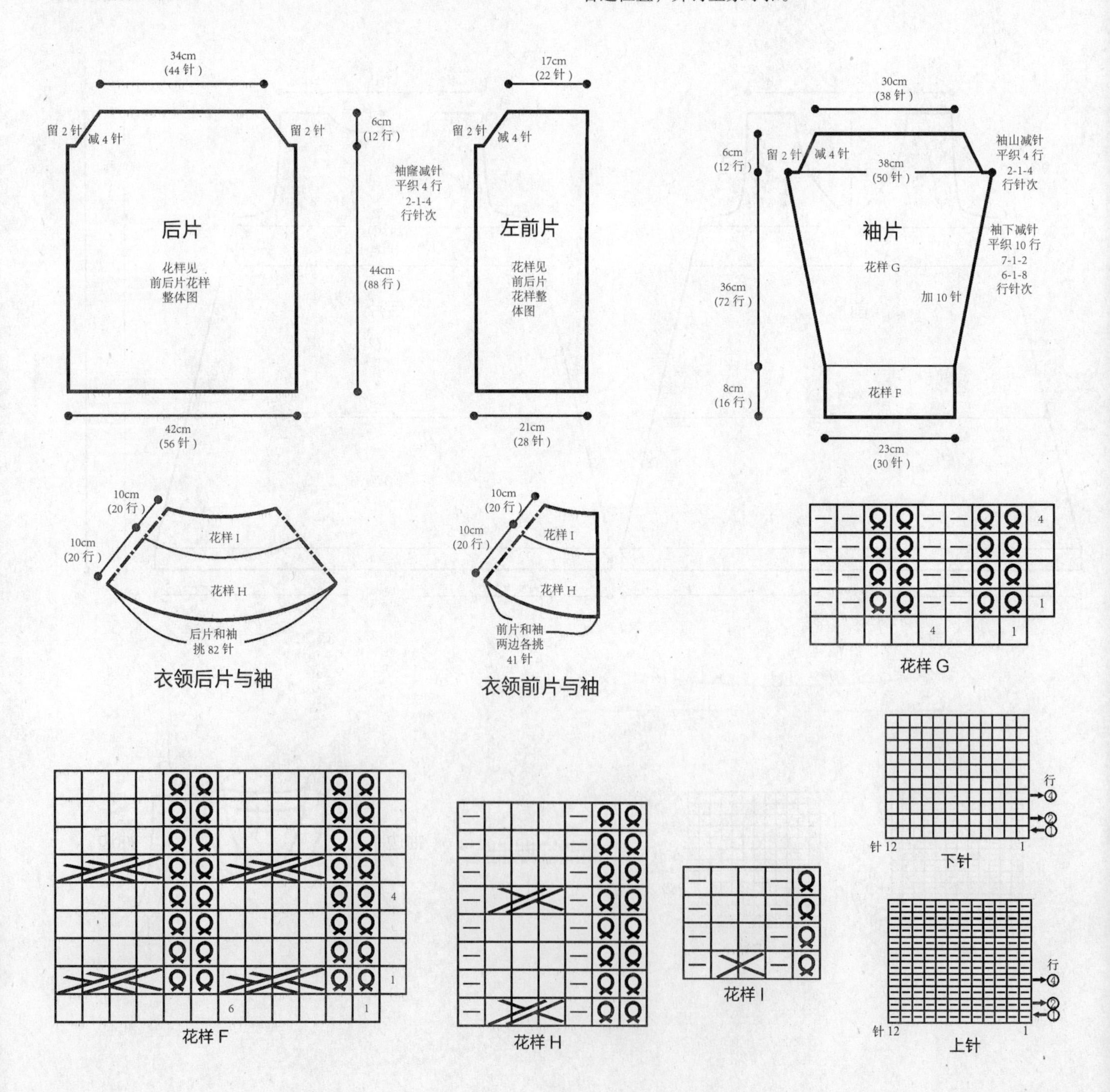

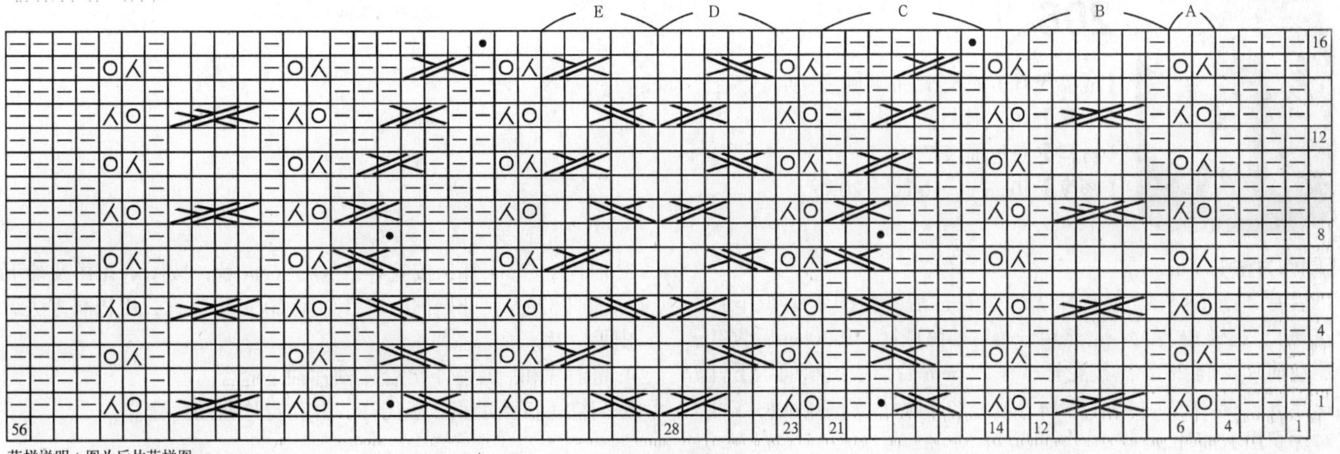

花样说明：图为后片花样图

左前片花样分别为：上针 4 针、A、B、A、C、A、E 共 28 针

右前片花样分别为：D、A、C、A、B、A、上针 4 针 共 28 针

前后片花样整体图

207

【成品尺寸】衣长 47cm　底边周长 104cm

【工具】9 号棒针　绣花针

【材料】灰色羊毛线 500g

【密度】$10cm^2$：27 针 ×32 行

【附件】纽扣 5 枚

【制作方法】

1. 从下摆向上编织，起 210 针，织 2cm 单罗纹后，改织花样，门襟两边各留 13 针麻花，一圈共 6 组针，每组 23 针，边织边在各麻花两边减针，隔 12 行减 1 次，最后减至每组剩 8 针。
2. 与两边麻花连起来共 74 针，继续编织帽子，将帽子 A 与 B 缝合。
3. 两边门襟至帽缘，挑 208 针，织 3cm 双罗纹。
4. 用绣花针缝上纽扣，完成。

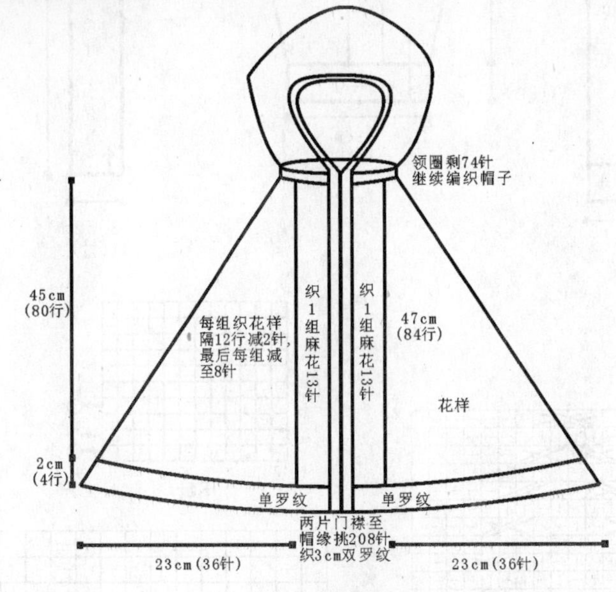

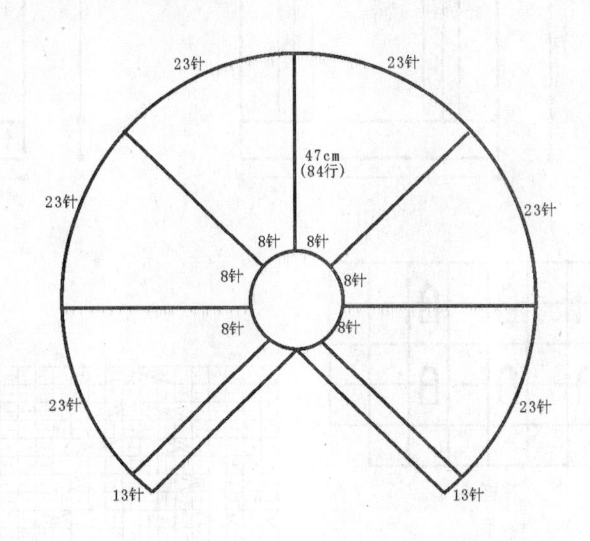

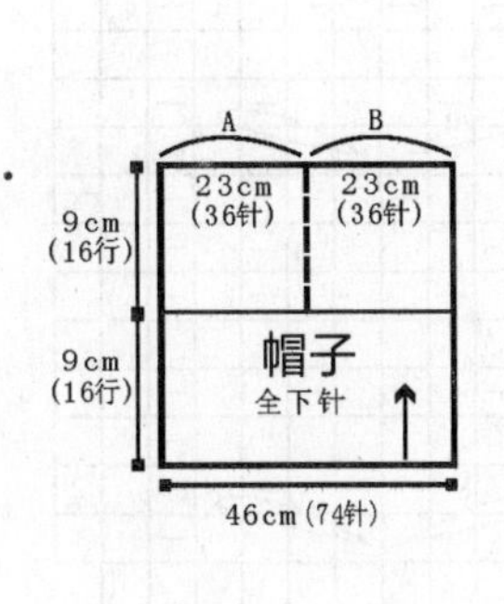

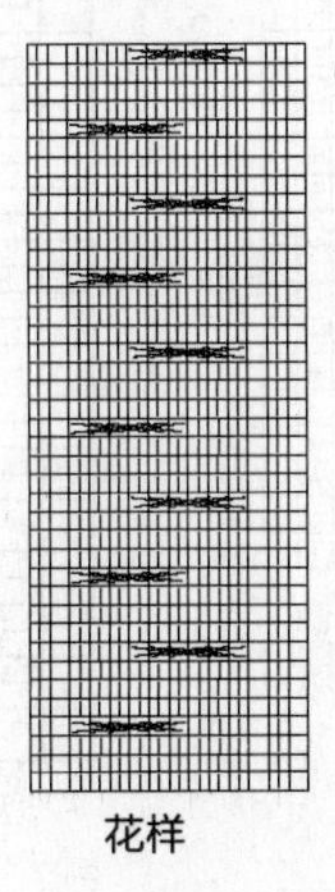
花样

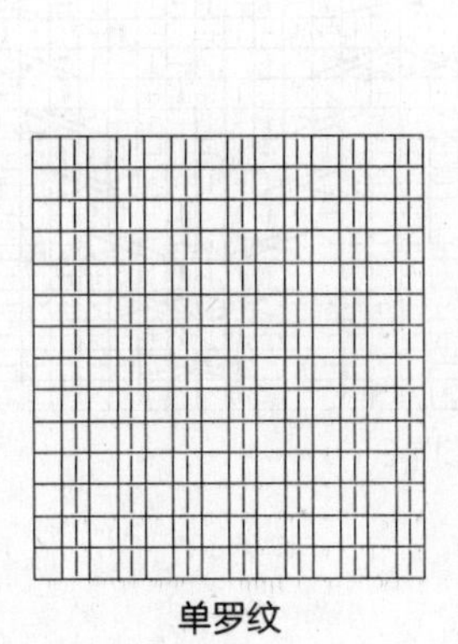
单罗纹

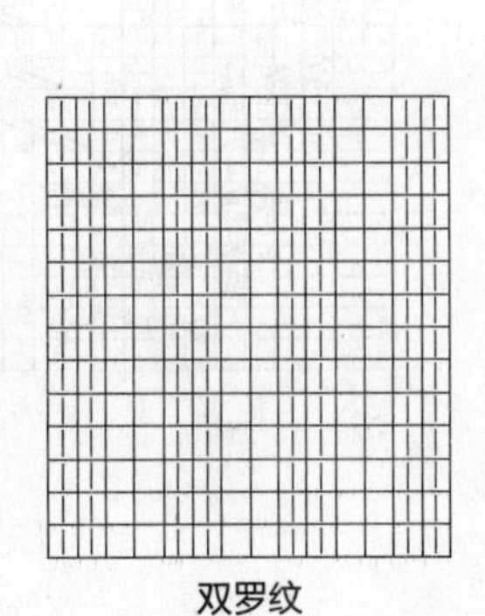
双罗纹

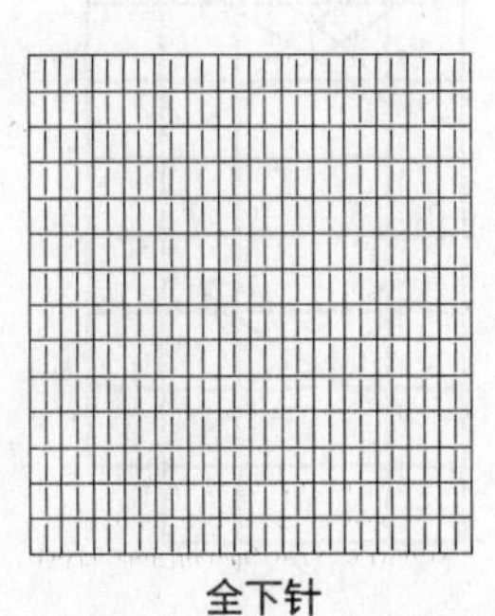
全下针

208

【成品尺寸】衣长 70cm　胸围 79cm　袖长 58cm
【工具】10 号棒针
【材料】灰色棉线 750g
【密度】$10cm^2$：16 针 ×20 行

【制作方法】

1. 后片：起 68 针，按花样 A 编织 6cm 后，按图示编织下针、花样 C、花样 B 共 44cm，然后开始后袖窿减针，织 20cm 后收针。
2. 左前片：起 28 针，按花样 A 编织 6cm 后，按图示编织下针、花样 B、花样 D 共 44cm，然后开始前袖窿减针，织 20cm 后收针，对称织出右前片。
3. 袖片：起 34 针，按花样 A 编织 6cm 后，按图示花样及袖下加针织 32cm 后开始袖山减针，织 20cm 后收针，用相同方法织出另一片。
4. 将前片和后片腋下缝合；袖片袖下缝合。
5. 门襟：按图示织 2 条门襟，并与身片和袖片缝合。

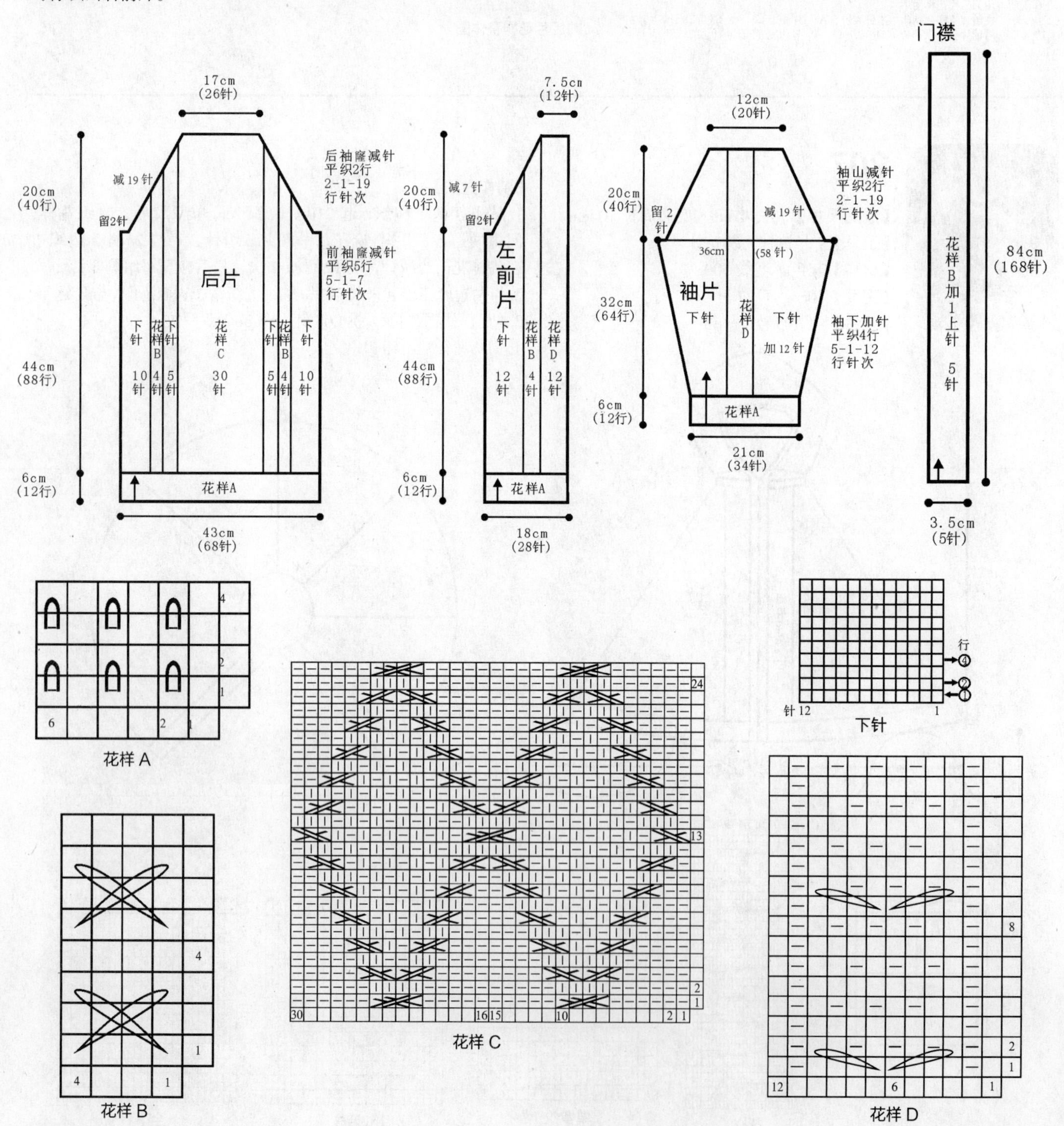

209

【成品尺寸】衣长 76cm　胸围 84cm　袖长 56cm

【工具】7 号棒针　8 号棒针

【材料】白色毛线 500g　蓝色毛线 400g

【密度】10cm^2 ：18 针 ×22 行

【制作方法】

1. 后片：用 8 号棒针和白色毛线起 90 针，织 6 行单罗纹后，换 7 号棒针织 10 行下针，再换蓝色毛线织 10 行下针，交替换线，见花样，边织边加针，加针方法如图，织 56cm 到腋下，开始袖窿减针，减针方法如图，再织 17cm，采用退引针法织斜肩，同时进行后领减针，如图，肩留 14 针。

2. 前片：编织方法与后片相同，只是织到最后 8cm 时，进行领口减针，减针方法如图，肩留 14 针，待用。

3. 袖片：用 8 号棒针和白色毛线起 42 针，织 6 行单罗纹，换 7 号棒针织 10 行下针，换蓝色毛线织 10 行下针，交替换线，见花样，边织边加针，如图，织 42cm 到腋下，进行袖山减针，减针方法如图，减针完毕袖山形成，用同样的方法织好另一只袖子。

4. 在前片、后片的反面用下针缝合，并缝合侧缝线和袖下线，缝合袖子。

5. 领口：用 7 号棒针挑织下针，如图。

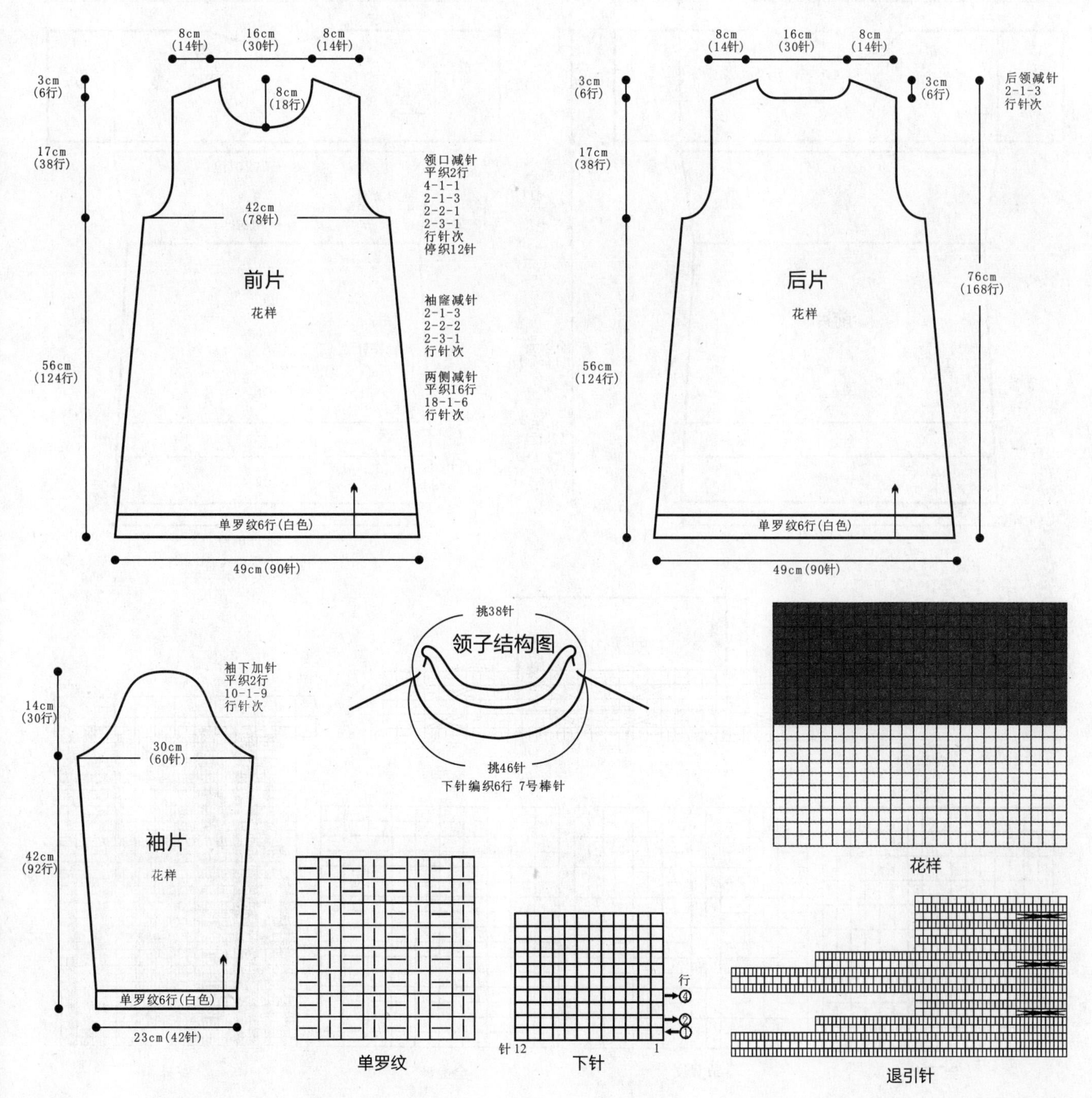

210

【成品尺寸】衣长 83cm　胸围 96cm
【工具】10 号棒针
【材料】灰色羊毛线 500g
【密度】10cm^2 ：25 针 ×36 行

【制作方法】

1. 前片：分上、下片编织。上片：横向编织，从左边袖起织，按图示起 45 针，先织 10cm 单罗纹后，改织花样，织至 14cm 时开始按图开领窝，并织至对应的右边袖；下片：按编织方向起 120 针，先织 10cm 单罗纹后，改织 8cm 全上针，再改织全下针，侧缝按图加减针，形成收腰，织至完成，将上、下片缝合。
2. 后片：织法与前片一样，注意按图开领窝。
3. 将前片、后片的肩部、侧缝缝合。
4. 领圈边另织，按编织方向起 46 针，织 45cm 全上针，缝合线 A 与 B 缝合后，与领窝缝合，形成高领。

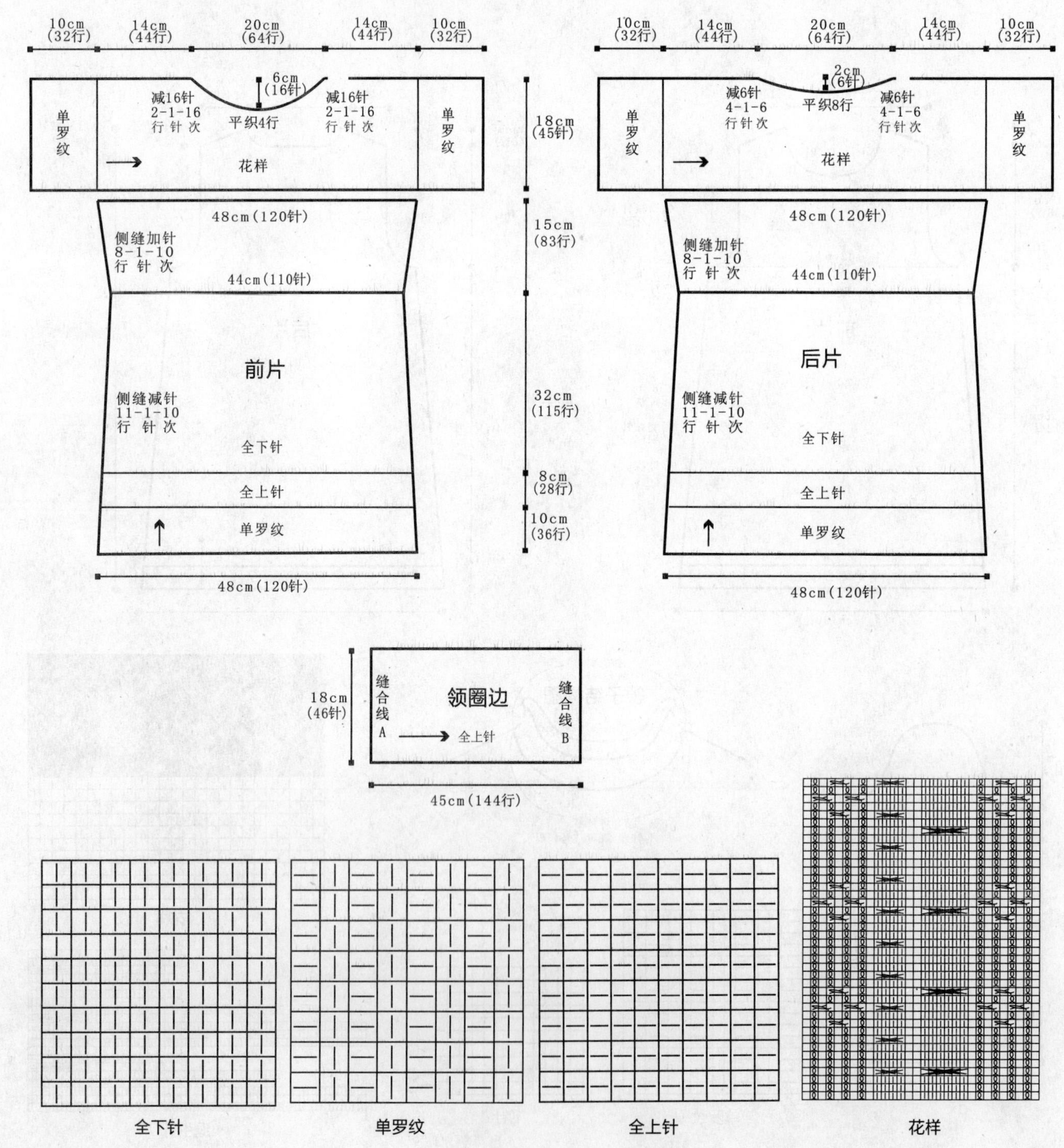

211

【成品尺寸】衣长 68cm　胸围 101cm　袖长 56cm
【工具】10 号棒针　13 号棒针　绣花针
【材料】粉紫色棉线 800g
【密度】10cm^2 ：16 针 ×24 行
【附件】白色纽扣 5 枚

【制作方法】

1. 左前片：用 10 号棒针起 44 针，36 针从下往上织双罗纹 7cm，8 针为门襟，织单罗纹，换 13 号棒针织花样 A38cm 后开挂肩，按图解分别收袖窿、收领子。右前片织法同左前片。

2. 后片：用 10 号棒针起 72 针，双罗纹织法与前片同，换 13 号棒针按后片图解编织。

3. 袖片：用 10 号棒针起 32 针，从下往上织双罗纹 7cm，换 13 号棒针织花样 B，放针，织到 36cm 处按图解收袖山。

4. 将前、后片、袖片、帽子缝合后按图解挑门襟，织 5cm 双罗纹，收针，用棒针织 3 针圆绳共 130cm 长，做两个毛线球挂在帽尖按图解钉上纽扣，清洗整理。

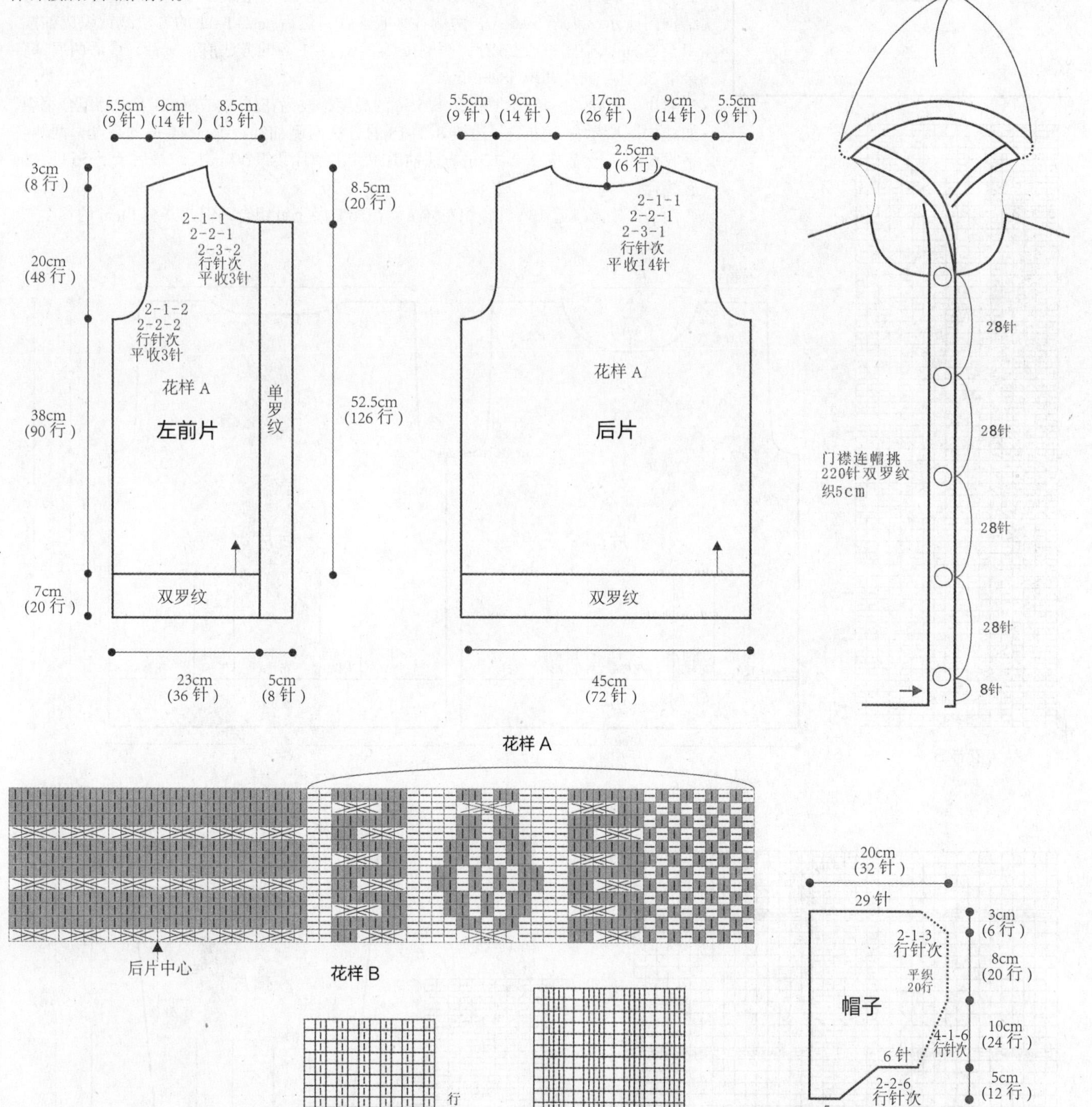

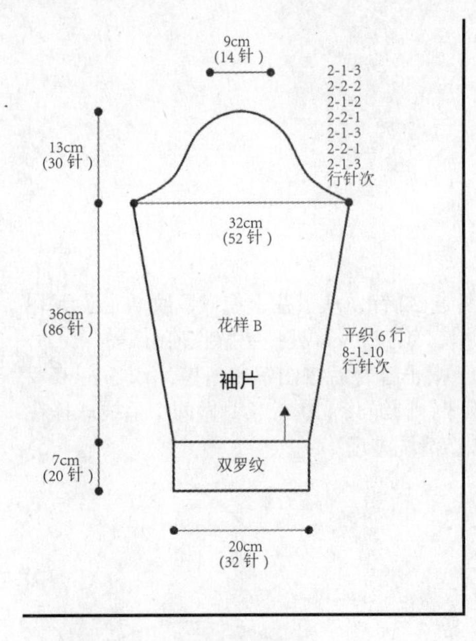

212

【成品尺寸】衣长 58cm 胸围 92cm 袖长 50cm

【工具】12 号棒针

【材料】蓝色棉线 550g

【密度】$10cm^2$ ：33 针 ×39 行

【制作方法】

1. 后片：起 150 针，织单罗纹，织 5cm 的高度，改为花样 A 与花样 B 组合编织，如结构图所示，织至 39.5cm，两侧各平收 5 针，然后按 2-1-11 的方法减针织成袖窿，织至 57cm，中间平收 58 针，两侧按 2-1-2 的方法后领减针，最后两肩部各余下 28 针，后片共织 58cm 长。

2. 前片：起 150 针，织单罗纹，织 5cm 的高度，改为花样 A 与花样 B 组合编织，如结构图所示，织至 39.5cm，两侧各平收 5 针，然后按 2-1-11 的方法减针织成袖窿，织至 50cm，中间平收 26 针，两侧按 2-2-6、2-1-6 的方法前领减针，最后两肩部各余下 28 针，前片共织 58cm 长。

3. 袖片：起 68 针，织单罗纹，织 5cm 的高度，改为花样 A、花样 B 及上针组合编织，如结构图所示，一边织一边按 8-1-18 的方法两侧加针，织至 44cm 的高度，两侧各平收 5 针， 然后按 2-2-12 的方法袖山减针，袖片共织 50cm 长，最后余下 56 针。袖底缝合。

4. 领子：领圈挑起 136 针，织花样 A、花样 B 及上针组合编织，共织 14cm 的长度。

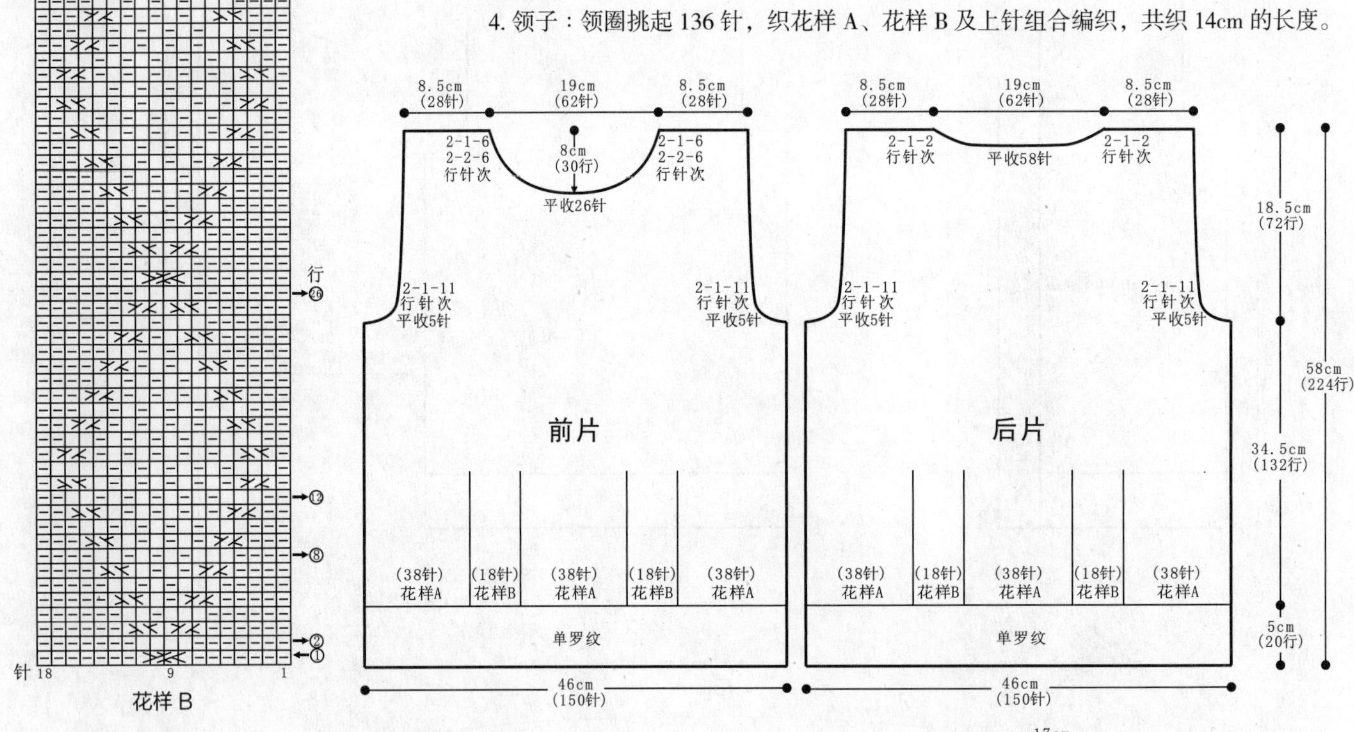

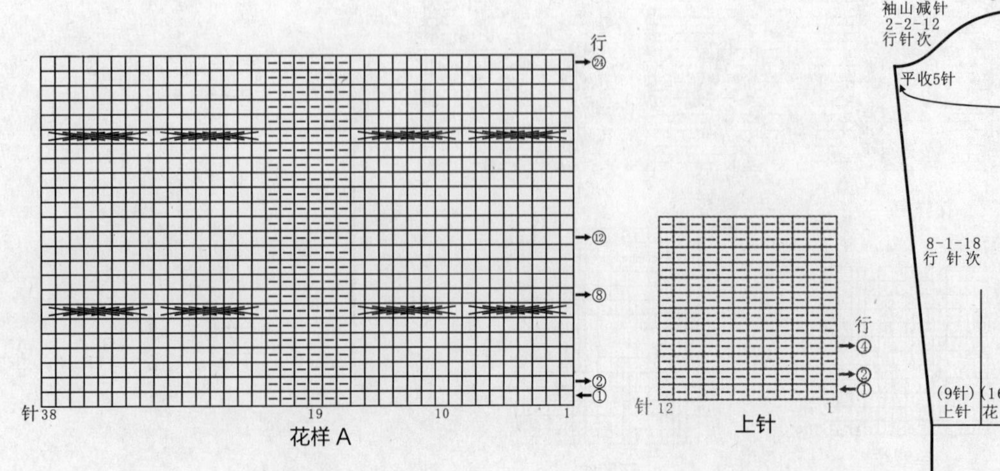

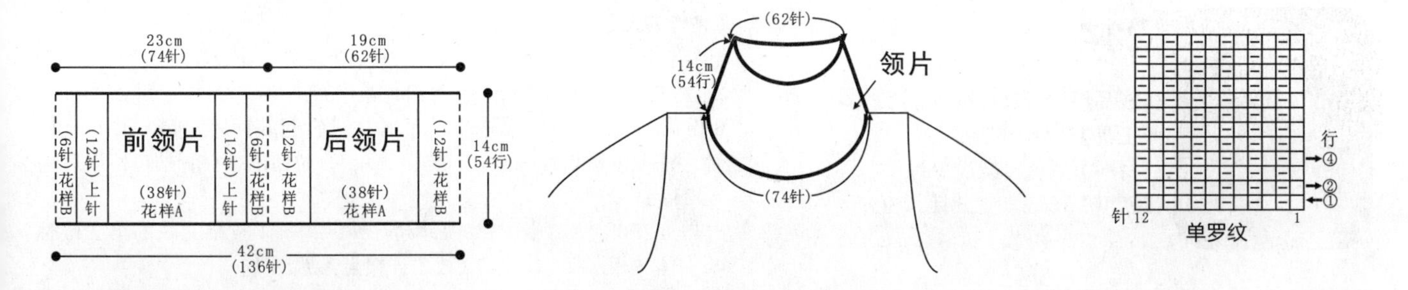

213

【成品尺寸】衣长 82cm　胸围 106cm

【工具】8 号棒针　9 号棒针

【材料】灰色中粗毛线 700g

【密度】$10cm^2$ ：20 针 ×26 行

【制作方法】

1. 按结构图所示，前片、后片各为 2 片，先织后片，用 9 号棒针起 108 针，织 2cm 双罗纹后，换 8 号棒针织下针，不加不减织 50cm 后，开始编织花样，编织到 7cm 时，腋下 16 针换织双罗纹 3cm，然后按图示一次性平收 16 针，收出袖窿，继续往上编织，在距离领口 3cm 时，换织双罗纹 3cm，在领口按图示一次性平收 46 针，两肩各留 15 针，不加不减往上编织 14cm，收针。
2. 前片的织法与后片相同。
3. 合并前后片的侧缝线、肩线。

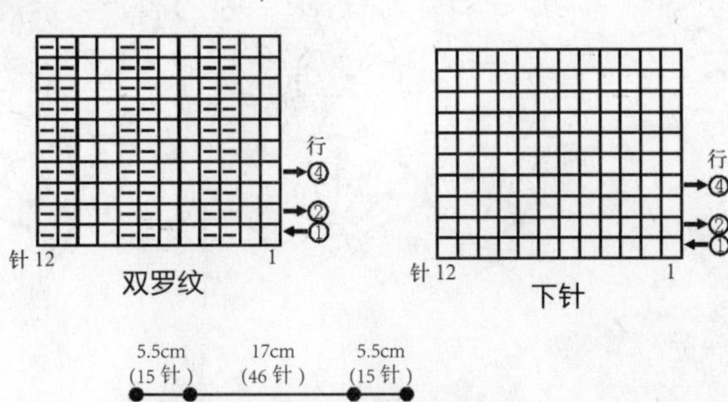

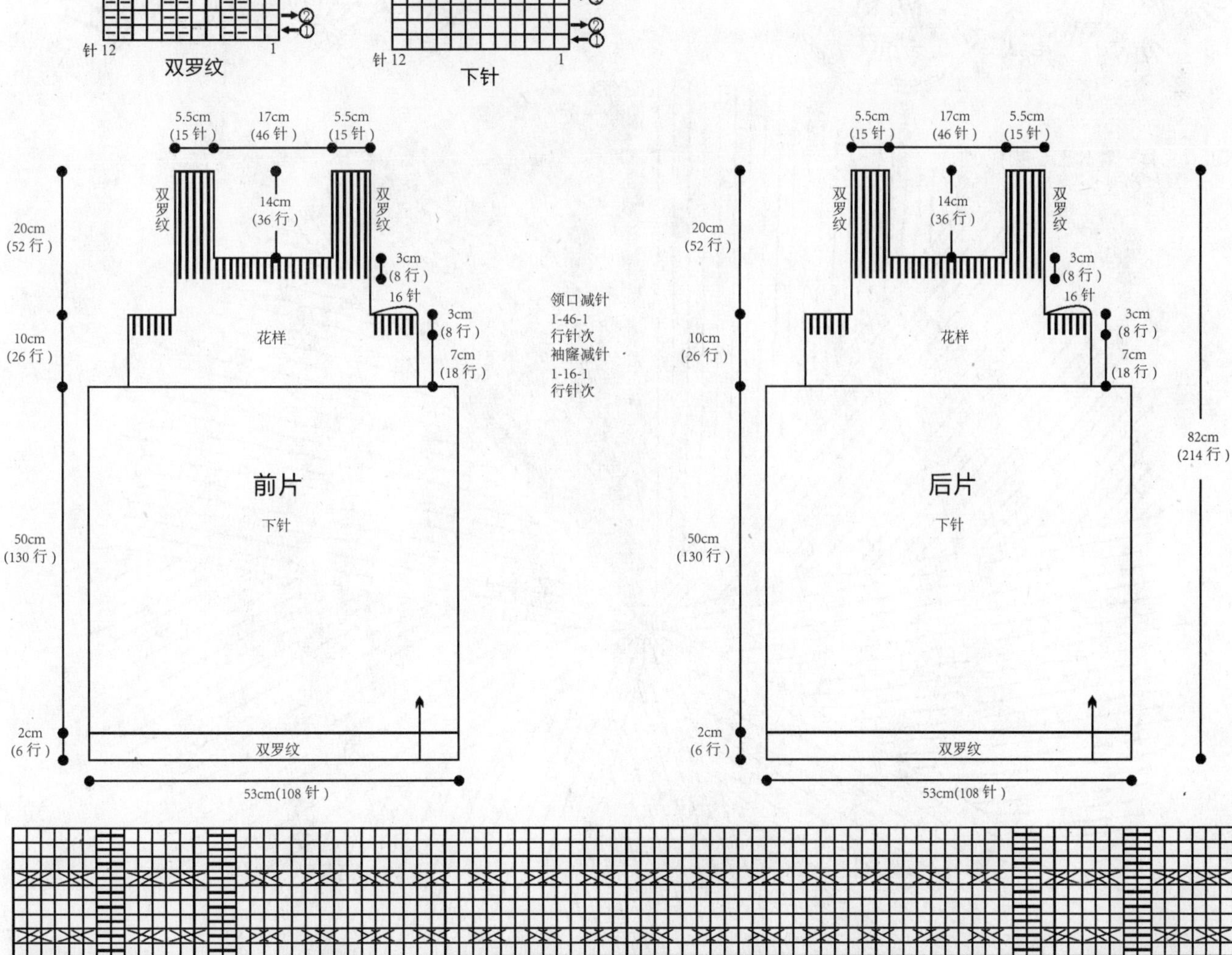

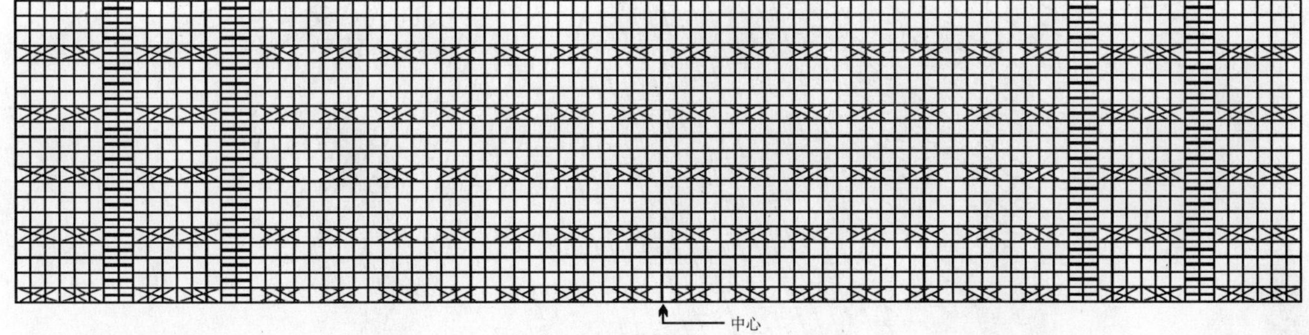

214

【成品尺寸】衣长 60cm　衣宽 45cm
【工具】7 号钩针
【材料】彩色段染线 380g
【密度】10cm^2 ：25 针 ×36 行

【制作方法】

1. 结构图：如图 1，衣服由主体一、12 枚单元花及花样 B 组成。
2. 主体一：参照图 2，分 9 等份，其中第 1、9 份为领；第 2、3、7、8 份为袖、第 4、5、6 份为为后片。锁针起 6 针后围圈，第 1 行 18 针，往上每行长针加 9 针，钩至第 15 行时留出袖口，袖口留出后钩至 23 行。
3. 单元花 B ：参照图 3、锁针起 6 针，钩每 1 枚单元花的第 2 行时与主体一相连接。共钩 12 枚，连接点参照图 1。
4. 花样 C ：参照图 3，沿领、单元花钩一圈花样 C。连接点见图。

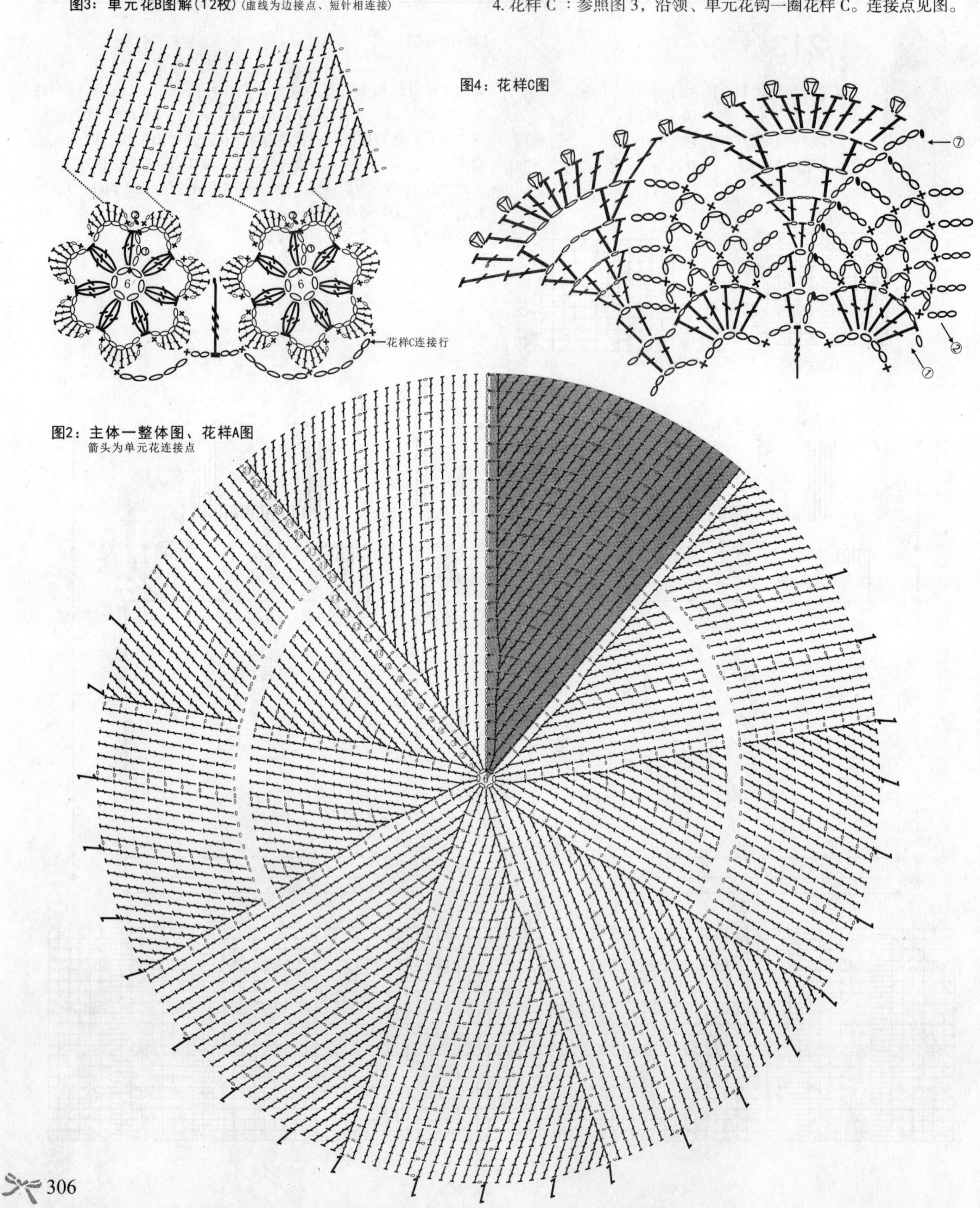

图 1：结构图

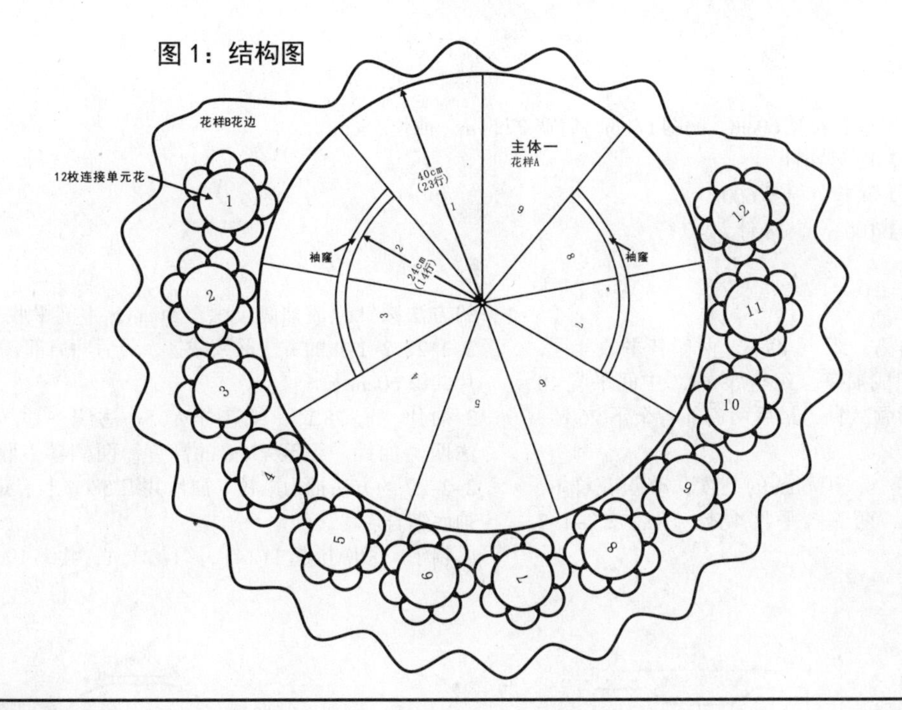

215

【成品尺寸】衣长 41cm
【工具】10 号棒针 绣花针
【材料】灰色段染羊毛绒线 700g
【密度】$10cm^2$:22 针 ×32
【附件】纽扣 2 枚

【制作方法】
1. 前片：按图起 132 针，先织 3cm 单罗纹后，改织全下针，并在中间留 2 针作为减针点，以后就在两针的两边各减 1 针，方法是 2-2-40、4-2-4，织至 32cm 时开始减针开领窝。
2. 后片：编织方法与前片一样，织至 36cm 时减针开领窝。
3. 领圈挑 94 针，以偏左点为中点，片织 12cm 双罗纹，形成偏翻领。
4. 用绣花针缝上纽扣。

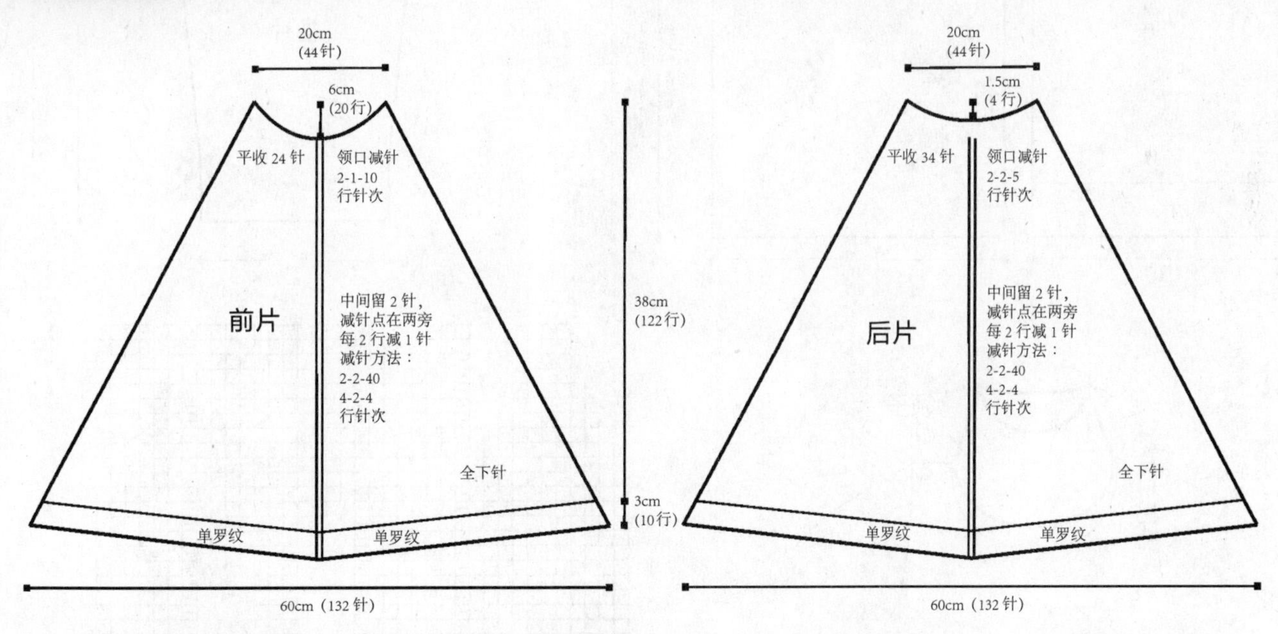

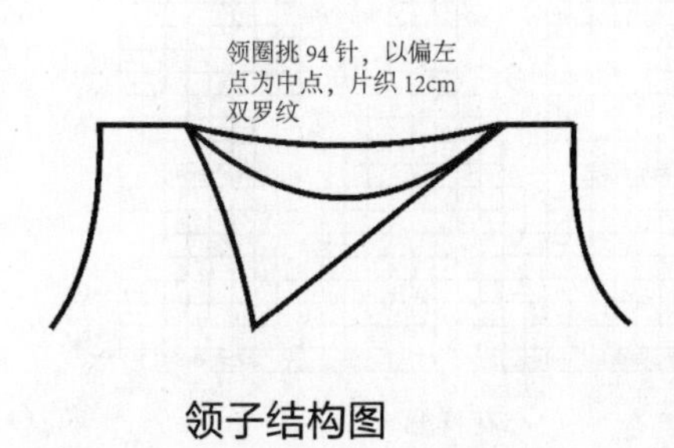

领子结构图

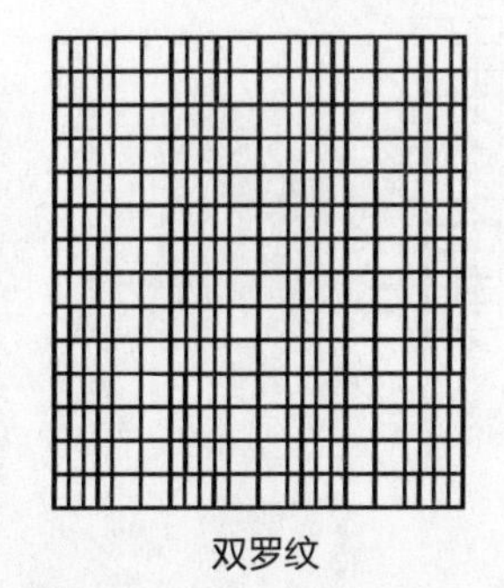

全下针

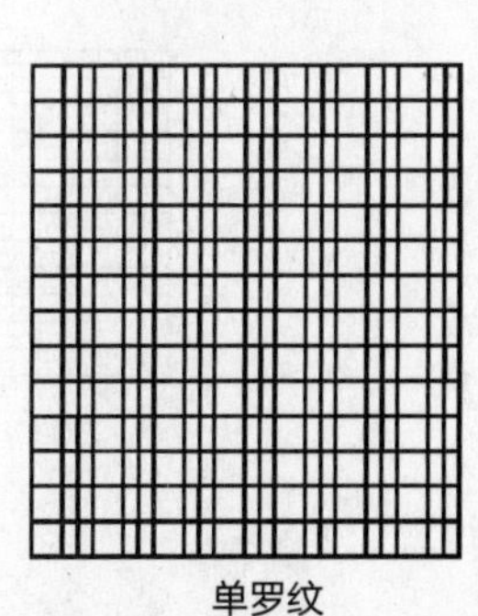

双罗纹

单罗纹

216

【成品尺寸】衣长 60cm　胸围 66cm　肩宽 27.5cm　袖长 58cm
【工具】12 号钩针
【材料】深蓝色棉线 600g
【密度】10cm^2：38 针 ×40 行

【制作方法】
1. 后片：起 126 针，织花样 A，织至 40cm，两侧各平收 4 针，然后按 2-1-7 的方法减针织成袖窿，织至 59cm，中间平收 48 针，两侧按 2-1-2 的方法后领减针，最后两肩部各余下 26 针，后片共织 60cm 长。
2. 前片：起 126 针，织花样 A，织 6cm 的高度，改织花样 B，如结构图所示，织至 40cm，两侧各平收 4 针，然后按 2-1-7 的方法减针织成袖窿，织至 56cm，中间平收 36 针，两侧按 2-2-2、2-1-4 的方法前领减针，最后两肩部各余下 26 针，前片共织 60cm 长。
3. 袖片：起 78 针，织花样 A，一边织一边按 10-1-18 的方法两侧加针，织至 47cm 的高度，两侧各平收 4 针，然后按 2-2-22 的方法袖山减针，袖片共织 58cm 长，最后余下 18 针。袖底缝合。
4. 领子：领圈挑起 112 针，织花样 A，共织 19cm 的长度。

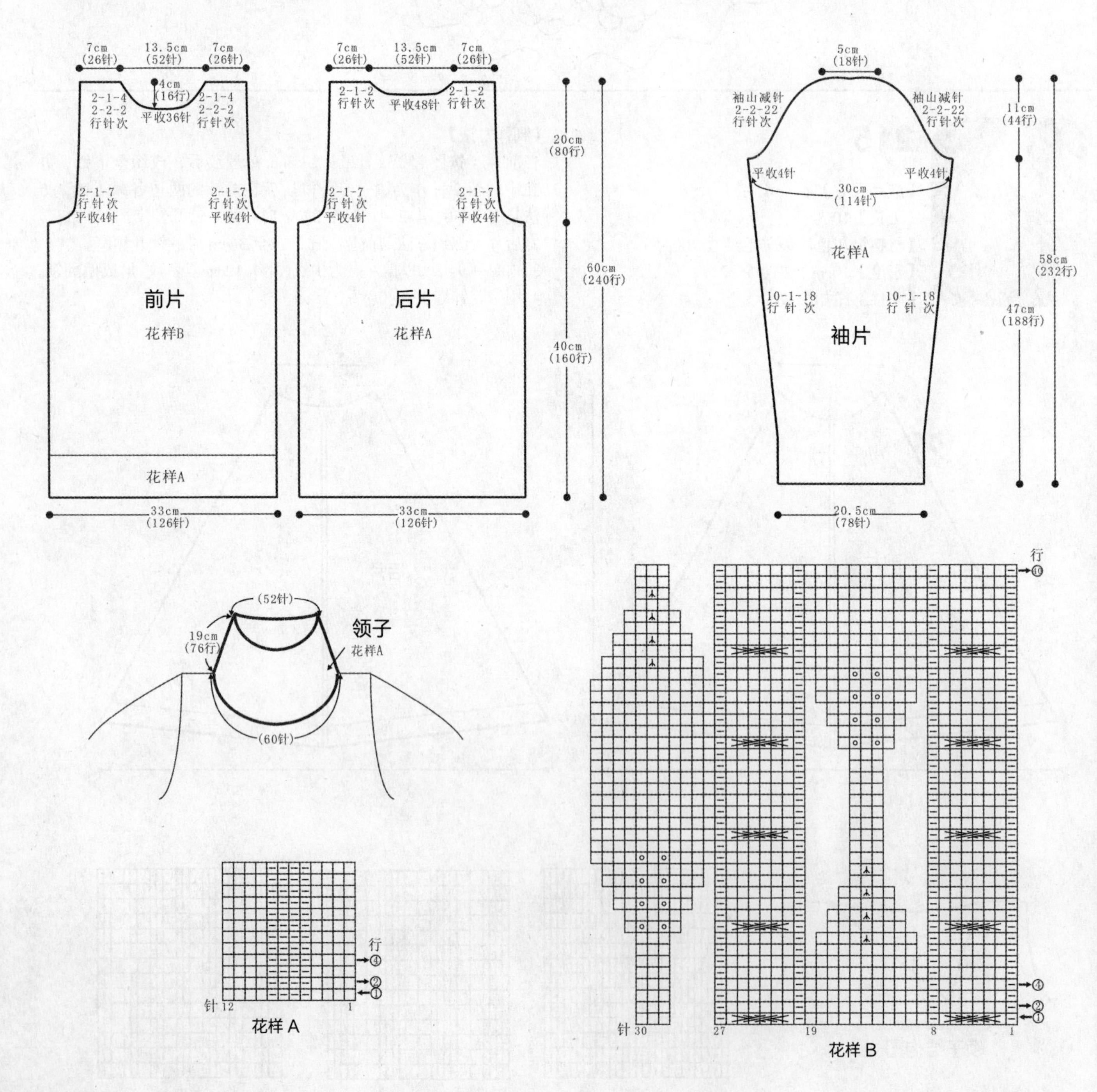

217

【成品尺寸】衣长 134cm　胸围 68cm
【工具】12 号钩针
【材料】黄色棉线 600g
【密度】$10cm^2$ ：24 针 ×35 行
【附件】粉红色蕾丝花边 1 条

【制作方法】
1. 后片：起 82 针，织花样 A、花样 B 组合编织，如结构图所示，织 29cm 长。
2. 前片：起 46 针，织花样 A、花样 B 组合编织，如结构图所示，织 134cm 长。
3. 缝合：按结构图所示的尺寸，将相同标记的织片边沿对应缝合。前片下摆绑系约 8cm 长的辫子，将粉红色蕾丝花边与后片缝合。

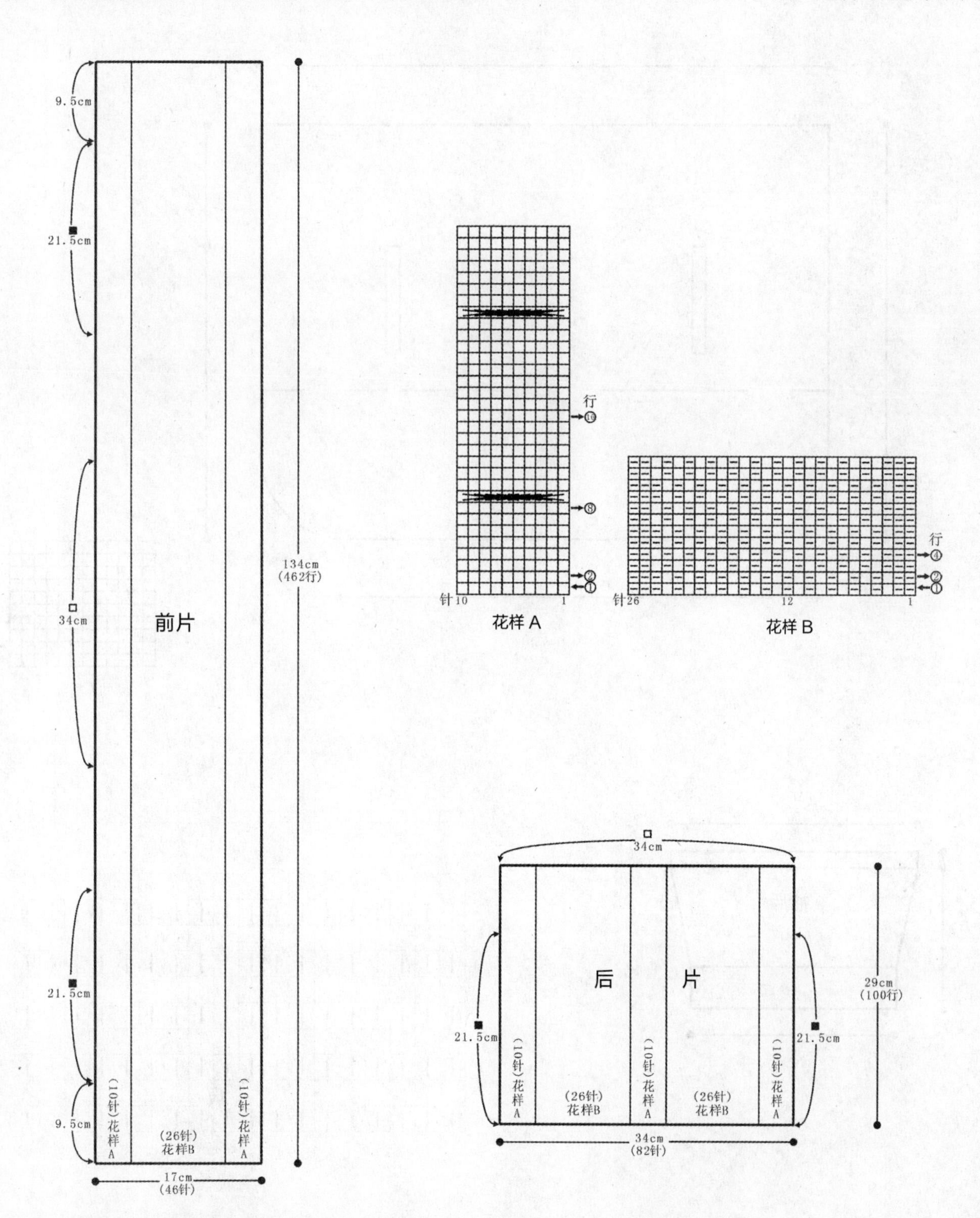

218

【成品尺寸】衣长 58cm　胸围 82cm　袖长 22cm
【工具】7 号棒针　8 号棒针
【材料】蓝色毛线 600g
【密度】$10cm^2$ ：25 针 ×28 行

【制作方法】

1. 用 7 号棒针起 146 针，织花样，按图解两边放针，放到 206 针，继续织 14cm，按图空袖口。
2. 袖片：用 8 号棒针起 84 针，织 6cm 花样，换 7 号棒针织平针 14cm，按图解放针。
3. 将衣片、袖片缝合。

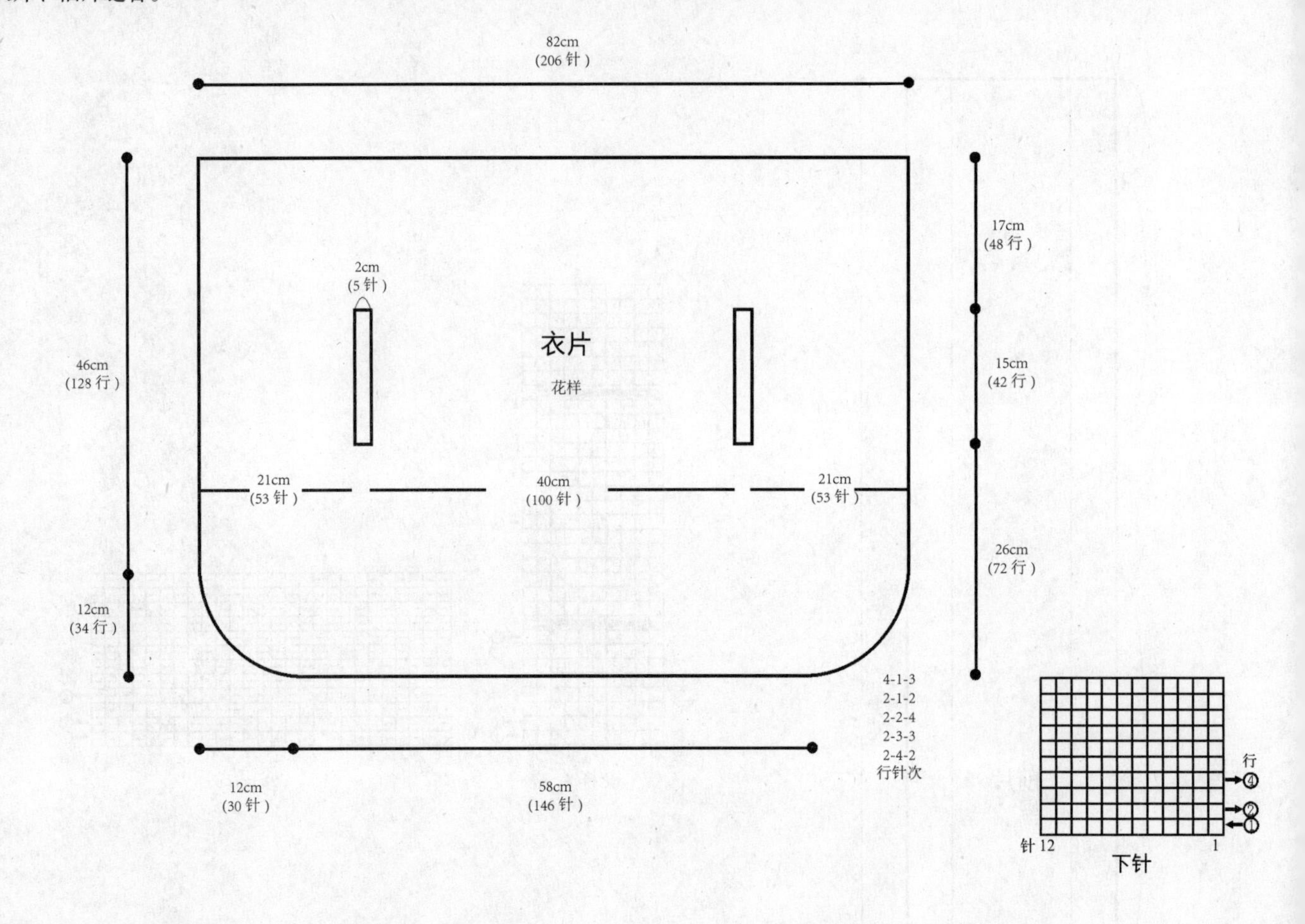

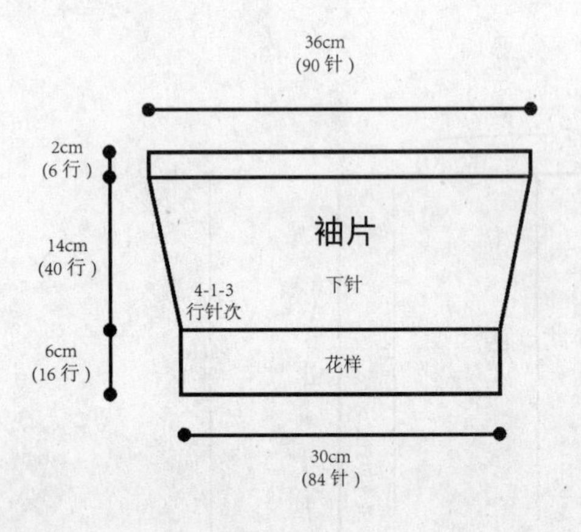

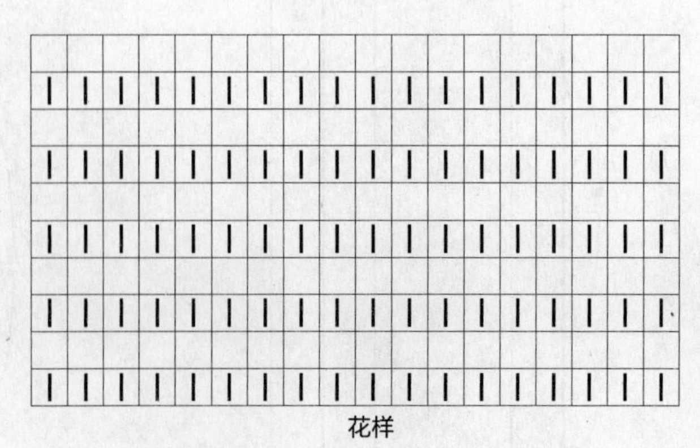

219

【成品尺寸】衣长 65cm　胸围 100cm　袖长 58cm
【工具】10 号棒针
【材料】灰色含丝棉线 900g
【密度】$10cm^2$：24 针 ×20 行

【制作方法】

1. 前片：起 122 针，单罗纹织 7cm，花样织 28cm 后两边各留 3 针，按减针方法织 27cm，然后开前领，继续织 3cm 后收针。
2. 后片：类似前片，不同为后片开袖窿后不用开领，直接织 30cm 后收针。
3. 袖片：起 58 针，单罗纹织 7cm，花样编织 21cm 后织袖山，袖山织 30cm 后收针，减针方法如图，用相同方法织出另一片袖片。
4. 将前片和后片肩部、腋下缝合；袖片袖下缝合；袖片和身片缝合。
5. 领子：在前领、后领、两片袖处共挑 116 针，单罗纹编织 4cm 后收针。

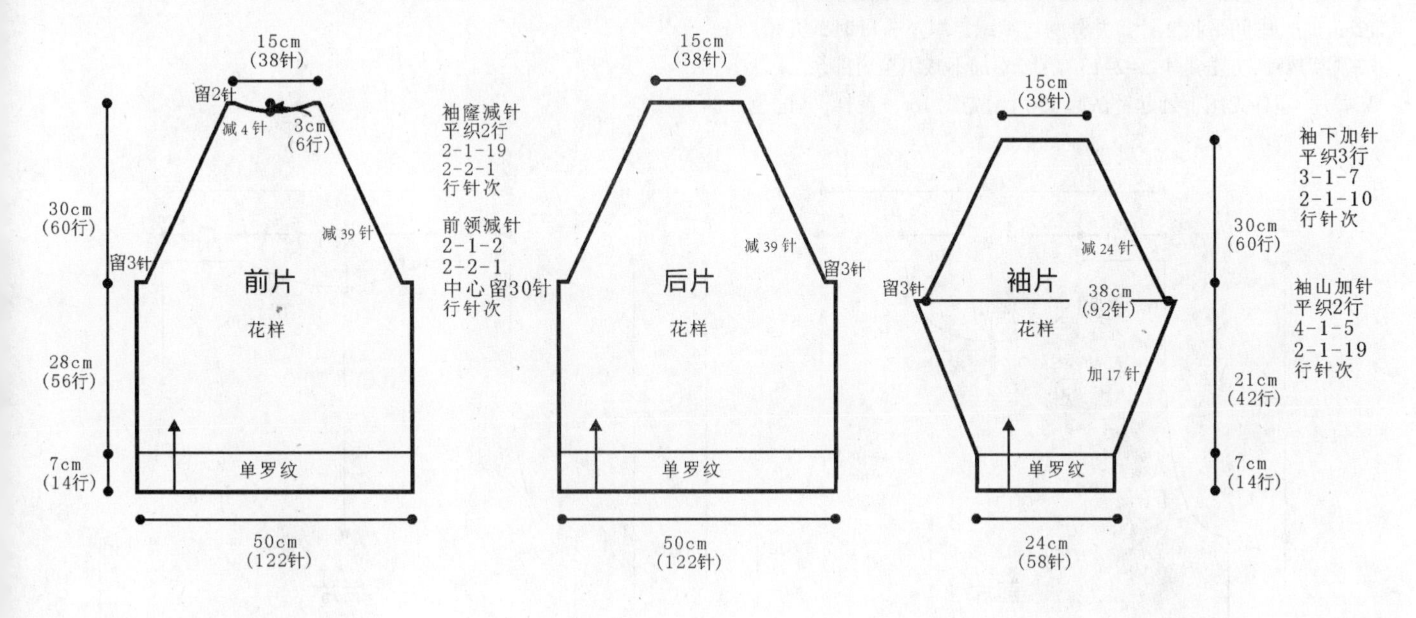

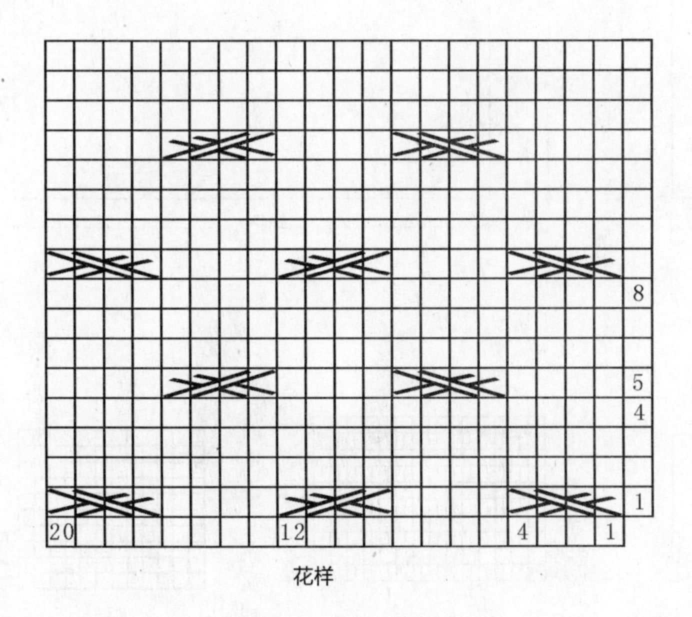

花样

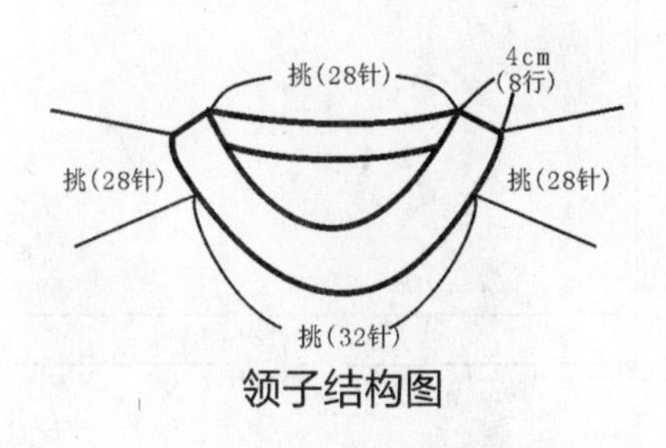

领子结构图

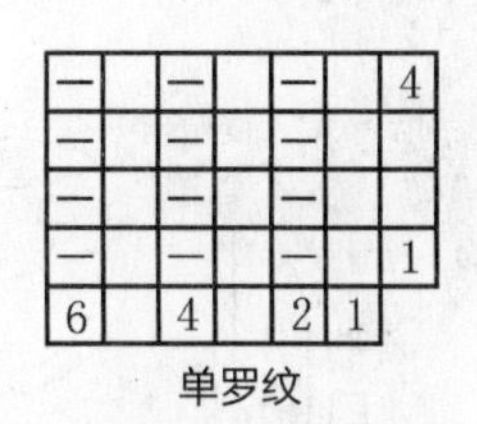

单罗纹

220

【成品尺寸】衣长 52cm　胸围 86cm
【工具】12 号棒针　缝衣针
【材料】蓝色羊毛绒线 500g　白色线少许
【密度】10cm² ：30 针 ×40 行
【附件】装饰绳子 1 根

【制作过程】

毛衣用棒针编织，由 1 片前片、1 片后片组成，从下往上编织。

1. 先编织前片：(1) 先用下针起针法起 130 针，先织 16cm 花样 B，并配色，然后改织花样，侧缝不用加减针，织 14cm 至袖窿。(2) 袖窿以上的编织。袖窿平收 6 针后减针，方法是：2-2-4 减针，共减 8 针，不加不减织 80 行至肩部。(3) 同时从袖窿算起织至 12cm 时，中间平收 2 针，并分两边编织，织至 3cm 时，开始两边领窝减针，方法是：2-2-13 减针，不加不减织至肩部余 24 针。

2. 后片：(1) 先用下针起针法起 130 针，先织 16cm 花样，并配色，然后改织花样，侧缝不用加减针，织 14cm 至袖窿。(2) 袖窿以上的编织。袖窿两边平收 6 针后减针，方法与前片袖窿一样。(3) 同时从袖窿算起织至 18cm 时，开后领窝，中间平收 38 针，然后两边减针，方法是：2-1-8 减针，织至两边肩部余 24 针。

3. 缝合。将前片的侧缝与后片的侧缝对应缝合，前片肩部与后片肩部对应缝合。

4. 两边门襟用白色线，合并挑适合针数，织 2cm 花样 C，对折缝合，形成双层门襟摺边。

5. 领子编织。领圈边用白色线，挑 162 针，圈织 2cm 花样，收针断线，形成圆领。

6. 两边袖口分别用白色线，挑 140 针，织 2cm 花样，收针断线。

7. 系上装饰绳子。毛衣编织完成。

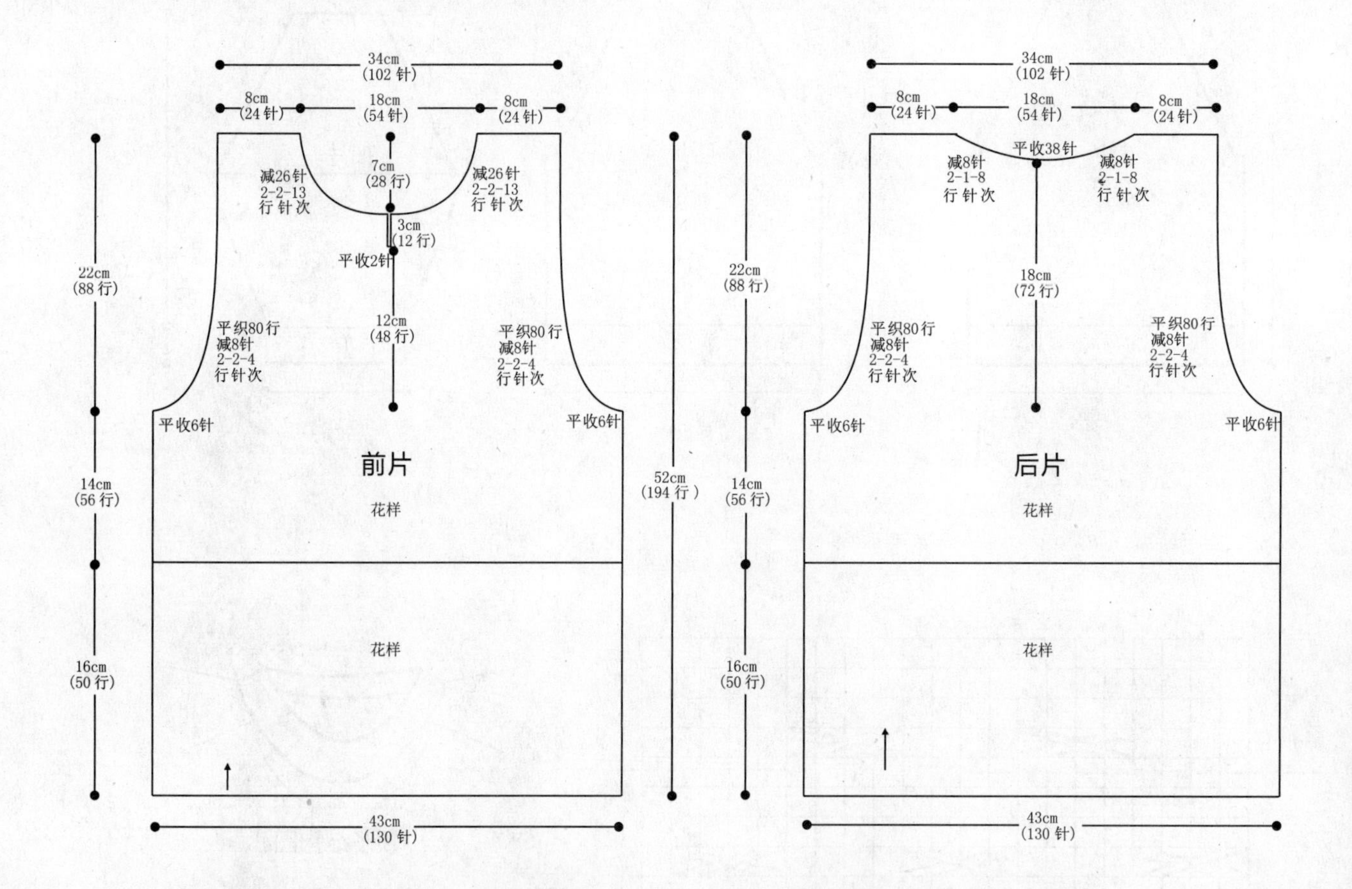

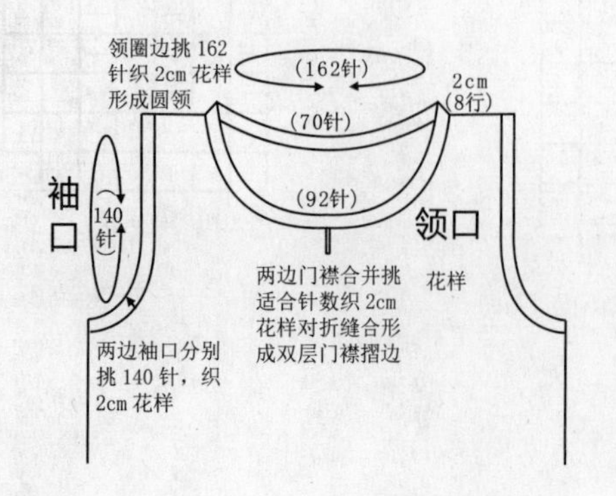

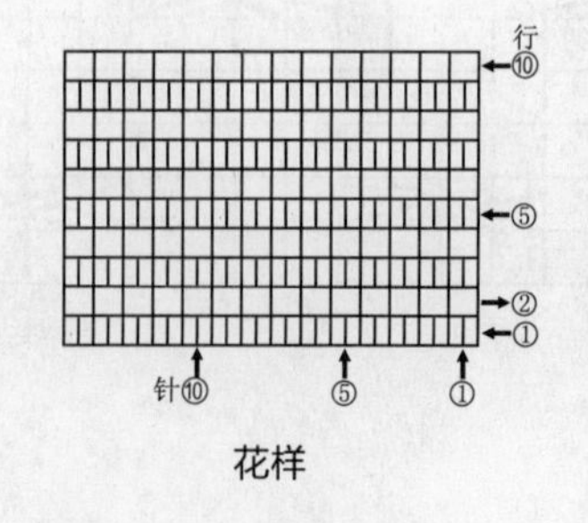

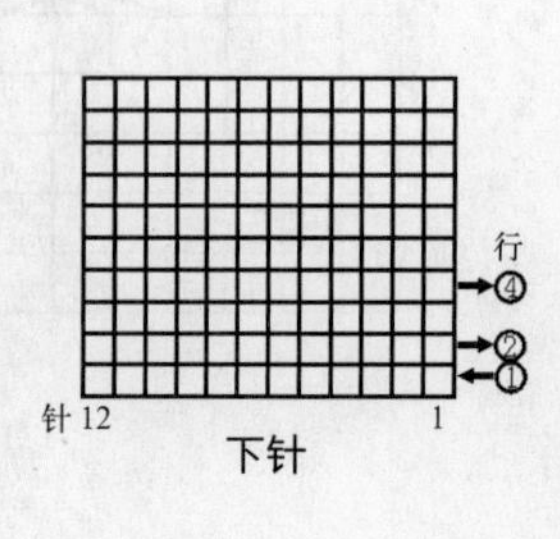

221

【成品尺寸】衣长 75cm　胸围 96cm　袖长 53cm

【工具】10 号棒针

【材料】绿色羊毛线 500g　白色线少许

【密度】$10cm^2$ ：25 针 ×36 行

【制作方法】

1. 前片：按图示起 120 针，织 10cm 双罗纹后，改织全下针，并编入花样图案，同时侧缝按图示减针，织至 32cm 时加针，形成收腰，织 15cm 时留袖窿，两边同时各平收 5 针，然后按图示收成袖窿，同时留前领窝，织至完成。
2. 后片：织法与前片一样，只是袖窿织 16.5cm，才留领窝。
3. 袖片：按图起 62 针，织 10cm 双罗纹后，改织全下针，袖下加针，并编入花样图案，织至 32cm 时两边同时各平收 5 针，并按图收成袖山。用同样方法织另一片袖片。
4. 将前片、后片的肩部、侧缝、袖片缝合。
5. 领圈挑 170 针，按领口花样图解织 6cm 双罗纹，形成 V 领。

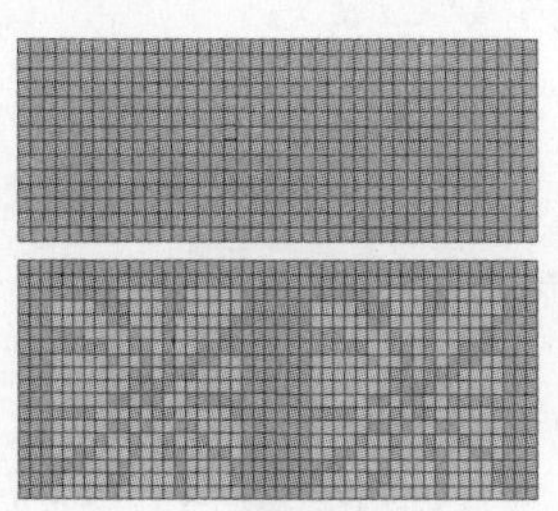

花样图案

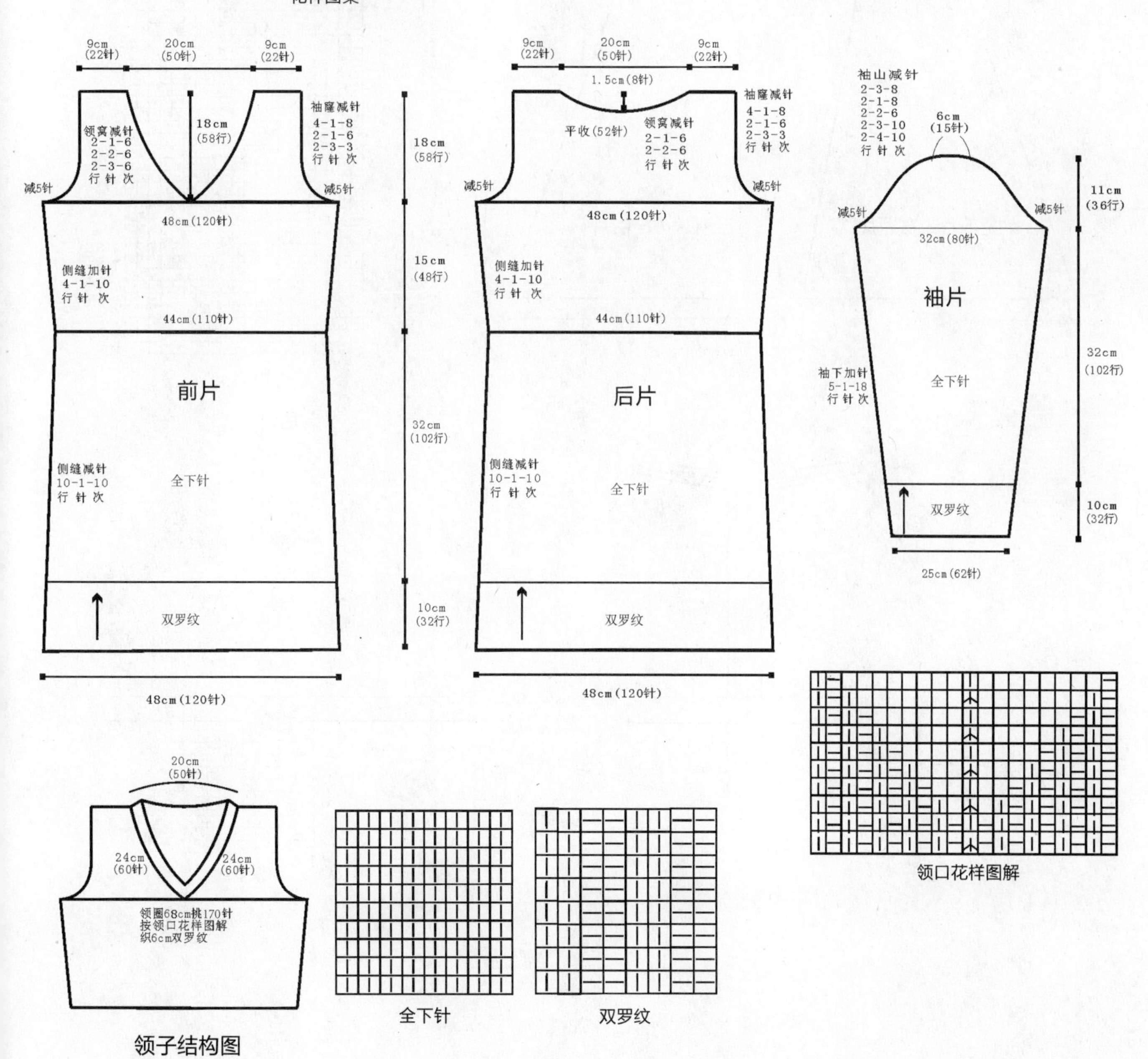

222

【成品尺寸】衣长 48cm　衣宽 50cm
【工具】12 号棒针　小号钩针　绣花针
【材料】黑色棉线 450g
【密度】$10cm^2$：22 针 ×25 行
【附件】纽扣 5 枚

【制作方法】

1. 左前片、右后片：起 100 针，织花样 A，一边织一边两侧减针，左侧减针方法为 3-1-40，右侧减针方法为 6-1-20，织 48cm 的长度。
2. 右前片、左后片：与左前片的编织方法一样，方向相反。
3. 拼缝：按结构图所示，将左、右前片和左、右后片对应缝合。
4. 袖片（2 片）：沿衣摆左、右两侧分别挑起 40 针，环形编织双罗纹，织 15cm 的长度。
5. 花边：沿左、右衣襟及领圈钩织一圈花样 B。
6. 缝上纽扣。

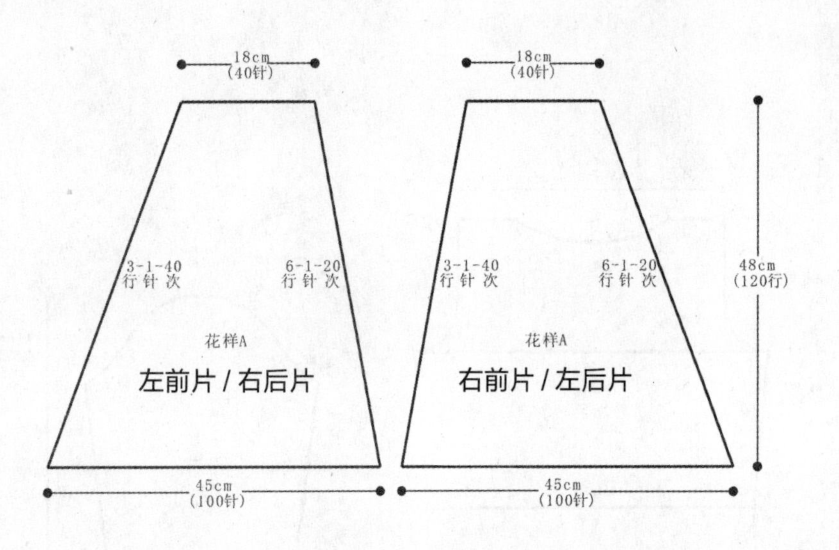

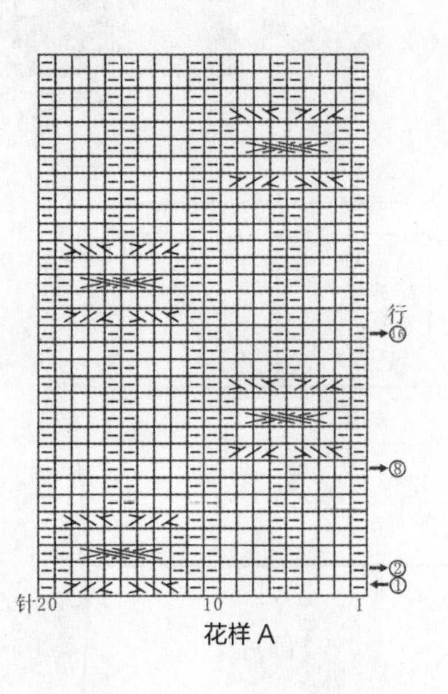

花样 A

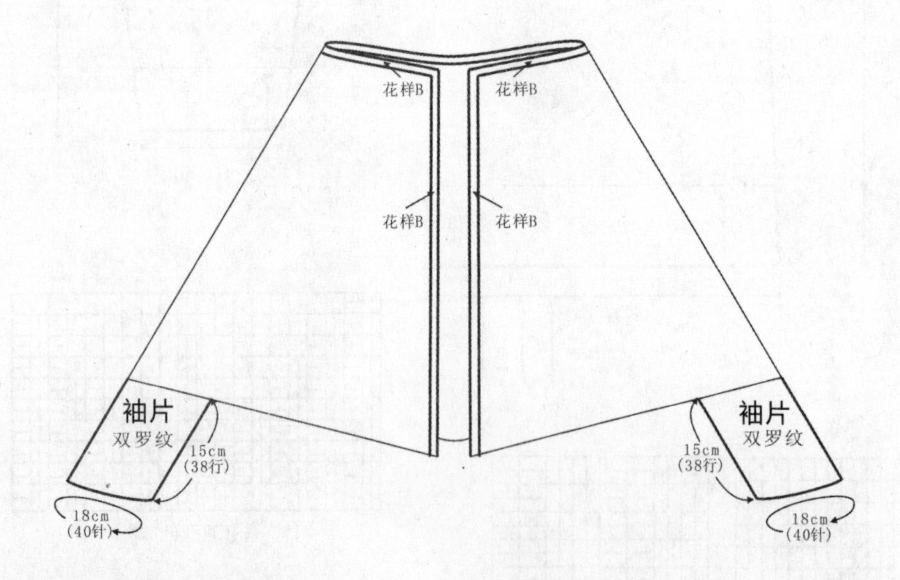

花样 B

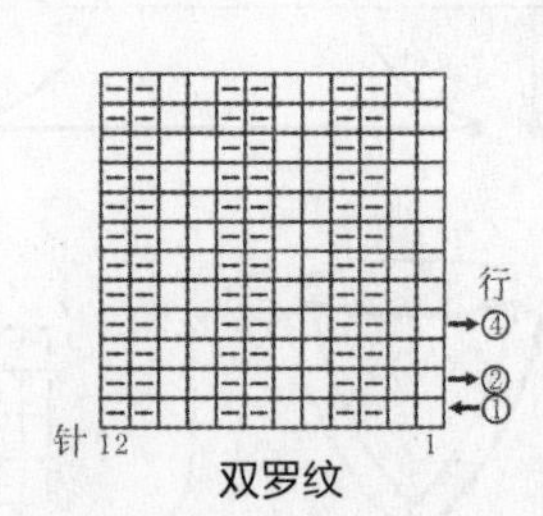

双罗纹

223

【成品尺寸】衣长 75cm　胸围 100cm　袖长 55cm
【工具】5 号棒针　6 号棒针　绣花针
【材料】绿色粗毛线 1000g
【密度】$10cm^2$：16 针 ×22 行
【附件】纽扣 1 枚

【制作方法】
1. 前片：左前片：用 6 号棒针起 48 针，从下往上织单罗纹 5cm，其中 8 针单罗纹一直往上织，换 5 号棒针织花样 47cm 后开挂肩，按图解分别收袖窿、收领子。用相同方法织另一片。
2. 后片：用 6 号棒针起 80 针，从下往上织单罗纹 5cm 后，换 5 号棒针按后片图解编织。
3. 袖片：用 6 号棒针起 34 针，从下往上织单罗纹 5cm 后，换 5 号棒针织花样，放针，织到 37cm 处按图解收袖山。
4. 将前后片、袖片、领子缝合，并钉上纽扣。

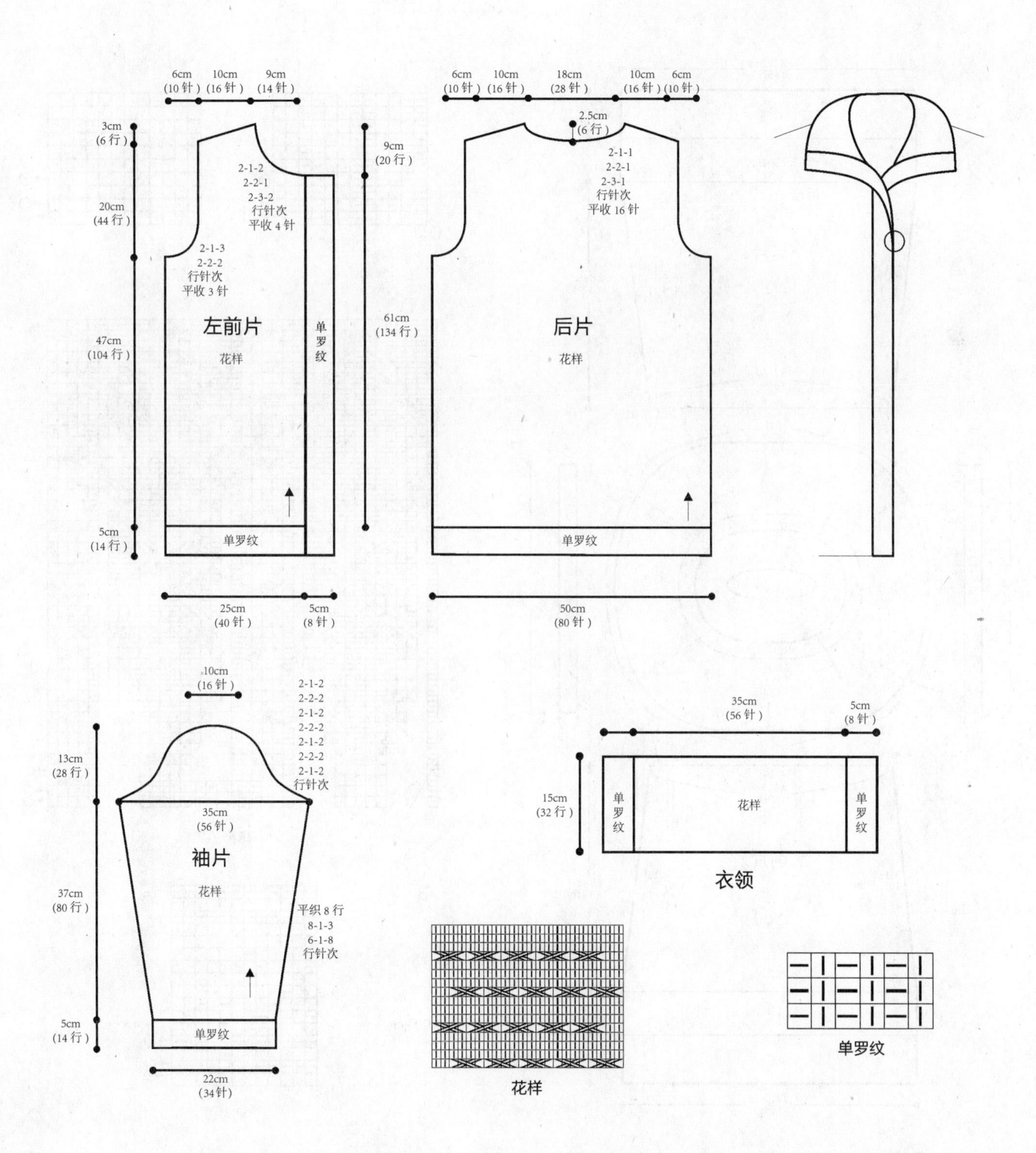

224

【成品尺寸】衣长 67.5cm　胸围 86cm
【工具】13 号棒针
【材料】红色棉线 400g
【密度】10cm²：20 针 ×32 行

【制作方法】

1. 前、后片：从领口往下环形编织。起 110 针，织双罗纹，织 2.5cm 后，改织花样 A，织 17cm 后，将织片分成前片、后片和左、右袖片 4 部分，前、后片各取 57 针，左、右袖片各取 38 针，编织分配前片和后片共 114 针到棒针上，织下针，先织前片 57 针，然后加起 12 针，再织后片 57 针，加起 12 针，环形编织，以袖底 2 针作为侧缝，两侧加针，方法为 8-1-13，织 36cm 后，改织花样 B，织 5cm 的高度，改织双罗纹，共织 67.5cm 长。

2. 袖片：两袖片的编织方法相同，以左袖为例，分配左袖片共 38 针到棒针上，同时挑织衣身加起的 12 针，共 50 针织双罗纹，织 7cm 后，收针断线。

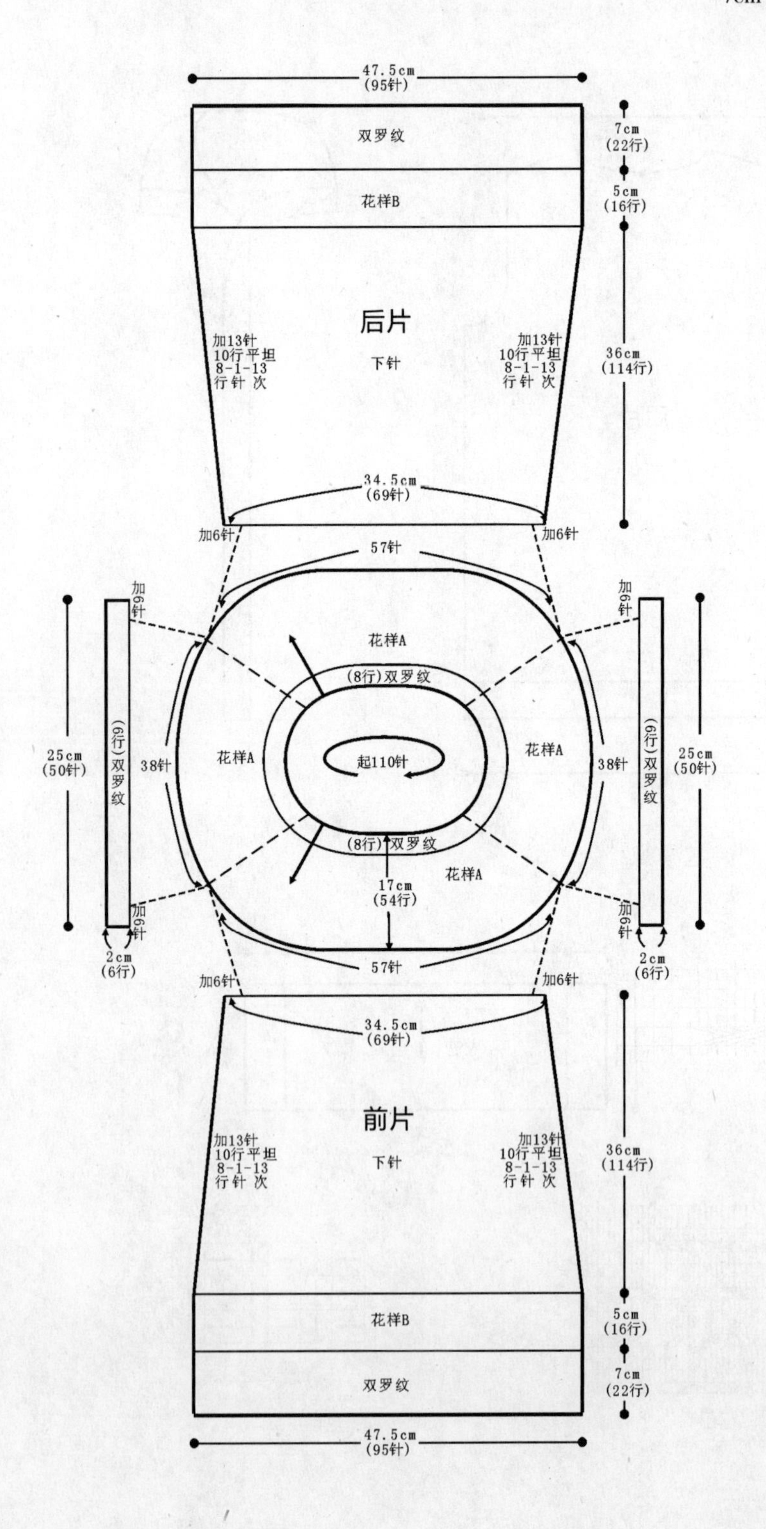

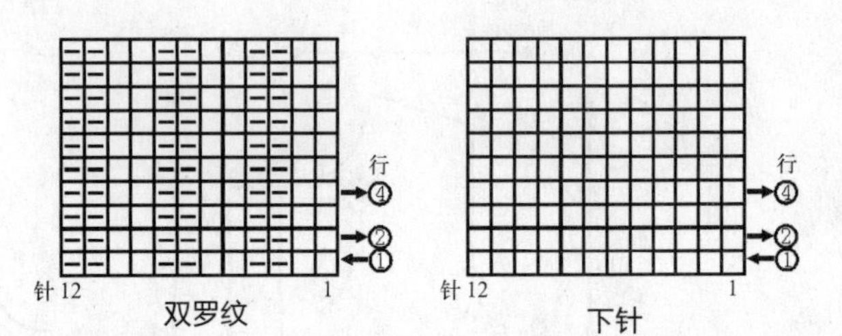

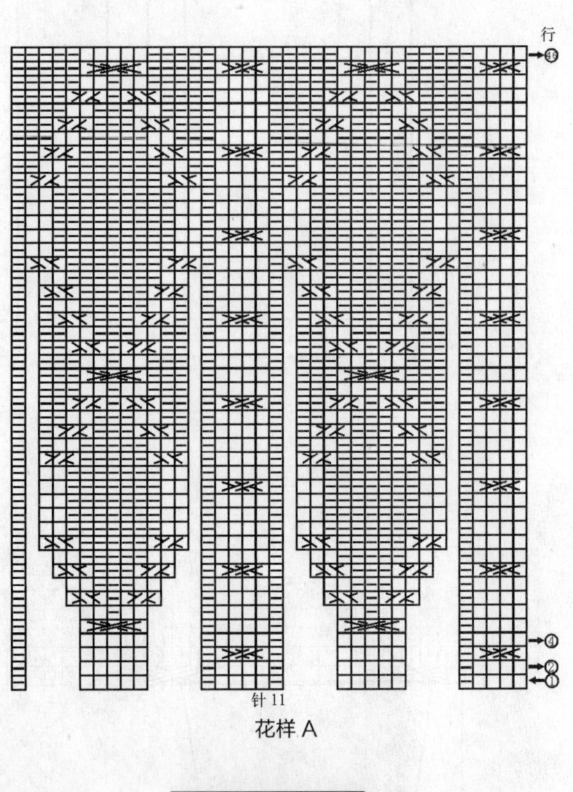

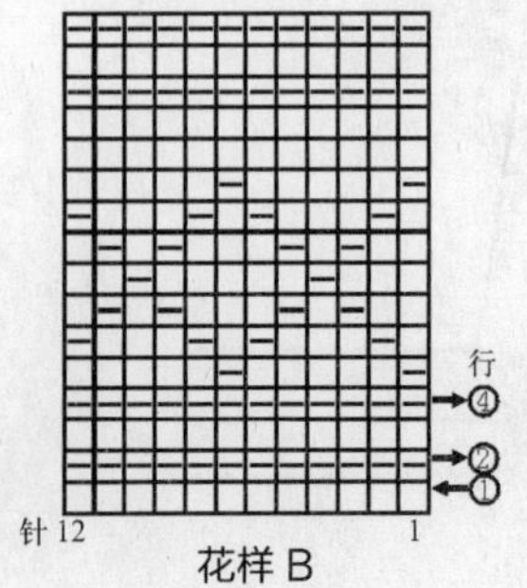

225

【成品尺寸】衣长 65cm　胸围 96cm　袖长 56cm
【工具】6 号棒针　7 号棒针
【材料】红色毛线 800g
【密度】10cm^2 ：20 针 ×26 行

【制作方法】

1. 前片：左前片：用 7 号棒针起 48 针，织双罗纹 6cm 后，换 6 号棒针往上织花样，织到 37cm 处开挂肩，按图解收袖窿、收领子，用相同方法织另一片。
2. 后片：起针 96 针，织法与前片同，收领子按后片图编织。
3. 袖片：用 7 号棒针起 40 针，织花样，按图编织。
4. 前后片、袖片缝合后按图挑门襟，与领部一起挑起，用 7 号棒针编织双罗纹 5cm。

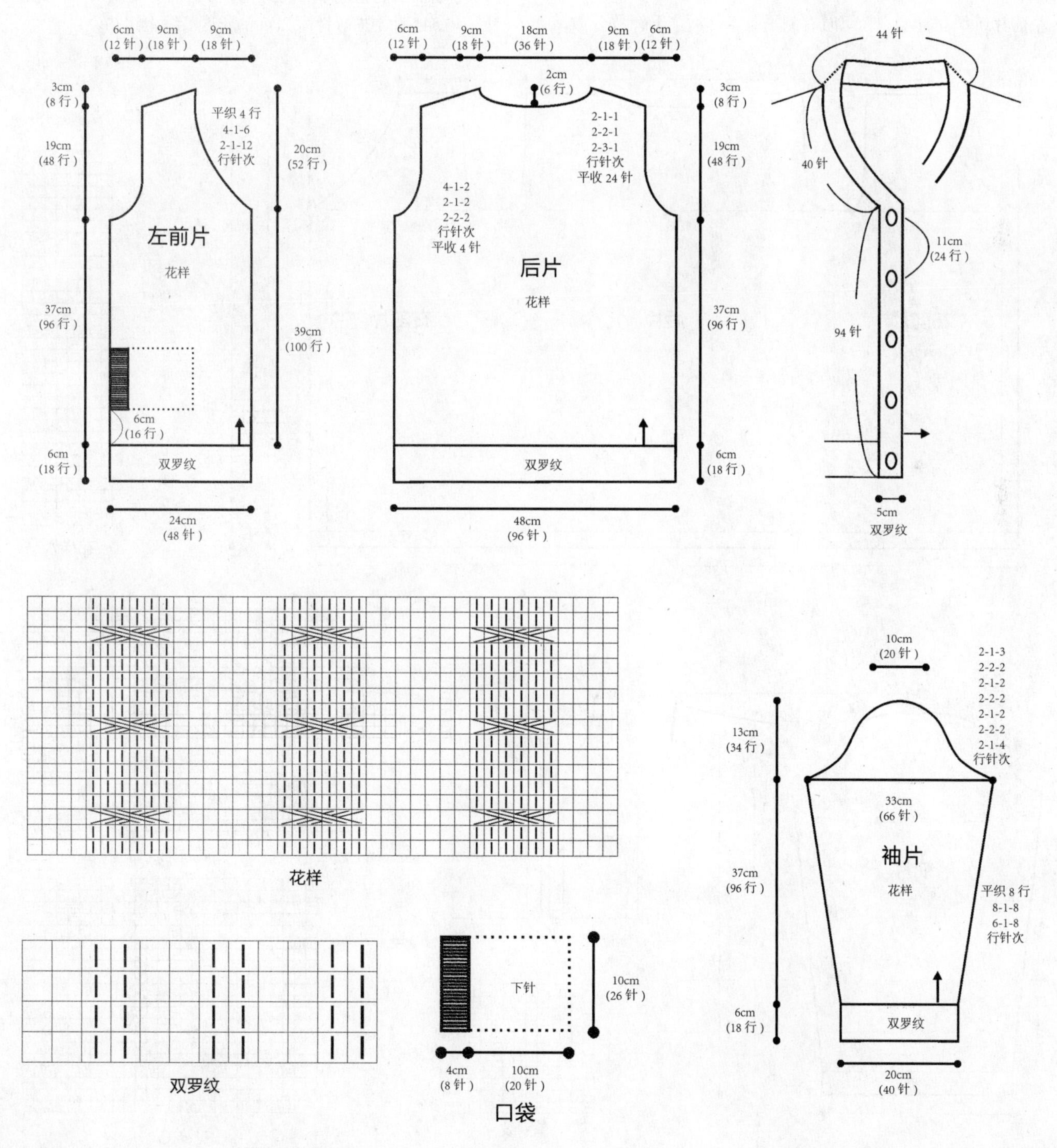

226

【成品尺寸】衣长 61cm　胸围 94cm　袖长 51cm
【工具】12 号棒针　绣花针
【材料】紫红色棉线 600g
【密度】10cm^2：26 针 ×33 行
【附件】纽扣 6 枚

【制作方法】

1. 衣身片：起 260 针，织单罗纹，织 2cm 的高度，两侧各织 8 针花样 A，其余针数改织花样 B，如结构图所示，织至 45cm，将织片分成左、右前片和后片分别编织，先织后片，织花样 C，起织时两侧各平收 5 针，余下针数分散减掉 12 针，然后按 2-2-4 的方法减针织成袖窿，织至 59cm，中间平收 30 针，两侧按 2-1-3 的方法后领减针，最后两肩部各余下 25 针，后片共织 61cm 长。
2. 左前片：织花样 C，起织时右侧平收 5 针，余下针数分散减掉 6 针，然后按 2-2-4 的方法减针织成袖窿，左侧按 2-1-24 的方法减针织成前领，织至 16cm 的高度，最后肩部余下 25 针。同样的方法相反方向编织右前片。
3. 袖片：起 48 针，织单罗纹，织 3cm 的高度，改为织花样 C，如结构图所示，一边织一边按 10-1-13 的方法两侧加针，织至 45cm 的高度，两侧各平收 4 针，然后按 2-2-10 的方法袖山减针，袖片共织 51cm 长，最后余下 26 针。袖底缝合。
4. 领子及衣襟：沿后领挑起 46 针，织单罗纹，一边织一边两侧前领挑加针，方法为 2-2-20，织 40 行后，两侧衣襟各挑起 114 针，共 344 针不加减针织 2cm 的长度。缝上纽扣。

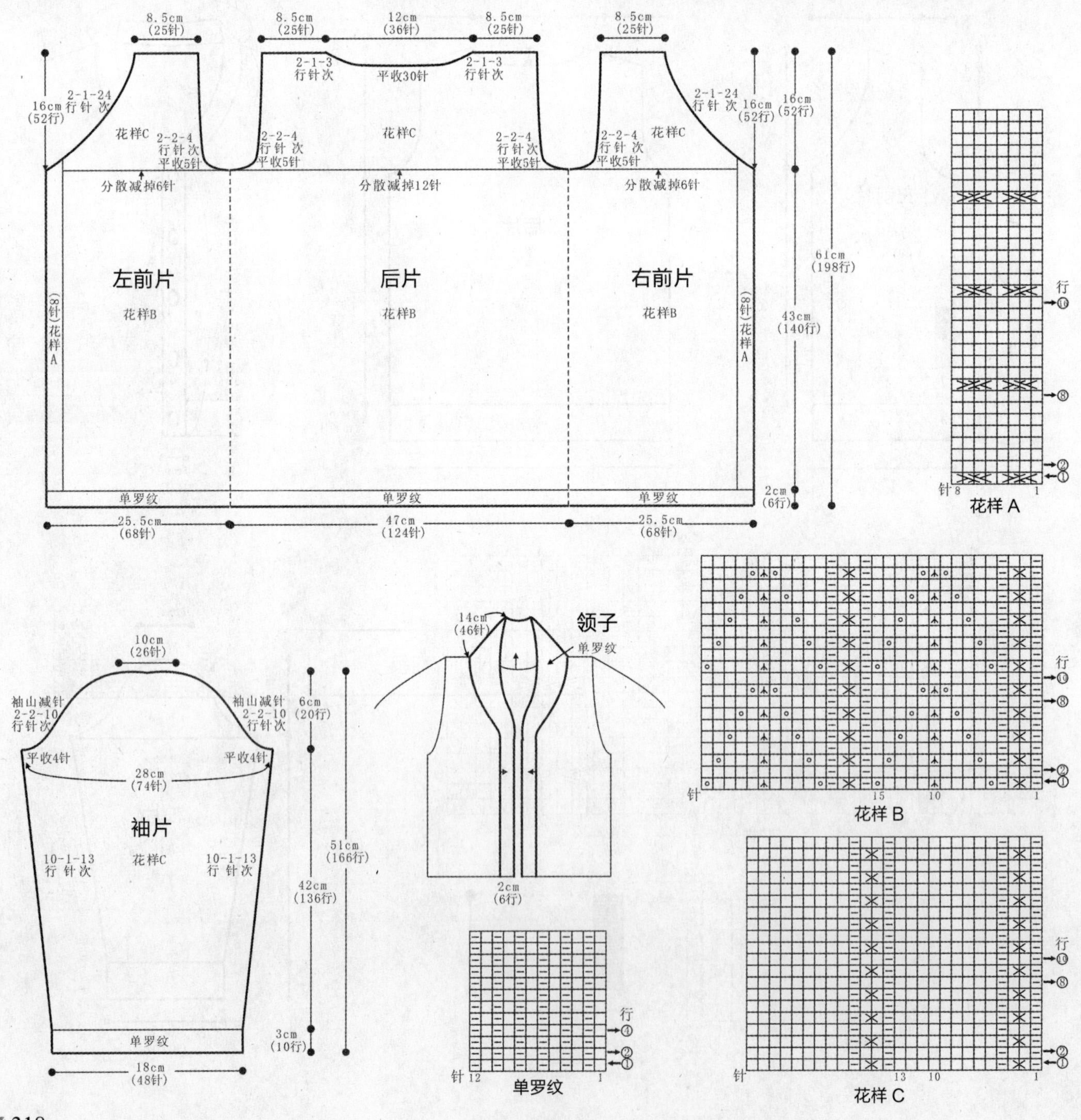

227

【成品尺寸】衣长 65cm　胸围 96cm　袖长 53cm
【工具】10 号棒针　绣花针
【材料】蓝纯羊毛线 500g
【密度】10cm² ：22 针 ×32 行
【附件】纽扣 3 枚

【制作方法】

1. 前片：分左、右 2 片编织。左片按图起 56 针，织花样 A，留 6 针织花样 C 作为门襟，侧缝按花样减针，织至 27cm 时加针，并改织花样 B 形成收腰，织 15cm 时两边各平收 5 针，收袖窿，再织 3cm 时同时收领窝，织至肩位余 20 针。用同样方法织另一片。
2. 后片：按图起 104 针，织 5cm 双罗纹后，改织全下针，侧缝不用减针，织至 27cm 时侧缝加针，形成收腰，织至 15cm 时两边各平收 5 针，收袖窿，并按图收领窝，肩位余 20 针。
3. 袖片 ：按图起 56 针，织 5cm 双罗纹后，改织全下针，袖下按图示加针，织至 37cm 时，开始收袖山，两边各平收 5 针，按图示减针，用同样方法织另一袖片。
4. 将前片、后片的肩位、侧缝、袖片缝合。
5. 领圈挑 128 针，织 10cm 花样 B，形成翻领，缝上纽扣。

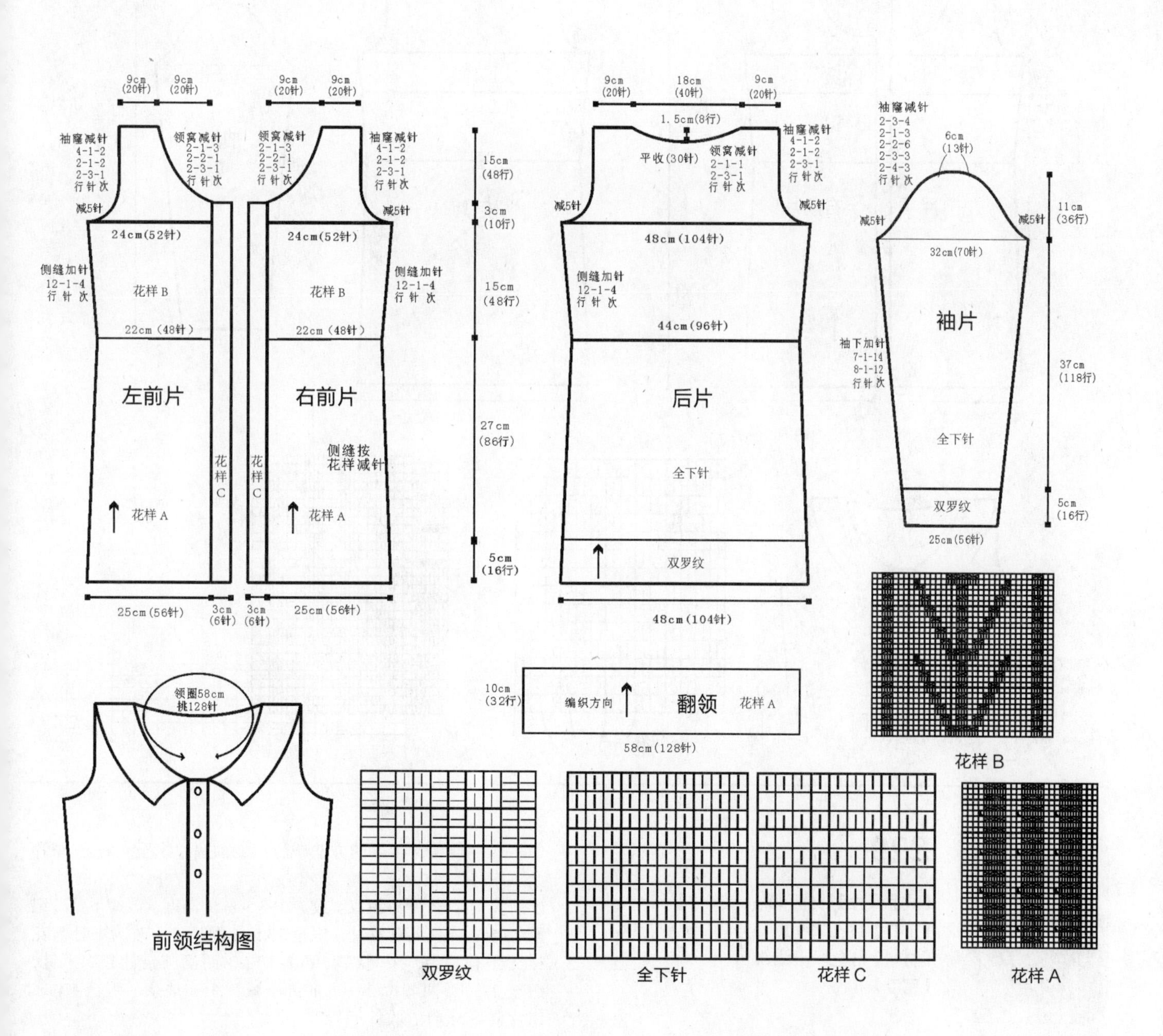

228

【成品尺寸】衣长 65cm　胸围 96cm　袖长 53cm

【工具】10 号棒针　绣花针

【材料】红色纯羊毛线 1000g

【密度】10cm² ：22 针 ×32 行

【附件】纽扣 6 枚

【制作方法】

1. 前片 ：分左、右 2 片编织。左前片按图起 56 针，织花样 A，侧缝按图减针，织至 32cm 时加针，形成收腰，再织 10cm 时改织花样 B，织 5cm 时两边各平收 5 针，收袖窿，再织 3cm 时同时收领窝，织至肩位余 20 针。用相同方法相反方向织右前片。

2. 后片 ：按图起 104 针，织花样 A，侧缝按图减针，织至 32cm 时侧缝加针，形成收腰，织至 15cm 时两边各平收 5 针，收袖窿，并按图收领窝，肩位余 20 针。

3. 袖片 ：按图起 56 针，织花样 A，袖下按图示加针，织至 42cm 时，开始收袖山，两边各平收 5 针，按图示减针，用同样方法织另一袖片。

4. 将前片、后片的肩位、侧缝、袖片缝合。

5. 领圈挑 128 针，织 10cm 花样 A，形成翻领，缝上纽扣。

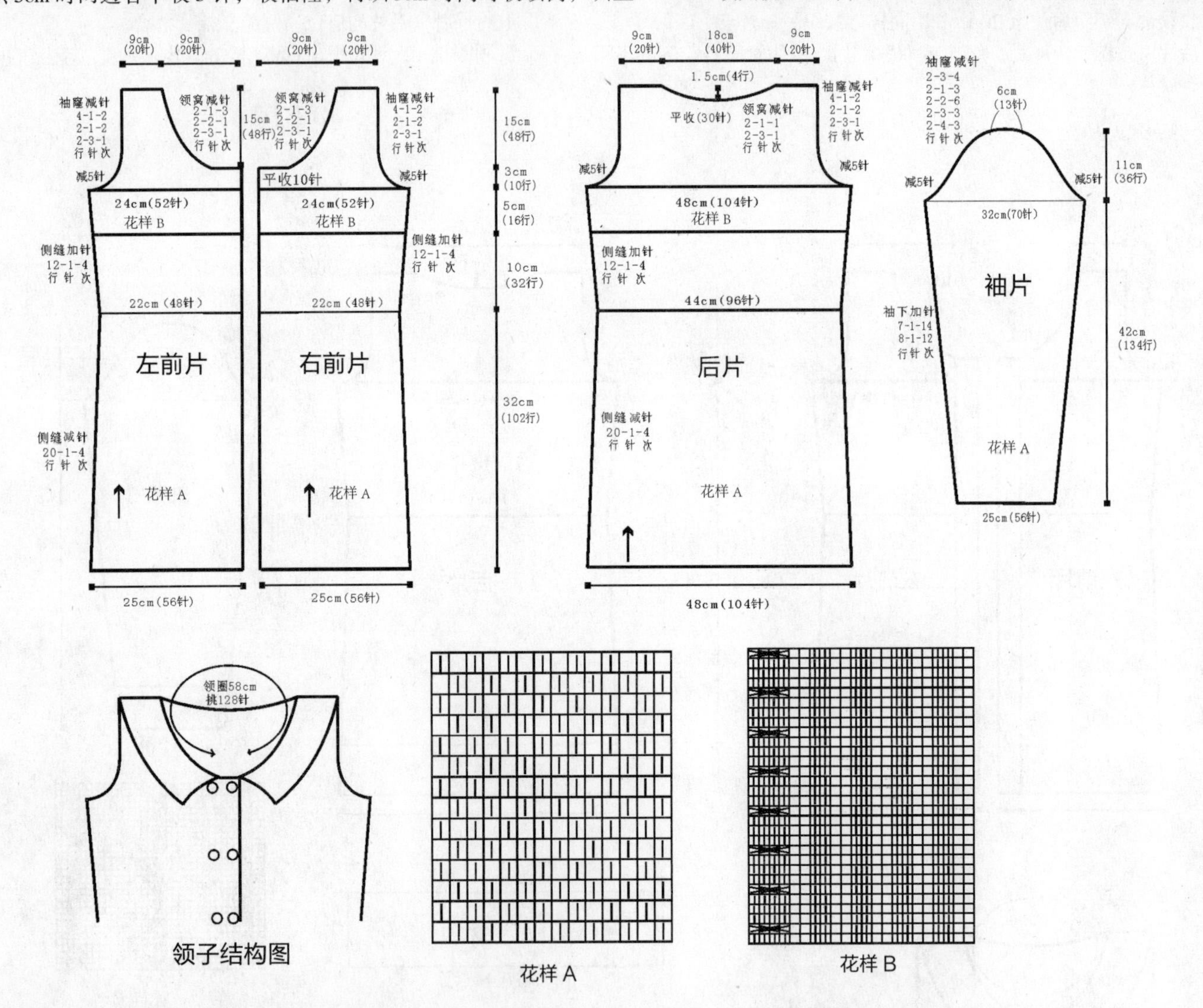

229

【成品尺寸】衣长 40cm　胸围 80cm

【工具】11 号棒针　小号钩针　绣花针

【材料】红色段染线 350g

【密度】10cm² ：17 针 ×24 行

【制作方法】

1. 后片 ：起 66 针，织双罗纹，织 3.5cm 的高度，改织下针，织至 18.5cm，改织双罗纹，织至 23.5cm 的高度，改织下针，织至 27cm，两侧按 2-1-5 的方法减针织成袖窿，织至 40cm，织片余下 56 针，收针。

2. 前片 ：起 66 针，织双罗纹，织 3.5cm 的高度，改织下针，织至 18.5cm，改织双罗纹，织至 23.5cm 的高度，改为下针与花样 A 组合编织，中间织 42 行花样 A，两侧其余针数织下针，织至 27cm，两侧按 2-1-5 的方法减针织成袖窿，织至 40cm，织片余下 56 针，收针。

3. 领子 ：起 50 针，织双罗纹，织 80cm 的长度，收针。将领子一侧与衣身前后片顶部对应缝合，如结构图所示。

4. 饰花 ：按花样 B 所示方法钩一朵饰花，缝合于前片领口位置。

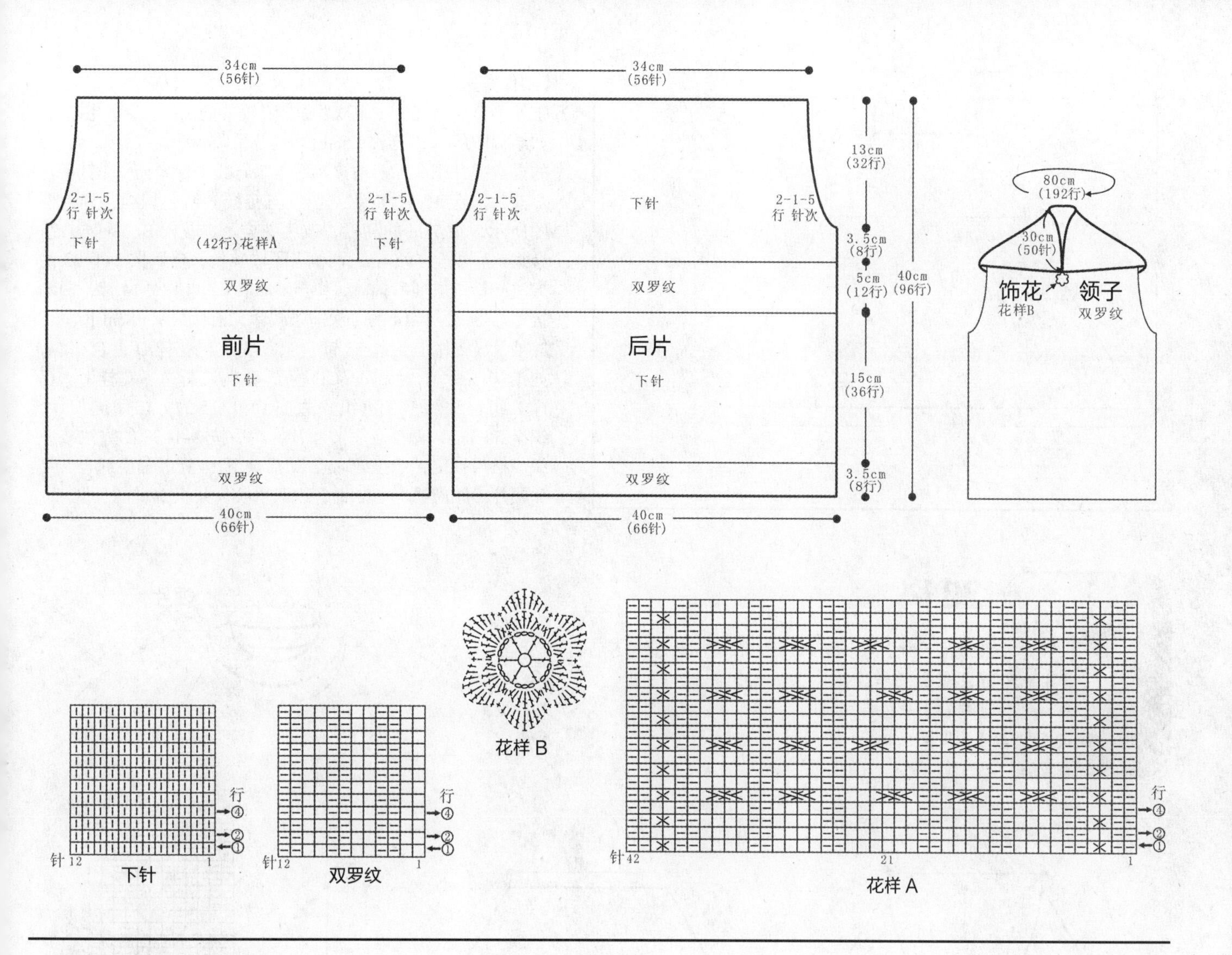

230

【成品尺寸】衣长 52cm　胸围 76cm
【工具】6 号棒针
【材料】白色棉线 420g
【密度】10cm^2：13 针 ×24 行

【制作方法】
1. 前、后片：以前片为例，(1) 起 97 针，花样 A 编织，两侧按减 23 针方法编织，织 32cm。(2) 花样 B 编织，织 51 行。(3) 排花编织，中间 23 针为下针，两边花样 A 每 2 行加 1 针，织 4cm。(4) 开前领：中间 23 针收针，分 2 片编织，两边各织 6cm 后收针。相同方法编织后片。
2. 缝合：将前、后片肩部、腋下缝合，织至花样 A 的位置结束。

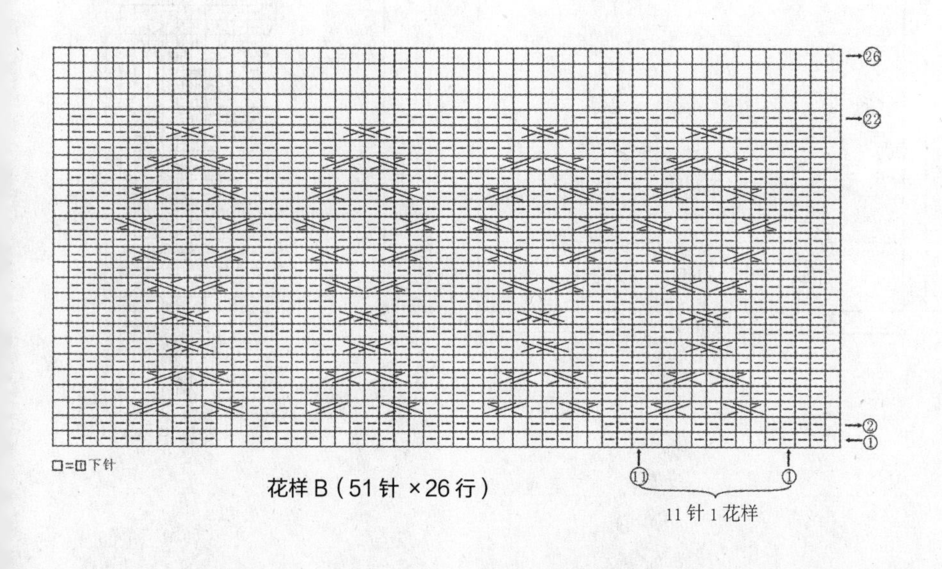

花样 B（51 针 ×26 行）

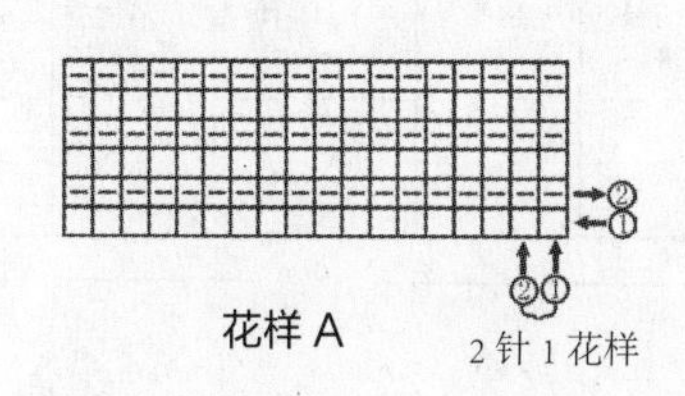

花样 A

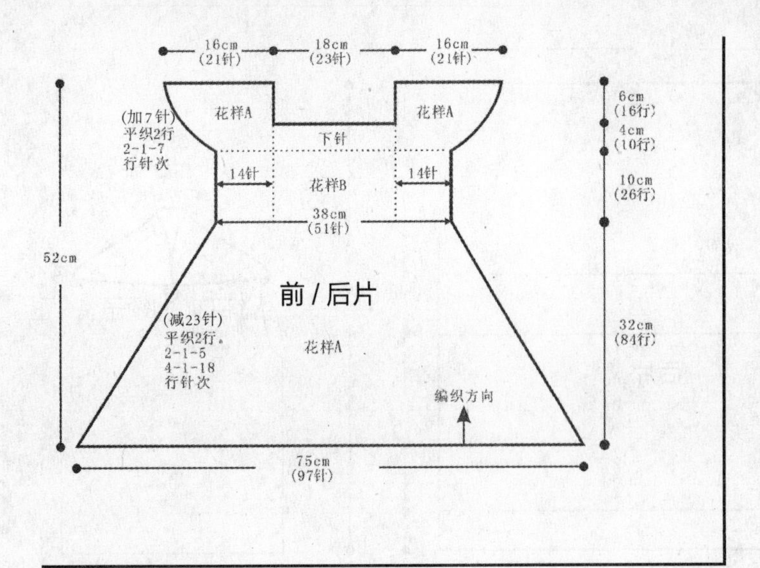

【制作方法】

1. 后片：起128针，织双罗纹，织7cm的高度，改织花样A，如结构图所示，织至59.5cm，两侧各平收4针，然后按2-1-33的方法减针织成插肩袖窿，织至78cm，织片余下54针。

2. 前片：起128针，织双罗纹与花样B组合编织，如结构图所示，织7cm的高度，改为花样A、花样B、花样C组合编织，织至59.5cm，两侧各平收4针，然后按2-1-33的方法减针织成插肩袖窿，织至64cm，中间平收14针，两侧按2-2-3、2-1-14的方法前领减针，前片共织78cm长。

3. 袖片（2片）：起58针，织双罗纹与花样D组合编织，如结构图所示，织7cm的高度，改为花样A、花样D、花样E组合编织，一边织一边按10-1-15的方法两侧加针，织至50.5cm，两侧各平收4针，然后按2-1-33的方法减针织成插肩袖山，织至69cm，最后余下14针。袖底缝合。

4. 领片：领圈挑起172针，织双罗纹，共织3cm的长度。

231

【成品尺寸】衣长78cm　胸围92cm　袖长69cm

【工具】12号棒针

【材料】灰色棉线600g

【密度】10cm^2：27.8针 ×35.7行

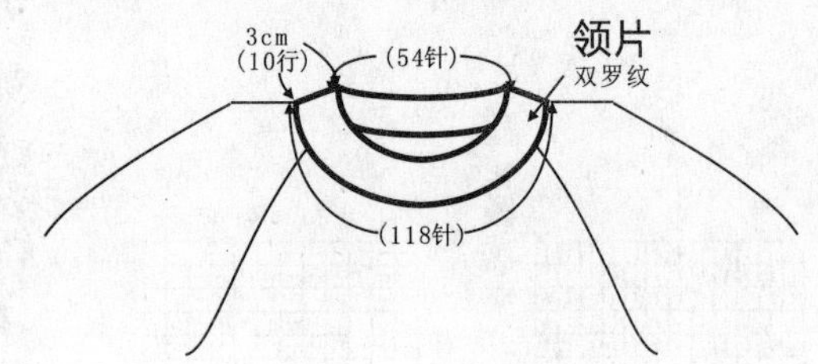

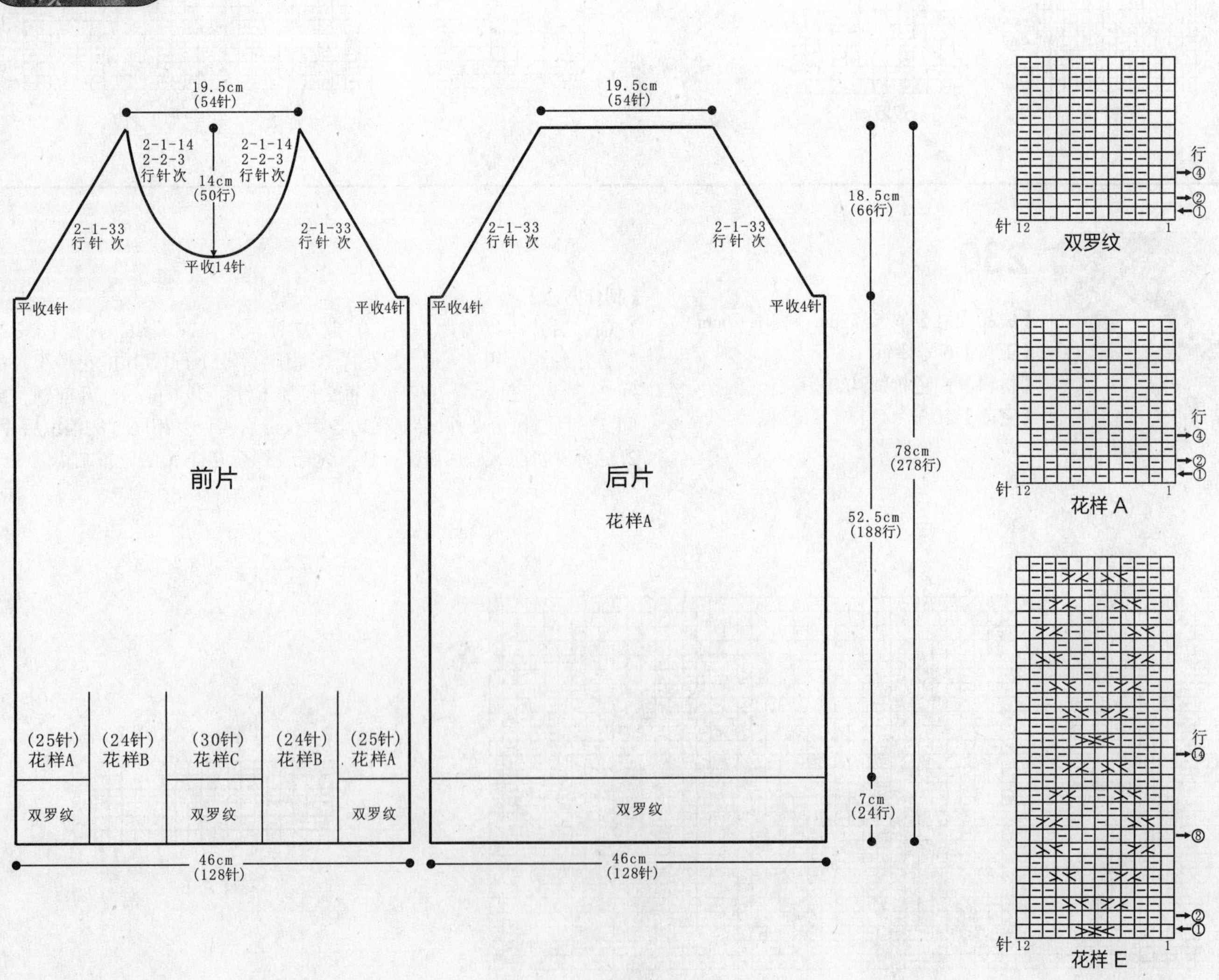

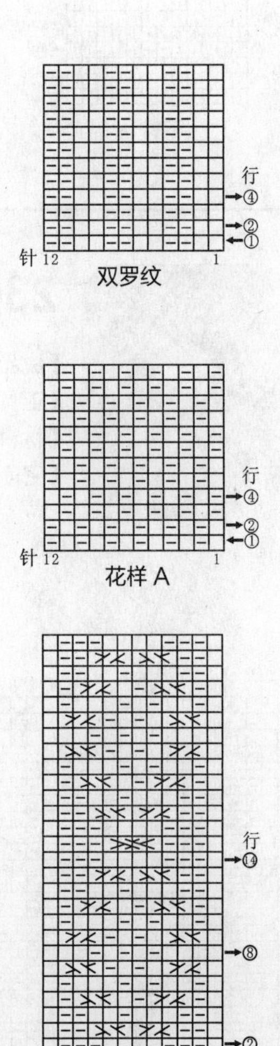

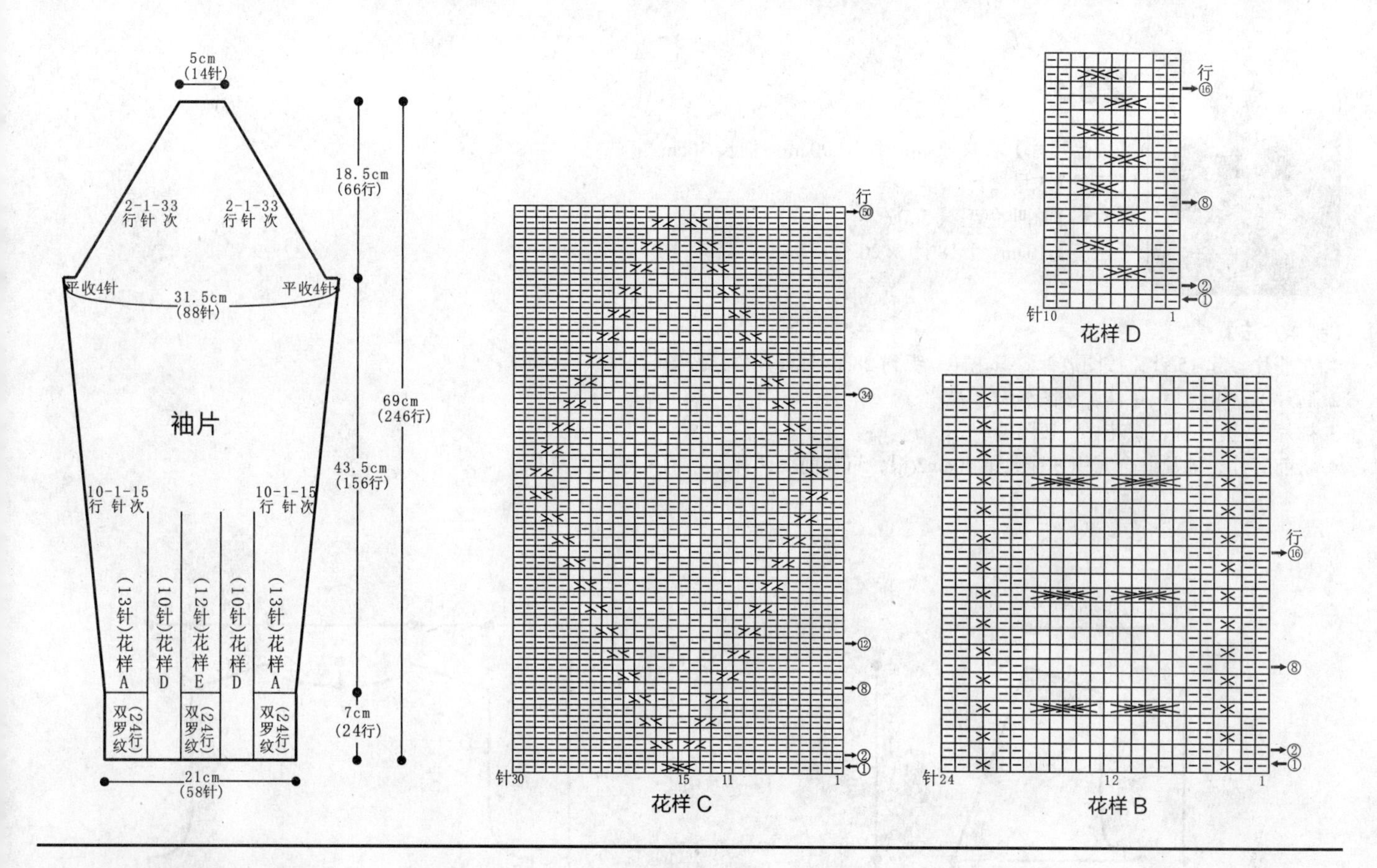

232

【成品尺寸】衣长 51cm　衣宽 120cm
【工具】12 号棒针
【材料】黑白段染线 600g
【密度】$10cm^2$ ：21 针 ×28 行

【制作方法】

1. 衣身片：起 520 针，织单罗纹，环形编织，织 4cm 的高度，改织下针，将织片均分为 4 部分，每部分两侧减针，方法为 2-1-13、4-1-26，织至 51cm，织片变成 128 针，留待编织衣领。
2. 领子：接着衣身编织，共 128 针，在衣身的前片正中间，将织片分开往返编织双罗纹，织 21cm 的长度。

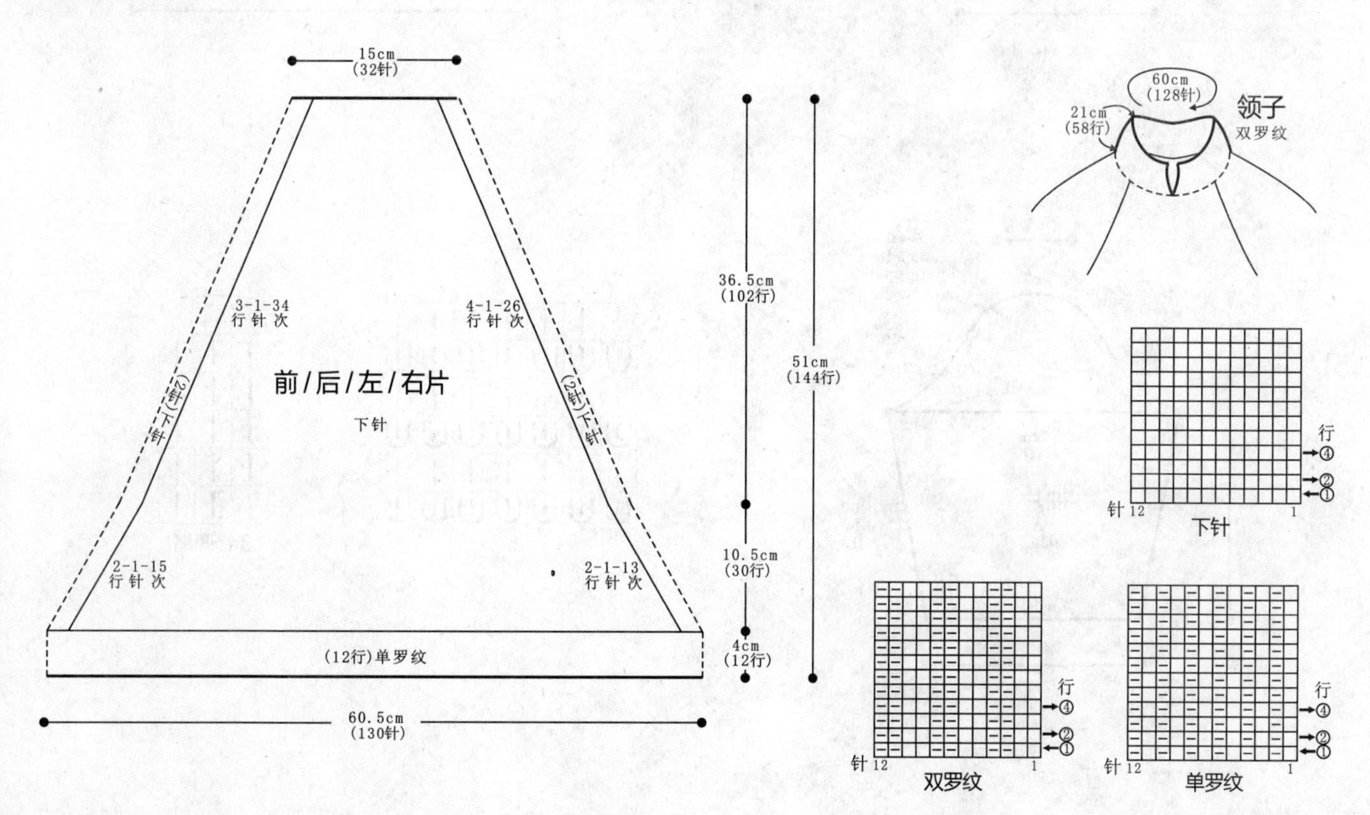

233

【成品尺寸】衣长 50cm　胸围 90cm　袖长 36cm
【工具】5 号棒针
【材料】咖啡色毛线 500g
【密度】10cm^2：18 针 ×26 行

【制作方法】
1. 左前片：起 15 针，按图放针，织花样，织到 28cm 时开挂肩，按图收袖窿、收领子。
2. 后片：起 81 针织花样，按图编织。
3. 袖片：起 42 针，织花样，按图编织。
4. 将前后片、袖片缝合，织 3 针圆绳 40cm2 根，钉在前面两片上，用来连接前左右片。

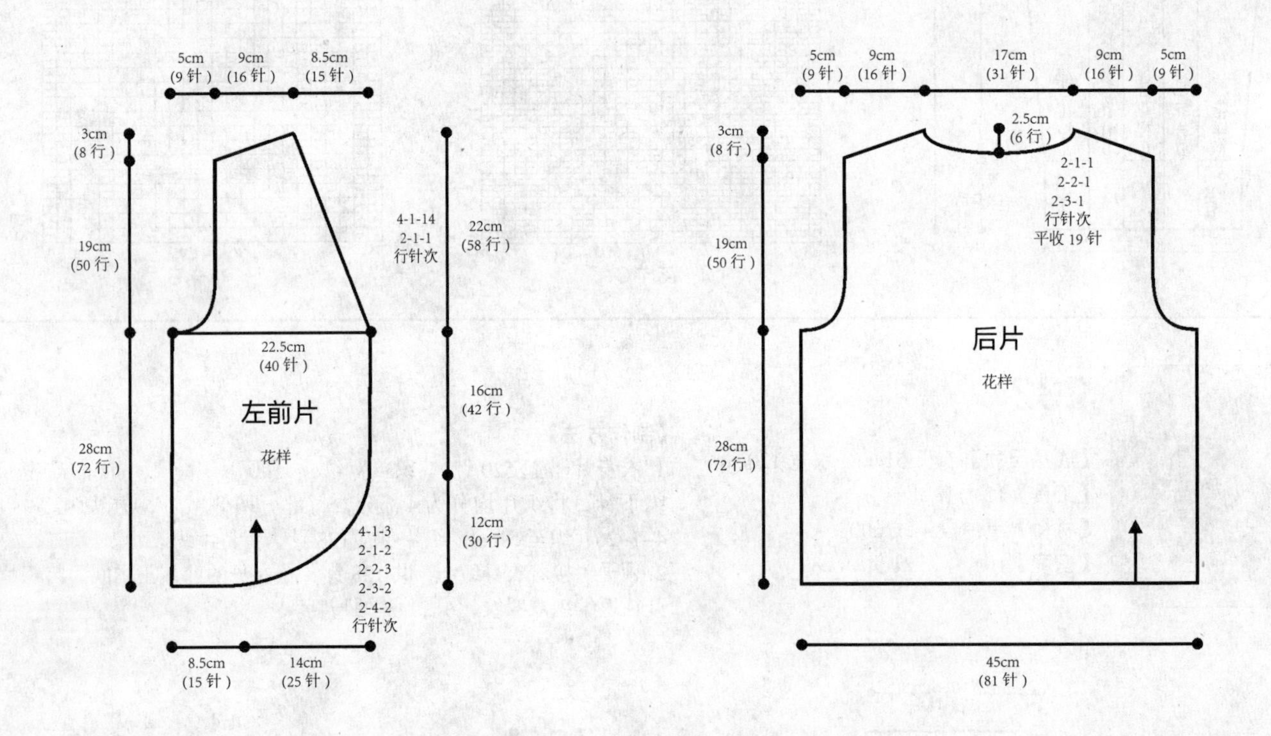

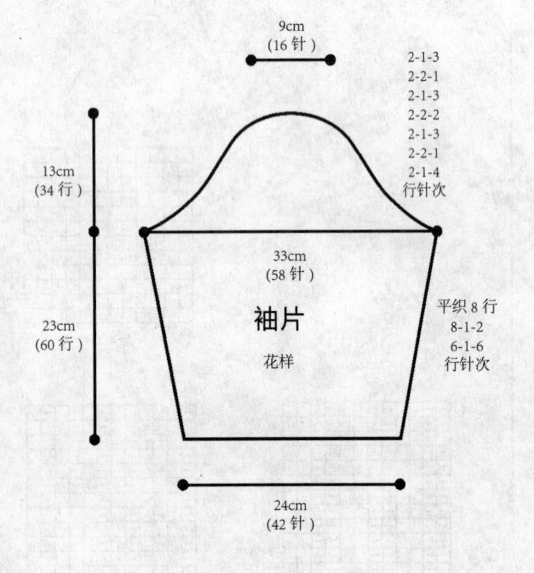

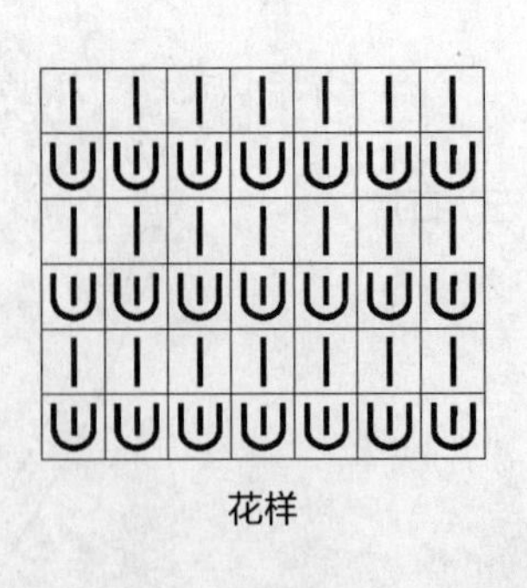
花样

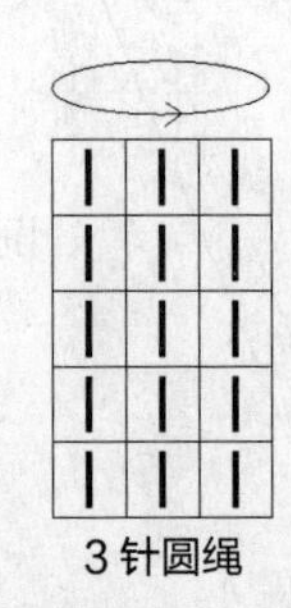
3 针圆绳

234

【成品尺寸】衣长 48cm　胸围 112cm　袖长 36cm

【工具】10 号棒针　绣花针

【材料】灰色羊毛线 800g

【密度】10cm^2：22 针 ×32 行

【附件】拉链 1 条

【制作方法】

1. 前片：分左、右 2 片编织。左前片：按图起 58 针，先织 6cm 双罗纹后，改织全下针，侧缝不用加减针，口袋分 2 片按图减针，至适合长度后，再连起来继续编织，织至 24cm 时，开始减针织斜肩，并按图开领窝，用同样方法相反方向编织右前片。

2. 后片：横向编织，从袖口织起，起 18 针，织 20cm 双罗纹后，改织全下针，斜肩按图加针，织至 16cm 时，领窝减针加针，织 28cm 后，另一斜肩减针，再织 16cm 时，改织 20cm 双罗纹的袖口。

3. 缝合：将后片的 A 与 B、C 与 D 缝合，形成衣袖。

4. 领圈挑 104 针，织 18cm 全下针，帽边 A 与 B 缝合，再重复一次，形成双层帽子。

5. 缝上拉链。

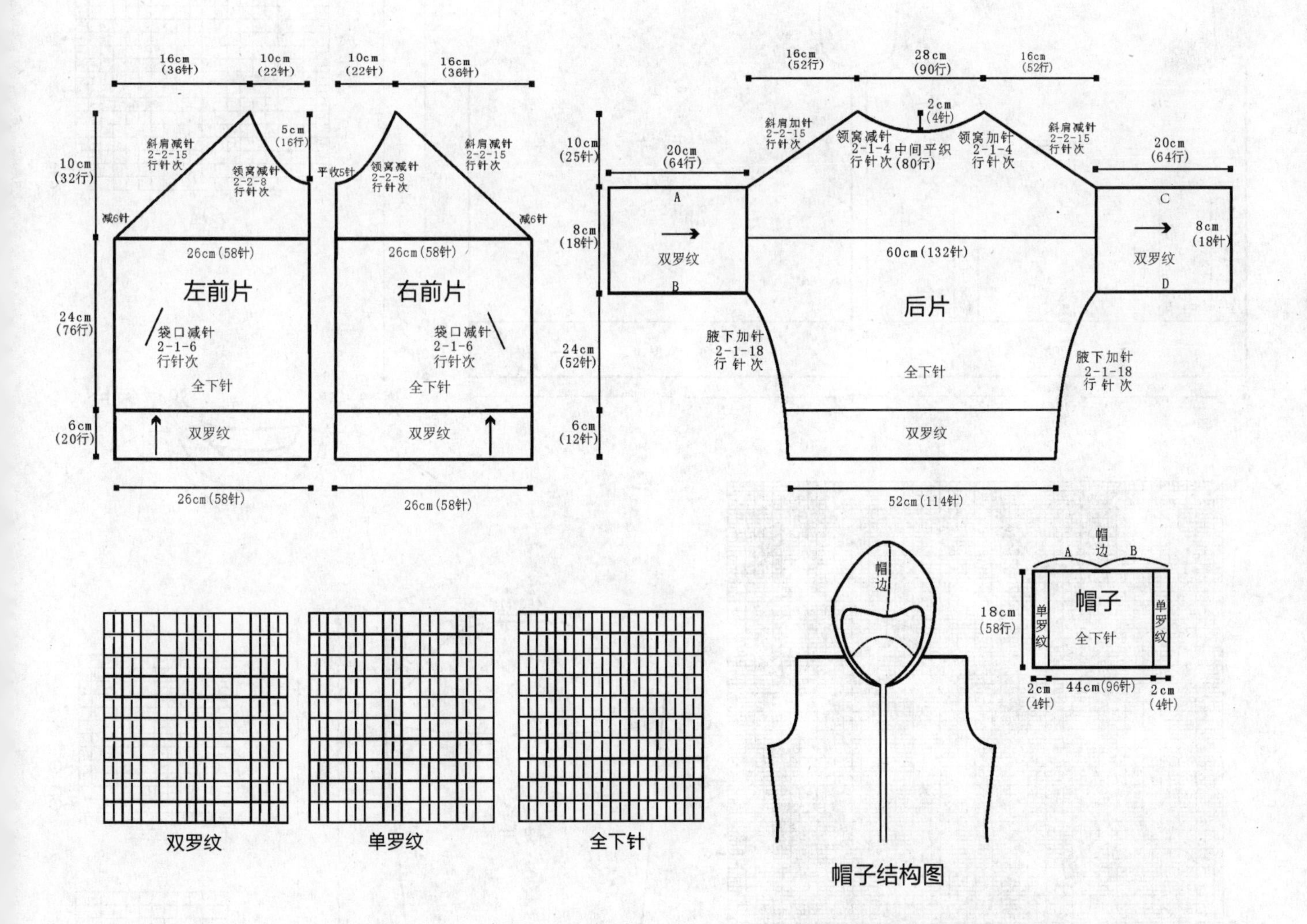

235

【成品尺寸】衣长 62cm　胸围 84cm　袖长 54cm

【工具】12 号棒针

【材料】白色棉线 550g

【密度】10cm^2：33.3 针 ×32.1 行

【制作方法】

1. 后片：起 140 针，织双罗纹，织 6cm 的高度，改织下针，织至 39.5cm，两侧各平收 5 针，然后按 2-1-9 的方法减针织成袖窿，织至 61cm，中间平收 52 针，两侧按 2-1-2 的方法后领减针，最后两肩部各余下 28 针，后片共织 62cm 长。

2. 前片：起 140 针，织双罗纹，织 6cm 的高度，改为花样 A、花样 B 与下针组合编织，如结构图所示，织至 39.5cm，两侧各平收 5 针，然后按 2-1-9 的方法减针织成袖窿，织至 56cm，中间平收 28 针，两侧按 2-2-6、2-1-2 的方法前领减针，最后两肩部各余下 28 针，前片共织 62cm 长。

3. 袖片：起 80 针，织双罗纹，织 6cm 的高度，改为花样 A 与下针组合编织，如结构图所示，一边织一边按 8-1-17 的方法两侧加针，织至 49cm 的高度，两侧各平收 5 针，然后按 2-2-8 的方法袖山减针，袖片共织 54cm 长，最后余下 80 针。袖底缝合。

4. 领子：领圈挑起 120 针，织双罗纹，共织 10cm 的长度，向内与起针合并成双层领。

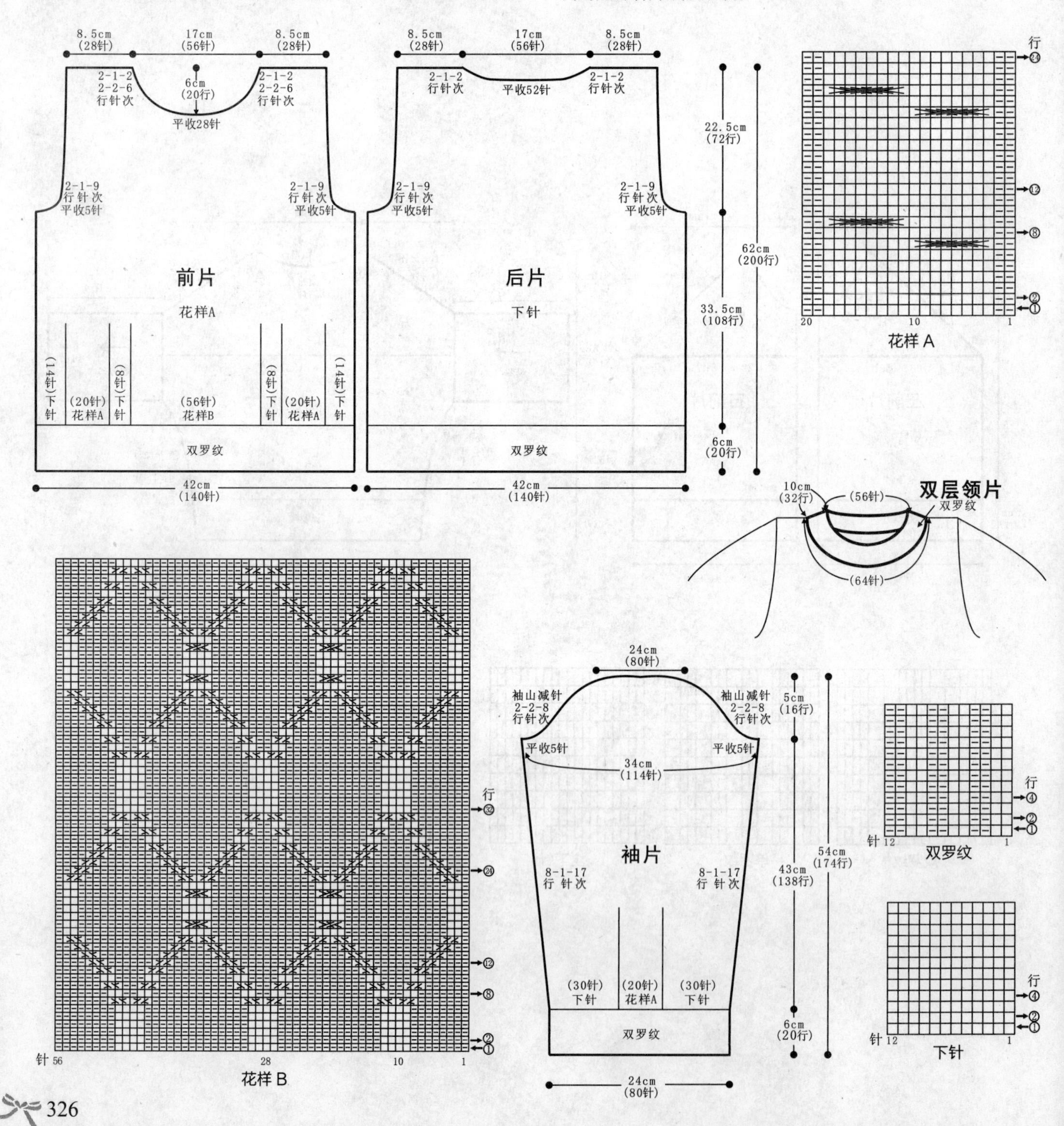

236

【成品尺寸】衣长 52cm　胸围 131cm　袖长 67cm
【工具】10 号棒针　绣花针
【材料】深红色羊毛线 600g
【密度】10cm^2：22 针 ×32 行
【附件】纽扣 4 枚

【制作方法】
毛衣为从下往上编织开衫。
1. 前片：分左、右 2 片编织。左前片：起 84 针，先织 8cm 双罗纹，然后改织花样，侧缝不用加减针，再织至 29cm 时，袖窿平收 5 针后，开始进行袖窿减针，方法是：按 2-3-1、2-2-1、2-1-2 减针。同时门襟在距离袖窿 6cm 处，平收 8 针，然后进行领窝减针，方法是：按 2-4-6、4-3-3、2-1-1 减针，织 9cm 至肩部余 30 针。同样方法织右前片。注意左前片门襟均匀开纽扣孔。
2. 后片：起 120 针，先织 8cm 双罗纹后，然后改织花样，侧缝不用加减针，织至 29cm 时，开始进行袖窿减针，减针方法与前片袖窿一样，不用开领窝，织 15cm 时，两边肩部平收 30 针，余 36 针继续编织 10 行。
3. 袖片（2 片）：起 56 针，先织 8cm 双罗纹后，改织花样，袖下按图示加针，方法是：按 14-1-7 加针，再织至 34cm 时，两边各平收 5 针后，进行袖山减针，方法是：按 2-3-3、2-2-4 减针至顶部余 26 针，不加不减继续编织 15cm 作为肩部。同样方法织另一袖。
4. 前、后片的侧缝缝合，袖片的袖下缝合后，袖片顶部与前、后片的肩部对应缝合，形成连肩袖。
5. 领片按图编织，领圈边挑 172 针，编织单罗纹，织 3cm 时两边同时阶梯式减针，方法是：按 2-5-8、2-4-7 减针，织至 10cm 时余 36 针收针断线，形成翻领。
6. 缝上纽扣，毛衣编织完成。

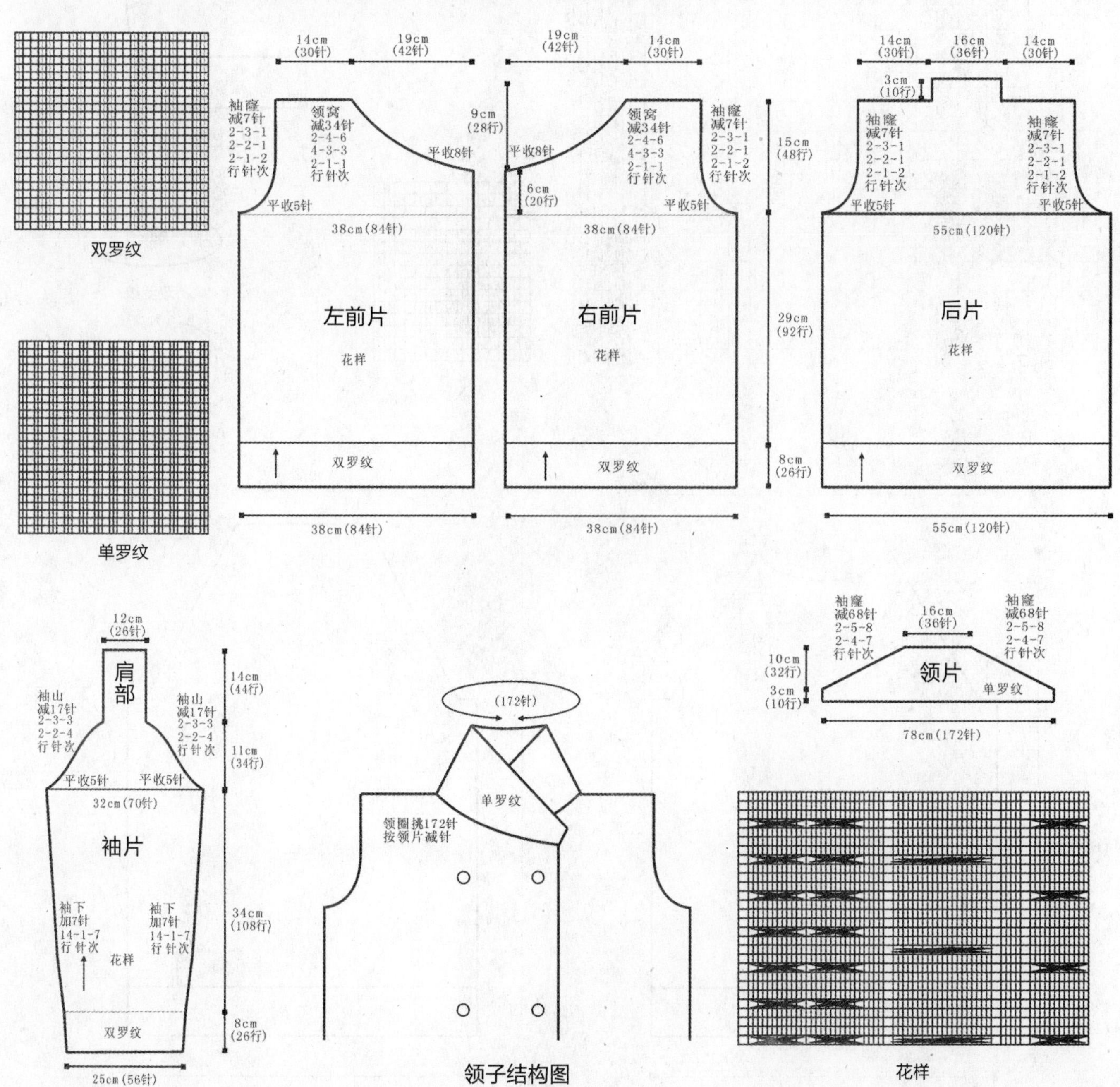

237

【成品尺寸】衣长 66cm　胸围 96cm　袖长 65cm

【工具】8 号棒针　10 号棒针

【材料】米黄色毛线 900g

【密度】10cm^2 ：22 针 ×26 行

【制作方法】

1. 前片：用 8 号棒针起 106 针，从下往上织双罗纹 7cm，换 10 号棒针再织 39cm 花样，开挂肩，按图解分别织斜肩、收领子。
2. 后片：用 8 号棒针起 106 针，与前片一样织法，后领按图解编织。
3. 袖片：用 8 号棒针起 55 针，从下往上织双罗纹 7cm，换 10 号棒针织花样织到 36cm 处按图解收袖山。
4. 将前、后片、袖片缝合，按图解挑领子编织。
5. 清洗整理。

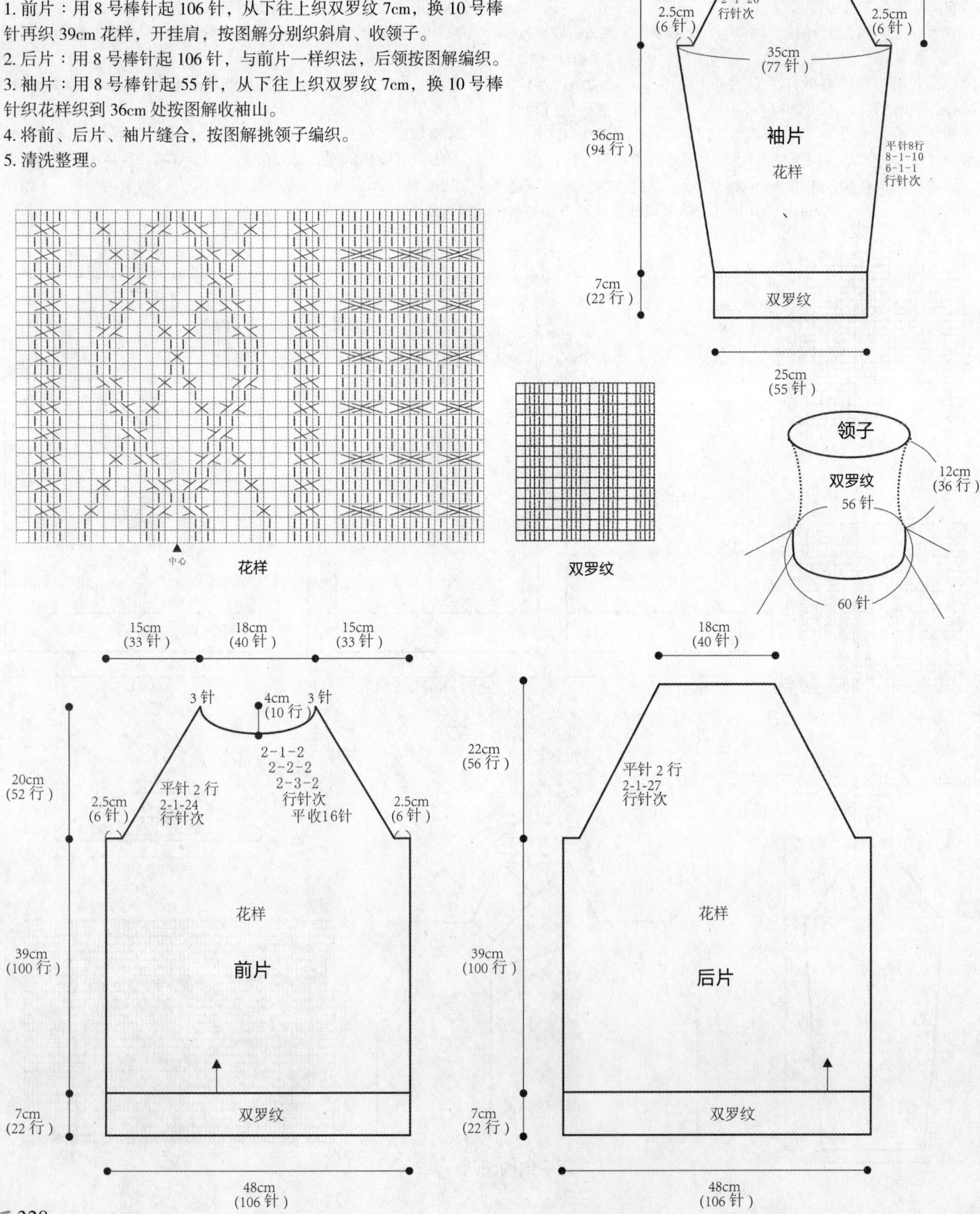

238

【成品尺寸】衣长 46cm　胸围 84cm　袖长 50cm
【工具】10 号棒针　11 号棒针　12 号棒针
【材料】咖啡色时装线 700g
【密度】$10cm^2$：16 针 ×20 行

【制作方法】
1. 前片：用 10 号棒针起 68 针，双罗纹织 6cm。下针织 34cm 后两边各留 2 针后按袖窿减针减针，织 6cm 后收针。后片织法同前片。

2. 袖片（2 片）：用 10 号棒针起 36 针，双罗纹织 8cm 后花样编织 4cm。往上按袖下加针织 32cm 后开始织袖山，织 6cm 后收针。相同方法织出另一片。
3. 缝合：将前、后片腋下缝合，袖片袖下缝合。
4. 衣领：如衣领图，在前、后片、袖片共挑 200 针，用 11 号棒针编织花样 16 行。换 12 号棒针编织双罗纹，织 6cm 后收针。

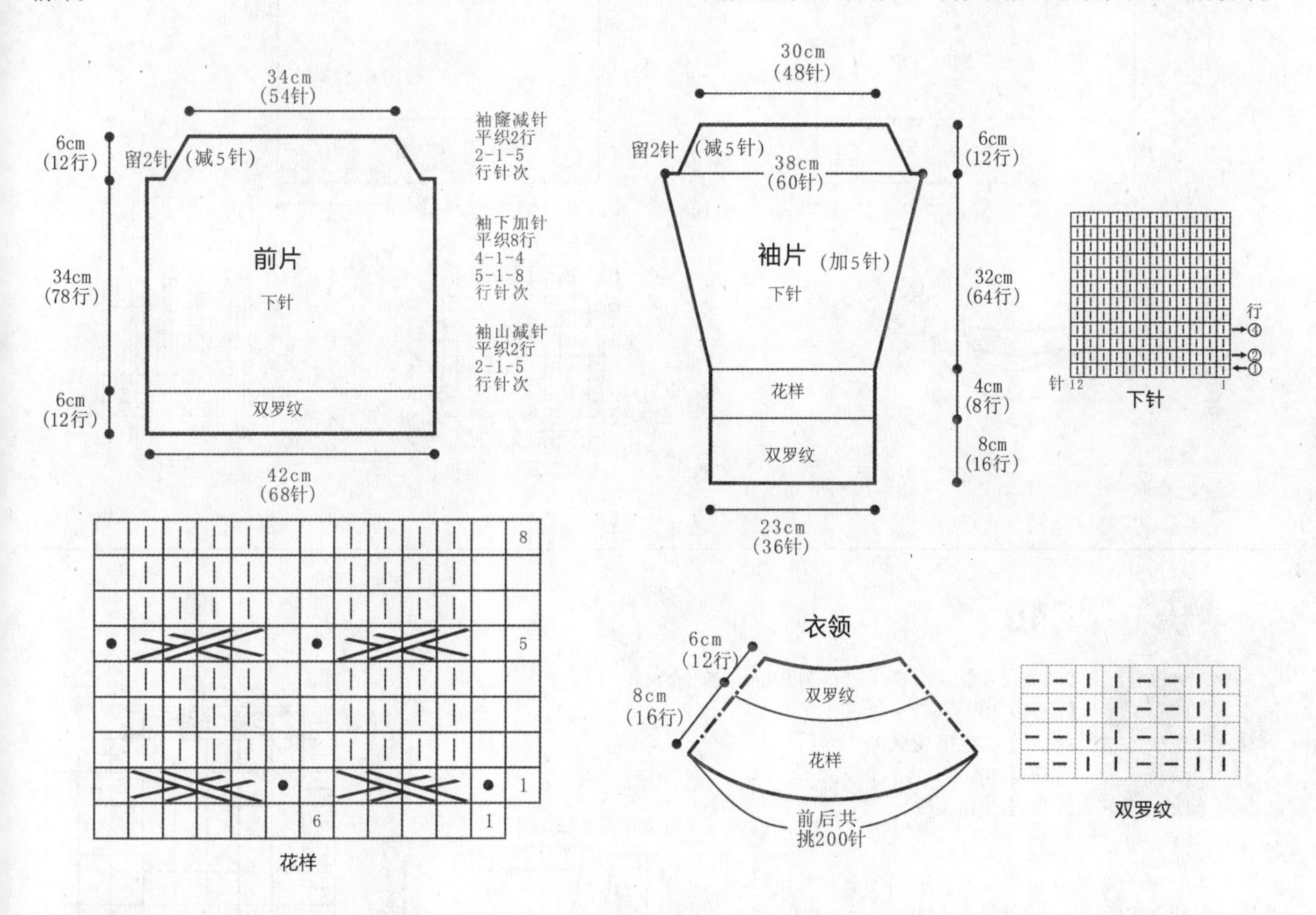

239

【成品尺寸】衣长 63cm　胸围 118cm　袖长 8cm
【工具】12 号棒针
【材料】黑色棉线 450g　白色棉线 50g
【密度】$10cm^2$：30 针 ×38 行

【制作方法】
1. 后片：起 138 针，织双罗纹，织 8cm 的高度，改织下针，织至 27cm，两侧按 4-1-20 的方法加针织蝙蝠袖，织至 48cm，织片变成 178 针，两侧各加起 6 针，不加减针往上织至 60.5cm，两侧按 2-8-5 的方法减针编织，织至 62cm，中间平收 40 针，两侧按 2-1-2 的方法后领减针，最后两肩部各余下 33 针，后片共织 63cm 长。
2. 前片：起 138 针，织双罗纹，织 8cm 的高度，改织下针，织至 27cm，两侧按 4-1-20 的方法加针织蝙蝠袖，织至 48cm，织片变成 178 针，两侧各加起 6 针，不加减针往上织 55cm，中间平收 18 针，两侧按 2-2-2、2-1-9 减针织成前领，织至 60.5cm，两侧袖片按 2-8-5 的方法减针编织，最后两肩部各余下 33 针，前片共织 63cm 长。
3. 袖边：将衣身前、后片缝合后，沿两侧袖窿分别挑织袖边，挑起 76 针环织双罗纹，共织 5.5cm 长度。
4. 领子：领圈挑起 108 针，织双罗纹，共织 5cm 的长度。
5. 图案：白色线在衣身前胸用平针绣方式，随意绣出星星月亮图案。

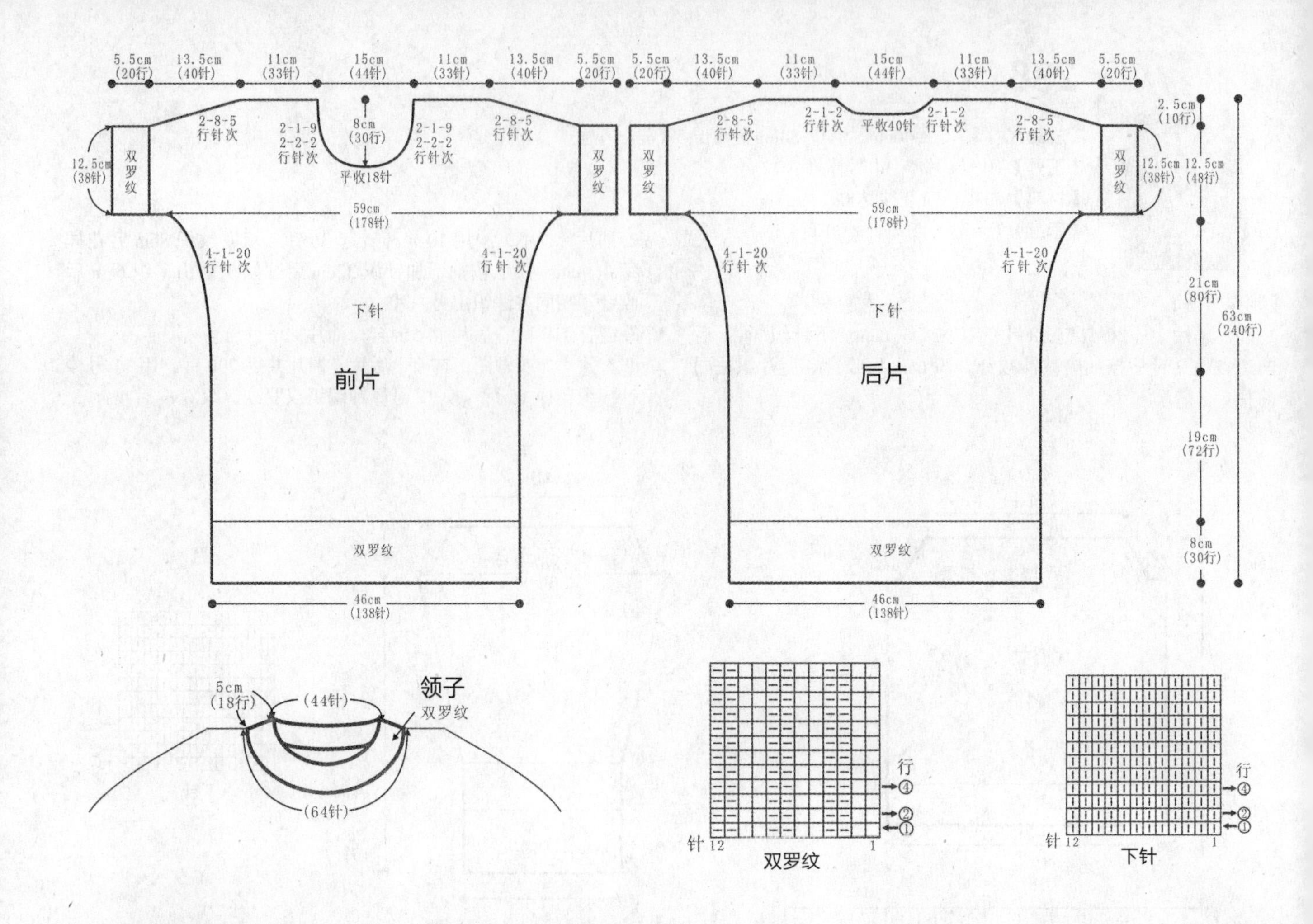

240

【成品尺寸】衣长 80cm　胸围 84cm　袖长 58cm

【工具】10 号棒针　绣花针

【材料】棕色棉线 900g

【密度】10cm² ：15 针 ×20 行

【附件】纽扣 4 枚

【制作方法】

1. 后片：起 66 针，织 6cm 双罗纹、30cm 下针后按下针、花样、下针、花样、下针的顺序编织 26cm 后开袖窿，按图示减针，织 15cm 后开领，分两边编织，各织 3cm 后收针。

2. 前片：左前片：起 33 针，织 6cm 双罗纹、30cm 下针后按下针、花样、下针的顺序编织 23cm 后开前领，按图示减针，织 3cm 后开袖山，继续织 18cm 后收针，对称织出另一片前片。

3. 袖片：起 36 针，织 10cm 双罗纹，往上编织下针，同时加针织 35cm 后织袖山，袖山减针如图，共织 13cm 后收针，用相同方法织出另一片袖片。

4. 两片前片与后片缝合；两片袖片袖下缝合；袖片与身片相缝合。

5. 门襟：在门襟处挑 106 针，双罗纹织 3cm 后收针，一边如图开扣眼，另一边直接织，不用开扣眼，但需缝上纽扣。

6. 领子：前领和后领共挑 112 针，织 3cm 双罗纹后收针，并与门襟缝合。

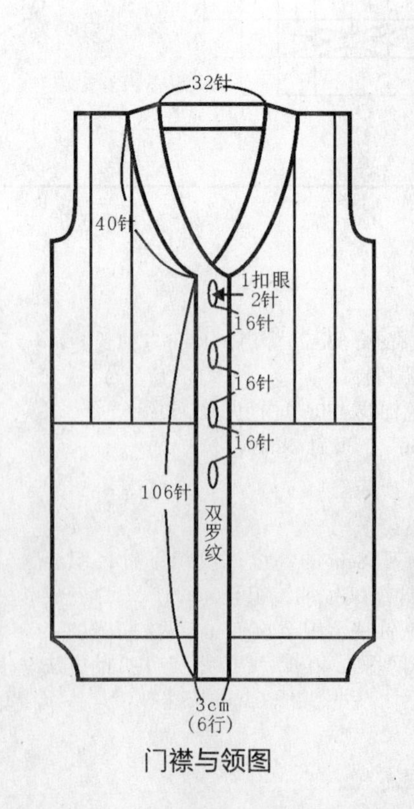

门襟与领图

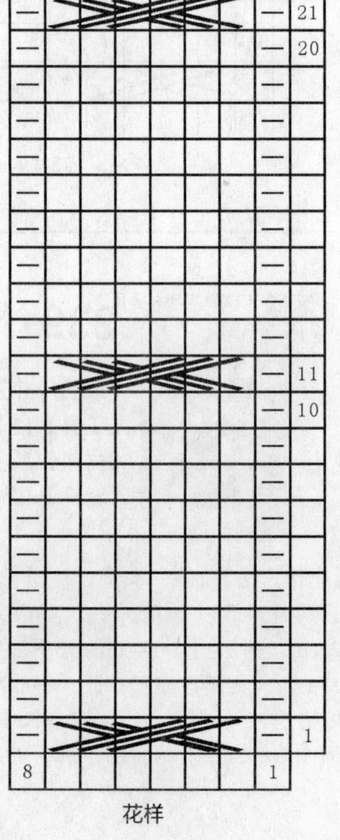

花样

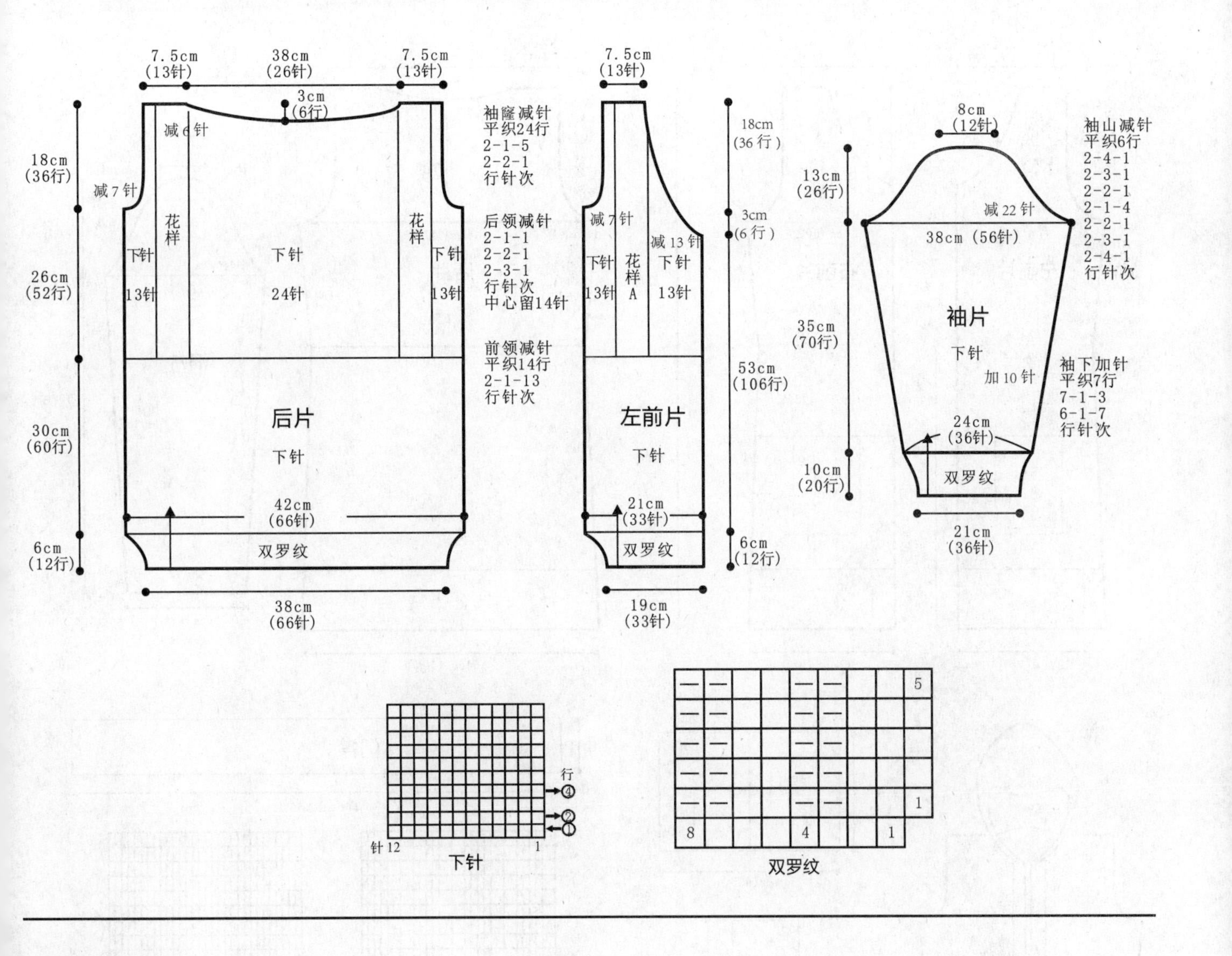

241

【成品尺寸】衣长 65cm　胸围 108cm　袖长 53cm

【工具】10 号棒针

【材料】灰色段染羊毛线 600g

【密度】10cm^2 ：22 针 ×32 行

【制作方法】

毛衣为从下往上编织开衫。

1. 前片：分左、右 2 片编织。左前片：起 70 针，织 8cm 双罗纹后，改织全下针，侧缝减 18 针，方法是：按 4-1-4 减针，同时在 74 行处，中间平收 36 针，内袋另织好，起 36 针，织 38 行全下针，与原织片合并，继续编织，织至 28 行时加针，方法是：按 6-1-4 加针，形成收腰的形状。再织 48 行时，两边平收 6 针后，开始进行袖窿减针，方法是：按 2-3-1、2-2-6、2-1-1 减针。同时在距离袖窿 16 行处，平收 8 针后进行领窝减针，方法是：按 2-3-2、2-2-3 减针。 同样方法织右前片。

2. 后片：起 140 针，织 8cm 双罗纹后，改织全下针，侧缝与前片一样加减针，形成收腰的形状，再织 48 行时，两边平收 6 针，开始进行袖窿减针，减针方法与前片袖窿一样，同时在距离袖窿 52 行处进行领窝减针，中间平收 34 针后，两边减针，方法是：按 2-2-3 减针，织至两边肩部余 18 针。

3. 袖片（2 片）：起 56 针，织 8cm 双罗纹后，改织全下针，袖下按图示加针，方法是：按 14-1-7 加针，织至 34cm 时，两边各平收 4 针后，进行袖山减针，方法是：按 2-4-1、2-3-2、2-2-7 减针，至顶部余 14 针。同样方法织另一袖。

4. 将前后片的肩部、侧缝、袖片全部对应缝合。两个内袋分别与左、右前片缝合，袋口挑 36 针，织 6 行双罗纹。

5. 领圈边挑 96 针，织 58 行全下针，帽边缝合，形成帽子。

6. 门襟至帽檐挑 366 针，织 6cm 双罗纹。编织完成。

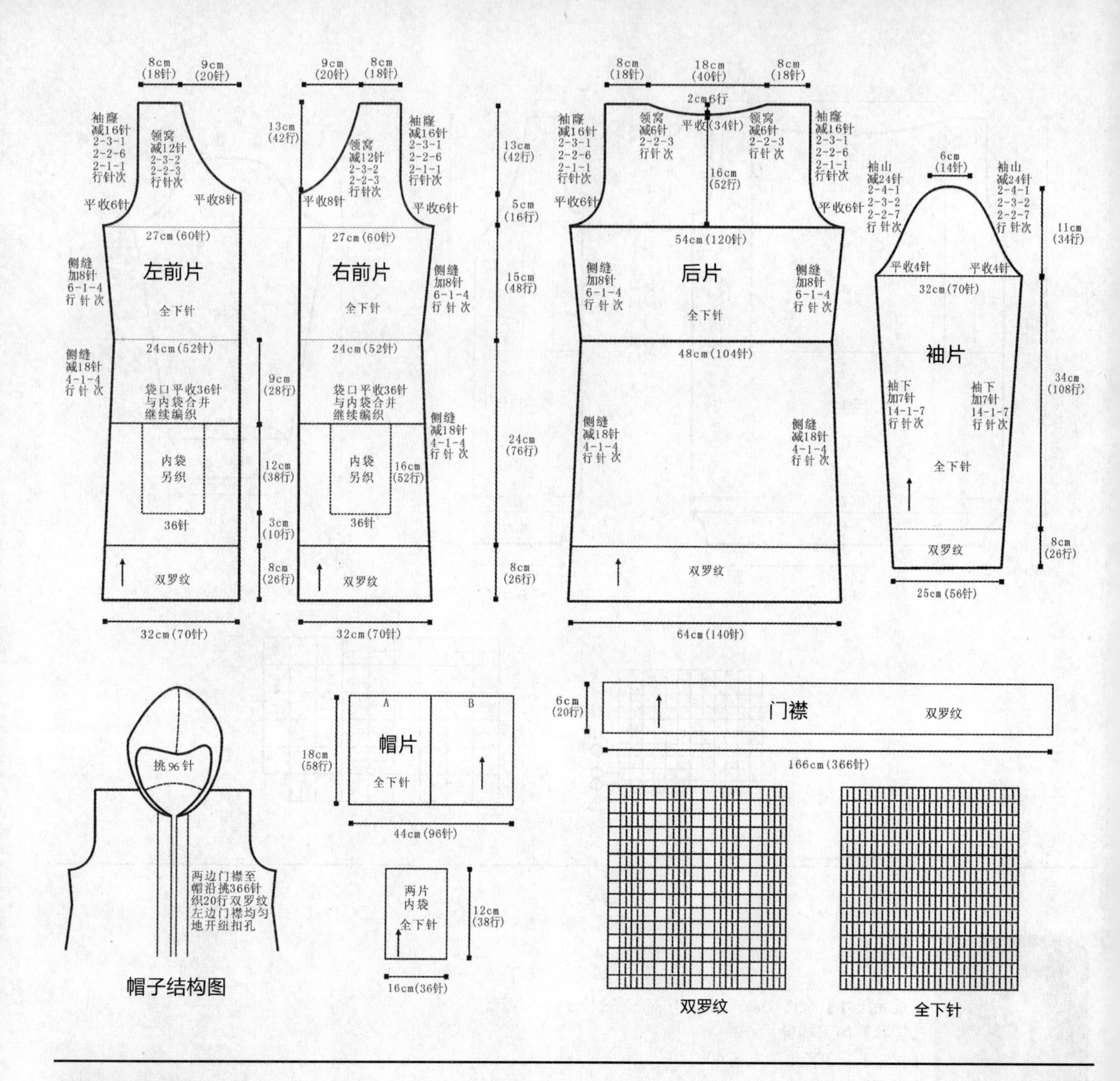

242

【成品尺寸】衣长 46cm　胸围 96cm　袖长 38cm

【工具】10 号棒针　绣花针

【材料】白色纯羊毛线 450g

【密度】10cm^2：22 针 ×32 行

【附件】纽扣 1 枚

【制作方法】

开襟插肩毛衣横向编织。

1. 前片：分左、右 2 片编织。左前片：从门襟起织起 90 针，织花样 A，并同时进行领窝加针，方法是：按 2-1-10 加针，织 20 行时，即进行插肩袖窿减针，方法是：按 2-2-20、2-1-8 减针，织至 58 行时余 52 针，收针断线。

2. 同样方法、相反方向编织右前片。

3. 后片：从侧缝起织，起 52 针，织花样 A，同时进行插肩袖窿加针，方法是：按 2-2-20、2-1-8 加针，至 58 行时，不加不减织 38 行，再进行另一边插肩袖窿减针，方法是：按 2-2-20、2-1-8 减针，至 58 行时侧缝针数余 52 针，收针断线。

4. 袖片：从袖口起织，起 58 针，编织花样 A，两边袖下加针，方法是：按 8-1-6 加针，织至 16cm 时进行插肩袖山减针，方法是：按 4-2-12、4-1-4 减针，织 22cm 至顶部余 14 针。

5. 将前、后片的侧缝缝合，两个袖片袖下缝合后，分别与衣片的插肩袖缝合。

6. 领圈边挑 96 针，织 3cm 花样 B，形成翻领。

7. 两边门襟和翻领边分别挑适合针数，织 12 行全下针，对折缝合，形成双层边。缝上纽扣，编织完成。

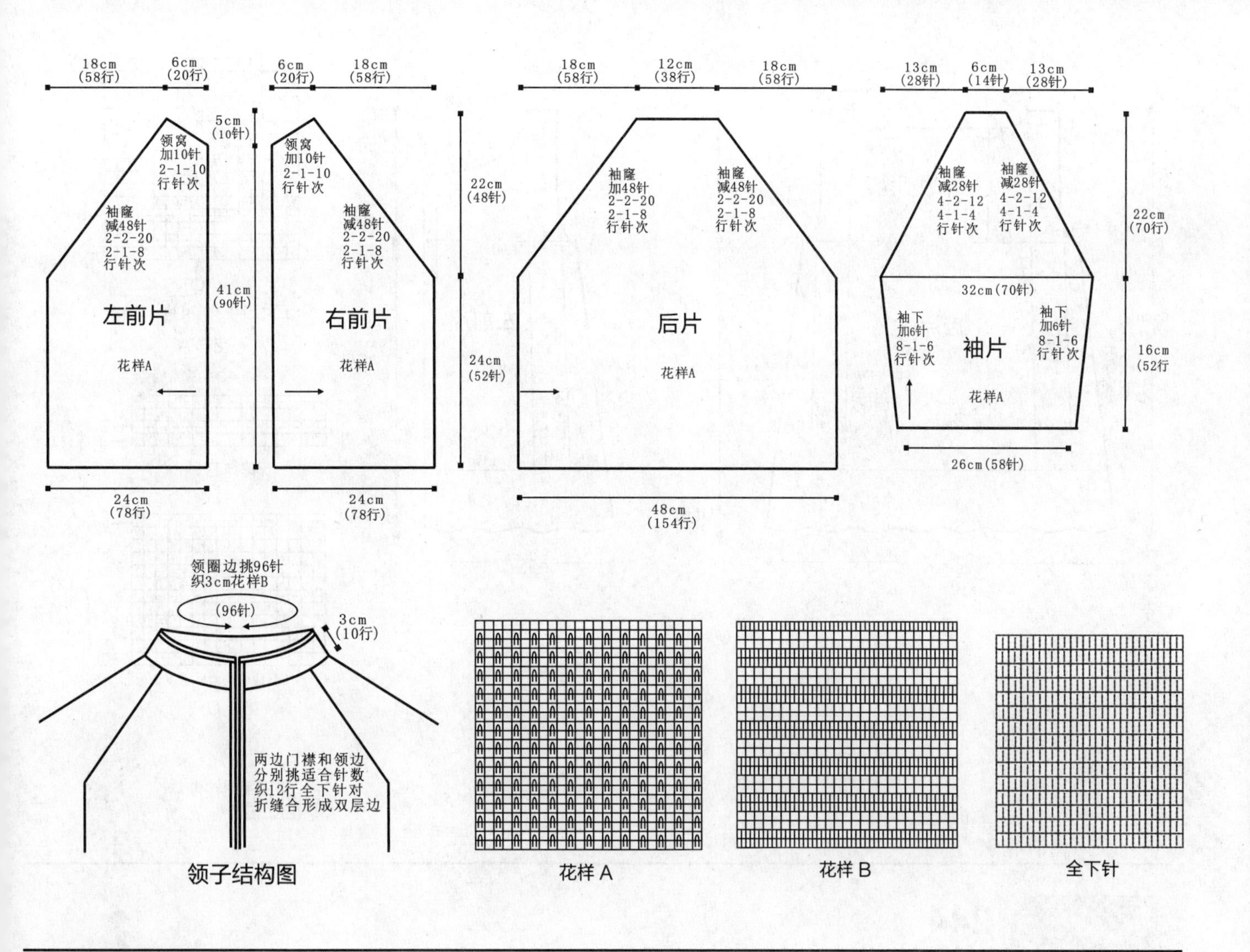

243

【成品尺寸】衣长 65cm　胸围 90cm

【工具】6 号棒针

【材料】白色棉线 620g

【密度】$10cm^2$：11 针 ×16 行

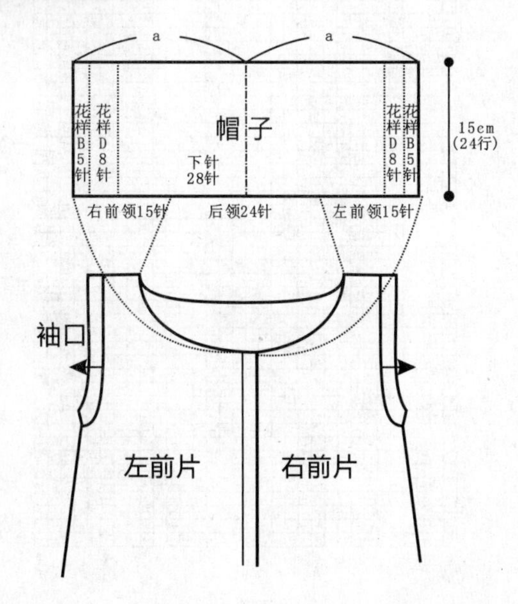

【制作方法】

1. 后片：(1) 起 64 针，花样 A 织 10cm。(2) 排花编织，往上逐渐减针，减针在花样 C 与下针处进行，均如图减针，织 35cm。(3) 开袖窿：两侧各减 4 针，织 24 行。(4) 开后领：中间留 18 针，分 2 片编织，两片各织 4 行后收针。

2. 前片 (2 片)：以左前片为例：(1) 起 32 针，花样 A、花样 B 织 10cm。(2) 排花编织，往上逐渐减针，减针在花样 C 与下针处进行，均如图减针，织 35cm。(3) 开袖窿：下针侧减 4 针，织 16 行。(4) 开前领：花样 B 处平收，其余按减 9 针编织，织 8cm 后收针。对称织出右前片。

3. 缝合：将前、后片肩部、腋下对齐缝合。

4. 帽子：如图前领、后领各挑 15 针、24 针，排花编织，织 15cm 后收针。织完后两片 a 相缝合。

5. 袖口：前、后片共挑 56 针，花样 B 编织 5 行后收针。相同方法织另一袖。

6. 毛球：参照毛线球制作 2 枚毛线球，并编织 1 根系带缝合于门襟处。

毛线球制作

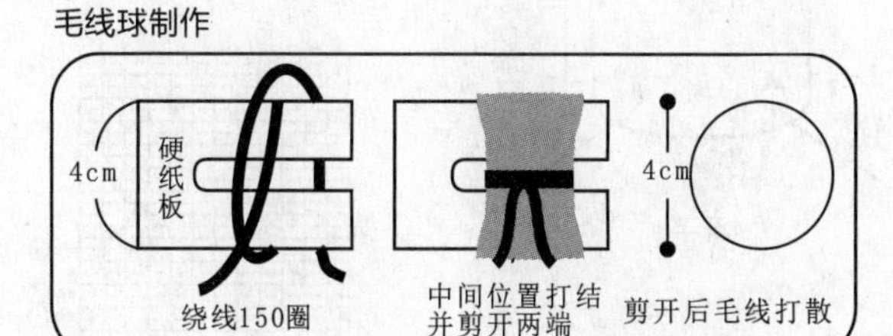

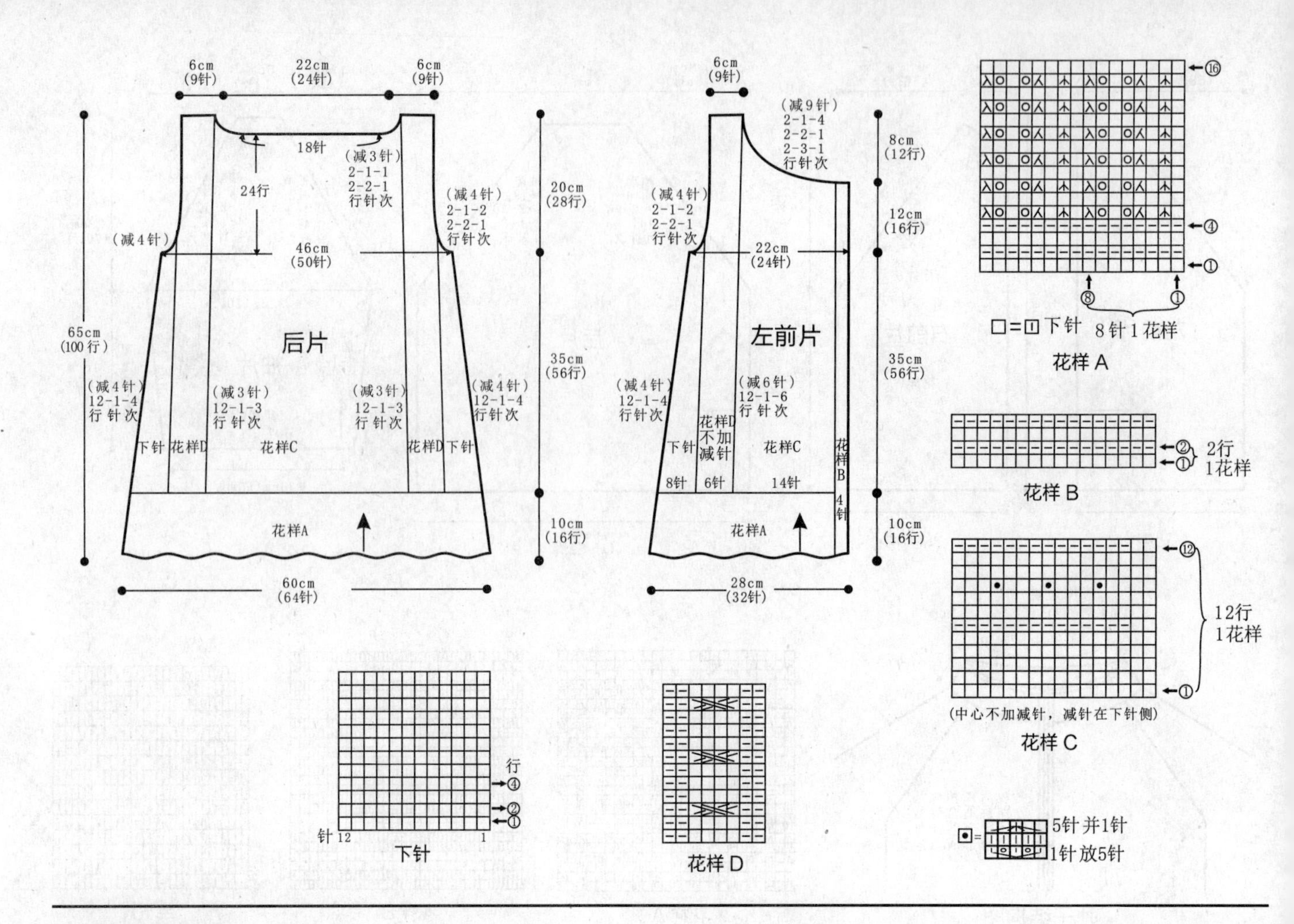

244

【成品尺寸】衣长 43cm　胸围 84cm　袖长 33cm

【工具】6 号棒针

【材料】杏色棉线 420g

【密度】10cm^2：11 针 × 18 行

【制作方法】

1. 前、后片：以前片为例：(1) 起 50 针，双罗纹织 10cm。(2) 排花编织，织 15cm 后两侧开始减针，各织 18cm 后收针，减针按减 9 针编织。相同方法织另一片。
2. 袖片(2 片)：起 62 针，排花编织，同时两侧按减 17 针编织，织 33cm 后收针。相同方法织另一片。
3. 缝合：将前、后片、袖片对齐缝合。注意袖窿缝合不包括双罗纹处。
4. 领子：如衣领图、前片、袖片、后片各挑 32 针、28 针。共挑 120 针，双罗纹织 20cm 后收针。

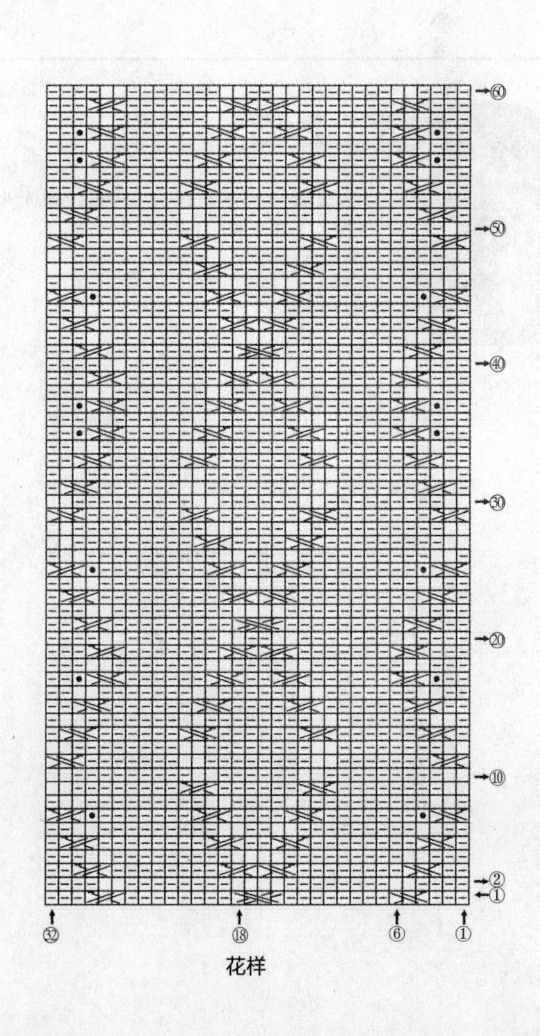

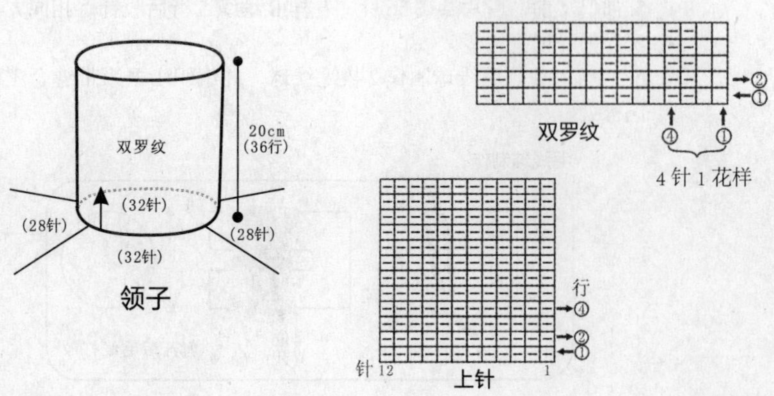

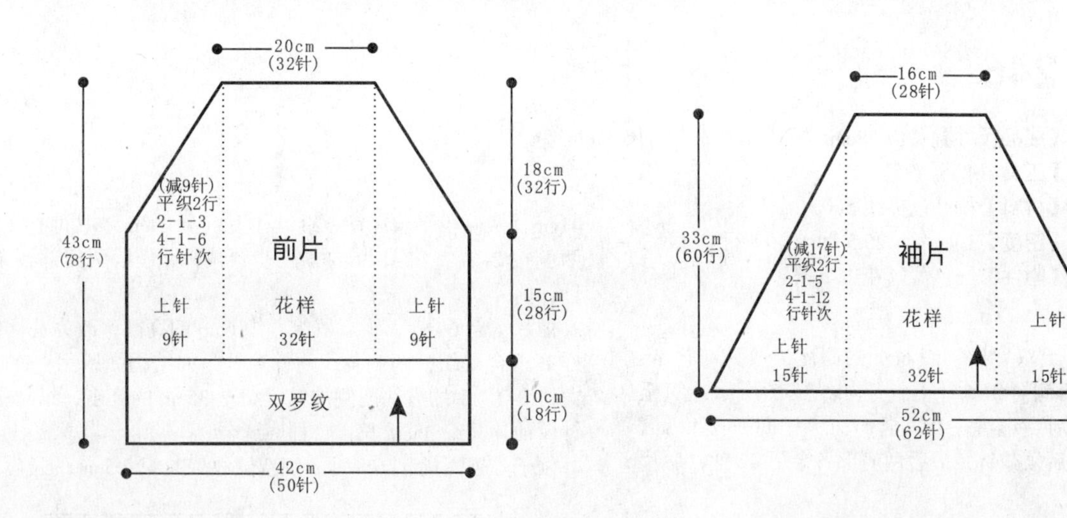

245

【成品尺寸】衣长 38cm　衣宽 42cm　袖长 18cm

【工具】6 号棒针　7 号钩针　绣花针

【材料】深紫色棉线 360g

【密度】10cm^2：11 针 ×16 行

【附件】纽扣 4 枚

【制作方法】

1. 此款衣服为横织衣，编织顺序为：主体一、主体二、袖、门襟、帽子。
2. 主体一：起 19 针，花样 B 编织 120cm 后收针。
3. 主体二：起 18 针，花样 A 编织 82cm 后收针。
4. 缝合：参照前、后片图、将主体一、二相缝合。
5. 袖口（2 片）：起 6 针，花样 C 编织 19cm 后收针。相同方法织另一片。织完缝合在袖口位置。
6. 门襟：左门襟挑 36 针，双罗纹织 6 行后收针。右门襟织 2 行后开扣眼，开扣眼如图编织。织完在左门襟上缝上 4 枚纽扣。
7. 帽子：在两片前片上分别挑 11 针，织下针后换花样 D 编织，织 20cm，注意中心位置编织 1 组花样 A。

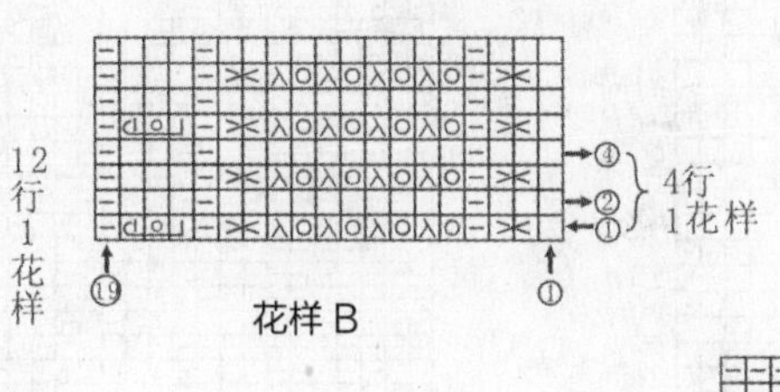

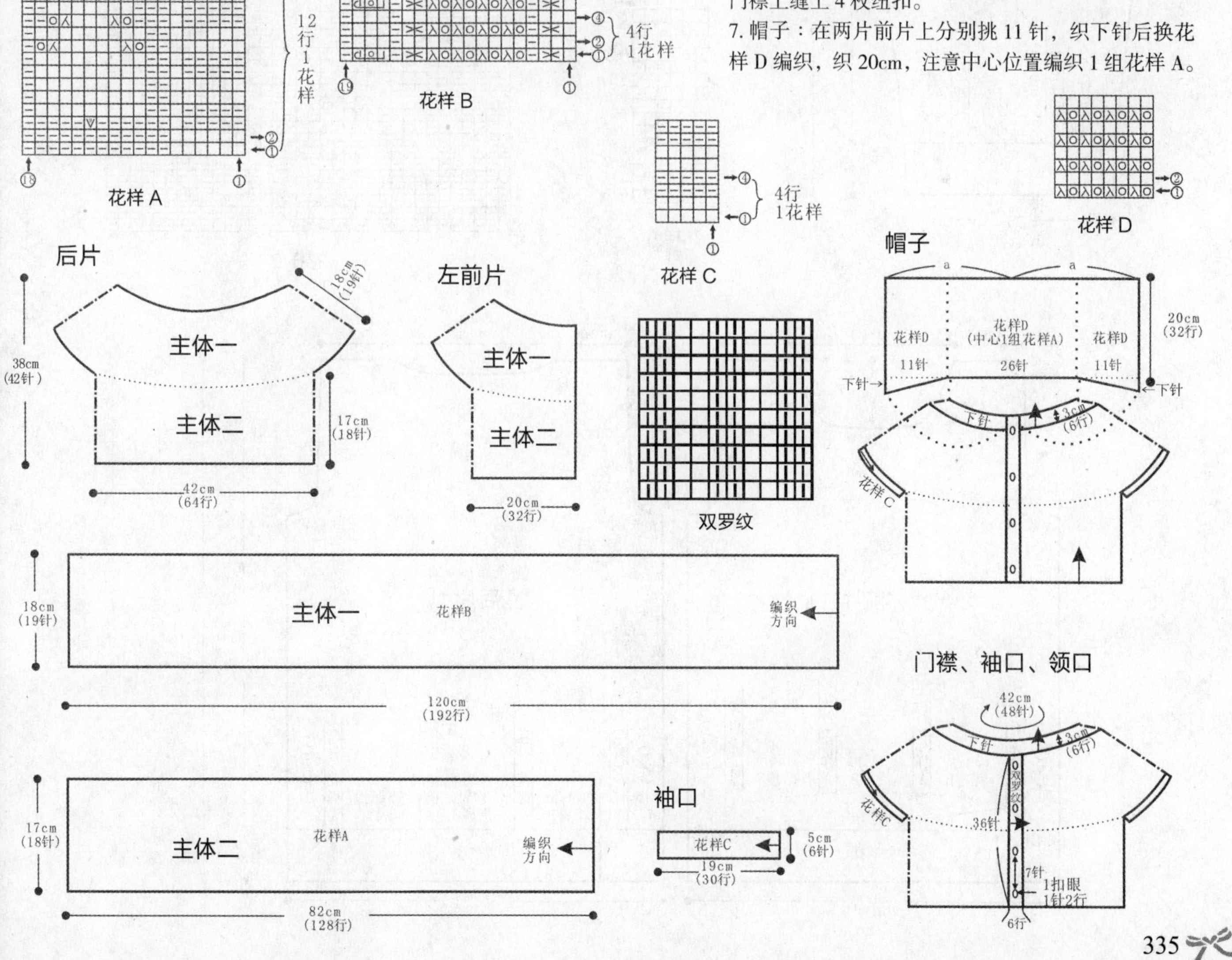

246

【成品尺寸】衣长 58cm　胸围 108cm　袖长 35cm

【工具】12 号棒针

【材料】桃红色棉线 500g

【密度】$10cm^2$：25.5 针 × 30.8 行

【附件】红色蕾丝花边 1 条

【制作方法】

1. 后片：起 138 针，织双罗纹，织 6cm 的高度，改为花样 A、花样 B 组合编织，两侧各织 6 针上针，如结构图所示，织至 41cm，两侧各平收 4 针，继续往上织至 57cm，中间平收 42 针，两侧按 2-1-2 的方法后领减针，最后两肩部各余下 42 针，后片共织 58cm 长。

2. 前片：起 138 针，织双罗纹，织 6cm 的高度，将织片两端分别挑起 4 针编织，一边织一边向中间挑加针，加针方法为 2-1-4、2-2-4，花样 A、花样 B 组合编织，两侧各织 6 针上针，如结构图所示，织 5cm 后，将中间 106 针同时挑起编织，织至 41cm，两侧各平收 4 针，继续往上织至 49cm，中间平收 20 针，两侧按 2-2-2、2-1-9 的方法前领减针，最后两肩部各余下 42 针，前片共织 58cm 长。

3. 袖片：起 64 针，织双罗纹，织 6cm 的高度，改为花样 A、花样 B 组合编织，两侧各织 9 针上针，如结构图所示，一边织一边按 8-1-11 的方法两侧加针，织至 35cm 的高度，织片变成 86 针，袖片共织 35cm 长，将袖底缝合。

4. 领子：领圈挑起 108 针，织双罗纹，共织 2.5cm 的长度。

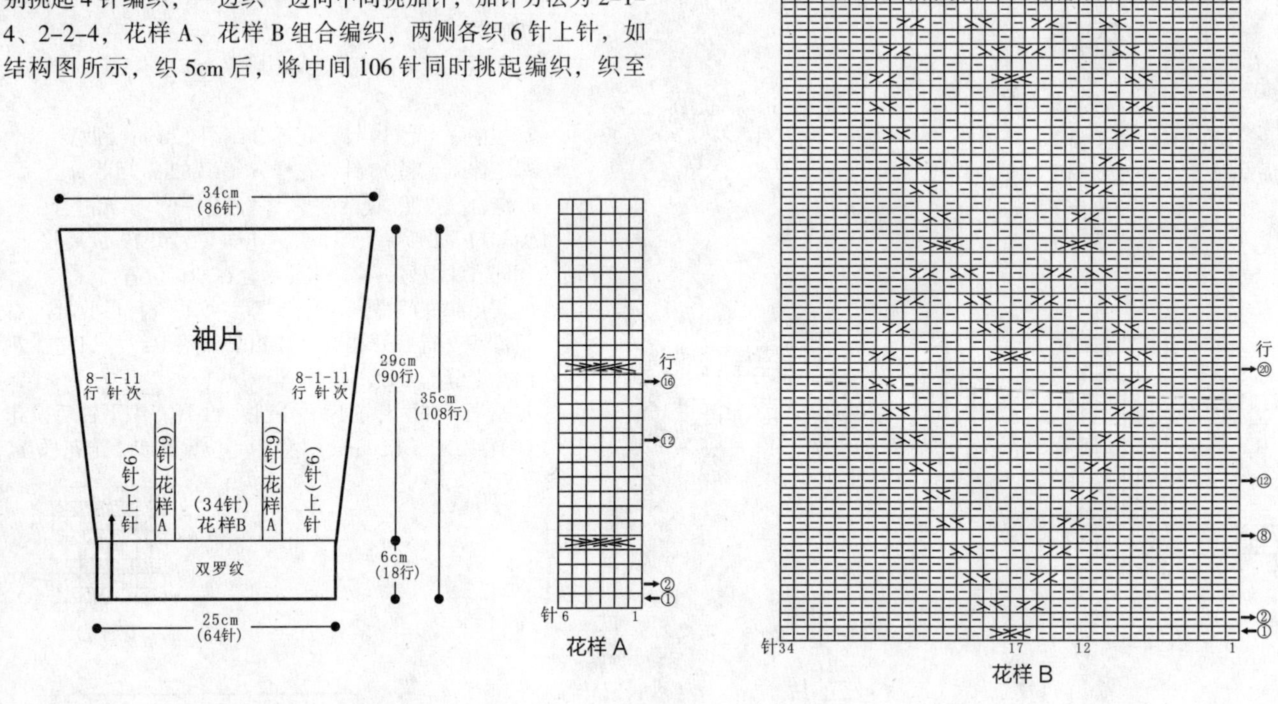

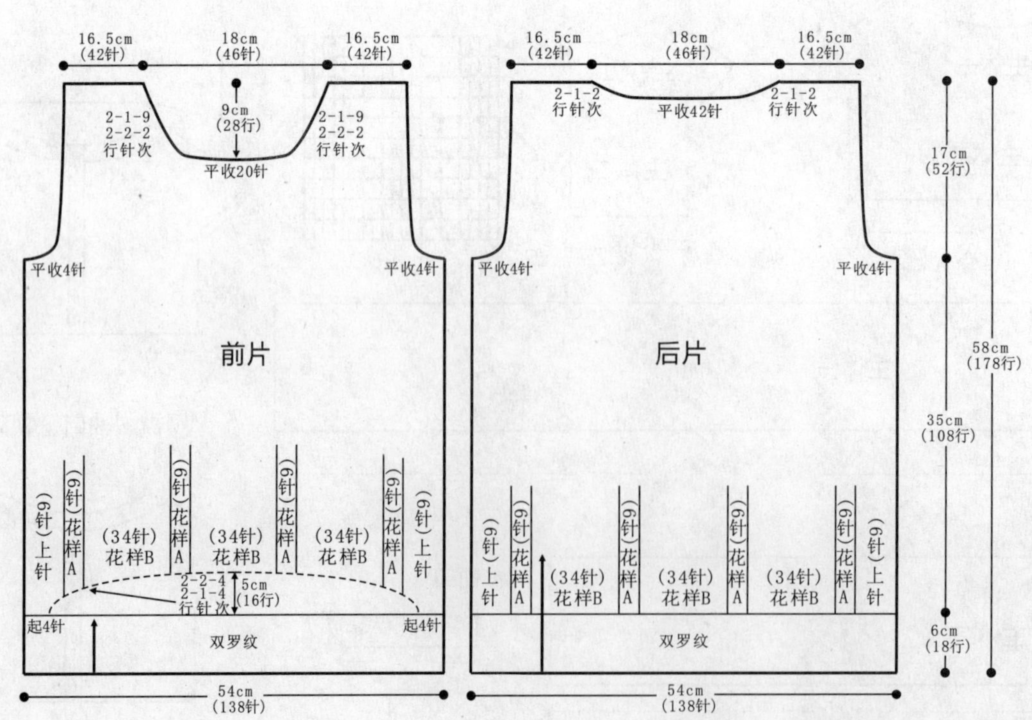

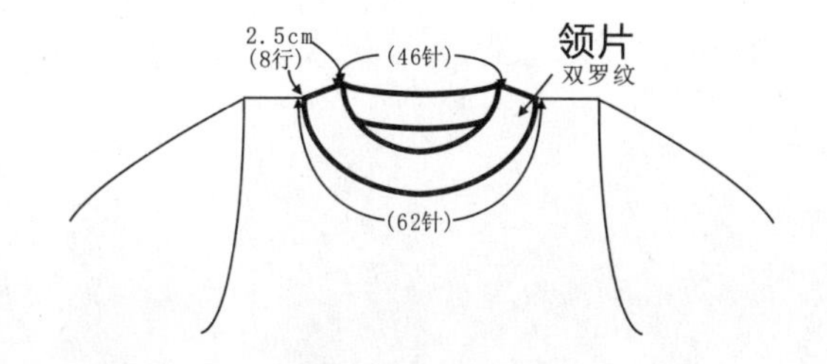

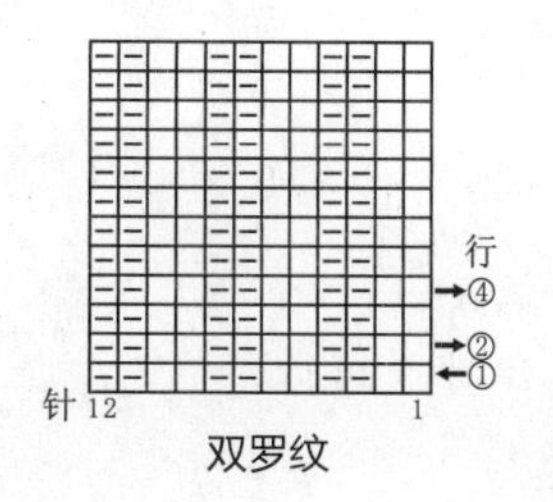

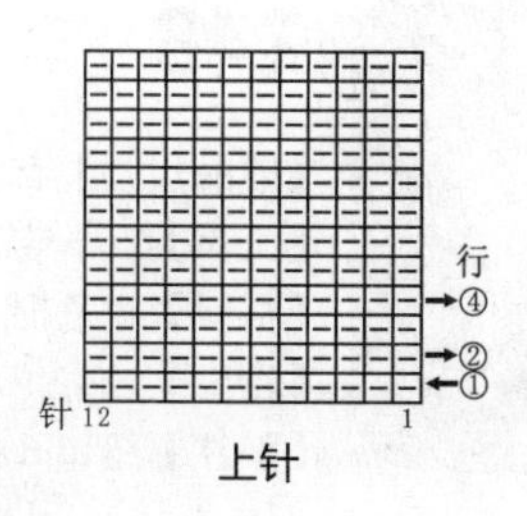

247

【成品尺寸】衣长 61cm　胸围 94cm
【工具】6 号棒针　7 号棒针
【材料】咖啡色毛线 550g
【密度】10cm^2 ：15 针 ×22 行

【制作方法】
1. 后片：用 7 号棒针起 73 针，织 8cm 双罗纹后，换 6 号棒针编织花样，不加不减针织 33cm 到腋下，开始袖窿减针，减针方法如图，织到最后 3cm 时，进行后领减针，减针方法如图，肩留 16 针，待用。
2. 前片：用 7 号棒针起 73 针，织 8cm 双罗纹，换 6 号棒针编织花样，不加不减针织 33cm 到腋下，开始袖窿减针，减针方法如图，织至最后 7cm 时，进行领口减针，减针方法如图，肩留 16 针，待用。
3. 在前、后片反面用下针缝合，并合并侧缝线。
4. 领、袖窿用 7 号棒针挑织双罗纹。

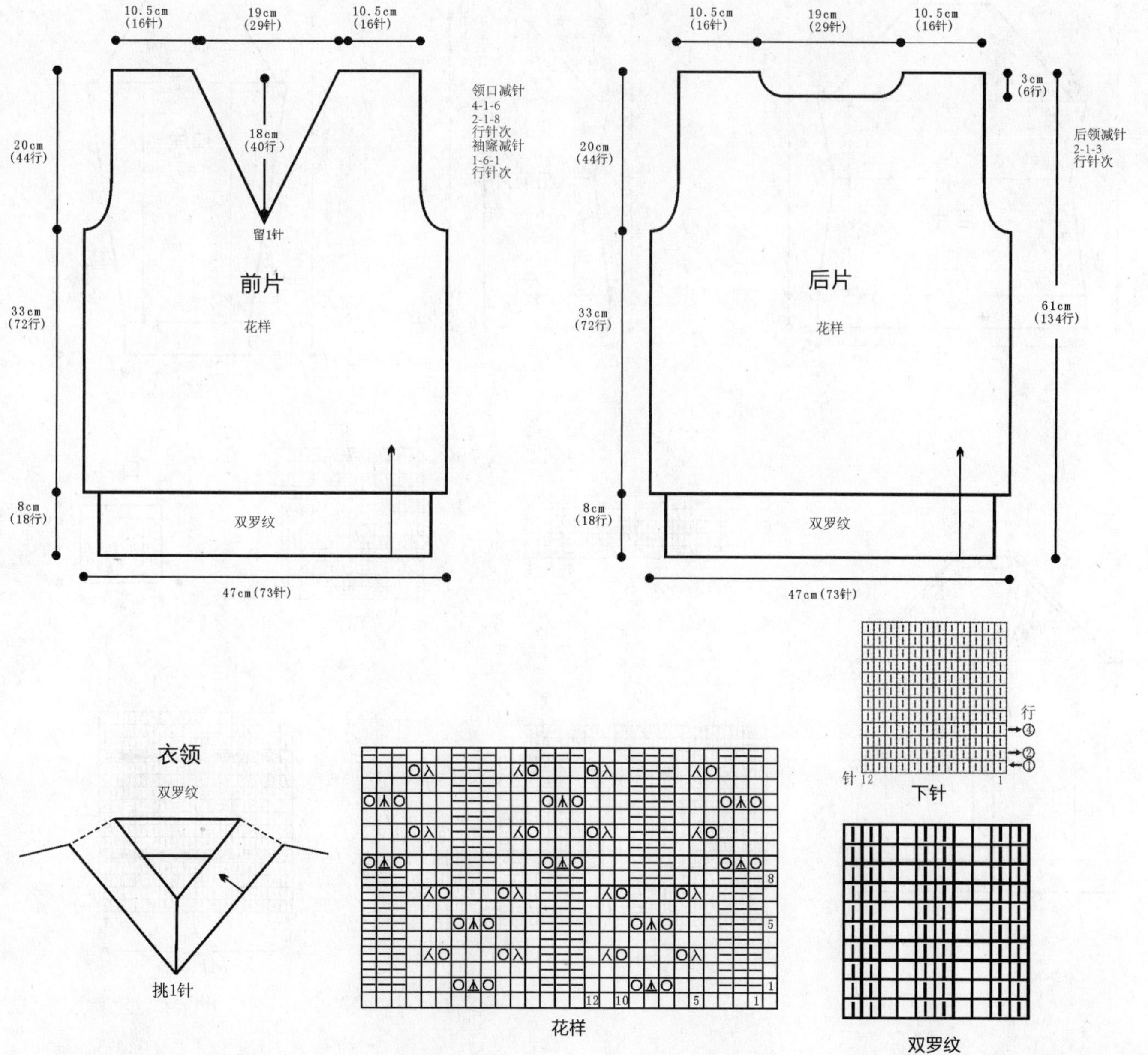

248

【成品尺寸】衣长 50cm　胸围 83cm　肩袖长 60cm
【工具】7 号棒针　绣花针
【材料】杏色棉线 660g
【密度】10cm²：18 针 ×24 行
【附件】纽扣 6 枚

【制作方法】

1. 后片：(1) 起 78 针，花样 A 织 5cm。(2) 下针编织，两侧同时按减 5 针方法减针，织 18cm；然后按加 5 针方法加针，织 12cm。(3) 开袖窿：两侧各留 4 针，往上两边逐渐减针，按减 23 针方法编织，织 15cm 后收针。

2. 前片(2 片)：以左前片为例：(1) 起 34 针，花样 A 织 5cm。(2) 花样 B、下针组合编织，左侧逐渐加减针，加减针方法同后片，一侧不用加减针，织 30cm。加减针均在下针处进行。(3) 开袖窿、前领：下针编织，腋下加减针侧留 4 针，两侧分别按减 5 针、减 23 针方法编织，织 13cm 后收针。对称织出右前片。

3. 袖片（2 片）：(1) 起 32 针，花样 A 织 5cm。(2) 排花编织，两侧按加 13 针方法加针，织 40cm。(3) 织袖山：下针编织，两侧按减 18 针编织，织 15cm。相同方法织另一片。

4. 缝合：前、后片肩部，腋下，领对齐缝合；袖片袖下缝合，并与身片袖窿处相缝合。

5. 口袋（2 片）：起 26 针，排花编织 10cm，然后花样 A 编织 2cm 后收针，相同方法织另一片。

6. 领、门襟：如门襟、衣领图，共挑 250 针，花样 A 编织 10 行后收针，注意织左门襟时留出 6 枚扣眼，留针如图，在右门襟处钉上 6 枚纽扣。

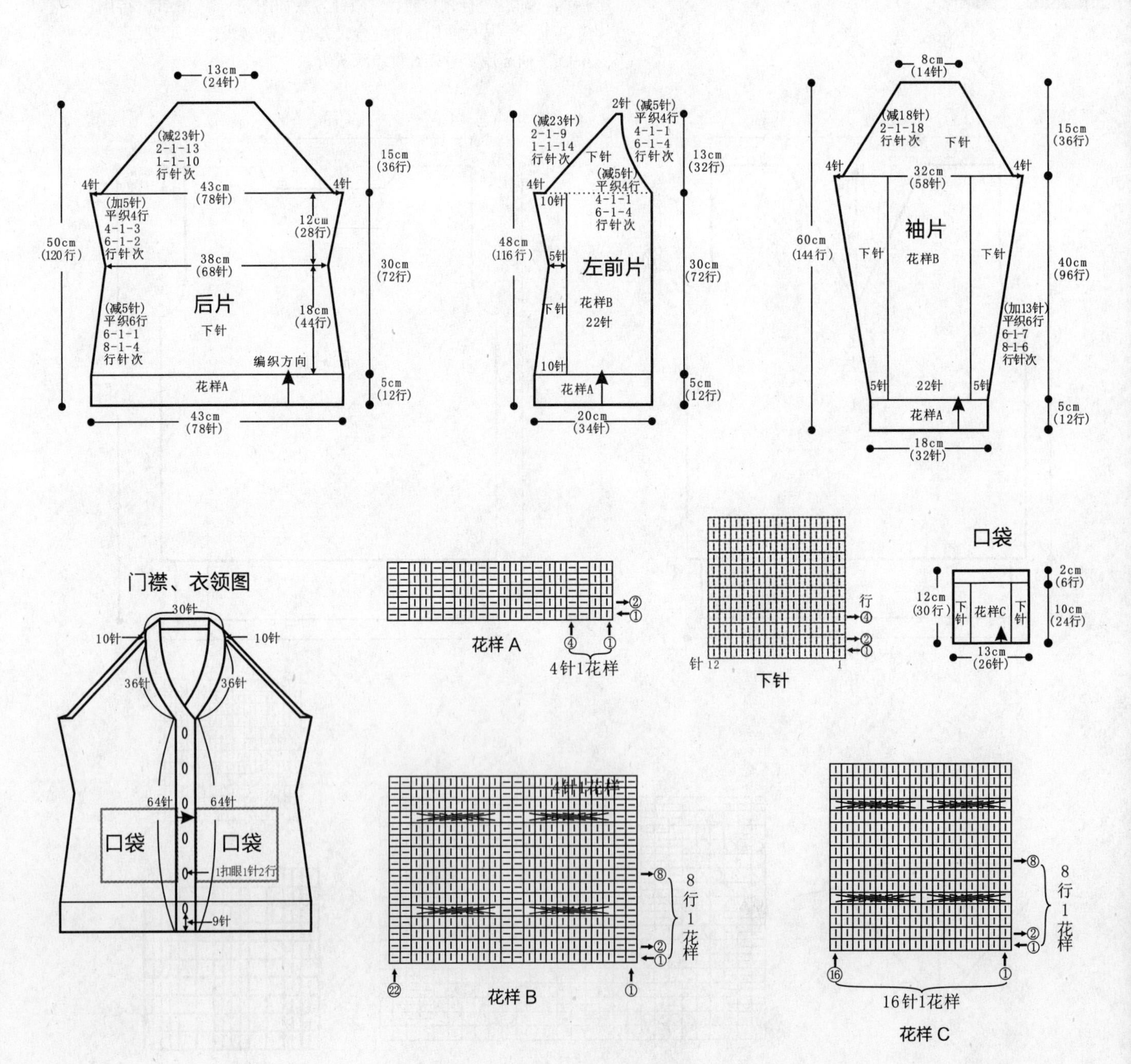

249

【成品尺寸】披肩长 40cm 衣宽 84cm
【工具】12 号棒针
【材料】红蓝段染线 500g
【密度】$10cm^2$ ：25 针 ×34 行

【制作方法】

披肩片：从领口往下编织，起 80 针，织下针，环形编织，织 12 行的高度，改为元宝针与花样组合编织，海浪花的编织方式，织 3 组花样，完成后沿披肩摆挑起 420 针，织搓板针，织 8 行后，收针断线。

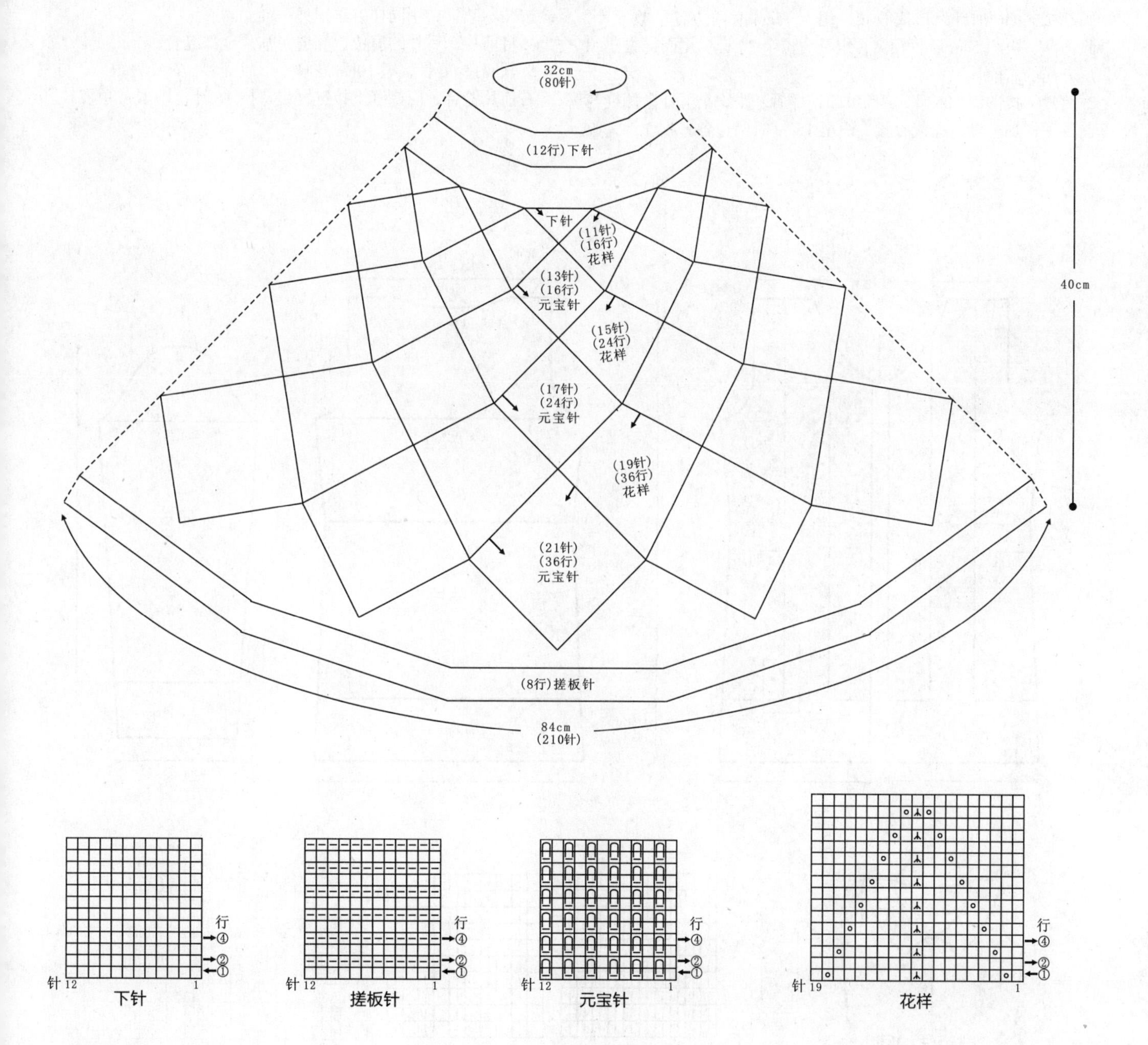

250

【成品尺寸】衣长 68cm　胸围 96cm　袖长 53cm

【工具】12 号棒针　绣花针

【材料】段染纯羊毛线 600g

【密度】10cm^2：22 针 ×32 行

【附件】拉链 1 条

【制作方法】

1. 前片：分左、右 2 片编织，左前片按图起 53 针，织 10cm 花样后，改织全下针，中间继续织花样，织 10cm 时袋口平收 10 针后分 2 片编织，织至 10cm 时再合起来编织，侧缝按图示减针，织至 22cm 时加针，形成收腰，织至 15cm 时两边各平收 5 针，收袖窿，再织 5cm 后收领窝，织至肩位余 20 针。用同样方法织反方向的右前片。

2. 后片：按图起 105 针，织 10cm 花样后，改织全下针，侧缝与前片一样加减针，形成收腰，织至 15cm 时两边各平收 5 针，收袖窿，并按图收领窝，肩位余 20 针。

3. 袖片：按图起 55 针，先织 10cm 花样后，改织全下针，袖下按图示加针，织至 32cm 时，开始收袖山，两边各平收 5 针，按图示减针，用同样方法织另一袖。

4. 将前片、后片的肩位、侧缝与袖片全部缝合。

5. 领圈挑 96 针，织 10cm 花样，形成翻领，衣袋另织好，与左、右前片缝合，门襟缝上拉链，袋口挑 16 针，织 1cm 单罗纹。

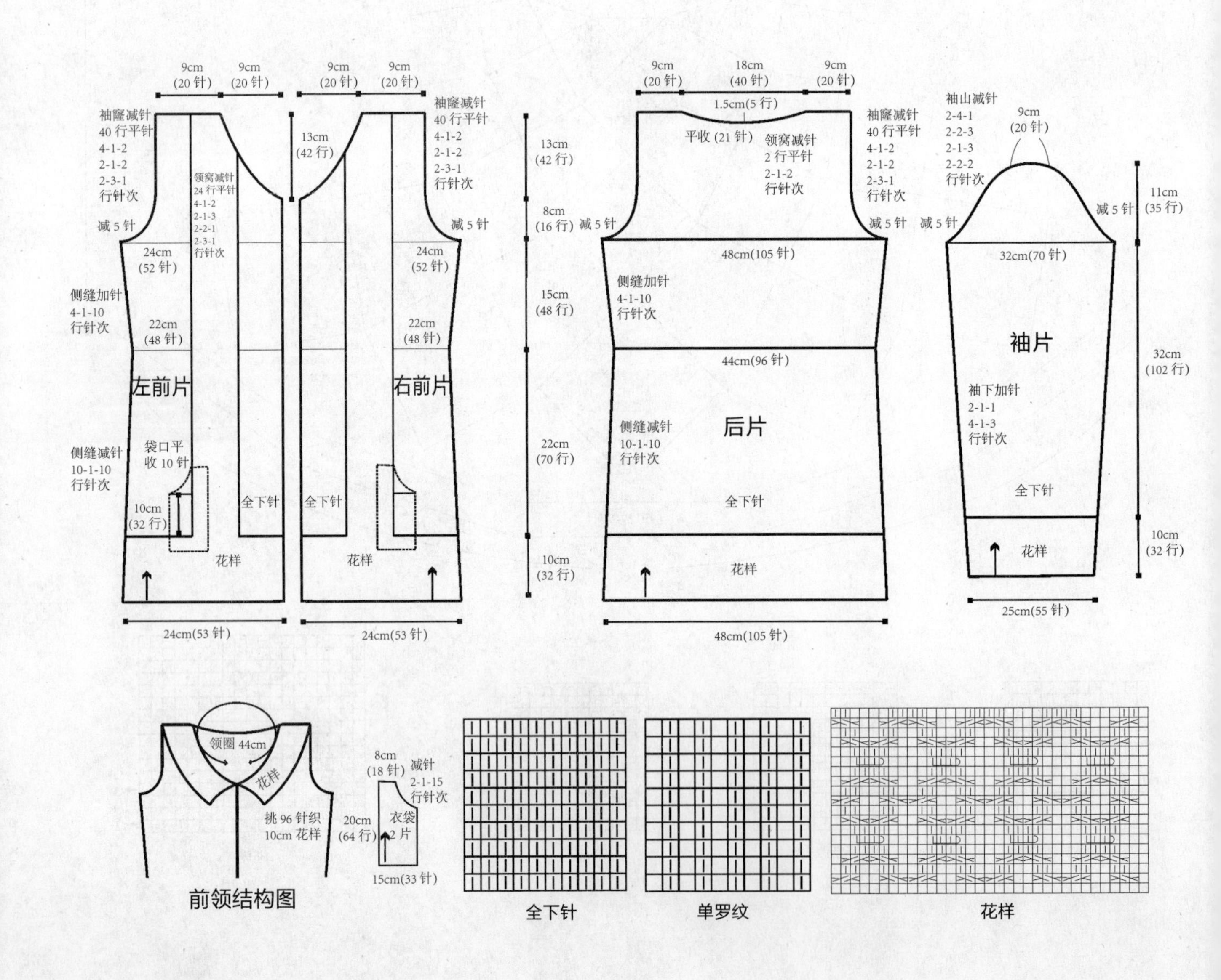

251

【成品尺寸】披肩长 36.5cm　宽 100cm
【工具】12 号棒针
【材料】紫色棉线 600g
【密度】10cm^2：27 针 ×32 行
【附件】流苏若干

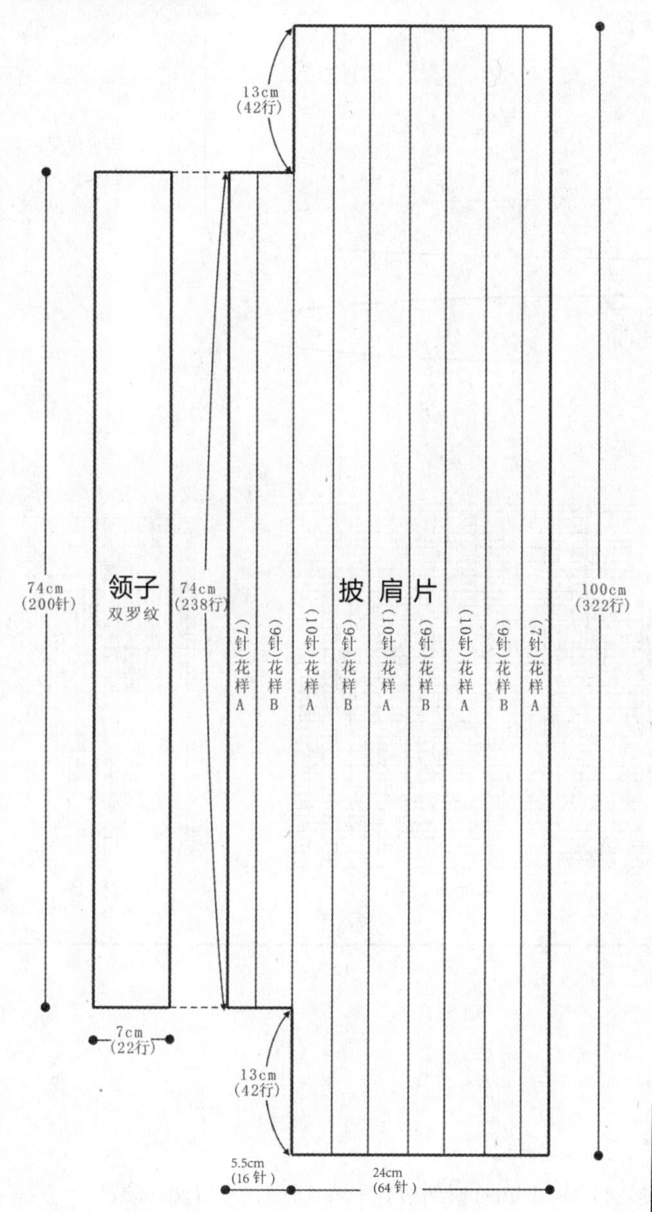

【制作方法】

1. 披肩片：横向编织，起 64 针，织花样 A 与花样 B 组合编织，如结构图所示，织 13cm 的长度，左侧加起 9 针花样 B 和 7 针花样 A，继续不加减针织至 87cm 的长度，左侧平收 16 针，余下针数继续编织至 100cm 的总长度。
2. 领子：沿披肩片左侧挑起 200 针，织双罗纹，织 7cm 的长度。
3. 袖子：沿披肩片左侧平收针处及领子侧边挑起 36 针，环形编织双罗纹，共织 7.5cm 的长度。
4. 流苏：沿披肩片两侧分别绑系约 15cm 长的流苏。

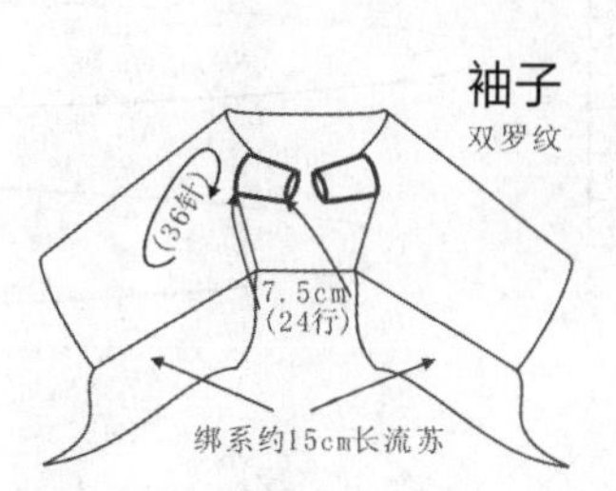

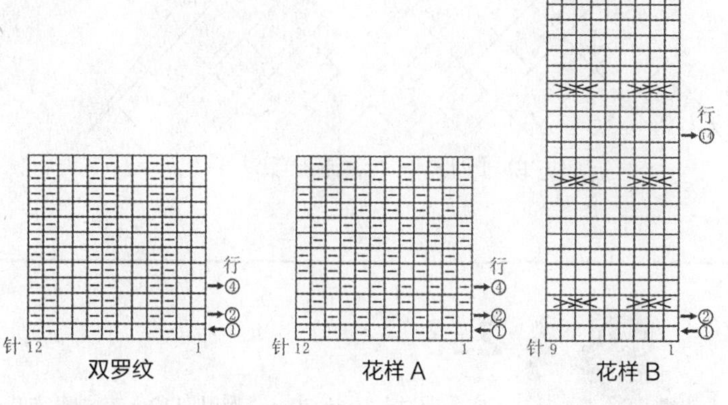

252

【成品尺寸】衣长 38cm　领圈边宽 46cm
【工具】10 号棒针 4 支
【材料】玫红色纯羊毛线 300g
【密度】10cm^2：22 针 ×32 行

【制作方法】

披肩毛衣从上往下编织。

1. 从领圈边起针，下针起针法起 100 针，用环织的方法，先织 8 行全下针，然后织海浪针衣身。
2. 海浪针的织法：在领圈边上挑出 1 针，返回织上针 1 针，第 3 行织 1 针下针 1 并在领圈边上挑第 2 针织下针，返回织 2 针上针，第 5 行织 2 针下针后，再在领圈边挑出 1 针织下针，返回织 3 针上针，第 7 行织 3 针下针后，再在领圈边挑出 1 针织下针，返回织 4 针上针，如此重复，至将棒针上的针数共挑出织成 10 针，将 10 针留在辫棒针上不织，重复前面的步骤，从 1 针挑织成 10 针，共织 10 个小三角形。
3. 当织完小三角形时，开始编织小方块，方法与三角形一样，每个小方块的花样可以参照结构图排列，共编织 7 层，每层方块的针数要比上一层多挑 2 针，至编织完成时，下摆每个方块的针数为 18 针，共 180 针，呈波浪形状。编织完成。

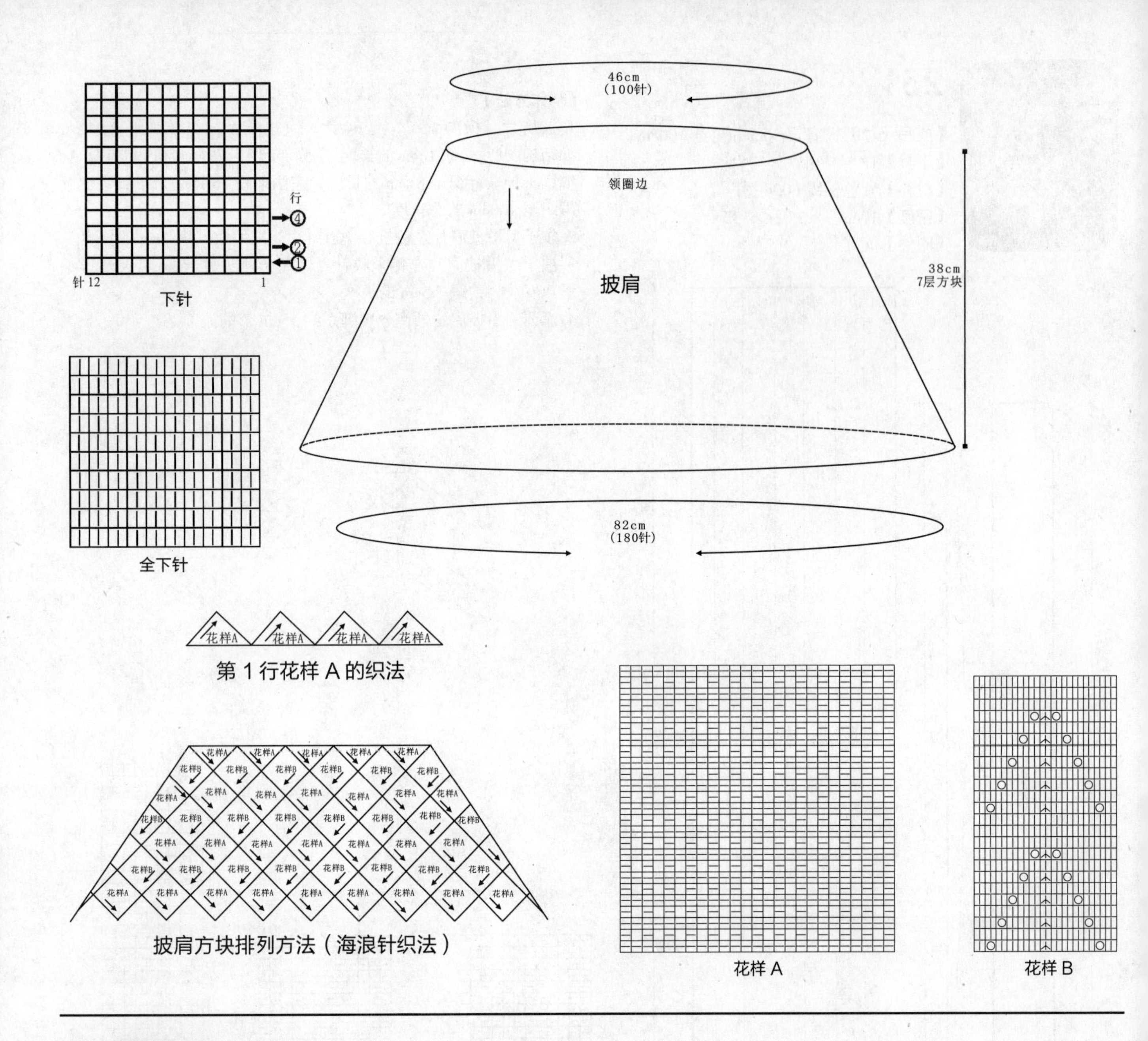

253

【成品尺寸】衣长 70cm　胸围 112cm　袖长 53cm

【工具】10号棒针　绣花针

【材料】红色纯羊毛线 650g

【密度】$10cm^2$ ： 22针 ×32行

【附件】纽扣5枚

【制作方法】

开襟翻领毛衣从下往上编织。

1. 前片：分左、右2片编织，左前片：起62针，先织6cm花样，对折缝合，形成双层底边，然后继续往上编织，侧缝按图示减针，方法是：按10-1-10减针，织37cm时加针，方法是：按8-1-6加针，形成收腰形状，再织15cm时平收5针后，进行袖窿减针，方法是：按2-3-2、2-2-2、2-1-2减针，同时在距离袖窿13cm处，门襟平收20针后，进行领窝减针，方法是：按2-1-6减针，织至肩部余20针。同样方法织反方向的右前片。门襟均匀地开纽扣孔。

2. 后片：按图起124针，先织6cm花样，对折缝合，形成双层底边，然后继续往上编织，侧缝与前片一样加减针，形成收腰形状，再织15cm时两边各平收5针后，进行袖窿减针，方法与前片袖窿一样。同时在距离袖窿16cm处，进行领窝减针，中间平收40针后，两边减针，方法是：按2-2-3减针，织至两边肩部余20针。

3. 袖片（2片）：按图起56针，先织6cm花样，对折缝合，形成双层底边，继续往上编织，袖下按图示加针，方法是：按18-1-7加针，织至42cm时，两边各平收5针后，开始进行袖山减针，方法是：按2-4-2、2-3-2、2-2-3减针，至顶部余20针。同样方法织另一袖。

4. 将前、后片的肩位、侧缝与袖片全部缝合。

5. 领圈边挑74针，织8cm花样，形成翻领。两个衣袋另织好，起24针，织花样，两边袋角加4针，方法是：按2-1-4加针，织18cm收针断线，与左、右前片缝合。后片腰带另织，与后片缝合好。门襟缝上纽扣。毛衣编织完成。

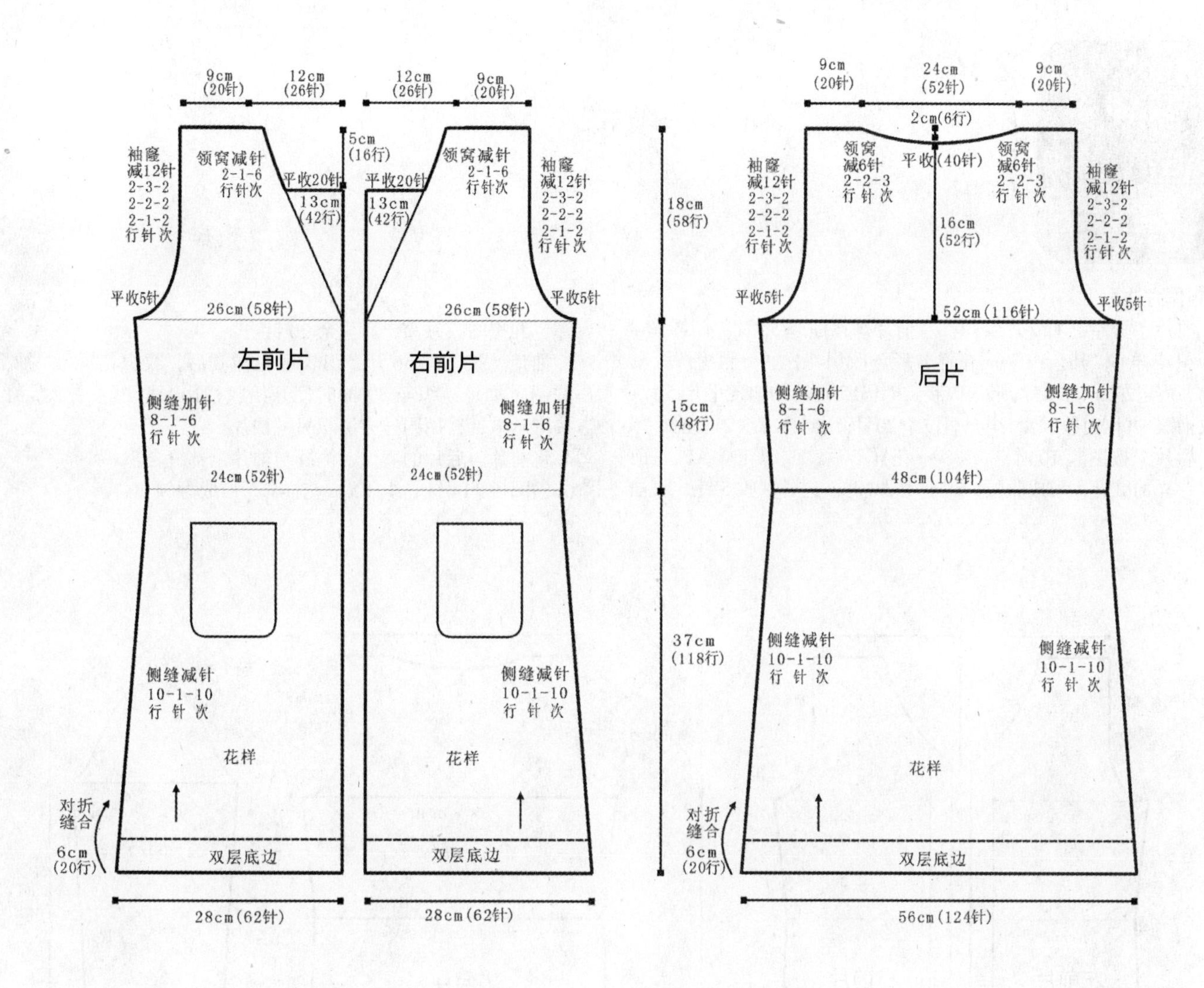

9cm (20针)
12cm (26针)
袖窿 减12针 2-3-2 2-2-2 2-1-2 行针次
领窝减针 2-1-6 行针次
5cm (16行)
平收20针
13cm (42行)
平收5针
26cm (58针)
左前片
侧缝加针 8-1-6 行针次
24cm (52针)
侧缝减针 10-1-10 行针次
花样
对折缝合
6cm (20行)
双层底边
28cm (62针)
右前片
18cm (58行)
15cm (48行)
37cm (118行)
24cm (52针)
2cm (6针)
平收 (40针)
领窝 减6针 2-2-3 行针次
16cm (52行)
52cm (116针)
后片
48cm (104针)
56cm (124针)

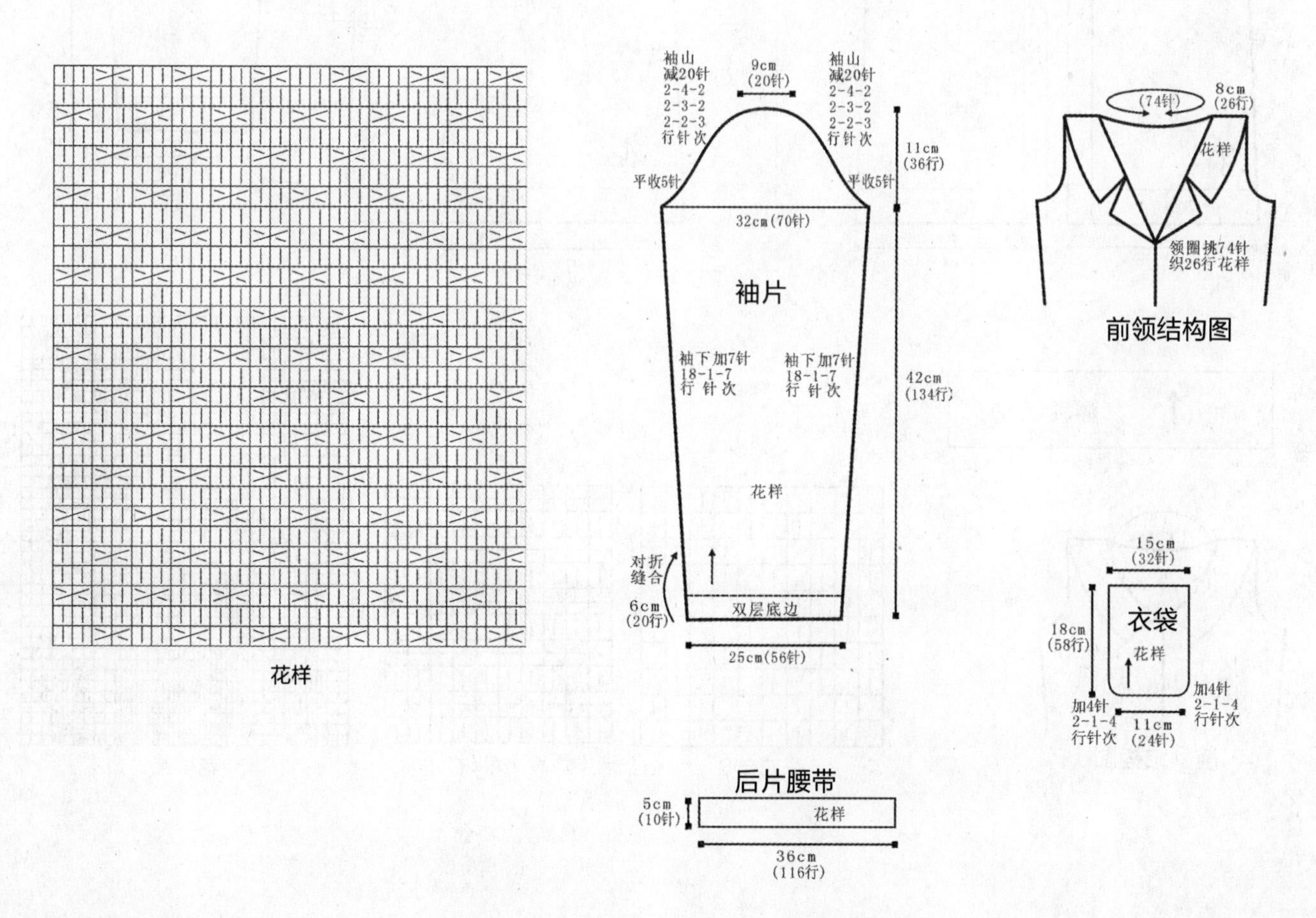

花样
袖山 减20针 2-4-2 2-3-2 2-2-3 行针次
9cm (20针)
11cm (36行)
平收5针
32cm (70针)
袖片
袖下加7针 18-1-7 行针次
42cm (134行)
花样
对折缝合
6cm (20行)
双层底边
25cm (56针)
(74针)
8cm (26行)
花样
领圈挑74针 织26行花样
前领结构图
15cm (32针)
18cm (58行)
衣袋
花样
加4针 2-1-4 行针次
11cm (24针)
后片腰带
5cm (10针)
花样
36cm (116行)

254

【成品尺寸】衣长 65cm　胸围 96cm　袖长 53cm
【工具】10 号棒针
【材料】红色羊毛线 700g
【密度】10cm^2：22 针 ×32 行

【制作方法】

1. 前片：分左、右 2 片编织。左前片：按图起 52 针，门襟留 8 针织花样 C，其余织 3cm 花样 B 后，改织花样 A，侧缝按图减针，织至 29cm 时加针，形成收腰，再织 15cm 时两边各平收 5 针，收袖窿，并同时收领窝，织至肩位余 20 针，用同样方法织右前片。
2. 后片：按图起 104 针，织 3cm 花样 B 后，改织花样 A，与前片一样加减针，形成收腰，织至 15cm 时两边各平收 5 针，收袖窿，并按图收领窝，肩位余 20 针。
3. 袖片：按图起 56 针，织 3cm 花样 B 后，改织花样 A，袖下按图示加针，织至 39cm 时，开始收袖山，两边各平收 5 针，按图示减针，用同样方法织另一袖片。
4. 将前片、后片的肩位、侧缝与袖片全部缝合。
5. 领圈挑 114 针，织 10cm 花样 C，形成翻领。

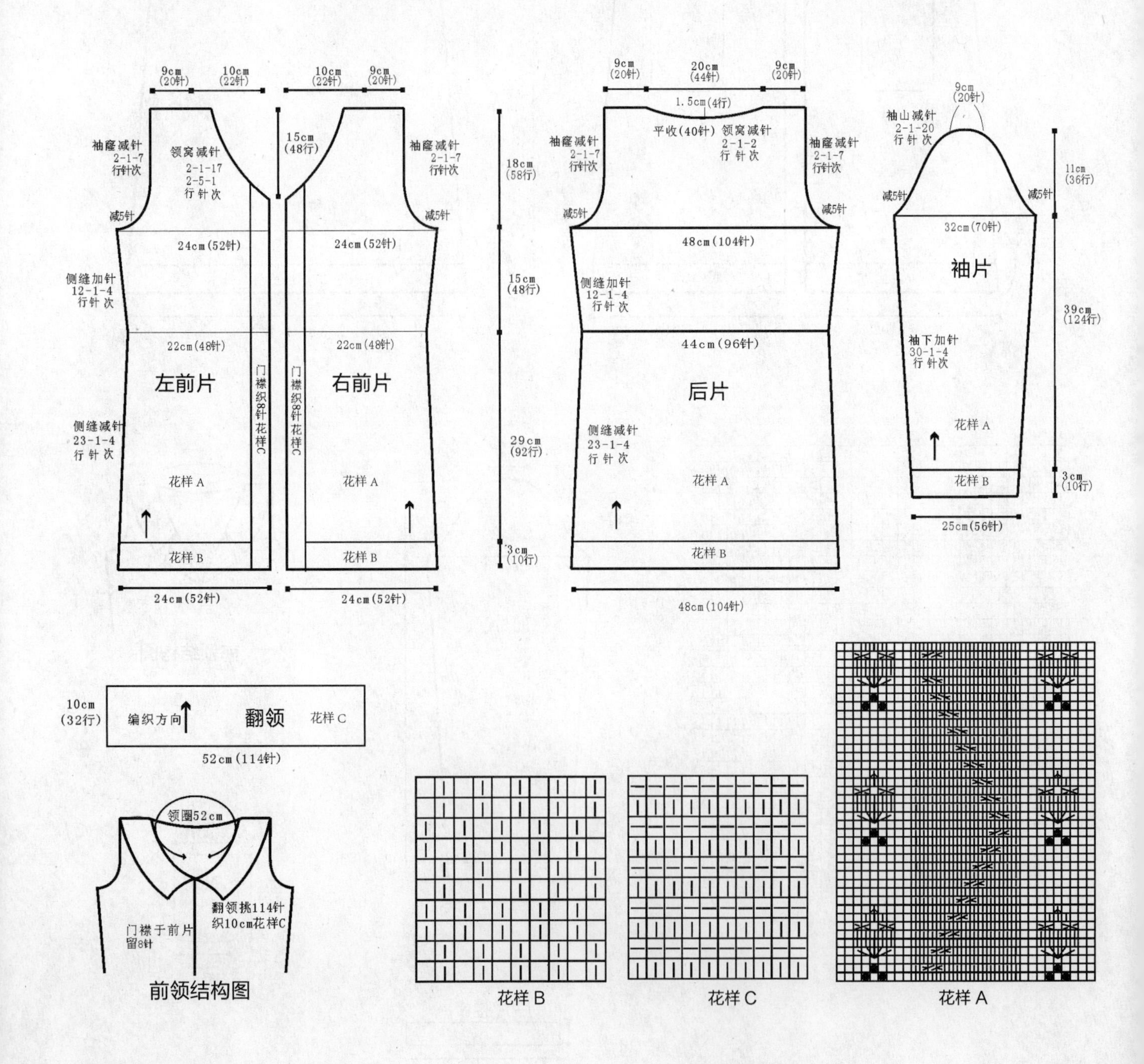

255

【成品尺寸】衣长 56cm　胸围 80cm　肩宽 32.5cm　袖长 53cm

【工具】12 号棒针

【材料】红色棉线 550g

【密度】10cm^2 ：32.2 针 ×39.3 行

【制作方法】

1. 后片：起 129 针，织双罗纹，织 6cm 的高度，改织花样 A，如结构图所示，织至 36cm，两侧各平收 4 针，然后按 2–1–8 的方法减针织成袖窿，织至 55cm，中间平收 43 针，两侧按 2–1–2 的方法后领减针，最后两肩部各余下 29 针，后片共织 56cm 长。

2. 前片：起 129 针，织双罗纹，织 6cm 的高度，改为花样 A、花样 B 组合编织，如结构图所示，织至 36cm，两侧各平收 4 针，然后按 2–1–8 的方法减针织成袖窿，织至 49cm，中间平收 21 针，两侧按 2–2–3、2–1–7 的方法前领减针，最后两肩部各余下 29 针，前片共织 56cm 长。

3. 袖片（2 片）：起 68 针，织双罗纹，织 6cm 的高度，改为花样 A、花样 B 组合编织，如结构图所示，一边织一边按 8–1–18 的方法两侧加针，织至 44cm 的高度，两侧各平收 4 针，然后按 2–2–17 的方法袖山减针，袖片共织 53cm 长，最后余下 28 针。袖底缝合。

4. 领片：领圈挑起 110 针，织双罗纹，共织 10cm 的长度，向内与起针合并成双层领。

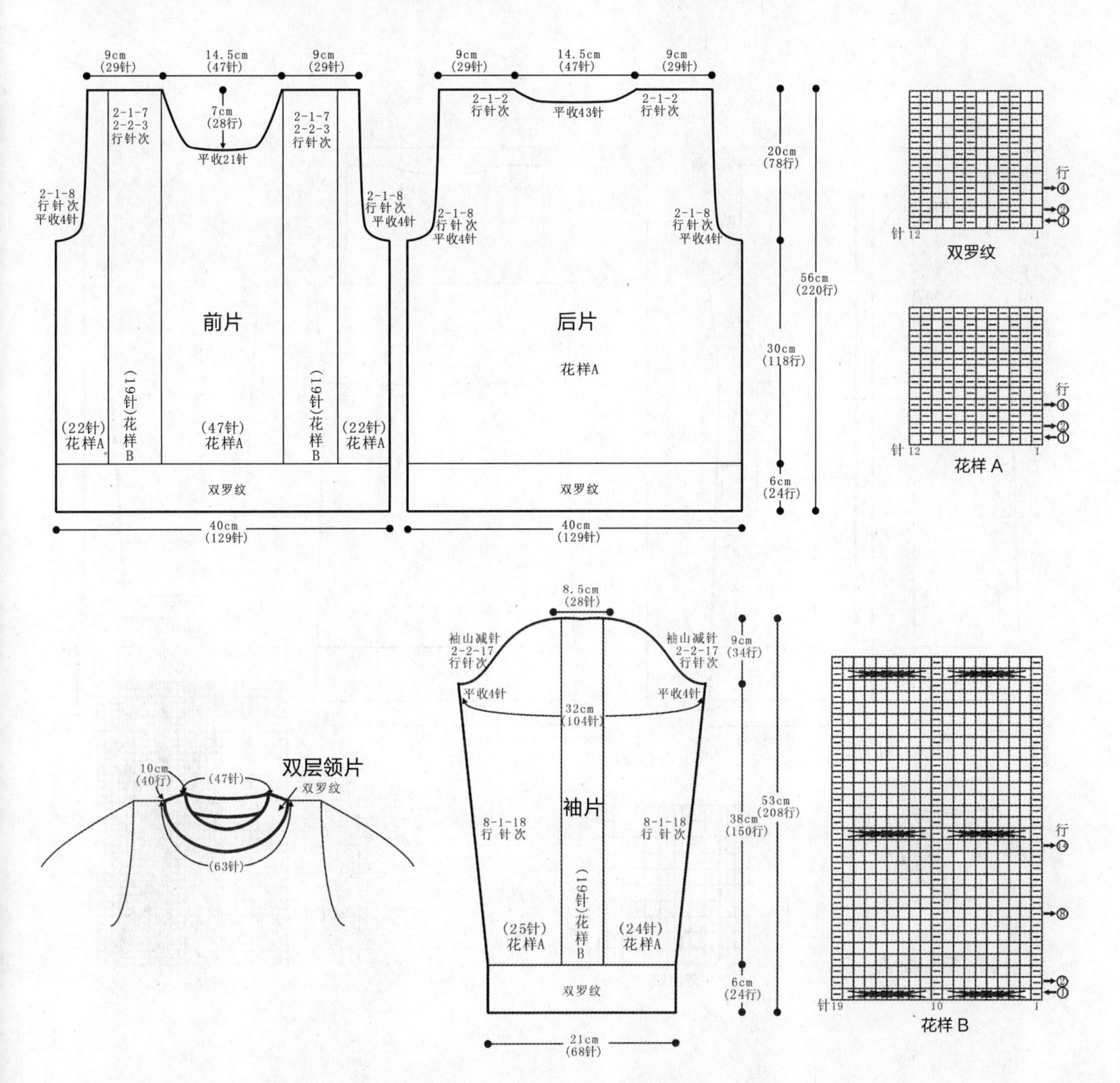

256

【成品尺寸】衣长 80cm　胸围 88cm　袖长 53cm

【工具】10 号棒针　绣花针

【材料】段染羊毛线 800g

【密度】10cm² ：22 针 ×32 行

【附件】纽扣 3 枚

【制作方法】

1. 前片：分左、右 2 片编织。左前片按图起 54 针，织 10cm 双罗纹，其中 12 针织花样 B，其余针数织花样 A，织至适合针数时袋口平收，织 10 针后分 2 片编织，织至 10cm 时再合起来编织，侧缝按图示减针，织至 37cm 时加针，形成收腰，再织 15cm 时两边各平收 5 针，收袖窿，织 13cm 时收领窝，织至肩位余 20 针。用相同方法相反方向织右前片。

2. 后片：按图起 104 针，织 10cm 双罗纹后，改织花样 A，侧缝与前片一样加减针，织至 37cm 时加针形成收腰，织至 15cm 时两边各平收 5 针，收袖窿，并按图收领窝，肩位余 20 针。

3. 袖片：按图起 56 针，先织 10cm 双罗纹后，改织花样 A，袖下按图示加针，织至 32cm 时，开始收袖山，两边各平收 5 针，按图示减针，用同样方法织另一袖片。

4. 将前片、后片的肩位、侧缝与袖片全部缝合。

5. 领圈挑 62 针，织 8cm 花样 B，形成翻领，衣袋另织好，与左、右前片缝合，袋口挑 16 针，织 1cm 双罗纹。

6 . 缝上纽扣。

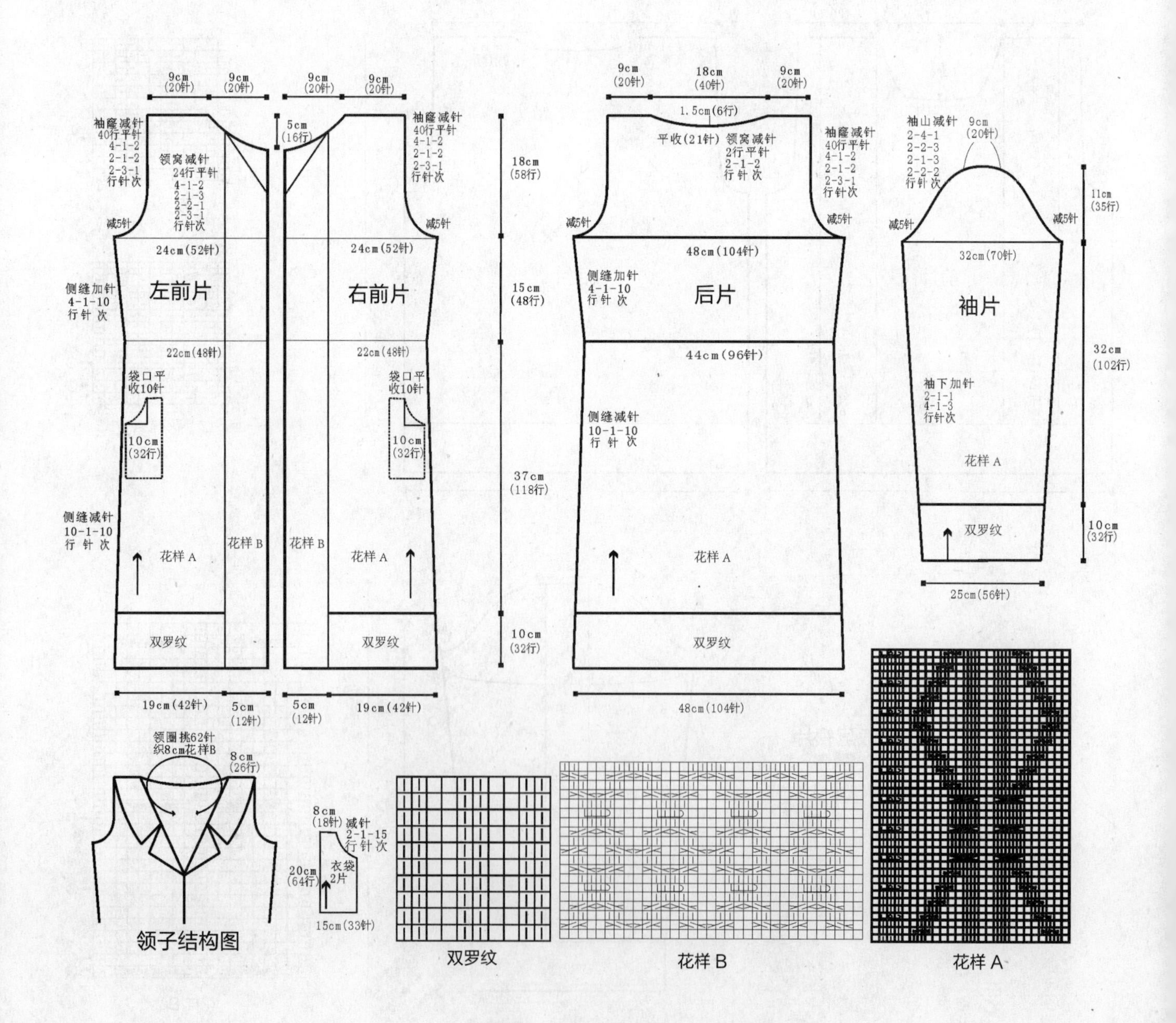

257

【成品尺寸】衣长 59cm　胸围 80cm　袖长 34cm
【工具】12 号棒针　绣花针
【材料】红色棉线 500g
【密度】$10cm^2$：27 针 ×32 行
【附件】纽扣 6 枚

【制作方法】

1. 后片：起 108 针，中间织 22 针花样，两侧余下针数织上针，织 37cm 的高度，两侧各平收 4 针，然后按 2–1–6 的方法减针织袖窿，继续往上编织至 58cm，中间平收 46 针，两侧按 2–1–2 的方法后领减针，最后两肩部各余下 19 针，后片共织 59cm 长。
2. 左前片：起 59 针，右侧织 16 针花样作为衣襟，左侧余下针数织上针，织 37cm 的高度，左侧平收 4 针，然后按 2–1–6 的方法减针织袖窿，同时右侧衣身部分按 4–1–14 的方法减针织成前领，衣襟不加减针，织至 59cm，最后肩部余下 35 针，左前片共织 59cm 长。
3. 右前片：与左前片编织方法相同、方向相反。
4. 袖片：起 84 针，中间织 22 针花样，两侧余下针数织上针，一边织一边两侧减针，方法为 8–1–9，织至 23cm 的高度，织片变成 66 针，两侧各平收 4 针，然后按 2–1–18 的方法减针织袖山，最后余下 22 针，袖片共织 34cm 长。
5. 领子：沿左襟顶端挑起 16 针，织花样，共织 18.5cm 的长度，与右襟顶端缝合。
6. 口袋：起 38 针织花样，共织 14cm 的高度，编织 2 片口袋片，缝合于左右前片图示位置。
7. 用绣花针缝上纽扣。

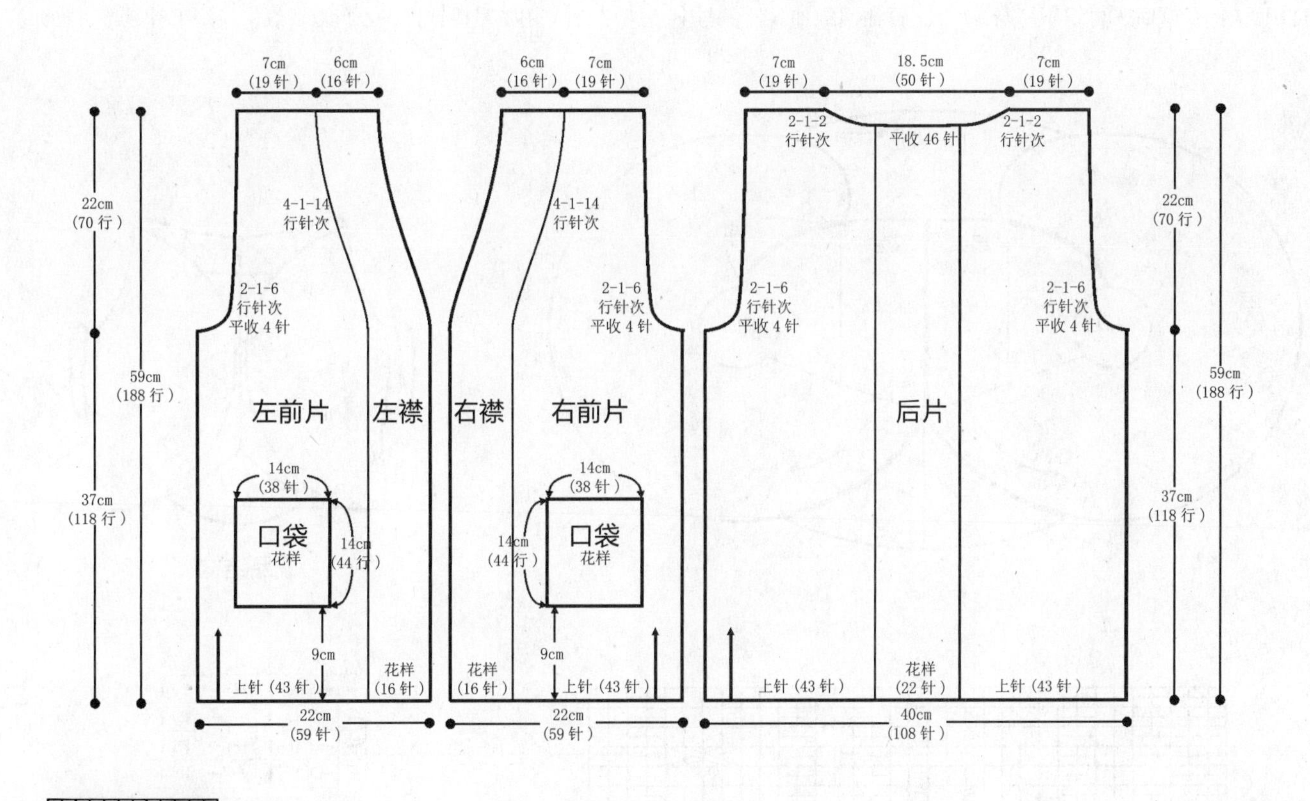

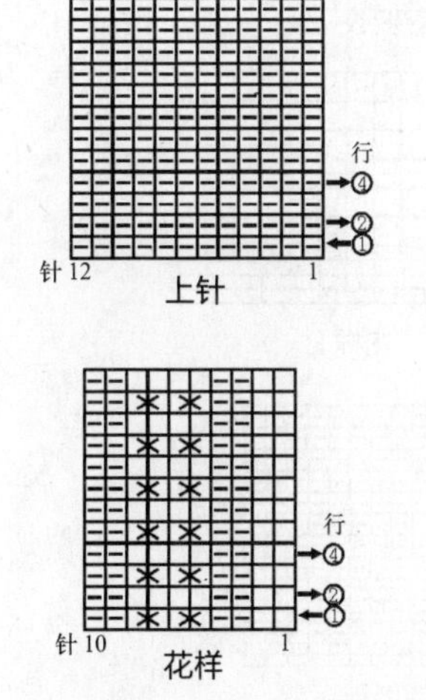

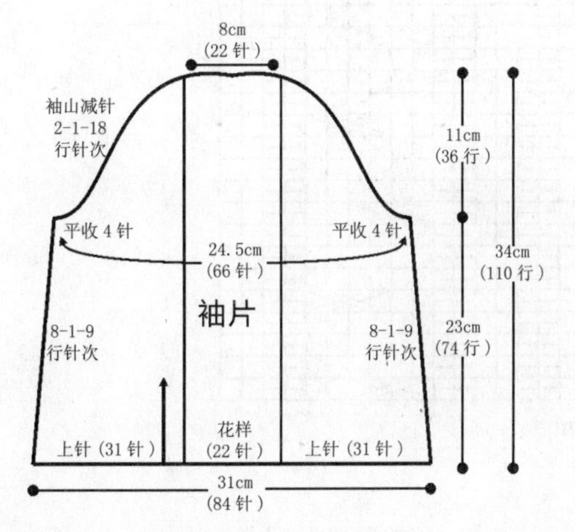

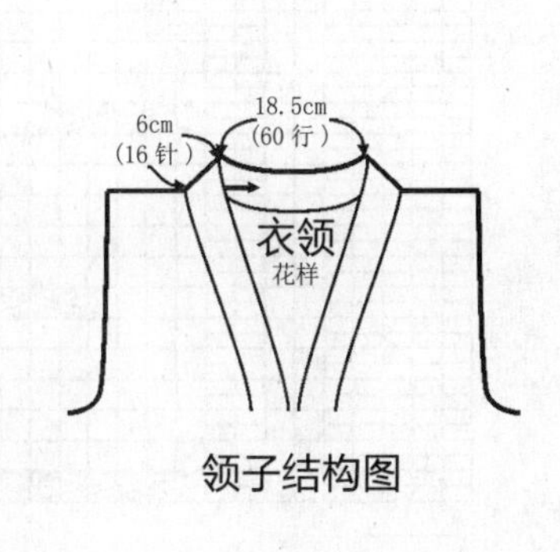

领子结构图

258

【成品尺寸】以实物为准
【工具】6 号棒针　7 号棒针
【材料】红色毛线 1500g
【密度】$10cm^2$ ：18 针 ×22 行

【制作方法】

1. 从领窝处起针，起 67 针 (34 针编织花样 A，33 针织上针)；先织上针部分，不加不减针织 6 行上针，从第 7 行开始，33 针上针剩 9 针时，留下不织，反过来往回织 (即第 8 行开始留 9 针不织)，第 9 行的上针在第 7 行留的 9 针基础上再留 4 针不织，往回织第 10 行，以此类推，重复留针 6 次，即完成了第 1 次留针；以后每个 6 行重复 1 次，共重复 8 次，麻花的长度完成。
2. 织完麻花后除开始的 4 针织上针，其余的编织花样 B，即 2 行上针 2 行下针；2 行上 2 行下的留针为 2 行留 1 次，第 1 行从袖口处开始，第 1 次留 15 针，后面每次 7 针，留 5 次，到麻花处最后 1 次留 17 针，留针结束；再全部 67 针织下针，来回 2 行；再织 17 针，返回来再织下一行 17 针，再往回织加 6 针，与上面的留针相反，直到织完全部的 67 针，和前面形成 1 个小扇形；重复这样的小扇形 12 个。
3. 12 个扇形织完后形成 1 个圆圈，开始收肩，和前面的起针 2 针并 1 针收成肩部，收 37 针，还剩下 30 针，织双罗纹到后领中间，收针。
4. 用同样的方法织另 1 个圆圈。
5. 织好两个圆圈后，从后领部位开始把两片缝合，缝合时把边留在外面。
6. 三角片：起针 48 针，织 44 针 2 行上针 2 行下针，4 针织上针，按上面留针的方法完成三角片，缝合在后片的位置。
7. 袖：用 7 号棒针挑织 6 行双罗纹，换织下针 8 行，收针。

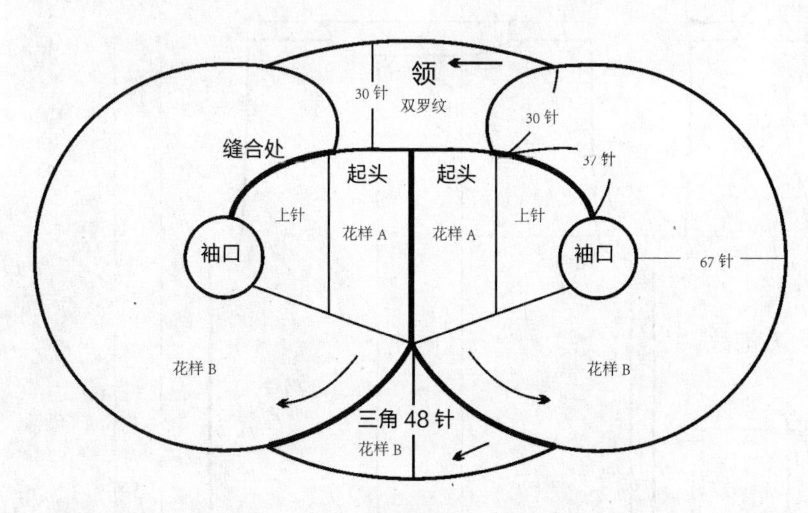

注：粗线为缝合处

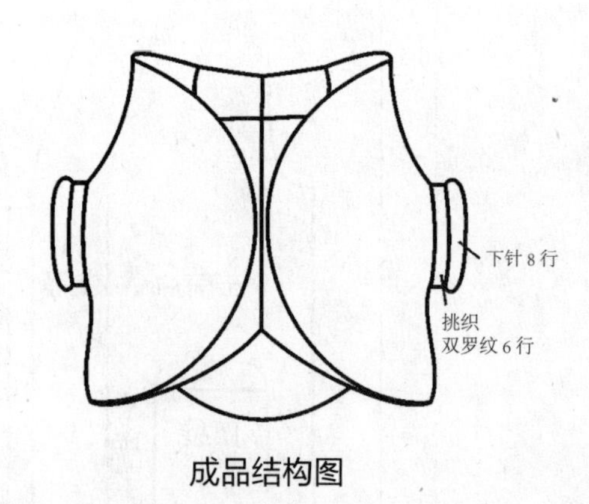

成品结构图

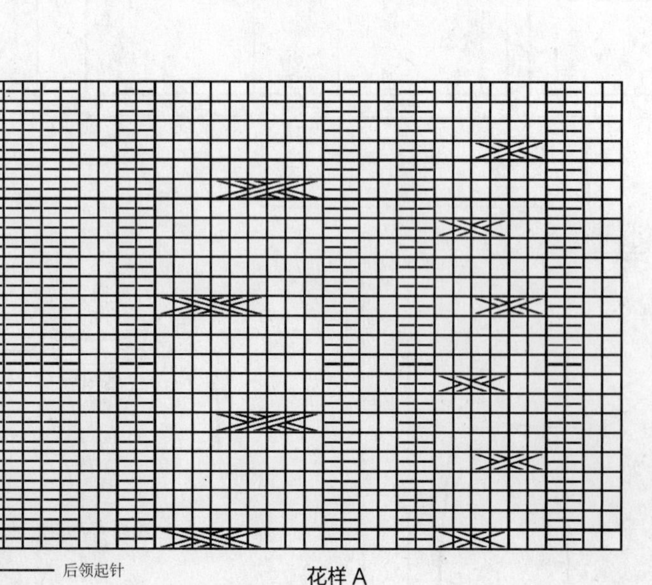

花样 A

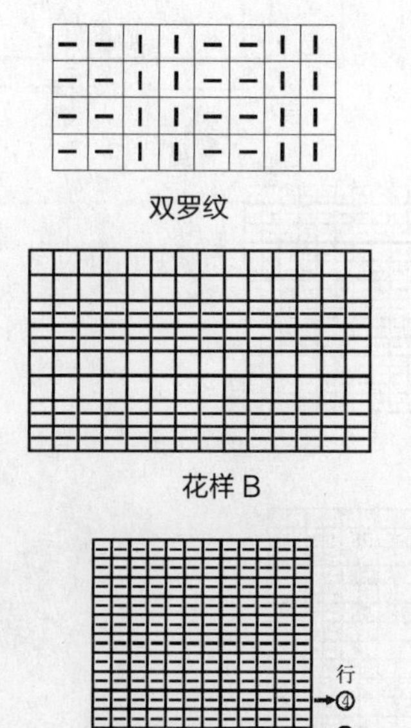

双罗纹

花样 B

上针

259

【成品尺寸】衣长 70cm　胸围 100cm　袖长 53cm
【工具】10 号棒针　绣花针
【材料】红色羊毛线 800g
【密度】10cm^2 ：22 针 ×32 行
【附件】纽扣 6 枚

【制作方法】
1. 前片：分左、右 2 片编织。左前片按图起 58 针，织花样，织至适合针数时袋口收针，后分 2 片编织，织至 10cm 时再合起来编织，侧缝按图示减针，织至 37cm 时加针，形成收腰，再织 15cm 时两边各平收 5 针，收袖窿，织至 13cm 时，门襟平收 20 针后收领窝，织至肩位余 20 针。用同样方法织反方向的右前片。
2. 后片：按图起 104 针，织花样，侧缝与前片一样加减针，形成收腰，织至 15cm 时两边各平收 5 针，收袖窿，并按图收领窝，肩位余 20 针。
3. 袖片：按图起 56 针，织花样，袖下按图示加针，织至 42cm 时，开始收袖山，两边各平收 5 针，按图示减针，用同样方法织另一袖片。
4. 将前片、后片的肩位、侧缝与袖片全部缝合。
5. 领圈挑 74 针，织 8cm 花样，形成翻领，衣袋另织好，与左、右前片缝合，门襟缝上纽扣，袋口挑 16 针，织 3cm 单罗纹。

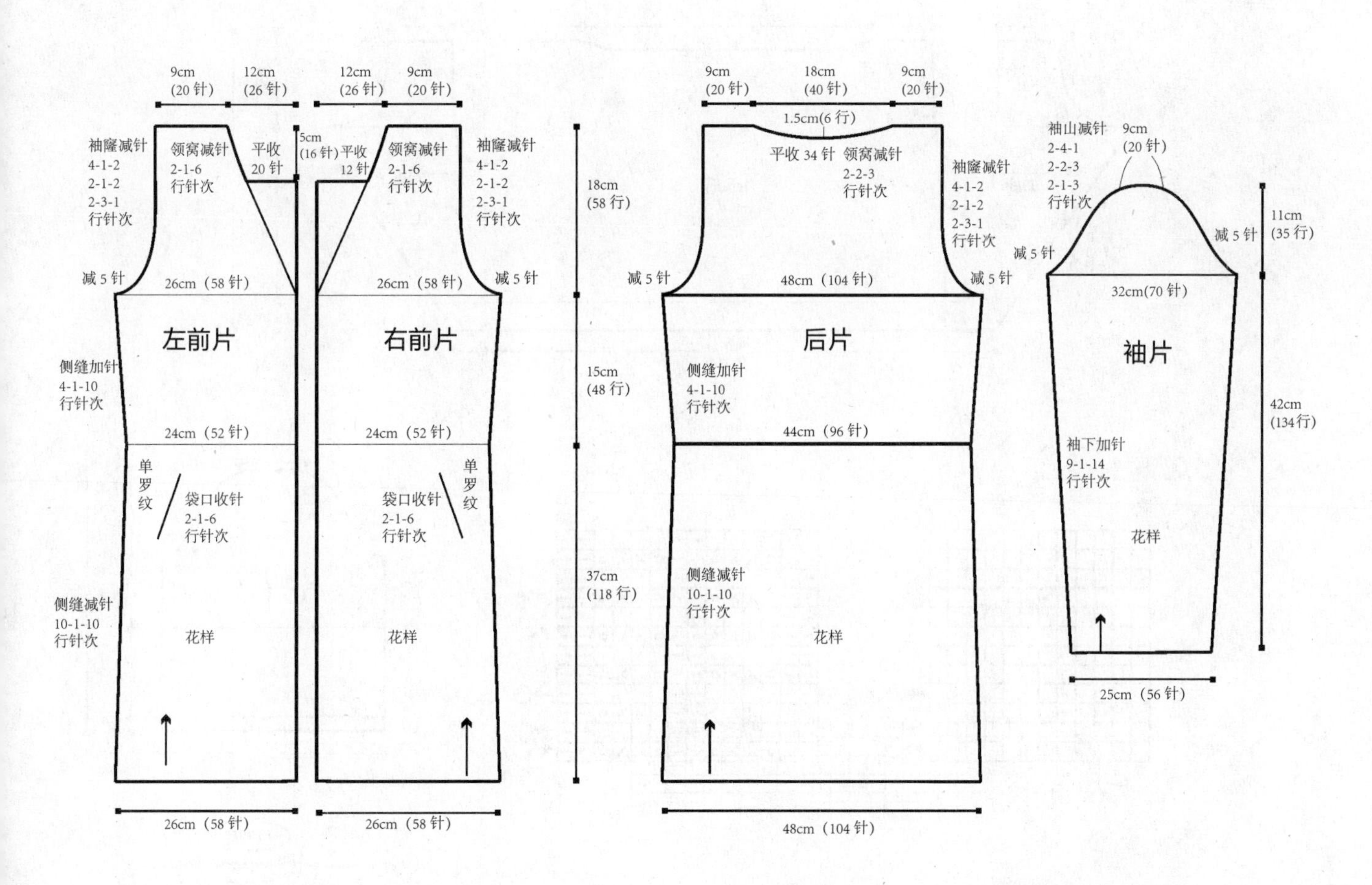

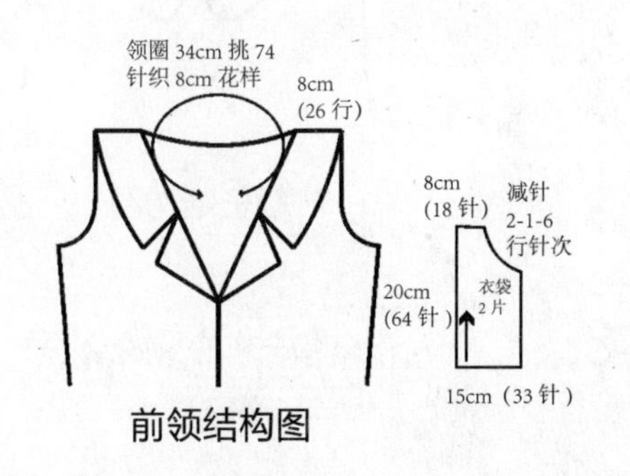

前领结构图

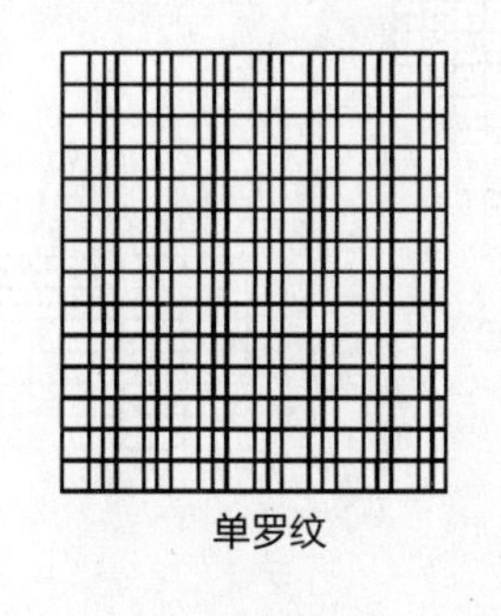
单罗纹

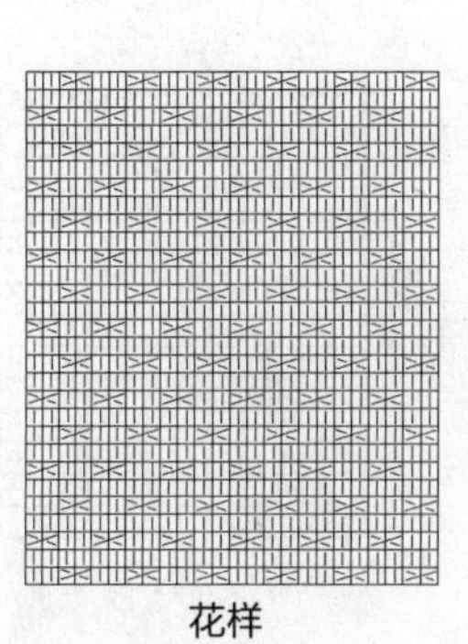
花样

260

【成品尺寸】衣长 34cm　胸围 80cm　袖长 30cm
【工具】12 号棒针　钩针
【材料】杏色棉线 350g
【密度】10cm²：29 针 ×36 行

【制作方法】

1. 衣摆片：起 144 针，中间织 116 针花样 A，两侧各织 14 针花样 B，一边织一边两侧加针，方法为 2-1-22，织 3cm 后，中间 116 针改织下针，织至 18cm，将织片分成左前片、右前片和后片分别编织，后片取 116 针，余下针数均分成左、右前片，先织后片。
2. 后片：起织时两侧各平收 4 针，然后按 2-1-6 的方法减针织袖窿，继续往上编织至 33cm，中间平收 64 针，两侧按 2-1-2 的方法后领减针，最后两肩部各余下 14 针，后片共织 34cm。
3. 左前片：起织时右侧继续减针，左侧平收 4 针，然后按 2-1-6 的方法减针织成袖窿，织至 27.5cm，右侧减针织成前领，方法为 1-14-1、2-2-8、2-1-4，织至 34cm，最后肩部余下 14 针。
4. 右前片：与左前片编织方法相同，方向相反。
5. 袖片：起 76 针，织花样 A，织 10cm 的高度，改织下针，织至 19cm，两侧各平收 4 针，然后按 2-1-18 的方法减针织袖山，最后余下 32 针，袖片共织 29cm 长，完成后在袖口钩织一圈花边。
6. 衣领：沿领口挑起 152 针，织搓板针，织 2cm 的长度，再用钩针钩 1 圈花边。

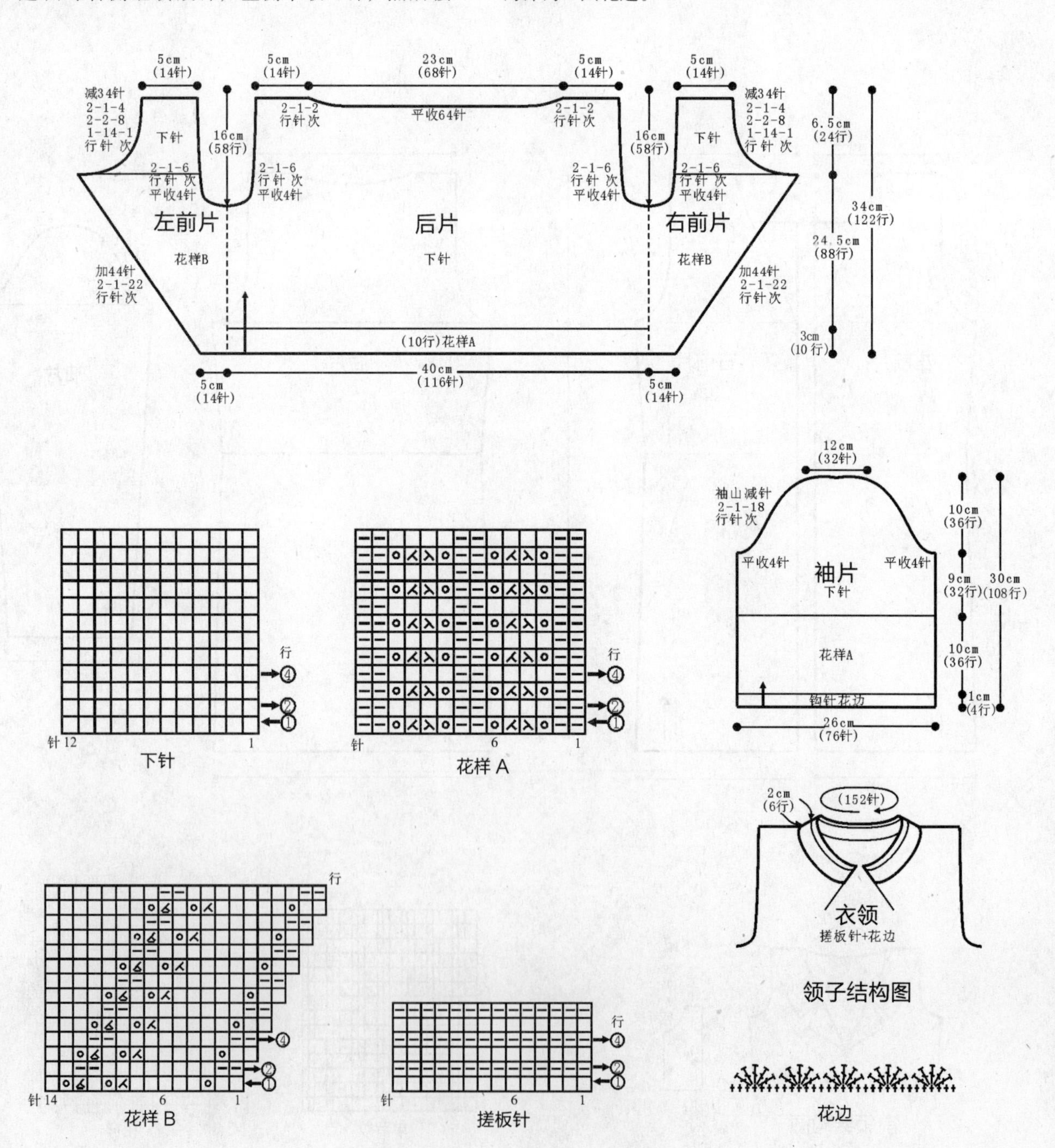

261

【成品尺寸】衣长 24cm　胸围 80cm　袖长 38cm
【工具】9 号棒针　绣花针
【材料】粉红色羊毛线 300g
【密度】10cm^2 ：25 针 ×32 行
【附件】纽扣 1 枚

【制作方法】

1. 前片：从袖口横织，分左、右 2 片编织。左前片：袖口按图起 30 针，织 2cm 花样 B 后，改织花样 A，织 8cm 后再改织全下针，同时腋下按图加针，织至 19cm 时，侧缝直加 20 针，继续编织 11cm 后，领部平收 15 针，并改织 7cm 花样 A，门襟再织 2cm 花样 B，全部收针断线，用同样方法反方向编织右片。

2. 后片：织法与前片一样，两片织完后中间不用织花样 B 门襟，缝合线 A 与 B 缝合，成整片后片。

3. 将前后片的肩位、侧缝、袖下全部缝合。

4. 领圈和下摆分别挑适合的针数，织 2cm 的花样 B，然后缝上纽扣，完成。

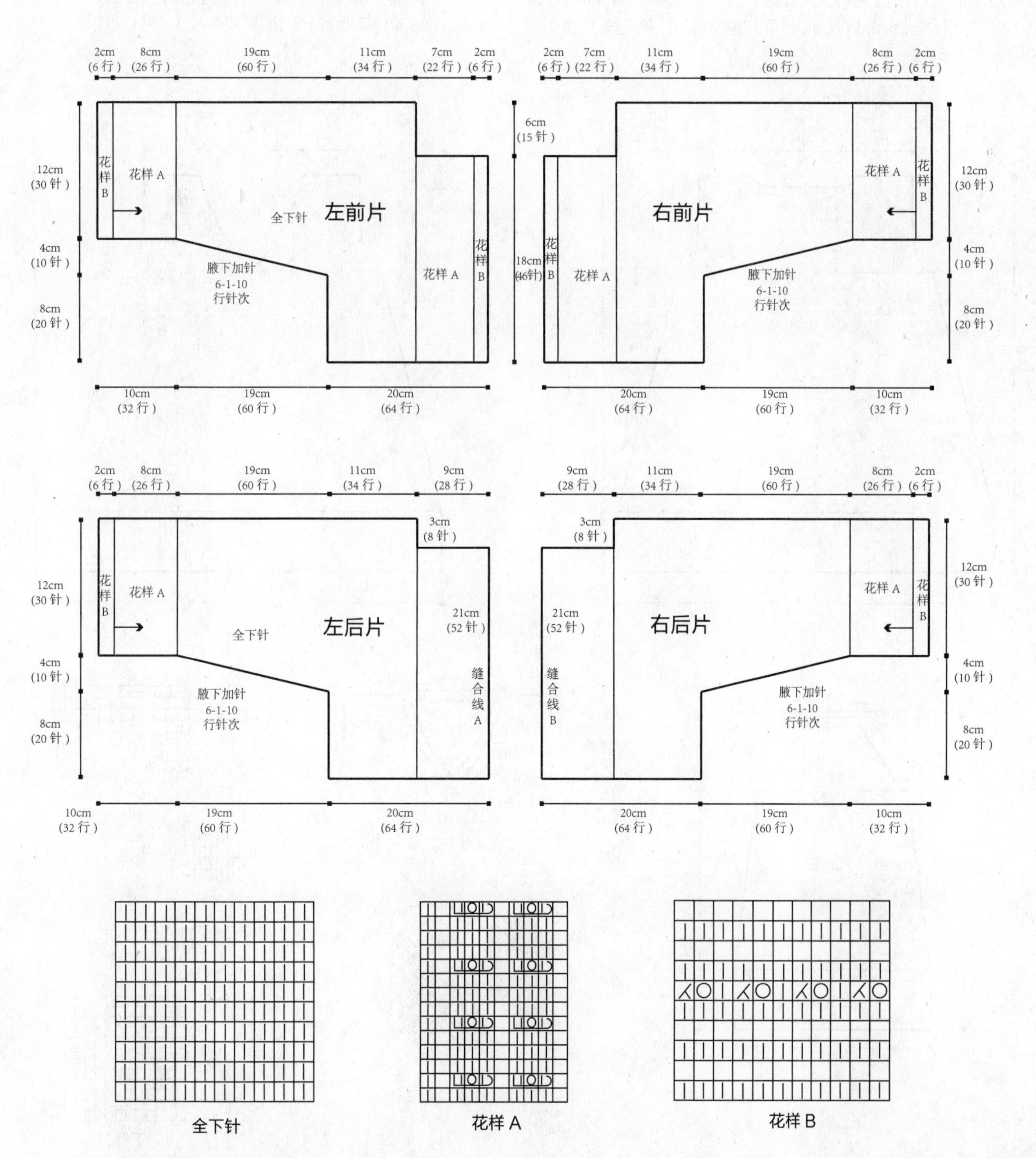

262

【成品尺寸】衣长 66cm　胸围 88cm　肩宽 36cm　袖长 52cm
【工具】12 号棒针
【材料】花色棉线 450g
【密度】10cm^2：16 针 ×24 行

【制作方法】

1. 后片：(1) 起 106 针，花样 A 织 10cm。(2) 下针编织，两侧各减 18 针，按减 18 针方法编织，织 40cm。(3) 开袖窿：两侧按减 7 针方法编织，织 14cm 后开后领，分 2 片编织，两片一侧各减 6 针，各织 6 行后断线。

2. 前片：(1)(2) 织法同后片。(3) 开袖窿、开前领：中心留 2 针，分两边编织，以一边为例，袖窿减针方法同后片，前领减针按减 12 针编织，织 16cm 后收针，注意花样 B 编织，见花样 B 说明。相同方法，织另一片。

3. 袖片 (2 片)：(1) 起 54 针，花样 A 编织 10cm。(2) 下针编织，两侧减 7 针，按减 7 针方法编织，织 30cm。(3) 织袖山：下针编织，按减 10 针方法编织，织 12cm 后收针。相同织另一片。

4. 缝合：将前片、后片肩部、腋下缝合，袖片袖下缝合，并与身片相缝合。

5. 挑领：参照衣领图，前领、后领各挑 32 针、28 针、32 针，花样 A 织 8 行后收针，织法见双罗纹 V 领针法图。

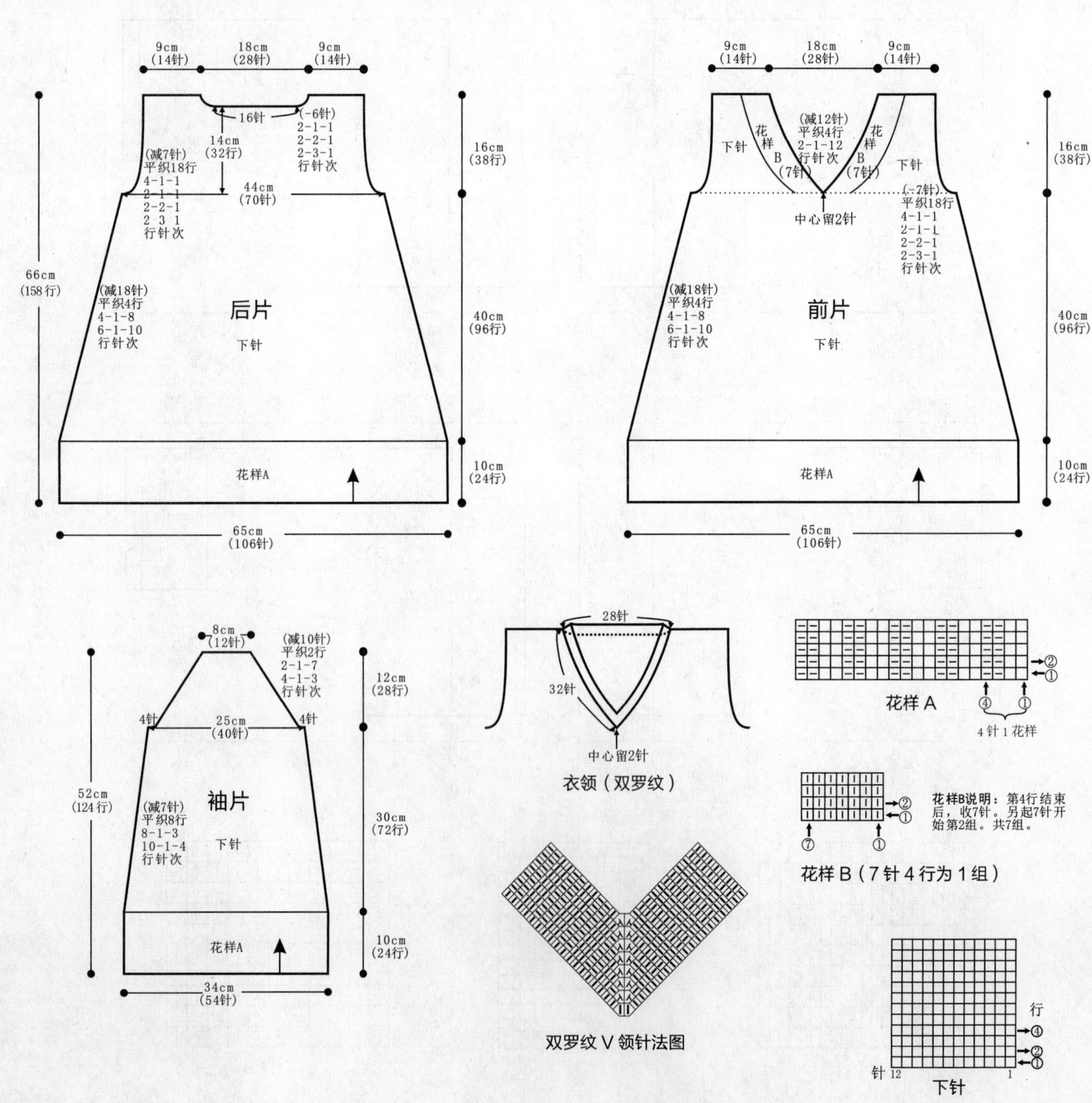

263

【成品尺寸】衣长 68cm　胸围 90cm　袖长 56cm
【工具】10 号棒针　13 号棒针　绣花针
【材料】米白色棉线 800g
【密度】10cm^2 ：16 针 ×24 行
【附件】咖啡色纽扣 5 枚

【制作方法】

1. 左前片：用 10 号棒针起 36 针，从下往上织双罗纹 7cm，换 13 号棒针织花样 A 到 38cm 处开挂肩，按图解分别收袖窿、收领子。右前片织法同左前片。
2. 后片：用 10 号棒针起 72 针，双罗纹织法与前片相同，换 13 号棒针织花样 B。
3. 袖片：用 10 号棒针起 32 针，从下往上织双罗纹 7cm，换 13 号织花样 A，放针，织到 36cm 处按图解收袖山。
4. 前后片、袖片、帽子缝合后按图解挑门襟，织 5cm 双罗纹，收针，口袋按图另织好，缝在前片上。缝上纽扣。

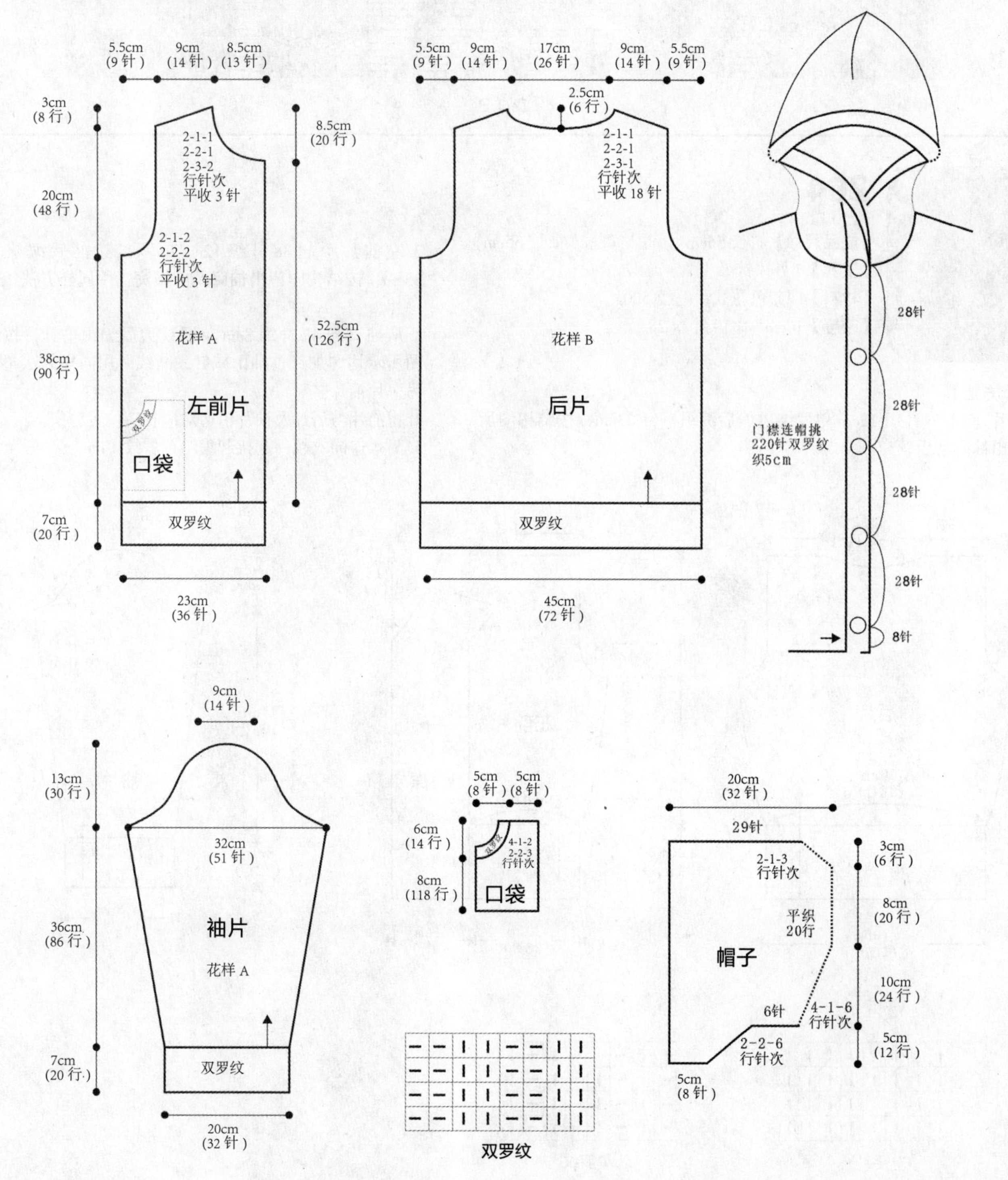

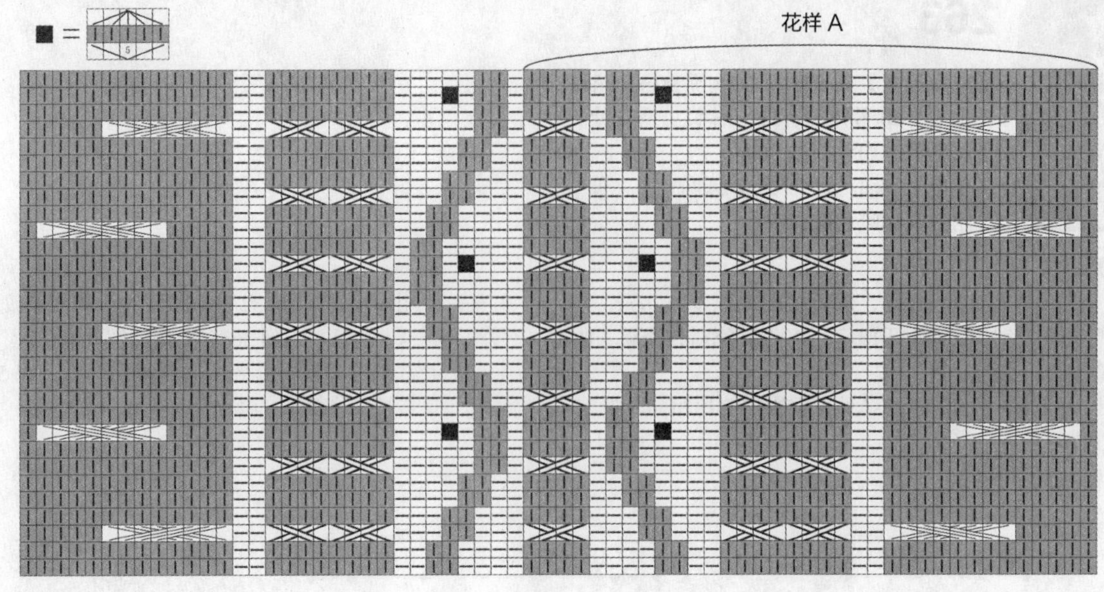

264

【成品尺寸】衣长 55cm　胸围 90cm　袖长 55cm

【工具】7 号棒针

【材料】深蓝色花式粗毛线 500g

【密度】10cm^2：19 针 ×28 行

【制作方法】

1. 后片：起 76 针织 12cm 单罗纹边然后编织平针 23cm，按结构图所示留出袖窿及后领窝。

2. 左前片：起 38 针织 12cm 单罗纹边然后编织平针 23cm，按结构图留出袖窿及前领窝。用同样方法编织另一片。

3. 从袖口起 42 针织 8cm 单罗纹边后编织平针，按结构图所示均匀加针，袖山减针，断线。用同样方法再完成另一片袖片。

4. 将前片与后片及袖片沿边对应相应位置缝实。

5. 门襟连同衣领一起挑起编织单罗纹 14cm。

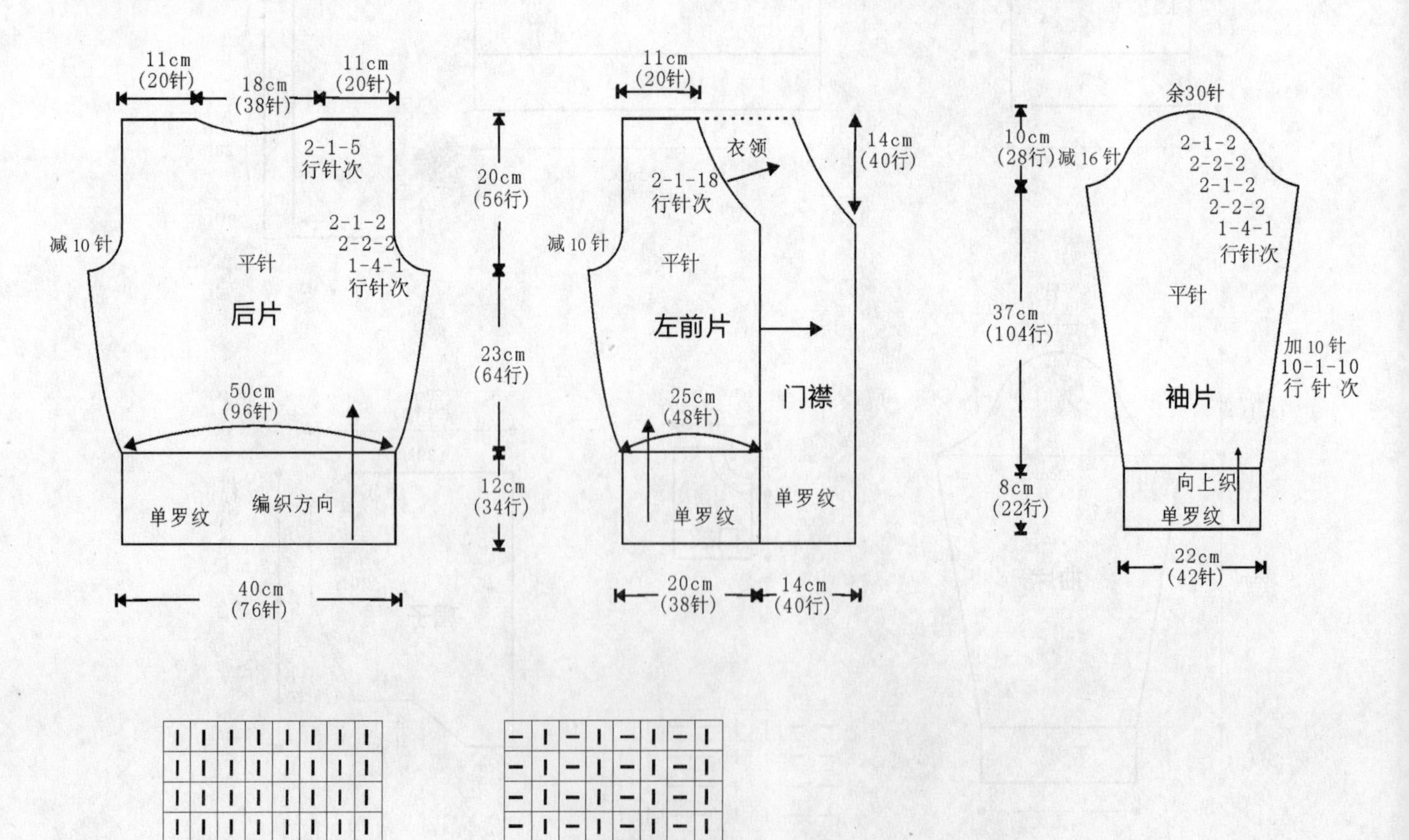

265

【成品尺寸】围巾长 136cm　宽 40cm
【工具】11 号棒针
【材料】紫色棉线 300g
【密度】10cm²：20 针 ×28.7 行

【制作方法】

起 2 针，织搓板针，两侧按 2-1-1、2-2-14 的方法加针，织 10.5cm 的长度，织片变成 60 针，不加减针织 3.5cm 后，改织单罗纹，每隔 1 针加起 1 针，加起的针数用另一根棒针串起，将织片变成双层，分别编织 8.5cm 后，将两层织片合并，改为搓板针与花样组合编织，右侧织 34 针搓板针，左侧 46 针织花样，每 20 行为一组单元花，共织 13 组花样，将左侧 10 针收针，余下 60 针改织单罗纹，每隔 1 针加起 1 针，加起的针数用另一根棒针串起，将织片变成双层，分别编织 8.5cm 后，将两层织片合并，改织搓板针，织 3.5cm 后，两侧按 2-2-14、2-1-1 的方法减针，最后余下 2 针。围巾共织 136cm 的长度。

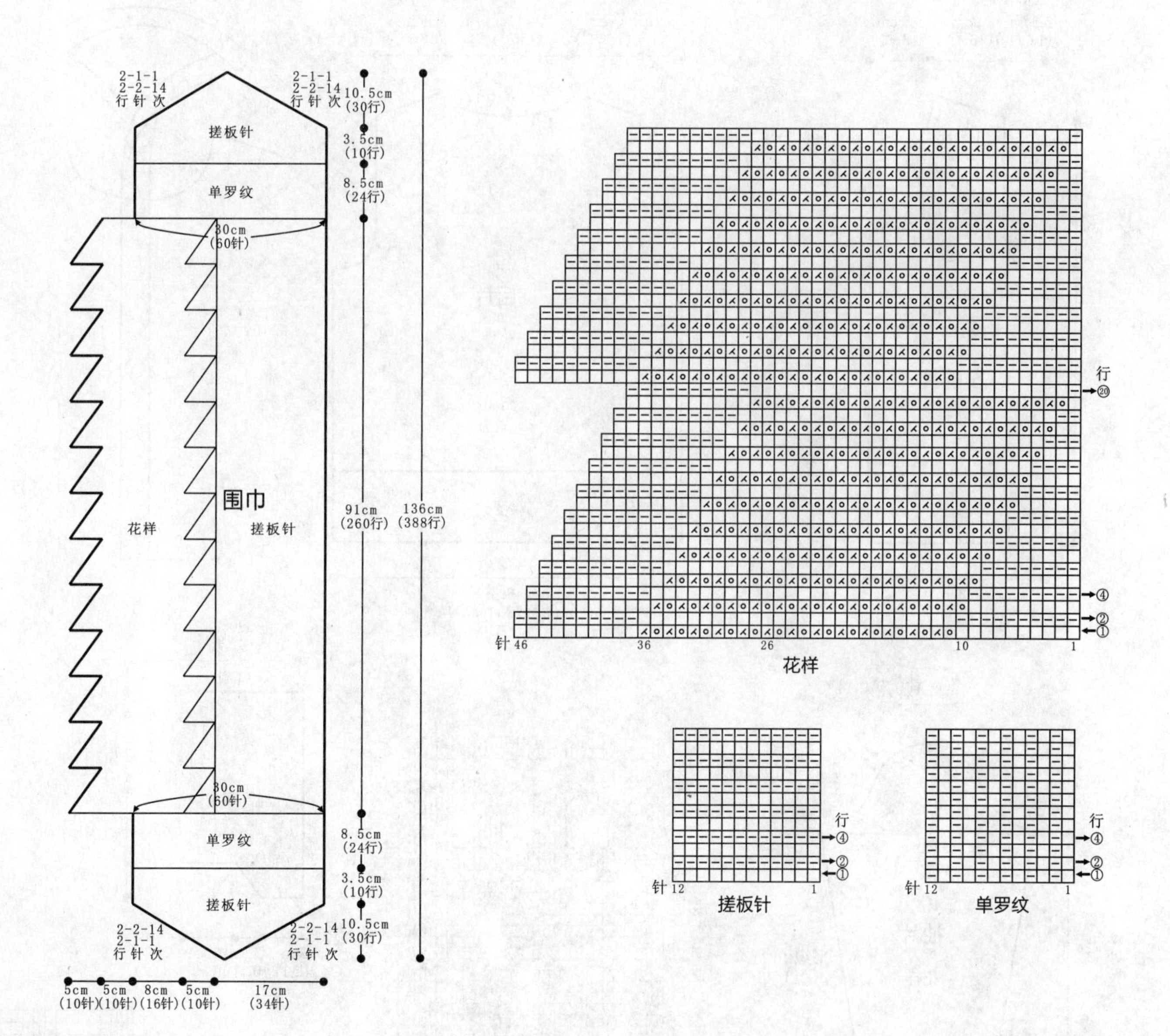

266

【成品尺寸】衣长 56cm　胸围 92cm　袖长 58cm

【工具】8 号棒针　10 号棒针　绣花针

【材料】米黄色色棉线 800g

【密度】10cm^2 ：21 针 ×28 行

【附件】纽扣 5 枚

【制作方法】

1. 左前片：用 8 号棒针起 48 针，从下往上织双罗纹 6cm，换 10 号棒针织花样 28cm 后开挂肩，按图解分别收袖窿、收领子。右前片织法同左前片。

2. 后片：用 8 号棒针起 96 针，罗纹织法与前片同，换 10 号棒针按后片图解编织。

3. 袖片：用 8 号棒针起 42 针，从下往上织双罗纹 6cm，换 10 号棒针织花样，放针，织到 39cm 处按图解收袖山。

4. 将前、后片、袖片、帽子缝合后按图解挑门襟，织 6cm 双罗纹，收针，缝上纽扣，用 3 针下针织圆绳 130cm，做 2 个毛球，穿入帽子两头，清洗整理。

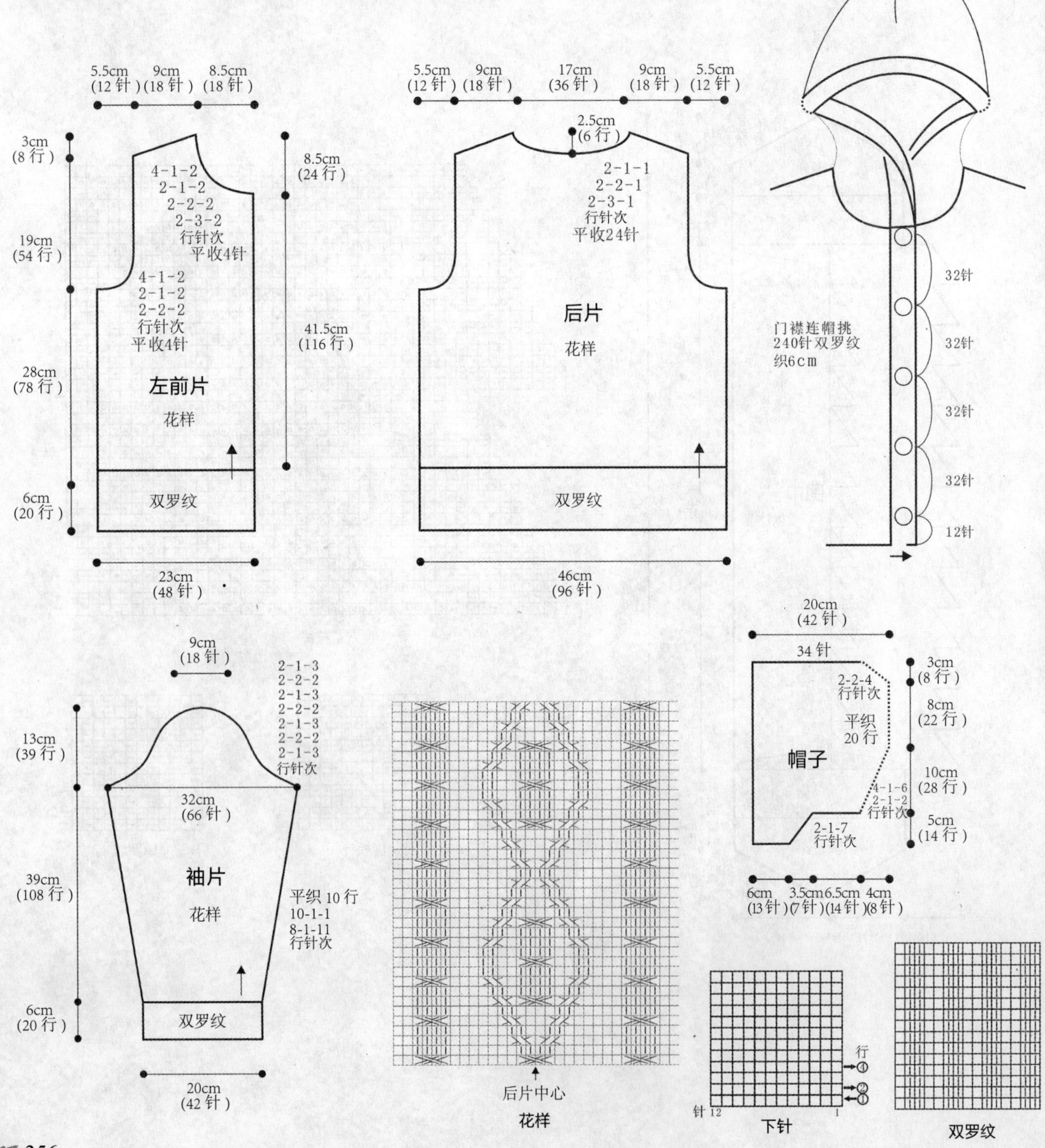

267

【成品尺寸】衣长 68cm　胸围 82cm　袖长 53cm
【工具】6 号棒针　绣花针
【材料】段染棉线 900g
【密度】$10cm^2$ ：16 针 ×20 行
【附件】水晶扣 4 枚

【制作方法】

1. 后片：(1) 起 67 针，花样编织 50cm。(2) 两侧各留 4 针后，往上各减 12 针，织 18cm 后收针。
2. 前片 (2 片)：以左前片为例，(1) 起 35 针，花样编织 50cm。(2) 一侧留 4 针后，往上各减 12 针，织 18cm 后收针。对称织出右前片。
3. 袖片 (2 片)：①起 37 针，花样编织 41cm。②两侧留 4 针后，往上各减 8 针，织 12cm 后收针。相同方法编织另一片。
4. 缝合：将袖片、袖下缝合，前、后袖片袖窿处相缝合。缝上水晶扣。
5. 帽片：在领、袖、后片各挑 13 针、12 针、35 针，花样编织 20cm 后，所标 a 处相缝合。
6. 缝上水晶扣，完成。

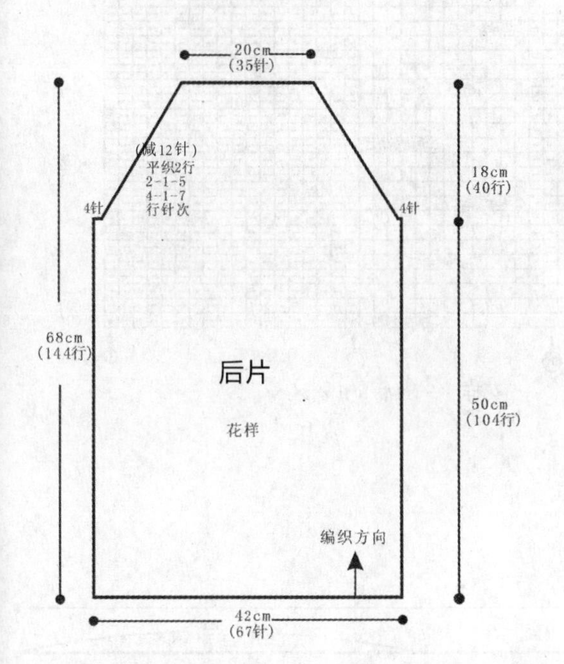

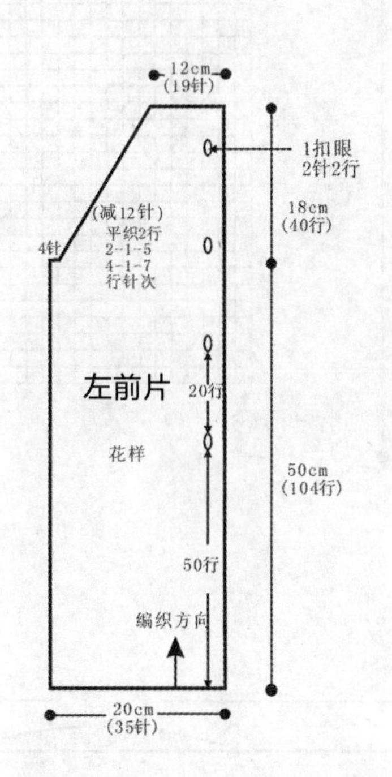

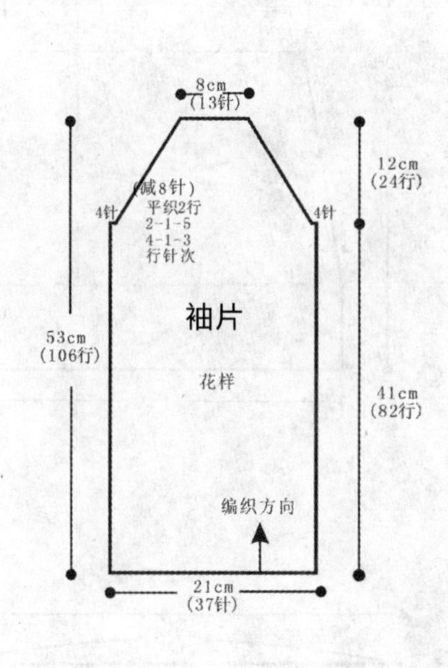

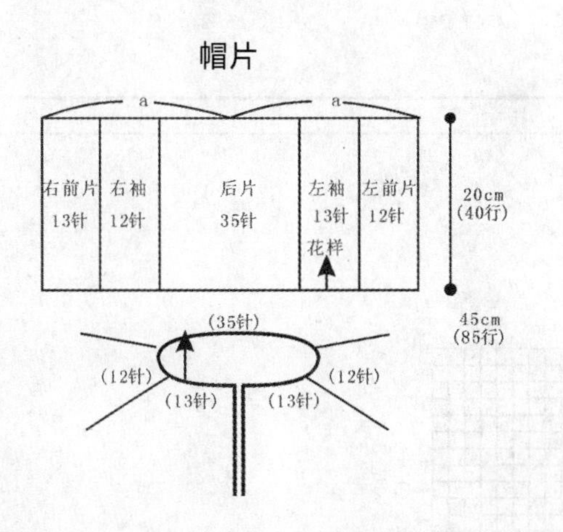

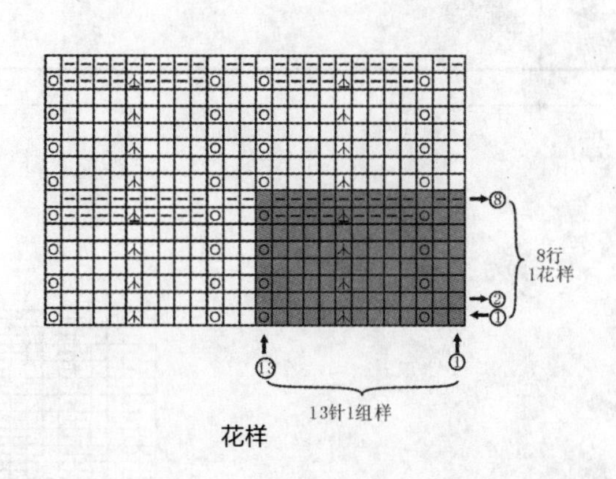

花样

268

【成品尺寸】衣长 72cm　胸围 80cm
【工具】6 号棒针　绣花针
【材料】杏色棉线 420g
【密度】$10cm^2$：20 针 ×28 行
【附件】圆形纽扣 1 枚

【制作方法】
1. 后片：(1) 起 90 针，双罗纹织 10cm。(2) 下针编织，两侧按减 7 针编织，织 30cm，然后按加 2 针编织，织 12cm。(3) 开袖窿：两侧各减 4 针，编织 20cm 后收针。
2. 前片、领、缝合：此片为一片长方形，由于长度难于把握，可以织至一定长度时，与后片相缝合，然后一边缝合，一边织。注意图中标尺寸与后片缝合片。起 50 针，双罗纹织 10cm 后换花样编织 174cm，最后织 10cm 双罗纹收针。注意一侧留 1 枚扣眼。
3. 收尾：在对应门襟处缝上 1 枚纽扣。

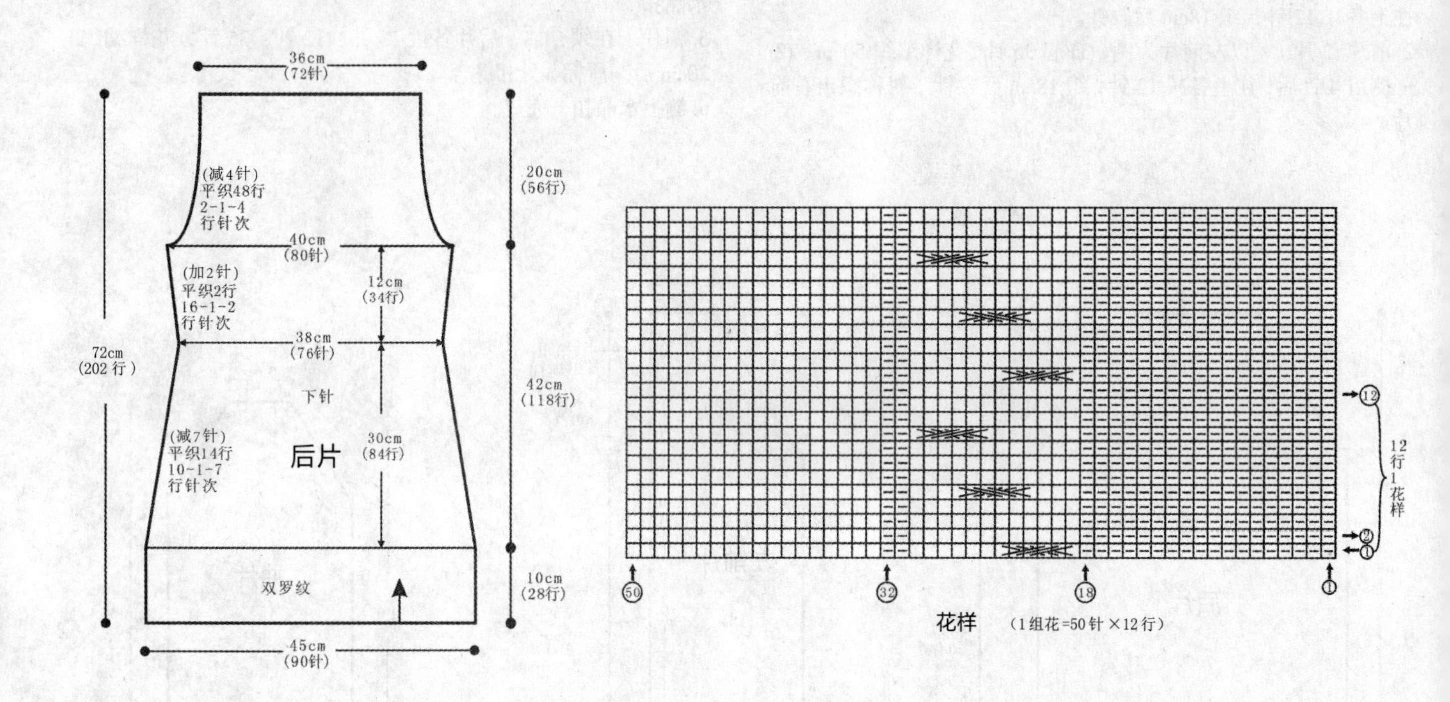

花样　(1 组花 =50 针 ×12 行)

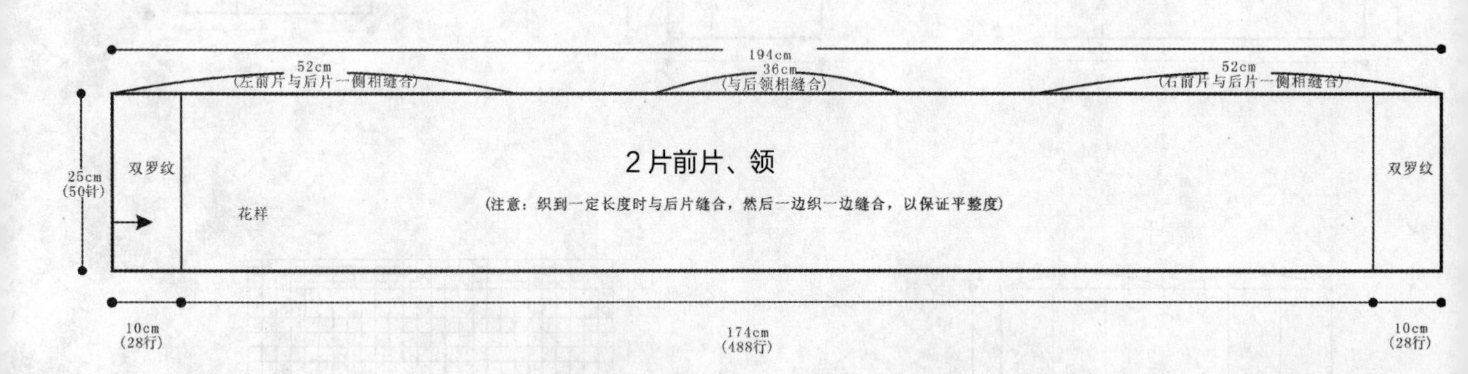

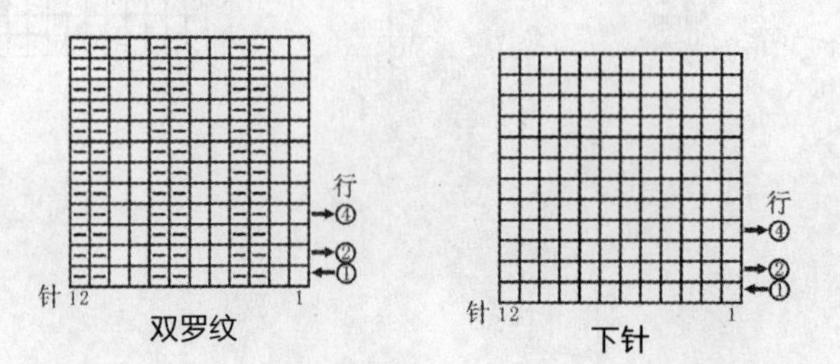

269

【成品尺寸】衣长 75cm　胸围 100cm　袖长 60cm

【工具】7mm 棒针

【材料】灰色粗毛线 550g

【密度】10cm^2：14 针 ×22 行

【制作方法】

单股线编织。毛衣由前、后身片、袖片组成。

1. 后片：起 68 针，织单罗纹 8cm 后，1 次加针至 72 针编织平针（下针）47cm，按结构图示减针，后领减针，1 次减 3 针。

2. 前片：起 68 针织单罗纹 8cm 后，1 次加针至 72 针编织花样 47cm，按结构图示减针编织袖窿，织 12cm 后按图示减针前领窝。

3. 袖片：从袖口起 34 针，织单罗纹 8cm 后，1 次加 4 针开始编织花样，按结构图所示均匀加针织 32cm，按图示减针织出袖山。

4. 沿边对应相应位置缝实。

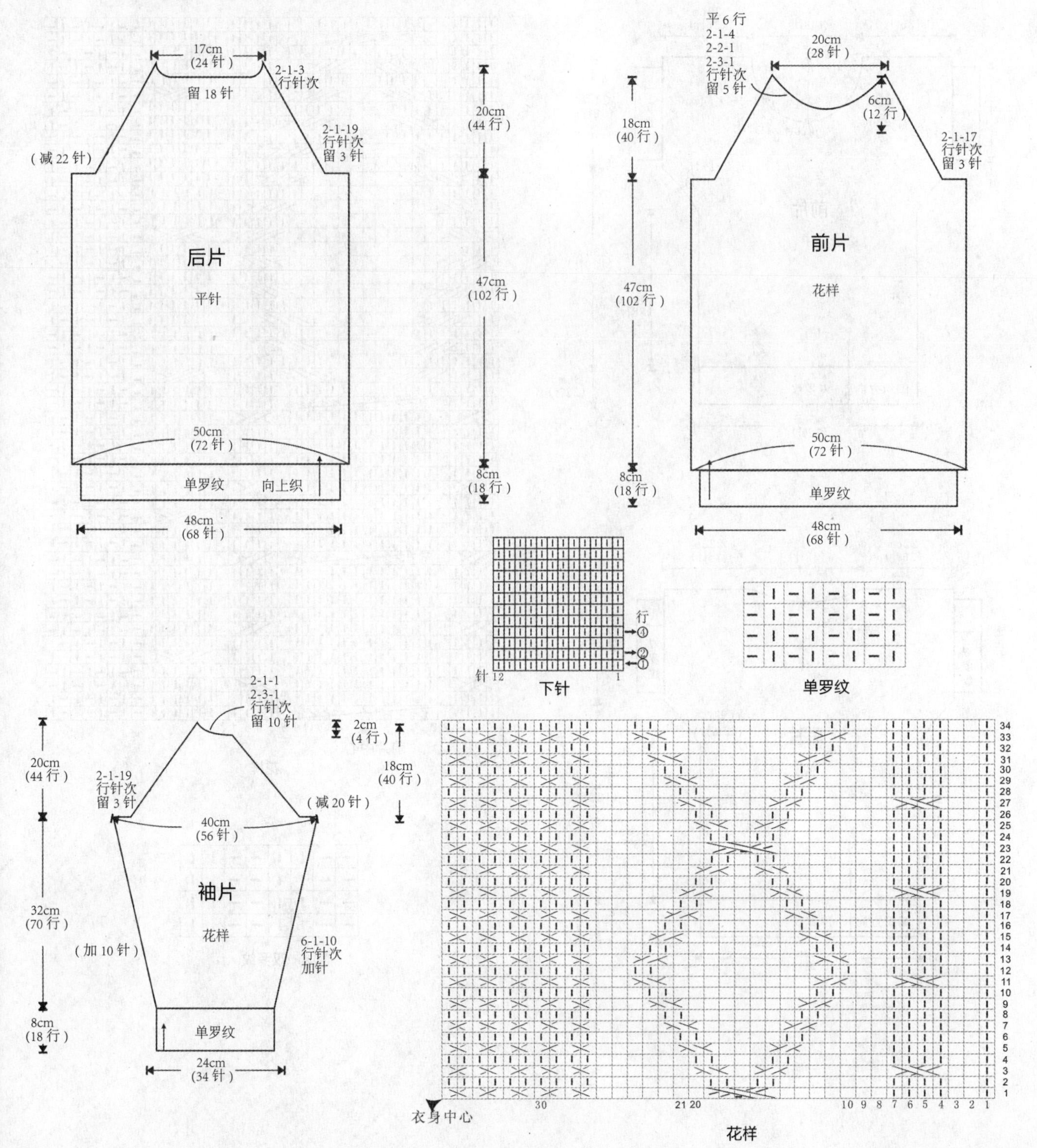

270

【成品尺寸】衣长 75cm　胸围 90cm
【工具】6 号棒针　绣花针
【材料】米色粗毛线 600g
【密度】10cm^2：16 针 ×28 行
【附件】纽扣 6 枚

【制作方法】
单股线编织。毛衣由前、后身片组成。
1. 后片：起 72 针编织双罗纹 8cm 后编织花样 31cm。然后按 2-1-16 的方式加针加出连袖，平织 24cm 后领需要减针 2 次。
2. 前片与后片编织方法相同，连袖平织 8cm 后开始收前领窝，减针方法按图所示。
3. 前片与后片沿边对应相应位置缝实。
4. 袖口挑起 64 针圈织双罗纹。
5. 领口挑织双罗纹（挑织针数以平整为主）。

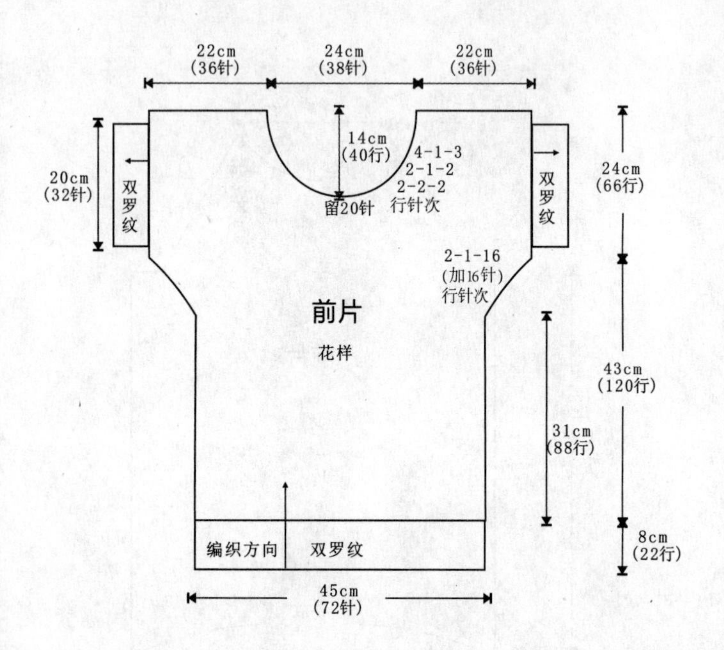

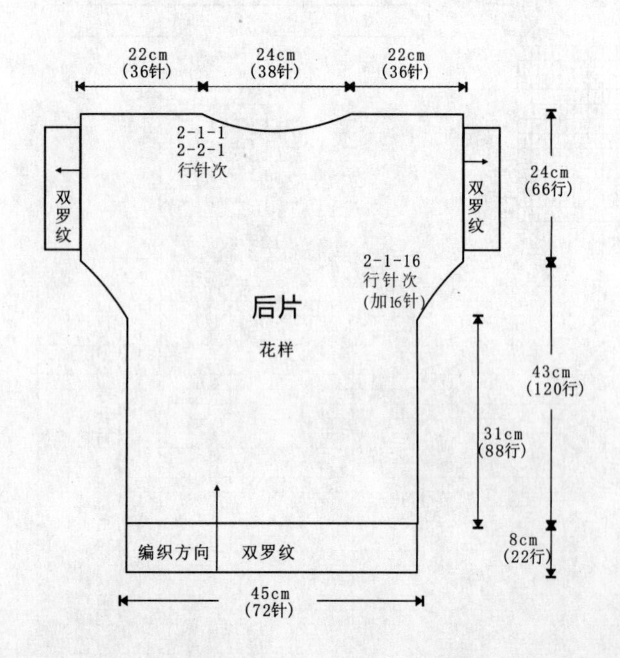

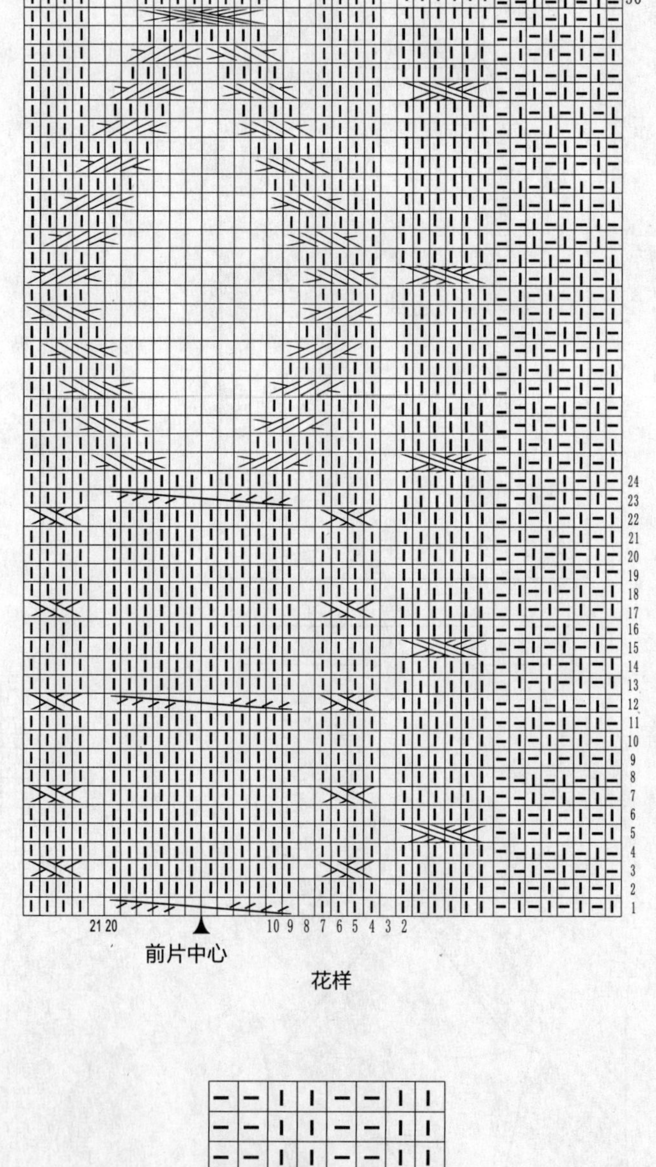

花样

双罗纹

271

【成品尺寸】衣长 73cm　胸围 88cm　肩宽 37cm　袖长 59cm

【工具】13 号棒针　绣花针

【材料】黑色棉线 350g　白色棉线 300g

【密度】10cm^2：37 针 ×46.8 行

【附件】纽扣 7 枚

【制作方法】

1. 后片：黑色线起 182 针，织单罗纹，织 5.5cm 的高度，改为 18 行黑色与 18 行白色间隔编织下针，一边织一边两侧按 20-1-10 的方法减针，织至 51.5cm，两侧各平收 4 针，然后按 2-1-9 的方法减针织成袖窿，织至 71.5cm，中间平收 68 针，两侧按 2-1-3 的方法后领减针，最后两肩部各余下 31 针，后片共织 73cm 长。

2. 左前片：黑色线起 84 针，织单罗纹，织 5.5cm 的高度，改为 18 行黑色与 18 行白色间隔编织下针，一边织一边左侧按 20-1-10 的方法减针，织至 22cm，织片中间 44 针改织单罗纹，织 12 行后，将 44 针单罗纹针收针，在次行重起 44 针，继续编织下针，织至 51.5cm，左侧平收 4 针，然后按 2-1-9 的方法减针织成袖窿，同时右侧按 2-1-30 的方法减针织成前领。最后肩部余下 31 针，左前片共织 73cm 长。同样的方法相反方向编织右前片。

3. 袖片（2 片）：黑色线起 76 针，织单罗纹，织 5.5cm 的高度，改为 18 行黑色与 18 行白色间隔编织下针，一边织一边两侧按 10-1-18 的方法加针，织至 44cm，两侧各平收 4 针，然后按 2-1-36 的方法袖山减针，袖片共织 59cm 长，最后余下 32 针。袖底缝合。

4. 领片：黑色线沿领圈及左、右衣襟侧挑起 630 针织单罗纹，织 2cm 长度。

5. 缝上纽扣。

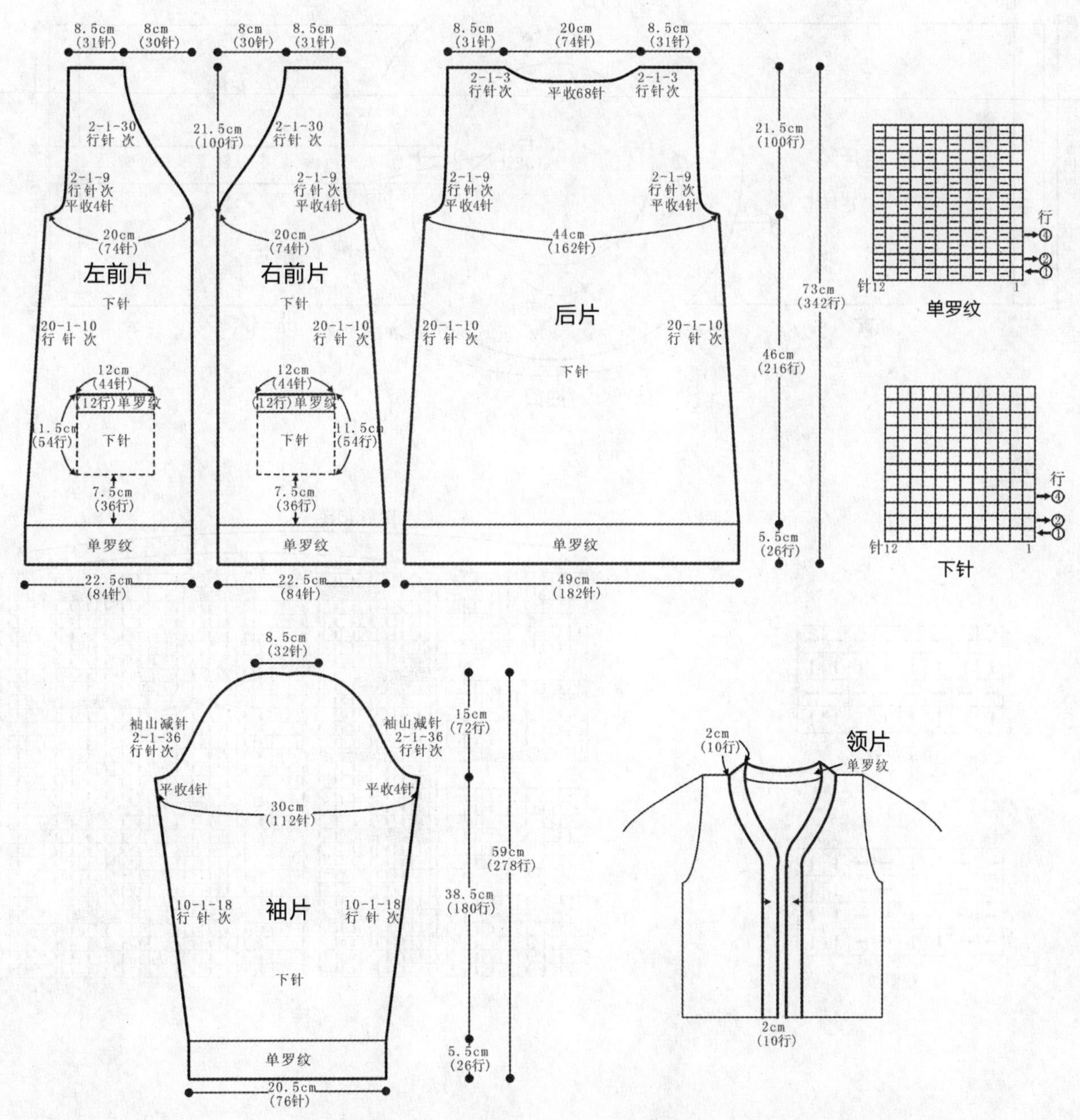

272

【成品尺寸】衣长 60cm　胸围 90cm
【工具】6mm 棒针　绣花针
【材料】白色粗毛线 500g
【密度】$10cm^2$：19 针 ×26 行
【附件】纽扣 6 枚

【制作方法】

1. 单股线编织。
2. 先织圆肩部分，横向起 32 针编织圆肩花样，注意每 6 行引返 1 次。
3. 后片：由圆肩后片处挑起 74 针编织花样 34cm，衣底边编织双罗纹 5cm。
4. 前片：由圆肩前片处挑起 36 针编织衣身 1 花样 34cm，衣边底编织双罗纹 5cm。
5. 门襟织正反针（1 行下针 1 行上针），需要留出扣眼，与前身片缝合。
6. 将前、后片沿边对应位置缝实。缝上纽扣。

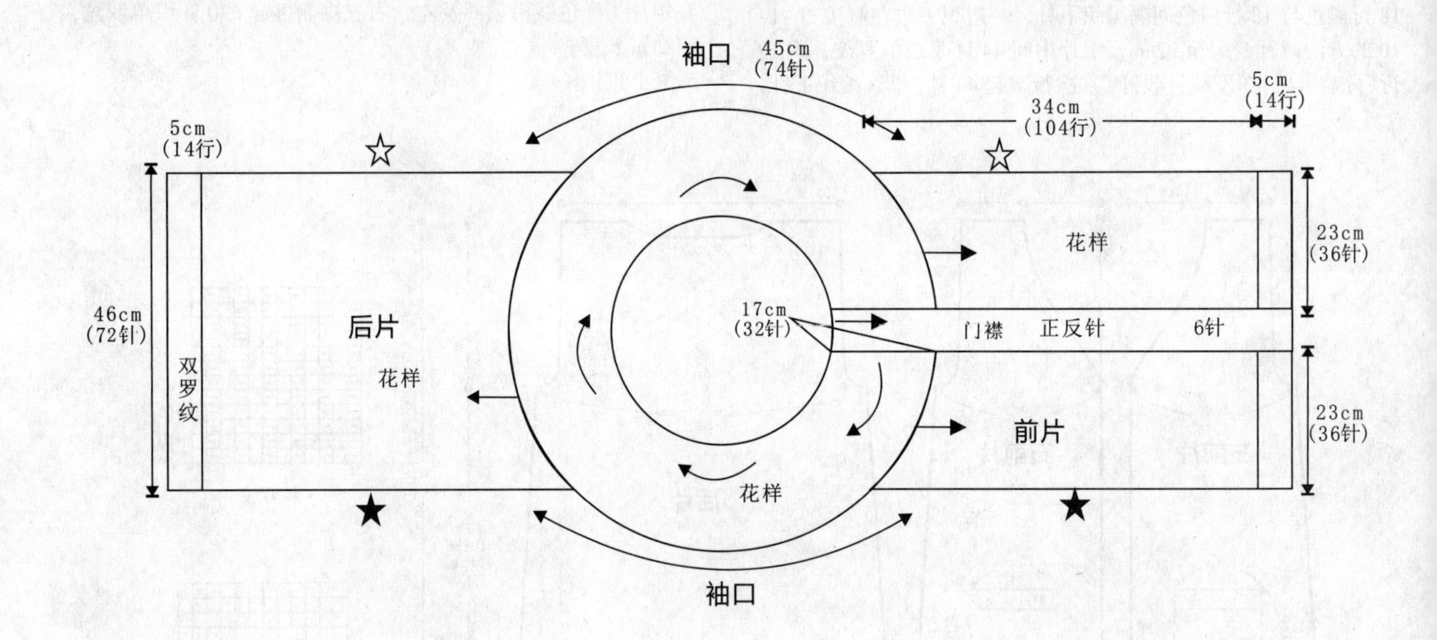

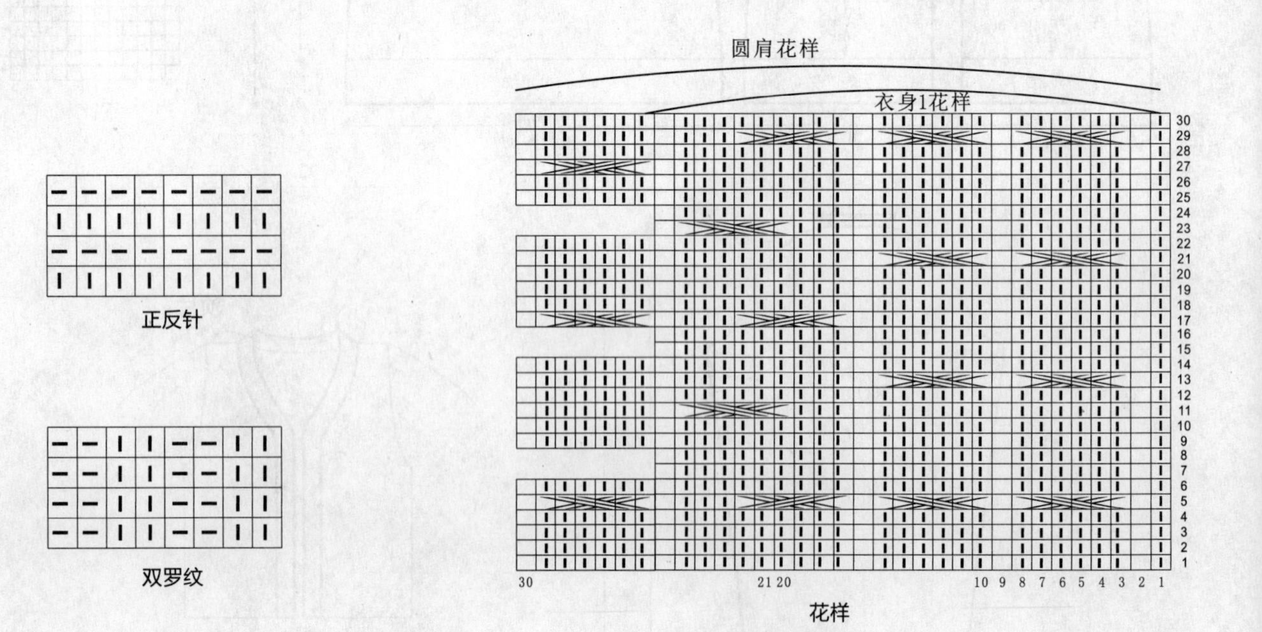

273

【成品尺寸】衣长 60cm　胸围 100cm　袖长 55cm
【工具】7mm 棒针
【材料】浅咖啡色粗毛线 500g
【密度】$10cm^2$：16 针 ×22 行

【制作方法】

单股线编织。毛衣由前、后身片、袖片组成。

1. 后片：起 80 针，向上编织双罗纹 8cm 后编织反针 32cm，按结构图所示开挂肩及后领窝。

2. 前片：起 80 针，向上编织双罗纹 8cm 后编织花样 32cm，按结构图所示开挂肩及前领窝。

3. 袖片：从袖口起 36 针，织 8cm 双罗纹织边后编织反针 37cm，按结构图所示均匀加针，袖山需要减针，断线。同样方法再完成另一片袖片。

4. 将前片与后片及袖片沿边对应相应位置缝实。

5. 领口挑织双罗纹结束。

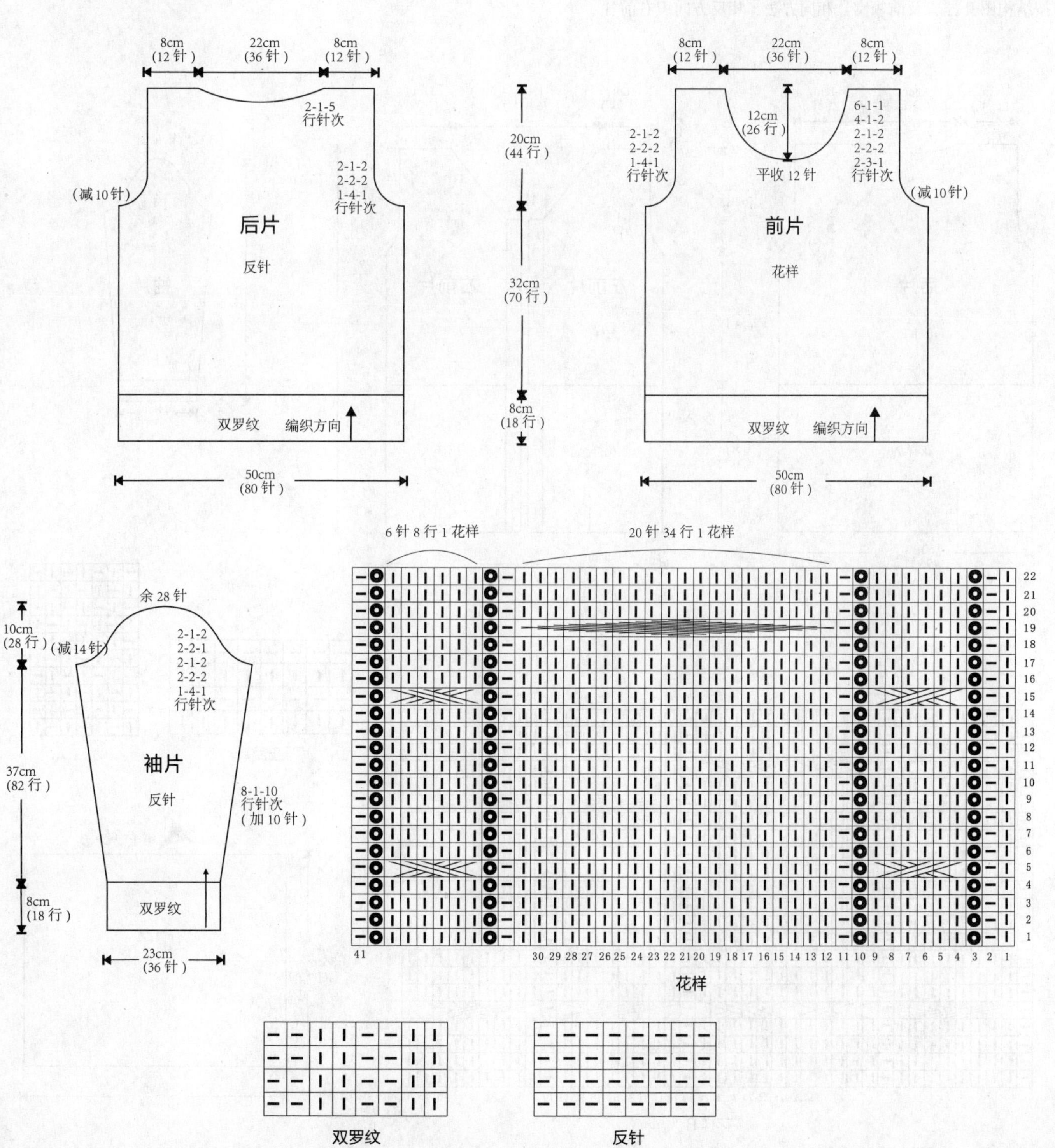

274

【成品尺寸】衣长 75cm　胸围 100cm　袖长 55cm
【工具】7mm 棒针　绣花针
【材料】绿色粗毛线 880g
【密度】$10cm^2$ ：19 针 ×28 行
【附件】纽扣 4 枚

【制作方法】

单股线编织。毛衣由前、后身片、袖片组成。

1. 后片：起 96 针，向上编织花样 A25cm，再编织花样 B28cm，开挂肩及后领窝。

2. 前片（2 片）：左前片：起 48 针，向上编织花样 A25cm，再编织花样 B（门襟编织正反针 6 针，织门襟时注意留出扣眼），按结构图开挂肩及前领窝。相同方法、相反方向织右前片。

3. 袖片：起 46 针编织花样 A 织出袖口，再编织花样 B39cm，按结构图所示均匀加针，按图所示减出袖山余 30 针断线。同样方法再完成另一片袖片。

4. 将前片与后片沿边对应相应位置缝实，挑织帽子编织花样 A。

5. 缝上纽扣。

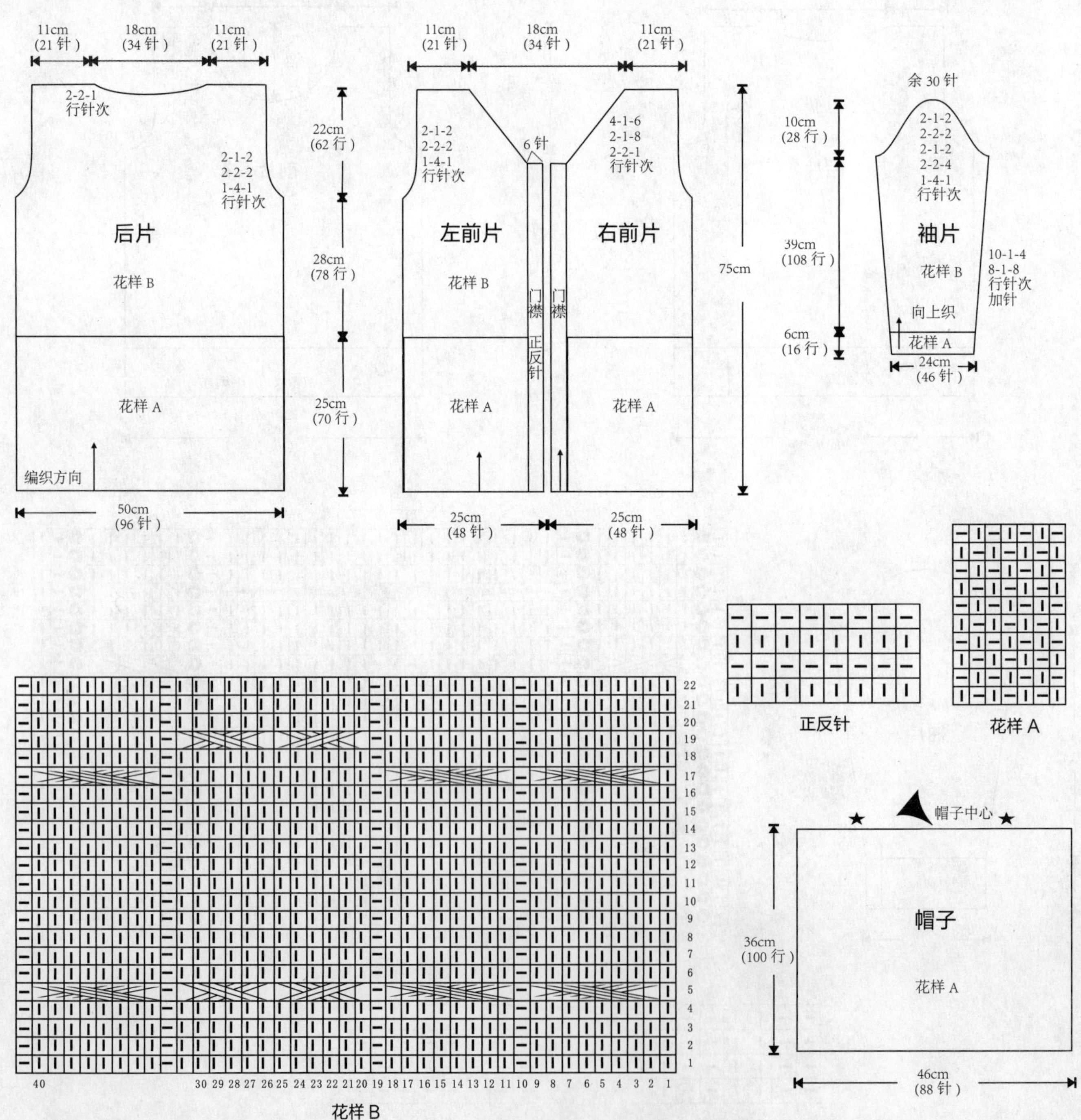

275

【成品尺寸】衣长 78cm　胸围 100cm　肩宽 41cm　袖长 55cm

【工具】7mm 棒针　绣花针

【材料】灰色粗毛线 880g

【密度】10cm^2：21 针 ×30 行

【附件】纽扣 5 枚

【制作方法】

单股线编织。毛衣由前、后身片、袖片组成。

1. 后片：起 108 针，向上编织 6cm 单罗纹后，编织花样 47cm，按图示开挂肩及后领。

2. 前片：起 54 针，向上编织 6cm 单罗纹后，编织花样 10cm 织袋口单罗纹 2.5cm，继续向上编织至 47cm 处开挂肩，前领减针在门襟花样一侧，织好口袋里层与前片缝合。同样方法编织另一片。此款衣服不需要另外编织门襟，所以编织前衣片时就需要留出扣眼位置。

3. 袖片（2 片）：起 50 针，编织 6cm 单罗纹后编织花样，按结构图所示均匀加针，按图所示减出袖山余 28 针断线。同样方法再完成另一片袖片。

4. 将前片与后片及袖片沿边对应相应位置缝实。缝上纽扣。

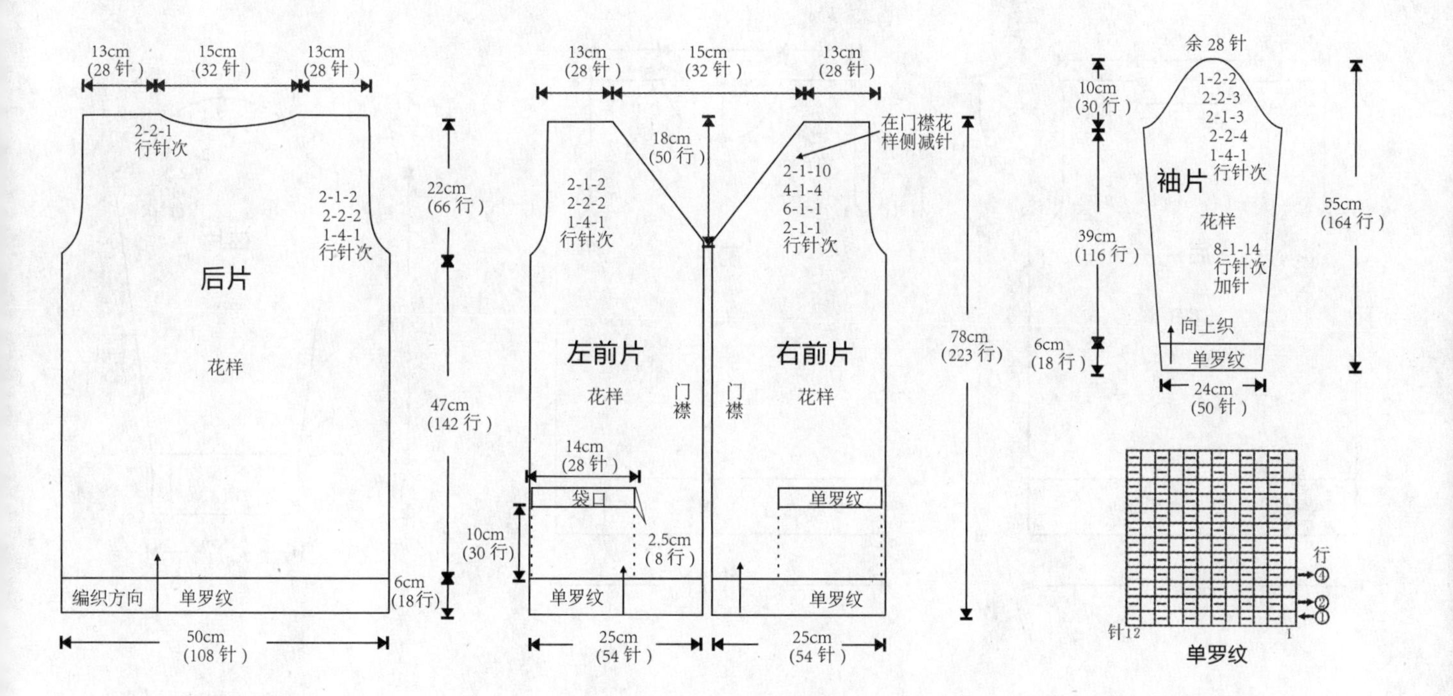

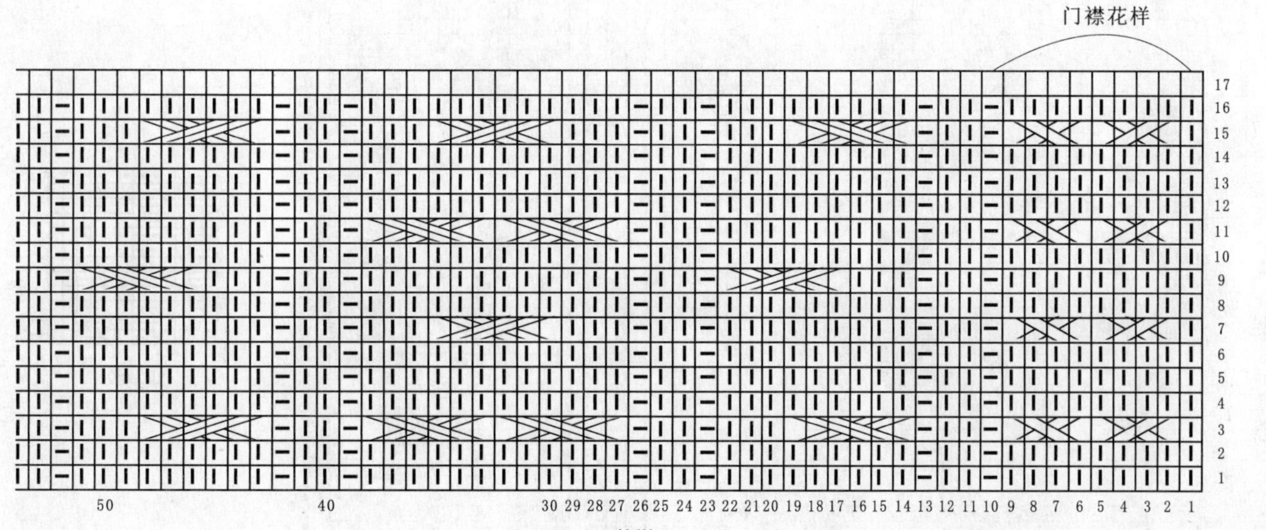

花样

276

【成品尺寸】衣长 60cm　胸围 90cm　袖长 55cm
【工具】7mm 棒针
【材料】白色粗毛线 500g
【密度】10cm²：16 针 ×22 行

【制作方法】

单股线编织。毛衣由前、后身片、袖片组成。
1. 后片：起 72 针，织 8cm 双罗纹边后编织花样 34cm，开挂肩及后领。
2. 前片：起 72 针，织 8cm 双罗纹边后编织花样 34cm，开挂肩及前领部分。
3. 袖片：从袖口起 36 针，织 8cm 双罗纹边后编织花样 37cm，按结构图所示均匀加针，按图所示减出袖山。同样方法再完成另一片袖片。
4. 将前片与后片及袖片沿边对应相应位置缝实。
5. 领口挑织双罗纹结束。

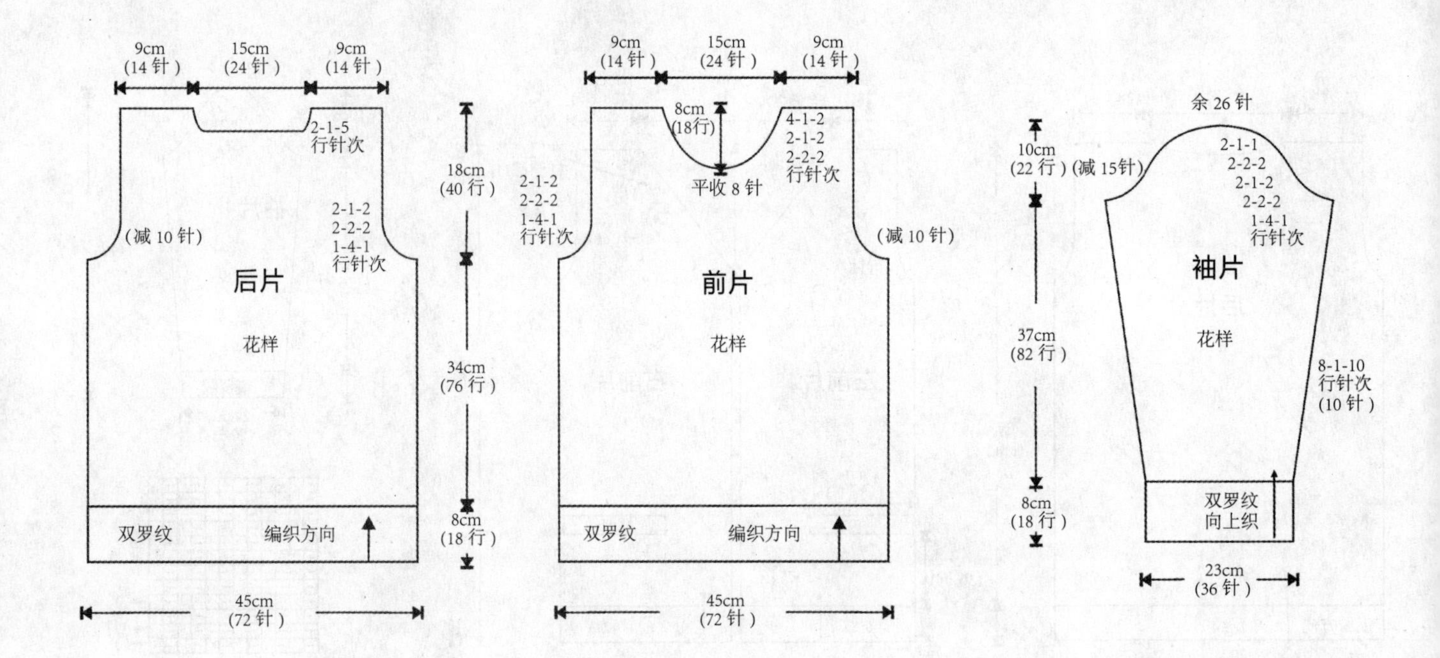

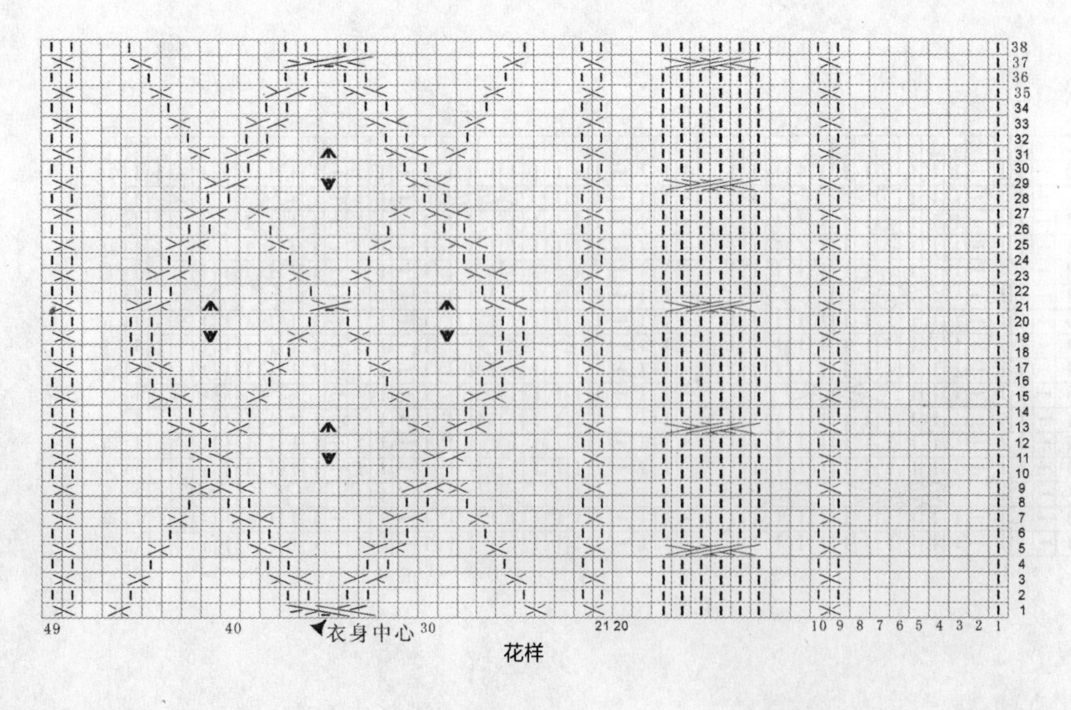

花样

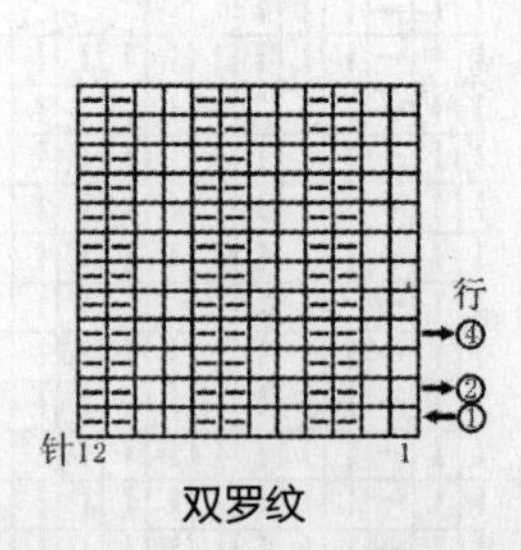

双罗纹

277

【成品尺寸】衣长 67cm 胸围 100cm 肩宽 40cm
【工具】7mm 棒针
【材料】粉色、烟灰色、深灰色、黑色 4 色粗毛巾线 120g 细毛线 70g
【密度】10cm^2：19 针 ×28 行

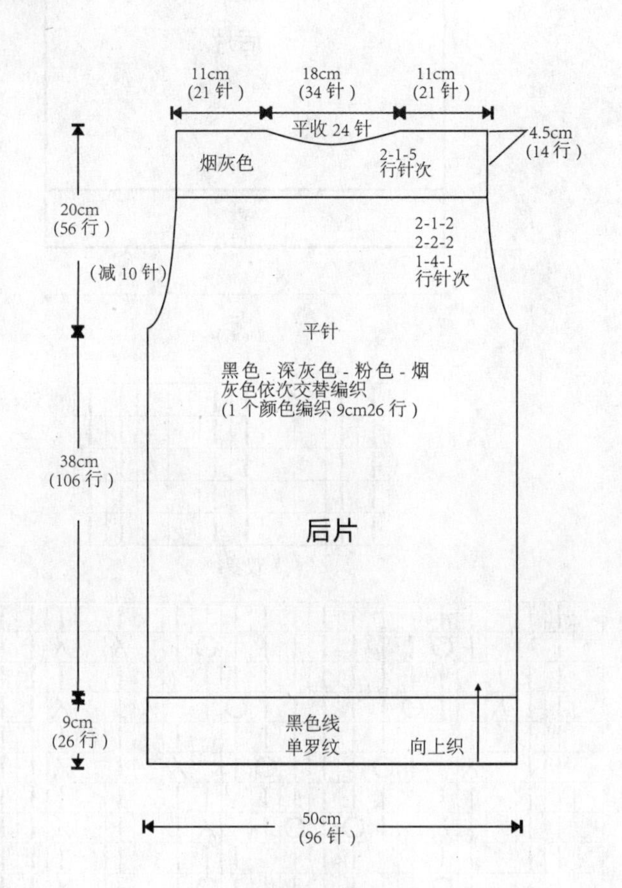

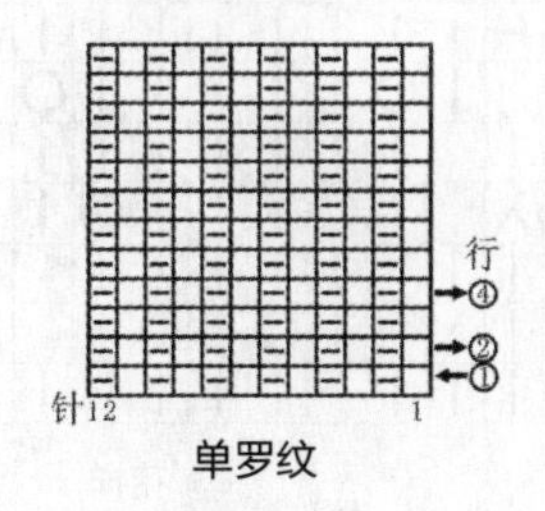

单罗纹

【制作方法】
单股线编织。毛衣由前、后身片、袖片组成。
1. 后片：用黑色线起 96 针，向上编织单罗纹 9cm 后，编织平针，按结构图所示颜色换线编织到一定长度后，开挂肩及后领。
2. 前片：与后片编织方法相同。
3. 袖片（2 片）：用黑色线起 46 针，织 6cm 单罗纹后，编织平针 44cm，按结构图所示均匀加针，按图所示颜色换线编织到袖山，袖山按图所示减针余 34 针断线。同样方法编织另一片袖片。
4. 将前片与后片及袖片沿边对应相应位置缝实。
5. 领口用深灰颜色线挑起织单罗纹。

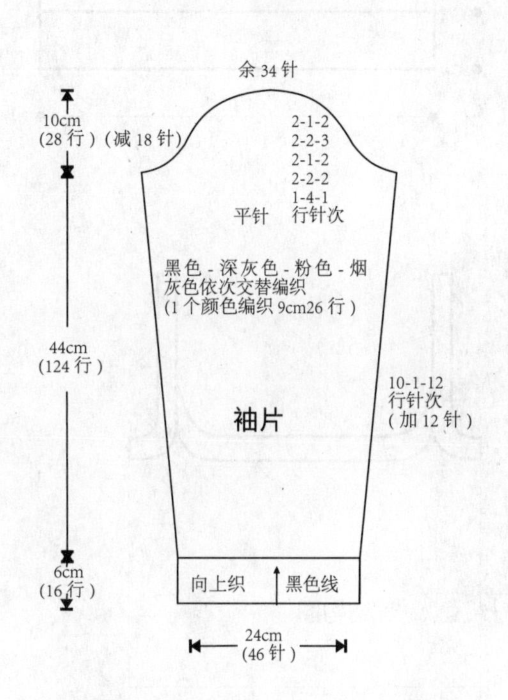

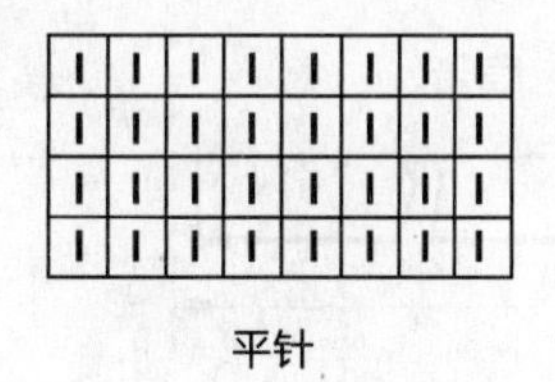
平针

278

【成品尺寸】衣长 38cm 胸围 86cm
【工具】10 号棒针 11 号棒针
【材料】黑色毛线 600g
【密度】10cm^2：20 针 ×29 行

【制作方法】
1. 前片：用 11 号棒针起 86 针，从下往上织 6cm 双罗纹，换 10 号棒针织 27cm 花样，按图解分别收袖窿、收领子。
2. 后片：用 11 号棒针起 86 针，织 6cm 双罗纹后，换 10 号棒针按后片图解编织花样。
3. 肩带：用 11 号棒针起 96 针，织 5cm 双罗纹，织 2 条。
4. 按结构图缝合前片、后片和肩带。

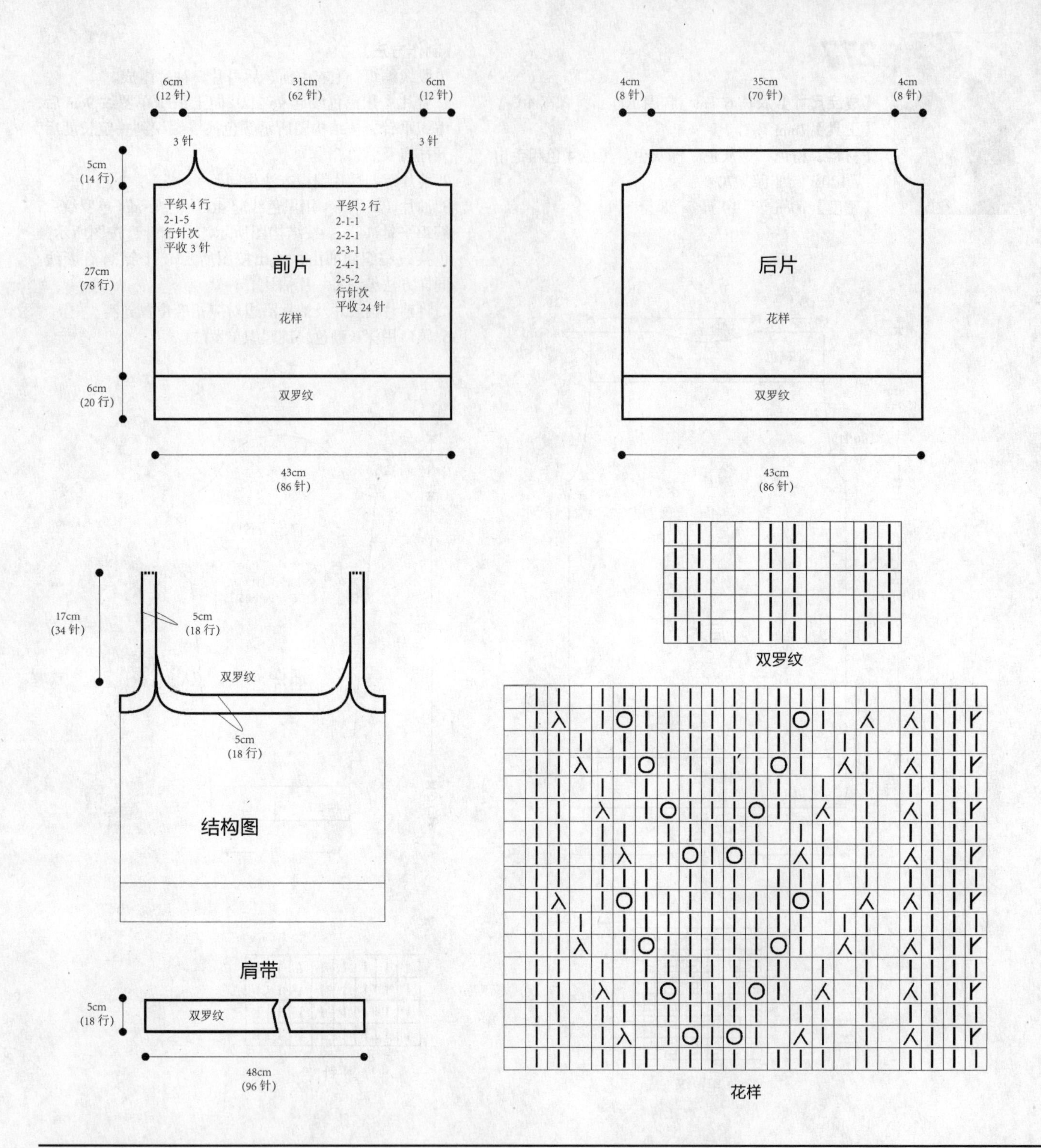

279

【成品尺寸】衣长56cm　胸围90cm　袖长56cm

【工具】7号棒针　8号棒针

【材料】黑色毛线700g

【密度】10cm^2：18针×26行

【制作方法】

1. 左前片：用7号棒针起15针平针，按图放针，放出的针织花样A，织到28cm处开挂肩，按图解收袖窿、收领子。

2. 后片：用8号棒针起81针织双罗纹，按图解花样C编织。

3. 袖片：用7号棒针起56针，织平针，按图解花样B编织。

4. 将前后片、袖片缝合后按图解挑门襟，用8号棒针编织双罗纹6cm。

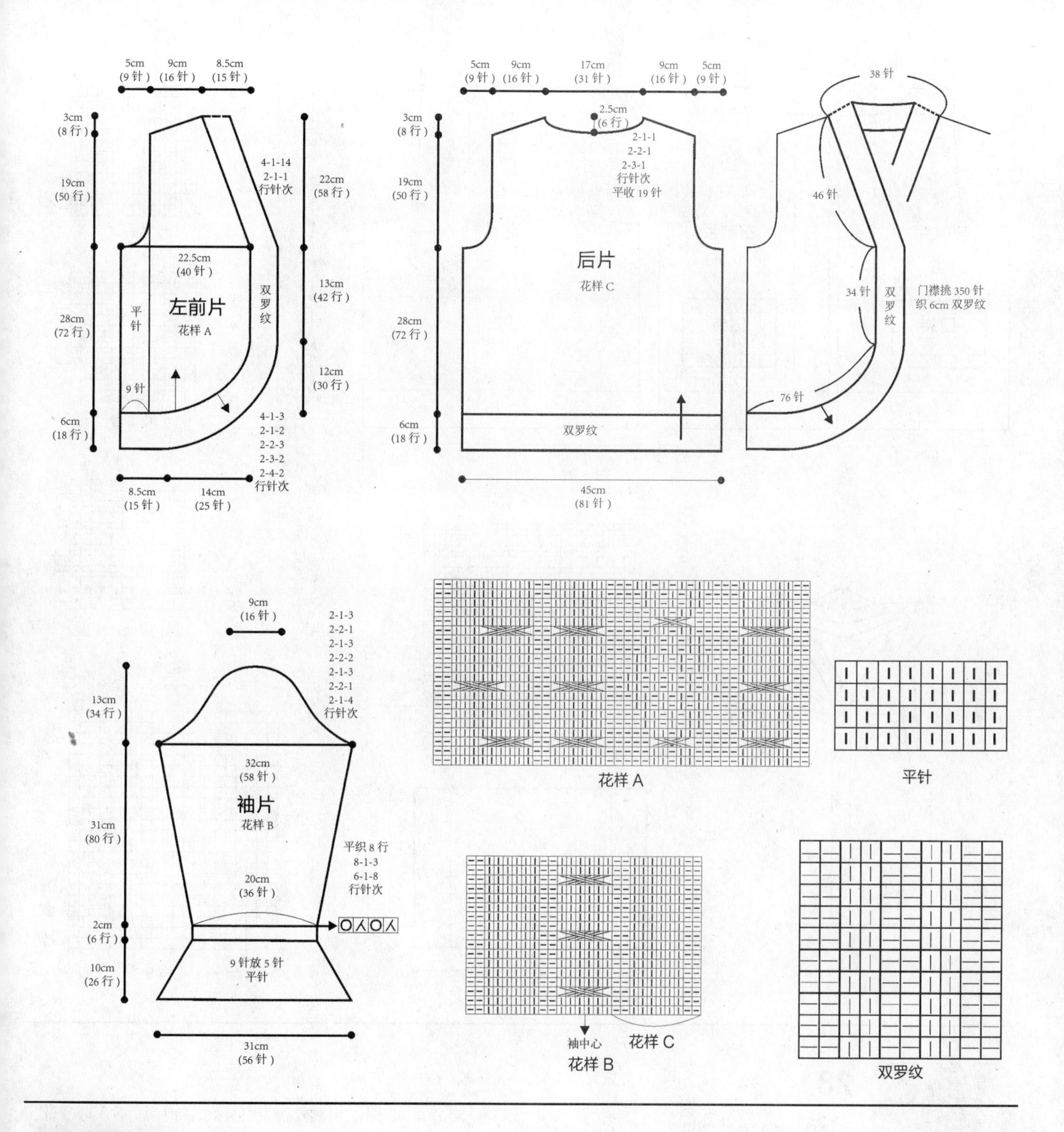

280

【成品尺寸】衣长 47cm　胸围 86cm　肩宽 22cm

【工具】11 号棒针

【材料】棕色棉线 350g

【密度】10cm^2 ：16 针 ×24 行

【制作方法】

1. 后片：起 62 针，织花样 A，织 5cm 的高度，改织花样 B，织至 17.5cm，改织下针，织至 26cm 的高度，两侧各平收 6 针，然后按 2-1-7 的方法减针织成袖窿，织至 46cm，中间留起 18 针待编织帽子，两侧肩部各收针 9 针。

2. 左前片：起 39 针，织花样 A，织 5cm 的高度，右侧继续织 8 针花样 A 作为衣襟，其余针数织下针，织至 26cm 的高度，左侧平收 6 针，然后按 2-1-7 的方法减针织成袖窿，织至 42cm，右侧平收 7 针，然后按 2-2-5 的方法减针织成前领，左前片共织 46cm 长，肩部余下 9 针，收针。

3. 帽片：沿领圈挑起 52 针，织下针，两侧帽襟各织 8 针花样 A，织 22cm 的长度，帽顶缝合。

4. 口袋：起 18 针，织 6 行搓板针后，改织 12 行下针，然后织 6 行单罗纹，完成后，缝合于左、右前片图示位置。

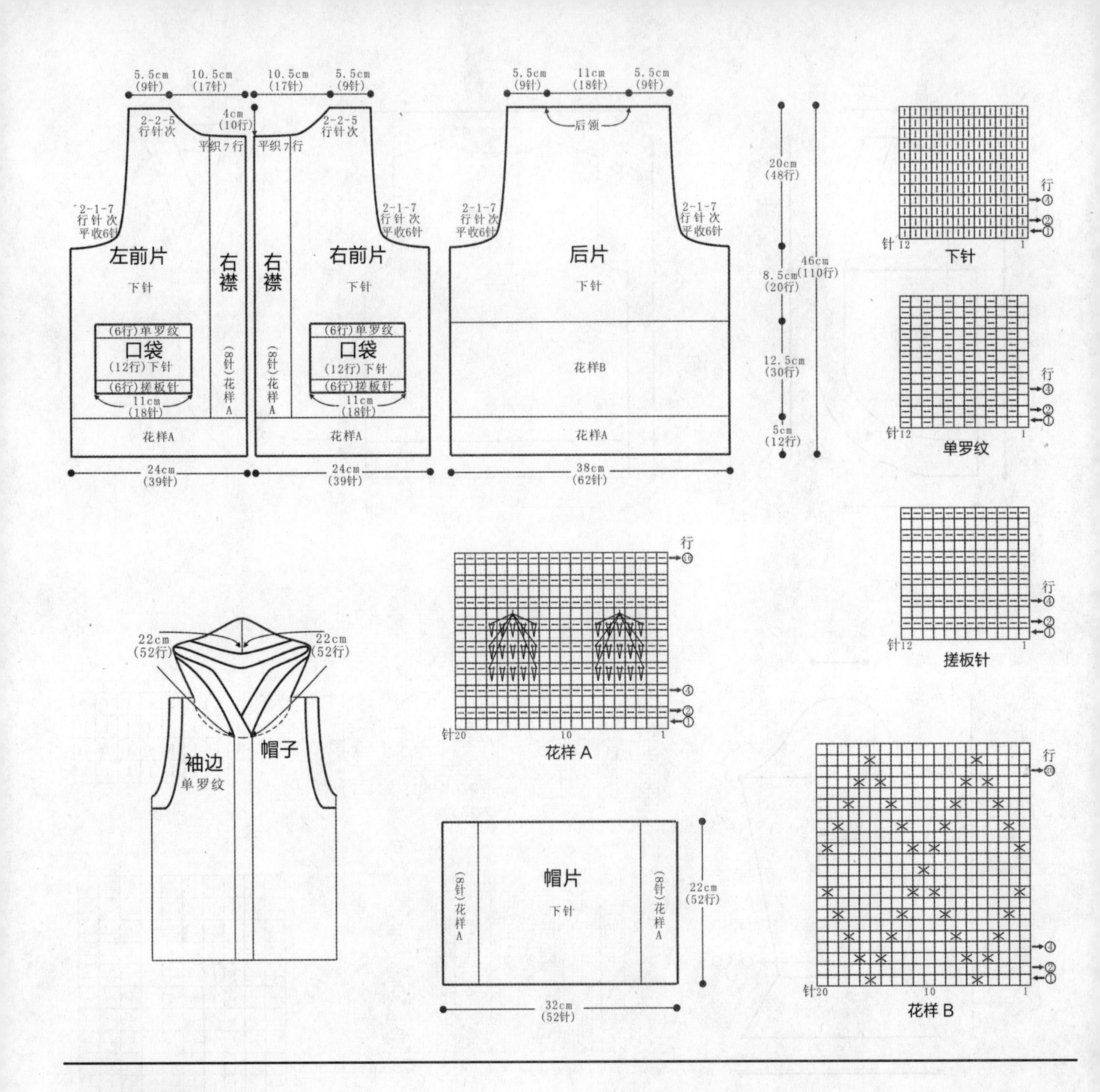

281

【成品尺寸】衣长 77cm 胸围 96cm 袖长 53cm

【工具】10 号棒针 绣花针

【材料】深灰色羊毛线 800g

【密度】10cm^2：22 针 ×32 行

【附件】纽扣 5 枚

【制作方法】

1. 前片：分左、右 2 片编织。左前片：分别按图起 52 针，织 10cm 双罗纹后，改织花样，侧缝按图示减针，织至 12cm 时，中间平收 20 针，内袋另织好，与织片合并，继续编织，织至 22cm 时加针，形成收腰，再织 15cm 时两边各平收 5 针，按图收袖窿，再织 15cm 时，肩部平收 20 针，余 22 针不用收针，用同样方法织另一片。

2. 后片：按图起 104 针，织 10cm 双罗纹后，改织花样，侧缝与前片一样加减针，形成收腰，织至 15cm 时两边各平收 5 针，按图收袖窿，再织 15cm 时，肩部平收 20 针，余 44 针不用收针。

3. 袖片：按图起 56 针，织 10cm 双罗纹后，改织花样，袖下按图示加针，织至 32cm 时，开始收袖山，两边各平收 5 针，按图示减针，用同样方法织另一袖片。

4. 将前片、后片的肩部、侧缝、袖片全部缝合，前片、后片领部未收的针数，全部合并，一起继续编织，织至 15cm 时，按图分成 3 片，再织 15cm 时收针，并缝合 A 与 B、C 与 D，形成帽子。

5. 门襟至帽缘挑 255 针，织 6cm 双罗纹，左门襟均匀地开纽扣孔。

6. 装饰：用绣花针缝上纽扣。

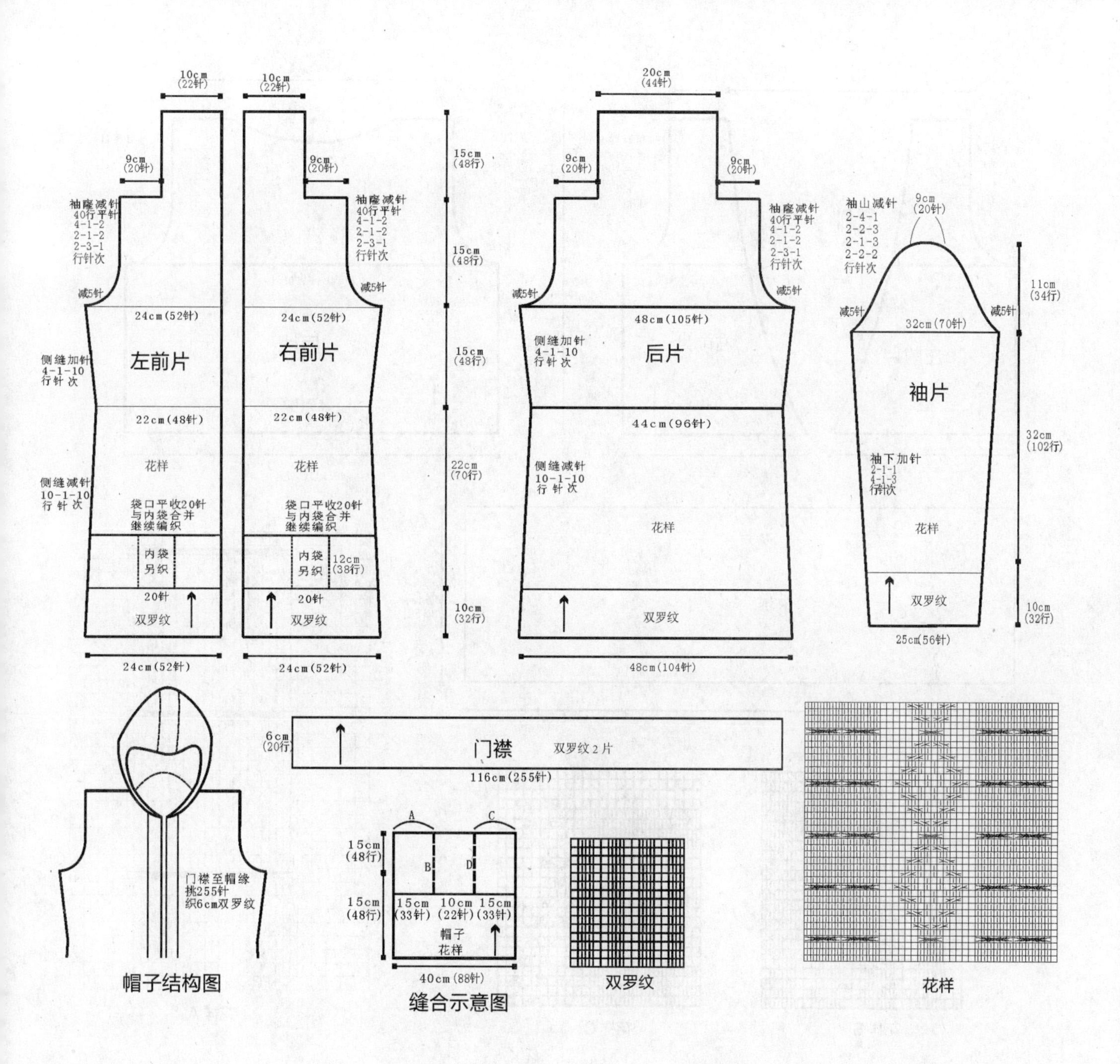

282

【成品尺寸】衣长 31cm　胸围 96cm

【工具】10 号棒针　绣花针

【材料】黑色羊毛线 500g

【密度】10cm^2 ：22 针 ×32 行

【附件】绳子 1 根 装饰毛毛边若干

【制作方法】

1. 前片：分左、右 2 片编织。左前片：按图起 52 针，织花样 A，门襟即按图减针，侧缝不用减针，织至 16cm 时，织片针数为 40 针，两边同时各平收 5 针，收袖窿，再织 15cm 时肩位余 20 针，用同样方法反方向编织另一片。
2. 后片：按图起 105 针，织花样 B 后，侧缝不用减针，织至 16cm 时两边各平收 5 针，收袖窿，并按图收领窝，肩位余 20 针。
3. 下摆横向编织，按编织方向起 35 针，织 96cm 花样 C。
4. 将前片、后片的肩位、侧缝全部缝合，下摆与前片、后片缝合。
5. 门襟缝上装饰毛毛边，穿上绳子。

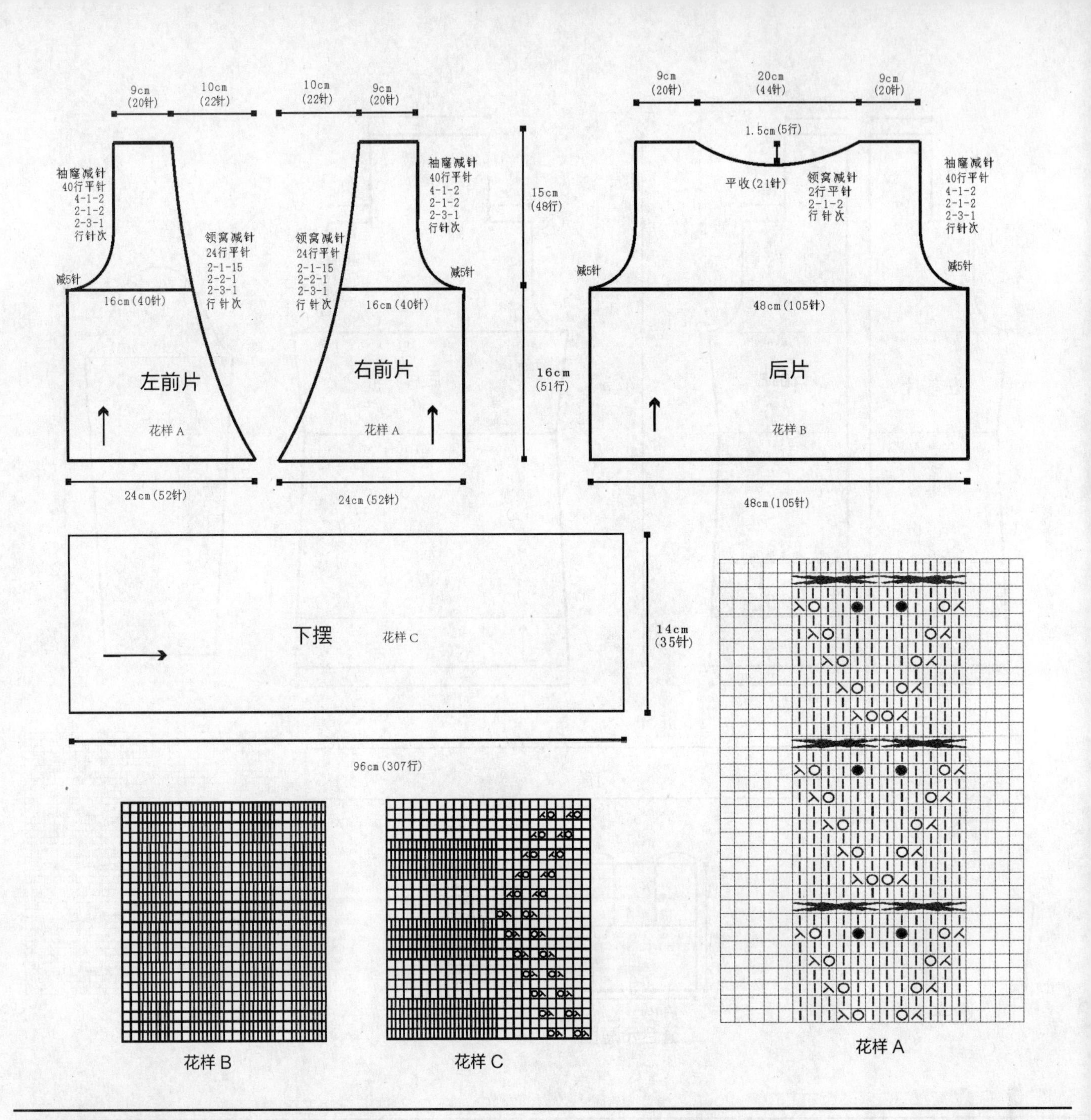

283

【成品尺寸】衣长 36cm　胸围 88cm　肩宽 52cm

【工具】11 号棒针　绣花针

【材料】炭灰色棉线 400g

【密度】$10cm^2$：19 针 ×26.5 行

【附件】纽扣 4 枚

【制作方法】

1. 后片：起 19 针，织下针，一边织一边左侧按 4-1-9 的方法，右侧按 2-2-5 的方法加针，织 4cm 后，右侧加起 28 针，然后不加减针往上编织，织至 14.5cm，左侧不加减针织 4cm，然后按 2-1-2 的方法减针织后领，减针后不加减针织 32 行，左侧按 2-1-2 的方法加针，加针后不加减针继续织 4cm，然后按 4-1-9 的方法减针，织至 48cm 的总长度，右侧平收 28 针后，按 2-2-5 的方法减针，后片共织 52cm 的长度，最后余下 19 针作为袖窿。

2. 左前片：起 19 针，织下针，一边织一边左侧按 4-1-9 的方法，右侧按 2-2-5 的方法加针，织 4cm 后，右侧加起 28 针，然后不加减针往上编织，织至 14.5cm，左侧不加减针织 4cm，然后按 2-2-5 的方法减针织前领，减针后不加减针织 5 行，织片余下 56 针，留针编织衣襟。同样的方法相反方向编织右前片。

3. 衣脚：沿左右前片及后片衣身下摆挑起 160 针织双罗纹，织 6cm 的长度。

4. 衣襟：沿左右前片衣襟侧分别挑起 68 针织双罗纹，织 4cm 的长度。

5. 领子：沿领圈挑起 70 针织双罗纹，织 4cm 的长度。

6. 饰花：按花样所示方法编织 14 片饰花，按照片所示缝合于左前片。

7. 缝上纽扣。

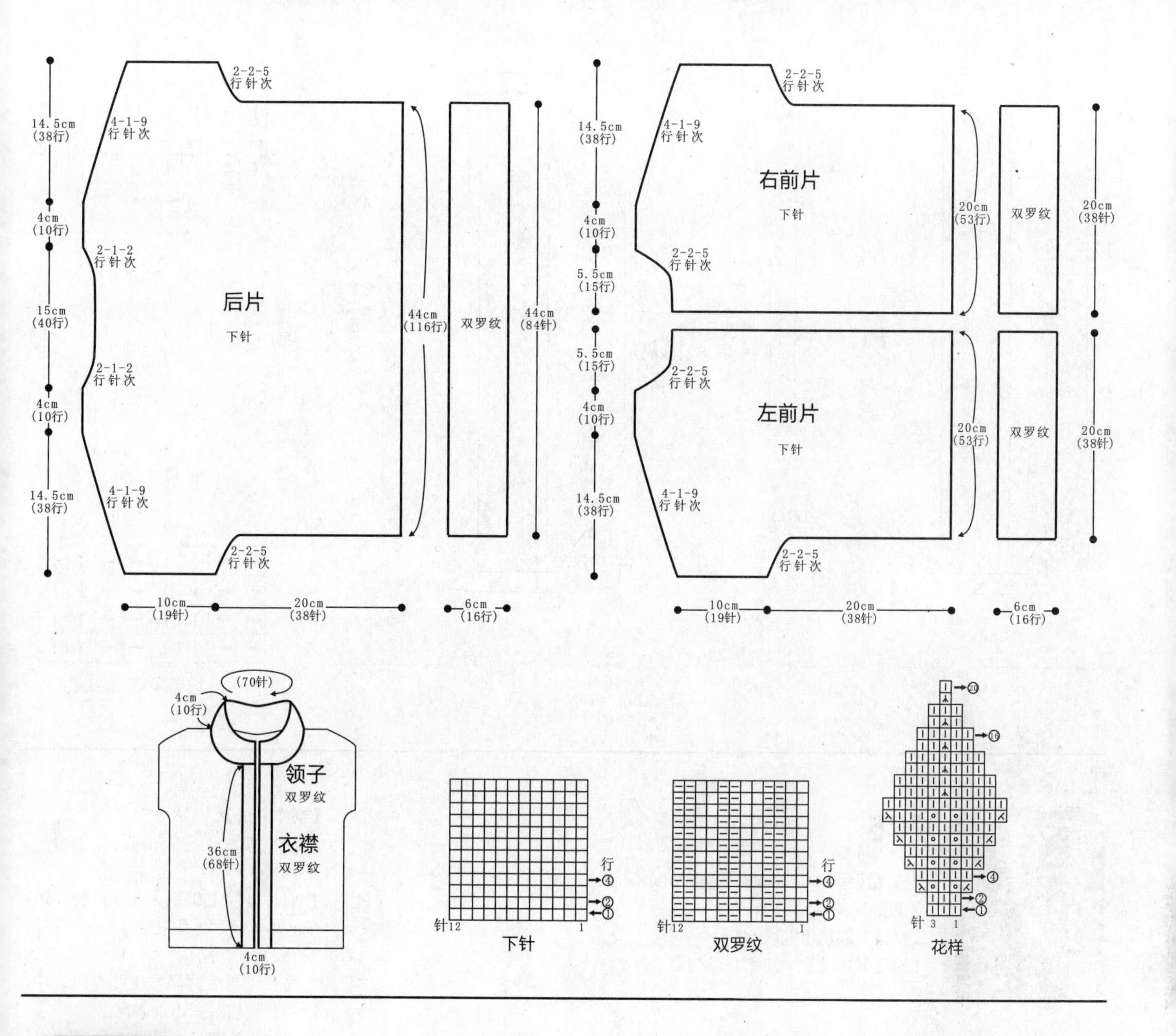

284

【成品尺寸】衣长 60cm　左袖到右袖平铺 85cm

【工具】7mm 棒针　绣花针

【材料】紫色粗毛线 500g

【密度】$10cm^2$ ：14 针 ×22 行

【制作方法】

单股线编织。毛衣由前、后片组成。

1. 前片（横织）：从袖口处起 25 针织 8 行双罗纹后在 1 行里均匀加针至 33 针，再按结构图示排花在花样两侧均匀加针，袖一侧加 39 针再平织 12 行开始前领减针，按图示减掉 22 针后平织 24 行开始加针 22 针再平织 12 行，接着减针 39 针方法同前面加 39 针的地方相同，底边一侧 2 行加 1 针共加 14 针后平织 132 行开始每 2 行减 1 针，共减 14 针。

2. 后片与前片编织方法相同，后片不需要留领窝。

3. 沿边对应相应位置缝实。

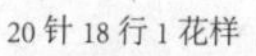
20 针 18 行 1 花样

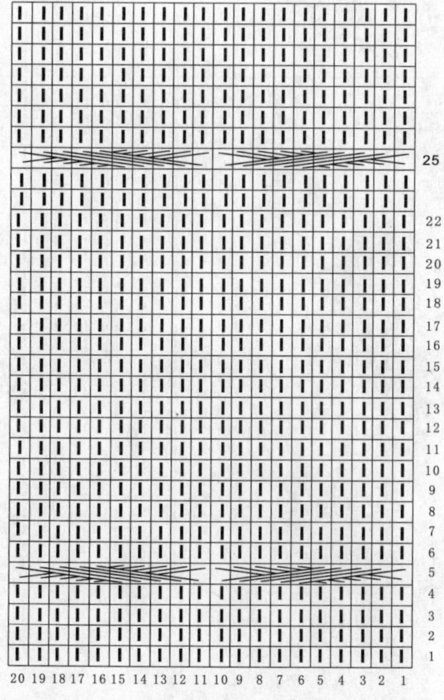

花样

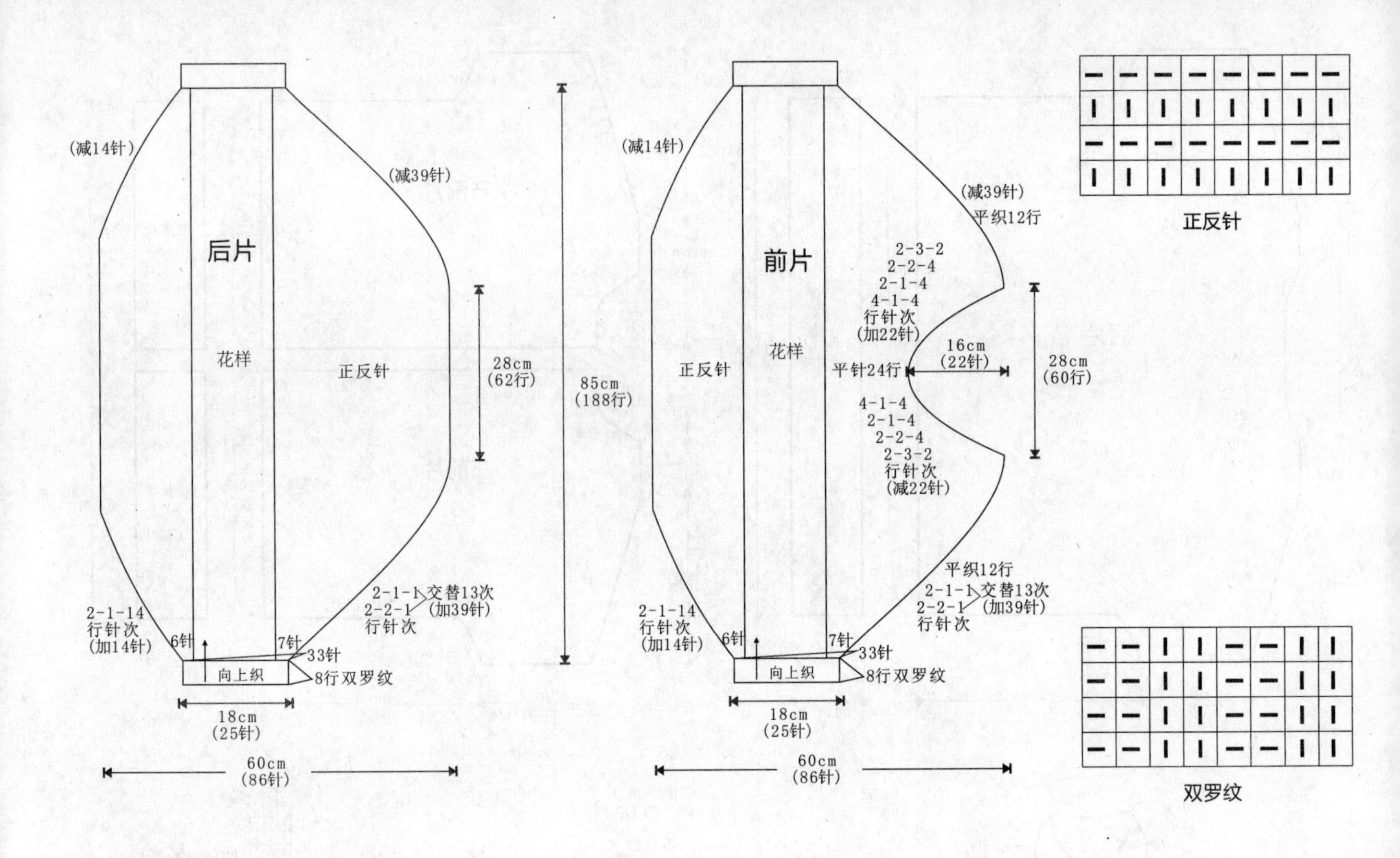

285

【成品尺寸】衣长 70cm　胸围 100cm　袖长 55cm

【工具】7 号棒针

【材料】红色粗毛线 600g

【密度】$10cm^2$ ：20 针 ×28 行

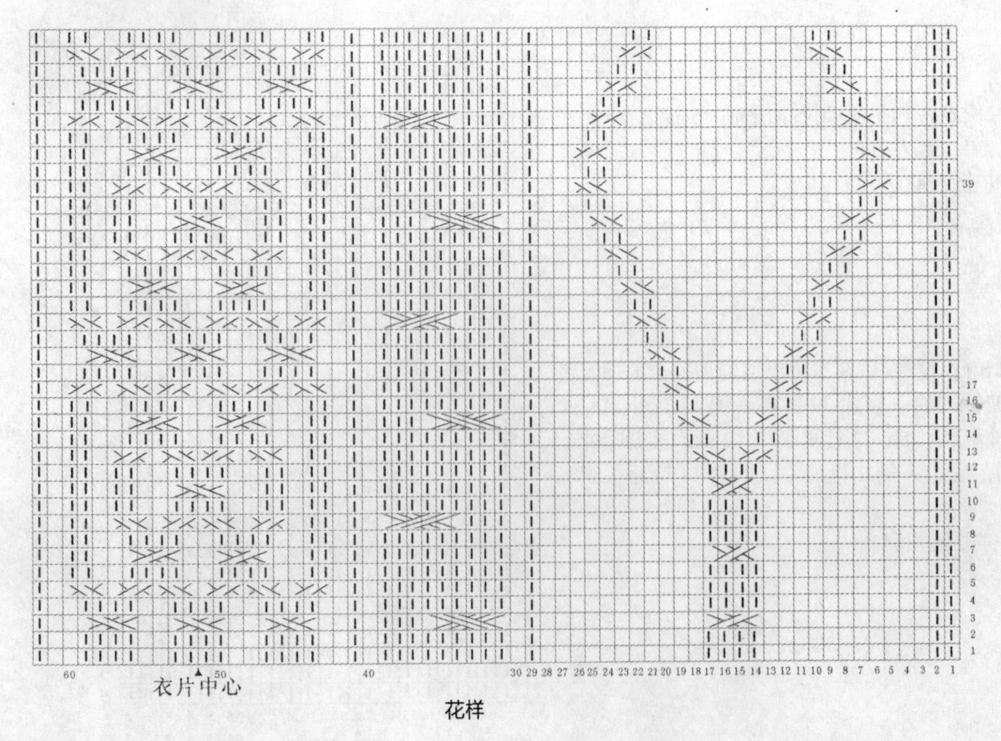

【制作方法】

单股线编织。毛衣由前、后身片、袖片组成。

1. 后片：向上编织，起 100 针，织 6cm 单罗纹后编织花样 44cm，开挂肩及后领部分。

2. 前片：与后片同样方法编织，按图示开挂肩及留出前领窝。

3. 袖片（2 片）：起 46 针，织 8cm 单罗纹后编织花样 37cm，按结构图所示均匀加针，袖山按图所示减针。

4. 将前片与后片及袖片沿边对应相应位置缝实。

5. 领口挑织单罗纹结束。

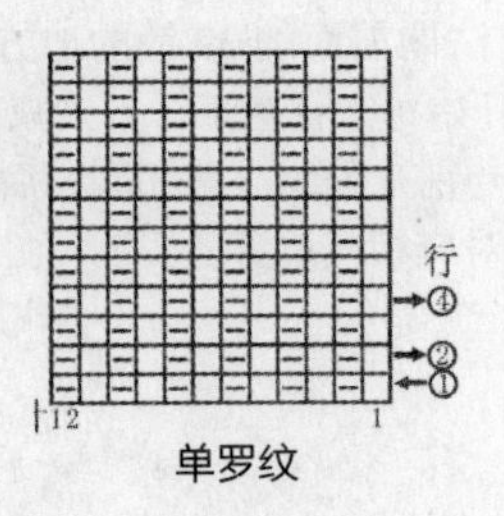

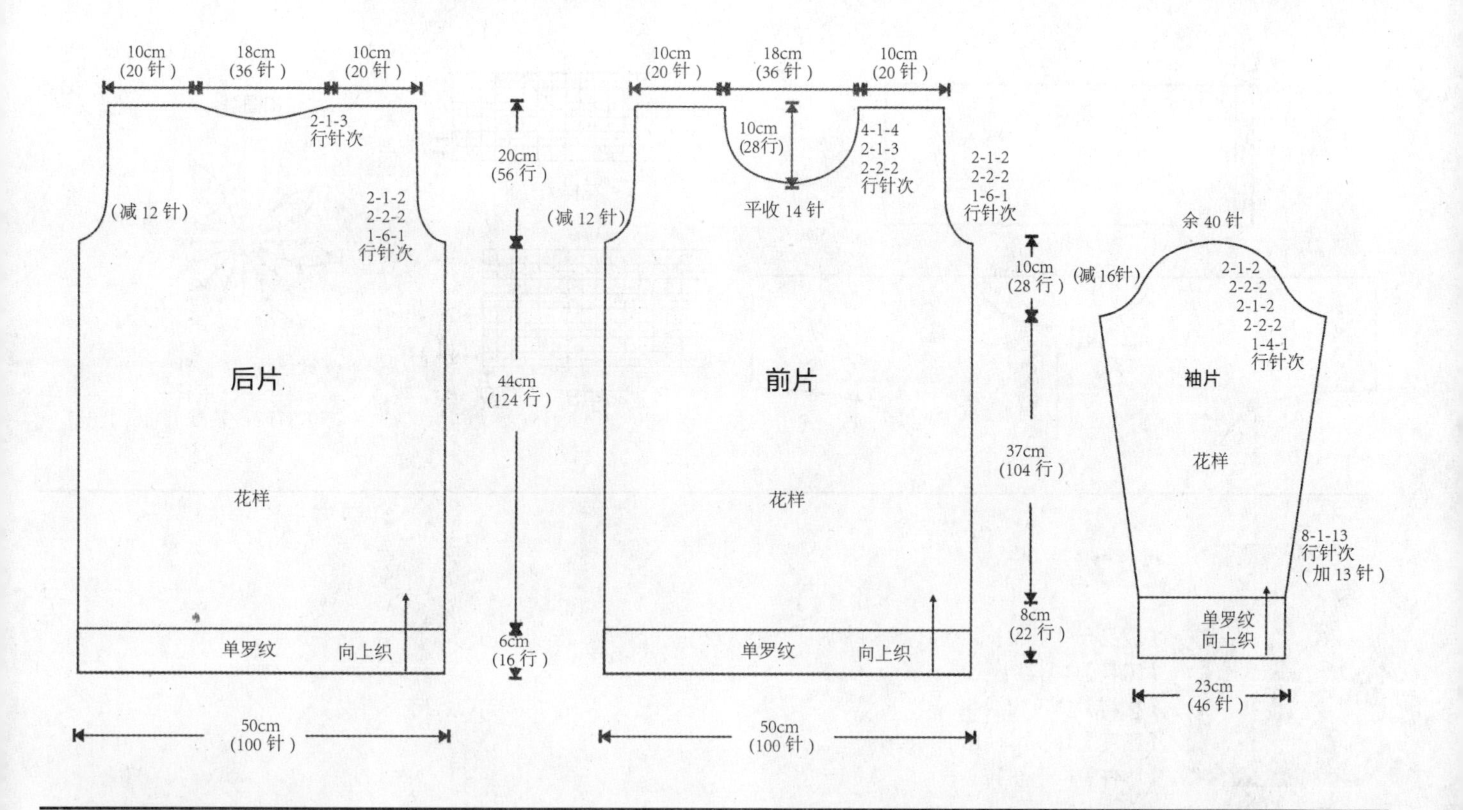

286

【成品尺寸】衣长 65cm　胸围 140cm

【工具】6 号棒针　7 号钩针　绣花针

【材料】灰色棉线 520g

【密度】10cm²：14 针 ×18 行

【附件】圆形纽扣 1 枚

【制作方法】

1. 后片：(1) 起 60 针，同时两侧按减 3 针编织，花样 A 编织 30cm。(2) 花样 A 编织，两侧逐渐加针，如图加针编织，织 15cm。(3) 花样 A 不加减针编织 20cm 后收针。

2. 前片 (2 片)：以左前片为例，(1) 起 27 针，同时两侧按减 3 针编织，花样 A 编织 20cm。(2) 花样 A 编织，两侧逐渐加针，如图加针编织，织 15cm。织 22 行时开扣眼，扣眼留针如图。(3) 花样 A 不加减针编织 12cm 后开前领，按减 14 针编织，织 8cm。相同织右前片。

3. 缝合：将前、后片肩部、腋下对齐缝合。

4. 帽子：前、后领各挑 15 针、28 针、15 针，如图花样 B 编织 20cm，然后所标 a 处相缝合。

5. 口袋(2片)：起16针，花样B编织18行后收针。相同织第2片。

6. 收尾：如包扣图，钩 3 行后将纽扣包住缝紧，并缝合在左前片相应位置。

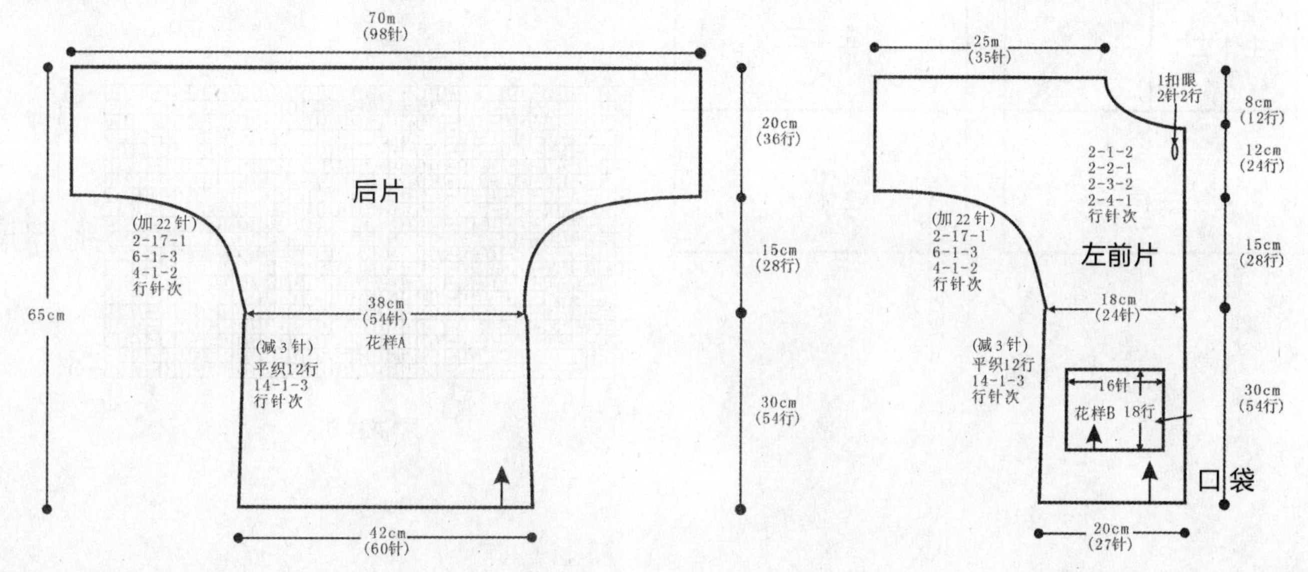

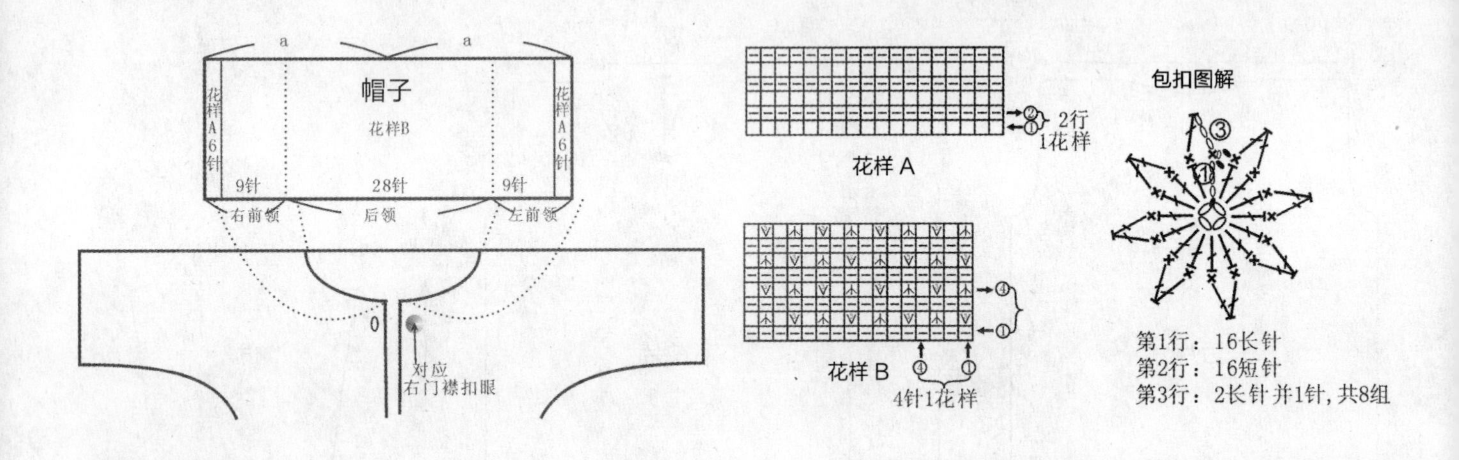

287

【成品尺寸】衣长 75cm　胸围 80cm　袖长 52cm

【工具】7 号棒针　绣花针

【材料】白色棉线 500g

【密度】$10cm^2$：18 针 ×26 行

【附件】圆形纽扣 3 枚

【制作方法】

1. 主体一（下摆）：起 46 针，花样 A 编织 80cm 后收针。注意在相应位置第 2 针后均匀开 3 个扣眼。
2. 主体二（前片、领）：起 37 针，花样 B 编织 75cm 后收针。
3. 主体三（后片）：起 51 针，花样 C 编织 26cm 后收针。
4. 袖片（2 片）：起 32 针，花样 A 编织 10cm；换花样 B 编织并两侧同时加针，织 42cm 后收针。相同方法编织另一片。
5. 缝合：参照正面效果图与背面效果图，将主体一、主体二、主体三分别缝合。袖下缝合后与身片相缝合。
6. 收尾：在右门襟处缝上 3 枚纽扣。

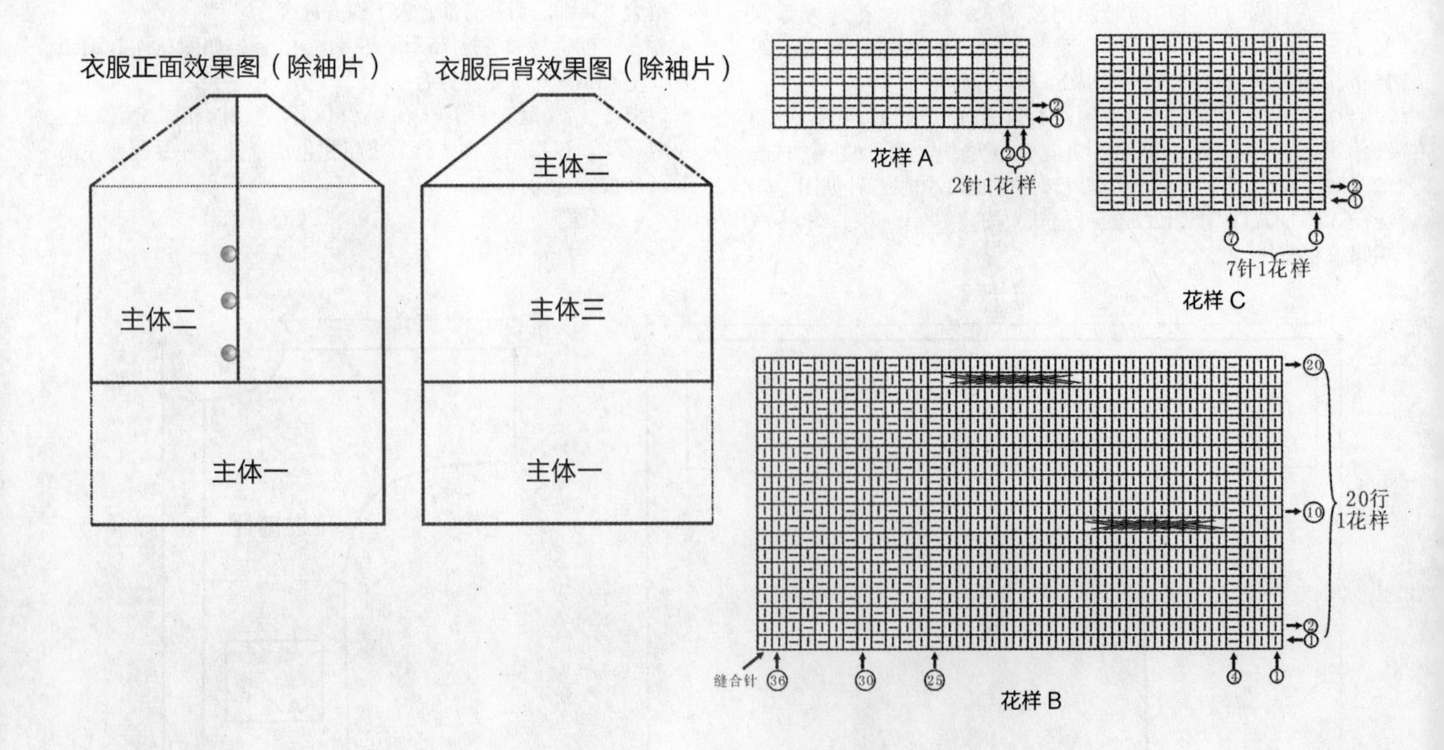

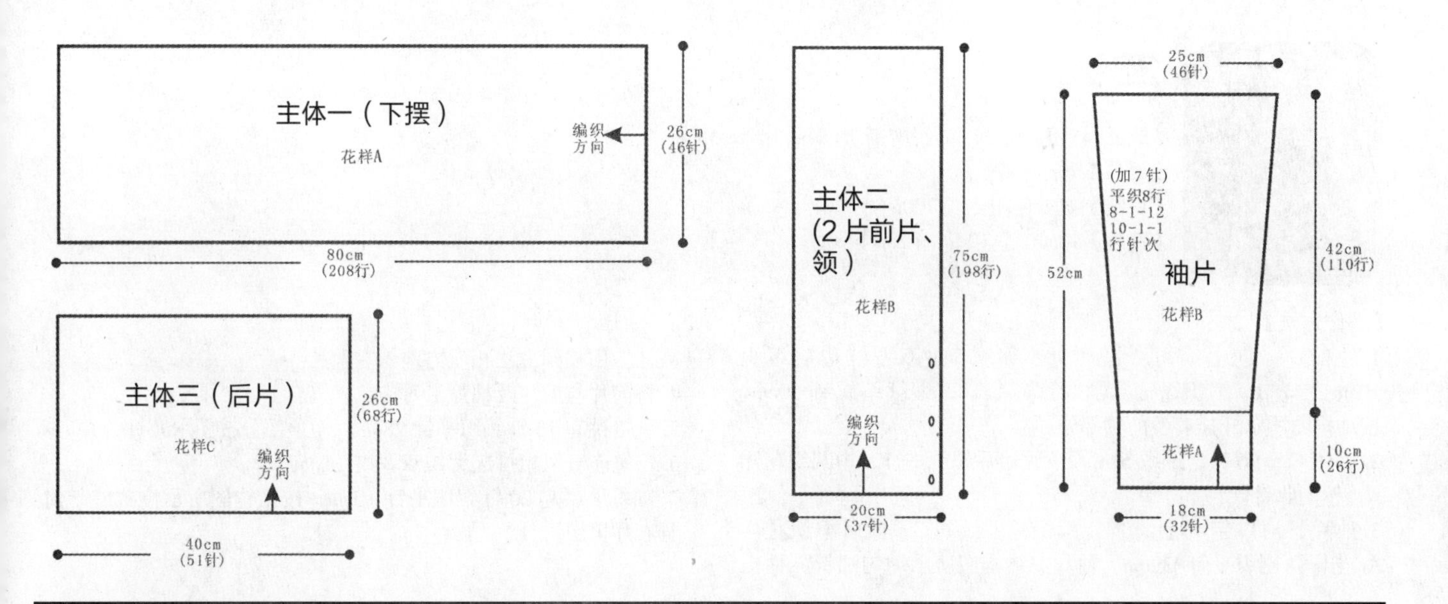

288

【成品尺寸】衣长 40cm　衣宽 52cm
【工具】7 号棒针　绣花针
【材料】粉色棉线 500g
【密度】10cm^2：15 针 ×18 行
【附件】圆形纽扣 4 枚

【制作方法】
1. 披肩主体：一片编织，(1) 下针起针法起 180 针，排花如图。花样 A、花样 B 编织，花样 A 往上逐渐减针，减针在玉米粒花上针侧减，织 4 组花后减前领。花样 B 由开始 36 针，逐渐减为 6 针。后片下针处由原来 56 针减为 24 针，减针方法如图，织 60cm。
2. 帽子：如图针数挑针，织 20cm 后，花样同挑针前，织完将所标 a 处相缝合。
3. 缝上纽扣。

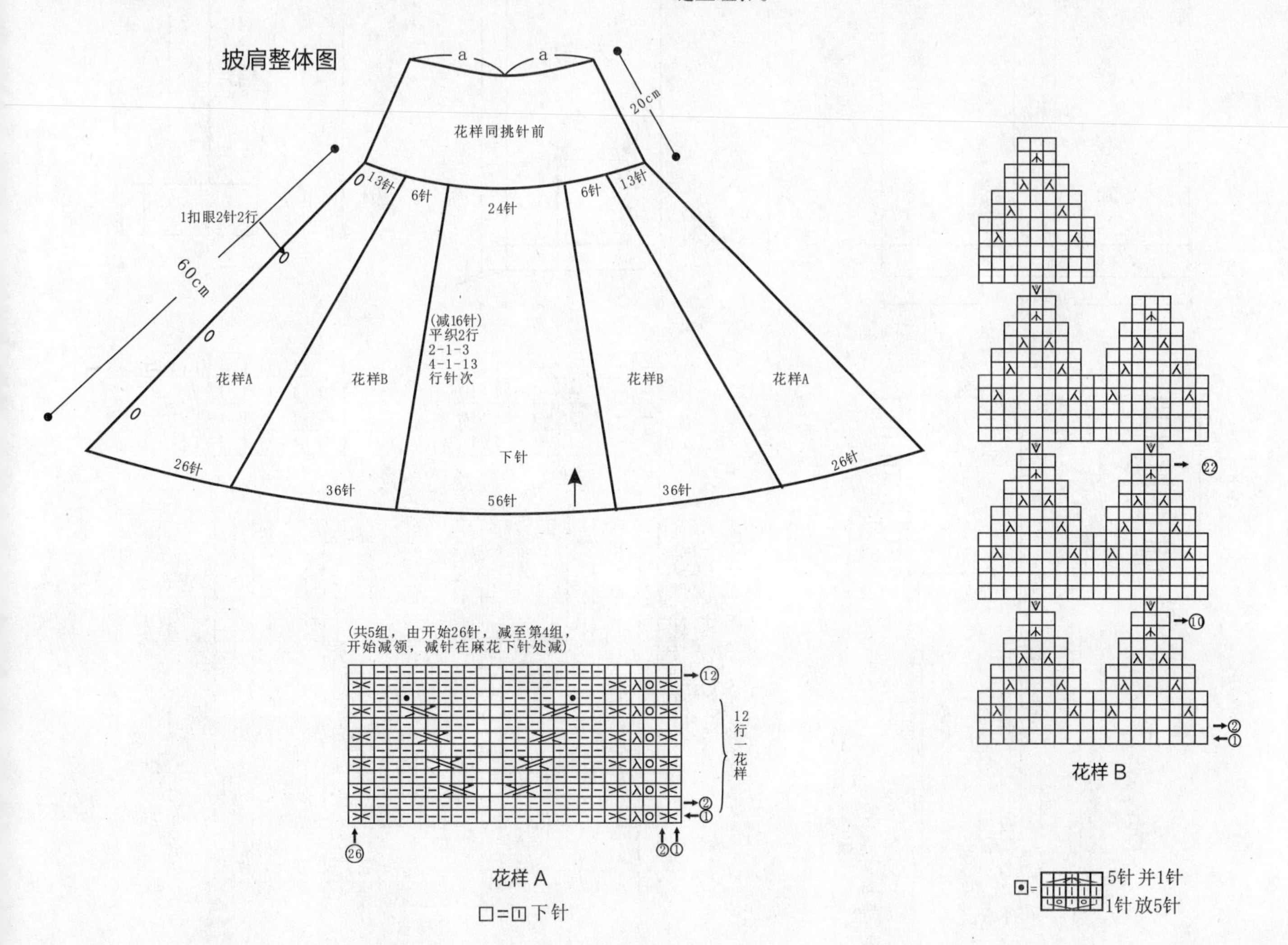

289

【成品尺寸】衣长 75cm　胸围 100cm　袖长 55cm
【工具】7mm 棒针
【材料】咖啡色粗毛线 700g
【密度】10cm^2 ：19 针 ×28 行

【制作方法】

1. 左前片：向上编织，起 48 针，编织 5cm 双罗纹边后编织 10cm 花样 B，编织 3cm 双罗纹留作袋口，继续编织到 50cm，按结构图所示开挂肩及前领部分。
2. 后片：起 96 针，编织 5cm 双罗纹边后编织平针，中间织花样 A，按图收针。
3. 袖片：袖口起 44 针，向上编织双罗纹 6cm，然后编织花样 A(花样两侧织平针)39cm，袖身按结构图所示均匀加针，袖山减针。用相同方法相反方向织右前片。
4. 将前片与后片及袖片沿对应位置缝合。
5. 风帽挑起 76 针编织平针 28cm，帽顶部分按图示减针合并。
6. 门襟连着风帽挑起编织双罗纹 14 行。
7. 口袋里层起 20 针编织平针 10cm，按结构图所示位置缝于前身衣片里层。

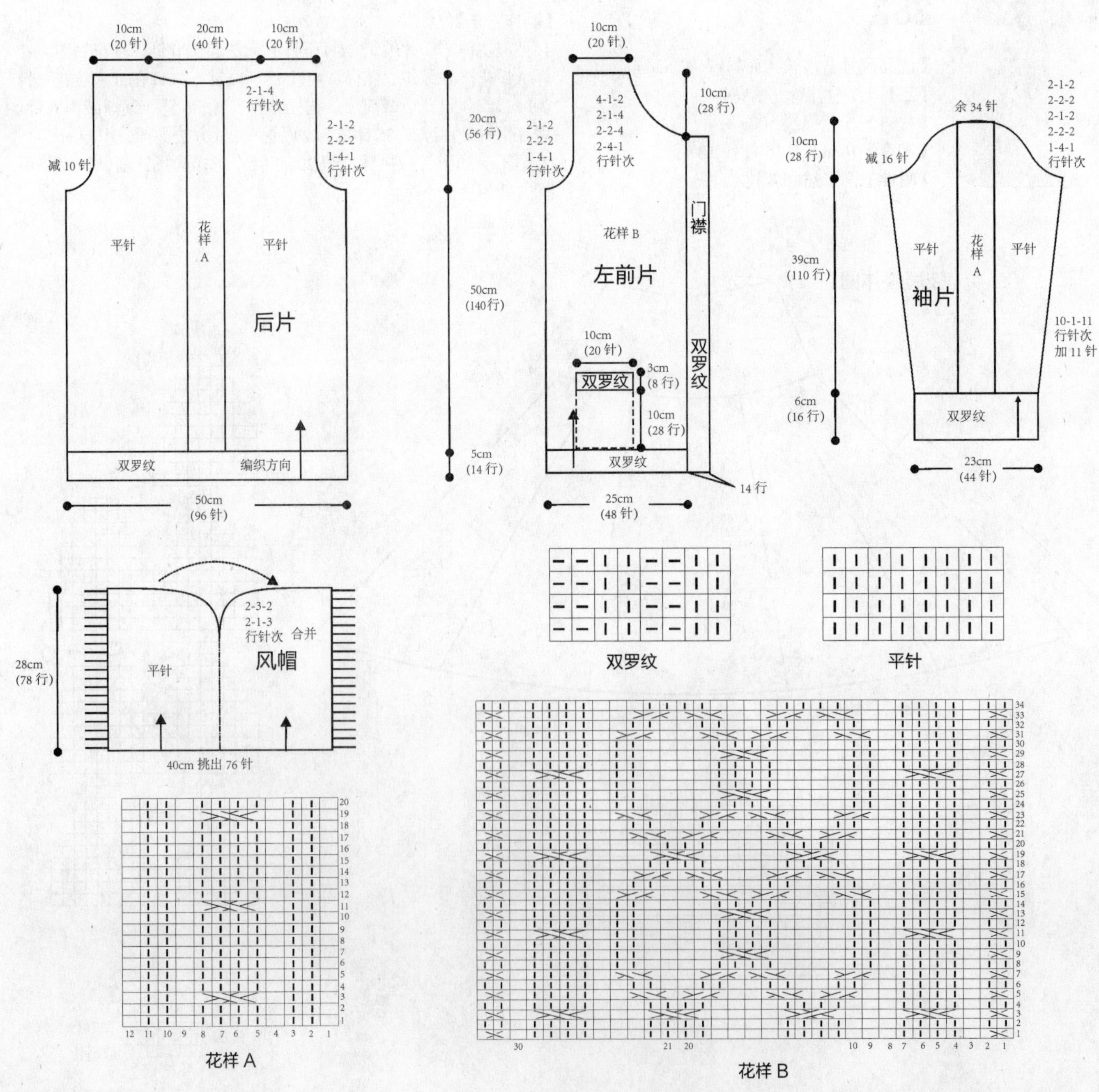

290

【成品尺寸】衣长 68cm　胸围 92cm

【工具】6 号棒针

【材料】蓝色粗毛线 550g

【密度】$10cm^2$：15 针 ×22 行

【制作方法】

1. 先织后片，起 82 针，编织花样，按图示减针，织 47cm 到腋下时，进行袖窿减针，减针方法如图示，先在两侧平收 3 针，再按 2-3-1、2-2-1、2-1-3 减针。平织至最后 2cm 时，后领减针，如图示，2-1-2 减针，织至袖窿 21cm，后片完成。

2. 前片：起 82 针，编织花样，按图示减针，织 47cm 到腋下时，进行袖窿减针，减针方法如图，织至最后 18cm 时，前领减针，如图示，按 2-1-14 减针，织到领深 18cm，前片完成。

3. 分别合并前后片肩线和侧缝线。

4. 领子：挑织，织下针 4 行。

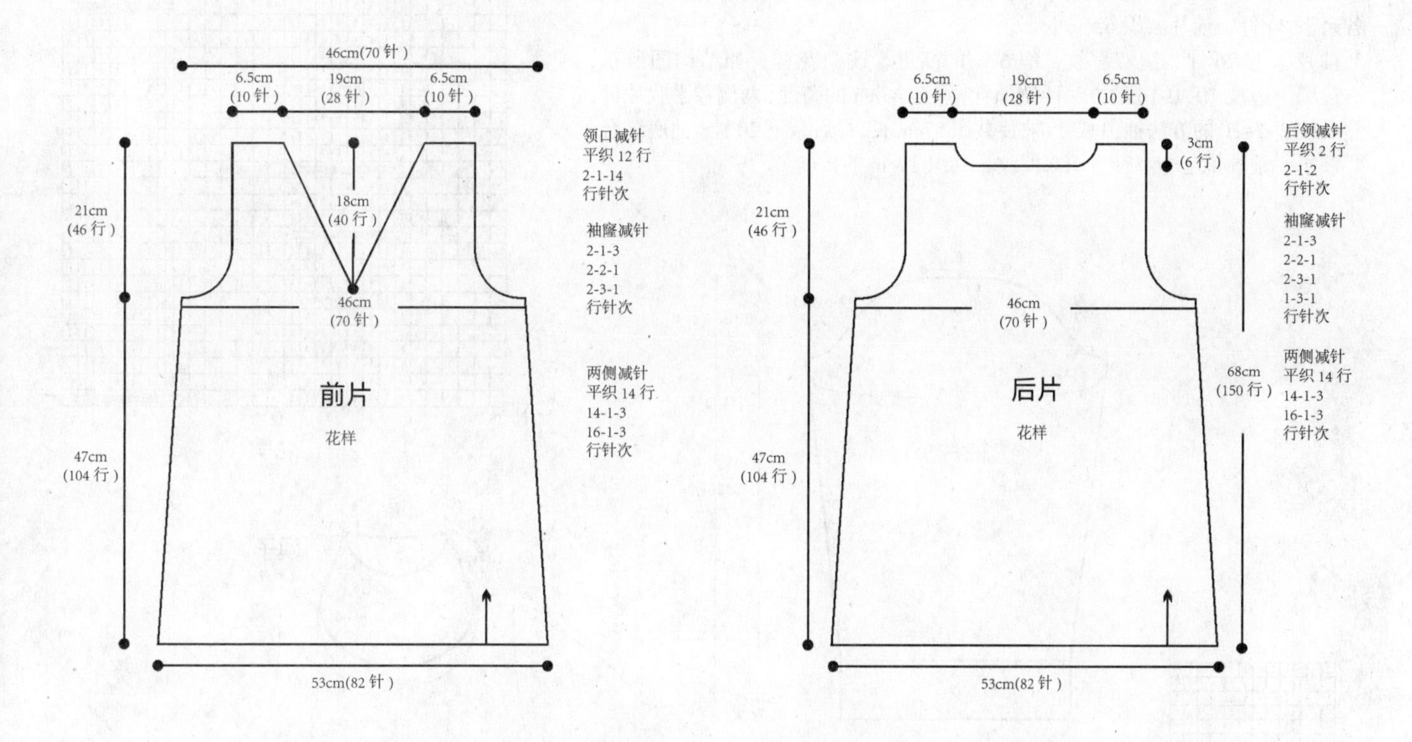

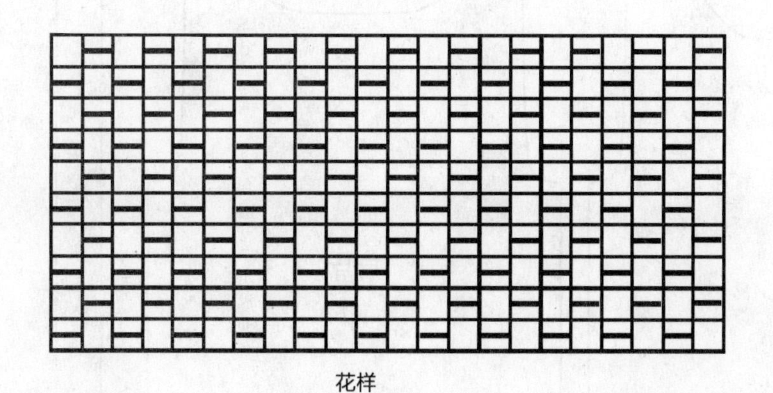

花样

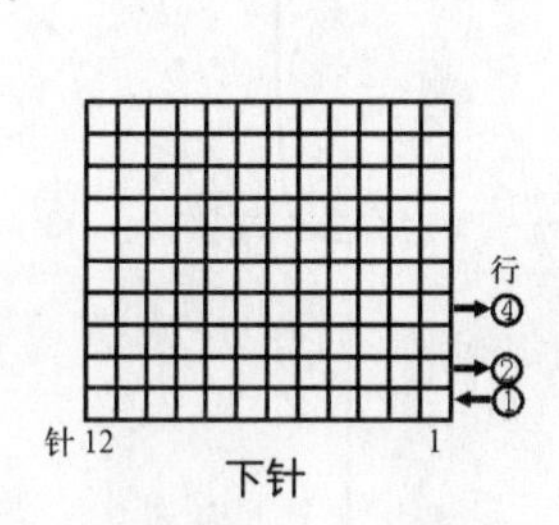

下针

291

【成品尺寸】衣长 62cm　胸围 68cm　肩宽 29cm　袖长 57cm

【工具】12 号棒针

【材料】棕色棉线 550g

【密度】10cm^2：45 针 ×39 行

【制作方法】

1. 后片：起 154 针，织双罗纹，织 6cm 的高度，改织花样，如结构图所示，织至 41.5cm，两侧各平收 4 针，然后按 2-1-7 的方法减针织成袖窿，织至 61cm，中间平收 60 针，两侧按 2-1-2 的方法后领减针，最后两肩部各余下 34 针，后片共织 62cm 长。
2. 前片：起 154 针，织双罗纹，织 6cm 的高度，改织花样，如结构图所示，织至 41.5cm，两侧各平收 4 针，然后按 2-1-7 的方法减针织成袖窿，织至 56cm，中间平收 40 针，两侧按 2-2-2、2-1-8 的方法前领减针，最后两肩部各余下 34 针，前片共织 62cm 长。
3. 袖片：起 76 针，织双罗纹，织 6cm 的高度，改织花样，如结构图所示，一边织一边按 10-1-16 的方法两侧加针，织至 47cm 的高度，两侧各平收 4 针，然后按 2-2-20 的方法袖山减针，袖片共织 57cm 长，最后余下 20 针。袖底缝合。
4. 领子：领圈挑起 140 针，织双罗纹，共织 19cm 的长度。

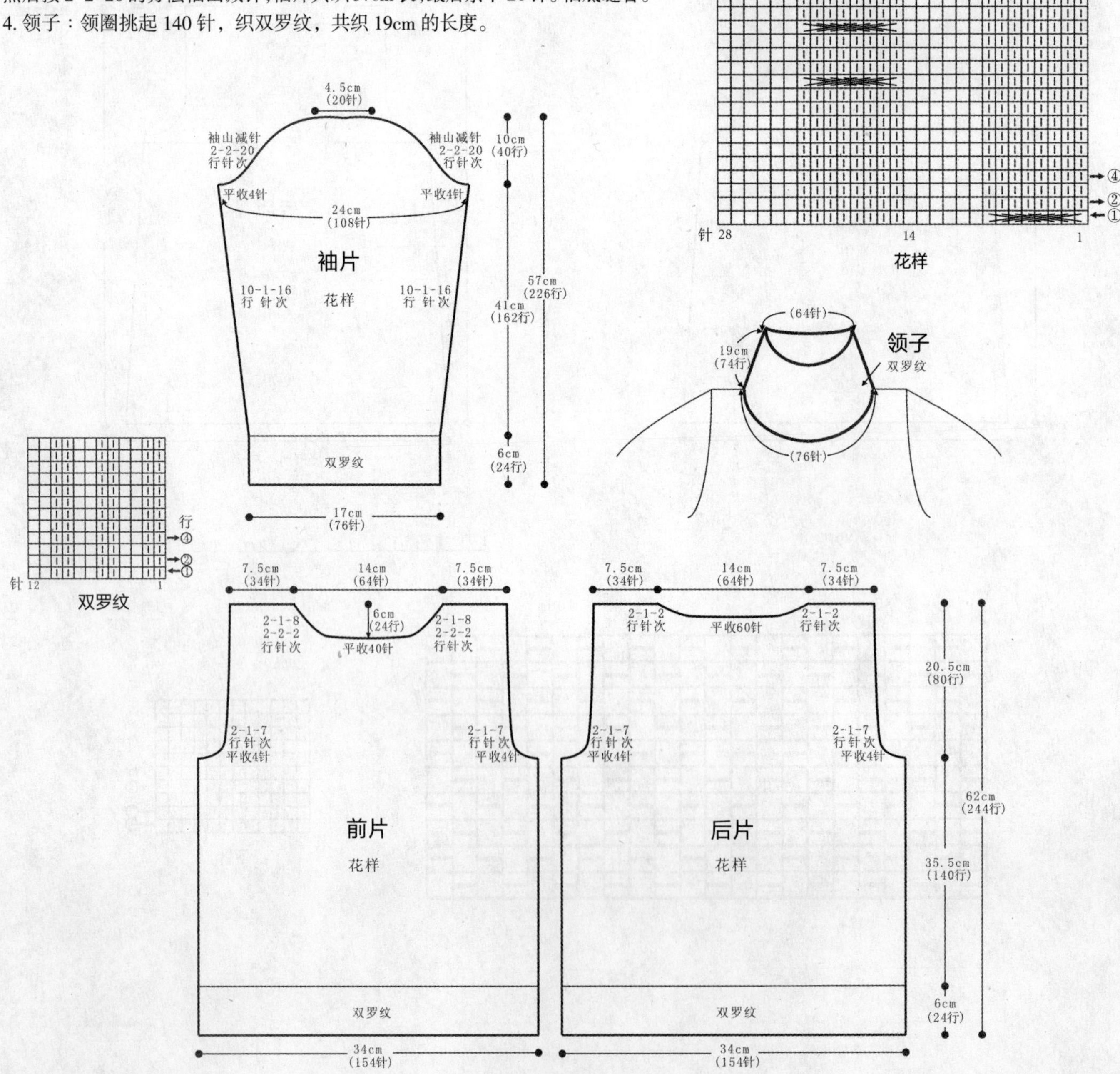

292

【成品尺寸】衣长 60cm　胸围 84cm　袖长 58cm
【工具】9 号棒针　10 号棒针　11 号棒针　绣花针
【材料】卡其色棉线 700g　白色圈圈线少许
【密度】10cm^2 ：28 针 ×20 行
【附件】圆形纽扣 6 枚

【制作方法】
提示：在每一花样起始，均为卡其色线与白色圈圈线隔行编织 4 行，花样 A、花样 B、花样 C 分别用 9 号、10 号、11 号棒针。
1. 后片：起 120 针，花样 A 编织 9cm，花样 B 编织 12cm，花样 C 编织 21cm 后按袖窿减针织袖窿，继续织 18cm 后收针。
2. 左前片：起 66 针，织法类似后片，不同为花样 C 开袖窿后，再织 8cm 开前领，按前领减针减针，织 10cm 后收针。对称织出右前片。
3. 袖片（2 片）：起 96 针，花样 A、花样 B、花样 C 编织，注意袖下不用加针，共织 45cm 后织袖山，按袖山减针减针，织 13cm 后收针。相同织出另一片。
4. 门襟：如左前片和右前片门襟图，共挑 94 针，织 3cm，左前片如图开扣眼，右前片在合适位置安上纽扣。
5. 缝合：两片前片和后片相缝合；袖片袖下缝合；袖片与身片相缝合。
6. 开领：如衣领图，前领和后领共挑 76 针，花样 D 编织 6 行后收针。

10cm (28针)
袖山减针
2-4-1
2-3-2
2-2-3
2-1-2
2-2-2
2-3-2
2-4-2
行针次
13cm (26行)
(减 34 针)
36cm (96针)
24cm (48行)
袖片
花样C
12cm (26行)
花样B
9cm (18行)
花样A
40cm (96针)

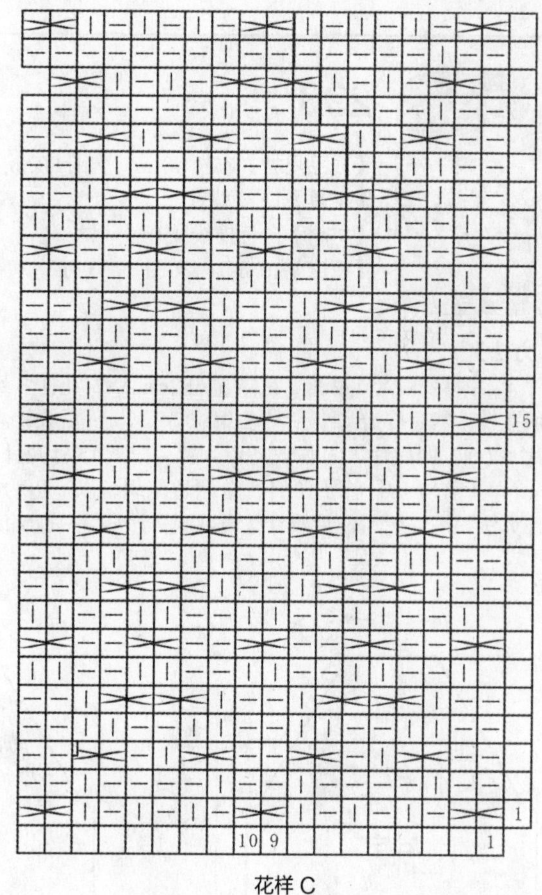

花样 C

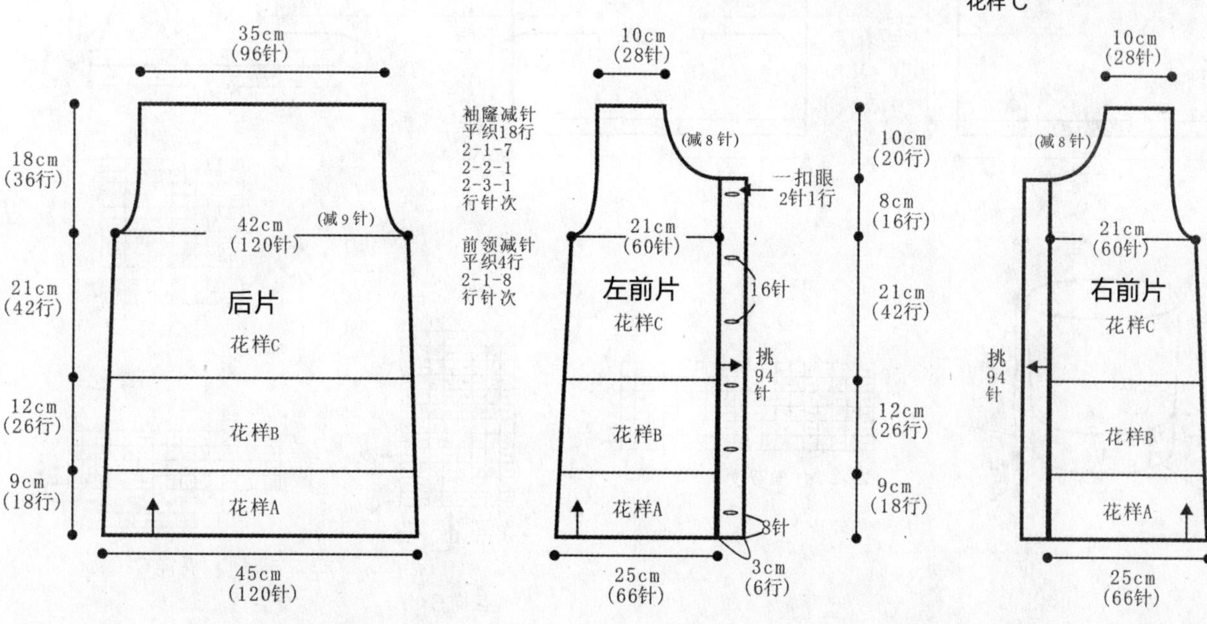

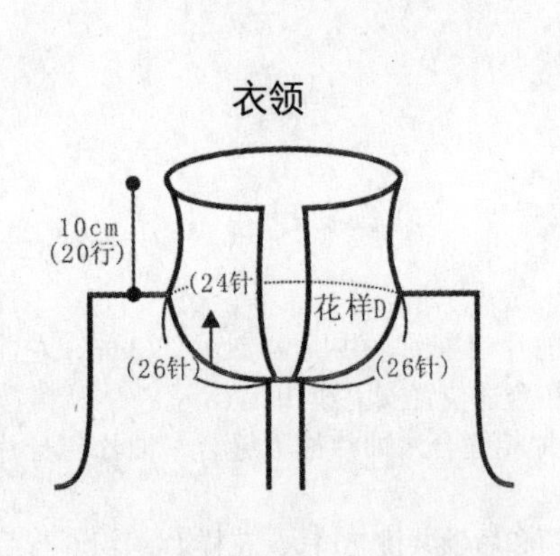

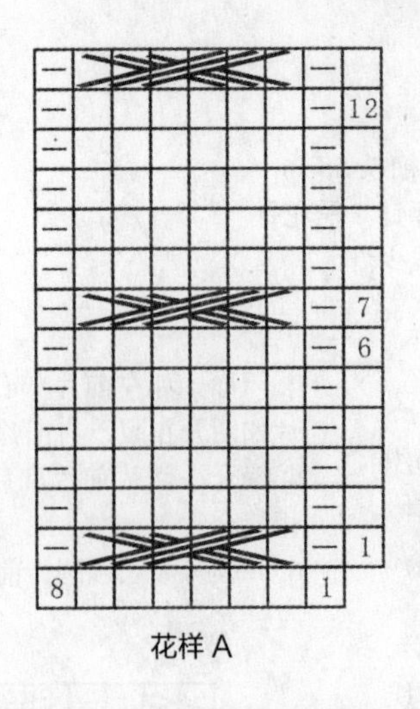

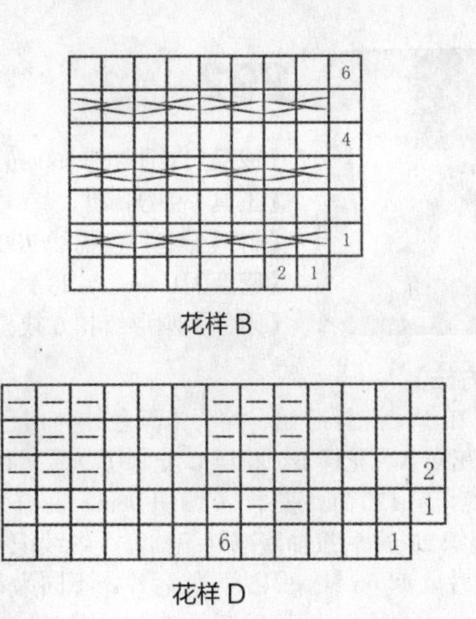

293

【成品尺寸】衣长 48cm　胸围 80cm　肩袖长 27cm

【工具】12 号棒针

【材料】白色棉线 450g

【密度】$10cm^2$ ：30 针 ×33 行

【制作方法】

1. 后片：(1) 单罗纹起 122 针，花样 A 织 2cm。(2) 花样 B 编织 26cm。(3) 两侧留 4 针，然后按 15 针减针方法编织，织 20cm 后收针。

2. 前片：(1)(2) 同后片。(3) 两侧各留 4 针，按减 15 针减针方法编织，织 17cm。(4) 开前领：中心留 10 针，分两边编织，以一边为例，两侧同时按减针方法编织，织 3cm 后收针，最后剩 2 针；另一边编织方法相同。

3. 袖片 (2 片):(1) 单罗纹起 104 针，花样 A 编织 2cm。(2) 织袖山：花样 B 编织，按减 29 针减针方法编织，织 25cm 后收针。相同织另一片。

4. 缝合：前片、后片、两片袖片均织完后，4 片对齐缝合。

5. 挑领：参照衣领图，前领、后领、袖片各挑 42 针、38 针、20 针、20 针，即共挑 120 针，花样 A 织 3cm 号后，每单罗纹下针处另 1 针，如图花样 C 编织 12cm 后收针。

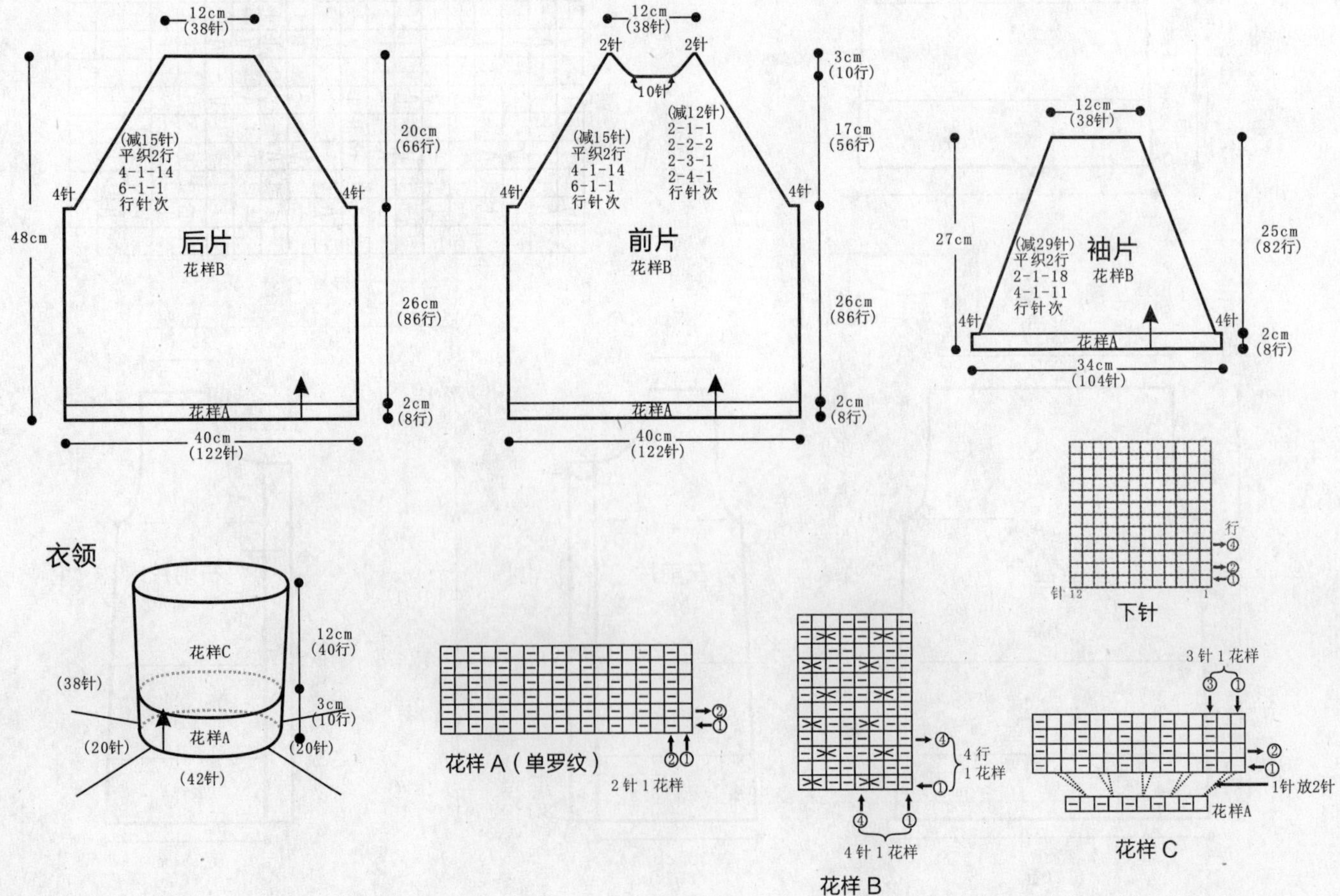

294

【成品尺寸】衣长 62cm　胸围 100cm
【工具】10 号棒针　绣花针
【材料】米白色棉线 680g
【密度】10cm^2 ：22 针 ×30 行
【附件】圆形纽扣 5 枚

【制作方法】
1. 后片：(1) 起 12 针，一侧按加 8 针下针编织，织 20cm 后平加 74 针。(2) 不加减针下针编织 50cm 平收 74 针，然后一侧减 7 针，织 20cm。(3) 肩部：起 18 针，花样编织，按图求加减针编织 70cm。(4) 后片缝合时，下针片每褶皱为 4cm，共 5 个褶皱。(5) 下摆：挑 96 针，双罗纹编织 10cm 后收针。
2. 前片 (2 片)：左前片：(1) 起 94 针，不加减针编织 25cm 后平收 74 针，然后一侧减 8 针，织 20cm。(2) 肩部：起 10 针，花样编织，一侧加 14 针后减 6 针，织 35cm。(3) 缝合时，打 2.5 个褶皱。(4) 下摆：挑 44 针，双罗纹编织 10cm 后收针。
3. 缝合：前、后片肩部、腋下对齐缝合。
4. 衣领：前、后领各挑 16 针、40 针、16 针，双罗纹编织 20cm 后收针。
5. 袖口：挑 64 针，双罗纹织 10cm 后收针。相同方法织另一片。
6. 门襟：如图挑 120 针，双罗纹织 16 行后收针，注意右门襟处开扣眼，扣眼留针见图。左门襟对应右门襟安上纽扣。

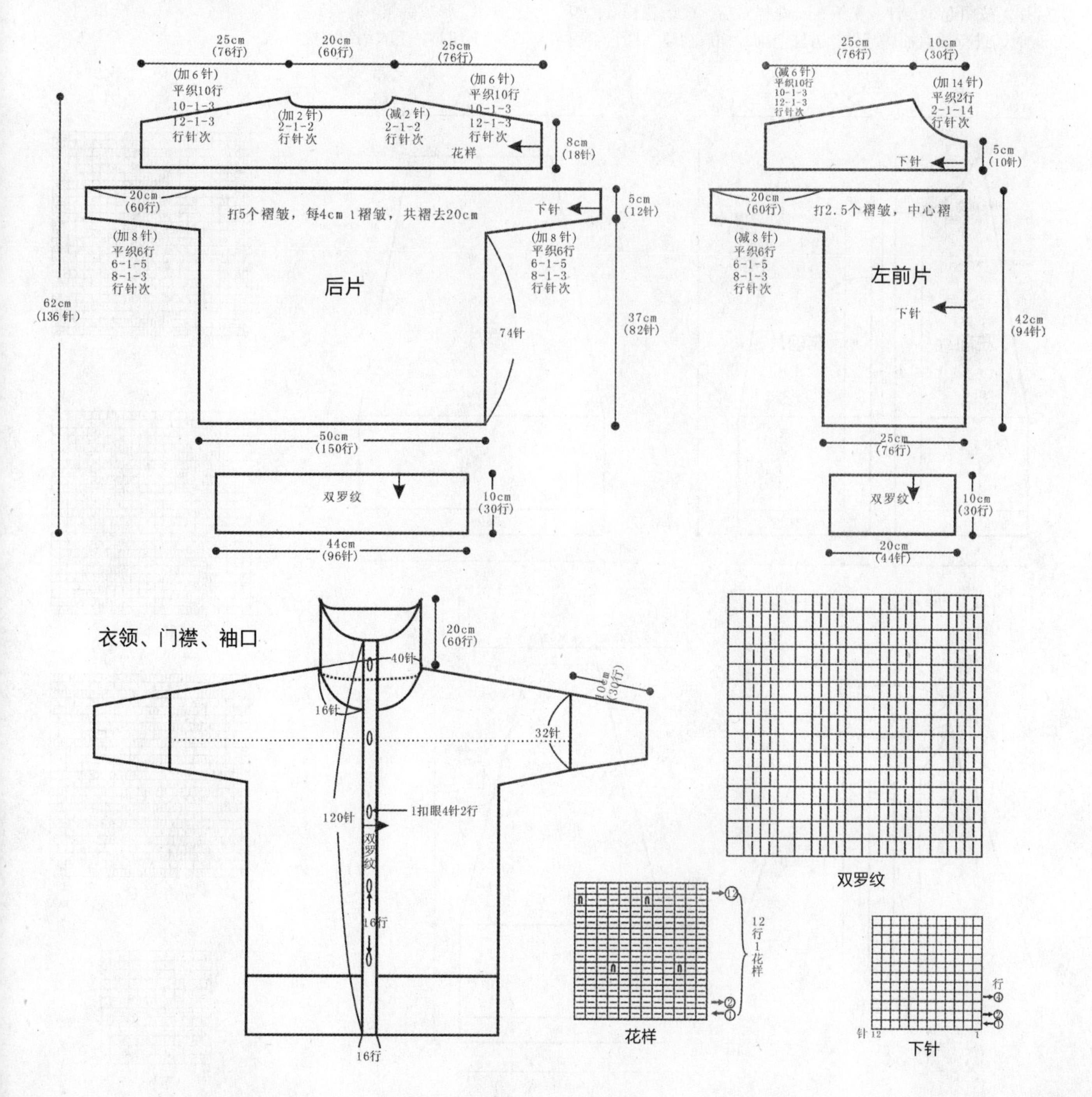

295

【成品尺寸】衣长 45cm　胸围 90cm　袖长 45cm
【工具】10 号棒针 4 支　绣花针
【材料】白色纯羊毛线
【密度】$10cm^2$ ：22 针 ×32 行
【附件】纽扣 5 枚

【制作方法】

开襟毛衣从下往上编织。

1. 前片：分左、右 2 片编织。左前片：下针起 54 针，先织 5cm 花样 C 后，改织花样 A，门襟 10 针继续织花样 C，再织 12cm 时，进行插肩袖窿减针，方法是：按 8-2-3、10-2-3、12-2-3 减针，同时在距离袖窿 20cm 时，门襟留 10 针不用收针待用，进行领窝减针，方法是：按 2-3-2、2-2-5、2-1-4 减针，织至肩部余 6 针。同样方法反方向编织右前片。

2. 后片：按图起 110 针，先织 5cm 花样 C 后，改织花样 A，织 12cm 时，进行插肩袖窿减针，方法与前片插肩袖窿一样，不用开领窝，织 28cm 至肩部余 52 针。

3. 袖片：按图起 80 针，先织 5cm 花样 C 后，改织花样 B，织 12cm 时进行插肩袖山减针，方法是：按 4-3-4、6-3-4、8-3-3 减针，织 28cm 至顶部余 14 针。同样方法编织另一袖。

4. 前、后片的肩部、侧缝与袖片全部缝合。

5. 领圈边挑 112 针（包括两边门襟留待用的 10 针），织 32 行花样 B，形成翻领。

6. 缝上纽扣。毛衣编织完成。

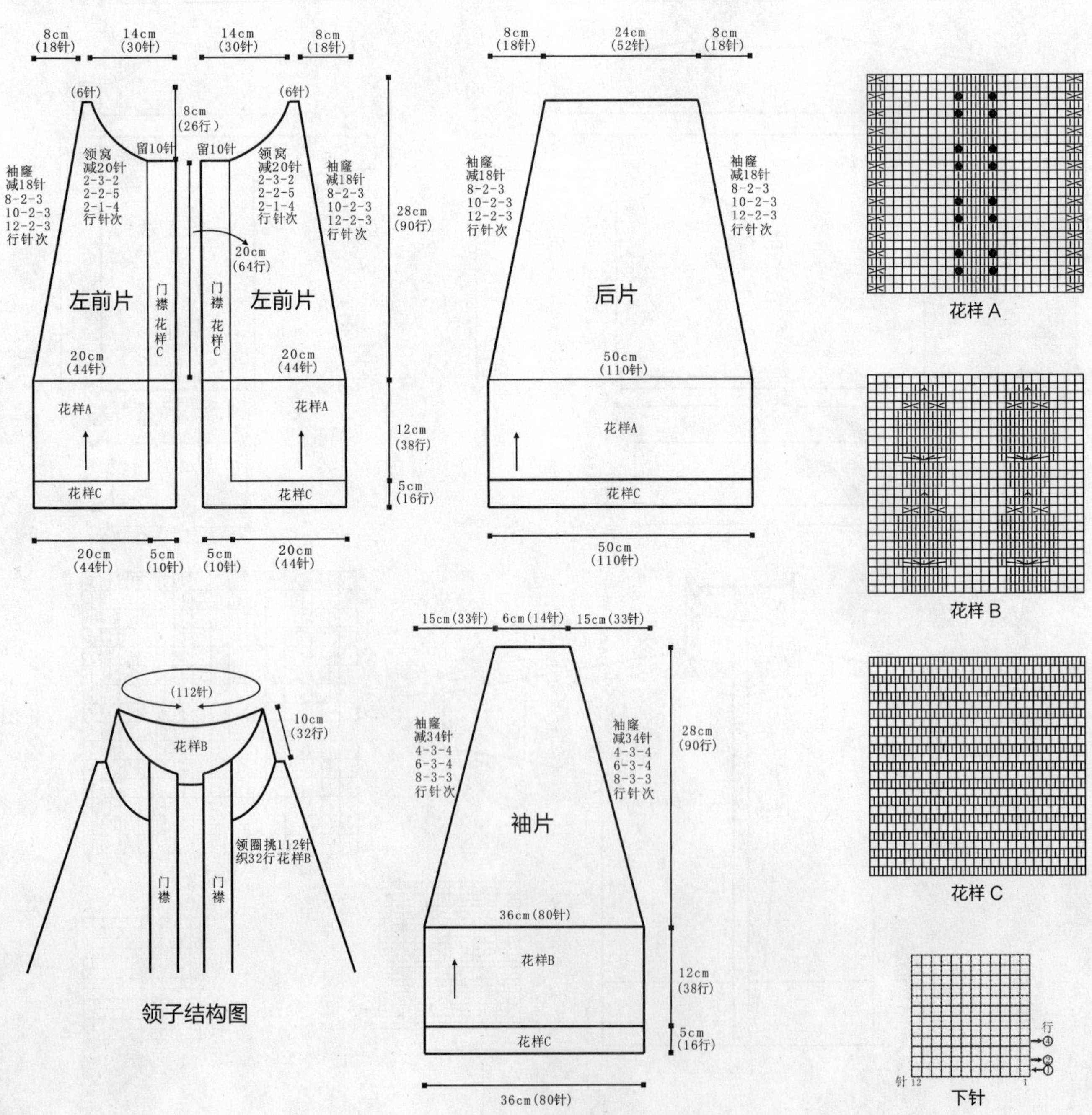